工程建设监理研究

刘廷彦　编著

中国建筑工业出版社

图书在版编目（CIP）数据

工程建设监理研究/刘廷彦编著. —北京：中国建筑工
业出版社，2014.9
ISBN 978-7-112-17225-2

Ⅰ.①工⋯　Ⅱ.①刘⋯　Ⅲ.①建筑工程-施工监理-
研究　Ⅳ.①TU712

中国版本图书馆 CIP 数据核字（2014）第 203422 号

本书以作者多年的监理工作笔记为基础，比较系统地记载了我国建设监理制的
创建、发展历程和现状。总结归纳了建设监理主要工作的具体操作程序和要点。在
此基础上，分析了存在的问题，并探索推进建设监理事业发展的对策。具体内容分
为六章，即：我国工程建设监理制、建设监理的法律地位研究、建设监理的经营管
理研究、总监工作研究、监理技术研究、推进建设监理事业发展研究。

本书首次提出了建设监理技术命题及其内涵和推进方略。同时，收集了国务院
和部委领导有关建设监理的题词，有关建设监理法规规章、考察报告，以及具有代
表性的监理规划和实施工程监理的案例节录，还收录了相关建设监理法规的建议
稿。因此，本书既有一定的史料价值，也可供完善监理法规政策、推进监理事业发
展研究，以及改进建设监理操作等方面参考。

* * *

责任编辑：赵晓菲　朱晓瑜
责任设计：董建平
责任校对：李美娜　赵　颖

工程建设监理研究

刘廷彦　编著

*

中国建筑工业出版社出版、发行（北京西郊百万庄）

各地新华书店、建筑书店经销

北京红光制版公司制版

廊坊市海涛印刷有限公司印刷

*

开本：787×1092 毫米　1/16　印张：25½　字数：632 千字
2014 年 11 月第一版　　2014 年 11 月第一次印刷
定价：**60.00** 元
ISBN 978-7-112-17225-2
（26001）

建设监理

邹家华

推行
建设监理
制保证
工程优
质化

为《建设监理》题
邹家华
一九九五年三月

国务院原副总理邹家华题词

3

搞好工程建设

推进建设监理

侯捷

一九九三七十九

原建设部部长侯捷题词

为中国建设监理协会题

发展建设监理事业

提高工程建设水平

刘志峰 九三年七月

原国家体改委副主任刘志峰题词

发展建设监理事业

提高工程建设水平

何光远 一九九三年十月

原机械部部长何光远题词

繁荣通向国际

照建筑市场的

桥梁

贺中国建设监理协会成立

发围盛展策划叶集题

原建设部常务副部长叶如棠题词

祝贺"中国建设监理协会"成立

为创建有中国特色的建设监理制而努力

建设监督保证作用提高工程建设水平

干志坚

一九九三年七月十二日

原建设部副部长干志坚题词

贺中国建设监理协会成立

发挥监督保证作用提高工程建设水平

周干峙

癸酉仲夏

原建设部副部长周干峙题词

贺中国建设监理协会成立

架起通向国际建筑市场的桥梁

一九九三年春二毛日 萧桐书

原城乡环境保护部副部长萧桐题词

祝贺中国建设监理协会成立

推进建设监理搞好工程建设

李振东

九九三·七·廿七

原建设部副部长李振东题词

政府参谋
企业挚友

谭庆琏 一九九三年
七月廿日

原建设部副部长谭庆琏题词

推进建设监理
搞好工程建设

张百发 九三年九月四日

北京市原常务副市长张百发题词

群策群力，努力开拓国际建设监理市场事业。

润之 一九九三年七月

原对外经济贸易部部长助理田润之题词

向我国建设监理创业者致敬！

韩英 一九九三年七月二十日

原煤炭部副部长韩英题词

6

高举工程建设监理旗帜

——关于推进建设监理事业发展的思考

1988 年，我国开创工程建设监理制以来，建设领域发生了翻天覆地的变化。这种变化，涉及的思想理念、法规制度、经济体制、管理体制、市场主体结构、经营活动准则，以及经济效益等方方面面，无不刻下了深深的痕迹。这是顺应改革大潮、激流勇进的重大举措，是建设领域跃然升腾的璀璨明星。二十余年来，历届国务院总理等国家领导无不充分肯定、高度赞扬这项改革；举国上下无不拍手称快并积极支持这项改革；从事建设监理的广大工作者，更是欢欣鼓舞、奋发进取，默默地为这项改革拼搏和奉献。

一、高举工程建设监理旗帜势所必然

我国的改革已有三十余年的历程。应当说，三十年来的改革，基本上构筑了社会主义市场经济体制。现阶段，如何巩固并完善改革、如何深化改革是普遍面临的新课题。深化开创二十余年的工程建设监理制，更是面临着急需明晰方向、坚定信念、坚持不懈、推进发展的严峻考验。

一方面，就一般意义上说，深化改革需要相应的理论为指导，建设监理也不例外。要想继续推进建设监理制的深化发展，就不能停留在"破除旧有体制，建立新型体制"的粗浅认识上，而要进一步从哲学的高度，认识建立建设监理制的必然性、认识完善建设监理制的必要性。

另一方面，由于近十多年来，种种错误导向的干扰，出现了建设监理制的理念危机。诸如建设监理制能不能继续发展，向"纵向"发展还是向"横向"发展，如何进一步提升建设监理的吸引力等。不以科学理论破解这些疑虑和难题，不解除建设监理理念危机，深化这项改革，就无从谈起。

第三，工程建设领域要进一步贯彻落实科学发展观，势必彻底摒除"粗放式"监管形式，进一步实施"精细化"监管。"精细化"监管又势必强化科学配置社会资源。面对这种社会发展趋势，如何在工程建设领域实现更科学地配置社会资源，势必强化建设监理制，从而更好地发挥其效能。

因此，进一步深化对建设监理制的认识，以期辨析是非、坚定信念、明确方向、阔步向前，进一步提高工程建设水平，为深化改革摇旗呐喊。高举建设监理旗帜自是大势所趋，更是时代的召唤。

二、高举工程建设监理旗帜的内涵

高举建设监理旗帜，就是要明晰并坚定监理理论和宗旨不动摇；就是要完善监理法规

不停步；就是要拓展监理业务范围不松劲；就是要规范监理行为、提高监理综合效益迈大步；就是要提高监理的社会认知度鼓与呼。一句话，就是要高唱建设监理进行曲，为推进建设监理事业健康发展而拼搏！

（一）明晰监理理论是高举监理旗帜的基础

没有理论作指导的改革是盲目的改革；没有正确理论指导的改革，注定会失败。我国30余年的改革实践充分说明，掌握正确改革理论的重要性。推行监理制，是我国建设领域进行的重大体制性改革。所谓重大体制性改革，一是变仅有甲乙两方（建设单位、承建单位）为交易双方加中介服务三方，形成完善的市场交易主体；二是变单一由政府直接监管工程建设为业主委托专业化的监管单位（监理单位）监管；三是变只有一次教训，难以累积经验的临时监管机构为稳固的专业化的监管机构。显然，这样的改革，瓦解了单纯计划经济体制下工程建设监管模式，奠定了建设领域市场经济体制的基本架构。由此可见，推行监理制是建立社会主义市场经济体制的需要；建设监理是建设市场不可或缺的三元结构主体之一；建设监理是为了提高建设水平、应运而生的责任主体。这就是我们应当明晰的监理的基本理论和宗旨；更是应当认真实践的信条。唯此，才能稳步推进建设监理事业的发展。

（二）完善监理法规是高举监理旗帜的保障

为了推行建设监理制，我国已先后颁发了《工程建设监理规定》、《中华人民共和国建筑法》、《工程监理单位资质管理规定》、《监理工程师注册管理规定》，以及《工程建设监理费管理规定》等（法规名称未照录）。这些法规的颁发实施，有力地推动了建设监理制的蓬勃发展。二十余年的监理实践，不断印证着制定相关法规对于改革的重要保驾护航作用。但是，时至今日，无论是监理法规的档次，还是监理法规的科学性、系统性、完整性等，都远远不能适应建设监理制发展的需要。比如，《中华人民共和国建筑法》（以下简称《建筑法》），仅仅是规范工程建设施工阶段的行为准则，没能就工程建设全过程作出规定。况且，主要是就房屋建筑施工的法律界定，对工程建设主体的其他土木建筑并未作出明确规定。所以，严格来说，这不是完整的《建筑法》。在这样的框架约束下，往往把工程建设监理也局限于施工阶段。因而，违背了推行建设监理制对工程建设全过程实施监理的初衷。再加上其他方面的错误导向，严重干扰了建设监理制的深入推进。因此，完善监理法规、提高监理法规档次，已成为深化这项改革的迫切需求和必要保障。

（三）提高监理水平是高举监理旗帜的根本

《工程建设监理规定》总则中，开宗明义指出：我国推行工程建设监理制的目的，就是"为了确保工程建设质量，提高工程建设水平，充分发挥投资效益。"这是当时工程建设迫切的、同时也是永恒的主题，更是一项艰巨的重任。因此，要高举建设监理旗帜，要推进监理事业发展，必须努力提高监理水平。只有提高监理水平，才可能搞好监理工作，才可能提高监理信誉，才可能赢得社会广泛地支持。从而，才可能不断完善、不断巩固建设领域的市场经济体制。广大监理工作者，尤其是具体从事工程项目监理工作的同志们，肩负着高举监理旗帜的神圣使命。在监理处于低谷的现阶段，更要脚踏实地、千方百计搞好监理工作，紧紧围绕提高监理水平这个中心，奋力斩获监理佳绩。唯有如此，才能不断推进建设监理事业发展。

（四）提高监理的社会认知度是高举监理旗帜的催化剂

推行建设监理制，关系诸多职权、利益的调整。不仅需要政府的主导、推动，更要社会大众的认知、参与和支持。如果说，创建监理制的初期，新兴机制的冲击，形成了监理制勃发的热潮。那些在既有利益驱使下，抵制改革的暗流不敢贸然反对的话。那么，到了改革深化阶段，或者改革过程中出现波折的时候，改革的反对者就会借势发挥，甚至裹挟一些不知就里的群众鼓噪抵制。以致于在认识层面上，种种模糊认识、"奇谈怪论"不时登台，甚至出现了动摇情绪；建设监理业务范围非但没能拓展，反而萎缩，且被局限于工程施工阶段；更有甚者，愿投身于建设监理事业的人才，增量渐减，已经从事监理事业的，人心涣散等。总之，现阶段的建设监理，已从倍受热爱、争先恐后参与的热门行业滑落到边缘化且迷茫的境地。从业者一改过去满怀信心的拼搏为终日胆战心惊、苦苦挣扎。全国报考监理工程师的人数，从 2003 年的 10 万，迅猛下降到 2009 年的不足 5 万人，就是建设监理跌落到低谷的一种反映。

虽然按照常理而论，任何事物的成长，都不可能一帆风顺，都会有低谷，甚至反复。面对目前监理的状况，不必大惊小怪。但是，也不能听之任之。而必须在尽力做好监理工作的同时，吹响宣传的号角，让广大群众进一步了解监理、认识监理、支持监理，并共同推进监理事业的发展。只有更广泛地动员群众，提高大家对监理的认知度，就等于为这项改革添加了催化剂，就等于把这项改革的车轮并入了快车道。

总之，回首往昔，展望未来，我们应当坚信：开创建设监理制，是我国建设领域一项成功的重大改革；是提高工程建设水平和投资效益的有效举措；是市场经济不可或缺的一项体制。没有建设监理制是不行的；取消或变相取消建设监理制是错误的。因此，为了清除羁绊、为了深化改革、为了提高投资效益、为了巩固市场经济体制，必须高举建设监理的旗帜，大张旗鼓地推进建设监理事业，把我国工程建设引领到健康发展的国际先进水平。

三、高举建设监理旗帜的基本做法

我国实施建设监理制的实践证明，要持续高举这面旗帜，就要不断提高认识，强化推进这项改革的自觉性和主动性；就要逐渐完善相关法规，用法规为其保驾护航；就要强化人才培育，壮大监理队伍，提高监理人才素质，历练实施这项改革的精兵强将；就要不断向工程建设的前期推进，拓宽监理业务的覆盖面，全方位地显现监理制的优越性；就要不断提高监理水平，为发挥投资效益锦上添花。同时，还要加强宣传工作，不断提升监理的社会认知度，为监理事业的快速健康发展创建宽松的环境。

（一）探索明晰监理定位

建设监理的定位，是由其性质决定的。1996 年，建设部和国家计委联合发布的《工程建设监理规定》明确提出："建设工程监理是……代替建设单位对承建单位的工程建设实施监控的一种专业化服务活动。""监理单位是建筑市场的主体之一，建设监理是一种高智能的有偿技术服务"。

监理受托进行有偿服务的性质及其守法、诚信、公正、科学的行为准则，决定了监理的定位——建筑市场甲乙方交易中，不可或缺的中介机构。既然是中介，就必然要以独立的身份、秉持公正的态度，不可能，也不应该偏袒某一方。《工程建设监理规定》第十八条规定："监理单位应……公平地维护项目法人和被监理单位的合法权益。"也可以说，这就是我国建设监理制的特点。

关于建设监理的基本概念，1999年版的《辞海》中有比较明确的界定：建设监理是"工程建设的一种管理制度。社会上专门的中介机构受项目法人的委托，依据国家的法规和有关合同，对工程建设实施的监督管理。主要内容是按照公正、独立、自主的原则控制工程建设的投资、工期和工程质量，进行工程建设合同管理并协调有关单位间工作关系，以实现预定的建设目标。"

基于监理是中介的定性和市场主体之一的定位，监理业务自然要覆盖工程建设全过程。相信，随着时间的推移，改革的深入，监理活动一定会不断向工程建设的前期推进，而覆盖工程建设的全过程。

（二）修订完善监理法规

如前所述，法规是推行改革的保证。同样，不科学的法规会制约改革的发展。近些年来，有些监理法规、规章在指导监理事业发展上，存在一些偏颇。突出的问题有以下几方面：

（1）过分强调旁站监理，把监理变成监工，淡化了监理以预控为主的本性。2002年制定实施的有关工程施工旁站监理管理办法第二条规定："本办法所称房屋建筑工程施工旁站监理，是指监理人员在房屋建筑工程施工阶段监理中，对关键部位、关键工序的施工质量实施全过程现场跟班的监督活动。"该办法实施中，有关部门普遍要求监理要时时处处在一旁监管，亦步亦趋地监工。否则，就是不到位。

（2）不许大企业承接造价管理。2006年制定实施的有关工程造价咨询企业管理办法第九条规定：企业出资人中，注册造价工程师人数不低于出资人总人数的60%，且其出资额不低于企业注册资本总额的60%。如此规定与现阶段我国建设领域绝大多数企业的状况相悖、与我国的经济体制架构相悖。该规定仅仅适用于少数新成立的小企业。显然，只允许合伙小企业承担，不允许大企业参与工程建设造价监管的规定，不仅显失公平，而且是错误的。

（3）推行项目管理，变相取消监理。2004年制定实施的有关建设工程项目管理试行办法第二条规定：本办法所称建设工程项目管理，是指从事工程项目管理的企业受工程项目业主的委托，对工程建设全过程或分阶段进行专业化管理和服务活动。显然，管理内容与监理制如出一辙，一再强调要推行项目管理，不引导监理向工程建设前期推进，仅把监理局限于施工阶段，就等于否定监理。

（4）不当加大监理对施工安全的责任。2004年、2006年相继制定实施的有关工程施工安全生产法规要求，凡是与安全生产有关的事项，包括施工单位的管理制度订立和落实、人员资质和配备、施工方法和环境、工程机具质量和使用、施工活动的巡查和督导等，都要监理负责监管。实施中，把监理变成施工的"安全员"，甚至比施工安全员要求还具体、繁多。无形中，迫使监理把主要精力投入施工安全监管，而降低了对工程质量等其他方面的监管力度，扭曲了监理"三控两管一协调"的基本宗旨。

（5）诸多规章肢解了监理。进入21世纪以来，有关部门，从自己的监管职责出发，相继制订了诸如招标代理、人防工程监理，以及工程设备监理、涉外工程监理规定等。监理企业为承接一项工程监理，往往必须取得多项资质。这样，不仅增加了企业为申报资质忙于奔波的负担，而且，变相地肢解了监理业务。

凡此种种，无不突显修订现行法规、规章的必要。如能在《工程建设监理条例》中予以梳理、订正。比如，拟定一款：监理单位可在批准的资质等级范围内，承接相应的工程建设招标代理、造价管理、设备监理、人防监理（而不必另行办理资质审批手续）；以及强调：监理应以预控监管工作为主，辅以必要的巡查等，则必将有力地推动监理事业健康发展。

（三）加快监理队伍建设

现阶段，监理人员的总量，尤其是有资质的监理人员，远远满足不了工程建设监理业务的需要。加快监理队伍建设，成了燃眉之急。根据实际需要，在科学界定监理人员级别的基础上，调动各方面的积极性，多渠道培养、认定监理人才。同时，实事求是地开展再教育，不断提升监理人员素质。

（四）稳步拓展业务

在市场经济体制下，企业经营业务的单一，往往经受不住经济风浪的袭击。所以，监理企业不仅应当积极地向工程建设前期推进，而且，还应当把握机遇，适时地开拓其他业务，以便扩大生存空间。

（五）培育领军企业

榜样的力量是无穷的。各行业都应有自己的领军企业，以便承接攻坚任务；以便树立学习榜样。这里所强调的领军企业，不是要求"大而全"，而是突出"专而精"。"专而精"的企业，往往具有强大的竞争力，往往超过"大而全"的企业。

（六）加强监理宣传

加强监理宣传，在监理低迷的现阶段尤其重要。政府部门应当积极宣传，监理单位的广大从业者更应当积极宣传。宣传监理的经验、宣传监理的效能、宣传监理的先进事迹等。使更多的人认识监理、理解监理、支持监理，以期共同推进监理事业的发展。近些年来，山西省监理协会组织力量宣传监理，可以说是基本做到了"千方百计、不遗余力"。因而，形成了上上下下、方方面面都了解监理、支持监理的大好局面。事实证明，加强宣传是必要的；同时，也说明，只要尽心宣传，一定能收到良好的成效。

我国工程建设监理的航船，已经驶离了港湾。面对遥遥的征程，以及有可能还会遇到惊涛骇浪的险阻，唯有高举建设监理的旗帜，凝聚智慧，万众一心，才能进一步坚定信心，不断乘风破浪，驶向前方！

注：本文原以李伦、魏元辉的笔名发表了题为"高举建设监理旗帜——关于推进建设监理事业发展的思考"的文章，刊于 2011 年第 1 期《中国建设监理》。2008 年第 10 期《建设监理》曾刊载题为"高举工程建设监理旗帜——庆祝我国开创工程建设监理制 20 周年"的文章。此次，以前文为主，参照后文，略有修改。

作者
2014 年 5 月

目　　录

有关专业术语界定

1. 工程建设：是指为了国民经济各部门的发展和人民物质文化生活水平的提高而进行的有组织、有目的的投资兴建固定资产的经济活动，即筹划、设计、购置设备和建材，并安装等建造活动，以及与之相联系的其他工作。

2. 建设市场：以工程建设各项交易活动为主要内容的市场，谓之。分有形建设市场（有固定场所的建设市场）和无形建设市场（即没有固定的空间或场地，而是通过电信、网络等现代化通信设备实现交易）两种。

建设市场包括工程市场（工程勘察、工程设计、建筑安装、装饰装修、建设监理、工程咨询市场等）和要素市场（建筑劳务、建设资本、建筑技术、设备租赁、建筑材料市场等）两类。

3. 三元结构：本书所说的三元结构，是指工程建设活动得以正常运行的主体结构构成形式，即由业主、监理、承建商三个主体构建的维系工程建设运行的结构模式。

4. 业主：本书所说的工程项目业主，是指工程建设项目的投资人或投资人专门为工程建设项目管理设立的独立法人。

一般情况下，业主是物业的产权人，他具备工程建设项目的使用权、所有权，但是，不一定具备土地的所有权。业主可以是自然人、法人和其他组织，可以是本国公民或组织，也可以是外国公民或组织。业主是工程项目的责任主体，他依法履行自己的职责和权利。

房屋开发商不是真正的业主。他们只是履行工程项目建设责任主体的责任和义务。房屋的真正业主，是房屋的购买者，他们享有房屋的使用权和所有权。

5. 项目法人：是指依据相关法规成立的从事项目开发建设的有限责任公司或股份有限公司。

项目法人不一定是出资人。项目法人是项目建设的责任主体，依法对所开发的项目负有项目的策划、资金筹措、建设实施、生产经营、债务偿还和资本的保值增值等责任，并享有相应的权利。

另外，狭义的项目法人概念，是指经过一定合法程序，包括行政指定、委托，或招标竞争，并履行法定手续后，确立法定地位的"项目法人"。广义的项目法人，包括经过一定合法程序产生的项目法人和自然存在而对工程项目建设承担法定责任的项目法人。

为了叙述简便起见，一般情况下，本书笼统地把项目法人和真正的业主，统称为"业主"。

6. 工程建设监理：是指工程建设监理单位接受业主的委托和授权，依据建设行政法规和技术标准，运用法律、经济、技术等手段，对工程建设项目的参与者的行为，进行监督、控制、指导和协调，以保证工程安全，达到合理发挥投资效益目的的活动。亦可简称建设监理，或监理。

7. 承建商：是泛指依据相关法规成立的从事工程建设地质勘探，或工程规划，或工程设计，或工程施工的企业，统称为承建商。

承建商可以是专一于工程建设某一阶段，或者是某一专业，或者是某几个阶段，或者是工程建设全过程建设活动的企业。专一从事工程建设规划设计的，又可叫做工程规划设计单位；专一从事工程建设设计的，又可叫做工程设计单位；专一从事工程建设施工的，又可叫做工程施工单位；从事工程设计施工总承包的，又可叫做工程总承包企业等。

8. 工程安全度：所谓工程安全度，笼统地讲，就是工程建设项目的安全程度。具体讲，包括：投资选项的风险程度；项目可行性研究的可靠性程度；工程项目选址及规划的科学性程度；工程项目勘察的科学程度；工程项目施工图设计的科学程度；工程项目施工的安全程度（是否有效地控制投资、工期和质量）；工程项目交付使用后的安全程度（是否能达到预期的寿命周期、投资效益和安全的生产环境）等。工程安全度越高，则工程越安全。

工程施工安全，是指工程施工活动中的人身财产安全，不属于工程安全的范畴。但是，施工安全往往对工程安全造成一定的影响。

9. 工程建设质量：工程建设质量是指工程满足业主需要的，符合国家法律、法规、技术规范标准，及合同规定的特性综合。工程建设质量亦可简称为工程质量。

工程建设质量的特性主要表现在工程的适用性、耐久性、安全性、可靠性、经济性，以及与环境的协调性。这些都是工程建设质量必须达到的基本要求，缺一不可。

10. 工程项目寿命周期：又叫工程项目全寿命周期，是指从工程项目立项开始，到建成投产，直至报废淘汰，即工程项目完全失去效益的整个过程时间。

通常把工程项目寿命周期划分为：初始阶段、实施阶段和使用阶段。

世界银行贷款项目，往往把工程项目寿命周期划分为六个阶段，即项目的选择、准备、评估、谈判、实施和监督、后评价。

11. 工程建设投资：笼统地讲，就是进行工程项目建设所花费的全部费用。

生产性工程建设投资还包括铺底流动资金，故，叫做工程建设总投资。

12. 工程建设工期：一般指建设项目中构成固定资产的单项工程、单位工程从正式破土动工到按设计文件全部建成、竣工验收交付使用所需的全部时间。建设工期同工程造价、工程质量一起被视为建设项目管理的三大目标，作为考核建设项目经济效益和社会效益的重要指标。

13. 工程建设项目管理：是指在有限的资源约束下，运用一定的观念、理论和方法对工程项目建设进行的管理。

工程建设项目管理是一个多义词条，它包括业主对工程项目建设的管理；建设监理受业主委托，对工程建设的管理；设计单位对所承担工程建设项目的设计管理；施工单位对所承担工程建设项目的施工管理；承包单位对所承担的工程建设项目实施的管理。

工程建设项目管理，可以是工程建设全过程的管理，也可以是阶段性的管理；既可以是综合性的管理，也可以是专业性的管理。

在实践上，我国最早使用"项目管理"一词的是 20 世纪 80 年代末，施工企业实行项目法施工之后，企业下放工程施工管理权限给工程施工项目部，形成了工程施工项目管理体系。所以，一般情况下，工程建设项目管理是专指工程施工的项目管理。

14. 监理人才：建设监理人才的简称，就是具有一定工程建设专业知识，进行工程建设监管，保证甚至促进工程建设水平提高，对建设监理事业、对工程建设做出贡献的人。

监理人才包括注册监理师，以及从事工程建设监理工作的注册造价师、注册会计师、注册咨询师、注册招标师等。

15. 监理技术：在工程建设监理实践中积累起来，并被行业确认的经验和知识。或者说是，以工程建设专业知识为基础，以现代管理科学为手段的工程建设管理技术。

监理技术归属于现代管理科学。新兴的现代管理科学是与自然科学、社会科学并列的三大科学之一。

16. 监理收益：受业主委托对工程建设进度、投资和质量等进行监管所取得的营业收益，包括招标代理收益。但不包括受托进行工程咨询的收益，更不包括工程设计收益。

对于监理企业来说，其营业收益是多方面的，应当涵盖所有的合法收入。

1988 年 8 月 1 日，《人民日报》发表了题为"迈向社会主义商品经济新秩序的关键一步——我国将按国际惯例设建设监理制"的文章，向全国、向全世界公告了我国建设领域的这一新的改革。这项改革从酝酿、筹划，到试点、推进，直至初步形成，总体进展比较顺利，且取得了明显的成效，现正随着我国经济体制改革的深化而稳步发展。

第一章　我国工程建设监理制

工程建设监理，即建设监理企业受工程项目法人委托，依据国家的法规和有关合同，对工程建设实施监督管理。建设监理企业按照公正、独立、自主的原则控制工程建设的投资、工期和工程质量，进行工程建设合同管理并协调有关单位间工作关系，以实现预定的建设目标。工程建设监理制，就是在建设市场中，项目法人、建设监理和承建商构成的三元结构间相互依存、相互制约，为搞好工程建设而各司其职的经济体制。它是 20 世纪 90 年代初期，我国工程建设领域实施的项目法人责任制、招标投标制、建设监理制和合同管理制四大重要新体制之一。这四大体制的形成和实施，标志着我国工程建设领域市场经济体制的建立和基本完善。

第一节　我国工程建设监理制的创建

20 世纪 80 年代以来，我国经济体制改革的推进，吸引了世行等国外金融机构资金的投入。投资者为了掌控投入资金的有效使用，依照国际惯例，他们委托相关工程师负责。作为配合，中方也选派了工程师共同工作。像鲁布革水电站的建设、西安至三原一级公路的建设等。这些工程师的主要工作，就是按照菲迪克条款，监督资金的使用、监督工程建设合同的实施、督促工程建设按照预期的目标向前推进。

随着外资的增加，以及投资主体的多元化，投资者关注资金使用的要求，越来越普遍、越来越强烈。当然，我国政府也一直很关注有关资金的使用。这种内外目标的趋同，很自然地选择了都能接受的监管模式——菲迪克条款下的工程师模式，我国称之为建设监理制。

开创工程建设监理制，既是顺应我国经济体制改革发展的必然产物，也是依循国际惯例的通行做法，更是市场经济体制必不可少的重要构成。

一、创建建设监理制的历史背景

20 世纪 80 年代初，我国经济体制改革逐渐由农村扩展到城市。城市里，建设领域率先进行了"建设项目投资包干责任制"和"工程建设招标投标制"等一系列改革。这些改革虽然都取得了一定的成效，但是，都未能从根本上解决工程建设管理水平徘徊不前的局面。与此同时，世界金融组织贷款建设的工程项目，按照贷款方要求，都实行了建设监理制。像鲁布革引水隧道工程，实行建设监理后取得了很好的效果，再加上改革开放后，走出国门，考察了解了国际上工程建设管理模式。在此基础上，总结我国几十年来工程建设的经验、教训，引发了工程建设实行建设监理的改革。

（一）我国经济体制改革迅猛发展

众所周知，在 20 世纪 70 年代末期，我国农业战线，出现了在坚持土地集体所有的前提下，实施联产承包责任制的生产管理模式，即实行"自主耕种、包产到户"。到 1985 年，农业战线的体制改制基本完成（1985 年中央一号文件，即中共中央、国务院关于促进农业市场经济发展的十项政策的实施），标志着人民公社生产管理模式彻底退出历史舞台。实行家庭联产承包责任制，使农民获得了生产和经营的自主权，极大地调动了农民群众的生产积极性；解放了农村生产力，推动了农业发展。

农村经济改革的实质，就是开始由计划经济体制向市场经济体制迈进。这种体制性的改革，即逐步建立市场经济体制，符合现阶段社会生产力发展水平，能够促进社会经济的快速发展。这就是农村经济体制改革最重要的启示。

在农村经济体制改革的启示下，我国经济体制改革的浪潮迅猛涌向城市的各行各业。劳动力密集、劳动强度大、技术含量比较低的建筑业率先成了城市改革的弄潮儿。

20 世纪 80 年代初期，我国的建筑业开始扭转单纯计划经济体制下，以完成建设任务为目的的生产管理局面。1978 年 8 月，国务院批转国家计委、国家建委、财政部《关于基本建设投资试行贷款办法的报告》和《基本建设贷款试行条例》。国家决定建设投资由财政无偿拨款改为银行有偿贷款。经过试点，决定从 1981 年起，普遍实行基本建设拨款改贷款的制度，简称"拨改贷"改革。初步改变了过去"统收统支"的管理模式。

1984 年 9 月，国务院颁布《关于改革建筑业和基本建设管理体制若干问题的暂行规定》，要求推行投资包干制和招标承包制。即由建设单位对国家负责，由发包单位择优决定设计单位、施工单位。承包建设任务的设计单位、施工单位对发包单位（建设单位）负责，实行承包责任制，简称为"投资包干制"和"招标投标制"。

在建筑行业内，为了破除"干多干少都一样"的"大锅饭"积弊，自 1986 年开始，全国施工企业执行《国营建筑施工企业百元产值工资含量包干制试行办法》（以下简称"百含"）。实施"百含"，作为国家，宏观控制企业工资总额，企业自主进行内部分配的经济责任形式，对推动国民经济建设和施工企业发展均发挥了很好的作用。"百含"把施工企业职工的切身利益——工资发放和完成产值挂钩，使广大职工关心生产任务，调动了生产积极性。

实施"拨改贷"、"投资包干制"、"百含"、"招标投标制"，以及稍后实行的"合同制"，这些都是市场经济体制初级阶段进行交易的重要元素，对于建设领域改革都起到了很好的促进作用。特别是促进了基本建设项目实施过程的市场化，引进了市场调节机制，建立起多种形式的经济责任，激励和约束建设单位、设计单位、施工单位的经济行为，为促进工程技术水平的提高奠定了很好的基础。

但是，"投资包干制"实施的结果，往往是企业"包赢不包亏"，国家想扭转"投资饥荒症"的初衷，并没有如愿以偿。"百含"、"招标投标制"以及稍后实行的"合同制"、投资决策的改革等，毕竟都是局限于对已有的市场主体行为规范的约束。建设领域这些一系列改革的成效和局限，迫使改革者不断寻求新的改革路径，尤其是，随着建设市场的快速发育，迫切需要服务于交易双方的中介机构的建立。

（二）投资主体多元化

如上所述，随着投资决策改革的深入，投资主体多元化的态势日趋强盛。

与基本建设实施过程的改革相适应，基本建设投资的决策过程和政府对基本建设管理体制改革也做出了一些规定。1984年10月，国务院批转国家计委《关于改进计划体制的若干暂行规定》，提出简化审批程序，下放审批权限，采用指令性计划和指导性计划两种管理办法。关系国计民生的重要经济活动实行指令性计划，一般性经济活动实行指导性计划，由市场调节。地方、部门自筹投资安排的建设项目，由省市区和部门自行平衡安排。生产性建设项目，投资额3000万元以下的和非生产性建设项目，原则上由各部门和各省市区自行审批。城市集体所有制单位的建设项目投资由各省市区进行估算，实行指导性计划。由此，推进了投资体制市场化取向的改革。开始出现了资金来源分散化、投资主体多元化的趋势。

工程建设投资主体的演变，即由原来的单纯的政府投资，渐次出现了集体经济主体投资、民营经济的涉足以及私营经济的补充的萌动。同时，外资，包括外国政府贷款、外资企业的投资的递增，逐渐形成了投资主体的多元化。

20世纪80年代，全国城乡固定资产投资多元化的状况逐渐强化，见表1-1所示。

20世纪80年代固定资产投资及其分类　　　　　　　　　　　　　表1-1

年份 类别	总投资（亿元）	其中			外资（亿美元）	备注
		全民	集体	私人		
1982	1027.74	845/555	1.74	181	无统计数字	斜线下为基建投资
1985	2475	1652	327	496	43.0	
1986	2967	1938	404	625	69.9	
1987	3518	2262	480	776	75.7	
1988	4314	2695	621	998	98.4	
1989	4000	2510	512	978	33.0	33亿元为外商投资
1990	4451	2927	550	974	101.0	

注：1. 均为实际完成工作量额。

2. 1980年、1981年，全民所有制单位基本建设投资完成额依次为539亿元、428亿元，没有其他主体投资，也无外资。

3. 1985～1990年，全民所有制单位基本建设投资占全民所有制固定资产投资额的百分比依次是：64.22%、59.44%、58.53%、57.25%、59.44%、58.18%。据此推断，每年的基本工程建设投资约占全社会固定资产投资额的60%左右（以后有所下降，但仍在40%以上）。

如1986年，全国城乡固定资产投资完成2967亿元，比上年增加424亿元，增长16.7%，其中，全民所有制单位固定资产投资1938亿元，城乡集体所有制单位固定资产投资404亿元，城乡个人投资625亿元。在全民所有制单位固定资产投资中，基本建设投资1152亿元，比上年增加78亿元，增长7.3%。全国实际利用外资达69.9亿美元，比上年增长56.6%。基本工程建设投资占全民所有制单位固定资产投资额的59.44%。

再如，1988年，全国固定资产投资完成4314亿元，比上年增加673亿元，增长18.5%；扣除价格因素，实际工作量略有增加。其中全民所有制单位2695亿元，增长17.3%；集体所有制单位621亿元，增长13.5%；个人投资998亿元，增长25.4%。全国在建工程投资总规模仍然偏大，约1.3万亿元，比上年扩大12%。全国决定停缓建的投资项目14400多个，可压缩今后几年的投资442亿元。全民所有制单位基本建设投资1543亿元，比上年增长14.9%。全国实际利用外资98.4亿美元，比上年增长16.4%；其中，吸收客商直接投资26.2亿美元，增长13.1%。全民所有制单位基本工程建设投资占全民所有制单位固定资产投资额的57.25%。

1995年、2000年全社会固定资产投资额、基本建设投资额依次为：19445亿元、7365亿元（37.88%）；32619亿元、13215亿元（40.51%）。

（以上资料均摘自：中华人民共和国国家统计局关于国民经济和社会发展的统计公报。）

投资主体的多元化，打破了以往单纯计划经济体制下，以完成工程建设任务为主，不考虑不同主体经济利益需求的局面。为建设领域业主的培育、实行市场化运作，奠定了最为敦实的基础。

（三）外资工程项目急剧增加

我国改革开放以来，在工程建设方面，吸纳外资的额度迅猛增加。据有关资料介绍，20 世纪 90 年代，我国每年实际使用外资猛增到数百亿美元，比 20 世纪 80 年代增加了近10 倍（以 1995 年与 1985 年相比），如表 1-2 所示。

我国使用用外资递增简况　　　　　　　　　　　　　　　　　表 1-2

年　份	1983	1985	1988	1990	1991	1995	2001
实际使用外资（亿美元）	19.6	43	98.4	101	113	484	468

注：资料来源于国家统计局公告。

改革开放前，每年全社会固定资产投入基本上没有使用外资。1983 年实际使用外资不足 20 亿美元，1988 年就增加到近百亿美元，以后增长更快。外资工程项目涉及工业、交通、水利、农业、环保、城市基础设施等多个行业。

随着我国经济的发展，全球经济一体化进程的加快，我国既吸纳外资，也向外投资。但是，总体来看，利用外资的规模依然不小。

2000 年全年新批外商投资项目 22347 个，比上年增长 32.1%；合同投资额 624 亿美元，同比增长 51.3%；实际利用外商直接投资额 407 亿美元，同比增长 1.0%。2010 年利用外资总额突破 1000 亿美元，高达 1057 亿美元，2011 年为 1160.11 亿美元。

当然，无论外资项目多少，搞好这些工程项目建设管理，都是必要的。一般说来，对于外资工程项目建设的管理仍然是以工程效益、工程质量和工程安全为主。

工程建设使用外资的不断增加，有关国际上通行的工程建设管理模式和方法也逐渐推广开来。诸如委托监理、实行招标，以及市场经济体制下惯用的合同制等。

（四）鲁布革水电建设监管模式的启示

位于云南省与贵州省交界的黄泥河上的鲁布革水电站，由首部枢纽、引水发电系统、地下厂房三部分组成。电站总装机容量 60 万 kW（4×150MW），工程总投资 15.95 亿元。是我国在 20 世纪 80 年代初，首次利用世界银行贷款并实行国际招投标、引进国外先进设备和技术建设的电站。工程于 1982 年 11 月开工，1985 年截流，1988 年 12 月第 1 台机组发电，1992 年 12 月通过国家竣工验收。

该工程由云南省电力工业局负责（业主单位）；工程建设管理单位（项目法人）是水利电力部鲁布革工程管理局；设计单位：水利电力部昆明勘测设计研究院；施工单位：水利电力部第十四工程局。开工二三年后，由于政府没有钱，为了使用世行贷款，不得不从原十四局已承担的工程中，把引水隧道工程拿出来，进行国际招标。最终，由日本大成建设株式会社中标。同时，世行要求委托建设监理。由此引发了我国工程建设管理模式的大改革。

根据世界银行要求，确定委托的监理机构有：世行特别咨团（SBC）、澳大利亚雪山工程公司（SMEC）、挪威咨询顾问团（AGN）监管工程建设。

在众多的投标国家中，日本大成株式会社以标底价的57%的低价中标（原标底价为14958万元，日本大成公司以8463万元中标，工程结算价为9100万元，为标底价的60%），获得了鲁布革水电站引水隧洞工程的总承包权。当时，国内有些人认为，日本是为了打开中国市场，而做了一笔亏本的生意。事实上，大成公司靠先进的项目管理，做到了"名利双收"。大成公司在施工中，平均单头月掘进231m，比国内同类进尺高2.5倍；同时，创造了全断面开挖平均单头月进尺373.7m的世界纪录，最高日进尺高达19m；全断面混凝土衬砌平均单头月浇筑量最高达255m。最终，以提前5个月实现了隧洞全面贯通的快速优质目标，赢得了广泛赞誉。

为了合理使用投资和保证工程质量，世界银行派出特别咨询团，并推荐澳大利亚和挪威两个专家组，以监督工程师身份长驻工地。两年多来，专家们根据鲁布革工程的地质和岩石条件，结合外国及专家本人的经验，先后提出了十项修改设计的主要建议。诸如，建议修改原设计，将钢筋混凝土衬砌改为喷锚支护；用岩壁式吊车梁代替传统的立柱式吊车梁；把24m跨度缩短为18m。这个建议被采纳后，节省投资700万元。又如，建议将大坝心墙用料由黏土改为用风化砂石岩，使运距由13.7公里缩短为4公里，节约投资350万元。另外，电站首部枢纽溢洪道左岸高岩改为垂直岩坡后，又节省投资300万元，减少石方开挖量3万 m^3，加快了工程进度。采用外国专家十项建议，使鲁布革电站节省投资3000多万元，占工程总投资的1.89%。

该工程建设实行了以业主责任制、建设监理制、招标投标制和合同管理制为基本管理体制的工程建设管理模式，有力地约束了各种随意性，特别是业主（项目法人）的随意性，以及国内施工企业以往"吃大锅饭"的依赖性等。同时，有效地调动了各方面的积极性，促使业主（项目法人）、监理、承建商三方明晰要获取各自的利益，必须以取得工程项目建设最佳效益为基础，从而形成合力，努力进取。这种体制和机制的成功实践，为我国建设领域改革树立了光辉的典范。

鲁布革工程项目管理经验引起国内的震动和深思。1987年9月，国务院召开全国施工工作会议，时任国务院总理李鹏主持会议，提出认真总结并推行鲁布革经验。从而，促进了对工程建设项目管理科学的总结、探索和发展，引发了国内建设领域建设市场的萌动，尤其是奠定了我国开创工程建设监理制的思想基础。

二、我国工程建设管理模式的演变

（一）建设单位自营模式（1950～1952年）

新中国刚刚成立，一是政府机构还很不健全，全国没有一个主管基本建设的政府机构。有关重要的基建问题，如计划问题、投资问题、物资供应问题、施工问题等都归全国财经委员会管理。其管理的范围、管理的深度都很有限。二是战争刚刚结束，五亿人民的吃饭、穿衣问题亟待解决，没有更多的能力投入经济建设。整个经济恢复时期，全国基建投资仅78.36亿元。这些投资，除少量用于新建工程项目之外，大部分用于工、矿企业的恢复性建设。三是建设力量很少。到1952年底，国营勘察设计和施工单位职工合起来仅有102万人。因此，恢复时期的工程建设基本上都是由建设单位根据自己的财力和需要，自行安排并组织工程建设实施。

（二）建设单位负责制形式（1953～1957 年）

国民经济通过三年恢复，迎来了新中国成立以来第一个经济建设的高潮。"一五"期间，全社会固定资产总投资达到 356.89 亿元，比经济恢复时期增加了 3.5 倍，建设了 156 项大中型工程项目。全民建设队伍增加到 239 万人。新工程项目的大量开工建设，施工队伍的增加，迅速冲破了经济恢复时期的自营管理方式，逐渐形成了建设单位发包、施工单位承包的建设单位负责制的格局。所谓建设单位负责制，是指在国家计划的安排下，承接工程建设项目的单位（建设单位）对上级、对国家负责，按期、保质建成工程项目，并审核施工单位的工程预结算。

（三）投资包干模式（1958～1962 年）

这种形式始发于 1958 年 5 月。当时，石景山钢铁公司在工厂扩建中，向上级主管部门提出"不降低生产能力、不推迟交工日期、不突破投资总额，投资交由建设单位包干使用"的方案，并取得了显著的成效。同年 9 月，毛泽东同志视察大冶铁厂，肯定了这个办法。1960 年，国务院有关部门在广州联合召开了全国性的推广投资包干会议。此后，全国普遍推行这种投资包干模式。这种模式，明确了包干单位的经济责任和权力，并和企业、职工的经济利益挂钩，调动了发包、承包单位职工的积极性，在节省投资、缩短工期、提高质量等方面都取得了一定效果。但是，普遍推行投资包干制后，总体来看，由于概算编制不准（偏低或偏高），设备材料涨价，以及其他方面的原因，实际上工程建设投资是实报实销，往往突破原定的包干限额，而难以控制工程建设投资。

（四）工程建设指挥部模式（20 世纪 60 年代开始的管理模式）

20 世纪 60 年代初，国民经济遇到了严重的困难，中央制定了"调整、巩固、充实、提高"的八字方针。基本建设战线采取收回下放得不适当的权力的措施，改分散管理为集中管理，停缓建一批工程项目，对续建和新建的工程项目，实行集中精力打歼灭战，即相应地集中人力、物力、财力，确保工程建设项目在较短的时间内建成。

在工程建设管理上，组建"工程建设现场指挥部"，由指挥部统一管理工程项目建设的所有事项。"文革"时期，这种管理形式得以推广，可以说，几乎所有大、中型工程项目建设都由组建的现场指挥部管理。直到现在，仍有不少工程项目的建设沿用这种管理形式。随着社会主义商品经济的发展，这种纯行政手段管理经济活动的形式，越来越缺乏应有的权威和效能。

（五）工程承包形式（20 世纪 80 年代兴起的管理模式）

1984 年 9 月，国务院颁布《关于改革建筑业和基本建设管理体制若干问题的暂行规定》，要求推行投资包干制和招标承包制。即由建设单位对国家负责，由发包单位择优决定设计单位、施工单位。承包建设任务的设计单位、施工单位对发包单位（建设单位）负责，实行承包责任制。实施这种承包形式，与同时开始实行的工程建设招标投标制（以期优选承建商，实现工程建设投资、质量、工期等主要经济指标的优化），其目的都是为了控制工程建设投资，并提高工程技术水平。

这种管理形式试行以来，先后成立了一百多家以设计或施工为"龙头"的承包公司。他们往往擅长于承接设计阶段或施工阶段的建设任务，而对包括设计、施工在一起的工程承包都有一定的难度，再加上政企不分、物价的变动等因素，企业只包赢，难包亏。尤其是建设单位管理工程建设的组织形式没有实质性的改变，工程建设管理体制的改革没有触及到建设单位。工程建设管理的观念，包括承建商的思维理念大都仍然停留在计划经济体制下的思维模式，管理方式也沿袭旧有的办法。因此，工程项目建设实行承包以来，举步维艰，困难重重。承包制往往流于形式，徒有其名。

（六）建设监理制形式（20 世纪 80 年代末兴起的管理模式）

随着建设管理体制改革的深化和对外开放的扩展，从 1988 年开始，建设部按照国务院批准的"三定"方案规定的职责，着手创建我国的工程建设监理制度。

工程建设监理，就是由具有较高的综合管理、技术能力的人员组成专业化、社会化的管理班子，即工程建设监理单位，对工程建设的全过程，或其中某些阶段进行监督管理，其中心内容是对工程建设的投资、质量和工期等加以控制，以求提高建设水平和投资效益，达到预期的建设目的。几年来，这项改革已取得了可喜的成效，并迅速地推广开来。

三、我国建设监理制的创建

（一）借鉴与研究

1. 工程建设监理的起源

工程建设监理是市场经济体制下的一种管理体制，是社会生产力发展到一定程度的必然产物。市场经济体制形成比较早的西欧各资本主义国家是工程建设监理制的发源地。早在 1830 年，英国政府推出了工程建设总包合同制之后，过去的自营方式逐渐被承包方式所取代。选择、管理承包商的需要，不仅导致了工程招标交易形式的出现，而且也促进了监理制的诞生。建设市场上形成了业主、"工程师"、承包商三方相互依存又各自独立、相互关联又相互制约的新格局（这里所说的"工程师"就是从事工程建设监督管理的单位，我国称之为"监理单位"，或简称为监理，下同）。

2. 国际监理工程师联合会（菲迪克）的建立

1913 年，西欧 5 个国家的监理工程师协会为了维护本行业的利益，自发地联合成立了"国际监理工程师联合会"。第一次世界大战开始到第二次世界大战结束，在这长达 30 来年的时间内，国际监理工程师联合会的组织建设和活动没有多大变化。第二次世界大战结束后，许多国家致力于经济恢复建设，大兴土木。业主为了减少投资风险，节约工程费用，保证工程质量，同时，为了快速建成，及早发挥投资效益，不但扩大了委托给"工程师"的权限，而且需要的"工程师"数量也迅速增加。由此，工程建设监理业迅猛发展起来。尤其是到了 20 世纪 50 年代，许多国家的监理工程师协会相继加入了国际监理工程师联合会。到目前为止，这个国际性的社团组织已发展到拥有 80 多个国家和地区的成员（一个国家只有一个协会代表参加）。据 2010 年统计，这 80 多个成员分属于四个地区性组织，即 ASPAC—亚洲及太平洋地区成员协会、CEDIC—欧共体成员协会、CAMA—非洲成员协会集团、RINORD—北欧成员协会集团。近二十多年来，工程建设监理已成为普遍推行的制度。世界银行和亚洲银行等国际金融组织都把实行建设监理作为提供建设贷款的必要条件之一。在国际监理工程师联合会的促进下，不少国家的建设监理正朝着制度化、规范化、科学化的方向发展。

3. 国外工程建设监理研究

20 世纪 80 年代末～20 世纪 90 年代初，我国建设行政主管部门等不断组织考察团到西欧、拉美、澳洲、东南亚各国考察了解有关工程监管的规定和做法，及其成效和利弊等。通过考察，了解了工程建设监理制的起源、发展与现状；了解了工程建设监理企业的性质与构建；了解了建设监理企业获取业务的路径和方法；了解了建设监理人才的培育和管理；了解了工程建设监理的方式和成效，以及有关建设监理发展趋势、各国做法的异同及其经验和教训等。总的看来，除了东欧部分国家和亚洲的少数国家外，都推行了建设监理制。考察情况及有关资料详见附录 1-2。

虽然各国的工程建设监理制，尤其在具体做法上不尽相同，但是，从宏观上看，具有以下相同的特点：

1）工程项目建设实行监理已成为惯例，工程建设监理已成定制，监理是建设市场必不可少的主体之一。

2）如同资本主义国家的其他企业一样，建设监理企业也多是私营企业。

3）监理工程师有认定工程质量合格与否、审批工程进度款、停工和要求撤换承建商的任何不合格人员等多项管理工程的权力。

4）监理工程师的工作方式是以监督、抽查、核验为主，除特别重要的工程部位外，一般不"旁站"监督，更不直接帮助承建商管理工程建设。

5）监理单位大都以开展工程设计为依托，或者同时兼营工程咨询业务，很少是纯粹从事工程施工监理的企业。

6）监理已成为业主必然依赖的中介，监理能向业主提供高智能的技术服务，监理费用普遍较高，一般都在工程造价的 3% 以上。

（二）试点与探索

我国从 1988 年开始，在建设领域推行工程建设监理制。即改变过去那种"有了工程项目凑班子，工程竣工后散摊子"，"只有工作教训，难以积累经验"的工程建设指挥部的管理体制，而由专业化的管理机构——监理单位具体负责工程建设的监督管理工作。

实行建设监理制，是对我国数十年来，工程建设管理体制经验和教训反思的结果，也是深化改革，建立社会主义市场经济体制的必然产物。改革以来，投资主体的多元化、资金使用的有偿化以及社会上经济观念的强化，导致各个法人都很重视本单位的经济利益。同时，也出现了业主随意上项目、任意扩大建设规模、提高建设标准，有些承建商以包代管、层层转包、偷工减料、高估冒算等现象。实践证明，解决这类问题，单靠行政手段不行，实行建设监理制却很奏效。因为，作为独立的第三方，监理单位既可以约束业主，又能够约束承建商，并能够协调双方的关系，形成业主、监理、承建商三者之间以工程建设合同为纽带，以提高工程建设水平为共同目的，相互协调、制约的市场经济关系。

工程建设实行建设监理制，这不仅是几十年来，我国建设领域第一次重大变革，更重要的是它从体制机制上彻底改变了以往单纯计划经济体制下的管理观念和方式。它与以往工程建设管理模式最根本的不同，就是在工程建设交易过程中引入了交易中介——建设监理。从而，变建设市场原有的两元结构为三元结构主体。尽管这种模式在国外，早已是司空见惯的通行惯例，但是，在我国，毕竟是破天荒的第一次。面对这种重大改革的具体实施，有关方面不能不谨慎对待，小心试行。于是，在理论研究的基础上，1988年8月，在全国第一次建设监理试点工作会议后，确定"八市二部"（即北京市、上海市、天津市、南京市、沈阳市、哈尔滨市、宁波市、深圳市和交通部、能源部）的34项工程项目建设中，先行试点。试点的主要内容包括：监理机构的建立、监理与业主合同的签订、监理工作的实施、监理内部的管理、监理与设计单位和施工单位等方面的协调，以及监理费用、监理人员基本素质的要求和培养等。

在监理试点过程中，上下相结合、总结交流、不断改进、逐步扩大，到1992年，初步摸索出了一套基本适应我国工程建设管理的监理模式：包括有关建设监理的定位、建设监理工作的程式和方法、建设监理单位的建设和监理人才的要求及培养、建设监理费用标准等。应当说，三年的建设监理试点比较成功，为以后大刀阔斧地推进建设监理制，无论是法规建设，还是监理队伍建设，以及监理程序和方法等均奠定了坚实的基础。

（三）建设监理企业组织建设

1992年初，建设部制定颁发了《工程建设监理单位资质管理试行办法》（以下简称《办法》）。该《办法》规定：监理单位，是指取得监理资质证书，具有法人资格的监理公司、监理事务所和兼承监理业务的工程设计、科学研究及工程建设咨询的单位。监理单位受建设单位的委托，对工程建设项目实施阶段进行监督和管理的活动。

关于监理单位的组织建设，该《办法》规定，监理单位的资质分为甲级、乙级和丙级。无论是哪个级别的监理单位，除了工商注册的一般要求外，都需要有一定数量的工程技术、工程经济专业人员，同时，要有不同规模和一定数量的工程监理业绩。关于设立监理单位的审批，《办法》规定：国务院建设行政主管部门负责监理业务跨部门的监理单位设立的资质审批；省、自治区、直辖市人民政府建设行政主管部门负责本行政区域地方监理单位设立的资质审批，并报国务院建设行政主管部门备案。国务院工业、交通等部门负责本部门直属监理单位设立的资质审批，并报国务院建设行政主管部门备案。监理业务跨部门的监理单位的设立，应当按隶属关系先由省、自治区、直辖市人民政府建设行政主管部门或国务院工业、交通等部门进行资质初审，初审合格的再报国务院建设行政主管部门审批。《办法》还规定：监理单位的资质等级三年核定一次。对于不符合原定资质等级标准的单位，由原资质管理部门予以降级。核定资质等级时可以申请升级。

关于中外合营、中外合作监理单位的设立。办法规定：中方合营者或者中方合作者在正式向有关审批机构报送设立中外合营、中外合作监理单位的合同、章程之前，须按隶属关系，先向规定的资质管理部门申请资质审查；经审查，符合标准的，由资质管理部门发给《设立中外合营、中外合作监理单位资质审查批准书》。中外合营、中外合作监理单位经批准设立后，应当在领取营业执照之日起的三十日内，持《设立中外合营、中外合作监理单位资质审查批准书》、《中外合营企业批准书》或者《中外合作企业批准书》及《营业执照》，向原发给《设立中外合营、中外合作监理单位资质审查批准书》的资质管理部门申请领取《监理许可证书》。

2007 年 6 月，建设部修改了本《办法》，颁发了建设部第 158 号令《工程监理企业资质管理规定》（以下简称"规定"）。该《规定》特别就不同资质的监理企业注册监理工程师人数做出了明确要求。

（四）创建建设监理人才选拔制度

我国开创工程建设监理制的过程中，有关监理人才的选拔，大体上分为三个阶段。

在"八市二部"监理试点期间，选拔监理人才主要是从三个方面考虑。一是从已经退休，且身体健康的经济技术专业人员（高级工程师或工程师）中选拔；二是从工程建设单位人员中选拔（有工程建设管理经历和经验）；三是从工程设计单位分流出一部分业务骨干。总之，当时是由工程建设项目行政主管部门与有关单位协商，选拔监理人员，组建工程监理单位。

在建设监理稳步推行阶段，为了比较科学地选拔监理人才，由建设部与有关部委协商，于 1992 年 10 月 12 日成立了第一届全国监理工程师资格考试委员会。该委员会由国务院的 18 个部委的相关人员组成，建设部干志坚副部长出任委员会主任委员。先后完成了审查第二批监理工程师资格免试人员的资格，研究部署了第三批监理工程师资格免试的申报工作，并开展监理工程师资格考试试点的部分准备工作等项任务。

为了实施监理工程师资格考试和注册制度，1992 年 6 月，建设部颁发了《监理工程师资格考试和注册试行办法》（第 18 号令）。1993 年 5 月建设部和人事部又联合颁发了该试行办法的《实施意见》（建建字第 415 号）。此后，按照这两个文件的要求，又提出试点工作的具体办法。1994 年，第二届全国监理工程师资格考试委员会成立，建设部谭庆琏副部长出任委员会主任委员。这期间，在完成第三批监理工程师资格免试的申报工作、审批工作的同时，开始着手研究监理工程师资格考试试点的准备工作。1994 年，在北京市、天津市、上海市、山东省、广东省 5 个地区进行考试试点。我国监理工程师资格选拔，由此开始走上了考试选拔的道路。1997 年，全国开展了监理工程师资格考试工作。

有关监理工程师资格考试试点工作的具体办法，主要包括：

"一、按照报考条件要求，自愿报名。二、考试的时间为 1994 年 4 月 23 日～24 日两天，五省市同时进行。考试范围包括：建设监理概论、建设工程合同管理、建设项目投资控制、工程项目质量控制、工程项目进度控制、数据处理六个部分的基础知识及实务技能。三、考试工作由试点省市人事（职改）行政主管部门、建设行政主管部门共同组织实施，并做好考务工作。四、报考者的资格条件和其应提交的证件。五、全国考委会负责做好以下工作：1. 组织制定并发布考试大纲；2. 拟定考试合格标准，报人事部、建设部审批；3. 组成专门命题小组，负责制定考试试题，编印试卷，密封分送各个考试点，并拟定试题标准答案和评分标准；4. 指导与监督考试工作，确认其考试是否有效；5. 组织统一阅卷；6. 按考试合格标准确定考试合格者；7. 向建设部和人事部报送合格者名单，经其审查后由其联合颁发《监理工程师资格证书》；8. 对考试试点工作进行全面总结，对监理工程师考试和注册在全国的实施提出改进意见。六、严肃考试纪律和工作纪律。在考试试卷的命题、印制、密封、发送和保管的全过程中，必须责任到人，并坚持严格的保密制度，严防泄密。如有泄密或在审核参试资格过程中有舞弊行为者，建设行政主管部门和人事行政主管部门要追究其责任，并视情节给予行政处分。参试者如有作弊行为，考试管理机构有权取消其参考资格，全国考委会有权取消其录取资格。七、考试工作需要的经费，可本着以支定收的原则，采取向报考者适当收取的办法予以解决。各考试管理机构应事先编制预算，在摸清参试人数后确定适当的收取数额，并经当地物价部门审核同意。"

实践证明，这套选拔监理人才的办法基本可行。所以，从 1997 年，全国普遍开始实行监理工程师资格考试选拔监理人才办法，并延续至今。当然，这种办法也不是十全十美，有待于进一步总结、完善。

（五）创建制定建设监理法规

有关建设监理法规建设问题，自始至终是一项重要工作。为了开创建设监理制度，1988 年 7 月，建设部就印发了《关于开展建设监理工作通知》。同年 11 月，又印发了《关于开展建设监理试点工作的若干意见》。1992 年相继印发了《工程建设监理单位资质管理试行办法》（建设部令第 16 号）、《监理工程师资格考试和注册试行办法》（建设部令第 18 号）、《工程建设监理收费标准》（〔1992〕价费字 479 号）。1995 年制订了《工程建设监理规定》（建监〔1995〕第 737 号文）、《工程建设监理合同文本》（建监（1995）547号）、《工程建设监理九·五规划》（建监字〔1996〕391 号）、《中华人民共和国建筑法》（1997 年 11 月 1 日第八届全国人民代表大会常务委员会第二十八次会议通过，2011 年 4月 22 日第十一届全国人民代表大会常务委员会第二十次会议修正，其中，第四章对建设监理做出了明确规定）。

进入 21 世纪，相继修改、制定了有关规定，颁发了《工程监理企业资质管理规定》（建设部令第 158 号）、《监理工程师注册管理办法》（建设部令第 147 号）、《建设工程监理规范》GB 50319—2013、《工程建设监理收费标准》（发改价格〔2007〕670 号），以及《建设工程监理合同（示范文本）》GF—2012—0202。以上法规内容详见附录 1-1。

第二节　建设监理的概念

1988 年初，国务院批准新组建的建设部开设了"建设监理司"。同年 7 月 25 日，建设部印发了《关于开展建设监理工作的通知》，由此，拉开了我国推行工程建设监理的序幕。多年来的探索、实践，基本明确了工程建设监理的含义、性质、范围、地位和作用。

一、工程建设监理的含义

我国以往的词语文献中尚没有"建设监理"这个词。1988 年新组建建设部时，首次使用这个词。尽管不必学究式地研究建设监理的定义，但应当了解它的内涵，以求正确地开展工作。

汇总考察了解的情况，多次组织国内有关专家认真研究。尤其是，建设部监理司司长傅仁章特意收集、分析了我国古今有关工程建设监管体制和做法，创造性地提出了使用"建设监理"词条。后经反复论证，普遍认为：按照中国词语的组成，可把"监理"一词理解为"监督"和"管理"两个词义的叠合，即监督管理。根据工程建设监理活动所包含的内容，比较贴切的解释应当是：监理单位受项目法人的委托，依据国家批准的工程项目建设文件、有关工程建设的法律、法规和工程建设监理合同及其他工程建设合同，对工程建设实施的监督管理。具体地讲，就是监理单位根据授权，从技术、经济的角度对工程建设的可行性研究、勘察、规划、设计、施工以及相关的中间活动进行监督、控制、指导和协调，以期达到提高工程建设水平和合理发挥投资效益的目的。最终一致赞同使用"建设监理"词条来表述我国开创的建设监理制。

我国之所以称之为建设监理，是因为普遍认为，创设"建设监理"这个词条，比较准确地反映了这项工作的性质，比较全面地涵盖了这项事业所包含的内容。它既不同于单纯意义上的"管理"，也不同于单纯意义上的"监督"，更有别于"咨询"的概念（关于这方面的文章论述，可参阅建设监理制的主要创建者之一、建设部建设监理司第一任司长傅仁章的相关论著）。创设"建设监理"这个词条，得到了我国汉语专家们的普遍认可，而迅即被吸纳为《辞海》的一个新词条。

我国改革开放之后，对外交往迅猛发展，国外工程建设管理模式翻译资料，如雨后春笋，比比皆是。但是，鉴于当时尚没有创建"建设监理"词条的情况下，往往把国外的工程建设监管和咨询活动一概翻译为"咨询"。按照汉语的词语解释，"咨询"仅有"顾问"、"参谋"的意义，或者说，"咨询"者只有提出意见、方案的责任，没有负责实施的义务，更没有"拍板"决策的权利，没有监督的权力。咨询单位，则是专门提供征询意见的机构，它没有任何监督管理具体实施的责任。比如，美国有名的智囊集团——兰德咨询公司，就是为美国政府提供战略政策的咨询单位。虽然该单位很有权威，但是，它绝没有一点执行相关政策的权利。同样，把表述工程项目建设监督管理活动译为"咨询"，不合适。而创用"建设监理"一词比较符合实际。精通汉语、借用汉字最多的日本也是使用建设"监理"一词（详见日本的《工程监理手册》）。我国香港、台湾地区以及新加坡的同行对我们创用"建设监理"一词均表示赞同。显然，把向业主提供咨询意见的活动，和为业主提供监管工程项目建设活动统统叫做"咨询"是很不严肃、很不科学的做法。所以，不能再把工程咨询与建设监理混为一谈，等同使用。

由于把"建设监理"译为"工程咨询"由来已久，现在，仍然有人用"咨询"一词来指称国际上的建设监理事项。对此，虽然不必过于指责。但是，毕竟不恰当。尤其是1995年，建设部与国家计委联合颁发了《工程建设监理规定》，以比较权威的部门规章形式肯定并使用《建设监理》词条，1997年《建筑法》颁发后，行业内的人士，有责任准确地表达相关事项。不应再把"咨询"与"监理"混为一谈。

1999年出版的《辞海》中，对于"建设监理"词条的描述是"工程建设的一项管理制度。社会上专门的中介机构受项目法人的委托，依据国家的法规和有关的合同，对工程建设实施的监督管理。主要内容是按照公正、独立、自主的原则控制工程建设的投资、工期和工程质量，进行工程建设合同管理并协调有关单位的工作关系，以实现预定的建设目标。"这是迄今为止，对于"建设监理"词条比较系统的、周详的，也是最权威的注释。

上述注释包含着七大要点，即：

一是明确建设监理是建设领域的一项制度；

二是指出监理单位的性质是一种专门的中介机构；

三是说明项目法人与监理单位之间是委托与被委托的关系；

四是指出监理单位的工作依据是国家的法规、有关合同和工程建设规范、规程、标准，以及有关方面批准的文件等；

五是强调监理的工作原则是"公正、独立、自主"；

六是明确了监理的工作内容是：控制工程建设的投资、工期和工程质量，以及管理工程建设合同、协调有关单位的工作关系；

七是实施建设监理的目的，是实现预期的工程建设目标。

所以，当初根据工作内容和性质，创建"建设监理"一词，在使用华语的范围内，征询意见时，无不得到充分地肯定。可以设想，如果"建设监理"一词创建较早，就会恰当地区别使用"咨询"与"建设监理"。

二、工程建设监理的定位

1995 年，建设部与国家计委联合颁发的《工程建设监理规定》第十八条明确指出"监理单位是建筑市场的主体之一，建设监理是一种高智能的有偿技术服务。"这是首次以比较权威的规章界定建设监理的定位。由此，对于我国建设市场建立比较完善的、科学的三元结构体系有着重要的理论指导作用；对于建设监理成为建设市场必不可少的主体之一起到了重要的法规性保障作用。建设市场三元结构模式如图 1-1 所示。

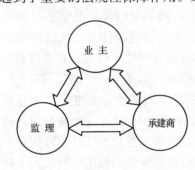

图 1-1 建设市场三元结构模式

从图 1-1 不难看出，建设市场这种三元结构体系是我国市场经济体制下，新诞生的经济关系结构模式。它打破了我国几十年来，建设领域固有的两元结构模式。同时，也归并、简化了以往对于建设领域有关单位的称谓（以往把建设领域有关单位分别称作：建设单位、勘察单位、规划设计单位、施工单位；也有的，笼统地称为甲乙丙三方。甲方，指建设单位；乙方，指施工单位；丙方，指设计单位）。以往这些称谓，都是基于单纯计划经济体制下，各方的作用而命名的，而没有反映出各自的经济属性。显然，不能反映出市场经济体制下，各自真正的属性。三元结构模式则不然，它是按照市场经济体制下，各自的经济属性而划分的。在建设市场中，最基本的主体是交易双方；而比较完善的建设市场体制下，必然有为交易双方服务的中介机构，以便保证交易活动比较合理、公平、持久地进行。所以说，我国建设监理的诞生，建设市场三元结构模式的形成，是建立市场经济体制的必然，是进一步搞好工程建设的必然。

根据我国建设领域现有各种实体的实际状况，建设市场的三元结构模式中，各主体的实际含义，当作如下理解：

（一）业主

本书所说的"业主"，是"工程项目业主"的简称，它是建设市场上的买方，对工程项目建设全过程负有管理责任。

一般情况下，业主是物业的产权人，他拥有建（构）筑物的使用权、所有权。但是，不具备土地的所有权。业主，可以是自然人、法人和其他组织；可以是本国公民或组织，也可以是外国公民或组织。业主是工程项目的责任主体，他依法履行自己的职责。

在我国，政府或以政府为主投资建设的工程项目，在建设过程中，为了便于行使业主的职能，依据有关法规，成立了工程项目法人。从事项目开发建设的有限责任公司，或股份公司，这样的项目法人，不是物业的产权人。它的本质是项目建设管理的责任主体，依法对所开发建设的项目负有项目的策划、资金筹措、建设实施，甚至包括生产经营、债务偿还和资本的保值增值等责任，并享有相应的权利。当然，项目法人也有是工程项目的出资人。这样的项目法人，不仅对工程项目建设全过程负有管理责任外，还享有该项目的财产所有权，负责该工程项目的生产经营活动管理。

另外，狭义的项目法人概念，是指经过一定合法程序，包括行政指定、委托，或招标竞争，并履行法定手续后，确立法定地位的"项目法人"。广义的项目法人，包括经过一定合法程序产生的项目法人和自然存在的项目法人（如全民所有制企业投资建设工程而成立的项目法人），以及自然人，他们都是对工程项目建设承担法定责任的项目法人。

但是，房屋开发商不是真正的业主。房屋的真正业主，是房屋的购买者，他们享有房屋的使用权和所有权。房屋开发商只是履行工程项目建设责任主体的责任和义务。就是说，在房屋建筑过程中，房屋开发商被视作"业主"。它以业主的身份委托监理；与承建商签订工程建设合同等，直至工程竣工，交付使用，才结束"业主"的责任。为了叙述简便起见，一般情况下，笼统地把项目法人和业主，统称为"业主"。

（二）建设监理

即工程建设监理的简称（亦可简称为监理），是指工程建设监理单位接受业主的委托和授权，依据建设行政法规和技术标准，运用法律、经济、技术等手段，对工程项目建设参与者的行为，进行监督、控制、指导和协调，以确保工程安全，达到合理发挥投资效益目的的活动。这里所说的工程建设监理单位，可以是以建设监理为主营的监理企业，也可以是承接建设监理业务的咨询企业。所说的工程建设监理，既可以是承接工程建设全过程建设监理业务的监理活动，也可以是仅承接其中一部分，或几个阶段性建设监理业务的监理活动。

（三）承建商

是泛指依据相关法规成立的从事工程建设的企业，即从事工程地质勘探、或工程规划、或工程设计、或工程施工的企业统称为承建商。

承建商可以是专一从事工程建设某一阶段、某一专业，或从事若干专业，或者是某几个阶段，或者是从事工程建设全过程建设活动的企业。专一从事工程建设勘察的，又叫做工程勘察单位；专一从事工程建设规划的，又叫做工程规划单位；专一从事工程建设设计的，又叫做工程设计单位；专一从事工程建设施工的，又叫做工程施工单位；从事工程建设勘察规划设计的，又叫做工程勘察规划设计单位；从事工程设计施工总承包的，又可叫做工程总承包企业等。

在单纯计划经济体制下，工程建设各单位的分工比较详细和单一。自改革开放以来，逐渐打破了行业分工壁垒的状况，而朝着"一业为主，兼营多项"的方向发展。同时，在政府"设计—施工一体化"政策的推动下，原有的工程设计单位，增加了工程施工管理的技能和力量；原有的工程施工企业，增强或开辟了工程设计业务。

17

在企业经济性质方面，无论是业主，还是建设监理，或者是承建商，都既有全民所有制企业，也有民营企业；既有有限责任公司企业，也有股份制企业；既有境内企业，也有境外企业。可以说，我国的建设领域由于推行工程建设监理制，而建立了市场经济体制。建设市场中的业主、建设监理和承建商三方，正依循市场经济的规律，不断地运行发展。

三、工程建设监理的内容

就一般意义上讲，工程建设监理的主要内容，或者说工程建设监理的主要任务是，对工程建设的具体实施活动进行管理、协调、控制（一般称作"三控"、"两管"、"一协调"），以达到促进提高工程建设水平的目的。

所谓"三控制"就是对工程建设的进度、质量和投资的管理。这是工程建设监理的核心，最为重要。对于任何一项工程来说，在实施过程中，落实工程的质量、工期、投资目标，往往是相互矛盾的。就是说，如果要达到高标准的工程质量，就可能延长工程项目建设工期，增加工程项目建设的投资。而要缩短工程建设周期，工程质量就可能差一点，工程投资也可能多一点。

一般情况下，三项工作目标很难同时达到最高峰值。监理的任务，就是要根据工程项目业主的不同侧重要求，和工程项目建设的客观条件，以及建设市场的发展趋势，拟定三项匹配比较科学合理的管控方案，并尽力实现这预定的目标，以期达到工程建设的最佳状态。

所谓"两管理"是指对工程建设合同的管理和对工程建设过程中有关信息的管理。业主与承建商签订的工程建设合同，是监理单位开展监理工作的具体依据之一。这里所说的"工程建设合同"，是一个定性概念。它泛指业主与各类承建商签订的合同——包括投资咨询合同、工程规划合同、工程勘察合同、工程设计合同、工程设备采购合同、工程施工合同、工程保修合同等。对合同的管理，是实现"三控"的重要途径。对工程建设合同管理的表现形式，是定期或不定期地核查工程建设合同的实施情况，纠正实施中出现的偏差，提出新一阶段执行合同的预控性意见。关于信息管理，主要是指对有关工程项目建设，以及与工程项目建设有关的所有信息的收集、整理、筛选、存贮、传递、应用等一系列工作的总称。其实，信息管理是合同管理的附属，或者说是合同管理的表征。所有工程建设合同管理无不以信息管理为依托；工程建设信息管理无不以工程建设合同管理为服务对象。

所谓"协调"，是指协调参与同一工程项目建设各方的工作关系，使之都能按照预订的计划有条不紊地搞好各自担负的工作。这项工作是通过定期或不定期召开会议的形式，或者通过分别沟通的形式进行，达到统一意见、协调步调的要求。工程建设协调工作是一项涉及工程技术、工程经济等自然科学，和工程建设理念、经济利益诉求观念等社会科学的现代管理科学。要想搞好工程建设协调工作，必须以既定的工程项目建设计划为出发点，以最大限度地调动各有关方面积极性为基本原则，以最合理的投入为代价，促使工程建设顺利进行。为了搞好工程建设协调工作，往往是经济约束、制度管理、沟通梳理、情感交流等形式综合调配使用。搞好工程项目建设协调工作，绝不仅是工程项目总监等一两个人的事情，而需要工程项目建设监理全体人员的共同努力。

工程建设的每个阶段、各个环节都有具体的"三控"、"两管"、"一协调"的内容。按照工程建设的程序来划分，各阶段监理的主要内容是：

建设前期阶段：对工程建设投资决策的监理；对工程建设项目可行性研究的监理等；

勘察设计阶段：优选规划设计方案，招标选择勘察、设计单位，对工程勘察、工程设计进行监理等；

施工阶段：招标选择施工单位，对工程施工进行监理，组织工程预验收等。

除此之外，监理单位还可根据自己的能力和营业范围，承担项目法人委托的其他连带的监理业务。

四、工程建设监理的性质

工程建设监理单位都是集精通工程技术、工程经济和组织管理等方面专业人才为一体的智囊团。它甚至要求其成员是具备多学科专业知识和组织管理能力的复合型人才。没有高人一筹的本领，就不可能胜任监理工作，就不可能得到业主的信任和委托。

工程建设监理是一种企业行为，它付出的劳动必须要换取相应的报酬。所以，简单地讲，工程建设监理是一种高智能的有偿技术服务。具体地讲，我国的工程建设监理具有科学性、服务性、独立性和公正性四个特性。

（一）科学性

所谓建设监理的科学性，主要体现在三个方面：一是监理的依据是科学的。众所周知，各个环节上的监理行为都有相应的法律、规章、规范、标准和签订的有关合同为依据。这些依据都是科学的总结，而且还在不断地丰富、修订、完善。二是建设监理的方法是科学的，它不仅主张按照严密的计划行事，而且，强调要实事求是，要用事实说话，用数据说话，排斥任何主观随意性。三是监理的组织是科学的。监理单位的成员都具有较高的学历，具有较强的专业技术能力和组织协调能力，监理单位是一个拥有高智能复合型人才的群体，它有能力制定科学的工作计划，采取科学的方法开展工作。在具体的工程项目建设监理中，组建的工程项目监理班子，是从建设监理单位成员中，根据工程项目建设的需要和工程项目建设的特点而选拔组建的。就是说，工程项目建设监理班子组建，往往遵循"科学、精简、效能、健全"的基本原则。建设监理的这种科学性是其不断兴旺、发展的内在原动力。

（二）服务性

工程建设监理是建设市场三元结构体系中的中介机构。这种定位，就决定了工程建设监理的服务特性。工程建设监理单位不是建筑产品的直接生产者，也不是这些产品的拥有者，它只是受工程项目业主的委托，替代项目业主监督管理工程建设，为业主提供一定的智力服务劳动。这是工程建设监理单位工作服务性的根本所在。在我国，工程建设监理的服务性还体现在为被监理单位提供技术指导、管理咨询等多方面的服务，帮助被监理单位搞好工程建设。当然，这两种服务的性质是有区别的。前者是双方商定的，有一定的法律约束力，是工程建设监理单位必须提供的一种服务，同时，也是有偿的服务；后者是工程建设监理单位一种道义性的服务，不是工程建设监理单位必须履行的职责，是一种无偿的服务（在一定条件下，双方商定的有偿服务除外）。

（三）独立性

工程建设监理的独立性，取决于以下四个方面：

一是建设监理是建设市场三元结构体系中独立的企业法人，享有建设市场三元结构主体之一应有的独立性。它必须严格遵守国家的相关法规，以独立法人的姿态开展经营活动。《工程建设监理规定》第十八条更明确规定"监理单位应按照'公正、独立、自主'的原则，开展工程建设监理工作，公平地维护项目法人和被监理单位的合法权益。"第二十三条规定"监理工程师不得在政府机关或施工、设备制造、材料供应单位兼职，不得是施工、设备制造和材料、构配件供应单位的合伙经营者。"这就从组织建设（人员构成）、企业功能定位和经济利益上，奠定了建设监理独立性的基础。

二是建设监理在监理合同法律主体关系上是独立的。业主与监理单位是委托与被委托关系。业主有其委托与不委托的权利；同样，监理也有接受与不接受的自主权。二者在法律关系上都是独立的。附带说明一下，有些人荒谬地把委托与被委托关系等同于雇佣与被雇佣关系（受雇佣者往往因为某种原因，屈从于雇佣者）。显然，是走马观花地看见了事物的表面现象，没有看清楚问题的实质，就误以为二者一样。

三是建设监理在监理合同内容的法律关系上是独立的。监理单位须通过投标竞争取得监理业务，而非私相授受，并签订委托监理合同。无论是招标文件，还是投标书条款，还是建设监理委托合同，都表明：建设监理与业主之间是各自独立、平等的关系，建设监理享有受到国家法律保护的独立行事权利。

四是建设市场要求建设监理必须具有明显的独立性。我国是社会主义国家，国家法律支持企业法人独立自主地开展经营活动。从国家的角度来看，推行工程建设监理制，在一定意义上，就是要通过建设监理来约束、规范业主的行为。即形成三方相互依存、相互制约、相互促进的市场交易关系，以实现不断提高工程建设水平的目的。如果建设监理没有一定的独立性，就难以起到这种制衡作用。就是说，建设监理必须有一定的独立性，国家支持建设监理具有这种独立性。否则，在一定意义上说，就失去了推行这项改革的意义。

（四）公正性

工程建设监理的公正性，主要是指要公正地维护业主和被监理单位双方的合法权益。工程建设监理的这种性质是由其科学性、独立性所决定的。科学本身是公正的、无私的，按照科学法则进行的建设监理必然是公正的。业主与工程建设监理单位之间，在政治上是平等的关系；在行政上是委托与被委托的关系，不是领导与被领导的关系；在经济上是合同关系。工程建设监理单位与被监理单位也都是独立的企业法人，他们在监理工作上没有合同关系，没有经营性的经济往来关系，也不存在领导与被领导关系。工程建设监理单位在人事上、经济上的独立性是其监理工作上公正性的重要前提和必然。

五、我国工程建设监理制的特点

根据我国的具体情况，借鉴国际上的做法和经验，在工程建设监理的实践中，初步建立了我国的工程建设监理制。我国的工程建设监理，除了具有国际上通行的基本性质以外，在经济性质、社会地位、队伍建设以及建设监理工作的深度等方面，形成了独有的模式，具有以下几方面的特性。

（一）监理单位的经济性质以公有制为主体

以公有制为主体的所有制性质，是由国家经济性质所决定的。因此，监理单位不仅要考虑本企业的经济利益，还要考虑国家、其他相关企业的经济利益。

我国是社会主义国家，这种社会性质决定了我国的经济性质以公有制为主体。众所周知，所谓公有制经济，是指国有经济、集体经济以及混合所有制经济中的国有成分和集体成分。公有制的主体地位主要体现在：公有资产在社会总资产中占优势，国有经济控制国民经济命脉，对经济发展起主导作用。在工程建设领域，公有制的形式表现在：投资主体、工程建设主体、企业经营主体。与之相应，国家的财政收入也主要来自全民和集体企业。即使以后按照公司法的要求，对企业进行改组，这种以公有制为主体的实质当不会有太大的改变。就是说，现有的国营和集体所有制的监理单位，按照公司法改组后，绝大多数企业股份的控制权仍然属于国家或集体，而不是落入个人手中。个人控股的监理企业只是少数。基于这种现实和思路，我国的工程建设监理也遵循着以公有制为主体的格局。只有这样，才能保持企业性质与社会制度的一致性。目前（2012 年底统计），我国 6605 家有资质监理单位中，经济性质为公有制的内资企业（包括国有、集体、股份合作、联营、有限责任公司和股份有限公司）共 4799 家，占 72.9%。

（二）建设监理是建设市场的主体之一

如上所述，从交易的角度看，建设监理是独立于买（业主）、卖（承建商）双方之外的第三方，它要独立地、公正地处理问题，要维护业主和其他有关各方合法的权益，从而形成业主、建设监理、承建商三角鼎立的局面。我国的建设市场是改革开放之后，即 20 世纪 80 年代才开始建立起来。建设市场建立的主要标志是工程建设实行招标投标制。1984 年，国务院颁发了《工程建设招标投标条例》。国家从法规上明确废止了计划分配工程建设任务的做法，把项目法人（建设单位）和承建商（施工单位）都推向了市场。两者都从过去那种以完成任务为出发点的思维方式转变为以综合经济效益为第一的观念，而开始出现了以建筑（构）物为交易内容的买卖关系。项目法人为买方，承建商为卖方。仅有买卖双方，没有中介机构，任何交易活动都很难规范。何况，按照市场经济的观念，项目法人须把大量的工程建设具体管理活动委托给中介机构承担。因此，工程建设的中介组织应运而生，建设监理就是最具影响的中介组织。从而，形成了业主（项目法人）、建设监理、承建商三足鼎立的建设市场。这种三元结构模式的形成，是建设市场发育完善的基本标志。明确地把监理称作建设市场的主体之一，这在国际上可算作首创。当然，这主要取决于我国建设监理的作用的确与国外不尽相同。

实行建设监理制，不仅完善了建设市场主体，而且，有利于规范建设市场的交易行为。按照我国的建设监理法规规定，监理单位不仅要维护项目法人的合法权益，而且，还要维护被监理单位的合法权益。就是说，监理单位不是监理委托单位的雇佣，不能唯委托单位是从。而要以独立、公正的第三方的身份，在建设市场中从事相应的活动。

（三）监理单位的组织模式有一定弹性

鉴于工程建设监理是一种专业化、社会化高智能的技术服务。一个监理单位不宜、也不可能把社会上多种专业的人才网罗到一起，形成大而全的群体。因而，监理单位往往由一部分相对固定的人员组成，再根据监理工作的需要，临时聘用人员，或与相关单位建立稳固的合作关系。

工程建设监理单位弹性的组织模式，主要表现在以下四个方面：

一是监理单位作为企业，要与本企业的员工签订用工合同，即企业用工制度改为合同制。实行合同制，既使企业摆脱了不分适用与否均要把所有员工终生"包起来"的沉重包袱，又能使人才得以合理流动。这样做，于国家、集体、个人都有益。与企业签订较长期录用合同的员工是企业的基本力量，是企业员工的多数。与企业签订临时聘用合同的员工是少数。企业录用这部分员工，往往是出于业务量的增加或专业上的需要。一旦这种需要不存在，聘用合同就不再续签，员工数量就可减下来。

二是一个监理单位还可以与其他单位建立不定期、不定量的用工协作关系，并以合同的形式予以明确、加以规范。从而，使监理单位的力量在更大的范围内得到调节。

三是监理单位往往根据不同的业务，组建不同的项目监理班子，一项工程监理业务结束后，该项目监理班子也就随之解散。接受新的监理业务后，必然重新组建工程项目建设监理班子。

四是就监理单位内部的组织形式而言，也不是固定不变的。根据建设市场的变化，企业经营战略的需求，或者培养监理人才的需要，监理单位内部的组织建设也将随之调整。

（四）建设监理具有独立的执业资格认证体系

20世纪80年代，我国开创建设监理制以后，为了培养出能够胜任工程建设监理业务需要的人才，建设部监理司组织编写了建设监理培训教材，并普遍开展了培训工作。在此之前，1992年10月12日，建设部与国务院其他17家部委联合组成了"全国监理工程师资格考试委员会"。随后，着手建立执业资格确认制度。即逐级从已具备中级工程技术、工程经济专业人员中选拔监理人才——监理工程师，报全国监理工程师执业资格考试委员会审批。第一届"全国监理工程师资格考试委员会"审核确认了第一、第二两批监理工程师，并研究部署了第三批监理工程师资格免试的申报工作。1991年3月，公布了首批100名监理工程师名单。1992年11月、1994年6月又先后各确认了276人、661人监理工程师。1994年5月，改组成立了第二届"全国监理工程师资格考试委员会"。1996年，正式开展首次监理工程师执业资格注册工作。三批免试确认的人员和1994年建设监理试点考试通过的人员，合计注册了1863人，占取得监理工程师资格证书人数（2963人）的62%。从1997年开始，实行监理工程师执业资格考试确认制度后，监理工程师执业资格确认和注册工作就步入了全面、系统的运行轨道，形成了比较完善的执业资格认证体系。

目前，国外的监理工程师一般是由注册工程师、注册建筑师或工程项目专职管理人员充任。之所以这样做，一是因为这些资格的确认工作分别由不同的协会负责。各协会在自己缓慢的发展过程中，形成了相对独立、比较完整的管理体系，而国家又始终没有去协调管理，以至于延续到现在。二是因为在监理专业方面，有它一定的基础。主要是在资本主义的发展过程中，为了适应市场经济的需要，大专院校的专业学科设置都比较宽，像学建筑学的，还学习不少经济专业知识。此外，学生为了提高自己毕业后应聘的竞争能力，往往参加第二学位的学习。所以，虽然专业技术执业资格注册考试的知识面很宽，考生也能适应。尽管如此，它毕竟是专业资格，有它一定的局限性。

为了尽快地培养建设监理人才，同时，为了加强统一管理，促进建设监理事业的发展，我国在学习国外建设监理经验的基础上，结合中国的具体实际，把有关工程建设监理的知识，包括一些分散的、不系统的，以及一些边缘学科的知识汇总起来，加以整理、补充、完善，初步形成了比较规范的建设监理知识读本。利用这些教材，对已取得工程专业中级职称的人员进行再教育，就很快培养出了一大批监理人才。因此，我国建立独立的监理工程师执业资格认证体系不仅必要，而且可行。从行业发展的角度看，这样做也是需要的、合适的。

（五）建设监理具有严格监理、热情服务、监帮结合的工作特性

监理单位要依据监理合同和其他工程建设合同严格、认真地做好监理工作，向业主、还要向被监理单位提供热情的服务，在监理工作的同时，帮助被监理单位提高管理水平和技术水平。这就要求监理人员为监理工作投入更多的精力。

鉴于我国所有制以公有为主的特性，建设监理工作也逐渐形成了体现这种经济性质的工作特性，即"严格监理，热情服务，监帮结合"。这种工作特性是我国工程建设监理与国外工程建设监理的突出区别。在严格监理方面，我国与国外的作法基本相同。在现阶段，由于我国建设市场创立不久、市场交易远不规范；施工企业管理不到位；工程质量通病普遍存在，工程质量事故屡屡发生。因此，严格监理尤为必要。

所谓严格监理，就是要做到"五严" —— 严格合同管理、严格监理规划、严格核验规程、严格签认手续、严格往来函件。

1. 严格合同管理

主要是指严格管理项目法人与承建商签订的工程建设合同，也包括与该工程项目建设相关的其他合同，以及项目法人与监理单位签订的监理合同。

严格合同管理的前提，是合同本身的合法性和科学性。不合法的合同，即无效合同，监理单位应拒绝管理并建议废止。对于不科学的合同，监理单位应建议修改；对于不完善的合同，监理单位应建议补充。

在合同执行期间，监理人员应熟悉合同的各项条款，应严格按照合同的规定和要求监督双方当事人认真履行。尤其是在项目法人的授权范围内，监理人员要认真监督被监理单位是否按照合同的规定，按照有关规范、规程进行工程建设。对于不符合要求的，要明确改进；对于可能酿成事故的，要明令制止。

2. 严格监理规划

工程建设监理工作是一项严细的活动。按照一般工作程序，实施监理前，要依据监理合同制订监理规划。有的，还要在监理规划的基础上，制定监理细则。监理规划是搞好工程建设监理纲领性文件，监理细则是具有很强的可操作性的监理工作准则。所以，应当针对工程监理项目的特点、难点，以及工程项目建设的环境条件，认真研究编制工程项目建设监理规划及监理细则。在监理细则中，要明确监理工作流程，如项目监理机构内部的管

理工作流程、每项专业监理工作的流程、工程核验计量直至支付的流程和方法、措施等。严格监理规划，包括编制规划要严格、落实规划要严格两方面的内容。科学的建设监理规划和细则，是搞好工程项目建设监理的重要举措。只有严格遵循落实，才能保证监理工作顺利进行，才可能取得比较好的效果。

3. 严格核验规程

严格核验规程，一是要严格核验流程；二是要严格核验标准。由于工程建设的不可逆转性，与其他监督管理模式相比，建设监理工作的显著特点之一是，要求监理人员掌握可靠的、丰富的第一手资料。尤其是对工程项目建设的原材料核验、隐蔽验收、阶段性验收和工程量核验等，监理人员一定要深入现场，严格按照相关规程进行，按照既定的标准核验。只有这样，才能避免工作上的疏漏。更重要的是，只有按照规程的标准进行核验，对于在总体上搞好工程建设是一个有力的保证。

4. 严格签认手续

在工程建设监理过程中，监理工程师要签认多种报表和单据，诸如原材料检验单、设备检验单、工程质量核验单、工程量计量核验单、支付工程款签认单等。签认这些单据要按照一定的程序，更要讲究签认的必备条件，不符合要求的决不能签字。同时，还要严格按照工作分工和职责权限的规定签署意见。在工程建设监理过程中，始终要严格贯彻谁签字谁负责的原则。

5. 严格往来函件和管理

按照有关规定，工程建设过程中，监理与被监理单位，监理与工程项目业主，以及监理与设计单位之间的往来函件都是相关工作的依据，都应纳入相关的档案管理。因此，一定要认真对待这些往来函件。一是要慎重起草发出的各种函件，提高其科学性、合理性、合法性、准确性。尤其是制发停工整改通知书，一定要严肃对待、杜绝失误——既不要草率从事，滥发停工通知书，也不要随便更改或收回，还要认真监督落实。二是要慎重对待、认真办理各种来函。决不能因为对往来函件处理不当而影响工程建设，以及引发索赔事项。

所谓"热情服务"，就是要求监理人员在从事监理活动中，以热情的态度做好服务。监理单位热情服务的主体是项目业主；热情服务的前提是已与业主签订了监理委托合同；热情服务的内容是监理合同所确定的条款，维护监理委托单位的合法权益；热情服务的目标是使委托单位放心、满意，并促进工程项目建设水平的提高。同时，对被监理单位也要抱着热情服务的态度。对被监理单位的服务内容主要体现在：不故意损伤其合法权益、支持被监理单位的合理诉求；在被监理单位需求的前提下，为其提供技术咨询服务；或者发现被监理单位的工作失误、工作困难，可主动提供技术支持，帮助其搞好有关工程建设的业务工作。当然，一般情况下，监理为被监理单位提供的服务是无偿的。

所谓"监帮结合"，就是监理单位对被监理单位既要严格监理，又要积极帮助。"监"与"帮"的目的都是为了搞好工程建设。要寓"监"于"帮"之中，即"监"中有"帮"、"帮"中有"监"；"帮"围绕着"监"。"帮"的前提是，被监理单位需要并愿意接受帮助；监理单位有能力提供帮助。"帮"的主要内容包括两个方面，一是帮助被监理单位加强管理，提高管理水平；二是帮助被监理单位学习业务，提高队伍素质。诸如帮助被监理单位加强人力调配、搞好组织协调；帮助被监理单位熟悉有关工程合同条款，掌握有关规范、规程，以及相关的新技术、新知识等。当然，这些无偿服务是道义性的，而非法定性的。被监理单位无权要求监理单位必须无偿地提供这类服务。如果被监理单位需要提供技术性很强、业务量比较大的咨询服务，则可按照技术咨询服务的相关规定办理技术咨询服务手续，并支付一定的咨询服务费用。

第三节 工程建设监理的实施

工程建设监理，就是对工程建设活动的监督管理，可简称为建设监理，甚至简称为监理。关于工程建设监理的实施，即是关于工程建设监理一系列活动要点的记述。包括监理的基本程序、各个阶段的工作内容和方法措施等。

一、建设监理基本程序

按照现行的相关法规规定和工作需要，建设监理企业的监理工作程序，一般依下述顺序进行。

(一) 获取监理业务信息

监理业务信息的获得，往往通过工程监理招标公告，或其他工程建设信息。在买方市场的情况下，监理竞争十分激烈。为了及早掌握丰富的监理信息，企业不仅组建强势的经营部，而且往往采取激励措施，调动经营部职员的积极性，争取及早掌握多个工程建设监理信息。甚至，企业领导亲自出马，或充分动用各种人力资源，多方了解有关信息，包括某地区，或某行业，或某业主的建设计划、建设意向等。

(二) 工程建设项目监理投标决策

这项工作对于任何企业来说，都十分重要，甚至是生死攸关。所以，监理企业领导特别关注这项工作。经验丰富且精明的领导，既善于群策群力谋划，更善于决策拍板。一般情况下，企业领导的决策取决于以下几方面：

1) 监理业务在本企业的经营范围内；

2) 本企业是否有能力承接该监理业务；

3) 该项监理业务竞争的激烈程度，以及本企业胜算的程度分析；

4) 该项监理业务是否志在必得；

5) 对于一般争取的监理业务，投标书三档方案的拟定；

6) 对于志在必得的监理业务，投标书三档方案的拟定；

7) 本企业领导层及预选的项目总监对于决定意见的认可程度；

8) 在签订监理委托合同前，各种调整预案的准备。

(三) 编制工程建设项目监理投标书

编制工程建设项目监理投标书是一项最基本的经营活动。投标书编制水平的高低，既是一个企业经营水平的反映，更是能否中标的关键一步。编制高水平的投标书，必须同时在以下几方面下功夫：依据的可靠性、目标的针对性、组织的科学性、措施的可操作性、费用的合理性、内容的完备性，以及总监的权威性、编制的快捷性和企业行为的可信性等。

1. 依据的可靠性

编制投标书的依据，往往包括三方面的内容。一是招标文件提供的相关资料；二是工程建设的有关法规、规章和标准；三是本企业的有关资源（人力、技术能力和内部制度等），三者缺一不可。

2. 目标的针对性

这里所说的目标，包括两方面的内容。一是招标文件所开列的指标性要求，诸如建设工期、工程质量、工程专业特性、工程环境特性等。二是本企业的最高期望值、最低期望值。

3. 组织的科学性

不同专业、不同规模、不同环境、不同要求的工程建设项目，应有与之对应的、最科学的项目监理班子。所谓监理班子的科学性，主要体现在组织模式的科学性、人力匹配的科学性、运行规程的科学性，以及适时调整的科学性等。

4. 措施的可操作性和强势性

根据工程建设监理招标文件的要求，投标书必须拟定搞好该项工程建设项目监理的主要措施。这类措施包括组织措施、技术措施、经济措施和物质措施等。组织措施，主要是指组建工程建设项目监理班子。其模式如上所述，选其一，表明所选模式比较适应该项工程建设监理的需要。同时，表明该班子成员有能力承担其应当肩负的责任。经济措施是指提供的本企业的经营状况信用证明，表明本企业有一定的经济实力，且正常运作。物质措施，主要是指拟投放于该监理项目的物资和设备等。

以上这些措施，各投标单位投标书往往大同小异，区别不大。评标者一般都把注意力投向对投标书中技术措施的审查。这些技术措施，是针对工程建设项目的特点、难点、要点等而拟定的具有较高技术含量的种种方案或方法、技能等。这些技术措施往往是一个企业核心竞争力的所在，甚至具有压倒对手之势。所以，编制投标书时，都把拟定技术措施作为重中之重，投入强大的力量，务求尽善尽美。

5. 费用的合理性

所谓监理费用的合理性，无论监理投标书开列的价格高与低，都要立足于实事求是，着眼于市场竞争情况，以及企业的经营策略等。同时，要使业主（评标者）感到物有所值。

当然，现阶段，建设市场上的交易行为，还很不规范。既有业主盲目压价，甚至一味追求低价中标的陋习；也有投标者恶意竞争，以中标为原则而不惜亏损。不要说在市场经济体制不完善的情况下，常常出现这种违规行为。即使市场经济体制发育相当成熟后，出现这种违规行为，也不足为奇。问题是，作为一个经营者，应当在分清是非，恪守正道的前提下，采取灵活的竞争策略。因此，一般情况下，编制投标书时，要拟定适宜的报价。

6. 内容的完备性

随着建设监理工作的细化，工程建设监理投标书的内容越来越丰富。无论工程建设项目规模大小，基于招标文件的要求，监理投标书丰富的内容，往往可以形成厚厚的一本书。归纳起来，主要由以下几方面构成。

1）投标函及投标函附录。

2）法定代表人身份证明/授权委托书。

3）项目管理机构及其组成。

4）有关投标企业资信资料/资质、营业执照、近年财务状况、企业服务承诺。

5）技术标（监理大纲）包括：工程概况、监理工作依据、监理工作范围和目标、监理工作流程、监理工作制度、质量控制的目标措施和方法、进度控制的措施和方法、投资控制的措施和方法、合同管理和信息管理的措施和方法、工作协调的措施和方法、投入设备仪器等物资等多方面内容，是监理投标书最为重要的组成部分。

6）商务标：投标报价范围、计价依据以及相关说明。

附带说明的是，现行的一些投标书格式和内容，异常繁杂。如监理人员栏目中，不仅要有注册证书复印件，还有身份证、学历证、社保证、继续教育证等多种证书的复印件；企业经济状况要包括近 3 年的经济收益账目；就连投入的设备仪器，也要出具购置清单和付款凭证等，似是文牍主义泛滥，当尽力避免。

7）总监的权威性。这里所说的总监的权威性，主要是指在监理投标书中选择总监人选时，应当考虑其资历、能力、品德和在业界的知名度等综合条件，具有使人信服的力量和威望。选定具有强势权威性的总监，对于提高中标概率是极为必要的筹措。

8）编制的快捷性。工程建设招标文件条款中，都有投标的时限要求。一般情况下，业主把投标时限压得很短。所以，投标企业必须快捷地编制投标书。有经验的企业，往往都备有成熟的投标书格式。一旦需要编制投标书，即召集有关人员，针对招标文件的要求和工程的特点，拟定相应的对策，在既有的投标书格式文本的基础上，加以修改完善，即可报出。

9）企业行为的可信性。为了提高中标概率，投标书的方方面面都要努力显现企业的可信度。诸如，提供企业（总监）相应的荣誉证书、资信证明、类似工程项目监理的证明文件，以及技术措施中的成功案例和经验等。

（四）签订建设监理委托合同

与工程建设项目业主签订建设监理委托合同，是业主与建设监理单位民事交往中，最直接、具体的法律文书，是确定二者民事主体间权利、义务的基本法律文件。不仅可以保障民事活动顺利、安全地进行，更能在发生纠纷时及时、妥善地解决双方纠纷，把损失减少到最小。

工程建设监理委托合同有关的法律关系包括：合同的订立、双方的权利和义务、合同纠纷的解决三个重要组成部分。

为了规范建设监理委托合同，同时，也是为了保证双方的合法权益。建设部制定并不断修改该合同的示范文本。

根据建设监理委托合同签订的情况，在以下几方面当引为鉴戒：

1）要紧紧围绕工程建设监理招标文件的要求和建设监理投标书的承诺，把相关内容列入合同条款，甚至把工程建设监理招标文件的要求和建设监理投标书作为合同的组成部分，附于合同后面。

2）必须严格界定工程建设监理的业务范围。不能把义务帮助业主，或义务帮助承建商的事项也列入监理责任的业务范围。

3）有关权益要界定清楚，尤其是监理人员的临机处置权，必须予以明确，决不能模棱两可，含糊其辞。

4）应当明确有关纠纷的解决途径和办法，而且，这些途径和办法必须具有明显的可操作性。

5）必须标明合同生效的起止日期，绝对不能以合同的签字日期替代合同的生效日期，也不能定性地界定合同的起止日期。

6）合同在加盖公章的同时，必须由双方法定代表人签字。绝不能以加盖公章替代法人代表签字，也不能以法人代表签字替代公章。

7）对于重大合同，或者对合同对方当事人资质能力有疑虑的，可申请公正，或商定好仲裁机构，并写入合同条款。

（五）组建工程建设项目监理班子

依据工程建设项目的特点和监理企业的习惯，选定工程建设项目监理班子的构建模式。由拟定的工程建设项目监理总监为主组建工程项目监理班子——最好是由总监为主，挑选人员，报经监理企业领导审批；或者由监理企业领导直接组建工程建设项目监理班子，并委派项目总监。

随着工程建设项目实施的进展变化，应当适时地调整工程项目监理班子的人员，以满足建设监理工作的需要。

工程项目建设监理班子成立后，由总监负责编制监理规划（以及监理细则）、制定监理工作制度。诸如监理分工负责制度、监理工作流程制度、考勤考核及奖惩制度，以及内外协调和信息交流制度等。

（六）开展工程建设项目监理

按照工程建设项目监理委托合同的约定，积极做好准备，并适时开展工程建设监理工作。具体内容和实施步骤、形式和方法，因监理委托合同要约而定，详见本节建设监理要点和建设监理实务所述。

（七）工程建设项目监理工作总结

任何工作，每当结束之后，都应当认真进行总结。作为新兴行业，工程建设项目监理之后，更应当认真做好总结，以便积累经验、汲取教训，搞好今后的监理工作。

工程建设项目监理工作总结的主要内容，当包括以下几方面：

1）监理规划的突出特点和不足；

2）监理技术措施的成效及不足；

3）预控的突出成效与不足；

4）重大技术措施应用的经验和创新技术的应用成效；

5）内外协调的成效与不足；

6）内部管理制度落实情况，及优秀人物的事迹；

7）关于改进工作的建议；

8）工程建设项目监理班子的自我评价等。

工程建设项目监理工作总结，可分为阶段总结和终结总结两类。阶段性工作总结，视工作性质，或工作段落，或工作内容，或工作时间间隔，以及监理工作区域划分等分别进行阶段性总结。工程建设项目监理工作结束（建设监理委托合同完成）后，进行的总结，为监理工作终结总结。二者的性质相同，但是，总结的角度、范围、重点，以及总结的深度会有较大的差异。

关于总结的方式，一般应当由总监主持，明确要求、分工负责。对于重大事项，应当由总监主持讨论，集思广益。监理总结汇总，由总监审定后，上报公司领导。

工程建设项目监理工作总结，是监理工作的重要一环，更是建设监理企业宝贵的财富之一，应当不断深入研究，下功夫做好。

（八）工程建设项目监理工作评估

所谓工程建设监理工作评估，就是根据工程建设项目监理的结果，对照监理委托合同的要求、相关规范标准，以及企业自有的工作目标，对工程项目监理活动进行全面、系统的检查、核定。评估既是衡量该项监理工作对企业的相对价值，更是为了改进工作、促进工程建设监理事业的发展。

现阶段，尚未开展工程建设项目监理评估活动。究其原因，无非是建设监理教材从未提及此项工作；再加上工程建设监理工作比较繁忙，企业领导难以静下心来思考这方面的事情。若开展工程建设项目监理评估，的确是建设监理工作中的一项新课题。但是，不能不看到，开展这项工作的必要性：一是基于工程建设监理是我国开创不久的新兴行业，亟待不断客观地总结提高；二是每项工程建设项目监理，都是一次性的，不可逆转，都有其独特的宝贵经验及可能存在的特殊教训，需要客观总结评价；三是作为一种体制，进行监理工作评估，更有利于促进工程建设水平的提高。因此，在我国开创工程建设监理制近三十年的今天，有必要提出这个命题，并期望能深入研究、广泛讨论、提高认识、尽快实施。

1. 工程建设监理工作评估内容

参照一般评估工作的格式和内容，无论是工程项目建设任何阶段，或者整个建设过程的监理工作的评估，其评估内容当包含 6 个方面。

1）监理工作依据的可靠性。包括业主法人资格的真实性、合法性，委托的正当性；招标文件的可靠性；投标书、监理规划、监理措施、项目监理制度等的合法性和可行性。

2）监理工作方法的科学性。主要指针对所监理工程建设项目而采取的重要建设监理方法或手段的科学性，即是否与客观实际相吻合、是否符合科学要求、是否先进、是否具有较高的应用价值等。

3）监理工作成效分析。这是评估的核心内容，也是评价一项监理工作得失成败的基础资料。其主要内容包括：接受这项监理委托恰当与否；投入的人力、物力、财力恰当与否；制定的监理规划的实施效果；采取的监理方法的实施效果；实施监理后与预定的工程项目建设目标值的差异；实施监理后企业的技术收益、经济收益、信誉收益，以及社会收益等。

4）工程项目建设监理班子的组织建设、人员匹配、管理制度、协调能力、技术能力、管理能力评价。

5）与相同或类似建设项目成效的比价。

6）综合评价意见和建议。

2. 监理工作评估标准

由于工程建设监理归属于管理科学，管理科学难以用定量的标准、绝对的标准进行评估。所以，对于工程建设监理工作的评估，应采取相对的、定性加定量的办法进行。或者说，模拟"普通法系"，即比照已有的实例进行评估。一般来说，比照已有实例，定性加定量的办法进行评估比较可行。比如工程规模大小相差不多、监理内容类似、环境条件相近、适用的法规标准类同，则可作为参照，进行评估。

评估结果，一般当以文字形式表述，说明该项监理工作的优缺点和改进建议，并给予综合评价。综合评价分为：优、良、基本合格、不合格和问题严重五类评语。

3. 评估方法

监理工作评估方法有：对比法、因果分析法两大类。

1）对比法，包括本企业内前后工程监理工作的对比、企业外同类工程项目监理的对比、工程项目监理实施过程中前后工作的对比。

2）因果分析法，以结果为特性，以原因为因素，逐步深入研究标示监理项目取得成效、存在问题原因的一种评估方法。一般是通过因果图表现出来，因果图又称特性要因图、鱼刺图或石川图、对策型鱼骨图（鱼头在左，特性值通常以"如何提高/改善"标注）。

4. 评估步骤

1）由主管领导牵头，按照待评估业务内容需要，从各部门抽调人员，组成项目评估小组。

如委托专业单位进行评估，则需要与受委托单位确定项目评估委托书（或委托评估合同）。

2）按照评定小组职责分工，分头收集各种有关资料，包括有关事项的工作人力配备、工作方法、工作程序、工作成效等。

3）将收集的各种有关资料分门别类整理，并与监理工作规划/细则相比对、与企业内定监理目标值相比对，标明比对结果。

4）汇总分项比对结果，进行综合比对分析。讨论后提出取得成效的原因和存在问题的教训，以及改进建议。

5）与评估对象主管（承担该项工程建设监理的监理班子）交换意见，修订评估初始意见。

6）整理最终评估意见，形成评估报告，提交有关部门或相关领导。

如委托他人评估，则须委托单位验收、认可，并支付评估费用后，由评估单位提交正式评估报告。

二、工程建设监理要点

建设监理，作为业主工程项目建设监管的受托人，毋庸置疑，应对工程安全负责。这里所说的工程安全概念，主要是指工程建设项目各项预期目标都能顺利实现。具体讲，就是：投资的选项是合适的；项目的可行性研究比较科学；工程项目的选址及规划比较恰当；工程项目的勘察比较准确；工程项目的施工图设计先进、合理、实用；工程项目施工质量、进度和费用符合合同约定；工程项目交付使用后，能够在预定的寿命期内满足安全使用（生产）的需求等。

显然，这里所说的工程安全，与施工安全是完全不同的概念。虽然施工安全事故也影响到工程的安全，尤其是工程进度目标。但是，施工安全事故的主要影响范围在于施工单位。它的表现形式，主要是人身安全，以及可能牵连到的工程财产和施工财产的安全。

工程安全是一个完整的系统工程。工程建设的各个阶段、各个子系统的安全问题，是整个工程项目安全的不可或缺的有机组成部分。各个子系统的安全问题，既是相对独立的，又是相互关联的。因此，要求各个阶段、各个子系统实施的承担者，必须树立全局观念、整体观念。唯此，才能正确地处理不同阶段遇到的不同安全问题，才能有效地保证工程项目的总体安全。就是说，建设监理接受业主的委托后，应运用自己专业技术的特长，维护好工程建设项目的安全。这是建设监理神圣而艰巨的使命。

工程项目建设的不同阶段，建设监理的工程安全责任原则都一样，只是责任的具体表现形式不同而已。

投资决策阶段，建设监理的工程安全责任主要是，帮助投资者选择正确的投资方向，即预期能获取合理的投资回报；同时，在可行性具体方案的选择上，帮助投资者/项目法人择优确定。在此期间，建设监理首先要协助投资者/工程项目法人挑选有能力、有信誉的工程咨询单位，协助签订并监督执行咨询委托合同。以期在合理的时限内，作出正确的决策，选定最佳的可行性研究方案。

工程勘察阶段，建设监理的工程安全责任主要是，协助投资者/工程项目法人，挑选有能力、有信誉的工程勘察单位，协助签订并监督执行工程项目勘察合同。以期在合同约定的时限内，得到翔实、可靠的勘察报告。

工程设计阶段，建设监理的工程安全责任主要是，协助投资者/工程项目法人，挑选有能力、有信誉的工程设计单位，协助签订并监督执行工程设计合同，在合同约定的时限内，督促搞好工程项目设计，包括根据自己的经验和能力，提出修改工程设计方案、修改相关的具体设计，实现高质量的工程施工图设计目标。

工程施工阶段，建设监理的工程安全责任主要是，协助投资者/工程项目法人，挑选（通过招投标形式确定）有能力、有信誉的工程施工单位，协助签订并监督执行工程施工合同，有效地控制工程建设投资、工期和工程质量，促使工程项目建设全面安全地竣工。同时，可帮助施工单位选用先进、可靠的施工技术和施工方法；可帮助搞好施工安全生产，避免或减少施工安全事故。

竣工投用阶段，建设监理的工程安全责任主要是，协助业主搞好工程保修期内的保修工作，以及对后发现的工程质量隐患的处理；帮助业主委托开展工程项目后评价，或者受委托进行工程项目后评价。

尽管工程建设监理在工程建设的不同阶段，有不同的监理内容，但是，在监理方法上，或者说在工作特性上，都有相同的遵循，即都要突出"预控"的理念。在工程建设的不同阶段，都应当制定详细的监理细则，明确各重要环节的监理方法和注意事项；同时，还要针对关键环节可能发生的意外情况，制定紧急处置预案。决不能亦步亦趋地跟在承建商后面监管，更不能满足于放"马后炮"、当"事后诸葛亮"。

现阶段，有些人盲目地强调监理"旁站"，究其原因，一是因为工程施工管理力量薄弱（体制原因和素质原因等并存所致），二是施工安全形势严峻，社会压力沉重；三是单纯计划经济体制下的习惯思维模式作祟——不严格区分责任，而是遇到困难一起上，搞"混战"。当然，对于工程建设的关键部位、对于工程建设的关键环节，监理者应当"旁站"，以便掌握第一手资料，以便及时处置可能发生的突发事件。即便如此，监理者也不能替代承建商的管理者，直接指挥进行处置。否则，即便想"越俎代庖"，其结果，很可能既代替不了（监理者没有承建商人才物的指挥权），甚至很可能遭受违规的责难。随着改革的深入，随着建设市场的发育、健全，强调监理"旁站"的声浪，必然会日渐低下，而回归理性。

三、工程建设监理的实施

建设监理实务包括：工程建设选项监理、工程建设勘察监理、工程建设设计监理、工程建设施工监理 4 部分。其中，工程建设选项监理基本上没有实例，工程建设勘察监理、工程建设设计监理实例寥若晨星，唯工程建设项目施工监理全面开花、到处都是。所以，有关工程建设选项监理、工程建设勘察监理实务，只能列举一些零星的片断。另外，为了减少篇幅，每项实务仅就工程项目监理实施概况（包括工程概况、监理班子构成、监理制度、监理规划要点、"三控"实施要点、特殊监理措施等）、监理成效等摘要刊录，附以建设监理委托合同、工程项目监理规划，以及特殊的监理措施。其他有关工程项目监理投标书、建设监理日志、监理会议纪要、施工安全监理细则和旁站监理细则等均未刊录。

（一）工程建设投资选项监理

我国工程建设投资主体一般包括政府投资、企业投资、个人投资（或者按照管辖领域分为国内投资、国外投资）。无论哪方面投资，其共同点都是为了实现预期的投资目标——经济的、社会的和政治的，或者兼而有之。这里仅考虑投资的经济目的。

基于投资的经济目的考虑，工程建设的投资选项主要考虑的是：投资的必要性、投资目标、投资规模、投资方向、投资结构、投资成本与收益等经济活动中重大问题。工程建设投资监理，则是要运用一定的科学理论、方法和手段。同时，凭借本企业的经验，对投资咨询单位的咨询活动进行监管。即如前所述，帮助投资者挑选投资咨询单位、协助签订委托投资咨询合同、监督合同的实施，并评判投资咨询报告、协助投资者作出投资决定选择。其中，评判投资咨询报告的优劣，主要从以下几方面着眼：

1）市场调研的全面性；

2）市场分析的准确性；

3）投资方向选择的正确性；

4）投资规模选择的恰当性；

5）投资方案的可行性。

投资决策是指投资者为了实现其预期的投资目标，运用一定的科学理论、方法和手段，通过一定的程序对投资的必要性、投资目标、投资规模、投资方向、投资结构、投资成本与收益等经济活动中重大问题所进行的分析、判断和方案选择。投资决策是生产环节的重要过程。简单而言，就是企业对某一项目（包括有型和无型资产、技术、经营权等）投资前进行的分析、研究和方案选择。

按照待决策问题的影响程度，投资决策分为战略投资决策（如投资方向决策）、策略投资决策（如具体工程项目投资决策）两部分。当然，战略投资决策与策略投资决策又是相对的。如具体工程项目投资决策，相对于该项目的设计决策，又是战略决策。就房地产投资决策（这里讲的，主要是指房地产投资经营决策）而言，其投资决策活动包括：市场调研、科学分析、反复比对、民主决策、领导集中等5个阶段。

关于投资决策问题，当以自然资源和市场预测为基础，选择建设项目。在具体监理过程中，还应注意以下几个方面：一是要确定明确投资目标。二是应当明确优选的方案不一定是最优方案，但它应是诸多可行方案中最恰当的方案。三是还要向投资者讲明：必须有风险意识，即投资决策应顾及实践中将出现的各种可预测或不可预测的变化，且这些变化是无法避免的。但人们可以设法认识风险的规律性，依据以往的历史资料并通过概率统计的方法，对风险做出估计，从而控制并降低风险。四是要及时反馈调整决策方案，投资方案确定之后，还必须要根据环境和需要的不断变化，对原先的决策进行适时调整。从而，使投资决策更科学合理。

现阶段，我国工程建设的投资监理还没有开展，甚至连投资咨询都没能真正实施。而且，在相当大的程度上，投资项目的决策是长官意志的使然。因此，不是刚建成不久就拆除，就是没能发挥应有的效益。如2012年1月21日《光明日报》记者报道：我国现运营的175座机场中，70%亏损，某地区13个省辖市9座机场中有7个"吃不饱"，即近80%的机场亏损。出现这种状况，不能简单归结为"经营管理不善"，也不能自欺欺人地认为"超前建设机场是创造经济发展条件"等。客观现实告诫我们：不能盲目攀比发达国家的机场建设情况（2011年，美国有15096个机场在运营），更不能企图"一口吃成胖子"，而"寅吃卯粮"，超前建设机场。现阶段，我国机场建设做法不能不说是不科学的，起码建设时机的选择是不够科学的。这些现象足以说明，工程建设投资选项时，委托监理非常必要，起码应当委托咨询，以求科学决策。

（二）工程建设地质勘察监理

现阶段，我国远没有开展工程建设地质勘察监理。但是，如同工程建设投资监理一样，客观上也很需要尽快开展工程地质勘察监理。特别是，近几年披露的工程质量事故中，因为工程地质勘探问题而引发的事故也很严重。究其体制性原因，就是工程建设前期工作没有能完全按照市场经济体制管理模式进行管理，即业主该委托工程地质勘察监理工作没有实施。而是像单纯计划经济体制下那样，业主直接委托并管理工程地质勘察事项。业主又不具备工程地质勘察管理技能，只好听天由命，任由工程地质勘察单位自行了事。无论是工程地质勘察方案，还是工程地质勘察质量，或者是工程地质勘察进度和费用，一般都听凭勘察单位述说，很难提出有见地的不同意见，更不可能发现工程地质勘察工作中的质量问题。至多进行工程地质勘察招标，从中选取报价比较低，或者觉得信誉较高的单位承担。这样，难免出现工程地质勘察的问题，只能到工程建设施工完成后，甚至到工程竣工交付使用后，才暴露出工程地质勘察中的问题。

2002年，铁道部印发了《关于开展铁路工程地质勘察监理工作的通知》（以下简称

《通知》，详见附录6-3），并于2005年制订了《铁路工程地质勘察监理规程》（以下简称《规程》，详见铁建设〔2005〕2号文）。这是我国最早推进工程建设地质勘察监理的政府文件。铁道部率先推进工程地质勘察监理，在全国工程建设监理行业带了个好头，很值得借鉴和推广。

该《通知》指出："为促进铁路工程地质勘察质量的提高，保证勘察工作符合规程、规范的要求，满足设计需要，决定在铁路工程地质勘察中实行监理制度。"

《通知》明确了工程地质勘察监理的内容：

勘察任务书、勘察设备和人员的配备、勘察手段和方法及程序、调查测绘范围和内容及精度、勘探点数和深度及勘探工艺、土质取样数量和实验、水文地质实验、勘察原始资料和考察报告等是否符合规范规程。

《规程》则详细规定了工程地质勘察监理的监理机构建设和职责、监理规划和监理细则的制订、工程地质勘察常规监理，和不同建筑物工程地质勘察监理、不良地质勘察监理、特殊地质勘察监理，以及地质勘察质量问题的判定和处理。

该《通知》比较全面地界定了工程地质勘察监理工作的主要事项，这是一个很好的文件。如再根据实践反馈意见略作修改，当可为各行业借鉴。比如：

1）拟明文规定在工程建设领域推行工程地质勘察监理；

2）工程地质勘察监理改由业主委托独立的社会监理单位承担；

3）工程地质勘察监理应对业主与勘察单位签订的工程勘察合同实施监管，甚或协助业主搞好工程地质勘察招标工作，包括协助签订工程项目地质勘察合同；

4）工程地质勘察监理单位资质，拟归并入工程建设监理单位资质管理规定；

5）工程地质勘察监理费用拟列入工程概算，具体额度待进一步测算，并会同物价管理部门行文公布。

《规程》对于工程地质勘察监理问题规定得比较齐全。除却一般性工程建设监理的要求外，还针对不同的建（构）筑物、不同的地质情况，尤其是针对不良地质、特殊岩土勘察的监理都做出了具体规定。笔者认为，该《规程》基本上涵盖了工程建设地质勘察监理方方面面的业务事项，可以作为各行业开展工程地质勘察监理的参考或依据。

但是，如上所述，铁道部的这两个文件毕竟还有一定的局限性，特别是有关工程地质勘察工作，还没有在全系统广泛实施；有关部门也没有组织研究工程地质勘察问题。所以，如同工程建设投资监理一样，应当及早研究，努力推进。

（三）工程建设设计监理

工程建设设计监理是工程建设监理的重要组成部分之一，特别是在日益追求提高工程建设经济效益的市场经济体制下，开展工程建设设计监理尤为必要。

1. 工程建设设计监理概要

工程建设设计是工程建设投资选项确定并进行了可行性研究之后，进入工程建设实施阶段的第一步。在这个阶段，工程建设进行得好坏，基本上决定了该项工程最终好坏的命运。据有关资料显示，国外的民用工程，由于工程建设设计原因造成的工程质量事故高达40.1%。在我国，据对20世纪后期，全国数百起建筑物倒塌事故的调查分析，由于建筑结构不符合标准、结构设计与实际受力状况不符、结构设计荷载取值错误、建筑构造不合理、结构设计计算失误等原因而造成的建筑物倒塌事故,占所有建筑工程倒塌事故的 80％左右。这些惨痛的教训,逐渐使人们越来越关注搞好工程建设设计工作。

富有工程建设经验的人都知道,工程建设投资选项正确与否,对工程建设效益的高低起着根本性的作用。工程设计质量的好坏,对于工程投资效益高低起着决定性的作用。"设计一条线,投资千百万"这句俗语不无道理。像铁路、公路线路的选择优化与否,水库最高水位设计的科学与否,高铁时速设计的合理与否,以及诸如楼层高度设计的合理与否、钢筋混凝土强度等级的选用、配筋比例的选择等都会对工程建设投资造成巨大的影响。有资料显示:投资决策阶段,对于工程建设项目经济性影响高达 95％以上;工程建设设计(包括初步设计和施工图设计等)对于工程建设项目经济的影响亦高达 50％左右;工程施工阶段,综合诸多因素对于工程项目经济的影响仅 10％以下。显然,搞好工程建设项目设计对于工程项目经济影响十分严重,务必高度重视。

工程设计对于工程建设项目施工进度的影响也不能小觑。一方面,施工图设计能否满足工程施工进度的要求,直接影响着工程建设项目的建设工期。另一方面,工程建设项目设计的质量更严重地影响着工程建设工期。尤其是工业工程建设项目设计,设计采用的工艺是否成熟可靠,设计建议采用的设备质量是否可靠,设备订货与运输是否便当,以及各种设备间的匹配是否契合无误等方面都会给工程建设项目施工工期造成严重的干扰。即便是民用建筑工程设计,也往往因为与其配套的市政工程设计迟迟不能落实,或者原设计与实际状况出入较大须作重大变更,甚至重新设计而导致整体工程竣工交付使用日期一拖再拖。

总之,工程建设项目设计对工程建设的投资、工程质量和建设进度等方面都有决定性的影响。所以,搞好工程建设项目设计工作是工程建设的重要环节,历来为建设领域各有关方面所重视。

在单纯计划经济体制下,往往通过行政命令的方式,要求搞好工程建设设计工作;通过评选、表彰优秀设计的形式,激励工程设计单位和设计人员进一步搞好工程建设设计工作。在市场经济体制下,行政命令的方式难以奏效,甚至不存在;单纯的精神激励作用力微势衰,即使加上经济激励手段,也难以持久,更不可能从根本上解决问题。为了从体制上保证工程建设设计质量,并不断提高工程建设设计水平,参考国际通行的做法,实施工程建设设计监理势在必行。

2. 工程建设设计监理的内容

关于工程建设设计监理的内容,总体来说,主要是协助业主挑选合适的设计单位、并协助业主与设计单位商签工程建设设计合同、按照设计合同的要求监管工程建设设计,以及依业主的意愿,以监理人员的技术能力审查并提出工程建设设计修改意见,以期取得较理想的工程建设项目设计成果。

工业工程建设项目设计工作,一般划分为两个阶段,即初步设计阶段和施工图设计阶段。对于大型或复杂的工程项目,可根据不同的特点和需要,在初步设计之后增加技术设计阶段(即扩大初步设计)。民用工程设计,一般分为方案设计和施工图设计两个阶段。所以,可以笼统地把初步设计、方案设计视为同一个阶段。

初步设计是工程建设项目实施的第一步。工程建设项目初步设计是依据工程项目可行性研究报告进行的。就是说,工程建设项目初步设计是在工程项目可行性研究报告的框架约束下进行的。工程建设项目的可行性研究是在项目建议书被批准后，对项目在技术上和经济上是否可行所进行的科学分析和论证。就是说，约束工程建设项目初步设计的主要指标是工程建设项目的技术标准和经济指标。所以，工程建设项目设计监理应当牢牢把握这两方面——要达到可研报告的技术标准及其经济指标要求。如果初步设计提出的总概算超过可行性研究报告投资估算的 10％以上或其他主要指标需要变动时，要么要求设计单位重新核算，要么重新报批可行性研究报告（不需要报批的，则当需要业主或有关方重新审查并确认修改可行性研究报告）。如果初步设计的技术指标达不到可行性研究报告的要求，或者有原则性的变动，亦应当要求工程建设项目设计单位重新设计，或者报告有关方面予以确认。

初步设计经有关部门审批后，即可开展施工图设计。施工图设计主要是通过设计文件，把设计者的意图和全部设计结果表达出来，作为施工制作的依据。施工图设计是设计和施工工作的桥梁。工业项目的施工图设计，包括建设项目各分部工程的详图和零部件、结构件和设备明细表，以及验收标准方法等。民用工程施工图设计应形成所有专业的设计图纸，和必要的设备等，并按照要求编制工程预算书。

所有施工图设计文件，应满足设备材料采购、非标准设备制作等施工的需要。

在施工图设计阶段，监理则应当针对施工图设计的主要内容，有的放矢地进行监理。即监理应当按照工程建设项目设计合同的约定，适时对施工图设计工作进行监管。包括设计进度的落实、设计规范和标准的运用、施工图设计的可行性和先进性、工程施工图预算的合理性，以及重要施工方案的可靠性、施工图设计费用的合理性等，监理都要仔细地进行审核。对于不妥之处，还要提出修改建议。通过工程建设设计监理，促进工程建设项目设计水平不断提高，而且，力求达到最佳水平。

附带说明一下，住房和城乡建设部于 2008 年 3 月颁发《建筑工程方案设计招标投标管理办法》实施以来，出现了一些问题，需尽快研究改进。

一是把工程建设项目方案设计招标与一般工程建设招标混为一谈，简单地以价格定标，或主要以价格定标；

二是把工程建设项目方案设计招标与工程施工图设计招标混为一谈，以工程施工图设计招标替代工程建设项目方案设计招标；

三是业主恶意侵占设计方案，无偿使用投标方案的设计成果，侵占未中标设计单位的知识产权；

四是盲目套用工程建设招标的名义，甚至视招标形式为万能，把工程建设项目施工图设计列入重要的招标范围（笔者认为：施工图设计拟以委托方式，由工程建设方案设计中标者承担，而不必要另行招标，以便缩短工程建设时限，减少不必要的资材和费用的浪费），以及暗箱操作、评审过程和评审意见不透明等其他普遍存在的问题。

以上这些问题的存在，严重地干扰了工程建设设计监理工作的正常运行，影响设计监理作用的有效发挥。

3. 工程建设设计监理的方式

这里所说的工程建设设计监理的方式，是指实施工程建设设计监理的工作程式（有关工程建设设计监理的主要监控方式，详见下述的三大控制）。一般来说，工程建设设计监理拟及早介入。即当业主的立项报告获准后，即可考虑委托工程项目建设实施阶段的监理，并签署建设监理委托合同。对于工程建设设计阶段的诸项事务，一概委托监理单位具体负责，包括筹划工程建设设计方案招标、确定工程建设设计中标单位、签署工程建设施工图设计合同、监管工程建设设计合同的实施、审查工程建设设计成果、提出工程建设施工图设计修改意见等。

在开展上述工作之前，监理单位应当编制工程建设设计监理规划，甚至编制工程设计监理细则，对于重大工程或特殊工程，还应当编制工程设计特殊监理技术措施。监理人员依据上述文件的具体要求，逐步开展监理工作，而且应当突出预控作用。当然，随时的平行监管和事后的检查也必不可少。工程建设设计监理的程序如图1-2所示。

对于不同的设计阶段，如工程初步设计、工程方案设计、工程施工图设计，以及重大工程建设项目需要细化的工程扩初设计、技术设计，监理的方式和内容略有不同，其程序大体相同。故，图1-2所示工程建设监理程序可供参考。

现阶段，开展工程建设项目设计监理的工程寥若晨星。据了解，公路工程建设项目、火电工程建设项目中，初步开展了工程建设设计监理。其做法和经验有待深入总结、研究，有待于不断完善、改进和提高、推广。

4. 工程建设设计监理的投资控制

工程建设不同阶段设计监理的投资控制要点有所不同。如工程方案设计阶段，监理的投资控制要点是核定工程建设项目总投资的设计估算书；初步设计阶段，监理的投资控制要点是核定工程建设项目设计概算书；工程施工图设计阶段，监理的投资控制要点是核定工程建设项目的设计预算书。

工程建设设计监理投资控制工作，应从多方面着手，科学核定投资费用。如在工程建设选项阶段，一般应包括从以下几点核查工程建设项目估算书的额度是否科学。

1）建设规模；

2）生产方法或工艺原则；

3）选址的科学性（包括选址的地质条件、外部环境等）；

4）资源综合利用和环境保护状况；

5）建设项目占用土地估算；

6）特殊设防要求；

7）建设工期的合理性；

8）要求达到的经济效益和技术水平；

9）投资风险及汇率变化评估的可靠性；

10）投资估算额度计算。

核查、评判一项工程建设估算书是否合适，不应当以投资估算额度的大小为准。如有些项目以尽快投入使用为主要目的，或者说以追求投入使用为目的，则可能愿意适当加大建设费用而要求缩短建设工期；有的则以长远的经济效益为考虑重点，选用比较先进的工艺流程、先进的设备和优质原材料，而要适度加大建设投资；有的则由于现有条件的限制，而要尽可能缩减工程建设投资额度。简而言之，不同的业主，在不同的条件下，可能会要求建设监理有所侧重地掌握核查投资估算额度。

一般情况下，建设监理拟依照价值工程理念，核查工程投资额度是否合理。所谓价值工程理念，就是在实现必要功能的前提下，选择投资额度（全寿命周期成本）最低的方

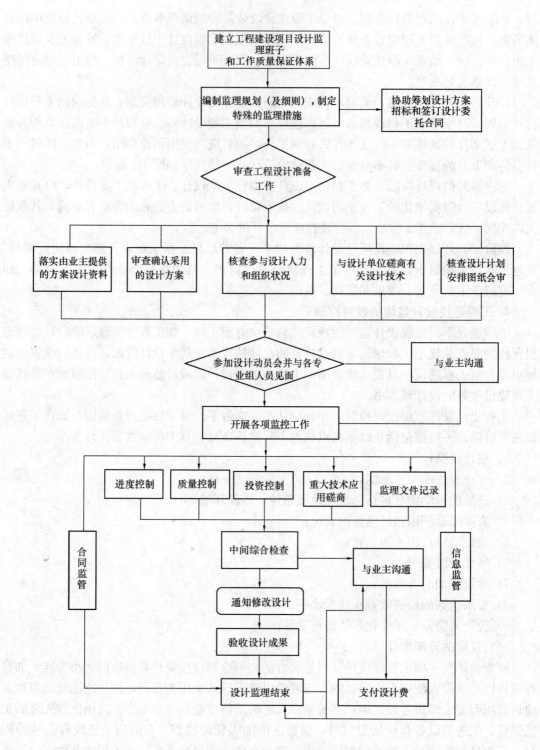

图 1-2 工程建设设计阶段监理工作流程图

案。价值工程最早是美国为了适应军事工业的需要创立和发展起来的，目的在于确保军事装备的技术性能（功能），并最大可能地节省采购费用（成本），降低军费开支。这里所说的"价值"，是一种评价事物有益程度的尺度。价值高说明该事物的有益程度高、效益大、好处多；价值低则说明有益程度低、效益差、好处少。价值工程把"价值"定义为："对象所具有的功能与获得该功能的全部费用之比"，即

$$V = F/C$$

式中，V 为价值，F 为功能，C 为成本。

价值 V：指对象具有的必要功能与取得该功能总成本的比例，即效用或功能与费用之比。

功能 F：指产品或劳务的性能或用途，即所承担的职能，其实质是产品的使用价值。

成本 C：产品或劳务在全寿命周期内所花费的全部费用，是生产费用与使用费用两项的和。

在市场经济体制下，强调的是，有效推动生产要素合理流动和促进资源优化配置的最大化。对于投资者来说，运用价值工程理念，就是追求最佳投资效益的有效途径而显得尤为重要。价值工程理念如图 1-3 所示。

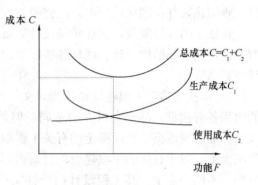

图 1-3　价值工程理念

搞好工程建设设计投资控制，是工程建设设计投资控制系统工程中的重要环节，应当积极认真地搞好工程建设设计投资控制。

价值工程理念的实施，一般分为以下六个步骤：

1）收集有关工程成本资料、归类整理；

2）分析、评定影响工程成本的主要因素；

3）探讨影响工程成本主要因素的可变性；

4）拟定改进方案；

5）评定各改进方案的优劣；

6）选定最佳改进方案，并拟定实施方法、预测实施效果。

在工程建设初步设计或方案设计阶段，工程建设投资监控工作，一般应比照工程建设选项监控的项目类别，包括工程建设项目概算书的额度进行核查。

在工程施工图设计阶段，除却核查设计的正确性以外（不恰当的设计，既是设计质量问题，也是投资问题），主要通过核查预算书是否正确。

5. 工程建设设计监理的质量控制

工程建设的质量控制，是工程建设的安全度监控的重要组成部分，它贯穿于工程建设全过程。如前所述，除却工程建设投资选项阶段外，工程建设设计阶段的质量控制，对于工程建设安全度的影响至关重要。

工程建设设计阶段的质量控制目标，就是在一定的投资范围内，工程建设项目的功能和使用价值达到最佳匹配状态。或者是，工程建设设计的实施，能够保障获取最佳功能和最大使用价值，而付出的费用最少。

工程建设设计阶段质量监控要点，包括以下几方面：

1) 协助业主确定工程建设设计质量目标。其中，在方案设计阶段，要确定工程建设规模、地址、生产工艺技术方案、主要生产设备方案、土建工程方案、配套工程方案、环保方案、进度计划方案等。

初步设计阶段。由于一般民用建筑设计仅分两段式（方案设计和施工图设计），没有初步设计阶段，而工业工程项目为三段式（方案设计——可行性研究设计可视为方案设计、初步设计、施工图设计），甚至是四段式（方案设计、初步设计、技术设计或称作扩初设计、施工图设计）。所以，初步设计阶段设计质量目标，是围绕方案设计确立的目标，进一步细化，并在细化过程中修改完善。

在施工图设计阶段，工程建设设计质量目标是：完善细化生产工艺、优化生产设备选型、优化建筑和结构设计、优化各项配套设计和环保设计，并编制出科学、合理的工程设计预算书等。

2) 审核并确定工程建设设计指导文件。不同的设计阶段，工程建设设计指导性文件的内涵各有侧重，甚至有很大的不同。但是，按照文件性质类别来分，则基本上都有法规、标准、规范类；已经确定的有关工程项目建设的各类文件；业主提出的具体设计要求等三大类。对于具体的工程建设项目而言，即便是同一项工程，由于不同的地区、不同的时期、不同的业主，其工程设计指导性文件也不尽相同，甚至差别很大。至于不同的专业、不同生产工艺、不同建设规模的工程项目，其设计指导性文件的差别就更大。除却相应的法规、规范、标准类文件外，不同的设计阶段，其指导性文件，大体上分别是：

在方案设计阶段，一是政府投资的项目须具有经过审批机关同意的项目建议书或可行性研究报告批复，企业（含外资、合资）投资的项目须具有经核准或备案的项目确认书；二是具有规划管理部门确定的项目建设地点、规划控制条件和用地红线图；三是有符合要求的地形图。有条件提供建设场地的工程地质、水文地质初勘资料。水、电、燃气、供热、环保、通信、市政道路和交通等方面的基础资料；四是有充分体现招标人关于设计质量要求意愿的设计任务书。

特、大型公共建筑工程和有一定社会影响力的建筑工程，为选择优质的方案和优良的设计单位，招标人可以对投标人采取资格预审和进行概念方案设计，经初步评审后比选出三家以上（含三家）合格候选人再进行方案设计招标。

初步设计阶段和施工图设计阶段，工程设计的指导性文件审查，主要是指进一步核查前一段的设计成果，以及已批准或核准的相关手续和文件。

3) 核查工程设计的基础资料。前一阶段工程建设设计成果，即为后一阶段工程设计的基础资料。如，可行性研究阶段的工程设计框架，或谓方案设计，即为初步设计，或为施工图设计的基础资料。同时，还包括前一阶段形成的有关文件，如水文地质勘察报告、工程地质勘察报告、环境评估报告，以及已经或即将采用的法规、规定、规范、标准等均是须核查的工程设计基础资料。一是核查这些基础资料的真实性；二是核查这些基础资料的科学性；三是核查采用这些基础资料的恰当性。基础资料的偏颇，会对工程设计质量造成十分严重的影响。甚至如同房屋基础有问题，将会导致大厦倾倒一样严重。因此，工程设计基础资料的核查工作非常重要，务必严肃对待、认真核查。

为了做好工程设计基础资料核查工作，一般情况下，拟应事先编制核查方案。如同一般工程建设监理规划一样，工程设计基础资料核查方案应当说明核查的依据、目的，应当开列出所有待核查的项目，及其核查方法和要点，还应当挑选合适的核查人选，并明确核查责任。核查工作结束后，应当提交核查报告。

4）设计方案审查。设计方案审查包括两个方面，一是总体设计方案审查（一般简称为方案审查）；二是专业设计方案审查。

总体设计方案审查，是指工程建设项目初始阶段的设计方案审查。其实质是对工程建设项目规划设计的审查。顾名思义，关于工程建设项目规划设计的审查，围绕着工程建设设计质量问题，进行总体方案审查内容，主要是关于工程建设项目选址的科学性、设定规模的合理性、生产工艺的可靠性和先进性、工程总平面布局的合理性、配套设施布局的周全性和科学性，以及产品销售（或使用期间）效能预期等。

专业设计方案审查，主要包括工程建筑设计方案审查、工程结构设计方案审查、工程设备和工艺流程设计方案审查、工程给排水和通信电器设计方案审查、工程建设项目外部交通运输设计方案审查，以及工程环保设计方案审查等。如同工程总体设计方案审查的要点一样，工程专业设计方案审查的要点，一般也都包括其可靠性、合理性、先进性。此外，还要审查专业设计方案的完整性，及其相互间的协调性。

5）设计图审查。无论是哪一阶段的设计图，都要审查是否符合有关法规、规定、规范和标准要求，特别是核查是否符合有关强制性条款的要求；设备选型是否科学；结构计算是否正确；新技术、新工艺、重大施工技术方案说明是否稳妥等诸方面。设计图审查是一项具体的、细致的、技术性工作。

关于工程建设设计监理的质量监控，与工程建设设计单位内部监控、与现行的行政委托工程施工图审查关系问题，笔者认为，应当予以澄清。

一般说来，对于工程建设设计质量监管问题，工程建设监理的监控与工程设计单位内部管理，在监控内容和形式上，基本相同。但是，在工作的深度上，或者说在监控的底线上，还有不小的差别。工程建设设计单位内部的设计质量管理，以是否符合规范规定为衡量标准。以符合规范规定为第一要务，以优化设计为第二要务（当然，不排除不少单位主动地把二者并重）。除非设计合同有明确约定，他人对于符合规范规定的设计图，无权指责。而建设监理的设计监控，不仅核查设计图是否符合规范规定，而且，把积极寻求进一步优化的可能性作为重要责任。

关于现行的行政委托工程施工图审查问题（详见《房屋建筑和市政基础设施工程施工图设计文件审查管理办法》，以下简称《审查办法》，第十一条规定"审查机构应当对施工图审查下列内容：

（一）是否符合工程建设强制性标准；

（二）地基基础和主体结构的安全性；

（三）勘察设计企业和注册执业人员以及相关人员是否按规定在施工图上加盖相应的图章和签字；

（四）其他法律、法规、规章规定必须审查的内容。"）

《审查办法》还规定"审查机构是不以营利为目的的独立法人"。且不说这是种行政监管与企业管理交织在一起的"怪胎"（工程设计不得超越规划红线、不得超越规划高度、不得超越规划密度、不得违背环保和消防安全规定等均属于行政审批的业务范畴。其他规定标准落实情况的核查，则当属企业行为。让企业行使行政职权，且不许盈利，既不符合政企分开的原则，也不符合市场经济体制下，企业应当追求经济利益的原则），单就其具体职责来说，这种审核，是工程设计单位管理的外在化——其审查的标准仅仅是是否符合规范规定，而无权指责有待进一步优化设计的问题。何况，稍大型的工程施工图审查，工作量十分庞大，要么延误建设工期，要么"走过场"地"审查"。所以，《审查办法》发布后，不少业内人士强烈反对这种做法。

工程建设设计监理的具体工作，还在于依照设计监理计划，跟踪监控设计工作。即定期或不定期地监控工程建设设计状况，发现问题随时要求更改。而不宜待工程建设设计工作全部结束后，"算总账"、"放马后炮"。能够及时提请工程设计单位改进工作，当是高明的监理者首选的工作路径。如此，业主高兴、满意，设计单位也欢迎。

6. 工程建设设计监理的进度控制

工程建设设计监理的进度控制是一项貌似简单，而实质上难以驾驭的工作。说它貌似简单，是因为，无论是哪个阶段的设计合同，都有明确的时间要约。按照合同要约的时间进行设计即可，而无须他人监控。说它难以驾驭，是因为，工程设计工作涉及众多因素，设计工作本身又是多专业的产物。为了综合考虑这些因素和各个方面条件约束，工程设计单位根据设计目标的要求，拟定工程设计计划、合理调配设计力量、落实设计责任、分头自行工作。因此，外人难以涉足监控。

特别复杂的工程设计还要增加技术设计阶段，这样，工程设计的周期往往很长。因此，控制设计进度，不仅对工程建设总进度的控制有着重要的意义，而且，通过确定合理的设计周期，也使工程设计的质量得到保证。所以，监理监控工程设计进度，并不是一味地追求工程设计进度越快越好，并不是工程设计时限越短越好。

监理工程师实施设计进度控制时，应重点做好以下几方面工作：

1）督促（或协助）业主准确、完整地提供设计所需要的基础资料，并做好工程建设设计各项准备工作。尤其是工程设计所需要的各种基础资料（具体内容如上所述），应当及早准备好。所谓准备好，包括基础资料的完整性、准确性和实用性。诸如工程施工图设计前，业主应当提供有关工程建设项目批复核定的文书、工程地质勘察报告、工程建设项目所在地的水文气象报告，以及有关工程建设项目外部环境资料等。

2）确定合理的设计工期目标。在设计阶段，监理工程设计进度控制的主要任务是根据项目总工期要求，协助业主确定合理的设计工期目标。设计工期目标包括初步设计、技术设计工期目标，施工图设计工期目标，设计进度控制分目标。初步设计、技术设计工期目标，除了要考虑设计工作本身及时进行设计分析和评审所花的时间外，还要考虑设计文件的报批时间。施工图设计是工程设计的最后阶段，其工作进度将直接影响工程项目的施工进度，必须合理地确定施工图设计交付时间目标，以确保工程设计进度总目标的实现。为了进行有效的设计进度控制，还应把各阶段设计进度目标具体化，将它们分解为分目标，以有利于各阶段、各专业的设计进度控制。

需要说明的是，确定设计工期目标时，应当实事求是、科学合理。现阶段，社会上有一种错误的观念，即认为工程设计时限有很大的压缩空间，甚至随心所欲地限定工程设计时间。所以，要注意克服"越快越好"的错误理念，决不能盲目追求"短平快"设计。当然，工程建设设计时限，难以制定统一的定额。即便是规模相同的工程设计时限，也会因建设地点的不同、环境的制约、基础资料准备的差异，以及其他客观因素的影响，而有巨大差异。因此，监理人员既要有丰富的经验，又要广泛收集参考资料，还应当反复研究、集思广益，提出比较合理的工程设计时间要求，并与业主磋商、确定。

3）优选设计单位，协助业主签订设计合同。工程设计单位的选择，不仅是工程建设设计质量的要求，也是控制工程设计期限的要求。所以，选定工程设计单位时，一定要综合考虑，权衡利弊，择优选定。

选定设计单位，可以采用直接指定、设计招标或设计方案竞赛等方式。

其中，设计招标，一般指设计方案招标。无论是设计方案招标，还是设计方案竞赛；无论中标与否，其方案被全部或部分采用，业主都应当支付相应的设计补偿费用。而且，在招标文件中列明这项费用的额度。

一般情况下，大中型工业交通工程项目设计单位的选定，考虑到工程设计工作的连续性，以及为了尽可能缩短工程建设周期，而往往选定委托负责工程项目可行性研究的单位一直承担工程项目建设的各阶段设计工作。

4）编制工程设计进度监控计划。这里所说的工程设计进度监控计划，一般是指不同阶段的工程设计进度监控计划（实际上，除却单体工程项目设计，很难编制工程建设项目全过程各阶段工程设计的进度监控计划）。即便是单体工程项目设计，亦应分别编制工程方案设计和工程施工图设计进度监控计划。

工程设计进度监控计划的编制，应当注意以下几点：

一是紧紧依据工程设计监理合同的委托权限；

二是分析工程建设项目的特点、难点和关键点；

三是应当考虑新工艺试验时间、新设备购置时间的约束和影响；

四是在实施过程中，应当注意与工程设计单位的设计计划紧密结合。

5）审查设计单位设计进度计划，并监督执行。

审查工程设计单位设计进度计划时，应当注意审查设计进度计划的完整性、合理性和可行性；检查工程设计各专业间的匹配、协调方案，以及影响工程设计进度的关键点措施的周密性。

监理工程师对设计工作进度进行监控时，应当协调各设计单位（指独立投标而承担工程设计业务的单位）的工作，使他们能一体化地开展工作，保证工程设计能按照总进度计划要求进行。监理工程师还应注意协调与工程设计有关的其他单位相关事宜，诸如设备采购、征地拆迁、工程地质补充勘察报告等，以便保障设计工作顺利进行。同时，监控阶段性工程设计进度与工程设计原计划的一致性。对于出现实际进度与计划进度的差异，尤其是滞后于原计划的状况，或各专业间的不平衡，监理单位有责任督促、协调。

7. 工程建设设计监理的其他工作

关于工程建设设计监理进行图纸审查问题。审查工程建设项目设计图纸，是监理责无旁贷的责任。无论是方案设计、初步设计，还是施工图设计，监理都应当进行审查。只是由于工程设计的阶段不同，监理审查的要点而有所区别。这种审查与工程建设设计单位内部审查的区别在于，设计单位内部审查是以满足设计文件要求为基准。监理审查，则以设计图纸最为优化为目标。所以，工程建设设计单位既不能拒绝建设监理的审查，也不能自己不审查，而依赖建设监理的审查。同样，建设监理既不能越俎代庖，不待工程设计单位自行审查就先行审查，也不能因为设计单位已自行审查完毕，而不履行自己审查的职责。

关于工程建设设计监理取费问题，一是应当从工程总概算列支；二是取费标准问题，须进一步研究确定，尤其是对于工程建设不同设计阶段、不同工程类别、不同专业工程，以及不同规模的工程项目设计监理费用，应当有所区别；三是工程建设设计监理取费的计算办法，一般可以工程设计费为基价的百分比考虑；较简单的工程设计监理，也可以按照额定的人工数量和相应的单价计算。

关于工程建设设计监理队伍建设问题。开展工程建设设计监理，是一项高智能的技术服务，必须由具有相应工程建设设计经验的人员承担。而且，有关工程建设设计技术方面的监理，必须是具有相应专业技术能力的人员承担。因此，工程建设设计监理人才，应当从工程建设设计单位选拔；或者，从工程建设设计单位中，选拔一定的人员并加以培训；或者，以工程建设设计单位为依托，选拔一定的人员并加以培训，寓工程建设设计监理力量于工程建设设计单位之中。

关于工程建设设计监理与现行的工程建设施工图审查关系问题。如前所述，笔者认为，现行的工程建设施工图审查是一种"怪胎"。其中，属于政府部门监管、审批权限的内容，依然应当归属于政府部门行使相应的权利。同时，应当把所有的工程建设设计审查委托监理单位负责，包括报送政府部门审批的项目内容（经监理审查通过后，方可报送政府部门审批）。就是说，开展工程建设设计监理后，就应当取消现行的工程建设施工图审查。彻底改变现行的政府要审查，却没有能力审查；以政府的名义审查，政府又不承担责任；承担工程建设施工图审查的单位，又不能取得合理的劳动报酬的不符合市场经济体制运行规律的状况。

（四）工程建设项目施工监理

工程项目建设施工阶段的监理，是我国开创工程建设监理制的切入点，也是目前我国普遍实施的工程建设监理形式。尽管实际实施的工程建设施工监理，在不少方面还不完善，甚至不尽妥当，但是，毕竟进行了二十余年的探索。在理念和方法上，有了一定的共识基础，同时，也积累了一定的经验。有关工程项目建设施工阶段监理的论著，也不断刊行。所以，本书对于工程项目建设施工阶段监理的内容、方法等方面，不再赘述。而仅就其通行的程序、做法和有待探讨改进的问题，归纳概述如下。

1. 工程项目建设施工阶段监理程序

现阶段，工程建设项目施工阶段的监理工作流程如图 1-4 所示。其工作流程可分为 8 个阶段：（1）工程建设项目监理班子的自行准备；（2）开工之前监理的各项检查；（3）签发开工令后开始实施的各项监理；（4）适时地阶段验收；（5）工程竣工验收；（6）竣工结算；（7）整理资料归档；（8）组织监理工作总结。

其中，有关工程建设监理工作中的工程质量控制、工程进度控制和工程投资控制及工程进度款支付的流程如图 1-5～图 1-8 所示。

2. 工程项目建设施工阶段监理做法综述

如上所述，工程建设项目施工监理工作，大体上分为八个阶段。在这些工作过程中，监理的做法主要是：

1）编制监理规划。众所周知，监理规划是开展工程建设监理工作的纲领性文件。监理规划的优劣，不仅是工程建设监理单位水平高低的典型标志，更是工程建设监理工作好

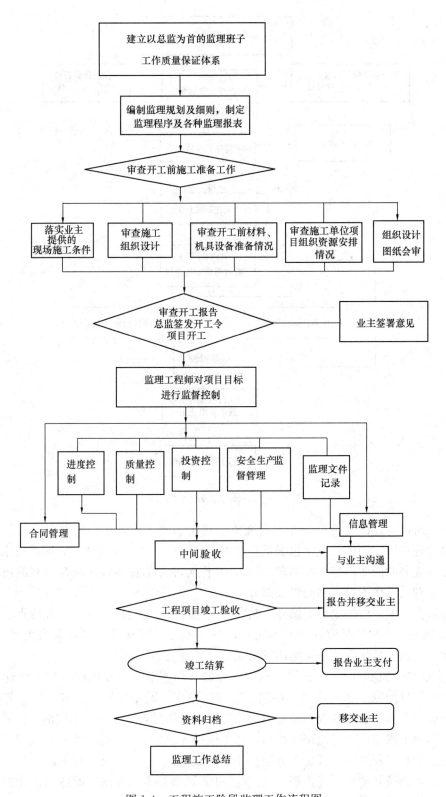

图 1-4　工程施工阶段监理工作流程图

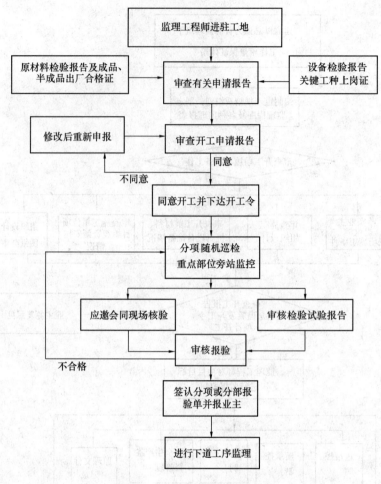

图 1-5　工程质量控制流程示意

坏的基石。所以，建设监理单位非常重视监理规划编制工作，其至集中全公司的力量编制、修改监理规划。同样，业主也很重视监理规划，往往在招标文件中，明确要求投标书中附加监理规划的简要内容（即监理大纲），并作为评标的重要技术要件（有的招标文件明确规定监理大纲作为投标书的组成部分）。

笔者认为，编制监理规划要做到"三突出"，即"突出预控、突出工程特点、突出监理重点"。这"三突出"是监理规划的核心，缺一不可。编制监理规划应当在"三突出"方面下功夫（相关具体事项详见第四章第二节"监理规划编制"）。

2）实施"三控制"。工程建设监理"三控制"的本意，是要同时搞好工程建设的投资、进度和质量控制。在具体"三控制"监理工作中，既不能顾此失彼，更不能掉以轻心。尽管面对不同的业主要求、面对不同的工程建设项目，以及面对不同的建设监理环境条件等，作为工程建设项目监理工程师，在工作指导思想上，一定要牢牢地确立"工程质量、工程进度和工程投资三者是矛盾统一体的辩证观念"。在监理工作实施过程中，一定要踏踏实实地兼顾处理好"三控制"，力求通过兼顾搞好"三控制"而达到最佳的建设监理效果，也就是最大限度地提高工程建设投资效益。

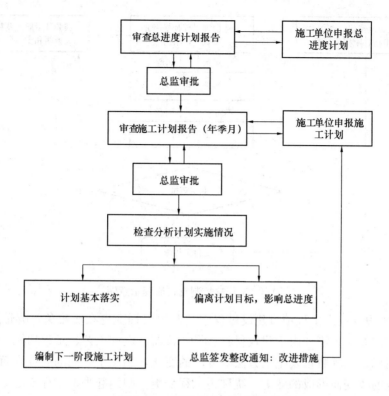

图 1-6 工程进度控制流程示意

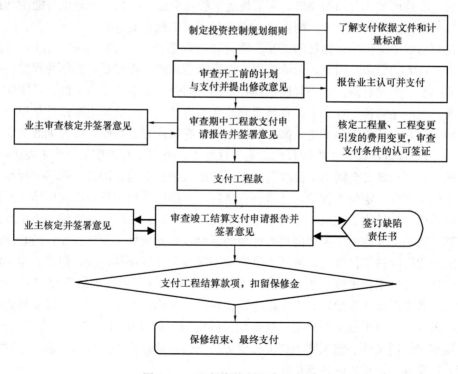

图 1-7 工程投资控制程序示意图

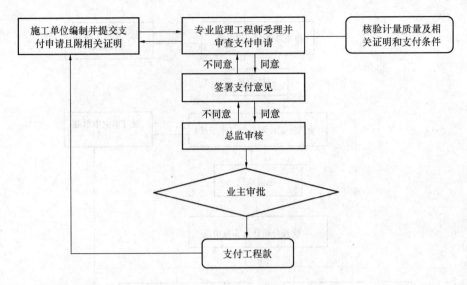

图 1-8 工程款控制支付流程示意图

3）处理工程变更。工程项目建设过程中，发生工程变更在所难免，哪怕是规模很小的工程，也往往如此。诸如由于建筑材料、设备仪器、设计工艺、工程功能、建筑构造和尺寸、技术指标、工程数量及施工方法等方面的变化，超越了合同的约定，而引发的对部分或全部工程的改变而形成的变更，统称为工程变更。归纳起来，工程变更，可分为三种原因。一是工程设计的原因；二是工程施工环境的原因；三是工程施工方面的原因。当然，依照建设监理委托合同的要求，为了促进工程安全度的提高，监理也可能主动提出工程变更口头建议（涉及哪一方，则由哪一方提交书面工程变更意见）。

工程变更对于工程项目建设的进度、质量和投资都会有一定的影响。有的工程变更，甚至会造成巨大的影响。因此，无论是哪方面原因带来的工程变更，监理受理签认时，一定要谨慎小心、严肃对待。首先要核定其必要性。同时，要审查其科学性、严密性，以及优化程度。无论是哪种工程变更，凡是需要改变原设计的，均必须由原设计单位出具相应书面通知。同时，凡是工程变更，都必须经由监理签认同意。否则，视为无效变更。

4）支付工程进度款。工程项目建设施工过程中，支付工程进度款是经常发生的事情。一般情况下，工程施工合同书中都载明：工程进度款按月支付。因为，除了工程预付款之外，施工单位完成一定的工程量，并验收合格后，才提出支付工程进度款申请。提请支付工程进度款申请，是为了维系正常的工程施工运转。所以，及时、恰当地处理工程进度款支付问题，既是工程施工单位内部财务管理的需要，也是搞好工程项目建设的总体需要。

核定工程进度款支付申请，虽然不像核定工程竣工结算那样严肃，但是，也不能马虎从事。而且，搞好工程进度款支付核定工作，为顺利进行工程竣工结算奠定了坚实的基础。所以，务必严肃认真地搞好工程进度款支付核定工作。监理工程师不仅要核查申报的工程量，还要核查申报的工程质量、核查相关的资料，以及所有计量的正确性。核查时，除了依据有关合同文件、施工图纸和工程变更、支付申请证明外，监理日志、监理检测记录和相关纪要等也是重要的核查依据。

5）处理工程索赔。我国的市场经济体制尚处于建设、完善阶段，建设市场中的市场行为远未完备、规范。工程索赔和反索赔事项，本是承建商、业主为维护自身权益的正常市场行为，在国际建设市场中，早已是司空见惯的事。而在国内，则难得一见。之所以如此，除了市场发育程度不同外，文化的差异、处事习惯的不同，也是其重要原因。笔者认为，作为监理工程师，首先应当正确认识工程索赔和反索赔问题。同时，宜通过协商的方式，解决出现的有关问题和矛盾。第二，一旦出现工程索赔和反索赔问题，应当坦然面对、冷静处理。第三，处理此类事项，拟遵循"有理、有据和及时"三原则。

事实上，引发承建商索赔的主要原因往往在于业主不当行为。例如，1995年10月前后，某一大型水电站工程建设工地，业主准备为截流合龙而举行盛大庆祝活动，并邀请高级领导出席。因迁就领导的时间安排，须推迟合龙施工进度。承建商提出：如一定要推迟合龙时间，则需要赔偿相应的损失（据说，赔偿额度高达数千万元，监理与业主协商后，权衡利弊，最终取消了特邀高级领导出席截流合龙庆祝仪式的议案）。还有一项大型工程，1991年土建工程施工招标时，因种种原因，业主推迟了开标时间，而引发了承建商成功索赔高达1亿元费用的严重损失。

当然，面对承建商的索赔要求，监理有责任帮助业主进行处理。对于不合理的索赔，或由于承建商的原因而影响了工程建设，监理应当协助业主提出反索赔，以尽可能减少或挽回损失。

6）填写好监理日志。监理日志是监理活动的原始记录，是落实监理委托合同、编制工程竣工监理文件和处理索赔、延期、变更的重要依据资料；同时，是分析质量问题的重要原始资料；是监理档案的基本组成部分。监理日志格式详见表1-3所示。它全面反映了工程建设过程中，监理人员参与工程投资、进度、质量、合同管理及现场协调的实际情况。因此，尽管这项工作平淡无奇，甚至比较琐碎、繁杂，但是，它却是工程建设监理工作不可或缺的重要组成部分。

总结以往的经验，填写监理日志应当遵循"及时、齐全、准确、严密"的原则。所谓"及时"，就是当天的监理活动要当天记，甚至即时记。所谓"齐全"，就是要按照监理日志的表式，一丝不苟地填写。所谓"准确"，就是要实事求是地记录监理的活动，既不能粗枝大叶地草率从事，也不得变更原始状况，更不得文过饰非。所谓"严密"，就是记录的内容要"因果相扣"，符合逻辑，文字要严密、简练。

一般来说，监理日志的记录内容应包括以下几点：

（1）日期、天气；

（2）单位工程、分部工程开工、完工时间及施工情况；

（3）承建商的组织机构、人员动态；

（4）主要材料、建筑构配件、设备进场及使用情况；

（5）各类会议，包括工程调度会、重大事项会、监理会等的宗旨、要点、结论、召集人和与会人员；

（6）分项、分部、单位工程的验收情况；

（7）影响工程质量、进度、造价、安全的各类问题及解决情况，合同、信息管理情况，巡察、抽检等活动情况；

（8）其他特殊事项；

（9）关键时间和位置的记录。

监理日志格式　　　　　　　　　　　　　　表 1-3

监理日志			年　月　日　　星期	
内容　　　　天气	（当日情况详细记录：分时段变化—上午、下午、晚上，最高气温、最低气温、风力、相对湿度、雨雪量等）		备　　注	
主要工作	工程部位： 原材料、设备、人员情况： 施工工艺： 检查、实验检测、验收： 会议： 往来资料、信函等：			
下步工作意见				
记录人	专业监理工程师阅示意见			

3. 建设监理拟应注意的问题

我国推行工程建设监理制二十余年来，在工程施工阶段监理中，有了长足的进步，积累了比较丰富的经验。但是，由于政策的偏颇、社会习惯势力桎梏的影响，以及监理企业忙于生计等原因，在具体工程项目施工监理中，存在着不少问题，甚至是构成阻碍工程建设监理事业健康发展的突出羁绊，亟待深入探讨、尽快纠正。

1）工程建设监理应当以预控为主。"预控"是建设监理工作最为突出的特点，或者说是促进提高工程建设水平最为有效的方法。单就工程质量监管形式而言，这也是与工程质量监督最为显著的区别。但是，自从 2002 年，有关部门制定印发《房屋建筑工程施工旁站监理管理办法（试行）》（以下简称《试行》）以来，过分地强调了"旁站"监管方法的作用，额外增加了许多监管的内容（如要求监理"检查施工企业现场质检人员到岗、特殊工种人员持证上岗以及施工机械、建筑材料准备情况"等）。这种偏激的规定，主要来源于对"建设监理"肤浅的认识，和对施工企业自我监管质量的不信任，以及对工程质量急于求成的激进理念。实施这项规定，不仅无谓地增加了监理的负担，严重削弱了监理进行预控的精力，而且置监理于几近"监工"的境地，徒增了监理与施工操作人员的对立情绪。十余年来的实践证明，这是一项弊大于利的规章，应当及早予以修正，尽快引导监理走上以预控为主的监管轨道。

2）应当强化实施"小业主、大监理"战略。社会主义市场经济体制最大的特点，就是依据市场的需求，政府主动地推进社会资源最大限度的合理配置。在工程建设领域，实施"小业主、大监理"战略，就是这一特点的具体体现。所谓"小业主、大监理"战略，就是随着业主全面委托监理的深化，业主的工程建设监管职能，绝大部分移交给监理实施。从形式上看，业主的工程建设监管权限少了、小了，而监理的工程建设监管权限多了、大了；与此同时，业主的组织机构也相应的少了、小了，监理的组织机构多了、大了。当然，所说的"小业主、大监理"，是一种形象语言。业主的权利再小、再少，监理的权利再多、再大，并不会改变二者的性质。业主再小，毕竟是业主，在重大问题上有决定权；监理再大，毕竟还是受委托的中介服务单位，是在受委托的范围内行事。

无论在理论上，还是在实践上，都无可辩驳地证明，实施"小业主、大监理"战略是强化工程建设监管、提高工程建设水平的科学决策，是建设领域体制改革的康庄大道。现阶段，我国既有实施"小业主、大监理"战略成功的案例，也有违背这一战略的突出典型。问题是，尚待有关方面着力总结表彰先进，鞭笞落后。尤其是，政府投资建设的工程项目，有关方面应当带头实施"小业主、大监理"战略，把工程项目建设的日常监管工作委托给监理单位，从而，尽可能减少工程项目建设管理机构和管理人员。在我国，绝大多数大中型工程建设项目，都是政府，或者国有企业投资建设的。如果这些工程都能实施"小业主、大监理"战略，那么，可以说，整个工程建设领域就基本上实现了"小业主、大监理"战略。

目前，之所以还不能很好地实施"小业主、大监理"战略，关键是没有从根本上确立市场经济观念。没有能把实施"小业主、大监理"战略，与落实科学发展观密切地结合起来。这种观念差异，有认识上的原因，也有数千年遗留下来的小生产的习惯势力作祟——事事习惯于亲力亲为，否则，就不放心。因此，要想尽快跟上深化改革的步伐，尽快确立市场经济体制观念，必须进一步解放思想，强化理论联系实际的学习风尚。同时，应进一步加强相应的法规建设，以行政法规的形式约束、鞭策行政部门尽快实施"小业主、大监理"战略。

3）做好"监帮"结合。我国开创工程建设监理制以来，始终提倡"监帮"结合。所谓"监帮"结合，就是既要依据监理委托合同的要求，监管好承建商履行承建合同的实施行为，又要帮助承建商完成履约。当然，其目的无非是要搞好工程项目建设。我国之所以提倡"监帮"结合，根本原因就在于我们是社会主义国家，不管工程项目的业主是谁（国家的、集体所有的企业的、民营的、私人的，抑或是外商的），只要在中国的土地上建设，都看作是中国的社会财富，或者都会影响中国的社会财富。因此，中国政府都希望并支持尽可能搞好。作为受工程项目业主委托的监理，自然有义务尽自己所能，帮助承建商完成工程建设业务。何况，在中国土地上经营的承建商，绝大部分是中国的企业。这些企业，尤其是工程施工企业，由于种种原因，现阶段的工程施工管理水平，有待于提高的空间很大。或者说，需要帮助的必要性较大。第三，作为有能力提供高智能技术服务的建设监理行业来说，帮助承建商搞好工程建设，也是履行社会义务的一个方面。总之，提倡监理实行"监帮"结合的号召，是工程建设的需要，是全社会的需要，它是一种阳光的指导思想。

顾名思义，实施"监帮"结合，就是要做到"寓监于帮"、"寓帮于监"。即在行使监管责任时，促使承建商提高管理；在帮助承建商解决工作难题或克服不足时，围绕着履行监理职责，搞好工程建设的根本目的。就是说，监理决不能成为纯粹的监工，也不能越俎代庖。强调"预控"是监理工作方式的主旋律，就是"监帮"结合的真实体现。一部基本合格的监理规划，势必针对工程项目建设的要点、特点、难点，以及承建商的弱点等，制定相应的监控预案，并根据实施过程中出现的新情况，预先修改、调整方案。落实好监理规划，既是行使监理职责，也是对承建商的帮助。即便在监管中指出承建商工作中出现的问题，甚至指令承建商进行必要的整改，也是如此。另外，工作中，应承建商之邀，帮助它解决工作上的难题，也是监理帮助的范畴。

在实施"监帮"过程中，虽然"监"与"帮"相互渗透，互为表里，但是，毕竟有其原则性的区别。监理对于"监"的行为要承担法律责任；而对于"帮"的行为不承担法律责任。诸如，监理对于发出的任何指令，都必须承担相应的法律责任。而对于协助承建商搞好技术指导、施工安全管理等，无论帮助的效果如何，监理均不应承担法律责任。现阶段，有的不仅把"监"与"帮"混为一谈，甚至还要追究"帮"的法律责任。这与倡导"监帮"结合的原旨大相径庭，应当深刻反思，纠正谬误。

4）应当注重监理技术。一般来说，工程建设活动可分为投资决策、项目可行性研究、工程勘察设计、工程施工四个阶段（也有的认为包括工程竣工交付使用的管理阶段）。在这几个阶段中，无不以工程技术为活动中心，即便是投资决策的第一阶段，虽然以工程经济理论为主要支撑，但是，工程经济理论本身也渗透了诸多工程技术理论知识。所以说，工程建设活动，就是工程技术实践的过程。作为受业主委托监管工程建设的工程建设监理，自然应当具有相应的工程技术知识和技能。也就是说，建设监理是以自己的技术能力，在为业主提供高智能的技术服务。众所周知，工程建设监理技术是在工程建设监理实践中积累起来，并被行业确认的经验和知识。或者说是，以工程建设专业知识为基础，以现代管理科学为手段的工程建设管理技术。监理技术低下的监理企业，难以胜任工程建设监理工作；具有雄厚监理技术的监理企业，自然具有强大的竞争力。或者说，监理技术是监理企业的生命树。因此，高度重视监理技术、努力提高监理技术，当是每一家监理企业为之不懈追求的重大课题。

但是，由于我国的建设监理事业起步较晚，目前，仍然处于探索、发展阶段。再加上市场经济体制的不完善、种种错误观念的干扰，监理技术尚未引起足够的重视，甚至对监理技术没有明晰的观念。以致于，业主选择监理企业时，以监理费多少为主要衡量的标尺，把监理技术能力的高低置于次要的地位；有些监理企业，迫于生计的压力，往往也以完成监理业务、取得监理费用为评定监理工作好坏的主要依据；作为监理工作的具体操作者，工程建设项目监理班子，也仅以完成监理委托合同为终极目标等。总之，目前，各有关方面对于监理技术的认知还远远不够，更没有下功夫研究提高。这是建设监理行业巨大的缺憾。

针对上述现状，监理协会理论研究委员会于 2012 年 4 月，召开了监理技术研讨会。初步探讨了监理技术的含义、现状和开拓方向。会议号召全行业进一步重视监理技术的研究和应用、号召各监理企业脚踏实地地研究提高本企业的监理技术能力。尤其是要不断总结、升华、积累建设监理实践中的技术。同时，努力推进建设监理技术交流，相互促进、共同提高。

众所周知，建设监理是一种高智能的工程建设监管活动。因此，监理行业必须有自己独特的技术。建设监理技术，即以工程建设专业知识为基础，以现代管理科学为手段的管理技术。监理技术的核心是工程建设预控技术。监理技术归属于现代管理科学技术（有关监理技术的概念尚需进一步探讨研究）。

没有技术的行业是低附加值的行业，具有先进技术的行业才可能跨入朝阳产业。在科技发展日新月异的今天，建设监理行业应当及时了解并掌握先进的工程建设知识和技术，了解并掌握现代管理科学技术，应力争成为先进技术的弄潮儿。决不应被仅仅查看他人劳作的事物所羁绊，更不能停留在事后核验工程建设状况的简单活动阶段。同时，也不应片面追求专业范围的扩大，而应以提高企业的技术水平为追求，尤其应坚定以提升监理技术而提升企业竞争力的理念，努力研究、学习并推动先进技术的应用。

5）积极承接工程项目后评价工作。工程建设后评价，特别是工程项目建设竣工交付使用后的工程建设后评价，原本是工程建设的一项重要组成部分，理应普遍实施。但是，由于众所周知的原因，目前，我国的工程建设后评价工作基本上没有开展。这种状况，不能不说是一件很大的憾事。

不言而喻，要想开展工程项目后评价，最基本的是业主的委托。在我国，政府（包括国有企业）投资建设工程项目，政府（包括国有企业）是最大的业主，也是工程建设项目最多的业主。只要政府（包括国有企业）投资建设工程项目开展后评价工作，再辅以法规引导和约束，可望工程项目后评价工作会迅猛发展起来。

工程建设监理企业既熟悉工程项目建设的具体实施情况，又具有工程技术、工程经济等诸方面的能力优势，所以，可以说，工程建设监理是我国工程项目建设后评价工作的生力军。当然，要真正实施工程项目后评价，监理企业人员也要接受培训教育。现阶段，不妨自行培训学习，不妨先进行阶段性的项目后评价，更不妨自行实战练兵性地开展项目后评价。如此，做好准备，迎接大规模的工程建设项目后评价浪潮的到来。

四、工程建设监理实务

（一）京津塘高速公路工程建设监理

1. 工程概况

京津塘高速公路是连接北京、天津和塘沽新港的高速公路。它从北京朝阳区十八里店，向东到天津市塘沽河北路，全长142.69公里主线。其中，北京段35公里，河北省界内6.84公里，天津市界内100.85公里。该公路为双向四车道、全封闭、全立交的高等级公路。工程总投资约10亿人民币（世行贷款1.5亿美元）。该工程分四个土木工程合同和一个电子电气机械设备合同。1987年12月动工，1990年9月，北京至天津杨村段建成通车，1991年12月，杨村至宜兴埠段建成通车，1993年9月25日全线贯通，工程全线历时69个月。

京津塘高速公路是中国国内第一条利用世界银行贷款，按照国际通行的菲迪克管理模式，并实行了国际招标兴建的现代化公路交通工程。五个施工合同的承包商都通过国际竞争招标选定，并采用菲迪克合同条款。按照世界银行的惯例，和菲迪克条款规定的工作程序开展施工。全线全部工程，均委托工程监理单位负责监理。建设单位（业主）只是负责有关征地拆迁、资金筹措等项工作。

2. 工程建设监理简况

国务院对于利用世行贷款建设京津塘高速公路工作，十分关注，特成立了领导小组，由交通部、京、津、冀四方政府领导同志共同负责领导小组工作。三地交通部门共同组成京津塘高速公路联合公司（下设京、津、冀三个分公司），负责组织建设、筹措资金和还贷、管理养护等事项。工程建设期间实施监理制（交通部工程管理司司长被指定为总监）。总监分派各段有总监代表处，京、津、冀三地分别成立监理分公司，具体负责各段的监理工作。监理队伍共 223 名，其中，聘请了 5 名丹麦金硕公司的监理工程师。

京津塘高速公路工程监理单位，依照菲迪克条款的要求，与委托的建设单位签订了委托监理合同，负责处理工程建设进度、工程质量、工程变更签认、工程款支付签认等项工作，并对委托的建设单位负责。

监理单位编制了监理规划，在日常工作中，围绕突出做好"三控"，仔细审查施工组织设计并认真监督落实；严格按照相关规程要求，监管工程施工程序和工程质量（包括原材料和半成品质量）；还积极地提交工程设计修改建议，进一步完善施工图设计。监理单位还积极配合（参与）开展相关的科研课题研究工作。

京津塘高速公路工程项目监理机构如图 1-9 所示，监理机构分为三个层级：总监、总监代表、驻地监理部（笔者以为，对于较大型及其以上工程项目建设来说，这种三级监理组织模式很有示范意义）。

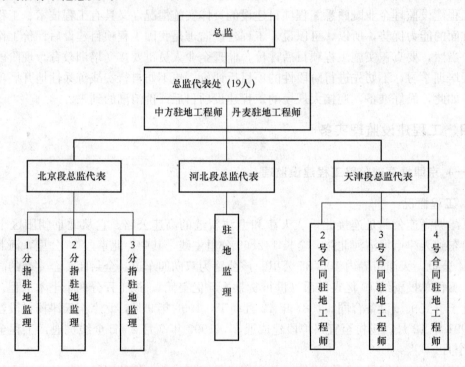

图 1-9　京津塘高速公路工程建设监理组织系统示意

各层级监理的职责分工大体如下：

总监：决定权。决定财务及法律的事务，包括处理承建商违约、时间延迟、索赔和与业主的纠纷、重大变更和指令、同意付款等决定事宜。

协调责任：协调和指导各合同段普遍存在的问题、全线监理工作，协调业主与承建商以及监理工作。

总监代表处：基本职责是，贯彻总监意图、指导驻地监理部工作。

高级驻地监理工程师是总监理工程师在工地的执行代表，其具体职责包括：监视和督促驻地监理部的工作；试验和检查材料与操作工艺的质量；澄清各合同文件之间的不一致，补发图纸；批准施工计划，向总监理工程师推荐延长时间；防止索赔发生或将此减至最低，研究索赔要求并向总监理工程师作出推荐；组织抽查重点工程质量、处理重大工程技术和合同事宜，最终确认工程款支付报告等。

驻地监理部：实施三控的具体执行者。

驻地监理工程师，执行总监代表的指令和交办的任务，对重要工程施工部位和环节进行旁站监控，确认中间交工证书，负责工程质量监控和计量核验，每月审核承包商付款申请并提出付款证书，处理工地上一般性技术问题等。

3. 京津塘高速公路建设的启示

京津塘高速公路工程建设中，200多名监理工作者，以搞好工程建设为宗旨，与承建商一道，夜以继日地在各自的岗位上忙碌，洒下了辛劳的汗水，迎来了丰收的喜悦。全部工程于1995年8月4日通过国家验收，国家验收委员会认定工程总体水平达到国内领先和当代国际先进水平。1993年，交通部授予京津塘高速公路改革开放以来中国十大工程公路之一荣誉称号；1994年，被建设部评为改革开放以来对国内外有重大影响的中国最佳的工程特奖；1995年，被交通部评为公路优质工程一等奖；1996年获中国建筑工程鲁班和交通部科学技术进步特等奖；1997年获国家科学技术进步一等奖。更为难能可贵的是，京津塘高速公路工程建设成功地探索了工程建设监理模式。归纳起来，在以下几方面，为我国开创工程建设监理制提供了宝贵的经验。

1）学习遵循菲迪克管理模式是实施建设监理的科学导向。毋庸讳言，在此之前，我国工程建设领域对于菲迪克模式的基本概念知之甚少，更没有全面在工程建设中实际运用。作为世行贷款的条件之一，京津塘高速公路工程建设遵循菲迪克管理模式，不仅实行国际招标，而且，明确实行建设监理制，甚至强调以工程建设监理为核心进行工程建设管理。由于业主、承建商、建设监理三方都认真学习、遵循菲迪克条款约束，初步开创了建设市场由业主、承建商、建设监理三方构成的三元结构模式。现在看来，实行菲迪克管理模式，依然是促进工程建设监理制深化发展的科学导向。

2）业主放权是搞好监理的前提。几十年来，我国的工程建设，在单纯计划经济体制下，基本上都是由政府主导，甚至具体负责。所分的甲乙丙三方（建设单位、勘察设计单位、施工单位），都是在政府领导下，为完成指定的建设任务，而组成的一个大家庭成员。其中，甲方（建设单位），一般都是由政府人员和政府指定的人员组成。因此，工程建设的甲方意见，就是政府的意见，起码是代表了政府的意见。所以，工程项目建设甲方的权利往往比较大。而且，一般情况下，乙方和丙方都以甲方意见为遵循。不难设想，京津塘高速公路工程建设管理，陡然按照市场经济体制下的模式运行，需要多么艰难地克服重重阻力。这些阻力主要包括认识上的更替和权利的再分配两大方面。认识上的更替，主要是以市场经济观念替换单纯计划经济观念，具体体现在要以合同意识替换单纯完成任务意识。权利的再分配，主要是分化甲方的权利。即不仅要取消甲方对乙丙方的指挥权，而且，甲方要放权给具有独立经济地位的建设监理，形成业主（建设单位）、建设监理、承建商（包括工程勘察设计和工程施工单位）三方各自独立、权利平等、互为依存又相互制约的新型经济关系。显然，就是要过去的甲方（业主）放权，特别是放权给其委托的建设监理。业主不放权，则建设监理无事可做；业主放权少，则建设监理放不开手脚工作；业主仅仅在形式上放权，建设监理即难以工作。京津塘高速公路工程建设资金相当一部分来源于世行贷款，作为贷款的条件之一，就是要实行建设监理制，而且，世行派人监督。可以说，这个项目实行建设监理制是被逼出来的。虽然是被逼而行，但是，深入学习相关规范、规定之后，渐次认识到其科学性、合理性。尤其是在政府领导的关注下，该项目的业主不仅放权，而且，做得比较到位。几家业主仅仅负责工程前期准备、筹措资金以及相关协调工作。同时，积极支持建设监理单位行使权利，开展工作。使得各建设监理单位无所顾忌，并尽心大胆工作。这在我国开创工程建设监理制之前，乃至今天，都是非常难能可贵的局面。

3）以技术能力为主选择监理单位。京津塘高速公路工程建设项目业主，在挑选工程建设监理单位时，采用两段式国际招标办法。即首先评选建设监理技术上乘的监理单位。在此基础上，以技术评价占75％，监理费用报价金额占25％的比例，综合评定投标单位，选取其中排名优先者。这种选择，不仅是京津塘高速公路工程建设技术性强的内在需要，也凸显了工程建设监理是一种提供高智能技术服务的行业本性。该工程建设的实践证明，突出技术能力选择建设监理队伍的做法是科学的、必要的。

4）严字当头是搞好工程建设监理的关键。京津塘高速公路工程建设中，各家监理单位在总监的指导下，都认真地编制了监理工作计划以及监理细则，并要求全体监理工作人员（包括聘请的国外监理人员）认真学习、恪尽职守、勤奋工作、严格监管。该工程实施的"严"字当头监理，主要内容包括：严密制度、严格监督、严肃处理——简称"三严"。所谓严密制度，主要是指有关监理工作的各项规章制度，诸如某项工作流程、工作内容、工作负责人、工作要求，甚至工作方法都有明确、详细的规定，做到了项项工作都有章可循。所说严格监督，就是监理要求各有关方面严格按照合同条款办事、按照技术规范和设计文件办事、按照监理程序办事。否则，不予受理，或提出改正要求。对于工程建设的重要部位、关键环节、特殊事项，监理更是委派得力人员严肃监管，甚至是全天候监管。为了达到处处、事事，甚至时时进行严密的监督，各驻地监理部投入了大批的监理人员。施工高峰时，平均每公里1.6名监理人员，高于国际标准要求。所说严肃处理，就是对于质量不合格的材料或半成品，不允许进入工地使用；质量不合格的工程，严格做到不签字验收、不支付工程进度款、不允许进行下道工序施工。而且，一旦发现质量不合格的工程，绝不姑息迁就，该返工的，坚决返工。如该工程施工中，监理曾经指令数公里长的路段基层刨除返工、数千平方米路面铲掉重铺、几百吨沥青拌合料被拒绝使用等。在严重的工程施工进度压力下，依然抓好工程质量不放松。这种严肃处理工程质量问题的做法，不仅保住了质量，而且促进了各方质量意识的提高，还提高了监理的权威性，起到了一举多效的成果。

5）严格监理、热情服务是赢得业主和承建商支持的工作法宝。按照菲迪克条款的要求，京津塘高速公路建设的监理单位，为了搞好工程监理工作，不仅组织本单位人员反复学习菲迪克条款，而且为了共同提高、顺利实施，还积极地组织与业主单位、承建商共同学习、研究。结合该工程的具体实际情况，补充、完善了菲迪克中的一些原则条款。在制定监理大纲和细则时，充分征求业主和承建商意见。从而，初步使业主和施工单位认识到监理的认真、严肃态度。监理工作中一丝不苟地"三严"做法，进一步赢得了各有关方面对于监理严格监理的赞许。同时，对于虽然有质量问题，但是可以补救的工程，则主动帮助施工方想办法，克服困难加以改正、补救，直至达到合格。对于不合格的材料或半成品，虽然不允许用于正式工程，但是，帮助施工单位想办法，加以合理使用，尽可能帮助施工单位减少经济损失。这样做，既严肃了监理合同的承诺，保证了工程质量，又适度维护了施工单位的利益，赢得了业主、承建商双方的首肯和赞誉。从而，进一步得到了业主和承建商对于建设监理工作的诚恳支持。后来，邹家华副总理视察京津塘高速公路，把京津塘监理的做法总结为"严格监理与热情服务相结合"，并给予充分肯定。

（二）茂名三十万吨乙烯工程建设监理

1. 工程概况

茂名三十万吨乙烯是我国"八·五"期间开始筹建的特大型工业企业之一。该工程包括三十万吨乙烯、十四万吨聚丙烯等 10 套生产装置及配套、服务设施，是一个特大型的石油化工联合企业。茂名乙烯工程于 1993 年 11 月正式动工建设，1996 年 7 月竣工，1996 年 9 月一次投料试车成功。各主项施工合格率为 100%、优良率达 96% 以上，设计、施工质量达到优良水平。1999 年 12 月 15 日，通过国家竣工验收，正式移交生产。工程建设耗用 30 万 t 钢材、70 万 t 水泥、20 万 m^3 木材，建筑面积 22.4 万 m^2，总投资 171.5 亿元人民币。如此庞大的工程，按照过去的常规，需要 1000 多名工程建设管理人员。然而，该工程却只投入了不足 500 人，而且，仅用了 33 个月就全部建成，比合同工期提前了 3 个月，投资也控制在概算以内，所有工程质量优良品率高达 85% 以上，10 套装置均一次投料试车成功。可以说，该项工程的建设达到了先进水平。

2. 工程建设监理简况

在中国石化总公司的指导下，茂名三十万吨乙烯工程指挥部经过多方考察，于 1992 年 8 月，正式委托齐鲁石化工程公司监理部进行工程建设监理（1993 年年初双方签订委托监理合同）。齐鲁石化工程公司监理部接到茂名三十万 t 乙烯工程建设监理业务后，积极开展筹备工作。他们首先在领导层统一思想、提高认识。进而挑选精兵强将上一线，同时，反复向参加建设监理工作的同志申明大义——搞好茂名三十万 t 乙烯工程建设监理工作，不仅是一项艰巨的工程建设监理任务，而且是中石化系统开展工程建设管理体制改革的首次试点。因此，要求大家务必高度重视、认真对待。在提高认识的基础上，他们迅疾组建工程项目监理班子，并认真编制监理规划、突出预控工作、强调质量第一、严格控制投资等项重要的工作指导思想和原则，为搞好这项工程建设监理，奠定了坚实的基础。

1）挑选精兵强将组建监理班子

根据以往的经验，搞好三十万吨规模的乙烯工程建设，需要上千人的管理人员。但是，茂名乙烯工程指挥部人员不足 200 人，齐鲁石化工程公司监理部不可能，也不愿投入过多的人员。经过反复研究，该公司决定挑选精兵强将，组成精悍的监理部，进驻工程施工现场，并得到有关各方的认可。整个工程施工过程中，监理单位年平均投入的人员虽然不足 300 人，且常年背井离乡、在千里之外的施工现场奔波。但是，由于这些人员，不仅有较高的技术素质，而且更有较高的政治素质，再加上计划比较周密、分工比较明确，更重要的是监理人员尽心尽责、团结协作，以及业主的大力支持等，最终成功地完成了受托的各项监理工作。

2）认真编制科学的监理规划

尽管齐鲁石化工程公司监理部的人员大都有建设三十万吨乙烯工程的经验，但是，他们清醒地认识到：决不能单凭以往的经验"想着干"，必须按照监理的模式，仔细地"算着干"。他们根据监理合同的要求，认真编制了监理规划；依据监理规划又编制了 30 多万字的监理细则和百余幅图表；还制定了多达 156 项的职责分工细则；制定了监理人员守则等规章制度。这样，既保障了全部监理工作有章可循，又指导工程建设有条不紊地进行。全部工程建设始终都处在有效的控制状态。

3）以"预控"为核心实施监理

对于大型工程来说，控制建设工期特别重要。因为由于工程规模庞大，如果拖延一天竣工，就要多支付几十万，甚至几百万的建设资金；而提前一天竣工，就可能增加几百万，甚至上千万的收益。

齐鲁石化工程公司监理部运用网络技术和统筹方法，编制了《工程总体统筹计划》。确定以乙烯装置为关键线路，以开工锅炉点火、土建交安、工程中交、乙烯装置投料试车为四大关键控制点。制定相应的对策，严格组织实施，真正使计划成为具有指导意义的文件，使监理的"预控"效能落到实处。

1994 年雨季，茂名地区连遭暴雨和台风袭击，致使工程进度延误近 4 个月。为保原计划进度，监理单位及时调整关键线路，修编符合新情况的网络计划，同时采用滚动管理技术，按照"平面流水"、"立体交叉"的施工方法，指导施工单位交叉作业，抢回了天灾耽误的工期，而且，比前 5 套乙烯工程建设工期提前了 5 个月，达到了国际同类工程建设工期的先进水平。

4）以质量第一观念开展建设监理

一个工程项目总体质量的好坏，首先取决于设计质量的高低。所以，监理单位按照设计监理方案，对工程设计进行阶段性的监督检查，尤其是对设计质量进行严格把关。监理单位质量控制处与有关方一起组成联合质量管理体系，制订了《质量管理工作规定》，强调"预控"，把质量隐患消除在施工之前。监理部相关人员对重点部位和重要工序，实行旁站监理。既防止了重大工程质量事故的发生，又保证了工程施工质量的一次合格率。后经中国石化总公司和广东省建委组织的工程质量检查评定，茂名乙烯工程合格率 100%，优良率 85%。从而，为一次试车成功奠定了可靠的基础。

5）严格按照审定的概算控制设计变更和采购

为了达到有效控制工程建设投资的预期目的，监理单位采取的主要措施，一是优化方案设计和实行限额设计，控制设计概算；二是协助业主搞好施工招标工作；三是帮助施工单位优化施工技术方案，为控制工程施工阶段工程费发挥了重要作用；四是强化对设备、材料的核验、抽检工作；五是严格控制工程变更和设计变更，尤其是对于重大变更，实行专业监理工程师、项目监理组长、总监理工程师三级核审，由总监理工程师核定确认。对于任何变更，既从技术角度进行审核，又从经济角度进行审核（规定：凡超过 5 万元的变更，要报送业主批准，方能生效）；六是加强预、结算审核，避免失误，减少不必要的开支。监理单位制订了《材料预算审批管理办法》、《工程预、结算审查管理办法》、《工程进度款审批管理办法》等一系列管理办法，使投资控制工作制度化、规范化。最终，达到了工程投资控制在概算以内的预期目标。

3. 工程建设监理的经验

茂名三十万吨乙烯工程建设之所以取得比较突出的成效，原因是多方面的。其中，最根本的原因，是认真贯彻了党中央、国务院的改革开放精神，大胆改革，积极而认真地实行了工程建设监理制。

茂名三十万吨乙烯工程建设得到了中国石化总公司与广东省的指导和支持。新组建的茂名三十万吨乙烯工程建设指挥部，也认真贯彻上级的指示精神，积极转变指挥部的职能，决心当一个跟上时代改革步伐的明智业主。于是，决定从设计、采购检验、施工直至竣工验收，把工程建设投资、工程质量、工程建设工期等工程建设全过程、全方位的工程建设监管工作全部委托给监理负责实施。

1）从改革的高度统一认识是推进建设监理制并取得成功的基础

茂名三十万吨乙烯工程建设初期，指挥部有的同志既担心监理单位不能按照自己意图管理工程建设，又担心工程搞不好，自己向上级交不了差。施工单位有人担心多了一个"婆婆"，工作中"扯皮"的事更多等。针对这种情况，中国石化总公司明确要求，应当从推进改革的高度统一认识，正确对待实施的建设监理制。

找到了统一的基点，很快提高了认识，推进了工程建设监理工作顺利发展。

首先是业主认识的提高和统一，为实行建设监理创造了宽松的环境，形成了全力支持建设监理的大好局面。业主不仅把工程施工"三控制"全部授权监理单位管理，而且，还委托监理单位进行工程设计、项目招标，直至投料试车和生产保修全方位、全过程的建设监理。同时，以业主的名义，告知各有关设计、施工等单位已经委托监理单位的职权；还主动地为监理单位提供生活、工作上的便利和支持，使监理单位得以放手大胆地开展工作。

施工单位对于建设监理认识的提高也是不可或缺的重要一环。尤其是在开创建设监理的初始阶段，绝大部分监理都是从工程施工入手。若没有施工单位的配合，监理工作必将寸步难行。为此，一方面，由业主通知工程施工单位应当接受建设监理，另一方面，施工单位也从改革的大局出发，自主地认识建设监理制、积极地配合建设监理工作。再加上，建设监理实施过程中，监理人员严格监督、诚心帮助的亲身感受，很快改变了"监理是个多余的婆婆"的错误观念，转而积极主动地配合监理、真心实意地支持监理工作。

有了业主的支持和被监理单位的积极配合，茂名三十万吨乙烯工程建设监理人员进一步鼓足了勇气、增强了信心，更加勤奋地为实现"创业绩、创信誉、创经验"的目标而努力工作。从而，形成了建设市场三元主体齐心协力搞好工程建设的大好局面。

2）高起点实施监理是取得成功的有效办法

茂名乙烯工程一开始，监理单位就把工作目标定到国际惯例的标尺上。一是根据业主的授权，认真实行全方位、全过程的监理；二是以国际惯用的菲迪克合同文本为基础，签订比较严密的监理合同和其他工程建设合同；三是按照监理工作的要求，编写了《茂名乙烯工程监理大纲》、《茂名乙烯工程监理规划》、《茂名乙烯工程监理细则》等一系列完整的监理文件，保证了监理工作从一开始就在规范的轨道上运作。高起点的监理既开创了严谨而科学的监理环境，又有力地鞭策着监理等各方面勤奋工作。茂名三十万吨乙烯工程建设监理实践，首次证明了高起点实施监理是取得建设监理成功的有效办法和途径。

3）配备高素质的监理人员是取得成功的重要保证

齐鲁石化工程公司监理部一方面挑选参加过齐鲁乙烯工程建设、经验丰富的人员组建茂名乙烯监理班子，另一方面，抓紧开展岗前教育培训，进一步提高监理人员的技术素质和管理水平，保证监理工作顺利进行。

有了高素质的监理队伍，监理工作就有了基本保证。尤其是保证了监理工作能很好地进行"预控"并加强动态管理；对重点工程部位实行跟踪监督管理。从而，有效地促进了茂名三十万吨乙烯工程建设顺利进行。

4）采用科学方法是取得成功的必要手段

齐鲁石化工程公司监理部监理工作的科学性主要体现在四方面：一是组织机构职责分明、总监负责制运作有序。二是监理单位针对各阶段、各方面的监理工作，分别制定了20多项工作制度，做到了事事有人管，事事有反馈。三是采用先进的管理技术和方法，如在进度管理中，采用工程投资和工程形象双重分析对比法，使进度控制更有效；在质量管理工作中，坚持运用 PDCA 循环法进行全面质量管理。四是大量使用计算机等现代化的工具辅助管理，不仅提高了工作效率，而且，增强了科学性。

5）严格监理、热情服务是取得成功的关键

监理单位加强自身思想作风、工作作风建设，加强综合素质的培养和提高，造就一支既能吃苦耐劳、顽强拼搏，又懂科学、业务强、会管理的监理队伍。贯彻"严格监理，热情服务"的监理宗旨。诸如，监督施工单位一丝不苟地按照审定的工程施工方案和施工规范操作，有效地保证了工程施工质量；积极主动地帮助修订工程施工流程和交叉作业方案，挽回了因洪灾带来的工期损失。因而，逐渐使监理、设计、施工和业主等有关单位工作人员建立起一体化的工作指导思想，共同为搞好工程建设而团结协作、勤奋工作。

第四节　工程建设监理事业的发展和成效

我国创建工程建设监理制二十余年来，在政府有关部门的积极推动下，总体来说，这项改革不断地得以推进。尤其是第一个十年间，工程建设监理事业可谓突飞猛进、日新月异。第二个十年期间，这项事业虽然遇到了重重困难，甚至陷入了低谷，但是，总的趋势还是在发展。改革越深入，必然阻力越大、困难越多，甚至暂时走一段回头路。这是改革的普遍规律，是任何新事物成长过程中的普遍现象。

一、建设监理事业蓬勃兴起的第一个十年（1988～1997 年）

我国创建工程建设监理制的第一个十年，经过筹划准备、初步试点、稳步推进，从1996 年开始，这项改革又转入全面推行新阶段。十年的历程，我国的工程建设监理制从无到有，从小到大，从摸索、探讨到基本形成体系，从被阻挠、反对到初步被社会所认识、接受，无不得到党和国家领导的重视、关怀和支持，无不凝结着广大监理工作者的辛勤劳动。同时，实行建设监理对提高工程质量、提高工程建设水平和建设投资综合效益，对在建设领域建立社会主义市场经济体制等，都发挥了重要的作用。因此，可以说，十年的历程是我国工程建设监理制迅猛发展的十年，是对社会作出了显著贡献的十年，是建设监理事业发展史上光辉的十年。

党的十三大（1987 年 10 月底）以后，我国政治体制改革和经济体制改革的步伐逐步加快。在经济体制改革中，市场经济关系日益突出，市场调节作用逐渐增大。因而，也就迫切需要加强与之相适应的监督管理。建设领域的情况更是如此。工程建设的投资主体由国家为主向国家、企业、个体等多元化转换；建设项目的决策，由政府领导决定向民主化、科学化转换；工程建设任务的分配由行政为主向市场为主转换；工程项目的承建主体由设计、施工两个层次为主向总承包、分包和设计、施工两个层次等多种形式并存转换。与这些转换相适应，产生了工程建设资金有偿使用制、工程建设实行咨询评估、招标投标制、工程总承包制、工程合同制等。为了适应这种转换的形势，除了加强政府的监督管理之外，完善市场经济活动的主体、规范建设市场交易行为，尤其是建立科学的制约机制，具有特别重要的意义。这既是推进建设领域改革的重要内容之一，也是提高建设水平的重要保证。于是，工程建设监理制应运而生。

1988 年 7 月 25 日，建设部根据国务院批准的"三定"方案赋予的职责，印发了《关于开展建设监理工作的通知》（88 建建字第 142 号，见附录 1-1），向全国发出了"建立具有中国特色的建设监理制度"的号令。同年，8 月 1 日，人民日报在第一版以显著的标题《迈向社会主义商品经济新秩序的关键一步——我国将按国际惯例设建设监理制》向全世界公布了我国建设领域实施的这一项新的重大改革。开创建设监理制十年来，在改革开放大政方针的指引下，国家各级政府大力推进，一大批热心于建设监理事业的同志奋力开拓、勇于奉献，使我国的建设监理事业稳步发展。

我国实行建设监理制，虽然时间很短，但是，由于这是一种比较科学的体制，所以，能够快速、健康地发展。十年间，我国工程建设监理事业的发展迈出了三大步：即相继经历了试点（1988～1992 年）、稳步推进（1993～1995 年）两个阶段，从 1996 年开始，转入全面推行阶段。我国工程建设监理事业的迅猛发展，主要表现在以下几个方面。

（一）工程建设监理覆盖面迅速扩大

1988 年 8 月 12 日～13 日，原建设部在北京召开建设监理试点工作会议（即第一次全国建设监理工作会议），研究落实建设部印发的《关于开展建设监理工作的通知》；商讨监理试点工作的目的、要求，确定监理试点单位的条件等事宜。

经筹划准备，并与有关方面协商，1988 年 10 月 11 日～13 日，原建设部在上海召开第二次全国建设监理工作会议，进一步商讨选择哪些城市和专业部门进行建设监理制度试点。经讨论后确定：在 8 市 2 部，即在北京、天津、上海、哈尔滨、沈阳、南京、宁波、深圳市和原能源部的水电系统、交通部的公路系统进行监理试点。根据会议精神，原建设部于 1988 年 11 月 12 日制定印发了《关于开展建设监理试点工作的若干意见》。据此，试点地区和部门开始组建监理单位，建设行政主管部门帮助监理单位选择监理工程项目，逐步开始实施工程建设监理试点。

1989 年 5 月 10 日～17 日，建设部建设监理司在安徽合肥举办建设监理研讨班。就建设监理试点阶段的理论、政策和工作中的具体问题进行了研究和论证。尤其是对监理单位的组织模式、监理人员的称谓和监理方法、跨地区承揽监理业务的管理，以及与质量监督的关系等问题进行了深入探讨。初步理清了建设监理工作的思路，并统一了思想。在此基础上，建设部制定并印发了有关工程建设监理的第一个规范性文件——《建设监理试行规定》（1989 年 7 月 28 日文，以下简称《试行规定》，具体内容详见附录 1-1）。这个文件进一步明确了创建建设监理制的目的和意义；建设监理的基本概念、性质和内容；强调了强制推行建设监理的范围；明确了从事建设监理的职责。同时，还规定了对建设监理的管理。从而，初步规范了建设监理制的方方面面。

　　为了及时总结试点经验，指导建设监理试点工作健康发展，1989年10月23日~26日，建设部在上海召开了第三次全国建设监理工作会议。同志们回顾了试点以来的工作进展情况；交流了监理试点的具体做法和体会，以及希望和建议，还总结了8市2部监理试点的经验。综合各方面交流的情况，实行监理制度最为突出的成效就是，工程项目建设在工期、质量、造价等方面与以前相比均取得了更好的效果。大家普遍认为：三年试点工作充分证明，工程建设实行建设监理这项改革，有助于完善我国工程建设管理体制；有助于促进我国工程建设整体水平和投资效益的提高。同时，大家还迫切建议：应当抓紧工程建设监理法规建设，应当抓紧组建高水准的工程建设监理队伍，应当抓紧确立工程监理制度。

　　虽然，当时社会上对于试行工程建设监理，还存在种种分歧，甚至存在巨大的阻力，但是，试行规定的颁发实施，还是有力地推动了建设监理的实施步伐。到1991年底，试点工作已扩展到26个省、自治区、直辖市和15个工业、交通等部门。其中，上海市、海南省和水电、交通、航空航天等部门已开始在本地区、本部门普遍推行。

　　三年来（到1991年底），各地区、各有关部门先后组建了195家建设监理单位，参加监理工作的人员计6500多人；累计有456项、投资775亿元的工程实行了建设监理。实行监理的工程在工期、质量、造价等方面均取得了较好的效果。三年的试点充分证明，实行这项改革，对于完善我国工程建设管理体制是完全必要的；对于促进我国工程建设管理水平和投资效益的提高具有十分重要的意义。

工程建设监理发展概况（1988~1997年）　　　　　　　　　　表1-4

年份 类别	1989	1990	1991	1992	1993	1994	1995	1996	1997
试行监理地区和部门数量	从8市2部扩展到17地区和12部门	25地区和15部门	26地区和15部门	28地区和20部门	29地区和30部门	29地区和36部门	29地区和39部门	30地区和44部门	31地区和44部门
监理单位数量	52	83	195	501	886	1383	1661	2100	3343
监理从业人数	1400	2691	6500	23831	42000	71962	82000	102000	131025
监理工程数量或占在施工程投资比例	79项计395亿元工程试行监理	累计监理工程200项计670亿元	累计监理工程456项计775亿元	累计监理工程1636项计2398亿元	新增200项计180亿元，累计342项3567亿元	新增780项计4200亿元，累计4200项4565亿元	20%以上	30%以上	监理工程10261亿元占基建投资的41.7%

　　注：1988年8月13日召开的第一次全国建设监理试点工作座谈会（即第一次全国建设监理工作会议）商定：在7市2部进行建设监理试点，10月又增加天津市。所以，一般称作"八市二部"监理试点。只是具体实施监理的工程项目极少，大都在筹划准备阶段。

建设监理试点的成功实例，有力地冲破了种种禁锢，全国上下推进建设监理制的浪潮风起云涌。十年间，我国从八市两部试点，发展到1997年底，全国31个省、自治区、直辖市和国务院的44个部门都在推行这项改革。其中，95％以上的地级城市和大中型电力、铁路、公路、石化、煤炭、航空、港口、高层住宅和住宅小区工程，以及重要的公用、市政工程等大都实行了监理，监理的覆盖面迅速扩大。据不完全统计，实行监理的工程，按投资计算，占在施工程的百分比，1995年为20％以上，1996年上升到30％以上，1997年达到40％以上。这十年间，工程建设监理的发展概况见表1-4。

（二）建设监理法规建设已初具规模

任何体制性改革，都必然涉及原有机构的设置及其职能的变更，必然涉及经济利益的调整。进行体制性改革，往往十分慎重。因此，一般情况下，首先要进行理论探讨、制定试行办法并进行试点、总结试点经验教训，并确定继续进行与否。若继续进行，则修订试行办法。可见，法规建设对于任何改革都是一项至关重要的工作。它不仅要明确改革的目的、意义，同时，还必须明确新体制下调整的范围、新的运行规则，以及新体制下相关人员的培训教育等。我国推行的工程建设监理制，正是依循着这条轨道不断推进、稳步发展起来的。

1988年8月，建设部印发了《关于开展建设监理工作的通知》后，即着手研究制定相关办法。我国第一个有关工程建设监理的规范性文件，是1989年7月28日，建设部颁发的《试行规定》。这是综合建设监理试点经验，同时会同有关部门和地区共同制定的文件。《试行规定》指出：当前，社会监理的范围由建设单位根据需要与社会监理单位协商确定；要求各级建设主管部门要充分重视这项工作，加强组织领导，并结合本地区、本部门情况，制订有关实施细则和配套管理办法，有计划地把建设监理工作逐步开展起来。《试行规定》明确了工程建设监理的内容：包括工程项目建设前期阶段、设计阶段、施工招标阶段、施工阶段和保修阶段的相关事项。要求建设单位要与被委托单位签订监理委托合同。明确了监理单位、建设单位和承建单位三者之间的关系。《试行规定》还指出："工程建设监理是有偿的服务活动。酬金及计提办法，由监理单位与建设单位依据所委托的监理内容和工作深度协商确定，并写入监理委托合同。"《试行规定》的适用范围，是在中国范围内建设的各项工程，包括外资建设项目。

在我国试行建设监理制的初期，能够研究制定如此全面的法规性文件，不能不说这是我国建设监理事业的开创者们高超智慧的结晶。特别是《试行规定》设定的监理内容，跳出了当时仅在工程施工阶段试点的局限，而放眼于工程建设全过程，更显示了开创者们的远见卓识。建设监理事业发展二十多年后的今天，回望《试行规定》的主要条款和基本精神，越发感到它的难能可贵。问题是《试行规定》毕竟仅仅是建设部的部门规章，没能被广泛认可，更没有很好地贯彻执行。面对这种情况，建设部一方面积极与各方面沟通；一方面脚踏实地地推进试点；一方面着手制定新的规定。

经过几年的努力，到1995年12月，建设部与国家计委联合颁发了《工程建设监理规定》（以下简称《监理规定》，详见附录1-1）。与《试行规定》相比，《监理规定》有以下四个方面的特点：

一是明确规定"国家计委和建设部共同负责推进建设监理事业的发展"（第五条），从而，提高了文件的权威性，有力地促进了建设监理事业的发展。

二是《监理规定》第八条规定了"工程建设监理的范围"，包括"大、中型工程项目"、"市政、公用工程项目"和"政府投资兴建和开发建设的办公楼、社会发展事业项目和住宅工程项目"以及"外资、中外合资、国外贷款、赠款、捐款建设的工程项目"。就是说，在整个工程建设领域要实行监理制。不委托监理的业主，即是违反规定，要受到处罚。

三是明确规定"工程建设监理的主要内容是控制工程建设的投资、建设工期和工程质量；进行工程建设合同管理，协调有关单位间的工作关系"（第九条）。

四是《监理规定》首次强调指出"监理单位是建筑市场的主体之一，建设监理是一种高智能的有偿技术服务"（第十八条）。这是对建设监理定位及其定性比较权威的明确阐释。

以上四点，足以说明《监理规定》是一部促进我国建设监理事业发展的科学法规。直到今天，该规定还发挥着积极的指导和保障作用。

我国建设监理制的顺利试点，迫切需要就监理队伍建设问题、监理取费等事项给出明确的指导意见，以便引导监理队伍健康发展和取得监理活动的经济保障。于是，建设部在1992年先后制订了《工程建设监理单位资质管理试行办法》（建设部令第16号，详见附录1-1）、《监理工程师资格考试和注册试行办法》（建设部令第18号，详见附录1-1），联合国家物价局发布了《工程建设监理收费标准》（价费字〔1992〕479号，详见附录1-1）。这三个文件，连同早先制定的《试行规定》和其后制定的《监理规定》，从监理人才培养，到监理企业建设管理；从监理业务的开辟，到监理工作的运作；从监理的社会地位，到监理的经济支撑；从监理层面的发展，到建设市场改革的大局等方面，基本构成了指导、促进，乃至保障建设监理事业发展的法规性政策框架。或者说，这些部门规章，初步满足了有关实施建设监理制的需要，为以后建立完整的、科学的建设监理法规体系奠定了坚实的基础。

这些法规性部门规章的发布和实施，带动了国务院各有关部门、各地方政府部门制定相关规章的积极性。据当时不完全统计，凡推行建设监理制的国务院各有关部门、各地方政府部门都相继制订了类似的规章。有的地方政府还以法规的形式颁布了相关规定。

1997年11月，颁发了《中华人民共和国建筑法》（以下简称《建筑法》）。《建筑法》就有关建设监理内容单列一章，计6条。即第四章，对建设监理做出了严肃的规定：我国强制推行建设监理制；建设监理受业主委托，要对工程质量、建设工期和建设资金使用等方面实施监督；并要求建设监理应当客观、公正地执行监理任务。所以，可以说，经过短短近十年的努力，我国建设监理法规建设的雏形已经基本形成。

（三）建设监理队伍蓬勃发展

随着建设监理工作的推进，监理队伍蓬勃发展。其中，建设监理试点期间，建设监理从业人员真如雨后春笋，与日俱增。据统计，1989年底，共组建了52家监理单位，有1400人从事监理工作。建设监理试点结束后，即到1992年底，监理队伍发展到501家，近24000人从事监理工作。1995年底，监理队伍达到1661家，有82000多人从事监理工作。1996年转入全面推行新阶段，仅一年时间，监理队伍就增加到2100家，有102000

人从事监理工作。1997年底，监理队伍增加到3343家，计131025从业人员。从监理单位数量看，三年监理试点期间，建设监理队伍增加了9倍；三年稳步发展阶段，建设监理队伍的基数虽然大了，依然增加了2倍；全面推行两年，又增加了一倍。

建设监理队伍的发展，不仅表现在数量的增加，还体现在素质的提高。工程建设监理的主要内容是"三大控制"，即"质量控制、投资控制和进度控制"。如果说，了解、掌握"三大控制"并不难的话，那么，用好"三大控制"方法，做到"三大控制"绝非是件容易的事。之所以比较难，除了客观原因外，关键是"三大控制"的核心是"预控"。没有深厚的监理知识和丰富的工作实践经验，要做到"预控"，实非易事。如果，监理人员在工作中做不到"预控"，只能当"事后诸葛亮"，那就失去了进行监理的意义。因此，对监理人员进行正规的监理培训，使监理人员牢牢掌握"三大控制"的知识和技能是监理人员应当具备的基本功。何况，长期以来，在单纯计划经济体制的制约、影响下，人们的经济观念、合同意识等都相当淡薄。这是当前我国的监理人员与国外监理人员素质的重要差距之一。

面对工程建设监理对相关人才的种种要求，如何给予比较恰当的称谓、如何搞好这支队伍建设，是当时摆在我国建设监理事业开创者面前的一大课题。

1. 我国设立监理工程师执业资格是一个创造

实行建设监理制度的国家，对承担监理业务的人员的称谓不尽相同。英国及英联邦所属的国家和地区称为"咨询工程师"或"测量师"；美国、加拿大等国称为"顾问工程师"；法国、日本则与我国的称谓基本一样，都称为"监理工程师"（日本统称为监理师），具体分为总监理师、主任监理师、监理师、监理员四种。笔者认为，从事监理工作的专业技术人员有工程师、建筑师、经济师等，故把监理人员称为监理工程师似不太妥切，而称作"监理师"似比较恰当，且像日本一样，按其技能高低把监理人员分为四类为好。

国外的监理工程师一般由注册工程师、注册建筑师或工程项目专职管理人员充任。对这些人员的技能要求，基本上与我国监理工程师的资格要求相似。国外对监理人员的考核、确认分散在各专业技术资格的考评上。国外这样做，有它一定的基础。主要是为了适应市场经济的需要，大专院校专业的学科设置都比较宽，像学建筑学的、学工程结构专业的，都还要学习经济管理知识等。除此之外，学生为了提高自己毕业后应聘竞争的能力，往往参加第二学位的学习。所以，国外工程建设类技术执业资格考试的知识面相当宽。这在我国，现阶段是难以做到的。

国外，政府对建设监理工程师的资格问题一般不管，这些工作大都是有关协会自行管理。各协会间又没有统一的标准和模式，所以，各国建设监理的发展都比较慢。尤其是对监理工程师执业资格的确认形式，既不便统一管理，又不便系统地学习、提高建设监理知识。因此，据了解，有些国家也在研究改进办法。我国在学习国外建设监理经验的同时，还注重结合中国的具体情况，改进管理方法。其中，正是由于我们把分散的、不系统的，包括一些边缘学科的知识汇总起来，加以整理、补充、完善，形成了比较规范的建设监理知识读本。有了教材，就加快了监理培训的步伐。就不完全统计，截止到1996年底，共有4万多人接受了建设监理培训（详见表1-5）。与此同时，通过考核、考试，确认了一批监理工程师的资格，初步形成了培训、考试、注册等一套比较完整的监理工程师执业资格管理制度。而且普遍实施、迅速推广开来。

据了解，美国咨询工程师协会也感到由注册建筑师、注册工程师等承担建设监理工作有一定的缺陷，应该对从事建设监理工作的人员单独进行执业资格考试注册，并从 1994 年开始，建立了监理工程师资格考试制度。看来，我国设立监理工程师执业资格并建立考试制度，不仅符合我国具体情况的需要，而且有可能对国外也产生一定的影响。

工程建设监理是指对工程建设实施的监督管理。它包括工程建设投资的风险分析、可行性研究评估、规划设计和施工，以及竣工保修期的监督管理等项业务。监理单位承接工程项目的监理业务后，监理工程师要运用经济合同知识、法律知识等签订合同、管理合同；要运用经济的、技术的知识和经验编制工程项目建设监理规划和建设监理实施细则；实施建设监理期间，按照合同的规定协调、约束有关各方的行为，并按照建设监理工作程序的要求，编制建设监理报告、填写建设监理报表。

工程建设监理是一个涉及许多学科，包括多项专业的技术、经济、法律、组织管理的系统工程。因此，它需要一专多能的复合型人才。监理工程师不仅要有理论知识，要懂技术、懂设计、懂施工、懂管理，更重要的是要懂合同、懂经济、懂法律。建设监理的实践证明，没有专业技能的人不能从事监理工作；有一定的专业技能，但没有学习过监理知识的人，同样不能承担监理工作的任务，搞不好监理工作。如设计院里从事多年工程设计的专家，毫无疑问，他们在设计方面是行家里手，能做出优秀设计。但他们缺乏施工现场组织管理经验，更不熟悉合同管理，对经济、法律知识也比较生疏。他们如果没有学习过建设监理知识，一旦接到监理业务，即使是设计监理业务，也往往不知道从何做起，更不会编制监理规划，实践中已不乏其例。从事几十年工程建设，具有丰富施工管理经验的高级工程师，如果没有学习过建设监理知识，同样，也难以开展监理工作。20 世纪 90 年代末，开始论证设置建造师（21 世纪初正式开始实施），其基本职能是承担工程施工管理业务，或者说，建造师是从承建商的角度进行培训教育的，他只能充任承建商的角色，而不熟悉工程建设监理业务。事实上，所有的工程技术人员都存在类似的问题。因此，无论已经具备什么高级专业技术职称的人，或已具备什么执业资格的人员，如果不再学习建设监理知识，都不能从事建设监理工作。参加监理知识培训学习后，能否胜任监理工作，还要经过考试或考核，取得监理工程师资格并经注册，方可从事监理工作。也就是说，其他任何执业资格都不能替代监理工程师的执业资格。

有鉴于此，原建设部建设监理司组织研究确定设立监理工程师的执业资格，并建立相应的规章制度。

2. 培训是监理队伍建设的基础工作

从 1989 年下半年开始，建设部在同济大学、天津大学先后举办了 8 期建设监理培训班。后来，又增加了哈尔滨建筑大学、重庆建筑大学、北京建工学院作为培训基地。这些培训，主要是培训各地的监理骨干和即将从事建设监理培训工作的院校老师，即首先抓了建设监理师资培训。到 1990 年底，先后培训了建设监理骨干和建设监理师资 1150 人。之后，培训院校扩大到 11 所（新增加的院校有：湖南大学、西北工业大学、西安公路学院、北京交通大学、中国矿业大学、西安冶金建筑工程学院）。据统计，到 1992 年底，建设部共组织了 31 期监理学习培训，参加学习的人员近 3600 名。各地各部门也都积极开展建设监理培训工作，建设监理从业人员更是积极主动地参加培训学习。到 1997 年 9 月，建设部认定的培训院校扩大到 47 家，累计培训约 5 万多人（据当时了解，到年底，累计培训人数很可能超过 6 万人）。历年培训简况见表 1-5。

建设部认定院校培训简况（1989～1997 年）　　　　　　　表 1-5

年份	培训院校累计数	当年培训人数	累计培训人数
1989	1	70	70
1990	3	280	450
1991	5	470	920
1992	10	1720	2640
1993	22	6320	8960
1994	28	7590	16550
1995	34	11860	28410
1996	39	15120	43530
1997	47	2 万左右	6 万多人

　　为了统一和提高监理培训水平，建设部一方面选拔、确认一批培训院校并抓好师资的教育；另一方面，抓紧编写统一的培训教材。1992 年，建设部开始组织成立建设监理培训教材编辑委员会。在多方的积极努力下，1993 年底，完成了 6 本试用教材《建设监理概论》、《建设工程合同管理》、《建设项目投资控制》、《工程项目质量控制》、《工程项目进度控制》、《数据处理基础》的编写工作，并开始使用。

　　尽管这套建设监理培训教材比较粗糙，但是，在当时，毕竟是完成了建设监理培训教材从无到有质的变化。不仅使监理培训有所遵循，而且，统一了内容和标准，为我国建设监理队伍的成长，起到了前所未有的、不可磨灭的作用。

　　随着我国市场经济体制的确立、发展、充实和完善，以及建设监理工作经验的积累，普遍感到《建设监理试用培训教材》不敷使用，需要修订。1995 年 8 月 3 日，建设部监理司在太原工业大学召开培训教材修订会。来自天津大学、同济大学、重庆建筑大学、北京交通大学、哈尔滨建筑大学、西安建筑科技大学、北京动力经济学院、北京建工学院、太原工业大学，以及天津道桥监理公司等单位的同志与会，对监理培训试用教材进行了较大修订。包括要明确体现市场经济体制思想，要突出实用性，要突出监理的预控性，要具备通用性，要丰富学术性，要具备理论先导性，以及要紧扣新的法规和规范等。同时，要修订不合时宜的观点、调整各本教材的结构和内容，以及完善教材的体例、格式等。会议形成了详细的修订大纲，并明确了具体分工和时限要求。1996 年 4 月，在重庆建筑大学召开了培训教材修改审定会。到 1996 年底，各本教材的修改工作基本结束，并完成了汇编、通稿、审定工作。后因考虑到即将进行的全国监理工程师资格考试，仍需延用原有教材，故决定推迟到 1997 年 3 月考试结束后再出版（后于 1997 年 5 月份，正式出版发行）。

3. 建立监理工程师职业资格制度

　　我国的监理工程师职业资格制度包括：监理工程师称谓的设立（及其分级）制度、监理工程师培训制度、监理工程师职业资格考核确认制度和考试选拔制度、监理工程师执业资格注册管理制度、监理工程师再教育制度等。在此，仅就监理工程师资格考核确认制度和考试选拔制度分别阐释如下。

　　1）考核确认监理工程师资格是监理队伍建设途径之一

由于建设监理业务是高智能的工程技术服务，执业资格条件要求较高。因此，有关规定要求：监理工程师一般必须具备工程技术类或者工程经济类大专及其以上学历，并取得中级及其以上职称，经过一定年限的业务实践，并经过统一考试或考核认证后，合格的人员才可担任。这也是国际上的通行做法。

我国试行工程建设监理以来，一批具有高级职称的工程技术、工程经济和工程管理人员积极投身于这项改革中来。他们在具体监理工作实践中，不断学习、探索，逐渐提高了建设监理业务能力，有的甚至被国内外公认达到了国际水平。有鉴于此，既为了这批人名正言顺地开展工作，也为了激励其他从业人员奋发向上，更为了建设一支符合建设监理工作要求的监理队伍探索经验，1990 年 7 月 19 日，建设部印发了《关于在全国确认一批监理工程师岗位资格的通知》（建建字 466 号）。该《通知》指出"近几年来，我国一批具有高级职称的工程技术和管理人员，相继投入了建设监理工作。他们通过学习国内外建设监理的理论与实务，具体参加组织建设项目的监理工作，已具备了较高的监理业务能力，……对一些监理水平较高的监理人员确认监理工程师岗位资格，以适应建设监理工作发展的需要。"同时，制订了考核确认资格的三条标准"1. 取得高级职称的工程师、建筑师和经济师；2. 担任大中型建设项目监理负责人两年以上，在监理上取得卓越成绩，被监理的工程取得应有的效果；3. 有较深厚的工程技术与管理的理论和实践基础，了解国际工程管理惯例。"从此，开辟了我国工程建设监理工程师资格考核确认的先河。

为了全面科学地搞好确认工作，建设部会同国家计委、交通部、能源部、人事部等18 个部委共同商讨成立了第一届全国监理工程师资格考试委员会（1992 年 10 月 12 日发布）。按照上述通知的标准和要求，全国监理工程师资格考试委员会相继于 1991 年 3 月、1992 年 11 月、1994 年 6 月三次共考核确认了 1037 名监理工程师（资格证书由建设部、人事部共同加盖印章）。

各地各部门对于考核确认监理工程师资格工作，都非常积极、认真。全国监理工程师资格考试委员会更是一丝不苟地认真审核。使得这三次考核确认工作进展顺利、圆满结束。这千余名监理工程师，是我国开创工程建设监理制以来，首批极为宝贵的财富。他们在各自的工作岗位上兢兢业业，出色地完成了建设监理工作，为我国推行工程建设监理制积累了珍贵的经验，创造了无与伦比的财富。因此，实践证明，关于监理工程师资格考核确认方式，是必要的、可行的。

2）考试确认监理工程师资格是队伍建设的普遍形式

从上述考核确认监理工程师资格条件来看，标准比较高，排除了大批年富力强的监理工作者取得监理资格的权利。当然，这不是建立监理工程师资格制度的初衷。为了使广大有才能的建设监理从业者，及时取得监理工程师资格，建设部有关部门以及全国监理工程师资格考试委员会一直在积极研究、筹备，力求及早开拓通过考试形式确认监理工程师资格的新渠道。应当说，通过考试选拔人才，是我国千余年来比较有效的办法，建设监理队伍建设亦当不例外。

为此，建设部在调查研究的基础上，组织专家编制"考试大纲"和"考试学习教材"，并研究考试试卷设置和命题要求。在做好充分准备的基础上，1994 年 3 月 29 日、30 日，建设部与人事部联合组织了北京、天津、上海、山东、广东 5 个地区监理工程师资格考试试点。各地区对这次考试工作很重视，不仅建立了领导机构，制订了工作计划，还认真组织报考、监考、阅卷。参考人员也比较认真，并积极报名复习，严格遵守考场纪律。在各方的共同努力下，顺利地完成了考试工作。这次考试试点，计有 6766 人报名、6229 人参加考试，1926 人考试合格。期间，没有发生任何问题。据了解，参加考试的人员普遍认为，试卷的设置、命题的设置和评判，以及考试管理工作等，都比较科学、合理、实际。因此，可以说是一次成功的尝试。

在事后的试点考试总结会上，与会者普遍认为：这次试点考试的重大意义在于：有关考试大纲的拟定、考试试卷分类的设置、考试命题的标准和拟定、报考条件的设置、考务工作的组织与管理，以及考试合格标准的确定等一系列问题都进行了卓有成效的探讨。普遍认为，这次试点考试是成功的，它不仅开辟了我国建设领域建设监理执业资格考试的先河，而且，昭示了建设监理队伍快速成长的方向，值得在全国推行。与此同时，与会者也积极提出了一些改进意见。

由于种种原因，原计划于 1995 年即举行全国监理工程师资格考试工作，却没能如期进行，直到 1997 年才在全国范围内举行了考试。这次考试的各项工作，基本上都是依照试点考试的模式进行的，且取得了预期的效果。1997 年报考人数为 55730 人，参考人数为 36698 人，合格人数为 13203 人，参考率为 65.85%，合格率为 36.03%。

现将这次考试情况简要分析如下。

（1）报考情况

这次考试地区包括全国 31 个省、自治区、直辖市。各地区经过审核，确定符合报考条件的人员共计 55730 人，其中报考 4 门的考生有 43954 人、报考 2 门的考生有 11776 人。实际参考人员共 36698 人，参考率为 65.85%。山西、上海、福建、河南、湖北、广东、新疆等省、自治区的参考率均超过 70%。

（2）考试内容

工程建设监理的具体工作内容主要是"三控两管一协调"。所谓"三控"，是指监理工程师对工程项目的质量、进度、投资进行有效控制，使其达到或满足工程合同规定的标准或要求；所谓"两管"，是指监理工程师要对勘察设计合同、施工承包合同、材料设备供应采购合同等工程合同和工程信息进行监督管理，督促合同各方严格履行合同确定的各项义务和责任；所谓"一协调"，是指监理工程师要负责协调好工程项目业主、设计单位、施工单位之间的关系，共同完成工程建设任务。

根据监理工程师的这些工作内容和工作特点，结合执业资格考试的要求，将考试科目设为四科，即：《工程建设监理概论及相关法规》、《工程建设工程合同管理》、《工程建设质量、投资、进度控制》和《工程建设监理案例分析》。考试均采取笔试、闭卷的方式进行。考试试题依据《1997 年全国监理工程师执业资格考试大纲》的范围命制。考试成绩不滚动。

（3）考试的组织管理工作

考试工作由建设部和人事部共同组织实施。建设部负责组织有关专家制定考试大纲、命题及评分标准；人事部负责试卷的审查、印制、送达及收集考试结果等考务工作；各地方的人事、建设主管部门共同负责组织监考、阅卷工作。建设部与人事部共同确定报考条件、组织审核考试结果、确定录取标准、颁发资格证书等项工作。

考试结束后，建设部与人事部共同组织部分专家试阅了部分试卷，对试题的"标准答案和评分标准"进行反复斟酌修订，并经审定通过后，发送各地。各地区据此"标准答案和评分标准"严格认真地组织阅卷，圆满完成了阅卷工作。

（4）录取情况

对于考生来说，由于不太了解试题结构、试题类型，对考试不太适应，不少考生由于没有掌握好答题技巧，答题失误较多，没能完全反映出考生的实际知识水平和工作能力。尤其是年龄大的同志，虽然理解能力较强，工作实践经验丰富，但记忆力较差，书面考试更不适应。鉴于这种情况，从监理工作的实际需要考虑，建设部和人事部协商，确定各科最低录取分数线如下：

《工程建设合同管理》：90分；

《工程建设质量、投资、进度控制》：90分；

《工程建设监理概论及相关法规》：72分；

《工程建设监理案例分析》：40分。

按照这一标准，这次考试共有13224人通过，通过率为36％。江苏、北京、天津、上海、安徽、福建、广东等省市的合格率均超过40％。

（5）命题工作分析

为了使试题与监理实际工作更紧密地结合起来，聘请的命题专家中既有高校教授，也有监理单位的总监；他们既有工民建专业的，也有其他工业、交通专业的。命题范围完全按照《考试大纲》的范围确定。其基本原则，一是依据考试大纲命题；二是突出检验考生实际监理工作能力；三是检验考生全面掌握监理知识；四是不涉及监理业务以外的专业技术知识。大纲中要求重点内容、重要内容和相关内容在同一试卷内所占比例为4：3：3。另外，在《工程建设质量、投资、进度控制》试卷中，质量、投资、进度控制内容比例为4：3：3。前三科试卷，主要检验考生掌握基本概念和方法的水平，第四科试卷，则主要检验考生处理实际监理工作问题的能力。由于《工程建设监理案例分析》试题是第一次命制，从考试结果看，确实不可避免地存在一些不完善之处。但总体来说，该试卷的五道试题均与监理实际工作联系比较紧密，试题内容均模拟实际工作情况，逻辑关系比较明确，语言比较清楚、准确。

（6）考前辅导工作分析

在考试开始之前，各地区、各部门均组织了考前辅导工作。从考试成绩看，成绩好的地区反映出其考前辅导工作比较好，其经验应及时总结、推广。像江苏省，省建委认真准备之后，及时组织在苏的几所培训院校分片负责辅导。各院校之间暗自形成了比赛的势头，积极进行辅导，再加上考生的努力，合格率为全国之冠，达到52％。另一方面，据初步了解，凡是参加了考前辅导学习的，合格率明显高于未参加辅导学习的；按照考试大纲系统组织辅导的，要比"压题式"辅导好。

顺便需要指出的是，当时，个别单位或个人，不负责任地、甚至盗用他人名义印制、发行辅导材料、录像带，产生了一定的误导作用，给正常的考前辅导工作带来了混乱，造成了一些不良后果，当为鉴戒。

（7）答卷情况分析

从卷面分数看，《工程建设监理概论及相关法规》试卷得分最高，平均分数为82分，按72分合格计，合格率为77.50％。反映考生对建设监理的基本概念和法规掌握得比较好。《工程建设合同管理》试卷得分也比较高，平均分数为 87 分，按 90 分合格计，合格率为 46.77％。说明通过几年的监理实践，考生们对经济合同的基本概念和作用有了较深刻的理解和认识，符合监理事业发展的需要。《工程建设质量、投资、进度控制》试卷得分较低，平均分数为 83 分，按 90 分合格计，合格率为 39.39％。其原因主要与监理工作的具体分工有关，说明考生掌握"三控制"方面的知识还不够系统，不够扎实，基本概念掌握得不够准确。当然，命题偏难也是其原因之一。《工程建设监理案例分析》试卷得分最低，平均分数为 46 分，按 60 分合格计，合格率仅为 16.58％。其主要原因，一是考生对这类试题的应答方式不太适应，有些长期从事监理实践工作的考生得分也比较低；二是缺乏工作实践的考生，的确难以应答类似的试题；三是试题的难易程度也存在一些不妥之处。鉴于此，将 40 分定为合格标准，该科考试合格率为 66.66％。

关于题型、题量的设置，总的来说，还比较适中，没有因此造成太大的偏差。

这次全国考试，也还存在一些不足和问题。主要有：

一是个别地区建设、人事行政主管部门没有形成合力，甚至互不沟通。

二是个别地区对这次考试重视不够，领导不力，管理松懈，致使考试成绩托到 7 月下旬才上报，严重影响了全国录取工作的进度。

三是如何科学地设置命题，以及如何比较准确地反映监理工作人员的水平，还需要不断地研究探讨。

（8）关于改进今后考试工作的设想

根据 1997 年的经验和教训，为了做好 1998 年监理工程师执业资格考试工作，拟应注意以下几点：

①各地区的建设、人事行政主管部门一定要加强对考试工作的领导和组织管理，要明确职责、分工合作、相互协调、密切配合、及时沟通、做好工作，还要按照国家的总体要求，制定工作计划。

②有关考务的组织管理工作需要进一步改进，提高工作效率，使报名、考试、阅卷、登分、录取及发证等项工作紧密衔接，尽量缩短考试与录取的时间间隙。

③鉴于很多地区没有在当地报纸上发布考试公告，致使有很多考生未能及时得到考试信息，错过了报考时间，没有机会参加考试。因此，希望各省在组织报名之前，应通过有效的信息传播渠道，最好是在当地报纸上发布考试公告，以使更多的人员了解考试信息，及时做好参考准备工作。

④根据监理实际工作的需要，着手组织修订《全国监理工程师执业资格考试大纲》。

⑤从考试成绩看，参加过监理培训的考生，其考试成绩普遍好于未受培训的考生。因此，培训工作还应进一步抓紧抓好。建设部将组织有关专家、教授再次修订《监理培训教学大纲》，并制定考前辅导工作方案，进一步提高培训和辅导质量。

1997 年监理工程师资格考试总结会后，建设部与人事部共同商定：从 1998 年开始，每年的监理工程师资格考试安排在 5 月的第一个星期的休息日（两天）。此前的考试大纲拟定、报考工作的安排等事项，也都相应地循章依序进行。从此，监理工程师资格考试走上了规范化的道路。

监理工程师是我国建设领域中的新生力量和宝贵财富。中共十五大工作报告中明确提出："人才是科技进步和经济社会发展最重要的资源，要建立一整套有利于人才培养和使用的激励机制。"认真贯彻这一指示精神，尽快完善我国的监理工程师执业资格考试制度，任重道远、方兴未艾。还应当不断地积极探索、完善、提高。

（四）促进工程建设水平的提高

工程建设实行监理制，能够不断地总结、积累经验，不断地改进、提高水平，从而改变了过去临时组建基建班子，工程建设往往只有一次教训，难以上升为成熟经验的状况，有效地控制了工程建设投资、工期和工程质量，提高了工程建设水平。

1. 普遍提高了工程质量

推行建设监理近十年来，各地方、各部门普遍反映，实行监理后，工程质量有了明显的提高，建设监理的效益引人注目。如山东省，实行监理的工程，工程竣工的一次交验合格率为100%，优良率为85%。广东省的监理工程优良率比未监理的工程高数倍。一批特大型水电工程、高等级公路工程、铁路工程，以及大型工业工程项目、住宅小区项目等工程质量，明显比过去有了较大幅度的提高，为国内外专家所称赞。

像广州抽水蓄能电站工程（一期装机容量为120万kW），在监理单位的协助下，工程建设仅用了49个月就建成发电，工程质量评定为优良，亚洲开发银行的有关专家认为"广蓄工程质量堪称世界一流"。

如投资400亿元、一次建成2500多公里的"京九"铁路，其投资、工期、质量等各方面都得到了很好的控制。

投资171.5亿元建成的茂名30万t乙烯工程，是我国第六套特大型乙烯工程。由于实行了工程建设监理制，不仅比过去同等规模的工程大大缩短了工期、有效地控制了工程投资，工程质量优良率达到85%，投料试车一次成功，生产出了合格的乙烯。实现了特大型工业工程项目建设管理模式改革的有益探索（详见附：关于茂名三十万吨乙烯工程建设监理经验总结的报告）。

河南郑州的"绿云"居民小区等工程，在实行监督的基础上，又全面实行了建设监理，严把工程质量关，取得了良好的效果。经建设部核验检查，核定工程合格率为100%，优良率达到60%，综合评定为国家金牌奖。

2. 有效地兑现了合同工期

工程建设实行监理，还强化了计划管理，保证了按合同工期完成建设任务，有些工程甚至提前建成。

例如，实行建设监理比较早的水电行业，与改革前相比，多数大型水电工程建设工期缩短1~2年。

山东省实行监理的工程，平均提前工期12%。

茂名30万t乙烯工程建设期间，1994年雨季，连遭暴雨和台风袭击，致使工程进度延误近4个月。为挽回延误的工期，监理单位及时调整关键线路，修编网络计划，同时采用滚动管理技术，按照"平面流水"、"立体交叉"的施工方法，指导施工单位交叉作业，抢回了天灾耽误的工期。最终，比合同工期还提前3个月完成了工程建设，与此前建设的五套乙烯工程中工期最短的相比，还提前了5个月，达到了国际同类工程建设工期先进水平。

3. 节约了工程建设投资

20世纪90年代，我国的改革开放步入第二个十年。各个行业都急剧发展，工程建设遍地开花。国家总体财力还比较弱，尤其是地方工程项目，工程建设资金普遍不足。因此，实行监理的工程节省了投资，更为社会所称颂。

像铁路工程，截止到1996年底，监理人员累计审核了911项Ⅲ类设计变更，核减费用3302万元；通过优化设计、合理化建议等节省资金1431万元；茂名30万t乙烯工程实行监理后，综合各种监理效益，共节省上亿元的投资。上海浦东金融大厦工程建设中，实施了监理。监理单位仅对基坑支护合理化建议一项，就为业主节约了600多万元，相当于监理费的4倍多。

项目法人委托监理后，大大减少了筹建人员。像举世瞩目的长江三峡工程，三峡开发总公司仅300余人；广东茂名30万t乙烯工程建设指挥部尚不足200人，都远远小于以往类似工程基建机构的人数。这样，不仅减少了投资，而且，为企业精简机构，建立现代企业制度奠定了坚实的基础。

综上所述，正如邹家华副总理指出的那样：实行建设监理，对于实现经济体制转轨，经济增长方式转型，建立社会主义市场经济体制具有重要的战略意义。它符合党的十五大提出的：探索"速度较快、效益较好，整体素质不断提高"搞好经济建设新路子的精神。也可以说，建设监理是我国建设领域培植起来的新经济增长点。随着这项改革的深化、完善，它显现出的综合效益必将更加突出。

（五）促进了建设领域市场经济体制机制的发育

1. 健全了建设市场主体

实行建设监理制，使我国的工程建设管理体制从计划经济体制下政府负责，企业自建、自管的小生产管理模式，开始向社会主义市场经济体制下政府进行宏观调控，企业自主，社会化、专业化的管理单位具体负责的模式转换。即工程建设实行项目法人责任制，承建商负责实施，又在项目法人与承建商之间引入了监理单位，作为中介服务的第三方，由监理单位负责工程项目建设的管理工作。监理单位受项目法人的委托，帮助或替代项目法人管理工程建设，同时，又公正地监督项目法人与承建商订立的工程建设合同的履行。监理单位成为建筑商品交易双方之间起制衡作用的中介组织。这种不可替代的中介组织与项目法人、承建商构成了比较完善的建设市场的行为主体。从而，形成以提高建设水平为目的，以经济合同为纽带，以有关法律、法规、规程等为基准，相互制约，相互协作，相互促进的新的工程建设项目管理机制。

2. 完善了建设市场运行机制

实行建设监理制，形成了业主、监理、承建商三者之间以工程建设合同为纽带，以提高工程建设水平为共同目的，互相协作，又互相制约、科学的"三角鼎力"的建设市场运行机制。即承建商与项目业主订立合同，承建商依合同行事；监理受业主委托，并签订委托合同，监理依授权开展工作；承建商和监理对于不符合合同的事项，或者超出合同约定的事项，均可说"不"。作为监理，法规规定它必须"一碗水端平"，"公正、公平"地处理问题。否则，既不符合法规的规定，也不可能维系继续工作的局面，更不符合道义的约束。从而，一改过去建设市场发生问题，买卖双方我是你非，争执不下，甚至寻求政府评判的局面，形成了依循市场经济规则运行的科学机制。

3. 净化建设市场有了组织保障

任何市场经济体制下，不正当交易，甚至是违规交易、违法交易，以及不公正交易等现象，总是时有发生，有时甚至十分激烈。

在现阶段，建设市场初步建立，还很不规范，有时甚至比较混乱的情况下，建设资金短缺、盲目压价压工期、肢解工程发包、违法分包、行贿受贿，以及工程质量差、工程安全度低等状况均时有发生。面对这种情况，除却政府部门监督管理和政策引导外，大量的经常性监管工作，必须依赖一独立的、专业化的组织力量，即工程项目建设实施建设监理制。工程建设实施监理，一方面，能够促进提高工程质量（实践证明：实行监理的工程优良率大大高于未监理的工程）；还能为业主节省工程投资。尤其是，实行监理，在建设市场交易活动中，基于不同的利益需求而形成的监管屏障，能够阻止一些违法违规行为。就是说，实施建设监理制，为净化建设市场，建立了一定的组织保障。建设市场的净化，自然促进了工程水平的提高。因此，建设监理队伍逐渐成为建筑市场上一支显赫的有生力量。

4. 促进了建设领域与国际接轨的进程

众所周知，国际上工程建设实施建设监理早已是通行惯例。特别是，工程建设合同普遍采用菲迪克条款格式，更加强调建设监理制。作为投资者，不实施或者不熟悉建设监理制，不行；同样，作为承建商，不接受建设监理制，或者不习惯建设监理，依然寸步难行，甚至承揽不到工程。所以，我国推行建设监理制，不仅是改进我国工程建设管理模式的需要，更是工程项目建设的投资者、工程建设实施者——承建商共同熟悉国际惯例、尽快融入国际建设领域大家庭的需要。实践证明，我国推行工程建设监理制，不仅造就了一批工程建设监理人才，而且，有力地推进了我国建设领域全面与国际惯例接轨的行进步伐。

[附1]

关于报送茂名三十万吨乙烯工程建设监理经验总结的报告

建设部　中国石化总公司　广东省人民政府文件　建监〔1998〕20号

国务院：

我国自1988年开始推行建设监理制以来，先后经过了局部试点、稳步推进两个阶段，1996年又转入全面发展阶段。目前，已成立了2500多家监理单位，有11万人从事监理工作；施工阶段，实行监理的工程占当年开复工工程总投资的30%以上；而且普遍取得了控制投资、工期和保证工程质量的明显成效。近十年的实践初步证明，工程建设实行监理制是一项成功的改革，尤其是它完全符合实现两个根本转变的需要。这项事业当继续、健康发展。

"八五"期间，中国石化总公司和广东省联合投资在茂名筹建我国第六套三十万吨乙烯工程。该工程从设计阶段开始就实行监理，取得了节省投资、提高质量、缩短工期和一次投料试车成功的良好成效，而且，造就了一支高素质的监理队伍。它首开了特大型工业工程建设全面实行监理的先河。我们认为有一定的推广价值，特写了一份总结报告（附后）。

现将该经验总结送上，如无不妥，建议在国办秘书局编印的《参阅文件》上刊登。

建设部　中国石化总公司　广东省人民政府

一九九八年一月二十六日

抄送：邹家华副总理

[附2]

茂名三十万吨乙烯工程建设监理经验总结

建设部　中国石化总公司　广东省人民政府

1997年12月

广东茂名三十万吨乙烯工程顺利建成，并一次投料试车成功了！这是"九·五"开局之年，从我国南疆传来的一大喜讯。

茂名三十万吨乙烯是我国"八·五"期间开始筹建的特大型工业企业之一。该工程包括三十万吨乙烯、十四万吨聚丙烯等10套生产装置及配套服务设施，是一个特大型的石油化工联合企业。工程建设耗用30万吨钢材、70万吨水泥、20万立方米木材，建筑面积22.4万平方米，总投资171.5亿元人民币。如此庞大的工程，按照过去的常规，需要1000多名工程建设管理人员。然而，该工程却只投入了不足500人，而且，仅用了33个月就全部建成，比合同工期提前了3个月，投资也控制在概算以内，工程质量优良品率高达85％以上，10套装置均一次投料试车成功。可以说，该项工程的建设达到了先进水平。

之所以取得如此突出的成效，原因是多方面的，但是，有一条重要原因是认真贯彻了党中央、国务院的改革开放精神，大胆改革，实行了工程建设监理制。

一、茂名三十万吨乙烯工程实行监理制的起因

从70年代开始，到80年代末，我国先后建成了5套三十万吨乙烯工程。虽然5套不是同时建设的，但是，在当时的情况下，每建一套都要重新组建庞大的工程建设指挥部，少则1000余人，多则近2000人。由于指挥部的人事关系分属于各个乙烯工程的建设单位，而且，工程建成后，有经验的建设人才不是改行，就是流失。前一个工程的建设经验不能有效地传给后一个工程，如此地简单集散重复，使建设水平总在初级程度上振荡，难以有所突破、提高。

国家批复建设茂名三十万吨乙烯工程后，面临着两种抉择：是按照老规矩组建庞大的工程建设指挥部，还是改革项目管理体制，实行监理制，委托监理单位负责建设？经过充分调研和认真思考，中国石化总公司和广东省两个投资者的意见很快统一起来了——决定委托监理，闯出一条建设乙烯的新路子。

二、建设监理制在特大型工业工程建设中的实践

1992年，中国石化总公司决定茂名三十万吨乙烯工程建设实行监理的同时，决定茂名乙烯工程建设指挥部的规模不得突破200人，其职能转向以筹集资金、征地拆迁、联络

协调上下等各方面关系为主，以及着手生产准备的方案研究工作等。大量的工程建设管理工作完全委托给监理单位——齐鲁石化工程公司监理部负责。

（一）当明智业主，全面委托监理

中国石化总公司与广东省协商决定，茂名三十万吨乙烯工程建设实行监理制。刚开始组建的茂名三十万吨乙烯工程建设指挥部在上级部门的指导下，决心彻底转变指挥部的职能，当一个跟上时代改革步伐的明智业主。于是，决定从设计、采购检验、施工直至竣工验收；从工程建设投资、质量到工期，全过程、全方位的委托监理。

茂名乙烯工程指挥部仅有180人，监理单位年平均投入的人员不足300人，双方共计不足500人，与建成的同类工程相比，该项目的建设单位人员减少了约1000多人。仅此一项，便可节约建设管理费和一次性生活安置费（住房、学校、托幼、商业服务等）四亿多元。

（二）编制科学的监理规划，"算着干"，有条不紊地组织建设

尽管齐鲁石化工程公司监理部的人员大都有建设三十万吨乙烯工程的经验，但是，他们清醒地认识到：决不能单凭以往的经验"想着干"，必须按照监理的模式，仔细地"算着干"。他们根据监理合同的要求，认真编制了监理规划；依据监理规划又编制了30多万字的监理细则和百余幅图表；还制定了多达156项的职责分工细则；制定了监理人员守则等规章制度。这样，既保障了全部监理工作有章可循，又指导工程建设有条不紊地进行。全部工程建设始终都处在有效的控制状态。

（三）以"预控"为核心，抓住关键控制点，确保工程按期建成投产

对于大型工程来说，控制建设工期特别重要。如果拖延一天竣工，就要多支付几十万，甚至几百万的建设资金；而提前一天竣工，就可能增加几百万，甚至上千万的收益。

齐鲁石化工程公司监理部运用网络技术和统筹方法，编制了《工程总体统筹计划》。确定以乙烯装置为关键线路，以开工锅炉点火、土建交安、工程中交、乙烯装置投料试车为四大关键控制点。制定相应的对策，严格组织实施，真正使计划成为具有指导意义的文件，使监理的"预控"效能落到实处。

1994年雨季，茂名地区连遭暴雨和台风袭击，致使工程进度延误近4个月。为保原计划进度，监理单位及时调整关键线路，修编更加科学的网络计划，同时采用滚动管理技术，按照"平面流水"、"立体交叉"的施工方法，指导施工单位交叉作业，抢回了天灾耽误的工期，而且，比前5套乙烯工程建设工期提前了5个月，达到了国际同类工程建设工期先进水平。

（四）坚持质量第一，责任到人，确保一次试车成功

一个工程项目总体质量的好坏，首先取决于设计质量的高低。所以，监理单位按照设计监理方案，对工程设计进行阶段性的监督检查，尤其是对设计质量进行严格把关。监理单位质量控制处与项目部和施工单位一起组成三级质量管理体系，制订了《质量管理工作若干规定》，强调"预控"，把质量隐患消除在施工之前。对重点部位和重要工序实行旁站监理。后经中国石化总公司和广东省建委组织的工程质量检查评定，茂名乙烯工程合格率100％，优良率85％。从而，为保证一次试车成功奠定了可靠的基础。

（五）严格按照审定的概算控制设计变更和采购

为了达到有效控制工程建设投资的预期目的，监理单位采取的主要措施，一是优化方

案设计和实行限额设计，控制设计概算；二是协助业主搞好施工招标工作，帮助施工单位优化施工技术方案，为控制工程施工阶段工程费发挥了重要作用；三是强化对设备、材料的核验、抽检工作；四是严格控制工程变更和设计变更，实行专业监理工程师、项目监理组长、总监理工程师三级核审，由总监理工程师签字确认。对于任何变更，既从技术角度进行审核，又从经济角度进行审核，超过5万元的变更要报送业主批准，方能生效；五是加强预、结算审核，避免失误，减少不必要的开支。监理单位制订了《材料预算审批管理办法》、《工程预、结算审查管理办法》、《工程进度款审批管理办法》等一系列管理办法，使投资控制工作制度化、规范化。最终，达到了工程投资控制在概算以内的预期目标。

三、茂名三十万吨乙烯工程实行监理的经验

（一）从改革的高度统一认识，是取得成功的基础

工程开始时，指挥部的同志既担心监理单位不能按照自己意图管理工程建设，又担心工程搞不好，自己向上级交不了差。施工单位担心多了一个"婆婆"，工作中"扯皮"的事更多。针对这种情况，中国石化总公司明确要求，应当从推进改革的高度统一认识。

找到了统一的基点，认识很快就提高了。监理单位进一步鼓足了勇气，增强了信心，提出了"创业绩、创信誉、创经验"的工作目标；业主全力支持开展监理，不仅把"三控制"全部授权监理单位管理，而且，还委托监理单位进行设计监理；施工单位也真心实意地支持配合监理工作。

（二）高起点实施监理，是取得成功的有效办法

茂名乙烯工程一开始，监理单位就把工作目标定到国际惯例的标尺上。一是根据业主的授权，认真实行全方位、全过程的监理；二是以国际惯用的菲迪克合同文本为基础，签订比较严密的监理合同和其他工程建设合同；三是按照监理工作的要求，编写了《茂名乙烯工程监理大纲》、《茂名乙烯工程监理规划》、《茂名乙烯工程监理细则》等完整的一系列监理文件，保证了监理工作从一开始就在规范的轨道上运作。高起点的监理既开创了严谨而科学的监理环境，又有力地鞭策着监理等各方面勤奋工作。

（三）配备高素质的监理人员，是取得成功的重要保证

齐鲁石化工程公司监理部一方面挑选参加过齐鲁乙烯工程建设、经验丰富的人员组建茂名乙烯监理班子。另一方面，抓紧开展岗前教育培训，进一步提高监理人员的技术素质和管理水平，保证监理工作顺利进行。

有了高素质的监理队伍，监理工作就有了基本保证。尤其是保证了监理工作能很好地进行"预控"，并加强动态管理；对重点工程部位实行跟踪监督管理。从而，有效地促进了工程建设。

（四）采用科学方法，是取得成功的必要手段

齐鲁石化工程公司监理部监理工作的科学性主要体现在四方面：一是组织机构职责分明、总监负责制运作有序。二是监理单位针对各阶段、各方面的监理工作，分别制定了20多项工作制度，做到了事事有人管，事事有反馈。三是采用先进的管理技术和方法，如在进度管理中，采用工程投资和工程形象双重分析对比法，使进度控制更有效；在质量管理工作中，坚持运用PDCA循环法，进行全面质量管理。四是大量使用计算机等现代化的工具辅助管理，不仅提高了工作效率，而且，增强了科学性。

（五）严格监理，热情服务，是取得成功的关键

监理单位加强自身思想作风、工作作风建设，加强综合素质的培养和提高，造就一支既能吃苦耐劳、顽强拼搏，又懂科学、业务强、会管理的监理队伍。贯彻"严格监理，热情服务"的监理宗旨，使监理、设计、施工和业主等有关单位工作人员建立起一体化的工作指导思想，共同为搞好工程建设而团结协作、勤奋工作。

四、几点体会和建议

（一）大中型工程建设项目都应实行建设监理

茂名三十万吨乙烯建设监理的实践，充分显示出具备较高资质的专业化监理公司进行建设监理，能够有效地控制工程建设投资（仅优化设计、节约建设管理费、避免工期延长而支付的利息，合计近2亿元人民币）、建设工期，还提高了工程质量。工程项目建设实行监理，这的确是一条速度较快、效益较好、整体素质不断提高的经济协调发展的路子。所以，大中型建设项目实行监理是完全必要的、可行的。国家应在监理法规中作出明确的规定。

（二）建设监理应当向工程建设的前期延伸

目前，我国的工程建设监理主要停留在施工阶段，甚至只限于质量监理。这样，规划中的问题，设计中的问题，都很难进行纠正，更达不到优化的程度。单纯进行工程质量监理，既失去了对工程建设投资、建设工期的有效控制，也难以进行全方位的质量监理，因为三者之间存在着紧密的相互制约关系。因此，国家应大力推进实施工程建设全过程的监理，应全面实施三控制监理，以期充分发挥建设监理应有的效能。

（三）应尽快制定科学、合理的工程建设监理费标准

国家现行的监理费标准（1992年制定的标准），远不能适应高智能、高强度劳动、高报酬的市场经济等价交换的基本规律，甚至使监理单位难以成为真正独立的企业法人，难以增进监理单位自我发展的能力，更不利于整个监理事业的发展。故，迫切希望国家尽快制订出比较科学、合理的工程建设监理费标准。

二、建设监理事业艰难发展的第二个十年（1998～2008年）

我国开创建设监理事业20余年来，虽然发展比较快，且在社会上有了较大影响，但是，毕竟这是一项新生事物。无论是其理论研究、法规体系的建设，还是其活动的规范性、队伍建设的稳定性，以及社会的认知度等方面，都呈现着新生事物成长期共有的波动性。回顾我国建设监理事业发展的第二个十年，就可以体会到新生事物发展的这种规律性特质。

1995年底，建设部与国家计委联合发布了《工程建设监理规定》，对于这项事业的发展，给予了前所未有的法规性推动。紧接着，1997年，单独列有一章建设监理规定的《建筑法》的颁布，更是从法律的高级层面给予建设监理事业发展最为强有力地推进。所以，总体来说，继快速发展的第一个十年之后，我国的建设监理事业依然保持着高速发展的势头。这种发展态势，突出表现在：委托建设监理的工程建设项目迅速增加；建设监理队伍不断扩充；国务院部门和地方政府部门制定的有关建设监理的规章似雨后春笋；以及建设监理的社会认知度不断提升等。

（一）建设监理法规建设进一步细化

为了适应建设监理事业发展的需要，同时，也是为了满足行政管理建设监理的需要，

进入 21 世纪后，原建设部相继制订或修订了有关建设监理的规章，共计有 10 项。具体项目详见表 1-6 所示。

原建设部发布的有关规章（1997～2008 年）

表 1-6

序号	规章名称	发布时间	备　注
1	《建设工程监理范围和规模标准规定》	2001 年 1 月 17 日	建设部第 86 号部令
2	《工程监理企业资质管理规定》	2001 年 8 月 29 日	建设部第 102 号部令
3	《注册监理工程师管理规定》	2006 年 1 月 26 日	建设部第 147 号部令
4	《外商投资建设工程服务企业管理规定》	2007 年 1 月 22 日	建设部第 155 号部令
5	《工程建设若干违法违纪行为处罚办法》	1999 年 3 月 3 日	建设部监察部联合部令第 68 号
6	《房屋建筑工程施工旁站监理管理办法（试行）》	2002 年 7 月 17 日	建市［2002］189 号
7	《建设工程项目管理试行办法》	2004 年 11 月 16 日	建设部建市［2004］200 号
8	《建设工程监理规范》	2000 年 12 月 7 日	建设部国家质量技术监督局
9	《建设工程监理与相关服务收费管理规定》	2007 年 3 月 30 日	国家发改委建设部联合发布发改价格［2007］670 号
10	《建设工程监理统计报表制度》	2005 年 10 月 20 日（国家统计局批复）	建综函［2005］281 号（建设部申报函）

其中，2007 年 3 月发布的《建设工程监理与相关服务收费管理规定》，是建设监理行业期望已久的新标准。该标准的发布，为建设监理收益向合理化迈进，有一定的促进作用。尤其是，它向世人表明：建设监理是一项技术含量较大的工作，应当获取较高的报酬。当然，毋庸讳言，我国的建设监理费用标准与国外相比，还有很大差距，有待今后逐步提升。

2005 年制定、实施的《建设工程监理统计报表制度》，既是管理工作的需要，更是建设监理行业不断发展且基本成型，并被社会初步认可的标志。自此之后，连续进行的建设监理统计，基本上描绘出了我国建设监理的基本形象。同时，在统计的基础上，还进行了汇总、对比，形成了一定的系统概念，更有助于深化对于建设监理的认识。

出于扩大建设监理业务范围的考虑，建设部于 2003 年 2 月 23 日印发了《关于培育发展工程总承包和工程项目管理企业的指导意见》（建市［2003］30 号）。经过进一步研究，2004 年 11 月 16 日，建设部印发了《建设工程项目管理试行办法》。

另外，涉及建设监理的法规还有：1999 年 3 月 14 日修订颁发的《刑法》，1999 年 3 月 15 日颁发的《合同法》，1999 年 8 月 30 日颁发的《招标投标法》，2000 年 1 月 10 日颁发的《建设工程质量管理条例》，2003 年 11 月 24 日颁发的《建设工程安全生产管理条例》，2008 年 6 月 8 日颁发的《汶川地震灾后恢复重建条例》等。

（二）建设监理队伍逐渐扩大

众所周知，我国改革开放以来，随着社会经济的发展，工程建设规模不断扩大。工程建设规模约占全社会固定资产投资额的 50% 左右。如表 1-7 所示，从近期我国全社会固定资产投资额的递增状况，可以看出工程建设规模的扩大概况。当然，工程建设规模的持续扩大，进一步促进了国民经济的发展。二者相互促进的结果，是建设监理业务的持续增加。也就是说，工程建设规模的扩大，带动着建设监理队伍的扩充。

全社会固定资产投资额（亿元）　　　　　　　　　表 1-7

年份	投资额	增长额（%）	备　　注
1991	5279	18.6	
1995	19445	18.8	扣除价格因素增资额为 11%
2000	32619	9.3	
2001	36898	12.1	基本建设和更新改造占 55.4%
2005	88604	25.7	
2008	172828	25.5	

注：1. 表中数据来源于国家统计局的年度公报。

2. 每年的工程建设投资约占全社会固定资产投资的 50%左右。

3. 每年的增长额中未扣除价格因素。

为了不断搞好建设监理队伍建设，我国从 1997 年开始，每年全国普遍举行一次监理工程师资格考试，详见表 1-8。通过这种形式，既有序地扩大了建设监理队伍（表 1-9），又促进了建设监理人员素质的提高。据统计，到 2008 年底，全国建设监理企业达 6000 余家，从业人员 50 余万，其中，注册监理工程师近 10 万人。与 1998 年相比，企业数量增加近一倍；从业人员增加了近 3 倍。注册监理工程师数量更是翻了几番。在举行监理工程师资格考试形式的带动下，学习有关工程建设监理知识的风气不断提升。从而，逐渐提高了监理队伍素质。

（三）建设监理营业额逐渐增加

随着工程建设规模的持续扩大，建设监理业务亦逐渐增加。反映在建设监理企业的经营方面，就是年度营业额的不断上升。2005 年以前，没有规范的建设监理统计制度。但是，据当时工作中的了解，各地各部门建设监理企业的年度监理合同额均呈连年急剧攀升的态势。2005 年开始的统计，更加显现监理年度合同额的递增趋势。详见表 1-10。

监理工程师资格考试一览表（1997~2008 年）　　　　　表 1-8

年份	报考人数	参考人数	参考率（%）	合格人数	合格率（%）	备　　注
1997	55730	36698	65.85	13203	36.03	合格率最高
1998	29487	21390	72.54	6898	31.56	
1999	31534	23568	74.74	8450	32.48	
2000	38787	28630	73.81	11501	35.60	
2001	59301	43265	72.96	11496	26.59	
2002	84983	66009	77.67	13714	20.77	
2003	103414	75034	72.56	18019	23.99	报考人数最多
2004	97894	74421	76.02	12375	16.52	合格率最低
2005	90348	70390	77.91	20003	28.61	
2006	89275	70639	79.13	12095	17.13	
2007	72737	53576	73.66	10407	19.42	
2008	50028	40123	80.20	9565	23.84	
小计				150698		

注：表中数据均为中国建设监理协会工作记录。

建设监理队伍发展概况（1996～2008 年）　　　　　　　　　　表 1-9

年份	监理企业个数	从业人员数	注册监理工程师人数	备　　注
1996	2100	102000	1863	累计考核考试确认 2963
1997	3343	131025		未实施注册
1998	3812	16 万多人	9566	当年注册数
1999	5121	19.79 万人	累计 19198	
2000	6000 多家	21 万人	累计 28629	
2001	6300		11330	累计 39959
2002			11730	当年注册数
2003			14262	当年注册数
2004			18363	当年注册数
2005	5927	433193	13791	累计注册 81348
2006	6170	483418	17395	换发新证 49902
2007	6043	514549	23116	换发新证 52057
2008	6080	542526	18144	累计注册 89277

注：2005 年之前的数据为工作记录，之后的数据均来自原建设部年度统计。其中，空白处，既无统计资料，亦无工作记录资料。

建设监理行业经营状况（亿元）　　　　　　　　　　表 1-10

类别　　　　　　年份	1998～2004	2005	2006	2007	2008
合同额（亿元）		284.9（完成）	457.4	565.2	755.6
营业收入（亿元）		279.7	376.54	526.73	657.44
人均营业额（万元）		6.46	7.79	10.24	12.12

注：1. 1998～2004 年均无记录资料，以后的数据来源于原建设部的统计资料。

2. 合同额、营业收入和人均收入均为企业各项经营的收益。

从以上诸表中，不难看出，我国建设监理事业发展的第二个十年中，由于《建筑法》和《监理规定》的贯彻落实，再加上工程建设投资规模迅猛增加，导致对于工程建设监理的需求大幅度提升。所以，无论是每年的监理合同额，还是监理的从业人员数量都不断飙升。特别是建设监理的从业人员，由 1997 年的 10 余万人，猛增到 2008 年的 50 多万人，净增了 3 倍。同时，每年约近 40 万个工程建设项目，凡是应当实施建设监理的，业主都委托了监理（据各种类型的检查、稽查反映，从未发现该委托而未委托监理的现象）。因此，我国的建设监理事业在第二个十年中，依然呈现着持续发展的态势。

（四）建设监理发展遇到的困难

虽然，我国的建设监理事业在第二个十年中，依然有不小的发展。但是，也不能不看到，与建设监理事业发展伴随的一股严重影响其健康发展的暗流。或者说，在建设监理成长的同时，影响甚至干扰建设监理事业发展的问题与日俱增。

1. 建设监理业务被肢解

众所周知，我国开创建设监理制十多年间，建设监理企业承接工程建设项目的监理业务，就按照"三控制"的原则，认真地开展工作。有的还受托积极协助业主搞好工程施工招标工作。但是，进入 21 世纪以来，建设监理监控工程项目建设投资的职能、建设监理协助业主开展工程项目建设招标的职能却被变相取消了（详见 2000 年 3 月，开始实施的

《工程造价咨询单位管理办法》等）。要想恢复开展这些业务，不得不另行申请资质，甚至不得不"另立门户"。

2. 业主违规行为干扰监理工作

我国的建设市场形成不久，方方面面都处于发育阶段，尤其是，刚刚从单纯计划经济体制下脱离出来，旧有的观念和习俗，以及市场经济体制下滋生的腐败行为，充斥、弥漫在工程建设的各个环节。何况，无论国内外，建设市场一直是买方市场，业主的违规行为比比皆是。新兴的建设监理行业，时时如履薄冰、处处左右为难。诸如，业主不按工程建设基本程序办事，而逼迫建设监理承担相应责任；业主不愿"大权旁落"，而使工程建设监理徒有其名；业主不愿支付合理的监理费用，而迫使建设监理签订"阴阳合同"；有的业主为了一己的私利，甚至与承建商合谋躲避、排斥建设监理等。

至于由于业主对监理工作的重要性认识不足，导致工作上支持不力的现象更是普遍存在。诸如，有的觉得委托监理是迫不得已；有的认为是"多此一举"。所以，有的业主为了应付上级部门的检查或领取施工许可证，而不得不"委托"监理；有的业主把监理仅仅当作是检查质量的工具使用，即使被授予了"三控制"的权力，在实际监理工作操作中，大事小情均须由业主定夺。而一旦工程建设发生问题，甚至发生事故，建设监理就成了"替罪羊"。

3. 不规范招标给监理造成不堪后果

现阶段，工程项目建设依据《招标法》以及《工程施工招投标办法》、《工程勘察设计招投标办法》进行招标。但是，由于种种原因，招投标交易行为很不规范。其主要表现，一是工程建设项目招标条件极其欠缺（诸如"三边工程"招标、工程建设资金来源不落实即招标、无征地手续即招标等）；二是内定中标人；三是一味追求低价中标；四是投标人串标；五是挂靠招标；六是以签订阴阳合同为中标条件等。可想而知，这些违规招标行为，必将使其后的工程监理工作困难重重、寸步维艰。何况，工程建设监理招投标，尚没有相应的规章、办法，多是比照工程施工招投标办法进行。这种不伦不类的做法，难免问题百出，而使监理苦不堪言。

4. 监理无端背负着沉重的施工安全责任包袱

《建筑法》明确规定，工程施工安全由承建商负责。可是，有关行政规章却要求监理也承担责任，甚至要求监理首先承担工程施工安全责任。在这种指导思想影响下，只要发生工程施工安全事故，无不追究监理责任，甚至追究其刑事责任（不少安全事故中，承建商的工程安全人员被追究刑事责任的，反而没有追究监理刑事责任的多）。甚至，"施工单位拒不整改或者不停止施工"，监理"未及时向有关主管部门报告的"都要追求监理的责任，直至追究监理的刑事责任。多年来，由此追究监理刑事责任事实，迫使监理背负着沉重的施工安全责任包袱。工程施工安全责任成了监理挥之不去的魔咒。迫于这种情势，监理工作者不得不把主要精力投放于工程施工安全监管工作。但是，毕竟监理无权调配承建商的人财物，也就无法从根本上解决工程施工安全问题。所以，无论监理如何努力，总是难以摆脱工程施工安全事故责任的厄运。

5. 注册监理工程师不堪重负

1992 年，建设部颁发了《监理工程师资格考试和注册试行办法》，2006 年，又单独为注册问题颁发了《注册监理工程师管理规定》。实行监理工程师注册制度以来，直至 2010

年，尚不足 10 万人（99073 人），就是到了 2012 年底，也仅有 118352 人。而每年在施的工程项目个数，一般都是 30 多万个。因此，即便每个注册监理工程师都承担工程项目的总监工作，平均每人也要担负 3 个以上工程项目的监理工作。即便加上未统计在内的某些行业的监理工程师，每人也要担负 2 个以上工程项目的监理工作。据了解，有的地方，注册监理工程师比较少，每人应承担近 5 个工程项目的监理工作。何况，由于管理工作的需要及其他种种原因，真正从事工程项目监理工作的注册监理工程师，仅有 70%～80%。基本的工程监理工作（三控两管一协调），已经压得监理工程师们喘不过气，再加上要求监理工程师亦步亦趋地"旁站"、工程施工"安全监管"的推行，以及要求监理工程师承担工程施工的"质检员"、"安全员"，更使监理工程师们繁忙得狼狈不堪。

此外，建设市场的分割问题、监理工程师资格确认单轨制问题、监理人才难以合理流动等管理问题，在一定程度上也制约着建设监理事业的发展。

三、建设监理行业现状

纵观我国建设监理事业的发展历程，虽然仅仅二十余年，建设监理已经在建设领域扎下了根。就是说，无论客观环境如何变化，即便遇到再大的困难和阻力，工程项目建设委托监理已成为改变不了的定式。所以，自 2008 年以来，监理企业总量，无论是企业数量，还是从业人员，都呈现着不断增长的态势；监理企业营业收益，以及人均营业收入也不断增加。

（一）建设监理规模持续扩大

如上所述，我国全社会固定资产投资额一直持续扩大，每年都以两位数的速度递增。如从 2008 年的 172828 亿元，增加到 2012 年的 374676 亿元，平均增幅 24.76%。其中，2009 年比 2008 年增长高达 30%。与全社会固定资产投资额度增加相对应，工程建设规模持续扩大，工程建设监理业务也与日俱增。据统计，每年建设监理承揽业务合同额的增幅也都是两位数。2008 年为 755.64 亿元，2012 年迅速增加到 1826.15 亿元。5 年间，翻了近一倍半，平均每年递增 214.10 亿元，即平均每年以 28.3% 的速度增加（2012 年的增幅为 28.43%）。

（二）建设监理队伍逐渐壮大

由于建设监理业务量的不断增加，带动了建设监理队伍的发展。建设监理队伍的发展表现在三个方面。一是建设监理企业数量的增加；二是从业人数的扩大；三是建设监理从业人员素质的提升，详见表 1-11。从表中的数字看，虽然建设监理企业个数增加不多（其中，2009 年换发企业资质证书后，总数还略有下降），每年仅增加数十家。但是，从业人数的增幅还不小（少则数万，多则近 10 万人）。注册监理工程师人数也逐渐增加。到 2011 年，注册监理工程师人数已经突破了 10 万人。与此同时，普遍开展了岗前教育和继续教育。从建设监理队伍的总体来看，普遍呈现着发展提高的趋势。另外，还有从事建设监理工作的注册造价师、注册建筑师、注册建造师、注册咨询工程师等也都逐年增加。总之，建设监理队伍中，取得注册资格的人员不断增加，这是建设监理队伍的发展过程中，由过去偏重追求规模的扩充，逐渐走向了以提高人员素质为重的新阶段。

近 5 年建设监理发展简况　　　　　　　　　　　　　　　　　　表 1-11

分类　　　　年份	2008	2009	2010	2011	2012	备　　注
企业个数	6080	5475	6106	6512	6605	2009 年换发资质证书
从业人数	542526	581973	675397	763454	822042	
注册人数	89277	97417	99073	111664	118352	指注册监理工程师
营业额（亿元）	657.44	854.55	1196.14	1492.54	1717.31	指营业收入
人均营业收入（万元）	12.12	14.68	17.71	19.55	20.89	

注：资料摘自住房和城乡建设部有关建设监理"统计资料汇编"，其中，企业个数是指参与统计的企业数。

（三）建设监理收益稳步增加

随着工程建设监理规模的扩大，建设监理行业的收益也逐年增加。从表 1-11 所列数据可以明显看出，无论是建设监理企业的营业额，还是人均收入，都有较大的增长。尤其是，建设监理的营业收入，5 年间，增加了 1.6 倍，平均每年增加 32%。到 2012 年，建设监理人均营业收入也突破了 20 万元。

几年来，建设监理企业的工程监理收入依然是企业经营收益的主要组成部分。按照企业工程监理收益额度，由多到少排列，2012 年度名列第一的上海建科工程咨询有限公司高达45718 万元。排名第 100 的河南省高等级公路建设监理有限公司工程监理收入为 9087 万元。5 年来，连续入围前 100 名的建设监理企业竟有 54 家之多。具体名单详见表 1-12。

连续五年荣获前百名收益建设监理企业名单（2008～2012 年）　　　　表 1-12

序号	单位名称	序号	单位名称
1	中咨工程建设监理公司	28	重庆赛迪工程咨询有限公司
2	上海建科工程咨询有限公司	29	重庆联盛建设项目管理有限公司
3	浙江江南工程管理股份有限公司	30	北京建工京精大房工程建设监理公司
4	铁科院（北京）工程咨询有限公司	31	广州珠江工程建设监理公司
5	上海同济工程项目管理咨询有限公司	32	河南立新监理咨询有限公司
6	铁四院（湖北）工程监理咨询有限公司	33	廊坊中油郎威监理有限责任公司
7	深圳中海建设监理有限公司	34	大庆石油工程监理有限公司
8	四川电力工程建设监理有限责任公司	35	深圳市都信建设监理有限公司
9	英特克工程顾问（上海）有限公司	36	广州建筑工程监理有限公司
10	浙江电力建设监理有限公司	37	浙江华东工程咨询有限公司
11	华铁工程咨询有限责任公司	38	山西省交通建设工程监理总公司
12	北京赛瑞斯国际工程咨询有限公司	39	建研凯勃建设工程咨询有限公司
13	北京铁城建设监理有限责任公司	40	上海三维工程建设咨询有限公司
14	山东诚信工程建设监理有限公司	41	上海市工程建设咨询监理有限公司
15	四川二滩国际工程咨询有限责任公司	42	安徽省工程建设监理公司
16	上海宝钢建设监理有限公司	43	上海宏波工程咨询管理有限公司
17	上海建通工程建设有限公司	44	北京帕克国际工程咨询有限公司
18	上海市建设工程监理有限公司	45	合肥工大建设监理有限责任公司
19	上海天佑工程咨询有限公司	46	西安铁一院工程咨询监理有限责任公司
20	江苏建科建设监理有限公司	47	昆明建设咨询监理公司
21	北京双圆工程咨询监理有限公司	48	安徽省电力工程监理有限责任公司
22	中国水利水电建设工程咨询西北公司	49	四川二滩建设咨询有限公司
23	北京兴油工程建设监理有限公司	50	北京铁研建设监理有限责任公司
24	湖南电力建设监理咨询有限责任公司	51	四川铁科建设监理有限公司
25	天津新亚太工程建设监理有限公司	52	湖南省交通建设工程监理有限公司
26	甘肃铁一院工程监理有限责任公司	53	北京铁建工程监理有限公司
27	郑州中兴工程监理有限公司	54	中国水电顾问集团中南勘察设计研究院

要说明的是，近三年来，北京、广东、贵州、辽宁、河南5省市的监理人均营业收入突破了20万元，尤其是北京、广东竟高达46万余元。据了解，工程设计行业，直到2008年人均营业收入才达到50万元左右（全国平均尚仅48万元）。工程建设设计单位营业收入大幅度增加的主要原因是来源于工程总承包，而并非工程设计。国家公布的工程建设监理取费参考标准，原本就比工程设计低好多量级，怎么可能达到工程设计营业收入的水平呢?! 不少建设监理企业反映：是"被涨收入"了。笔者以为，应该是统计口径有误所致。例如，有些监理企业兼有工程设计经营资质（应当说是工程建设设计兼有工程建设监理资质）。这样，既可以从事建设监理，也可以承揽工程设计业务，还能够投标工程总承包项目。现阶段，若果真如此统计监理企业营业收入，则不仅会误导监理企业的发展，更为严重的是造成社会对于监理行业的误解，影响监理行业健康发展。2012年的监理统计报表通知中，更明确规定把"工程勘察设计收入"列入监理企业的"营业收入"（详见建办市函〔2012〕6556号文中"四、主要指标解释"第60项）。

借此，顺便谈一下公布百家企业的问题。虽然表头注明是企业工程监理收入，但是，实际上是不是以企业营业收益额为标准，选取较高的前百家企业，值得深入研讨。有的人据此统计列表，更冠以"百强"的美名。这种做法，能够引导企业注重营业收益，也是件好事，无可厚非。但是，毕竟经济效益的多少并不完全等同于企业总体的好坏。一个优秀的企业，应是"经济效益好、守法诚信、管理科学、士气高昂，且具有较强核心竞争力"等诸方面的统一体。几年来，中国建设监理协会在会员内部开展评选表彰先进企业活动，其方式方法以及评选条件，可能有待于不断改进完善，但是，其基本方向和思路当应予以肯定。如，2012年3月26日，中国建设监理协会印发的《关于在中国建设监理协会会员内开展评选表彰活动的通知》（中建监协〔2012〕05号）中所规定的先进工程监理企业条件有以下五条：

"一、模范执行国家法律法规和方针政策，市场行为规范，坚持公平竞争，信守合同，维护行业信誉，注重职业道德建设，自觉抵御商业贿赂，在本地区或本行业享有较高声誉。所监理的工程自2010年以来凡因工程质量或安全责任事故受到省、自治区、直辖市建设主管部门或国务院有关部门通报处分的企业，不得参加评选。

二、企业管理规范，人事、劳动、分配等项制度完善，财务管理、档案资料管理、岗位职责、人员培训、信息管理等项规章健全，已通过质量管理体系认证。

三、各项目监理机构人员专业配套，到岗到位，服务良好，业主满意。企业监理的工程自2010年以来，至少获得1项国家级或省（部）级单位工程优质工程奖。

四、企业管理水平比较高，经济效益比较好，2010年、2011年每年的监理合同额、经营收入和人均产值位于本地区或本行业前列。

五、参加评选的监理企业必须是中国建设监理协会的单位会员，并遵守协会章程，履行会员义务，支持协会工作，积极参加协会组织的活动。"

以上五条，基本显示了一个先进企业应当具备的主要条件。应当说比较全面、科学。依此条件评选出来的监理企业，当不愧名副其实，且是行业内学习的榜样。

自从2007年8月开始贯彻《工程监理企业资质管理规定》之后，开设了建设监理综合资质和建设监理事务所（事务所不分资质），建设监理企业资质划分为四类的做法沿用至今。其中，已经取得综合监理资质企业，以及建设监理事务所，这两类企业数量是极少数；具有甲级和乙级资质的监理企业数量约占总量的四分之三。如2012年建设监理企业资质等级构成，详见图1-10。按照监理企业主营业务划分的企业资质类别如表1-13所示。

按照企业主营业务划分的企业分布情况（2012年统计）　　　　　　　表 1-13

资质类别	综合资质	房屋建筑工程	冶炼工程	矿山工程	化工石油工程	水利水电工程
企业个数	89	5465	47	30	138	78
资质类别	电力工程	农林工程	铁路工程	公路工程	港口与航道工程	航天航空工程
企业个数	209	19	53	26	10	6
资质类别	通信工程	市政公用工程	机电安装工程	事务所资质		
企业个数	15	413	3	4		

注：本统计涉及专业资质工程类别的统计数据，均按主营业务划分。

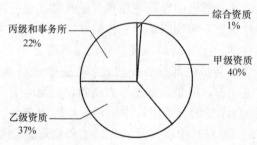

图 1-10　按照企业资质等级划分的行业构成

笔者认为，从形式上看，这样的组织结构基本符合客观情况的需要。就是说，工程项目建设实际需要一批具有较强综合实力的建设监理企业；同样，规模小的建设监理企业也有一定的市场需求。当然，如何科学地设定企业资质等级，以及要不要划分资质等级，这是建设领域企业管理的一项重大课题。随着时间的推移，建设市场的发育完善，市场交易行为的规范等，政府有关部门会跟进制定相应的法规。

根据住房和城乡建设部2012年的工程监理统计，我国建设监理队伍中，从事工程建设监理工作的人员仍高达三成。从业人员中，中级职称的人员近一半，高级职称的人员尚不足1/5。详细比例分见图1-11和图1-12所示。

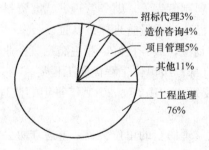

图 1-11　监理行业从业人员构成

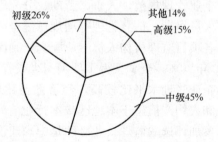

图 1-12　监理行业技术人员构成

工程建设监理企业的经营收入，虽然不断攀升，但是，现阶段，毕竟局限于工程施工监理（甚至是局限于工程施工安全监理、工程质量监理）。建设监理的人均收益尚低于技术含量更低的建筑业劳产率。与工程设计的人均产值相比，差距更大（尚不足工程设计人均产值的1/3）。工程建设监理提供高智能技术服务，实现较高回报的目的，尚待时日。

建设领域各行业人均年产值比较，见图 1-13。

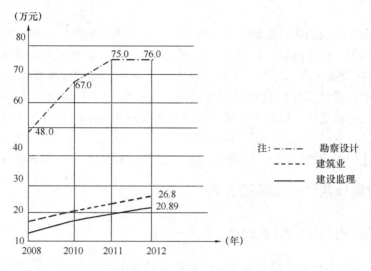

图 1-13　设计、施工、监理企业人均年产值示意

注：监理人均营业收入：2005/6、2007/10、2008/12、2010/18、2011/20、2012/20.89 万元·人年
勘察设计人均营业收入：2005/28、2007/40、2008/48、2010/67、2011/75、2012/76 万元·人年
建筑业劳产率：2005/12、2007/13.7、2008/16.6、2010/20.6、2011/22.9、2012/26.8 万元·人年
以上数据摘自住建部统计资料

（四）建设监理事业的困惑

虽然我国的建设监理事业一直呈现着持续发展的趋势，但是，不能不看到，在建设监理事业轰轰烈烈的现象背后，一股严重影响其健康发展的暗流亦与日俱增。或者说，在建设监理成长的同时，其内伤也日益加重。据初步调查，比较突出的问题有以下四个方面：

一是建设监理的发展方向摇摆不定——是坚持初创时建设监理的本意，还是转换为工程建设项目管理，或工程建设项目咨询；是局限于工程施工阶段质量、安全监理，还是向工程建设前期监理推进。

二是建设监理工作的形式是以"旁站"为主，还是以"预控"为主。

三是建设监理何时才能摆脱工程施工安全事故责任的羁绊。

四是如何才能加快监理人才成长的步伐，以适应工程建设监理业务的基本需求。

正是由于诸如此类"内伤"的存在，不但导致建设监理的声誉总在低挡位上徘徊，而且严重削弱了建设监理队伍的士气。那些早年积极投身于建设监理事业的许多人，往往对于建设监理事业的发展前途忧心忡忡，甚至一些监理骨干已经离开监理战线。社会上，向往建设监理事业的激情已经不再。2003 年以后，报名参加监理工程师资格考试的人数一路下滑的状况就是一典型的例证。所以说，我国的监理事业在近十余年间，像个儿童一样，虽然身体在长高，但同时，疾病缠身，步履蹒跚，十分艰难。建设监理事业究竟向何处去，不少人深感异常迷茫。

第五节　我国建设监理事业的现实问题研究

二十余年来，我国的建设监理事业不断发展，这是不争的事实。另一方面，的确也存在不少困难和问题，致使建设监理事业"带病"艰难发展。诸如建设监理人才匮乏、"跟班""旁站"监管负荷过重、不当承担监管施工安全责任、监理业务被肢解、建设监理发展方向模糊不清、建设监理定性定位问题摇摆不定等问题，非但没能适时得以解决，反而，与日俱增、持续恶化。以致于，挫伤了建设监理从业人员的积极性，涣散了建设监理队伍士气。因此，有必要认真地剖析这些问题，认清并力求铲除"疾患"的根源。从而，再次激发搞好建设监理的激情，提升行业和社会共识，促进建设监理事业健康发展。

一、建设监理定性定位问题研究

（一）研究建设监理定性定位问题的意义

进入 21 世纪以来，关于建设监理定性定位问题逐渐产生了一些歧见。最早见诸于文字的是 2003 年 2 月 23 日，建设部印发的《关于培育发展工程总承包和工程项目管理企业的指导意见》（建市［2003］30 号文），以下简称《指导意见》。《指导意见》开宗明义指出："为了深化我国工程建设项目组织实施方式改革，培育发展专业化的工程总承包和工程项目管理企业，现提出指导意见如下。"其中，关于工程项目管理的概念，其第三条界定为"工程项目管理是指从事工程项目管理的企业（以下简称工程项目管理企业）受业主委托，按照合同约定，代表业主对工程项目的组织实施进行全过程或若干阶段的管理和服务"。关于工程项目管理的方式，《指导意见》提出了如下两类：一是项目管理服务（PM），即"指工程项目管理企业按照合同约定，在工程项目决策阶段，为业主编制可行性研究报告，进行可行性分析和项目策划；在工程项目实施阶段，为业主提供招标代理、设计管理、采购管理、施工管理和试运行（竣工验收）等服务，代表业主对工程项目进行质量、安全、进度、费用、合同、信息等管理和控制。工程项目管理企业一般应按照合同约定承担相应的管理责任"。二是项目管理承包（PMC），即"指工程项目管理企业按照合同约定，除完成项目管理服务（PM）的全部工作内容外，还可以负责完成合同约定的工程初步设计（基础工程设计）等工作。对于需要完成工程初步设计（基础工程设计）工作的工程项目管理企业，应当具有相应的工程设计资质。项目管理承包企业一般应当按照合同约定承担一定的管理风险和经济责任"。《指导意见》还补充说："根据工程项目的不同规模、类型和业主要求，还可采用其他项目管理方式。"

2004 年 11 月 16 日，建设部印发的《建设工程项目管理试行办法 》（建市［2004］200 号，以下简称《项目管理试行办法》）关于界定工程项目管理的概念没有原则变化。显然，这里所说的工程项目管理的概念与建设部过去所说的工程建设监理（详见《建设监理试行规定》（建建字［1989］第 367 号）），以及 1995 年 12 月 15 日，建设部与国家计委联合颁发的《工程建设监理规定》（建监［1995］737 号）的概念几无区别。由此，引发了如何认识工程建设监理，以及建设监理事业向何处去的疑问。

2010 年 11 月 25 日，第八次全国工程建设监理工作会议在南京召开（历次全国工程建设监理工作会议简况见表 1-14）。住房和城乡建设部郭允冲副部长在讲话中指出："目前，监理定位不够明确，职责不够清晰。"他还要求将"进一步完善法规制度，明确监理职责"列为政府部门今后首要工作之一。这是有关政府部门领导明确认定建设监理的定性定位存在问题，尚待研究。

历次全国建设监理工作会议简介

表 1-14

顺序 \ 内容	时　间	地点	主　要　内　容	备　注
第一次	1988.8.12～13	北京	贯彻《关于开展建设监理工作的通知》，研究工程建设监理试点工作	
第二次	1988.10.11～13	上海	研究确定试点地区和部门贯彻《关于开展建设监理工作的若干意见》	
第三次	1989.10.23～26	上海	总结交流试点经验、扩大试点，贯彻《建设监理试行办法》	监理单位第一次参加会议
第四次	1990.12.12～14	天津	总结推广京津塘高速公路工程的监理经验，贯彻《建设监理试行办法》	
第五次	1993.5.26～29	天津	总结交流监理试点工作、部署稳步发展阶段工作	
第六次	1995.12.19～21	北京	总结交流稳步发展阶段工作，部署全面推行阶段工作，学习贯彻党的十四届五中全会精神和邹家华副总理致大会的信，贯彻《工程建设监理规定》，研究《工程建设监理"九五"规划》	表彰了全国建设监理 10 个先进地区和 8 个先进部门、51 家先进建设监理单位、143 名先进建设监理工作者、8 家项目法人为支持监理工作先进单位
第七次	2005.6.29～30	大连	总结十年来工作成就和经验，并表彰先进、研究有关监理的 5 个文件	表彰 126 家先进监理单位、206 名优秀监理工作者
第八次	2010.11.25	南京	回顾五年来工作，分析形势和问题，提出改进工作的要求	

　　建设监理的定性定位问题，是建设监理制的基本理念。它决定着建设监理法规建设的指导思想，它是攸关建设监理事业发展最为核心的问题。我国开创的建设监理事业二十余年后，在这个基本问题上尚存在疑问，甚至是扭曲的认识，不能不说是这项改革的悲哀。但是，又是必须面对的实际问题。所以，搞好建设监理的定性定位这个课题的研究，给予

科学的界定，既是一项急迫的任务，也是一项极为严肃的使命。搞好这项课题研究，具有非常重要的现实意义。

（二）关于建设监理定性定位问题的原意

关于建设监理的定性定位问题，有必要梳理一下以往界定的概念，或者说重新分析认识原有的概念。总体看来，创建建设监理制时期，关于建设监理定性定位问题的认识，可分为三个阶段。即，开创探索阶段和基本定型阶段，进入 21 世纪后步入了疑问动摇阶段。

开创建设监理制初期，经过反复探讨、研究，并广泛征求意见，逐渐梳理出了一个比较系统的概念。1988 年 7 月 25 日，建设部印发了《关于开展建设监理工作的通知》（〔88〕建建字第 142 号），就是这一时期对于建设监理初步认识的标志。该通知首次明确指出"建设监理是商品经济发展的产物"，"建设监理大致包括对投资结构和项目决策的监理，对建设市场的监理，对工程建设实施的监理，""建设监理组织是受业主委托执行监理任务的企事业单位"。虽然这些论述对于建设监理的定性定位问题，界定得还很不准确、明了，更不严谨、确切。但是，毕竟框定了范围——市场经济的范畴。1989 年 7 月 28 日，建设部制定的《建设监理试行规定》对于工程建设各阶段建设监理的内容，都作出了具体的规定（计 5 项 19 条）。从这些内容不难看出，建设监理在建设市场活动中，担负着多么重要的角色。

1992 年 1 月 18 日，建设部制定了《工程建设监理单位资质管理试行办法》。该办法第二条规定：建设监理"是指监理单位受建设单位的委托对工程建设项目实施阶段进行监督和管理的活动。"如此界定建设监理的概念，凸显了建设监理在建设市场中的重要作用。这也是随着建设监理试点工作的深入和发展，以及建设监理在工程建设中发挥的卓有成效的作用等客观事实，进一步提升了人们关于建设监理的认识。该办法既是对建设监理试点实践的总结，也是广大建设监理工作者辛勤智慧的结晶。对于建设监理的认识较《关于开展建设监理工作的通知》阐述的概念有了明显的进步。

从 1993 年开始，建设监理转入稳步推进阶段。如上所述，这一阶段，全国的建设监理工作更为广泛地开展起来。实践出真知，在这更为广泛、更为深入实施建设监理过程中，方方面面进一步认识到工程建设监理的作用。因此，1995 年 12 月 15 日，建设部与国家计委联合颁发的《工程建设监理规定》（建监〔1995〕第 737 号文）更明确指出"监理单位是建筑市场的主体之一，建设监理是一种高智能的有偿服务"、"监理单位与项目法人之间是委托与被委托的合同关系；与被监理单位是监理与被监理的关系"。关于建设监理在建设市场中位置的界定——既是建设市场的主体之一，又明确了它的中介本性；以及"建设监理是一种高智能的有偿服务"的规定，则是进一步指出了建设监理的经济属性。这是迄今为止，关于建设监理的概念，也就是建设监理的定性定位问题最为明确、科学、权威的界定。有鉴于此，1999 年出版的《辞海》收录了"建设监理"词条（详见缩印本 P614 页）。

1997 年颁发的《建筑法》第三十条规定"国家推行建筑工程监理制"，第三十四条规定"工程监理单位应当在其资质等级许可的监理范围内，承担工程监理业务"，"工程监理单位应当根据建设单位的委托，客观、公正地执行监理任务"。这是在认定建设监理定性定位问题基础上，以国家法律的形式作出的相关规定。换言之，不实行建设监理制，或者不认定有关建设监理的定性定位问题，都是不合法的观念，甚至是违法行为。

（三）科学界定建设监理定性定位问题

2003 年，建设部印发《指导意见》的本意是为了推动工程总承包模式等管理模式的实施。2004 年底印发的《项目管理试行办法》的本意，则着重是为了推行工程项目管理。其第二条［适用范围］规定"本办法所称建设工程项目管理，是指从事工程项目管理的企业（以下简称项目管理企业），受工程项目业主方委托，对工程建设全过程或分阶段进行专业化管理和服务活动"。第三条［企业资质］规定"项目管理企业应当具有工程勘察、设计、施工、监理、造价咨询、招标代理等一项或多项资质"。这两个文件中涉及项目管理问题时，所阐述的概念，特别是涉及业务取得的路径、开展工作的范围，以及基本工作方法和目的等多方面与过去所说的建设监理几无差异。单纯的勘察企业没有能力承接项目管理业务；设计和施工企业都有既定的主营业务，而无意顾此；唯有监理企业有能力，同时为了开辟经营范围而乐于倾心。在这样舆论、政策的引导下，不少监理企业纷纷换旗易帜。更为严重的是，淡化、模糊了建设监理的发展方向。渐渐产生了对于建设监理已有定性定位问题的疑虑。这就是该问题产生的原委。

引导建设监理走向"项目管理"的路子，虽然在不规范的市场体制下，一定程度上有利于建设监理企业获取较多的业务，以及较高的收益。但是，毕竟在理论上、政策上模糊了视听，造成了混乱。正如住房和城乡建设部郭允冲副部长在第八次全国工程建设监理工作会议上讲话中提出的那样："目前，监理定位不够明确，职责不够清晰"。他还要求将"进一步完善法规制度，明确监理职责"列为政府部门今后首要工作之一。

为了落实郭允冲副部长的指示，中国建设监理协会理论研究委员会（以下简称委员会）的同仁们认识到：明确有关建设监理的定性、定位问题，是当前建设监理工作突出的大课题，更是监理理论研究工作的重要使命。于是，委员会组织力量，从调查入手，研究建设监理的定性定位问题。

为了慎重起见，委员会就调研对象的选择、调研方式方法的确定，以及调研意见的分析等，仔细地进行了斟酌、筹划。

其实，早在第五次全国工程建设监理工作会议之前，关于建设监理定性定位问题，方方面面就有不少议论。如委员会从 2009 年年底开始，先后在河南、重庆、山西、上海、深圳等地调查，以及在北京与交通、铁道、水电、煤炭、机械、解放军等系统监理部门座谈会上，听到大家普遍反映的突出问题，基本上集中在"监理发展方向不明"、"监理业务范围萎缩"、"在施工安全方面，监理企业承担了过大的义务和责任"，以及"如何增强监理的吸引力，避免监理人才流失"等方面。产生这些问题，有多方面的原因，其中，由于建设监理定性摇摆、定位模糊是最为主要的原因。

根据郭部长的讲话精神，融合两年来调查研究中企业的突出诉求，委员会研究并报协会领导批准，立即就建设监理的性质问题、定位问题组织开展了专项调查研究。自 2010 年 12 月开始，先后赴吉林、甘肃、安徽和水电系统进行调查。

关于调研对象的考虑，研究决定，在过去已经调研过的基础上，偏重于补缺的原则。同时，选择有一定代表性的地区和行业，以求获得最为广泛的资料和意见。参加调研座谈的企业，既考虑不同资质等级单位的代表性，又注意挑选经营状态比较好、对建设监理事业发展思考较深的人士。

关于调研的方法，选择集体座谈与深入企业调查相结合，以及查阅资料与深入工地了解相结合的形式。调查期间，还注意倾听当地政府和监理协会等有关方面的意见。

总的来看，这次调研，选择对象的代表性还比较全面；调研的形式方法比较适宜。基本上了解到了真实情况；听到了企业的诉求；收到了不少宝贵的建议和意见。

根据调查中听到的、看到的情况，综合研究分析、梳理归纳，取得了比较统一且明确的认识。即，关于对建设监理的认识问题，一是应当随着改革的深化，不断更新观念，拓宽思路；二是要着眼于改革的大局，放眼于未来；三是要从哲学的高度、用哲学的理念洞察事物，认识问题。所以，应当从建设监理的成效已被社会所认可；改革只能深化，不能倒退；建设市场需要稳固的三元结构模式支撑；"小业主、大监理"是大势所趋；拓展建设监理业务范围，才能更好地发挥其应有的作用等 5 个方面来认识我国的建设监理制；来认识建设监理的定性、定位问题。

1. 建设监理的成效已被社会所认可

我国开创建设监理制以来，二十余年实践所取得的成效，已向世人表明：在建设领域，唯有这项改革带有体制性的，堪为最重要的改革。

一是，建设监理成为建设市场的重要一员。实行建设监理制，变过去单纯计划经济体制下的甲乙方双元结构模式，为项目法人、建设监理、承建商三元结构模式。监理的出现，不仅能弥补项目法人"只有一次教训，难以积累经验"等先天缺陷和不足，而且，能促进项目法人、承建商逐渐"归位"，规范各自的行为。特别是，由于监理的职责所在，建设监理制的实施，不断促进着建设市场中合同意识的强化、法律观念的提高。这种变革和进步，是建设领域其他改革难以比拟的、质的变化，也是无可辩驳的事实。山西、甘肃等地，上至省领导，下至建设领域的基层民众，都认识到建设监理是工程建设中一支重要的力量。

二是，为提高工程建设水平，监理发挥了不可或缺的作用。众所周知，工程建设的效益，主要体现在工期、质量和投资三个方面。这三个要素间，是一种相互依存又相互制约的辩证关系。放松任何一个要素，都不能取得最佳的效益。当然，应当根据不同环境和条件，科学地确定其主次、适时地调整主次关系。既不能平均权重，也不能只顾一项或两项而不顾其他。推行建设监理制，就是要恰当地把握三者的关系，以期取得最好的效益。现阶段，虽然监理并没有真正做到这些要求，但是，毕竟是在这条轨道上行进。举世瞩目的三峡工程等一大批水电建设工程项目、遍布全国城乡的公路工程项目建设，以及奥运工程、世博工程等民用工程项目建设取得的辉煌成就，无不凝结着广大建设监理者的心血。在汶川地震灾后重建、为拉动内需而加大基础设施建设投入的工程建设中，监理者们都没有辜负国家领导对监理寄予的厚望。出色地完成了一个个艰巨的任务，涌现出了一批可歌可泣的先进模范人物。

三是，造就了一支基本具备专业管理能力的建设监理队伍。据住房和城乡建设部统计，截止到 2012 年底，参与统计的监理企业有 6605 家，从业人员达 82.2042 万（若连同从事交通、水利、设备等行业的监理人员，监理人员总量很可能有近百万）。其中，注册监理工程师有 11.8352 万人。可以说，建设监理已经遍布于各个专业的工程建设。尽管监理工程师还很少，尽管监理水平还不高，但是，毕竟挑起了每年数万亿，直至近 20 万亿元（2013 年全社会固定资产投资额为 44.7 万亿元，若 40％用于工程建设，则近 18 万亿元）工程建设监理的重担，基本上完成了项目法人委托监管工程项目建设的重任，工程质量也逐年提高，且有效地控制了工程投资。这在建设工期普遍要求急迫、劳务层与管理层分离导致管理难到位甚至失控、劳务层技能低下的严峻情势下，能够获此成效，实属不易。何况，工程建设水平，包括投资管理、进度管理、质量管理，以及安全管理、新技术应用等都有较大提高——节约投资、保证工期、稳定质量、减少事故、创新技术等，都不断有新的佳绩。其间，建设监理发挥了不可磨灭的作用。

四是，稳固了建设领域市场经济体制。基于以上成效，我国建设市场三元结构模式得以稳固发展。每年在施的 30 多万个项目建设中，大多数都委托了监理。项目法人渐次退居二线，由委托的监理在一线监管工程建设。随着建设监理队伍的增加和素质的提高，这种模式日趋扩大和强化。从而，使建设市场的交易行为，逐渐跨入健康的轨道——"小业主、大监理"的局面稳步凸显；承建商与监理的融洽度日渐提高；监理的社会认知度不断上升。从行业角度看，我国的水电水利工程建设系统、公路工程建设系统、煤炭工程建设系统、石油石化工程建设系统、铁路工程建设系统，以及大中型公用事业等工程建设中，监理都较好地发挥了应有的作用，形成了比较明显的三元市场机制。在水电建设行业，建设监理与项目法人、承建商（主要是设计、施工单位），三方拧成一股绳，相互支持，齐心协力奋战在崇山峻岭，出色地完成了一项又一项水电工程建设。项目法人称赞建设监理是须臾离不开的好"拐杖"。

2. 改革只能深化不能倒退

我国三十余年经济体制改革的巨大成就，归结到一点，就是日渐建立起具有强大生命力的社会主义市场经济体制。今后的改革任务，当是在这个大框架下，进一步完善、补充、修订，并在新的环境中，适时地调整、改进。只有这样，我国的经济建设，才能保持科学的、稳固的、健康的发展速度。工程建设领域亦当如此。既然实践已证明，建设监理制是一项科学的、先进的体制，就要坚持推进不停步。满足于工程施工阶段监理不行，把监理限制在施工质量监理更不行。必须向工程建设的全过程、全方位推进建设监理。以期充分发挥监理的应有效能，最大限度地提高工程建设水平。任何束缚、阻挠建设监理发展的行径都是没有出路的、错误的。试想，如果取消监理，或者把监理局限于施工阶段，那么，每年 30 多万个建设项目的前期工作，势必需要组建 30 多万个相当规模的项目法人来承担。每个项目法人少则几个人，多则数百人，全国将纠集百十万，乃至数百万的人力。浪费如此巨大的资源，还难以搞好工程建设，岂不是对人民的犯罪。所以说，这项改革，只能深化，决不能倒退。上海市在强调监理到位的同时，放手监理拓展业务范围，并狠抓监理费的落实，运用经济手段保障监理工作的开展。广大监理工作者，无不殷切期望，加快改革，促进建设监理事业快速健康发展。

3. 建设市场需要稳固的三元结构模式支撑

现阶段，诸多事实说明，项目法人是建设市场不正之风的风源。要大幅度地清除不正之风，除了加强教育、严格纪律，并辅以法规制裁外，更重要的是，从体制上着手。即限定、规范项目法人的行为。国务院要求在政府投资的非经营性项目建设中，尽快推行"代建制"，其出发点，就是要打破过去项目法人集"投、建、管、用"四大权限于一身的模式，建立起责权分散、又相互制约的新型模式。让项目法人承担必须由项目法人管理的少数事项，而把大量的工程建设监管事项及其权限交由其委托的单位（监理）完成，最大限度地发挥被委托单位（监理）应有的效能。这样，还有助于理顺监理与承建商的关系。从而，形成既稳固又合理、科学的三元结构模式，以期获得最佳效益。也就是说，不限定项目法人的权限，不改变目前这种强势的买方市场状况，就很难做到合理地交易。项目法人的权限转移给工程建设的中介机构——建设监理，才可能平衡建设市场中买卖双方的悬殊权势。不能进行合理的交易，这种市场就是不健康的、脆弱的、难以持久的市场。建设市场一旦失去了起码的运行水准，交易失败，必将给国家经济建设带来不堪设想的严重后果。由此可见，我国的建设市场，乃至国家的经济建设，都需要发展、巩固由项目法人、建设监理、承建商构成的三元结构模式作为必要的支撑。建设监理起步比较早的北京、上海、深圳三市，由于对建设监理的认识比较清楚，无论是建设监理的法规建设，或是监理队伍建设、建设监理的成效等方面，在建设领域都有举足轻重的影响。上海市的建设监理在上海世博工程建设中，取得了突出的成效，受到各方面的一致好评。三地的状况均表明，建设监理的发展，不仅巩固了建设监理在建设市场中的地位，更促进了当地建设市场的发育。

4. "小业主大监理"是大势所趋

对于项目法人来说，一个工程建设项目的效益是终极的目标。在此之前，关于建设资金的筹措、建设规模和标准的确定，以及土地征用、一系列报建手续、承建商（包括勘查、设计、施工和设备供应商）的选择等，项目法人均可委托监理具体负责。如此，项目法人只需要寥寥数人就可以了。即便仅仅是在工程施工阶段委托监理，只要项目法人真正放手，也只需要不大的管理班子，就可以完成建设任务。在这样的思路指引下，我国的建设监理制必将逐渐推广开来。一是绝大部分工程项目，特别是重大工程建设项目均已实施监理。二是项目法人放权的程度普遍提高。三是"小业主、大监理"的观念，在理论上已占据统治地位，而且，越来越多的项目依此办理。所以说，"小业主、大监理"是大势所趋。这是深化改革的大方向，是任何势力都阻挡不了的历史潮流。近些年来，合肥市政府明确提出：大力推行"小业主、大监理"模式，不仅广泛实施，而且，取得了较好的成效，在当地颇有影响。

5. 不断拓展建设监理业务范围

一般说来，工程建设涉及金融、工程科技、工程经济、城乡规划，以及4000万左右建设大军的教育、生活和社会的安定团结等一系列重大问题。所以说，工程建设是一项庞杂的系统工程。只有把全系统纳入统一的管理范畴，统筹兼顾、科学裁处，才可能求得最佳效益。特别是，在工程建设的前期，工程建设的投资、工期、质量等方面，往往存在较大的调整空间，这也正是监理的主要用武之地。在工程建设大框架已定的情况下，监理仅仅局限于施工阶段，监理再奋力拼搏，其成效也很有限，这是建设领域公认的基本道理。近些年来，有的监理单位从工程规划就介入，帮助项目法人科学规划、使用有限的土地；有的从设计阶段就介入，及时纠正了不合理、甚至是错误的设计；有的从项目筹划就介入，全面、有序地推进工程建设等，不仅为项目法人节省了十分可观的资金，而且，奠定了工程建设顺利进展的良好基础。所以，推行建设监理制的长远目标，应当是对工程建设的全过程实施监理。

当然，毋庸讳言，现阶段，我国的监理企业，绝大多数还不能担负起工程建设全过程的监理重担。但是，应当相信，在不断实践的过程中，建设监理必然逐渐成长壮大，终有一天，一定会有一批监理企业能够承担历史的重任。何况，实施工程建设全过程监理，并不是要求每个监理企业都能独自承担工程建设全过程的监理业务。而是，强调工程建设的各个阶段都实施监理。至于监理企业承担哪一阶段的监理业务，则取决于企业的能力和特长，企业有选择地参与某一阶段，或某几个阶段监理的竞争。

在建设市场中，监理与项目法人、承建商共同构成了三元结构的建设市场。三者都是独立的法人，三者又相互依存、相互制约，且缺一不可。《工程建设监理规定》早已明确规定"监理单位是建筑市场的主体之一"。《建筑法》唯独把建设市场三元结构之一的建设监理单独设立一章，明确规定"国家推行建筑工程监理制度"。并就其业务范围及主要内容、职责权限、行为准则等作出具体规定。由此，正式确立了建设监理的法律地位。工程建设实行监理，成为必须遵循的国家级法条之一。

项目法人在工程建设中拥有确定建设工程规模、标准、功能以及选择勘察、设计、施工、监理单位等工程建设中重大问题的决定权。监理企业则在项目法人的委托授权范围内，从事专业化的项目管理活动。在授权范围内，有一定的处置权。事实上，项目法人种种决定的依据，大多来源于监理提供的意见。另外，我国工程建设有关法律法规赋予工程监理单位更多的社会责任，特别是工程质量、施工安全监管方面的责任尤为突出。现阶段，实际上，监理还额外承担着帮助承建商（主要是施工单位）的义务。

综合上述调查研究意见，不难看出：《监理规定》中关于建设监理定位问题的界定——是建设市场的主体之一。是建设市场中不可或缺的中介，是科学的、准确的；关于建设监理定性问题的界定——"建设监理是一种高智能的有偿服务"是合理的、恰当的。建设监理行业拟应抛却偏颇的认识，坚定地确立有关建设监理性质和定位的观念，坚持不懈地为建设监理的建设市场主体到位增光添彩。有关方面当不再心存疑虑，或者摇摆不定，而应旗帜鲜明地倡导建设监理健康发展。

二、建设监理人才严重匮乏问题研究

我国推行工程建设监理制近三十年来，这项改革已逐步全面铺开，而且，在国民经济建设中发挥着重要的作用。监理人才，作为监理行业"高智能"知识和"高水平"管理的载体，已成为决定监理企业保持优势竞争地位的关键因素。监理人才在促进提高工程建设质量和安全，提高工程建设水平，发挥投资效益等方面起着重要作用。

随着建设监理事业发展，监理队伍逐渐扩大，有关监理人员的管理规定也初步建立。建设监理，这个支撑建设市场三元结构的一方，已经占有一席之地，发挥着必不可缺，而且越来越重要的作用。但是，与其他行业相比，它毕竟是一株刚刚出土的"嫩芽"，在多方面都显得稚嫩、脆弱。特别是，监理从业人员总量有限、注册监理人才严重不足、监理人才增长缓慢、监理人员知识结构构成下滑、高层次创新人才匮乏、流失严重，以及人才管理滞后、人才发展体制机制障碍未消除等诸多问题，严重制约着建设监理事业的发展。

由于监理人才严重短缺，不可避免地出现了种种"违规"现象，而且此伏彼起、一再发生。尤其是，每每执法检查，总能发现监理企业在工程项目现场的监理人员与监理规划设定的监理人员不完全对应，甚至差别较大；一名总监承担多项工程监理业务的现象更是极其普遍。由于监理人才短缺，本应及时、妥善处理的问题，而未能及时处理，甚至不当处理的现象也时有发生等。近些年来，"监理人员不到位"、"监理人员未尽职尽责"、"监理人员技能不高"、"监理企业不守信用"等指责不绝于耳，甚至"监理形同虚设"的责难也时有所闻。

(一) 注册监理人才严重不足

这里所说的监理人才，仅指注册监理工程师。据住房和城乡建设部统计，截止到2011年底，注册监理工程师有 11 万人，而全国每年在施工程项目一般都在 30～40 万个。也就是说，即使所有注册监理工程师都能出任项目总监，每人也要承担 3 个以上工程项目的监理工作。何况，据了解，往往有四分之一，甚至近三分之一的注册监理工程师无暇承接工程项目建设的总监工作，更不可能担当专业监理工程师工作（而有关规范却盲目规定"一名总监理工程师只宜担任一项委托监理合同的项目总监理工程师工作……最多不得超过三项"）。这种现象，既不是局部的，也不是短暂的。而是全国性的，甚至有可能是较长期的现象。

近十年来，随着建设规模的扩大，建设监理队伍逐步壮大，如表 1-15 所示。

但是，现阶段，我国正处在大规模经济建设时期，全社会固定资产投资规模递增速度明显高于注册监理工程师的增长速度，见表 1-16。而且，近十年来，全国报考监理工程师的人数，非但没有逐渐增加，反而明显下降。详见表 1-17。这就决定了依照现行办法，在相当长时间内，监理工程师总量不可能满足工程建设监理工作的需要。所以，可以说，监理人才不足是一个十分严重的问题。

建设监理队伍发展概况 表 1-15

类别 \ 年份	2001	2002	2003	2004	2005	2006	2007	2008	2009	2010	2011
从业人数	210000	260000	340000	430000	433193	483412	514549	542526	581973	675397	763454
注册人数	39959	49207	63469	81832	81348	81297	71133	89277	97417	99073	111664

注：1. 1999 年有 5121 家监理企业，19.79 万人从业，有 58575 项计 197.8912 万元的工程在监，有 30674 人取得监理工程师资格，累计 19198 人注册。

　　2. 2000 年累计从业人员 204493 人，注册人员 28629 人。

　　3. 以上两项数字来源于有关工作笔记；2001～2005 年的数字来源于《建筑年鉴》；2005 年之后资料为建设部的统计资料。

　　4. 注册人数仅指注册监理工程师，未包括监理企业的其他注册人员。

全社会固定资产投资规模与注册监理工程师的增长速度对比表 表 1-16

类别 \ 年份	2005	2006	2007	2008	2009	2010	2011	备　　注
投资额 （万亿元）	8.86	11.00	13.7	22.9	22.4	27.8	31.1	历年基本建设投资均约占 50%
增长率（%）	25.7	24.2	24.5	67.2	−2.2	24.1	11.9	均未考虑物价指数
注册监理 工程师（万人）	8.1	8.1	7.1	8.9	9.7	9.9	11.2	2006 年 6 月实施注册新规定并换证
增长率（%）		0.0	−12.3	25.4	9.0	2.1	13.1	

注：1. 全社会固定资产投资与注册监理工程师人数分别来自国家统计局、住房和城乡建设部统计资料。

　　2. 其中，2007 年的注册人数可能因为部分人员未能按新规定注册换证而骤减，导致 2008 年又猛增。

历年报考监理工程师人数 表 1-17

年份	2001	2002	2003	2004	2005	2006	2007	2008	2009	2010	2011
人数	59301	84983	103414	97894	90348	89275	72737	50028	48691	49291	54112

注：1. 资料来源于中国建设监理协会秘书处。

2. 到 2001 年底，累计取得监理工程师资格人数达 53664 人（包括原考核确认的人数）。

（二）监理人才资质等级划分不科学

我国自 1992 年制定《监理工程师资格考试和注册试行办法》以来，至今，建设监理从业人员的注册管理对象，主要都是"监理工程师"，这一个级别人员，连同注册造价师等其他注册人员，也只占从业人员的 20% 左右（注册监理工程师仅有 15%）。其余 80% 的从业人员没能明确纳入管理范围。就是说，没能把绝大部分监理从业人员纳入正常的管理范围。这种管理上的漏洞，源自单一的监理工程师资格划分。从而，形成了有关监理人员的管理规定未能涵盖整个监理行业的局面。

另一方面，任何一个群体，都是由不同等级技能水平的人员构成的。即便是主要的业务骨干，也不可能都是一个水准。这是古今中外永恒难变的事实。面对这种客观现实，理应全部纳入管理视野，并区别对待。然而，现行的监理人才管理办法仅仅针对监理工程师，而且，不分水平高低，统统视作一个级别。这种不承认差别的管理办法，不是实事求是的态度，而是不完善、不科学的管理政策。其要害是，把大批监理从业人员拒之于应当给予认可、管理的大门之外。不仅导致管理职能严重失控，而且，更重要的是，不便于调动广大监理从业人员的积极性。可以说，监理人才资格设置的单一制，已影响建设监理事业的发展，当尽快改变。

（三）监理人才资质认定制度不完善

我国监理人才资质认定的规章办法，最早见于 1992 年 6 月 3 日，建设部颁发的《监理工程师资格考试和注册试行办法》（以下简称《办法》），其中，第二条规定"本办法所称监理工程师系岗位职务，是指经全国统一考试合格并经注册取得《监理工程师岗位证书》的工程建设监理人员"。这就是说，监理人才资格须经考试合格，方能认定。但同时，根据实际情况和普遍要求，对那些不宜通过考试确认监理资格的人员留有一定的变通办法，即第十三条规定："1995 年底以前，对少数具有高级技术职称和三年监理实践经验、年龄在 55 岁以下、工作能力较强的监理人员，经地区、部门监理工程师注册机关推荐，全国监理工程师资格考试委员会审查，全国监理工程师管理机关批准，可免予考试，取得《监理工程师资格证书》。"

不可否认，当初制定《办法》第十三条规定的本意，是考虑在看得清的时段内（1995 年底以前），针对年龄偏大等原因的从业人员以考核确认的方式，恰当地解决其资质问题。但是，并没有断然否定以后面对类似情况，就不予考虑。遗憾的是，2006 年 4 月 1 日起实行的《注册监理工程师管理规定》废止了考核确认监理工程师资格的办法，规定一律通过考试，方可取得监理工程师资格。

表面看来，一律通过考试确认监理工程师资格，完全实行了量化管理，似乎比较公平合理，比较科学。其实，实际上并非如此。一是不应该把"考试认定资格"神话，好像非此即彼，泾渭分明。似乎，如果保留"考核确认资格"就是祖护落后。二是人才流动是市场经济体制下的必然产物，更是激励人才成长、促进市场发育的动因。就是说，根据监理市场变化的需求，一部分年龄偏大的工程技术和工程经济专业人员会进入建设监理行业。但是，毕竟年龄偏大，记忆力衰退，"会干"而"不会考"。用"考试"的尺子衡量他们的技能和水准，显失公允。三是建设监理隶属于管理科学，一律用定量的办法来衡量管理科学优劣的做法本身就是不科学的办法。四是考试命题水平的高低也影响着监理人才的正确选择。总之，实践证明，实施"单轨制"确认监理资格的政策，毫不留情地把一些具有真才实学，又有实践经验，且热爱工程建设监理事业的人才拒之于监理门外。这种做法，不仅影响着监理人才的发展，而且，更重要的是削弱了建设监理的吸引力。

（四）监理人才成长环境不宽松

20世纪末，我国注册监理工程师有3万余人，现在才发展到11.8万余人（2012年底统计数），平均每年增加不足1万人。发展速度之慢，有目共睹，令人心焦。究其原因，其中尤为重要的是监理人才成长环境不宽松。所谓成长环境不宽松，归纳起来，主要表现在监理责任大、权力小；包袱重、地位轻；付出多、收入少；期望多、认知少等4个方面。

所谓监理责任大、权力小，主要是指监理要承担的工程建设质量监控责任、工程建设工期监控责任、工程建设造价监控责任，以及近些年来要监理承担的工程建设施工安全监控责任等。可以说，这些都是攸关工程建设成败的大事，可谓责任重大。但是，实际上，由于种种原因，监理往往仅有工程量的核验权、改进工程质量和搞好安全施工的建议权。即使是须立即发出停工整改通知书，也要等待业主的审查批准。似此，足见其权力之小。

所谓监理包袱重、地位轻，主要是指监理人员业务工作包袱很重。即一位注册监理工程师（大都担任总监）往往在几个工程项目工地上忙碌奔波，而且，整天为施工安全提心吊胆。再加上每年额定的再教育学习时限要求等，真是沉重的包袱压得喘不过气。然而，如此辛苦的工作，却得不到社会应有的认知和尊重。一些业主觉得委托监理是额外花钱、一些施工单位觉得实行监理是多了个"婆婆"的论调不时耳闻。特别是，一旦出现了工程质量或施工安全事故，有的施工企业负责人不是首先检查自己，反而抱怨、指责监理人员；质监、安监部门人员更是以首先责难监理为正常的工作方式。所以，有的监理自嘲地戏谑"监理是多家的出气筒"、"是好吃的软柿子"。

所谓监理付出多、收入少，主要是指与施工企业项目管理人员比，监理人员在工程施工中付出的劳动多（有关法规规定没有要求施工单位的质监、安监人员实施"旁站"，而要求监理人员必须"旁站"等），而收入却少，与业主方的工程管理人员比，监理人员收入更少。所以，监理企业的骨干很容易被施工企业，尤其是业主"挖走"。即使是大学毕业不久的新人员，在监理企业历练三两年，也往往跳槽到其他单位。

所谓对监理期望多、认知少，主要是指实行建设监理制以来，有些人身子进入了市场经济体制的大门，却仍是满脑子计划经济体制下的管理概念。为搞好"政绩工程"、"面子工程"等，把诸多期望都押到监理身上——工期越短越好、造价越低越好、质量越高越好、施工越安全越好等。一旦略有差错，就拿监理是问。有的地方，甚至连工地上农民工的饮食安全、生活卫生等都明确规定由监理负责检查。殊不知，监理制并不是万灵丹药，它的作用是健全市场体系，维系建设市场健康发展；监理也只是建设市场中三元结构的一方，它只是能比较科学地监管工程项目建设；同时，监理也是一种企业，它只能以企业的身份行事，不可能"包打天下"，更不应当以政府的姿态监管工程项目建设的有关方。

此外，再加上对监理的定性、定位问题摇摆不定，甚至指导思想上出现一些偏颇，酿成了现阶段建设监理发展的阻塞。

（五）监理人才管理不健全

迄今为止，建设部制定的有关监理工程师的管理规定，有两个文件。一是 1992 年的《监理工程师资格考试和注册试行办法》；二是 2005 年的《注册监理工程师管理规定》，以及 2006 年制定的有关注册监理工程师换证和再教育的规程、办法。

第一，这些文件管理的主要对象都是注册监理工程师，而注册监理工程师仅是监理从业人员的七分之一（近 5 年的比例基本如此）。显然，绝大部分监理从业人员没有纳入应当管理的范畴，其中，不乏监理的优秀人才。置多数从业人员于不顾的政策、办法，绝不是好办法，起码不是健全的办法。

第二，这些办法要求："注册监理工程师在每一注册有效期（3 年）内应接受 96 学时的继续教育"。且不说规定"注册有效期"为"3 年"科学与否，单就规定"须接受 96 学时的继续教育"而言，亦欠推敲。一般来说，发展比较慢的是社会科学；发展比较快的是自然科学；管理科学的发展速度介于二者之间。一个部门规章的颁发（包括修订），大多是 5 年左右，甚至年限更长。即便是发展较快的自然科学，从个案到成为可以广泛应用的标准，也往往是好几年时间。也就是说，一般情况下，在 3、5 年时间内，无论是自然科学，还是管理科学，都难有新内容。

第三，相关管理办法还规定：年龄超过 65 周岁的、未达到监理工程师继续教育要求的，不予注册。如果说，当初考虑监理工作多是工程施工现场的体力活动，以及 60 岁是我国退休的法定年限而稍作延长是合理的话，那么现在看来，一则监理工作不当局限于工程施工现场；二则，不能把监理工作视为体力劳动（监理工作当以脑力劳动为主）；三则实践证明，随着社会的进步，人们的健康水平不断提高，超过 65 岁的人，依然有继续工作的身体基础条件。因此，有关方面正在积极研究我国适当延长退休年龄规定问题。现阶段，我国注册监理工程师人才匮乏，监理市场需求旺盛，应当抓紧研究，尽快修订现行规定，适当延长注册年龄限制。

第四，相关管理办法规定：申请变更注册，或申请延续注册的，5 日内审查完毕、10 日内审批完毕并作出书面决定。实施注册管理办法以来，恐怕这些规定，从来没能兑现落实过。究其原因，主要是现行工作程序比较繁琐——除却申报材料多，须一一备齐而费时外，政府有关部门接收申报材料后，委托相关单位（协会或注册管理部门）组织审查，合格后再呈送政府职能部门核查；核查后，再报送领导审批；领导批准后，方可公示；公示结束后，办理相关注册手续。所以，一般情况下，每次申报变更或延续，少则月余，多则两三个月。事实上，时限要求一个月内办理完毕的规定很难兑现，也从未兑现过。

三、建设监理与各有关方关系问题研究

1988 年 7 月，建设部颁发的《建设监理试行规定》指出："社会监理是指社会监理单

位受建设单位的委托，对工程建设实施的监理。"这是以部门规章的形式，首次对建设监理概念的界定。即，所谓建设监理，包括对有关建设监理单位的社会性、业务来源的委托性、业务内容是工程建设活动的针对性，以及业务性质的监管性等作出的明确阐释。此后，随着建设监理制的推进，不断丰富、完善着有关建设监理的概念，形成了清楚的定义，并作为新词条收录于1999年版《辞海》。

总体来说，关于建设监理的概念，在开创之初的十来年间，不断充实、完整、清楚、科学，且基本上没有什么歧见。进入21世纪以来，由于向项目管理转换的引导；由于代建制的提出；以及旧有的与项目法人、与承建商关系的纠结，与咨询的关联和区别的混淆等，在一定程度上模糊了对建设监理的认识，甚至动摇了发展建设监理事业的信念。因此，有必要进一步探讨、研究，不断明晰相关理念，促进这项改革不断深化、发展。

（一）建设监理不是项目法人的附庸

建设监理与项目法人的关系，最早见诸于建设部1988年7月发布的《关于开展建设监理工作的通知》。该通知第三条指出"建设监理组织是受业主委托执行监理任务的企事业单位。"还要求监理单位"通过竞争取得工程监理业务，并与委托单位签订监理合同，确定监理内容和收费办法。"这两段话包含有四层意思，即指出监理单位是独立的法人；业主与监理单位是委托与被委托关系；监理单位须通过投标竞争取得监理业务；监理单位取得业务后须与业主签订委托监理合同，二者之间是合同关系。

1992年11月，国家计委印发了《关于建设项目实行业主责任制的暂行规定》（简称《业主责任制》），其中，第二条扼要规定了项目业主的组成及其责任："项目业主是指由投资方派代表组成，从建设项目的筹划、筹资、设计、建设实施直至生产经营、归还贷款及债券本息等全面负责并承担投资风险的项目（企业）管理班子。"第十条规定了业主的与相关各方的关系："业主通过招标确定的设计、监理、设备供应和施工等单位，与业主是经济合同关系，并为业主服务。"

1996年4月，国家计委印发了《关于实行建设项目法人责任制的暂行规定》（简称《项目法人责任制》）。这是对《业主责任制》的修订。其第三条规定："实行项目法人责任制，由项目法人对项目的策划、资金筹措、建设实施、生产经营、偿还债和资产的保值增值，实行全过程负责。"第八条又规定："项目法人组织要精干。建设管理工作要充分发挥咨询、监理、会计师和律师事务所等各类中介组织的作用。"显然，这两个名称不同的文件，实质上是一样的。即都是规范建设市场上买方的责权利。只是后者定名为"项目法人"更准确、更切合实际。因为，随着投资体制的改革，尤其是投资的多元化，工程建设项目的管理机构，并不等同于真正的业主，甚至根本就不是项目的业主。所以，称其为"项目法人"比较准确。

把这两个规章结合起来看，就比较全面地了解建设监理与项目法人之间的关系。简单的说，二者之间是委托与被委托关系、是独立法人间的经济合同关系、是建设市场中的一种买卖关系。

1995年12月建设部与国家计委联合颁发的《工程建设监理规定》进一步明确了建设监理与项目法人的关系。其第十八条规定："监理单位是建筑市场的主体之一，建设监理是一种高智能的有偿技术服务。监理单位与项目法人之间是委托与被委托的合同关系；与被监理单位是监理与被监理的关系。"同时，还规定"监理单位应按照'公正、独立、自主'的原则，开展工程建设监理工作，公平地维护项目法人和被监理单位的合法权益。"第三十条再次重申："监理单位不得故意损害项目法人、承建商利益。"这些条款不仅明确建设监理与项目法人之间是平等的合同关系，而且，还强调建设监理要以监管交易的第三方身份，按照"公正、独立、自主的原则，开展工程建设监理工作"。这也正是我国创建的建设监理制独有的特色之一。

有的认为，建设市场中只有买卖双方，非买即卖，根本不存在独立的第三方。且认为：建设监理是项目法人的代表、二者的利益是一致的，同属于建设市场中的买方。因此，"建设监理不是独立的第三方"。

就一般意义而言，此论似乎颇在理，尤其是市场的初级阶段，或者说在不成熟的市场中，大凡如此。在成熟的经济市场活动中，衡量交易参与者是不是交易活动的主体之一，一般都是核查其是否同时具备：具有独立产权、自主进行经济活动、承担相应责任、具有自身经济利益等四要素。显然，建设监理完全符合这些要件。特别是，建设监理在交易活动中有自己独有的经济利益诉求。建设监理的利益诉求与项目法人的利益诉求也不可能一致。项目法人的诉求，是投资的总体效益。建设监理的诉求是专项服务投入的回报。所以，《工程建设监理规定》明确指出"监理单位是建筑市场的主体之一"。而不是同属买方的项目法人的代表。不仅如此，法规还要求建设监理"公正、独立、自主"地开展工程建设监理工作，公平地维护项目法人和被监理单位的合法权益。这也是作为中介机构应当遵循的基本原则。所谓公平地维护交易双方的合法权益，就是说，建设监理监管被监理方，是依照交易双方签订的合同行事。既然是合同，项目法人也必须承担合同约定的应当承担的义务。建设监理在监管承建商履约的同时，实际上，也在监管项目法人的行为是否履约，是否尽到了应尽的义务。否则的话，建设监理对承建商的监管也是无效的。何况，任何合同都是以遵循国家法规为前提。建设监理在行使监管职能的时候，必须考虑国家法规的约束。这就是建设监理"公正性"所在的根本。

有的认为，项目法人与监理是雇佣与被雇佣关系；有的认为，项目法人花钱雇佣监理，监理就要站在项目法人的立场上，替项目法人说话；还有的认为，建设监理是项目法人的代理等。按照上述三个规章规定和我国的有关法规来看，这些观点都是错误的。一般情况下，建设监理与项目法人的关系比较密切、直接。项目法人通过招标选定（也当可直接委托）建设监理。二者之间以"委托监理合同"为纽带，互有要约。从市场交易的角度看，项目法人是买方，建设监理是卖方。建设监理以自己的管理技能换取项目法人支付的报酬。建设监理的责任是，按照委托要求，帮助项目法人购买预期的建筑产品；项目法人的责任是，按照监理合同的约定，提供必要的条件、支付约定的酬金。在这些交易活动中，二者都是平等、独立的法人，都必须遵守国家的法规。不存在谁听命于谁的问题，也没有主次之分，更不存在雇佣关系、主仆关系。因为雇佣关系、主仆关系都是剥削关系的代名词。被雇佣者要听命于雇佣者，即使被雇佣者知道雇佣者的意见是错误的，被雇佣者也毫无选择地按雇佣者的意见办，否则，往往被解雇。被雇佣者唯听命于雇佣者为是，而无权区分是非曲直。被雇佣者不会、也不可能以主人翁的态度对待雇佣事宜，有的只是赤裸裸的金钱关系。

显然，监理单位与业主之间不是雇佣关系。按照市场经济的观点，他们之间是一种买卖关系。即业主花钱购买监理单位的技术服务，或者说，监理单位出卖自己的脑力劳动。这种交易在遵循有关法规规定的前提下，由双方协商进行，不存在谁听命于谁的问题。这是监理单位能够公正地处理问题的前提。业主与被监理单位之间签订有工程建设合同，监理单位按照合同的规定检查各方的履约情况，这是监理单位公正地处理问题的基础。监理单位有责任、也有能力监管双方的履约行为，以促进合同的履行，这是监理单位公正地处理问题的可能。当然，要做到公正地处理问题也不是那么简单，起码还要不断强化监理人员的职业道德。

至于说，建设监理与项目法人是代理关系，也是不对的，起码是不准确的。一则，建设监理始终是在授权的范围内，以建设监理的姿态开展工作，并不是以项目法人的身份行使相关权力；二则，建设监理在进行工作的同时，项目法人也在进行相关的工作，并没有置身事外。这也是与代理最显著的不同——一般情况下，被代理者只要结果，不问过程，更不参与过程中的活动事项。三则，建设监理与项目法人之间，形式上是委托关系，实质上还是一种买卖关系。而代理与被代理之间往往还有非买卖关系。四则，代理可分为委托代理、法定代理两种类型。而建设监理不存在法定监理问题，只有委托监理一种形式。可见，认为建设监理与项目法人是代理关系的观点不妥。

（二）建设监理和承包商是监与被监泾渭分明的两个主体

应该说，建设监理与承包商的关系，比较清楚，没有异议。相关法规都扼要标明建设监理与被监理单位是监理与被监理的关系。同时，规定要求监理单位应按照"公正、独立、自主"的原则，开展工程建设监理工作，公平地维护项目法人和被监理单位的合法权益。另外，还规定"工程监理单位与被监理工程的承包单位以及建筑材料、建筑构配件和设备供应单位不得有隶属关系或者其他利害关系"（详见《建筑法》）。"监理单位不得承包工程，不得经营建筑材料、构配件和建筑机构、设备。""监理工程师不得在政府机关或施工、设备制造、材料供应单位兼职，不得是施工、设备制造和材料、构配件供应单位的合伙经营者（详见《工程建设监理规定》）。"

实施建设监理制二十余年来，大家对建设监理与承建商关系的认识，不仅很到位，而且，执行得也比较好。要说有问题，是出在建设监理对承建商"监帮结合"的"帮"字上，可以说是"帮过了头"。诸如，要建设监理直接参与承包商施工安全具体环节的管理；要建设监理参与承建商对工地饮食卫生的监管；要建设监理参与专业技术施工操作人员持证上岗详细情况的排查等。凡此种种，要求建设监理对工程质量、施工安全等的监管比承建商还具体细致。且一旦发生事故，对建设监理的处罚不亚于对承建商的处罚。这种违背《建筑法》关于承包商是工程质量、施工安全第一责任人的规定原则的做法，其后果往往是事倍功半，标本均难有效地治理，甚至有把正确解决问题的路径引入歧途的危险。

针对上述存在的问题及原因，笔者认为应在三个方面做好工作：一是加大宣传贯彻监理法规的力度，提高工程建设各方对监理工作重要性的认识。通过宣传学习有关监理工作的法律法规，使全社会全面地认识和了解工程建设监理。充分发挥监理工作在工程建设中的应有作用，为监理工作的顺利开展创造良好的环境和氛围。二是建设行政主管部门拟应进一步加强对监理市场的管理。采取有效措施，按照法规法律规定，加强对建设各方主体的监督、管理，使工程建设管理体制进一步规范化、专业化、合理化、社会化。三是监理单位要加强监理队伍自身素质的建设；要根据工程建设实际情况需要和合同要求，派遣合格的监理人员；要有组织、有计划地组织各类监理人员参加培训学习，不断提高整体业务素质和监理水平。

（三）建设监理与咨询是不同类别的中介

关于建设监理与咨询的关系，概括地说，一是先有咨询，后有监理。所以，在创建"建设监理"一词之前，有的把本该叫做建设监理的国外监管模式一概翻译为咨询。有了建设监理一词之后，由于习惯势力的消亡往往滞后，或其他因素，仍然有把本该叫做建设监理的国外监管模式翻译为咨询。对于这种现象，也无可厚非，尤其是，其他语种，难以与精准的汉语一一对应。二是建设监理在授权范围内有一定的处置权。而咨询的概念，汉语词典早有明晰的注释，它始终是"参谋"的角色。企业在从事咨询活动时，它只有建议权，没有处置权。三是根据企业能力和授权，建设监理企业可以承接咨询业务，咨询企业也可以承接监理业务。从企业经营的角度看，不存在非此即彼的鸿沟。四是二者都是中介机构中各自独立的行业，不存在谁包容谁的问题。

近些年来，有人把建设监理固化为施工合同的监管。这是对建设监理的曲解，起码是片面的认识。众所周知，自1988年，建设部发布开展工程建设监理通知以来，一直把建设监理界定为：是对工程建设全过程建设活动实施的监管，从未把建设监理限定在工程施工合同监管的小范围以内。至于现阶段，主要是在工程施工阶段进行监理，甚至有的规章也只是就施工阶段的监理给予规范。这是因为，我国开创建设监理制时日不长，又是从工程施工阶段开始试点。作为试点经验的总结和升华，相关法规只能就工程施工阶段的建设监理事项作出规范。这种法规的阶段性与建设监理制的本意及其终极目标并不矛盾。相反，正说明制定法规是从现实出发，注重法规的实际指导作用。

（四）不当引导"建设监理向项目管理转换"

工程项目管理，是一个内涵广泛的笼统概念。项目法人对工程项目的管理是项目管理；承建商对承接工程项目的管理也叫项目管理；建设监理对受托的工程项目管理，同样叫项目管理。对一工程项目全过程的管理是项目管理；对其中某一阶段的管理也叫项目管理。监理业务中有项目管理，咨询业务中也有项目管理。无论勘查、设计、施工、监理、咨询等，就承接业务的范围而言，都有各自的总包、分包的项目管理。何况，"工程项目管理"一词早在20世纪80年代末，我国开创建设监理制之前，就已经被工程施工企业广泛使用。而且，相继制定了有关工程项目管理的办法（如工程项目施工管理办法、项目经理管理办法等），"项目管理"几乎成为施工行业的专用词汇。由此可见，提出"监理向项目管理转换"，或"监理与项目管理一体化"等，在概念上，不科学，且易混淆视听；在执行上，也难以操作。

当然，这两个命题中所说的项目管理，有其特定的涵义。即是指，受项目法人委托，按照合同约定，代表项目法人对工程项目的组织实施进行全过程或若干阶段的管理和服务。工程项目管理企业不直接与该工程项目的总承包企业或勘察、设计、供货、施工等企业签订合同，但可以按合同约定，协助项目法人与工程项目的总承包企业或勘察、设计、供货、施工等企业签订合同，并受项目法人委托，监督合同的履行。工程项目管理的具体方式及服务内容、权限、取费和责任等，由项目法人与工程项目管理企业在合同中约定。

从定义及提供的服务范围上看，这里所说的"工程项目管理"与二十多年前对建设监理的定义完全相同。只是现阶段，由于某种原因，实施的监理绝大部分局限于"施工阶段"。既然，这里所说的"工程项目管理"与建设监理实质上是一回事，就不应当抛弃国家法律已经确认的建设监理制，应当回归到脚踏实地地推行建设监理制的轨道上来。

另外，有关规章还规定："项目管理企业应当具有工程勘察、设计、施工、监理、造价咨询、招标代理等一项或多项资质。"殊不知"勘察、设计、施工"同属于承建商范畴，而"监理、造价咨询、招标代理"均是建设市场中的中介机构。二者是市场定位截然不同的两大类。有关规章却要合二为一，显然，是不科学的。何况《建筑法》等有关法规明确指出：监理等中介机构不得与承建商，包括建筑材料、建筑构配件和设备供应商"有隶属关系或者其他利害关系"。由此可见，提出"建设监理向项目管理转换"或"一体化"既不合理，又违背法规规定。

（五）代建制应当是建设监理制的补充

2004年7月25日，国务院发布了《关于投资体制改革的决定》（以下简称《决定》）。其中，第三部分关于"完善政府投资体制，规范政府投资行为"的第（五）条"加强政府投资项目管理，改进建设实施方式"指出"对非经营性政府投资项目加快推行'代建制'，即通过招标等方式，选择专业化的项目管理单位负责建设实施，严格控制项目投资、质量和工期，竣工验收后移交给使用单位"。这是以国务院文件形式，正式提出推行代建制。其目的很明确：提高投资效益，同时要防止腐败；实施代建制的前提很清楚：非经营性政府投资项目；其方法很单一：招标选择代建单位；其标准很明确：专业化的项目管理单位；其要求很具体：严格"三控制"。实行代建制的初衷，是要贯彻分权制衡原则。因此，有专家建议，还要直接选择独立于代建企业之外的"平行"的监理单位，来对政府的投资决策、项目设计、招标进行全过程监督，和对代建企业的项目管理进行全过程监理，并及时进行数据收集和反馈，以期有效制约代建企业权力和自由度过大的问题。应该说，这就是代建制的基本概念。

该《决定》所规定实行代建工程项目——非经营性政府投资项目，属于国家强制实行建设监理工程项目中的一小部分；其提高投资效益的目的与建设监理制如出一辙；其强调要选择专业化的管理单位进行实施，完全符合发挥监理单位效能的内在需求。因此，可以说，实行代建制，无异于为实施建设监理制"上了一道保险"，是实行建设监理制的补充和完善。

目前，我国试行代建制的模式，有投资公司代建模式、政府独立职能部门代建模式、政府成立事业单位代建模式，以及项目管理公司（监理或咨询公司）四类。显然，前三类，都不符合"专业化"的要求，尤其是投资公司，基本上不懂得工程建设。第二、三种形式，仍然没有摆脱政府一手托"投资、建设、监管、使用"四家的病态。唯有第四类，比较合适。从目前实际情况看，监理单位最具备"代建"资格。当然，一旦承接了代建业务的监理单位，它在这个工程项目上就失去了"监理"的资格。总之，推行代建制与实施监理制并不矛盾。相反，推行代建制，为拓展监理业务，开辟了更为宽广的领地。问题是，鉴于目前，国家尚没有有关代建制的管理规定，监理又普遍局限于施工阶段，所以，代建单位往往以"项目法人"姿态，仅仅委托监理承担施工阶段的监理工作。如何科学地实施代建制，实现项目法人在委托代建单位的同时，也委托监理，对代建单位实施监理，这是值得深入研究的重要课题。

四、建设监理工作方法问题研究

关于工程建设监理的工作方法，应当说是一件极其普通的事项。所以，无论是《建设监理试行规定》，还是《工程建设监理规定》，以及其他有关建设监理的法规规章，都没有当做突出问题，加以界定、规范，甚至根本没有提及监理的工作方法问题。但是，并不是说，建设监理的工作方法没有定数、无可遵循，而朝令夕改，或以随心所欲，自行其是。其实，凡涉及建设监理工作的，无不突出了对于工程建设投资、工期、质量的控制，以及对于工程建设合同的监管。这里所说的控制，就是依据相关条款约束，拟定控制目标、控制措施，并有的放矢地检查落实，以及适时调整目标和修订措施，以便有效把握，不使其任意变动而超出范围。建设监理行业里对于工程投资、工程质量和建设工期的控制，简称为"三控"。对于这类工作性质形象地称之为"预控"。之所以称之为"预控"，主要是强调建设监理开展工作之前，针对承接的工程建设监理项目，以及建设监理工作环境情况，通过集思广益地研究、筹划，确定工作目标、编制工作计划，尤其是制定相应措施，闭合的工作线路，从而，确保各项工作有条不紊、循序渐进，并有效地实现终极目标。显然，这套工作方法，突出的是事先的筹划、准备。像自动化机械加工一样，把自动化程序控制的设计列为重中之重，慎重对待。即便是纯手工操作的事项，亦应当事先拟定好相应的程序、方法和措施。决不能盲目蛮干，也不能边干边想，更不能当事后诸葛亮，放马后炮。当然，也不能满足于纸上谈兵，而要不断深入实际。尤其是对于关键环节、要害部位，监理人员要适时地深入实际，掌握第一手资料，以期更好地掌控工程项目建设，促使其顺利地实现预期目标。

按照以预控为主的思路，开展工程建设监理工作，是我国开创建设监理制以来，十余年间的基本状况，而且，取得了十分可喜的成效。这是学习国外通行惯例，结合我国工程建设管理需要探索出来的具体工作方法。为了促进建设监理制的深化发展，应当适时地总结"预控"监理的做法和经验，并广为宣传、大力推广，使之在全行业不断强化和提高。从而，促进我国建设监理事业的健康发展。

遗憾的是，没有看到有关部门制定推广"预控"工作方法的规章。相反，2002年7月，有关部门制定印发了有关施工旁站监理管理试行办法。该试行办法规定："建设监理人员对工程建设的关键部位、关键工序的施工质量，实施全过程现场跟班的监督活动（简称旁站监理）"。所说工程的关键部位、关键工序，包括"在基础工程方面包括：土方回填，混凝土灌注桩浇筑，地下连续墙、土钉墙、后浇带及其他结构混凝土、防水混凝土浇筑，卷材防水层细部构造处理，钢结构安装；在主体结构工程方面包括：梁柱节点钢筋隐蔽过程，混凝土浇筑，预应力张拉，装配式结构安装，钢结构安装，网架结构安装，索膜安装"。且不说该试行办法所规定的"关键部位、关键工序"与否合理，即便都是工程建设的关键部位、关键工序，也没有必要全过程现场跟班监督。原因其一是，"人盯人"的管理模式是基于不相信被监管人员的思想观念。许多实践证明，这种方式不利于充分调动被监管人员的积极性和主动性。其二，如果是小作坊式生产活动，"面对面管理"尚且可行（其实，在落后的封建社会，小作坊式生产，也未必都是"人盯人"管理，而多是分级管理），面对现代化的大规模生产活动，实行"面对面、人盯人管理"，无异于"监工"。其结果，不是难以实施，就是事倍功半，二者必居其一。其三，即便是工程的"关键部位、关键工序"，施工单位的管理人员也不会"全过程现场跟班"。该《试行办法》却要求监理人员"全过程现场跟班"监督。尽管严格监督，对于促进工程质量的提高功不可没。但是，毕竟工程质量是"干出来的"，绝不是"监督出来的"，这是建设领域早已普遍认定的基本信条。

该《试行办法》实施十年来，往往在"执法检查"中发现监理单位"工作不到位"，而给予通报批评。由此可见，如果该试行办法是科学的、合理的规章，监理行业不会一而再，再而三地"违反"，更不会引发全行业怨声载道的现象发生。总结、汲取以往的经验教训，适时地改弦更张，是保持任何改革深化发展的宝贵经验，推进建设监理改革亦当如此。

五、建设监理对于工程施工安全责任问题研究

建设监理对施工安全应不应当承担责任？建设监理应当承担什么样的施工安全事故责任？这个本来不是问题的问题，随着 2004 年某相关法规和规章的实施，逐渐模糊不清，甚至责不当罚的事例越来越多。以致于建设监理背负上沉重的工程施工安全责任包袱，严重挫伤了建设监理从业人员的积极性，干扰着建设监理事业的发展。建设监理全行业上下，无不忧心忡忡地关注着这个问题，更期望及早得以解决。

面对建设监理行业反映日益强烈的这个问题，早在 2005 年，政府有关部门就组织人员着手调查研究。甚至有关期刊编辑部根据投稿人员的普遍意见，也积极地组织探讨研究。但是，由于种种原因，这些探讨，一则规模较小；二则研究深度有限；三则尚没有提出应有的对策。所以，建设监理背负的工程施工安全责任包袱依然日益沉重，全行业苦不堪言，且殷切期盼早日科学界定监理对施工安全的责任，恢复建设监理发展的宽松环境。

2010 年 7 月，中国建设监理协会理论研究委员会根据调查了解的情况，经过充分准备，在南京召开了建设监理对工程施工安全监管责任专题研讨会。这次研讨会在有关政府部门的支持下，在全国各地各行业建设监理从业人员的积极参与下，对这个问题进行了积极地探讨。特别是，从理论的角度，就"监理对施工安全监管"的法理、法规，以及操作层面的问题，作了深入、有益的分析；有的以亲身经历的事实，反映了这项工作存在的突出问题；还有的从总结的角度，回顾了近几年付出的辛劳，换取的成就和经验。通过研讨，提高了关于监理对施工安全监管问题的认识；进一步明辨了相关的是非界限。综合这次专题研讨会的突出意见，大家有以下几点认识。

（一）"安全监理"已构成建设监理沉重的包袱

2003 年，国务院颁发了《建设工程安全生产管理条例》（以下简称《安全条例》）以后，有关部门印发了相应的具体规章。这些规章不仅要求建设监理负责监管工程施工安全工作，而且，罗列了许多具体事项，计 24 条 29 款（详见《关于落实建设工程安全生产监理责任的若干意见》）。作为企业，建设监理不得不贯彻落实部门规章。为此，建设监理企业无不投入大批力量，广大监理工作者更是战战兢兢、尽心尽力，努力按照这些规定去做，积极协助搞好施工生产安全工作。虽然，的确因此提高了工程施工安全工作水平，减

少了施工伤亡事故。但是，同时，建设监理也背上了沉重的包袱。

一是建设监理为工程施工安全投入了较大的精力。众所周知，工程建设监理的分内工作是搞好工程建设的"三控两管一协调"。"安全监理"的工作内容均事关生命财产的安全问题，且要承担相应的责任。监理工作者不得不仔细地认真落实，就连工程建设项目监理总监也不得不为此投入主要精力。工程实施前，要编制详尽的《安全监理大纲》，甚至要进一步编制《安全监理细则》。工程施工过程中，还要逐一检查落实，甚至亦步亦趋地跟随查看。一个监理工作者，往往要面对几十人，甚至几百人的施工作业场面，工作量之大，难以名状。

二是对监理的不当处罚一再发生。所谓不当处罚，主要是指，有关施工安全监管工作本不应由监理承担，有关规章强加于监理而形成的处罚；有些是被监管单位不接受监理的监管而引发事故对监理的处罚；更为严重的是，连没有监理合同关系的工程发生安全事故，也要处罚监理。近几年，因施工安全事故而受到处罚的监理企业和监理人员明显增加。几乎每一起工程施工死亡事故，都要处罚建设监理。2010年，全国建筑施工行业共发生581起死亡事故。其中，未追究建设监理责任的，寥寥无几。而死亡3人以上（含3人）的重大事故，监理往往还被追究刑事责任，有的总监甚至锒铛入狱。如，2005年，某市地铁工程事故。总监吕某既未签批模板支架施工方案，也没有签发混凝土浇捣令，施工单位擅自盲目施工而引发了伤亡事故，吕某判处有期徒刑3年，缓刑3年。2005年，某市广场工程基坑坍塌事故，主要是业主严重违法违规造成的（业主不报建、不招标、不委托监理，甚至发包给没有相应资质的施工单位，且逃避政府的监管、拒不执行政府的停工通知、无视安全隐患警示）。但是，行政处罚中，对与基坑工程没有合同关系的监理单位，却处以责令限期改正和罚款9万元，项目总监代表被刑拘，另有2人被建议吊销执业资格证书的处罚；民事处罚承担各种损失7.5%的赔偿。2009年，某市在建小区发生7号楼整体侧覆事故之前，项目总监多次就不科学的施工顺序提出抗议，并且拒绝在挖土令上签字，仍被判处3年有期徒刑。

三是严重削弱了建设监理人员士气。"安全监理"实施几年来，一方面，不少地方对于监理承担的工程施工安全责任不断加码，诸如要求监理清点操作工人数量、督查施工工地饮食卫生、逐一检查施工工人上岗证等。另一方面，不少地方相关部门把建设监理当作"伙计"使用。他们到施工工地检查工作时，往往把发现的所有问题，不分青红皂白，统统扣在监理头上，信口训斥之后，又责令监理负责督办整改。第三，如上所述，工作繁忙而辛劳的总监，随时都有被追究刑事责任的风险。第四，再加上整个建设监理行业收入不高等原因，严重削弱了建设监理人员士气。

建设监理行业士气低落的突出表现有三，一是监理骨干不愿担任总监工作，有的监理骨干甚至已经离开建设监理行业；二是不少新近进入监理行业的大学生，经过几年历练后，流失的比例不断增大、从事监理的时限在缩短。三是报考监理工程师的人数骤减。从2003年的报考高峰——103414人，一路下滑：2004年为97894人，比上年减少5.34%；2009年为48691人，仅是2003年的47%，下降了53%。这六年间，平均每年锐减16.2%。这种现象，目前，尚未得到有效遏制。

四是额外加重了建设监理企业的财力投入。为了担负起"安全监理"沉重的负担，监理企业不得不投入很大的人力物力。除了要编制详尽的施工安全监理细则外，特别是，有关规章要求监理在施工阶段"安全监理"工作中，要"及时制止违规施工作业"、"定期巡视检查施工过程中的危险性较大工程作业情况"两项工作，迫使监理单位必须派出众多的监理人员，处处、时时"盯"着各个部位的施工操作情况，方能做到"及时制止违规施工作业"。面对如此庞大的"安全监理"费用支出，不少监理企业经营成本陡增，苦不堪言。

（二）科学界定监理的施工安全责任

众所周知，监理的一切权利都是业主委托的，业主没有监管施工单位施工安全的权利，监理何来承担施工安全的责任呢？《建筑法》第五章专门就建筑安全生产管理作出了16条规定，却没有一条规定要由监理也承担"施工现场安全负责"（监理的错误指令造成安全事故，自然应由监理承担责任）。第四十五条更明确规定"施工现场安全由建筑施工企业负责"。然而，有关法规却硬性规定工程监理单位和监理工程师应当"对建设工程安全生产承担监理责任"。这种规定，既不合法理要求，更与《建筑法》相悖。

鉴于实施"安全监理"引发的严重后果，全行业一致强烈呼吁：尽快科学界定监理对施工安全的责任。

2010年初，委员会在全国建设监理行业，组织开展了有关"安全监理"的问卷调查，得到了广大监理企业的积极支持。一方面，大家踊跃回答问题；一方面，还在问卷后边主动书写了不少有关方面的意见。同年5月底，从收回的233份有效问卷来看：81%的认为，现行的"安全监理"法规不科学、不合理；66%的认为"安全监理"已构成了建设监理事业发展的瓶颈。2010年7月，在"全国建设监理对工程施工安全监管专题研讨会"上，与会代表更是积极踊跃发言。无论是大会，还是小会；无论是会上，还是会下，几乎是众口一词，对于现行的"安全监理"持否定态度。综合各方面的意见，之所以说有关"安全监理"规章不妥，主要是因为：它在法理上缺失；在法律上无依据；在操作上不科学。因此，应当尽快科学界定监理对施工安全的责任，进而修正有关规章。

（三）关于工程施工安全事故原因刍议

住房和城乡建设部质量安全司收集整理了近5年（2005～2009年）发生的50起重大工程施工安全事故，并编辑为《建筑施工安全事故案例分析》（以下简称《安全事故案例》，2010年1月，中国建筑工业出版社出版）。这本集子比较详细收录了各起事故发生的时间、地点、事故经过、事故恶果，并扼要分析了发生事故的直接原因和间接原因等。归纳这些分析，其中，业主违规诱发的事故有23起，占46%；施工单位管理不善（包括组织管理水平、技术能力等因素）引起的事故22起，占44%。由此可见，为了提高施工安全水平，特别应抓好规范业主和施工单位行为。

现阶段，建设市场仍然是买方市场，再加上，我国的市场经济体制初步建立，单纯计划经济体制下的种种习惯势力处处作祟。就是说，单纯计划经济体制下，以业主（政府为主导组建的工程建设项目指挥部）为核心的工程建设管理模式阴魂不散。再加上市场经济体制下滋生的腐败行为蔓延，业主不愿放弃直接管控工程项目建设的权利，造成了工程建设项目业主违规违法行为比较普遍。或者说，工程建设项目业主是建设市场诸多问题的根源所在。上述《安全事故案例》，充分印证了这种论点。因此，必须进一步落实好《工程建设项目法人责任制》，规范业主的交易行为，强化对业主的监督管理。

同时，众所周知，工程施工单位是施工生产安全的责任主体。认真贯彻《建筑法》，狠抓施工单位安全生产责任制的落实，是提高安全生产水平的根本途径。施工企业管理失控、管理脱节现象严重。由此入手，狠抓施工单位安全责任制的落实，才是有效降低安全事故的根本出路。

另外，工程施工操作人员技术水平低下、缺乏施工安全意识和自我保护意识，也是导致发生施工安全事故的重要原因之一。所以，要加强施工队伍的技能培训和自我保护安全意识教育。这是建设领域的长期任务，更是现阶段的突出工作。虽经多年努力，取得了一定成效，但是，技术素质不高、安全意识低下等问题依然严重。加强并落实农民工的培训教育，当是减少施工安全事故的重要举措。还要着力推行施工工人人身保险和工程保险。目前，我国在推行这两种保险方面远没有形成制度，更没有普遍实行。因此，无形中加大了事故对政府、对社会、对各方面的压力。完善、推行这些制度，也是制约工程施工安全事故发生的重要有效对策。

一般来说，一项事件的责任主体只能是一个，而不是多个。同样，分析工程施工安全事故时，应当抓住造成事故的主要责任者，追究主要责任者的责任。绝不宜把参与工程项目建设的各方，统称谓"责任主体"，并追究其责任，或者均摊责任。更不能是非颠倒，舍本求末，把监管工程项目建设的监理单位当作工程施工安全事故的主要责任者论处。否则的话，容易混淆主次、模糊视听，不利于调动工程施工生产安全责任主体——施工单位的积极性，也不符合矛盾论的基本观点。

六、建设监理发展方向问题研究

关于建设监理事业的发展问题，最根本的是，明确其发展方向。而其发展方向取决于对建设监理制基本概念的界定。可是，近些年来，在建设监理事业发展的路途上，出现的种种貌似进取的现象和标新的言论，对于建设监理发展的影响，很值得认真剖析，以便理清是非、端正方向，促进建设监理事业健康发展。

(一) 建设监理不能固化于工程施工质量监理

现阶段，由于种种原因，不少工程建设监理，实际上，仅仅局限于工程施工阶段的工程质量监理，甚至沦落为工程质量监督员。至于工程投资监理和工程建设工期监理，只是写在委托监理合同上的一句空话——监理仅仅充当工程量的核对员和业主关于工程工期意见的传声筒。众所周知，工程建设的工期、投资和质量管理，是工程建设管理密不可分的三要素。三者紧密相连，又相互制约。必须统筹兼顾、恰当协调，方可能取得较好成效。相反，若不能协调地三管齐下，就不可能达到预期目的；若单枪匹马，只抓其中一或两项，绝不可能实现理想的预期效果。因此，不少建设监理人员，在工程项目监理工作中，往往感到非常尴尬——看到有问题，而无权管；整改指令难落实；辛辛苦苦工作，成效寥寥，甚至还受埋怨、挨批评。凡此种种现象，在建设监理行业内，相当普遍，甚至有愈演愈烈的趋势。

(二) 拟应坚守建设监理业务的整体性

2006 年 3 月，有关部门印发了《工程造价咨询企业管理办法》。其中，第九条第二款规定，工程造价咨询企业资质标准必须达到"企业出资人中，注册造价工程师人数不低于出资人总人数的 60％，且其出资额不低于企业注册资本总额的 60％"。如此规定，等于不允许监理企业承担工程造价监管工作。众所周知，绝大多数建设监理企业不是股份制企业（股份制企业仅占全行业企业总数的 10％左右）。不是股份制企业，就没有资格申请工程造价管理营业资格。即使是股份制企业，其中工程经济类人员的比例，绝不可能是多数（建设监理的业务性质决定以工程技术管理为主，工程经济管理只是其中一部分），注册造价工程师人数绝不会达到企业总人数的 60％，其出资额，更不可能达到企业注册资本总额的 60％。所以，该办法的核心就是只允许小型企业从事工程造价咨询或管理，而不允许中等以上企业承接工程造价咨询或管理业务，更不允许国有企业承接工程造价咨询或管理业务。该办法不仅无端剥夺了绝大多数监理企业的正当经营权，而且，严重违背了市场经济体制下倡导公平竞争，不得有歧视政策的原则。

2007 年 1 月，有关部门又印发了《工程建设项目招标代理机构资格认定办法》。该办法所称工程建设项目招标代理，"是指工程招标代理机构接受招标人的委托，从事工程的勘察、设计、施工、监理以及与工程建设有关的重要设备（进口机电设备除外）、材料采购招标的代理业务"。该办法的实施，使得所有建设监理企业要想接受工程建设项目业主的委托，承担工程建设项目招标业务之前，必须另外申请办理工程建设项目招标代理机构资格，并得到批准。否则，就不得为业主招标。一般情况下，监理企业在其资质许可的范围内，都具有编制工程项目预算书、招标文件，以及组织评标的技能。所以说，该办法貌似科学、合理，其实，也是对建设监理制的一种干扰。因为，该办法虽然没有排除监理企业承担工程项目招标的权利，但是，迫使企业另行申办资质的做法本身，不仅增加了企业申办工作的负担，在客观上，同样是对工程建设监理业务的肢解。

（三）拟应坚守建设监理制的原旨

如前所述，早在二十多年前，创建建设监理制之初，设定新型体制名称时，曾经提出了三种命题：一是叫做工程咨询或工程顾问；一是叫做工程项目管理；一是叫做建设监理。经反复推敲论证，包括征询国外有关专家的意见，最终一致认为：工程咨询一词或者叫工程顾问，二者基本相同，都仅仅是参谋的意思，难以涵盖理想的新型体制的全部业务，甚至有原则性的巨大区别。工程项目管理一词，概念太宽泛，工程项目业主、承建商都有各种不同内容的工程项目管理内涵，这与拟议中的工程建设项目监管，缺乏应有的针对性。故此，舍弃了这两种称谓，选定使用"建设监理"一词。所以说，时隔十多年后，再次倡导使用"工程项目管理"一词，实在是在开历史倒车。如长此以往，不仅混淆了理论概念，更为严重的是，它有碍于建设监理事业的健康发展。

事实上，自 2004 年开始引导实施工程建设项目管理以来，有关方面即不再关注建设监理制的发展问题。显然，其本意和客观效果都是抑制建设监理制的发展。

关于倡导代建制问题，笔者认为，一方面，所说的代建单位的职能，与已有的建设监理毫无二致。另一方面，提出这种方法的适用范围，仅仅是政府投资的非营利工程建设项目，范围很小。实行建设监理制，完全能够解决相应的问题。第三，何况，所说的代建制，要求代建单位有一定的垫资能力。这无异于要求承建商垫资一样，转嫁了工程建设项目业主资金不到位的先天不足，而掩盖了建设市场种种歪风的祸源。

（四）拟应倡导监理企业"专而精"

像划分工程施工企业资质等级一样，过去分为一、二、三级，后来又增加了特级。建设监理企业，原本也只有甲、乙、丙三级，后来增添了综合甲级。从表面看，这样做，似乎合乎企业资质能力不断提高的需要。但是，客观上，起到了倡导企业向"大而全"方向发展的错误作用。因为，在其他同等的条件下，有了"综合监理资质"的招牌，企业就增加了中标的概率。一个地区，或一个行业，如果没有一家综合监理资质企业，似乎是莫大的缺憾，甚至意味着能力不强、水平不高。因此，方方面面往往想方设法取得综合监理资质，甚至出现了为此而弄虚作假的违规行为。

随着社会的进步和发展，企业也发展壮大，这是任何一个企业都具有的期望，无可厚非。同时，无论是自然科学，还是社会科学、管理科学，其知识含量也与日俱增。为了适应这种状态，社会的分工亦越来越细。一个人，一个企业，乃至一个企业集团，其能力总是有限的。即便是实力很强的企业，从经营策略考虑，为了降低风险，往往与其他企业组成联合体，或联营体，而不独自承揽本可以独自完成的业务。这早已是国内外普遍认可，并广泛实施的做法。另一方面，剖析成功企业的成长历程，几乎无不是以"专而精"立身，甚至壮大成名后，依然着重专注于某一个行业。因此，任何一个企业、一个行业，在其发展初期，着力倡导"专而精"才是正确的方向。

附录 1-1　有关建设监理法规

城乡建设环境保护部关于开展建设监理工作的通知

（1988）城建字第 142 号　　1988 年 7 月 25 日

各省、自治区、直辖市、计划单列市建委（建设厅）、计委（计经委），国务院各有关部门：

根据国务院批准的"三定"方案，建设部将负责实施一项新的重大改革：参照国际惯例，建立具有中国特色的建设监督制度，以提高投资效益和建设水平，确保国家建设计划和工程合同的实施，逐步建立起建设领域社会主义商品经济的新秩序。

建设监理是商品经济发展的产物。工业发达国家的资本占有者，在进行一项新的投资时，需要一批有经验的专家进行投资机会分析，制定投资决策；项目确立后，又需要专业人员组织招标活动，从事项目管理和合同管理工作。建设监理业务便应运而生，而且随着商品经济的发展，不断得到充实完善，逐渐成为建设程序的组成部分和工程实施惯例。近几年，我国利用外资建设的项目和外贷项目，也都实行了建设监理制度，多数由外国监理组织实施监理，少数项目由我国专门机构实施监理，普遍取得了良好效果。

几十年来，我国的工程建设活动，基本上由建设单位自己组织进行。建设单位不仅负责组织设计、施工、申请材料设备，还直接承担了工程建设的监督和管理职能。这种由建设单位自行管理项目的方式，使得一批批的筹建人员刚刚熟悉项目管理业务，就随着工程竣工而转入生产或使用单位，而另一批工程的筹建人员，又要从头学起。如此周而复始在低水平上重复，严重阻碍了我国建设水平的提高。它在以国家为投资主体并采用行政手段分配建设任务的情况下，已经暴露出许多缺陷，投资规模难控，工期、质量难保，浪费现象比较普遍；在投资主体多元化并全面开放建设市场的新形势下，就更为不适应了。党的十三大以后，随着有计划商品经济的发展和基本建设投资体制、设计与施工管理体制的改革，迫切需要建立起一套能够有效控制投资，严格实施国家建设计划和工程合同的新格局，抑制和避免建设工作的随意性。建立建设监理制度，就是为适应这种新格局而提出来的。

另外，为了开拓国际建设市场，进入国际经济大循环，也需要参照国际惯例实行建设监理制度，以便使我国的建设体制与国际建设市场相衔接。

现将建立建设监理制度，开展建设监理工作的初步意见通知如下：

一、关于建设监理的范围和对象

建设监理大致包括对投资结构和项目决策的监理，对建设市场的监理，对工程建设实施的监理。目前，我们的监理工作，主要是指后两种监理。其对象，包括新建、改建和扩建的各种工程项目。政府和公有制企事业单位投资的工程以及外资、中外合资建设项目，一般都要实行招标承包制和建设监理，其他所有制单位投资的工程，也要引导实行这两种制度。

二、关于政府建设监理的管理机构及其职能

政府的建设监理归口管理机构，在国家是建设部，办事机构为建设监理司；在地方是各级政府的建设主管部门，办事机构为其所设的建设监理处、科、组。按照统一领导、分级管理的原则，其主要职能是：制订和实施建设监理法规；审核批准建设监理组织和人员；参与审批工程建设项目的开竣工报告；指导与监督工程建设的招标投标活动；检查督促重大事故的处理；指导与管理建设监理工作。

国务院各有关部门，也应根据需要设立相应的机构，指导本部门工程建设监理和招标投标工作。

三、关于社会建设监理组织和监理内容

建设监理组织是受业主委托执行监理任务的企事业单位，其形式可以多种多样。符合监理条件的工程设计、科学研究和工程咨询等单位，可以兼营。符合监理资质的工程技术与管理人员，以及建设项目筹建机构，可以自愿组成独立的建设监理公司或建设监理事务所进行专营。无论哪种形式的监理组织，都要经政府建设监理管理机构审查批准，发给监理资格证书，划定监理业务范围，到工商行政管理部门申请注册开业。然后，通过竞争取得工程监理业务，并与委托单位签订监理合同，确定监理内容和收费办法。

工程监理的内容，可以是全过程的，也可以是勘察、设计、施工、设备制造等的某个阶段。监理依据主要是工程合同和国家的方针、政策及技术、经济法规。一个建设项目，可以委托一个监理组织实施监理，也可以委托几个监理组织进行监理。

四、关于建设监理法规

建设部拟在调查研究的基础上，起草《建设监理条例》和《建设工程招标投标管理条例》，报请国务院批准，在全国实行。尔后将制定《建设监理单位和人员资质标准及审批办法》等具体规定。在这些条例、规定颁发之前，各地区、各部门可根据具体情况和实践经验，制订临时性的规章制度，为实行建设监理制和工程招标承包制创造条件。努力做到谨慎起步，法规先导，健康发展。

五、关于开展建设监理的步骤

建立建设监理制度，需要有一个发展过程。工程招标承包制自 1984 年实行以来，已有一定的基础，今后主要是健全法规，突破徘徊局面，促其发展。开展工程监理工作总的安排是：今年准备，明年试点，后年逐步铺开。条件较好的部门、经济特区和沿海开放城市，步子应当迈得大一些。争取用 5 年或稍多一点的时间，把我国建设监理工作的方针、政策、法规和相应的监理组织建立起来，形成体系，使建设监理工作有法可依，有人承办；大中型工业交通建设项目和主要的民用建筑工程，基本上都能实行监理，其他建设工程也要争取实行监理。

今明两年的任务，主要是为实现 5 年建立起我国建设监理体系的目标打基础，积累经验。建设部将会同有关地区和部门，抓好招标承包制的推进工作和工程监理的试点工作。现在，北京、上海、广东、福建、云南、海南等地区和能源、化工、轻纺、旅游等部门，已经有一批合资工程和世界银行贷款项目实行了工程监理制度，希望这些地区和部门认真总结经验，及时进行交流。

六、关于加强对建设监理工作的领导

建立建设监理制度，开展建设监理工作，是一项开创性的事业，各地区、各部门的有关领导同志，要把它列入重要议事日程，切实加强领导。除继续抓好工程招标投标工作外，当前要组织一定力量对工程监理工作进行研究探索，制订办法，培训干部，开展试点。对可能实行监理的重要工程，要摸清情况，优先做出试点安排；对有条件承接监理任务的监理单位，要进行考核，及时发给临时监理资格证书，要借助科研、高等院校的力量和手段，传播监理知识、开展监理教育，增强有关方面的监理意识。

近几年，各地区、各部门开展的工程质量监督工作，已有了一定的基础，并取得了一些成绩，要继续坚持下去。已经或将要实行监理的工程，是否还要进行质量监督，可以本着不重不漏的精神，由各地区、各部门自行决定。一些条件较好的质量监督站，可逐步扩大监督业务，向监理组织过渡。目前，建设领域职工伤亡事故比较严重，有条件的质量监督机构，也要把安全生产的监督任务承担起来。

希望各地区、各部门接此通知后，认真进行研究、尽快做出安排；对开展这项工作的意见和建议，请随时告诉我部建设监理司。

建设部关于引发《建设监理试行规定》的通知

建建字 ［1989］ 第 367 号

各省、自治区、直辖市建委（建设厅），计划单列市建委，国务院各有关部门：

根据国务院原则批准的"三定"方案，建设部负责实施建设监理制度。自去年先后颁发《关于开展建设监理工作的通知》和《关于开展建设监理试点工作的若干意见》以来，经过一些地区和部门的试点，取得了积极成果，证明这个制度是可行的。通过总结试点经验，我们会同有关部门和地区制定了《建设监理试行规定》，现印发给你们，请研究执行。

当前，建设监理工作正值扩大试点阶段。政府监理的范围以建设项目实施阶段为主

（不含建设前阶段），社会监理的范围由建设单位根据需要与社会监理单位协调确定。各级建设主管部门要充分重视这项工作，加强组织领导，并结合本地区、本部门情况，制订有关实施细则和配套管理办法，有计划地把建设监理工作逐步开展起来。本规定在执行中的情况、问题，请及时告诉我部建设监理司。

附件：《建设监理试行规定》

1989 年 7 月 28 日

建设监理试行规定

第一章　总　则

第一条　为了改革工程建设管理体制，建立建设监理制度，提高工程建设的投资效益和社会效益，确立建设领域社会主义商品经济新秩序，特制订本试行规定。

第二条　建设监理包括政府监理和社会监理。政府监理是指政府建设主管部门对建设单位的建设行为实施的强制性监理和对社会监理单位实行的监督管理。社会监理是指社会监理单位受建设单位的委托，对工程建设实施的监理。

第三条　所有建筑工程，必须接受政府监理。

公有制单位和私人投资的大中型工业交通建设项目和重要的民用建筑工程，外资、中外合资和国外贷款建设的工程，尚应委托监理单位实施监理。其他工程是否委托监理单位实施监理，由投资者自行决定。政府鼓励投资者委托监理单位实施监理。

第四条　建设监理的依据是国家工程建设的政策、法律、法规，政府批准的建设计划、规划、设计文件以及依法成立的工程承包合同。

第五条　建设监理工作的归口管理部门，在中央为建设部，在省、自治区、直辖市及市（地、州、盟）、县（旗）为各级人民政府的建设主管部门。

第二章　政府监理机构及职责

第六条　建设部和省、自治区、直辖市建设主管部门设置专门的建设监理管理机构，市（地、州、盟）县（旗）建设主管部门根据需要设置或指定相应的机构，统一管理建设监理工作。

国务院工业、交通等部门根据需要设置或指定相应的机构，指导本部门建设监理工作。

第七条　建设部建设监理的职责

（一）根据国家政策、法律、法规，制定并组织实施建设监理法规；

（二）制定社会监理单位和监理工程师的资格标准、审批和管理办法并监督实施；

（三）审批全国性、多专业、跨省（自治区、直辖市）承担监理业务的监理单位；

（四）参与大型建设项目的竣工验收；

（五）检查督促工程建设重大事故的处理；

（六）指导和管理全国建设监理工作。

第八条　省、自治区、直辖市建设主管部门建设监理的职责：

（一）贯彻执行国家建设监理法规，根据需要制定管理办法或实施细则，并组织实施；

（二）参与审批本地区大中型建设项目施工的开工报告；

（三）检查、督促本地区工程建设重大事故的处理；

（四）参与大中型建设项目的竣工验收；

（五）组织监理工程师的资格考核，颁发证书，审批全省（自治区、直辖市）性的监理单位；

（六）指导和管理本地区的建设监理工作。

市（地、州、盟）、县（旗）建设主管部门的建设监理职责由省、自治区、直辖市人民政府规定。

第九条 国务院各工业、交通等部门建设监理的职责：

（一）贯彻执行国家建设监理法规，根据需要制定实施办法并组织实施；

（二）组织或参与审查本部门大中型建设项目的设计文件、开工条件和开工报告；

（三）组织或参与检查、处理本部门工程建设重大事故；

（四）组织或参与本部门大中型建设项目的竣工验收；

（五）组织本专业监理工程师的资格考核，颁发证书，审批本部门管理的本专业全国性的监理单位；

（六）指导和管理本部门的建设监理工作。

第三章 社会监理单位及监理内容

第十条 社会监理单位称谓工程建设监理公司或工程建设监理事务所。

工程建设监理公司是依法成立的法人，具有自己的名称、组织机构、场所、必要的财产或经费。

工程建设监理事务所是依法成立的私有制独资或合伙组织，具有固定的场所和必要的设施以及与服务规模相适应的资金和从业人员。

第十一条 工程建设监理公司和工程建设监理事务所开业，必须经政府建设主管部门审批资格，发给资格证书，确定监理范围，再向同级工商行政管理机关申请注册登记，领取营业执照。

第十二条 符合监理条件的独立的工程设计、科学研究、工程建设咨询等单位，可以兼承监理业务，但必须经政府建设主管部门批准，取得资格证书。

第十三条 监理单位承担的监理业务，可以由建设单位直接指名委托，或者由建设单位通过竞争方式择优委托。建设单位可根据需要，委托一个监理单位承担工程建设项目全部或部分阶段的监理，也可委托和个监理单位承担不同阶段的监理。

第十四条 监理的主要业务内容

（一）建设前期阶段

1. 建设项目的可行性研究；

2. 参与设计任务书的编制。

（二）设计阶段

1. 提出设计要求，组织评选设计方案；

2. 协助选择勘察、设计单位，商签勘察、设计合同并组织实施；

3. 审查设计和概（预）算。

（三）施工招标阶段

1. 准备与发送招标文件，协助评审投标书，提出决标意见；

2. 协助建设单位与承建单位签订承包合同。

（四）施工阶段

1. 协助建设单位与承建单位编写开工报告；

2. 确认承建单位选择的分包单位；

3. 审查承建单位提出的施工组织设计、施工技术方案；和施工进度计划，提出改进意见；

4. 审查承建单位提出的材料和设计清单及其所列的规格与质量；

5. 督促、检查承建单位严格执行工程承包合同和工程技术标准；

6. 调解建设单位与承建单位之间的争议；

7. 检查工程使用的材料、构件和设备的质量，检查安全防护设施；

8. 检查工程进度和施工质量，验收分部分项工程，签署工程付款凭证；

9. 督促整理合同文件和技术档案资料；

10. 组织设计单位和施工单位进行工程竣工初步验收，提出竣工验收报告；

11. 审查工程结算。

（五）保修阶段

负责检查工程状况，鉴定质量问题责任，督促保修。

第十五条 建设单位委托监理单位承担监理业务，要与被委托单位签订监理委托合同，主要内容包括监理工程对象、双方权利和义务、监理酬金、争议的解决方式等。授予监理单位所需的监督权力还应在工程承包合同中明确。

第十六条 监理单位及其成员的工作中发生过失，要视不同情况负行政、民事直至刑事责任。

第十七条 监理单位应根据所承担的监理任务，设立由总监理工程师、监理工程师和其他监理工作人员组成的项目监理工作小组。在工程实施阶段，工作小组应进驻现场。

总监理工程师是监理单位履行监理委托合同的全权负责人，行使合同授予的权限，并领导监理工程师的工作。监理工程师具体履行监理职责，及时向总监理工程师报告现场监理情况，并领导其他临理工作人员的工作。

第十八条 监理单位必须严格按照资格等级和监理范围承接监理业务。各级监理负责人和监理工程师不得是施工、设备制造和材料供应单位的合伙经营者，或与这些单位发生经营性隶属关系，不得承包施工和建材销售业务，不得在政府机关、施工、设备制造和材料供应单位任职。

第四章 监理单位、建设单位和承建单位之间的关系

第十九条 建设单位必须在监理单位实施监理前，将监理的内容、总监理工程师姓名及所授予的权限，书面通知承建单位。总监理工程师也应及时将其授予监理工程师的有关权限以书面形式通知承建单位。承建单位必须接受监理单位的监理，并为其开展工作提供方便，按照要求提供完整的原始记录、检测记录等技术、经济资料。

第二十条 在监理实施过程中，总监理工程师应定期向建设单位报告工程情况，未经

建设单位授权，总监理工程师无权自主变更建设单位与承建单位签署的工程承包合同。由于不可预见和不可抗拒的因素，总监理工程师认为需要变更工程承包合同时，要及时向建设单位提出建设，协助建设单位与承建单位协商变更工程承包合同。

第二十一条　建设单位与承建单位在执行工程承包合同过程中发生的任何争议，均须提交总监理工程师调解。总监理工程师接到调解要求后，必须在三十日内将处理意见书面通知双方。

如果双方或其中任何一方不同意总监理工程师的意见，在十五日内可直接请求当地建设主管部门调解。经调解仍有不同意见，可请当地经济合同仲裁机关仲裁。

第二十二条　工程建设监理是有偿的服务活动，酬金及计提办法，由监理单位与建设单位依据所委托的监理内容和工作深度协商确定，并写入监理委托合同。建设监理酬金计取办法有以下几种：

（一）按提供的服务人员支付工资及管理费；

（二）按受监工程造价的一定比例；

（三）费用包干；

（四）其他。

监理酬金在建设单位的管理费中列支，或在工程总概算中单列的监理费项目中支付。

第五章　外资、中外事资和外国贷款建设项目的监理

第二十三条　外国公司或社团组织在中国境内独立投资的建设项目，需要委托外国监单位承担监理时，应聘请中国监理单位参加，进行合作监理。

中外合资的建设项目，中国监理单位能够监理的，不应委托外国监理单位承担监理，但可根据需要引进与建设项目有关的监理技术和向外国监理单位进行技术、经济咨询。

外国贷款建设项目的监理，原则上由中国监理单位承担，如果贷款方要求外国监理单位参加的，一般以中国监理单位为主进行合作监理。

第二十四条　外国监理单位，经建设项目所属的省级以上政府建设主管部门审批，并向同级的工商行政管理机关申请注册登记，领得营业执照，方可应聘在中国承担监理任务。

第二十五条　中外合作监理，必须签订合作监理合同。主要内容包括监理工程对象、监理依据、双方权利和义务、酬金的分配、争议的解决方式等。

第二十六条　外资、中外合资和国外贷款建设项目的监理酬金，可参照国际惯例计算，并在监理合同中加以确定。

第二十七条　香港、澳门、台湾地区的公司或社团组织在内地投资的建设项目，按本章的规定实行监理。这些地区的监理单位应聘与内地监理单位进行合作监理，也参照本章规定执行。

第六章　附　　则

第二十八条　本规定由建设部建设监理司负责解释。

第二十九条　本规定自颁布之日起施行。

工程建设监理单位资质管理试行办法

建设部第 16 号令　1992 年 1 月 18 日

第一章　总　　则

第一条　为了加强对工程建设监理单位的资质管理，保障其依法经营业务，促进建设工程监理工作健康发展，制定本办法。

第二条　本办法所称工程建设监理，是指监理单位受建设单位的委托对工程建设项目实施阶段进行监督和管理的活动。

本办法所称监理单位，是指取得监理资质证书，具有法人资格的监理公司、监理事务所和兼承监理业务的工程设计、科学研究及工程建设咨询的单位。

第三条　本办法所称监理单位资质，是指从事监理业务应当具备的人员素质、资金数量、专业技能、管理水平及监理业绩等。

第四条　国务院建设行政主管部门归口管理全国监理单位的资质管理工作。

省、自治区、直辖市人民政府建设行政主管部门负责本行政区域地方监理单位的资质管理工作。

国务院工业、交通等部门负责本部门直属监理单位的资质管理工作。

第二章　监理单位的设立

第五条　设立监理单位或者申请兼承监理业务的单位（以下简称设立监理单位），必须向本办法第六条规定的资质管理部门申请资质审查。对于符合本办法第八条第二款（一）、（二）、（三）项中的 1～3 目标准的，由资质管理部门核定其临时的监理业务范围（资质等级），并发给《监理申请批准书》。取得《监理申请批准书》的单位，须向工商行政管理机关申请登记注册；经核准登记注册后，方可从事监理活动。

监理单位应当在建设银行开立账户，并接受财务监督。

第六条　设立监理单位的资质审批：

（一）国务院建设行政主管部门负责监理业务跨部门的监理单位设立的资质审批；

（二）省、自治区、直辖市人民政府建设行政主管部门负责本行政区域地方监理单位设立的资质审批，并报国务院建设行政主管部门备案；

（三）国务院工业、交通等部门负责本部门直属监理单位设立的资质审批，并报国务院建设行政主管部门备案。

监理业务跨部门的监理单位的设立，应当按隶属关系先由省、自治区、直辖市人民政府建设行政主管部门或国务院工业、交通等部门进行资质初审，初审合格的再报国务院建设行政主管部门审批。

第七条　设立监理单位的申请书，应当包括下列内容：

（一）单位名称和地址：

（二）法定代表人或者组建负责人的姓名、年龄、学历及工作简历；

（三）拟担任监理工程师的人员一览表，包括姓名、年龄、专业、职称等；

（四）单位所有制性质及章程（草案）；

（五）上级主管部门名称；

（六）注册资金数额；

（七）业务范围。

第三章　监理单位的资质等级与监理业务范围

第八条　监理单位的资质分为甲级、乙级和丙级。

各级监理单位的资质标准如下：

（一）甲级

1. 由取得监理工程师资格证书的在职高级工程师、高级建筑师或者高级经济师作单位负责人，或者由取得监理工程师资格证书的在职高级工程师、高级建筑师作技术负责人；

2. 取得监理工程师资格证书的工程技术与管理人员不少于 50 人，且专业配套，其中高级工程师和建筑师不少于 10 人，高级经济师不少于 3 人；

3. 注册资金不少于 100 万元；

4. 一般应当监理过 5 个一等一般工业与民用建设项目或者 2 个一等工业、交通建设项目。

（二）乙级：

1. 由取得监理工程师资格证书的在职高级工程师、高级建筑师或者高级经济师作单位负责人，或者由取得监理工程师资格证书的在职高级工程师、高级建筑师作技术负责人；

2. 取得监理工程师资格证书的工程技术与管理人员不少于 30 人，且专业配套，其中高级工程师和高级建筑师不少于 5 人，高级经济师不少于 2 人；

3. 注册资金不少于 50 万元；

4. 一般应当监理过 5 个二等一般工业与民用建设项目或 2 个二等工业、交通建设项目。

（三）丙级：

1. 由取得监理工程师资格证书的在职高级工程师、高级建筑师或者高级经济师作单位负责人，或者由取得监理工程师资格证书的在职高级工程师、高级建筑师作技术负责人；

2. 取得监理工程师资格证书的工程技术与管理人员不少于 10 人，且专业配套，其中高级工程师或者高级建筑师不少于 2 人，高级经济师不少于 1 人；

3. 注册资金不少于 10 万元；

4. 一般应当监理过 5 个三等一般工业与民用建设项目或 2 个三等工业、交通建设项目。

第九条　监理单位的资质定级实行分级审批。

国务院建设行政主管部门负责甲级监理单位的定级审批；

省、自治区、直辖市人民政府建设行政主管部门负责本行政区域地方乙、丙级监理单位的定级审批。

国务院工业、交通等部门负责本部门直属乙、丙级监理单位的定级审批。

第十条 监理单位自领取营业执照之日起二年内暂不核定资质等级；满二年后向本办法第九条规定的资质管理部门申请核定资质等级。申请核定资质等级时需提交下列材料：

（一）定级申请书；

（二）《监理申请批准书》和《营业执照》副本；

（三）法定代表人与技术负责人的有关证件；

（四）《监理业务手册》；

（五）其他有关证明文件。

资质管理部门根据申请材料，对其人员素质、专业技能、管理水平、资金数量以及实际业绩等进行综合评审；经审核符合等级标准的，发给相应的《资质等级证书》。

第十一条 监理单位的资质等级三年核定一次。对于不符合原定资质等级标准的单位，由原资质管理部门予以降级。

第十二条 核定资质等级时可以申请升级。申请升级的监理单位必须向资质管理部门报送下列材料：

（一）资质升级申请书；

（二）原《资质等级证书》和《营业执照》副本；

（三）法定代表人与技术负责人的有关证件；

（四）《监理业务手册》；

（五）其他有关证明文件。

资质管理部门对资质升级申请材料进行审查核实；经审查符合升级标准的，发给相应的《资质等级证书》，同时收回原《资质等级证书》。

第十三条 监理单位的监理业务范围：

（一）甲级监理单位可以跨地区、跨部门监理一、二、三等的工程；

（二）乙级监理单位只能监理本地区、本部门二、三等的工程；

（三）丙级监理单位只能监理本地区、本部门三等的工程。

第十四条 监理单位必须在核定的监理范围内从事监理活动，不得擅自越级承接建设监理业务。

第十五条 已定级的监理单位在定级后不满三年的期限内，其实际资质已达到上一资质等级1～3目标准的，可以申请承担上一资质等级规定的监理业务；由具有相应权限的资质管理部门根据其资质条件、实际业绩和监理需要予以审批。

第四章 中外合营、中外合作监理单位的资质管理

第十六条 设立中外合营、中外合作监理单位，中方合营者或者中方合作者在正式向有关审批机构报送设立中外合营、中外合作监理单位的合同、章程之前，应当按隶属关系先向本办法第六条规定的资质管理部门申请资质审查；经审查符合本办法第八条第二款（一）、（二）、（三）项中的1～3目标准的，由资质管理部门发给《设立中外合营、中外合作监理单位资质审查批准书》。

《设立中外合营、中外合作监理单位资质审查批准书》是有关审批机构批准设立中外合营、中外合作监理单位的必备文件。

第十七条　申请设立中外合营、中外合作监理单位的资质审批，除必须报送本办法第七条规定的资料外，还应当报送外方合营者或者外方合作者的以下资料：

（一）原所在国有关当局颁发的营业执照及有关批准文件；

（二）近三年的资产负债表、专业人员和技术装备情况；

（三）承担监理业务的资历与业绩。

第十八条　中外合营、中外合作监理单位经批准设立后，应当在领取营业执照之日起的三十日内，持《设立中外合营、中外合作监理单位资质审查批准书》、《中外合营企业批准书》或者《中外合企业批准书》及《营业执照》，向原发给《设立中外合营、中外合作监理单位资质审查批准书》的资质管理部门申请领取《监理许可证书》。

第十九条　中外合营、中外合作监理单位，应当按规定在中国的有关银行开立账户，并接受财务监督。

第二十条　中外合营、中外合作监理单位歇业、破产或者因其他原因终止业务以及法定代表人变更，应当向原资质管理部门备案；其资质管理的其他事项，适用本办法的有关规定。

第五章　监理单位的证书管理

第二十一条　监理单位承担工程监理业务时，应当持《监理申请批准书》或者《监理许可证书》、《资质等级证书》以及《监理业务手册》，向监理工程所在地的省、自治区、直辖市人民政府建设行主管部门备案。

第二十二条　《监理申请批准书》、《监理许可证书》和《资质等级证书》的式样由国务院建设行政主管部门统一制定，其副本和正本具有同等的法律效力。

根据开展监理业务的需要，资质管理部门可以向监理单位核发《监理申请批准书》或者《监理许可证书》、《资质等级证书》副本若干份。

核发《监理申请批准书》或《监理许可证书》和《资质等级证书》及其副本，收取工本费。

第二十三条　监理单位遗失《监理申请批准书》或者《监理许可证书》、《资质等级证书》的，必须在全国性报纸上声明作废后，方可向发证部门申请补发。

第二十四条　监理单位必须建立《监理业务手册》。

《监理业务手册》的内容和管理办法由国务院建设行政主管部门统一制定。

第二十五条　《监理业务手册》是核定监理单位资质等级的重要依据。在必要的情况下，资质管理部门可以随时通知有关的监理单位送验。

第六章　监理单位的变更与终止

第二十六条　监理单位发生下列情况之一的，应当先向原资质管理部门申请办理有关手续后，再向工商行政管理机关申请办理变更登记或者注销登记，并在与其营业范围相当的地区或者全国性报纸上公告：

（一）分立或者合并，应当向资质管理部门交回原《监理申请批准书》或者《监理许可证书》、《资质等级证书》，经重新审查资质或者核定等级后，取得相应的《监理申请批准书》或者《监理许可证书》、《资质等级证书》。

（二）歇业、宣告破产或者因其他原因终止业务，应当报原资质管理部门备案，并收回其《监理申请批准书》或者《监理许可证书》、《资质等级证书》。

（三）法定代表人、技术负责人变更，应当向原资质管理部门办理变更手续。

第二十七条　监理单位分立、合并或者终止时，必须保护其财产，依法清理债权、债务。

第七章　罚　则

第二十八条　监理单位有下列行为之一的，由资质管理部门根据情节，分别给予警告、通报批评、罚款、降低资质等级、停业整顿直至收缴《监理申请批准书》或者《监理许可证书》、《资质等级证书》的处罚；构成犯罪的，由司法机关依法追究主要责任者的刑事责任：

（一）申请设立或者定级、升级时隐瞒真实情况，弄虚作假的；

（二）超越核定的监理业务范围或者未经批准擅自从事监理活动的；

（三）伪造、涂改、出租、出借、转让、出卖《监理申请批准书》或者《监理许可证书》、《资质等级证书》的；

（四）徇私舞弊，损害委托单位或者被监理单位利益的；

（五）因监理过失造成重大事故的；

（六）变更或者终止业务，不及时办理核批或备案手续和在报纸上公告的。

第二十九条　当事人对行政处罚决定不服的，可以在收到处罚通知之日起十五日内，向作出处罚决定机关的上一级机关申请复议，对复议决定不服的，可以在收到复议决定之日起十五日内向人民法院起诉；也可以直接向人民法院起诉。逾期不申请复议或者不向人民法起诉，又不履行处罚决定的，由作出处罚决定的机关申请人民法院强制执行。

第八章　附　则

第三十条　香港、澳门、台湾地区的公司、企业和其他经济组织或个人同内地的公司、企业或其他经济组织合营或者合作设立监理单位，参照本办法第四章的规定执行。

第三十一条　省、自治区、直辖市人民政府建设行政主管部门和国务院工业、交通等部门可以根据本办法制定实施细则，并报国务院建设行政主管部门备案。

第三十二条　本办法由国务院建设行政主管部门负责解释。

第三十三条　本办法自一九九二年二月一日起施行。

附件：工程类别和等级（略）

监理工程师资格考试和注册试行办法

建设部第 18 号令　1992 年 6 月 4 日

第一章　总　则

第一条　为加强监理工程师的资格考试和注册管理，保证监理工程师的素质，制定本办法。

第二条 本办法所称监理工程师系岗位职务，是指经全国统一考试合格并经注册取得《监理工程师岗位证书》的工程建设监理人员。监理工程师按专业设置岗位。

第三条 国务院建设行政主管部门为全国监理工程师注册管理机关。省、自治区、直辖市人民政府建设行政主管部门为本行政区域内地方工程建设监理单位监理工程师的注册机关。

国务院有关部门为本部门直属工程建设监理单位监理工程师的注册机关。

第二章 监理工程师资格考试

第四条 监理工程师资格考试，在全国监理工程师资格考试委员会的统一组织指导下进行，原则上每两年进行一次。

第五条 全国监理工程师资格考试委员会由国务院建设行政主管部门和国务院有关部门工程建设、人事行政管理的专家十五至十九人组成，设主任委员一人、副主任委员三至五人。

第六条 省、自治区、直辖市及国务院有关部门成立地方或部门监理工程师资格考试委员会，分别负责本行政区域内地方工程建设监理单位或本部门直属工程建设监理单位的监理工程师资格考试工作。

地方或部门监理工程师资格考试委员会的成立，应报全国监理工程师资格考试委员会备案。

第七条 监理工程师资格考试委员会为非常设机构，于每次考试前六个月组成并开始工作。

第八条 全国监理工程师资格考试委员会的主要任务是：

（一）制定统一的监理工程师资格考试大纲和有关要求；

（二）确定考试命题，提出考试合格的标准；

（三）监督、指导地方、部门监理工程师资格考试工作，审查、确认其考试是否有效；

（四）向全国监理工程师注册管理机关书面报告监理工程师资格考试情况。

第九条 地方和部门监理工程师资格考试委员会的主要任务是：

（一）根据监理工程师资格考试大纲和有关要求，发布本地区、本部门监理工程师资格考试公告；

（二）受理考试申请，审查参考者资格；

（三）组织考试、阅卷评分和确认考试合格者；

（四）向本地区或本部门监理工程师注册机关书面报告考试情况；

（五）向全国监理工程师资格考试委员会报告工作。

第十条 参加监理工程师资格考试者，必须具备以下条件：

（一）具有高级专业技术职称或取得中级专业技术职称后具有三年以上工程设计或施工管理实践经验；

（二）在全国监理工程师注册管理机关认定的培训单位经过监理业务培训，并取得培训结业证书。

第十一条 凡参加监理工程师资格考试者，由所在单位向本地区或本部门监理工程师资格考试委员会提出书面申请，经审查批准后，方可参加考试。

第十二条　经监理工程师考试合格者，由监理工程师注册机关核发《监理工程师资格证书》。

第十三条　1995 年底以前，对少数具有高级技术职称和三年监理实践经验、年龄在55 岁以上、工作能力较强的监理人员，经地区、部门监理工程师注册机关推荐，全国监理工程师资格考试委员会审查，全国监理工程师注册管理机关批准，可免予考试，取得《监理工程师资格证书》。

第十四条　《监理工程师资格证书》的持有者，自领取证书起，五年内未经注册，其证书失效。

《监理工程师资格证书》式样由国务院建设行政主管部门统一制定。

第三章　监理工程师注册

第十五条　申请监理工程师注册者，必须具备下列条件：

（一）热爱中华人民共和国，拥护社会主义制度，遵纪守法，遵守监理工程师职业道德；

（二）身体健康，胜任工程建设的现场监理工作；

（三）已取得《监理工程师资格证书》。

第十六条　申请监理工程师注册，由拟聘用申请者的工程建设监理单位统一向本地区或本部门的监理工程师注册机关提出申请。监理工程师注册机关收到申请后，依照本办法第十五条的规定进行审查，对符合条件的，根据全国监理工程师注册管理机关批准的注册计划择优予以注册，颁发《监理工程师岗位证书》，并报全国监理工程师注册管理机关备案。

《监理工程师岗位证书》式样由国务院建设行政主管部门统一制定。

第十七条　已经取得《监理工程师资格证书》但未经注册的人员，不得以监理工程师的名义从事工程建设监理业务。已经注册的监理工程师，不得以个人名义私自承接工程建设监理业务。

第十八条　监理工程师注册机关每五年对持《监理工程师岗位证书》者复查一次，对不符合条件的，注销注册，并收回《监理工程师岗位证书》。

第十九条　监理工程师退出、调出所在工程建设监理单位或被解聘，须向原注册机关交回其《监理工程师岗位证书》，核销注册。核销注册不满五年再从事监理业务的，须由拟聘用的工程建设监理单位向本地区或本部门监理工程师注册机关重新申请注册。

第二十条　国家行政机关现职工作人员，不得申请监理工程师注册。

第四章　罚　　则

第二十一条　违反本办法，有下列行为之一的，由监理工程师注册机关根据情节，分别给予停止执业、收缴《监理工程师资格证书》、收缴《监理工程师岗位证书》、限期四年不准参加考试或注册的处罚，并可处以罚款：

（一）未经注册，以监理工程师的名义从事监理业务的；

（二）以监理工程师个人名义承接工程监理业务的；

（三）以不正当手段取得《监理工程师资格证书》或《监理工程师岗位证书》的。

第二十二条 因监理工程师的过错造成利害关系人严重经济损失的，除追究其所在单位经济责任外，还应撤销其注册，收缴其《监理工程师岗位证书》；构成犯罪的，由司法机关依法追究其刑事责任。

第二十三条 监理工程师资格考试委员会成员及监理工程师注册机关工作人员泄露监理工程师资格考试内容，在监理工程师资格考试或注册中违反有关规定的，应由所在单位给予行政处分；对监理工程师资格考试委员会成员应取消其考试委员会成员资格。

第二十四条 当事人对行政处罚决定不服的，可以在收到处罚通知之日起十五日内，向作出处罚决定机关的上一级机关申请复议，对复议决定不服的，可以在收到复议决定之日起十五日内向人民法院起诉；也可以直接向人民法院起诉。逾期不申请复议或者不向人民法院起诉，又不履行处罚决定的，由作出处罚决定的机关申请人民法院强制执行。

第五章 附 则

第二十五条 省、自治区、直辖市人民政府建设行政主管部门和国务院有关部门可以根据本办法制定实施细则，并报国务院建设行政主管部门备案。

第二十六条 国外及港、澳、台地区的工程建设监理人员来我国大陆执业的注册管理办法，另行制定。

第二十七条 本办法由国务院建设行政主管部门负责解释。

第二十八条 本办法自 1992 年 7 月 1 日起施行。

国家物价局、建设部关于发布工程建设监理费有关规定的通知

价费字〔1992〕第 479 号 1992 年 9 月 18 日

各省、自治区、直辖市及计划单列市物价局（委员会）、建委（建设厅），国务院各有关部门：

一九八八年以来，我国开始试行工程建设监理制度。几年的实践表明，实行工程建设监理制度，在控制工期、投资和保证质量等方面都发挥了积极作用。为了保证工程建设监理事业的顺利发展，维护建设单位和监理单位的合法权益，现对工程建设监理费有关问题规定如下：

一、工程建设监理，由取得法人资格，具备监理条件的工程监理单位实施，是工程建设的一种技术性服务。

二、工程建设监理，要体现"自愿互利、委托服务"的原则，建设单位与监理单位要签订监理合同，明确双方的权利和义务。

三、工程建设监理费，根据委托监理业务的范围、深度和工程的性质、规模、难易程度以及工作条件等情况，按照下列方法之一计收：

（一）按所监理工程概（预）算的百分比计收（见附表）；

（二）按照参与监理工作的年度平均人数计算：3.5～5 万元/人·年；

（三）不宜按（一）、（二）两项办法计收的，由建设单位和监理单位按商定的其他方法计收。

四、以上（一）、（二）两项规定的工程建设监理收费标准为指导性价格，具体收费标准由建设单位和监理单位在规定的幅度内协商确定。

五、中外合资、合作、外商独资的建设工程，工程建设监理费由双方参照国际标准协商确定。

六、工程建设监理费用于监理工作中的直接、间接成本开支，交纳税金和合理利润。

七、各监理单位要加强对监理费的收支管理，自觉接受物价和财务监督。

八、国务院各有关部门和各省，自治区、直辖市物价部门、建设部门可依据本通知规定，结合本地区、本部门情况制定具体实施办法，报国家物价局、建设部备案。

九、本通知自一九九二年十月一日起施行。

国家物价局、建设部 1992 年 9 月 8 日

附表：工程建设监理收费标准

序号 内容	工程概（预）算 M（万元）	设计阶段（含设计招标）监理取费 a（％）	施工（含施工招标）及保修阶段监理取费 b（％）
1	$M<500$	$0.20<a$	$2.50<b$
2	$500\leqslant M<1000$	$0.15<a\leqslant 0.20$	$2.00<b\leqslant 2.50$
3	$1000\leqslant M<5000$	$0.10<a\leqslant 0.15$	$1.40<b\leqslant 2.00$
4	$5000\leqslant M<10000$	$0.08<a\leqslant 0.10$	$1.20<b\leqslant 1.40$
5	$10000\leqslant M<50000$	$0.05<a\leqslant 0.08$	$0.08<b\leqslant 1.20$
6	$50000\leqslant M<100000$	$0.03<a\leqslant 0.05$	$0.60<b\leqslant 0.80$
7	$10000\leqslant M$	$a\leqslant 0.03$	$b\leqslant 0.60$

建设部、国家计委文件
关于印发《工程建设监理规定》的通知

建监〔1995〕737 号

各省、自治区、直辖市建委（建设厅）、计委，计划单列市建委、计委，

国务院各有关部门建设司（局），解放军总后营房部：

现将《工程建设监理规定》印发给你们，请贯彻执行。

1996 年，我国的建设监理将转入全面推行阶段，请各地方、各部门进一步加强组织领导，充分发挥监理工作的效用，努力提高建设监理质量水平，为我国的经济建设作出新的贡献。在执行本规定中有什么问题和建议，请及时告建设部监理司。

附件：工程建设监理规定

一九九五年十二月十五日

工程建设监理规定

第一章　总　　则

第一条　为了确保工程建设质量，提高工程建设水平，充分发挥投资效益，促进工程建设监理事业的健康发展，制定本规定。

第二条　在中华人民共和国境内从事工程建设监理活动，必须遵守本规定。

第三条　本规定所称工程建设监理是指监理单位受项目法人的委托，依据国家批准的工程项目建设文件、有关工程建设的法律、法规和工程建设监理合同及其他工程建设合同，对工程建设实施的监督管理。

第四条　从事工程建设监理活动，应当遵循守法、诚信、公正、科学的准则。

第二章　工程建设监理的管理机构及职责

第五条　国家计委和建设部共同负责推进建设监理事业的发展，建设部归口管理全国工程建设监理工作。建设部的主要职责：

（一）起草并商国家计委制定、发布工程建设监理行政法规，监督实施；

（二）审批甲级监理单位资质；

（三）管理全国监理工程师资格考试、考核和注册等项工作；

（四）指导、监督、协调全国工程建设监理工作。

第六条　省、自治区、直辖市人民政府建设行政主管部门归口管理本行政区域内工程建设监理工作，其主要职责：

（一）贯彻执行国家工程建设监理法规，起草或制定地方工程建设监理法规并监督实施；

（二）审批本行政区域内乙级、丙级监理单位的资质，初审并推荐甲级监理单位；

（三）组织本行政区域内监理工程师资格考试、考核和注册工作；

（四）指导、监督、协调本行政区域内的工程建设监理工作。

第七条　国务院工业、交通等部门管理本部门工程建设监理工作，其主要职责：

（一）贯彻执行国家工程建设监理法规，根据需要制定本部门工程建设监理实施办法，并监督实施；

（二）审批直属的乙级、丙级监理单位资质，初审并推荐甲级监理单位；

（三）管理直属监理单位的监理工程师资格考试、考核和注册工作；

（四）指导、监督、协调本部门工程建设监理工作。

第三章　工程建设监理范围及内容

第八条　工程建设监理的范围：

（一）大、中型工程项目；

（二）市政、公用工程项目；

（三）政府投资兴建和开发建设的办公楼、社会发展事业项目和住宅工程项目；

（四）外资、中外合资、国外贷款、赠款、捐款建设的工程项目。

第九条 工程建设监理的主要内容是控制工程建设的投资、建设工期和工程质量；进行工程建设合同管理，协调有关单位间的工作关系。

第四章 工程建设监理合同与监理程序

第十条 项目法人一般通过招标投标方式择优选定监理单位。

第十一条 监理单位承担监理业务，应当与项目法人签订书面工程建设监理合同。工程建设监理合同的主要条款是：监理的范围和内容、双方的权利与义务、监理费的计取与支付、违约责任、双方约定的其他事项。

第十二条 监理费从工程概算中列支，并核减建设单位的管理费。

第十三条 监理单位应根据所承担的监理任务，组建工程建设监理机构。监理机构一般由总监理工程师、监理工程师和其他监理人员组成。

承担工程施工阶段的监理，监理机构应进驻施工现场。

第十四条 工程建设监理一般应按下列程序进行：

（一）编制工程建设监理规划；

（二）按工程建设进度、分专业编制工程建设监理细则；

（三）按照建设监理细则进行建设监理；

（四）参与工程竣工预验收，签署建设监理意见；

（五）建设监理业务完成后，向项目法人提交工程建设监理档案资料。

第十五条 实施监理前，项目法人应当将委托的监理单位、监理的内容、总监理工程师姓名及所赋予的权限，书面通知被监理单位。

总监理工程师应当将其授予监理工程师的权限，书面通知被监理单位。

第十六条 工程建设监理过程中，被监理单位应当按照与项目法人签订的工程建设合同的规定接受监理。

第五章 工程建设监理单位与监理工程师

第十七条 监理单位实行资质审批制度。

设立监理单位，须报工程建设监理主管机关进行资质审查合格后，向工商行政管理机关申请企业法人登记。

监理单位应当按照核准的经营范围承接工程建设监理业务。

第十八条 监理单位是建筑市场的主体之一，建设监理是一种高智能的有偿技术服务。

监理单位与项目法人之间是委托与被委托的合同关系；与被监理单位是监理与被监理的关系。

监理单位应按照"公正、独立、自主"的原则，开展工程建设监理工作，公平地维护项目法人和被监理单位的合法权益。

第十九条 监理单位不得转让监理业务。

第二十条 监理单位不得承包工程，不得经营建筑材料、构配件和建筑机械、设备。

第二十一条 监理单位在监理过程中因过错造成重大经济损失的，应承担一定的经济责任和法律责任。

第二十二条　监理工程师实行注册制度。

监理工程师不得出卖、出借、转让、涂改《监理工程师岗位证书》。

第二十三条　监理工程师不得在政府机关或施工、设备制造、材料供应单位兼职，不得是施工、设备制备和材料、构配件供应单位的合伙经营者。

第二十四条　工程项目建设监理实行总监理工程师负责制。总监理工程师行使合同赋予监理单位的权限，全面负责受委托的监理工作。

第二十五条　总监理工程师在授权范围内发布有关指令，签认所监理的工程项目有关款项的支付凭证。

项目法人不得擅自更改总监理工程师的指令。

总监理工程师有权建议撤换不合格的工程建设分包单位和项目负责人及有关人员。

第二十六条　总监理工程师要公正地协调项目法人与被监理单位的争议。

第六章　外资、中外合资和国外贷款、赠款、捐款建设的工程建设监理

第二十七条　国外公司或社团组织在中国境内独立投资的工程项目建设，如果需要委托国外监理单位承担建设监理业务时，应当聘请中国监理单位参加，进行合作监理。

中国监理单位能够监理的中外合资的工程建设项目，应当委托中国监理单位监理。若有必要，可以委托与该工程项目建设有关的国外监理机构监理或者聘请监理顾问。

国外贷款的工程项目建设，原则上应由中国监理单位负责建设监理。如果贷款方要求国外监理单位参加的，应当与中国监理单位进行合作监理。

国外赠款、捐款建设的工程项目，一般由中国监理单位承担建设监理业务。

第二十八条　外资、中外合资和国外贷款建设的工程项目的监理费用计取标准及付款方式，参照国际惯例由双方协商确定。

第七章　罚　则

第二十九条　项目法人违反本规定，由人民政府建设行政主管部门给予警告、通报批评、责令改正，并可处以罚款。对项目法人的处罚决定抄送计划行政主管部门。

第三十条　监理单位违反本规定，有下列行为之一的，由人民政府建设行政主管部门给予警告、通报批评、责令停业整顿、降低资质等级、吊销资质证书的处罚，并可处以罚款。

（一）未经批准而擅自开业；

（二）超出批准的业务范围从事工程建设监理活动；

（三）转让监理业务；

（四）故意损害项目法人、承建商利益；

（五）因工作失误造成重大事故。

第三十一条　监理工程师违反本规定，有下列行为之一的，由人民政府建设行政主管部门没收非法所得、收缴《监理工程师岗位证书》，并可处以罚款。

（一）假借监理工程师的名义从事监理工作；

（二）出卖、出借、转让、涂改《监理工程师岗位证书》；

（三）在影响公正监理业务的单位兼职。

第八章 附 则

第三十二条 本规定涉及国家计委职能的条款由建设部和国家计委解释。

第三十三条 省、自治区、直辖市人民政府建设行政主管部门、国务院有关部门参照本规定制定实施办法，并报建设部备案。

第三十四条 本规定自 1996 年 1 月 1 日起实施，建设部 1989 年 7 月 28 日发布的《建设监理试行规定》同时废止。

关于印发《监理工程师资格考试试点工作的具体办法》的通知

建监〔1994〕99 号

北京市、天津市、上海市、山东省、广东省建委，人事厅（科干局）、职改办：

为适应社会主义市场经济体制对建设监理事业发展的需要，进一步加强建设监理工程师队伍建设，按照建设部第 18 号令的规定和建设部、人事部联合下发的实施意见，建设部会同 人事部从 1993 年下半年已开始着手进行监理工程师资格考试试点的筹划工作，并研究确 定 1994 年在北京市、天津市、上海市、山东省、广东省进行考试试点。现将《监理工程 师资格考试试点工作的具体办法》印发给你们，请按此办法抓紧做好考试试点的各项准备工作。

监理工程师资格考试试点工作的具体办法

为了实施监理工程师资格考试和注册制度，1992 年 6 月建设部颁发了《监理工程师资格考试和注册试行办法》（第 18 号令），1993 年 5 月建设部和人事部又联合颁发了该试行办法的《实施意见》（建监字第 415 号）。现按照这两个文件的要求，提出试点工 作的具体办法：

一、监理工程师考试和注册是一项新的而又严肃的工作，为稳妥起见，需要先行试点，取得经验，再有计划地在全国实行。为此，现决定北京、天津、上海、山东和广东五省市为先行考试试点省市。国务院各专业部门可组织本部门在该五省市的单位人员，以自愿报名的方式就近就地参加该五省市的考试。

二、考试的时间为 1994 年 4 月 23 至 24 日两天，五省市同时进行。考试范围包括：建设监理概论、建设工程合同管理、建设项目投资控制、工程项目质量控制、工程项目进度控制、数据处理基础六个部分的基础知识及实务技能。

三、考试工作由试点省市人事（职改）行政主管部门、建设行政主管部门共同组织实施，并做好如下考务工作：

1. 公布监理工程师资格考试通告，宣布参试者条件和应提交的证件，报名的地点和起止日期，考试地点和日期，确定考场，以及其他各项考务工作。

2. 受理参试者的报考申请，审查与确定是否具有参试资格。对合格者进行统一编号登记，颁发准考证；

3. 制定考场纪律，组织考试，做好监考工作；

4. 向全国考委会提交参试者的答卷和全部证件的复印件，并书面报告考试情况和考试工作。

四、参试者的资格条件和其应提交的证件如下：

1. 应同时具备两个条件：具有高级专业技术职务或取得中级专业技术职务后具有三年以上工程设计或施工管理或监理的实践经验；

2. 应提交的证件：本人填写的《监理工程师资格考试申请表》（式样见附件），并经所在单位审查盖章；本人毕业院校印发的毕业证书复印件；本人专业技术职务证书的复印件。

不符合上述条件或提交的证件不齐全者，不颁发准考证。无准考证者不得入场考试。

五、全国考委会负责做好以下工作：

1. 组织制定并发布考试大纲；

2. 拟定考试合格标准，报人事部、建设部审批；

3. 组成专门命题小组，负责制定考试试题，编印试卷，密封分送各个考试点，并拟定试题 标准答案和评分标准；

4. 指导与监督考试工作，确认其考试是否有效；

5. 组织统一阅卷；

6. 按考试合格标准确定考试合格者；

7. 向建设部和人事部报送合格者名单，经其审查后由其联合颁发《监理工程师资格证书》；

8. 对考试试点工作进行全面总结，对监理工程师考试和注册在全国的实施提出改进意见。

六、严肃考试纪律和工作纪律。在考试试卷的命题、印制、密封、发送和保管的全过程中，必须责任到人，并坚持严格的保密制度，严防泄密。如有泄密或在审核参试资格过程中有舞弊行为者，建设行政主管部门和人事行政主管部门要追究其责任，并视情节给予行政处分。参试者如有作弊行为，考试管理机构有权取消其参考资格，全国考委会有权取消其录取资格。

七、考试工作需要的经费，可本着以支定收的原则，采取向报考者适当收取的办法予以解决。各考试管理机构应事先编制预算，在摸清参试人数后确定一个适当的收取数额，并经当地物价部门审核同意。

工程监理企业资质管理规定

中华人民共和国建设部第 158 号令

《工程监理企业资质管理规定》已于 2006 年 12 月 11 日经建设部第 112 次常务会议讨论通过，现予发布，自 2007 年 8 月 1 日起施行。

部　长　汪光焘

二〇〇七年六月二十六日

工程监理企业资质管理规定

第一章　总　　则

第一条　为了加强工程监理企业资质管理，规范建设工程监理活动，维护建筑市场秩序，根据《中华人民共和国建筑法》、《中华人民共和国行政许可法》、《建设工程质量管理条例》等法律、行政法规，制定本规定。

第二条　在中华人民共和国境内从事建设工程监理活动，申请工程监理企业资质，实施对工程监理企业资质监督管理，适用本规定。

第三条　从事建设工程监理活动的企业，应当按照本规定取得工程监理企业资质，并在工程监理企业资质证书（以下简称资质证书）许可的范围内从事工程监理活动。

第四条　国务院建设主管部门负责全国工程监理企业资质的统一监督管理工作。国务院铁路、交通、水利、信息产业、民航等有关部门配合国务院建设主管部门实施相关资质类别工程监理企业资质的监督管理工作。

省、自治区、直辖市人民政府建设主管部门负责本行政区域内工程监理企业资质的统一监督管理工作。省、自治区、直辖市人民政府交通、水利、信息产业等有关部门配合同级建设主管部门实施相关资质类别工程监理企业资质的监督管理工作。

第五条　工程监理行业组织应当加强工程监理行业自律管理。

鼓励工程监理企业加入工程监理行业组织。

第二章　资质等级和业务范围

第六条　工程监理企业资质分为综合资质、专业资质和事务所资质。其中，专业资质按照工程性质和技术特点划分为若干工程类别。

综合资质、事务所资质不分级别。专业资质分为甲级、乙级；其中，房屋建筑、水利水电、公路和市政公用专业资质可设立丙级。

第七条　工程监理企业的资质等级标准如下：

（一）综合资质标准

1. 具有独立法人资格且注册资本不少于 600 万元。

2. 企业技术负责人应为注册监理工程师，并具有 15 年以上从事工程建设工作的经历或者具有工程类高级职称。

3. 具有 5 个以上工程类别的专业甲级工程监理资质。

4. 注册监理工程师不少于 60 人，注册造价工程师不少于 5 人，一级注册建造师、一级注册建筑师、一级注册结构工程师或者其他勘察设计注册工程师合计不少于 15 人次。

5. 企业具有完善的组织结构和质量管理体系，有健全的技术、档案等管理制度。

6. 企业具有必要的工程试验检测设备。

7. 申请工程监理资质之日前一年内没有本规定第十六条禁止的行为。

8. 申请工程监理资质之日前一年内没有因本企业监理责任造成重大质量事故。

9. 申请工程监理资质之日前一年内没有因本企业监理责任发生三级以上工程建设重大安全事故或者发生两起以上四级工程建设安全事故。

（二）专业资质标准

1. 甲级

（1）具有独立法人资格且注册资本不少于 300 万元。

（2）企业技术负责人应为注册监理工程师，并具有 15 年以上从事工程建设工作的经历或者具有工程类高级职称。

（3）注册监理工程师、注册造价工程师、一级注册建造师、一级注册建筑师、一级注册结构工程师或者其他勘察设计注册工程师合计不少于 25 人次；其中，相应专业注册监理工程师不少于《专业资质注册监理工程师人数配备表》（附表 1）中要求配备的人数，注册造价工程师不少于 2 人。

（4）企业近 2 年内独立监理过 3 个以上相应专业的二级工程项目，但是，具有甲级设计资质或一级及以上施工总承包资质的企业申请本专业工程类别甲级资质的除外。

（5）企业具有完善的组织结构和质量管理体系，有健全的技术、档案等管理制度。

（6）企业具有必要的工程试验检测设备。

（7）申请工程监理资质之日前一年内没有本规定第十六条禁止的行为。

（8）申请工程监理资质之日前一年内没有因本企业监理责任造成重大质量事故。

（9）申请工程监理资质之日前一年内没有因本企业监理责任发生三级以上工程建设重大安全事故或者发生两起以上四级工程建设安全事故。

2. 乙级

（1）具有独立法人资格且注册资本不少于 100 万元。

（2）企业技术负责人应为注册监理工程师，并具有 10 年以上从事工程建设工作的经历。

（3）注册监理工程师、注册造价工程师、一级注册建造师、一级注册建筑师、一级注册结构工程师或者其他勘察设计注册工程师合计不少于 15 人次。其中，相应专业注册监理工程师不少于《专业资质注册监理工程师人数配备表》（附表 1）中要求配备的人数，注册造价工程师不少于 1 人。

（4）有较完善的组织结构和质量管理体系，有技术、档案等管理制度。

（5）有必要的工程试验检测设备。

（6）申请工程监理资质之日前一年内没有本规定第十六条禁止的行为。

（7）申请工程监理资质之日前一年内没有因本企业监理责任造成重大质量事故。

（8）申请工程监理资质之日前一年内没有因本企业监理责任发生三级以上工程建设重大安全事故或者发生两起以上四级工程建设安全事故。

3. 丙级

（1）具有独立法人资格且注册资本不少于 50 万元。

（2）企业技术负责人应为注册监理工程师，并具有 8 年以上从事工程建设工作的经历。

（3）相应专业的注册监理工程师不少于《专业资质注册监理工程师人数配备表》（附表 1）中要求配备的人数。

（4）有必要的质量管理体系和规章制度。

（5）有必要的工程试验检测设备。

（三）事务所资质标准

1. 取得合伙企业营业执照，具有书面合作协议书。

2. 合伙人中有 3 名以上注册监理工程师，合伙人均有 5 年以上从事建设工程监理的工作经历。

3. 有固定的工作场所。

4. 有必要的质量管理体系和规章制度。

5. 有必要的工程试验检测设备。

第八条　工程监理企业资质相应许可的业务范围如下：

（一）综合资质

可以承担所有专业工程类别建设工程项目的工程监理业务。

（二）专业资质

1. 专业甲级资质

可承担相应专业工程类别建设工程项目的工程监理业务（见附表 2）。

2. 专业乙级资质

可承担相应专业工程类别二级以下（含二级）建设工程项目的工程监理业务（见附表 2）。

3. 专业丙级资质

可承担相应专业工程类别三级建设工程项目的工程监理业务（见附表 2）。

（二）事务所资质

可承担三级建设工程项目的工程监理业务（见附表 2），但是，国家规定必须实行强制监理的工程除外。

工程监理企业可以开展相应类别建设工程的项目管理、技术咨询等业务。

第三章　资质申请和审批

第九条　申请综合资质、专业甲级资质的，应当向企业工商注册所在地的省、自治区、直辖市人民政府建设主管部门提出申请。

省、自治区、直辖市人民政府建设主管部门应当自受理申请之日起 20 日内初审完毕，并将初审意见和申请材料报国务院建设主管部门。

国务院建设主管部门应当自省、自治区、直辖市人民政府建设主管部门受理申请材料之日起 60 日内完成审查，公示审查意见，公示时间为 10 日。其中，涉及铁路、交通、水利、通信、民航等专业工程监理资质的，由国务院建设主管部门送国务院有关部门审核。国务院有关部门应当在 20 日内审核完毕，并将审核意见报国务院建设主管部门。国务院建设主管部门根据初审意见审批。

第十条　专业乙级、丙级资质和事务所资质由企业所在地省、自治区、直辖市人民政府建设主管部门审批。

专业乙级、丙级资质和事务所资质许可。延续的实施程序由省、自治区、直辖市人民政府建设主管部门依法确定。

省、自治区、直辖市人民政府建设主管部门应当自作出决定之日起 10 日内，将准予资质许可的决定报国务院建设主管部门备案。

第十一条　工程监理企业资质证书分为正本和副本，每套资质证书包括一本正本，四本副本。正、副本具有同等法律效力。

工程监理企业资质证书的有效期为 5 年。

工程监理企业资质证书由国务院建设主管部门统一印制并发放。

第十二条　申请工程监理企业资质，应当提交以下材料：

（一）工程监理企业资质申请表（一式三份）及相应电子文档；

（二）企业法人、合伙企业营业执照；

（三）企业章程或合伙人协议；

（四）企业法定代表人、企业负责人和技术负责人的身份证明、工作简历及任命（聘用）文件；

（五）工程监理企业资质申请表中所列注册监理工程师及其他注册执业人员的注册执业证书；

（六）有关企业质量管理体系、技术和档案等管理制度的证明材料；

（七）有关工程试验检测设备的证明材料。

取得专业资质的企业申请晋升专业资质等级或者取得专业甲级资质的企业申请综合资质的，除前款规定的材料外，还应当提交企业原工程监理企业资质证书正、副本复印件，企业《监理业务手册》及近两年已完成代表工程的监理合同、监理规划、工程竣工验收报告及监理工作总结。

第十三条　资质有效期届满，工程监理企业需要继续从事工程监理活动的，应当在资质证书有效期届满 60 日前，向原资质许可机关申请办理延续手续。

对在资质有效期内遵守有关法律、法规、规章、技术标准，信用档案中无不良记录，且专业技术人员满足资质标准要求的企业，经资质许可机关同意，有效期延续 5 年。

第十四条　工程监理企业在资质证书有效期内名称、地址、注册资本、法定代表人等发生变更的，应当在工商行政管理部门办理变更手续后 30 日内办理资质证书变更手续。

涉及综合资质、专业甲级资质证书中企业名称变更的，由国务院建设主管部门负责办理，并自受理申请之日起 3 日内办理变更手续。

前款规定以外的资质证书变更手续，由省、自治区、直辖市人民政府建设主管部门负责办理。省、自治区、直辖市人民政府建设主管部门应当自受理申请之日起 3 日内办理变更手续，并在办理资质证书变更手续后 15 日内将变更结果报国务院建设主管部门备案。

第十五条　申请资质证书变更，应当提交以下材料：

（一）资质证书变更的申请报告；

（二）企业法人营业执照副本原件；

（三）工程监理企业资质证书正、副本原件。

工程监理企业改制的，除前款规定材料外，还应当提交企业职工代表大会或股东大会关于企业改制或股权变更的决议、企业上级主管部门关于企业申请改制的批复文件。

第十六条　工程监理企业不得有下列行为：

（一）与建设单位串通投标或者与其他工程监理企业串通投标，以行贿手段谋取中标；

（二）与建设单位或者施工单位串通弄虚作假、降低工程质量；

（三）将不合格的建设工程、建筑材料、建筑构配件和设备按照合格签字；

（四）超越本企业资质等级或以其他企业名义承揽监理业务；

（五）允许其他单位或个人以本企业的名义承揽工程；

（六）将承揽的监理业务转包；

（七）在监理过程中实施商业贿赂；

（八）涂改、伪造、出借、转让工程监理企业资质证书；

（九）其他违反法律法规的行为。

第十七条 工程监理企业合并的，合并后存续或者新设立的工程监理企业可以承继合并前各方中较高的资质等级，但应当符合相应的资质等级条件。

工程监理企业分立的，分立后企业的资质等级，根据实际达到的资质条件，按照本规定的审批程序核定。

第十八条 企业需增补工程监理企业资质证书的（含增加、更换、遗失补办），应当持资质证书增补申请及电子文档等材料向资质许可机关申请办理。遗失资质证书的，在申请补办前应当在公众媒体刊登遗失声明。资质许可机关应当自受理申请之日起 3 日内予以办理。

第四章 监 督 管 理

第十九条 县级以上人民政府建设主管部门和其他有关部门应当依照有关法律、法规和本规定，加强对工程监理企业资质的监督管理。

第二十条 建设主管部门履行监督检查职责时，有权采取下列措施：

（一）要求被检查单位提供工程监理企业资质证书、注册监理工程师注册执业证书，有关工程监理业务的文档，有关质量管理、安全生产管理、档案管理等企业内部管理制度的文件；

（二）进入被检查单位进行检查，查阅相关资料；

（三）纠正违反有关法律、法规和本规定及有关规范和标准的行为。

第二十一条 建设主管部门进行监督检查时，应当有两名以上监督检查人员参加，并出示执法证件，不得妨碍被检查单位的正常经营活动，不得索取或者收受财物、谋取其他利益。有关单位和个人对依法进行的监督检查应当协助与配合，不得拒绝或者阻挠。

监督检查机关应当将监督检查的处理结果向社会公布。

第二十二条 工程监理企业违法从事工程监理活动的，违法行为发生地的县级以上地方人民政府建设主管部门应当依法查处，并将违法事实、处理结果或处理建议及时报告该工程监理企业资质的许可机关。

第二十三条 工程监理企业取得工程监理企业资质后不再符合相应资质条件的，资质许可机关根据利害关系人的请求或者依据职权，可以责令其限期改正；逾期不改的，可以撤回其资质。

第二十四条 有下列情形之一的，资质许可机关或者其上级机关，根据利害关系人的请求或者依据职权，可以撤销工程监理企业资质：

（一）资质许可机关工作人员滥用职权、玩忽职守作出准予工程监理企业资质许可的；

（二）超越法定职权作出准予工程监理企业资质许可的；

（三）违反资质审批程序作出准予工程监理企业资质许可的；

（四）对不符合许可条件的申请人作出准予工程监理企业资质许可的；

（五）依法可以撤销资质证书的其他情形。

以欺骗、贿赂等不正当手段取得工程监理企业资质证书的，应当予以撤销。

第二十五条 有下列情形之一的，工程监理企业应当及时向资质许可机关提出注销资质的申请，交回资质证书，国务院建设主管部门应当办理注销手续，公告其资质证书作废：

（一）资质证书有效期届满，未依法申请延续的；

（二）工程监理企业依法终止的；

（三）工程监理企业资质依法被撤销、撤回或吊销的；

（四）法律、法规规定的应当注销资质的其他情形。

第二十六条 工程监理企业应当按照有关规定，向资质许可机关提供真实、准确、完整的工程监理企业的信用档案信息。

工程监理企业的信用档案应当包括基本情况、业绩、工程质量和安全、合同违约等情况。被投诉举报和处理、行政处罚等情况应当作为不良行为记入其信用档案。

工程监理企业的信用档案信息按照有关规定向社会公示，公众有权查阅。

第五章 法 律 责 任

第二十七条 申请人隐瞒有关情况或者提供虚假材料申请工程监理企业资质的，资质许可机关不予受理或者不予行政许可，并给予警告，申请人在 1 年内不得再次申请工程监理企业资质。

第二十八条 以欺骗、贿赂等不正当手段取得工程监理企业资质证书的，由县级以上地方人民政府建设主管部门或者有关部门给予警告，并处 1 万元以上 2 万元以下的罚款，申请人 3 年内不得再次申请工程监理企业资质。

第二十九条 工程监理企业有本规定第十六条第七项、第八项行为之一的，由县级以上地方人民政府建设主管部门或者有关部门予以警告，责令其改正，并处 1 万元以上 3 万元以下的罚款；造成损失的，依法承担赔偿责任；构成犯罪的，依法追究刑事责任。

第三十条 违反本规定，工程监理企业不及时办理资质证书变更手续的，由资质许可机关责令限期办理；逾期不办理的，可处以 1 千元以上 1 万元以下的罚款。

第三十一条 工程监理企业未按照本规定要求提供工程监理企业信用档案信息的，由县级以上地方人民政府建设主管部门予以警告，责令限期改正；逾期未改正的，可处以 1 千元以上 1 万元以下的罚款。

第三十二条 县级以上地方人民政府建设主管部门依法给予工程监理企业行政处罚的，应当将行政处罚决定以及给予行政处罚的事实、理由和依据，报国务院建设主管部门备案。

第三十三条 县级以上人民政府建设主管部门及有关部门有下列情形之一的，由其上级行政主管部门或者监察机关责令改正，对直接负责的主管人员和其他直接责任人员依法给予处分；构成犯罪的，依法追究刑事责任：

（一）对不符合本规定条件的申请人准予工程监理企业资质许可的；

（二）对符合本规定条件的申请人不予工程监理企业资质许可或者不在法定期限内作

出准予许可决定的；

（三）对符合法定条件的申请不予受理或者未在法定期限内初审完毕的；

（四）利用职务上的便利，收受他人财物或者其他好处的；

（五）不依法履行监督管理职责或者监督不力，造成严重后果的。

第六章　附　　则

第三十四条　本规定自 2007 年 8 月 1 日起施行。2001 年 8 月 29 日建设部颁布的《工程监理企业资质管理规定》（建设部令第 102 号）同时废止。

附件：1. 专业资质注册监理工程师人数配备表

　　　　2. 专业工程类别和等级表

专业资质注册监理工程师人数配备表　　　　　（单位：人）附表 1

序号	工程类别	甲级	乙级	丙级
1	房屋建筑工程	15	10	5
2	冶炼工程	15	10	
3	矿山工程	20	12	
4	化工石油工程	15	10	
5	水利水电工程	20	12	5
6	电力工程	15	10	
7	农林工程	15	10	
8	铁路工程	23	14	
9	公路工程	20	12	5
10	港口与航道工程	20	12	
11	航天航空工程	20	12	
12	通信工程	20	12	
13	市政公用工程	15	10	5
14	机电安装工程	15	10	

注：表中各专业资质注册监理工程师人数配备是指企业取得本专业工程类别的注册监理工程师人数。

专业工程类别和等级表　　　　　　　　　　附表 2

序号	工程类别		一级	二级	三级
一	房屋建筑工程	一般公共建筑	28 层以上；36 米跨度以上（轻钢结构除外）；单项工程建筑面积 3 万平方米以上	14～28 层；24～36 米跨度（轻钢结构除外）；单项工程建筑面积 1 万～3 万平方米	14 层以下；24 米跨度以下（轻钢结构除外）；单项工程建筑面积 1 万平方米以下
		高耸构筑工程	高度 120 米以上	高度 70～120 米	高度 70 米以下
		住宅工程	小区建筑面积 12 万平方米以上；单项工程 28 层以上	建筑面积 6 万～12 万平方米；单项工程 14～28 层	建筑面积 6 万平方米以下；单项工程 14 层以下

续表

序号	工程类别		一 级	二 级	三 级
二	冶炼工程	钢铁冶炼、连铸工程	年产 100 万吨以上；单座高炉炉容 1250 立方米以上；单座公称容量转炉 100 吨以上；电炉 50 吨以上；连铸年产 100 万吨以上或板坯连铸单机 1450 毫米以上	年产 100 万吨以下；单座高炉炉容 1250 立方米以下；单座公称容量转炉 100 吨以下；电炉 50 吨以下；连铸年产 100 万吨以下或板坯连铸单机 1450 毫米以下	
		轧钢工程	热轧年产 100 万吨以上，装备连续、半连续轧机；冷轧带板年产 100 万吨以上，冷轧线材年产 30 万吨以上或装备连续、半连续轧机	热轧年产 100 万吨以下，装备连续、半连续轧机；冷轧带板年产 100 万吨以下，冷轧线材年产 30 万吨以下或装备连续、半连续轧机	
		冶炼辅助工程	炼焦工程年产 50 万吨以上或炭化室高度 4.3 米以上；单台烧结机 100 平方米以上；小时制氧 300 立方米以上	炼焦工程年产 50 万吨以下或炭化室高度 4.3 米以下；单台烧结机 100 平方米以下；小时制氧 300 立方米以下	
		有色冶炼工程	有色冶炼年产 10 万吨以上；有色金属加工年产 5 万吨以上；氧化铝工程 40 万吨以上	有色冶炼年产 10 万吨以下；有色金属加工年产 5 万吨以下；氧化铝工程 40 万吨以下	
		建材工程	水泥日产 2000 吨以上；浮化玻璃日熔量 400 吨以上；池窑拉丝玻璃纤维、特种纤维、特种陶瓷生产线工程	水泥日产 2000 吨以下；浮化玻璃日熔量 400 吨以下；普通玻璃生产线；组合炉拉丝玻璃纤维；非金属材料、玻璃钢、耐火材料、建筑及卫生陶瓷厂工程	
三	矿山工程	煤矿工程	年产 120 万吨以上的井工矿工程；年产 120 万吨以上的洗选煤工程；深度 800 米以上的立井井筒工程；年产 400 万吨以上的露天矿山工程	年产 120 万吨以下的井工矿工程；年产 120 万吨以下的洗选煤工程；深度 800 米以下的立井井筒工程；年产 400 万吨以下的露天矿山工程	
		冶金矿山工程	年产 100 万吨以上的黑色矿山采选工程；年产 100 万吨以上的有色砂矿采、选工程；年产 60 万吨以上的有色脉矿采、选工程	年产 100 万吨以下的黑色矿山采选工程；年产 100 万吨以下的有色砂矿采、选工程；年产 60 万吨以下的有色脉矿采、选工程	

序号	工程类别		一 级	二 级	三 级
三	矿山工程	化工矿山工程	年产 60 万吨以上的磷矿、硫铁矿工程	年产 60 万吨以下的磷矿、硫铁矿工程	
		铀矿工程	年产 10 万吨以上的铀矿；年产 200 吨以上的铀选冶	年产 10 万吨以下的铀矿；年产 200 吨以下的铀选冶	
		建材类非金属矿工程	年产 70 万吨以上的石灰石矿；年产 30 万吨以上的石膏矿、石英砂岩矿	年产 70 万吨以下的石灰石矿；年产 30 万吨以下的石膏矿、石英砂岩矿	
四	化工石油工程	油田工程	原油处理能力 150 万吨/年以上、天然气处理能力 150 万方/天以上、产能 50 万吨以上及配套设施	原油处理能力 150 万吨/年以下、天然气处理能力 150 万方/天以下、产能 50 万吨以下及配套设施	
		油气储运工程	压力容器 8MPa 以上；油气储罐 10 万立方米/台以上；长输管道 120 千米以上	压力容器 8MPa 以下；油气储罐 10 万立方米/台以下；长输管道 120 千米以下	
		炼油化工工程	原油处理能力在 500 万吨/年以上的一次加工及相应二次加工装置和后加工装置	原油处理能力在 500 万吨/年以下的一次加工及相应二次加工装置和后加工装置	
		基本原材料工程	年产 30 万吨以上的乙烯工程；年产 4 万吨以上的合成橡胶、合成树脂及塑料和化纤工程	年产 30 万吨以下的乙烯工程；年产 4 万吨以下的合成橡胶、合成树脂及塑料和化纤工程	
		化肥工程	年产 20 万吨以上合成氨及相应后加工装置；年产 24 万吨以上磷氨工程	年产 20 万吨以下合成氨及相应后加工装置；年产 24 万吨以下磷氨工程	
		酸碱工程	年产硫酸 16 万吨以上；年产烧碱 8 万吨以上；年产纯碱 40 万吨以上	年产硫酸 16 万吨以下；年产烧碱 8 万吨以下；年产纯碱 40 万吨以下	
		轮胎工程	年产 30 万套以上	年产 30 万套以下	
		核化工及加工工程	年产 1000 吨以上的铀转换化工工程；年产 100 吨以上的铀浓缩工程；总投资 10 亿元以上的乏燃料后处理工程；年产 200 吨以上的燃料元件加工工程；总投资 5000 万元以上的核技术及同位素应用工程	年产 1000 吨以下的铀转换化工工程；年产 100 吨以下的铀浓缩工程；总投资 10 亿元以下的乏燃料后处理工程；年产 200 吨以下的燃料元件加工工程；总投资 5000 万元以下的核技术及同位素应用工程	
		医药及其他化工工程	总投资 1 亿元以上	总投资 1 亿元以下	

续表

序号	工程类别		一 级	二 级	三 级
五	水利水电工程	水库工程	总库容 1 亿立方米以上	总库容 1 千万~1 亿立方米	总库容 1 千万立方米以下
		水力发电站工程	总装机容量 300MW 以上	总装机容量 50MW ~300MW	总装机容量 50MW 以下
		其他水利工程	引调水堤防等级 1 级；灌溉排涝流量 5 立方米/秒以上；河道整治面积 30 万亩以上；城市防洪城市人口 50 万人以上；围垦面积 5 万亩以上；水土保持综合治理面积 1000 平方公里以上	引调水堤防等级 2、3 级；灌溉排涝流量 0.5~5 立方米/秒；河道整治面积 3 万~30 万亩；城市防洪城市人口 20 万~50 万人；围垦面积 0.5 万~5 万亩；水土保持综合治理面积 100~1000 平方公里	引调水堤防等级 4、5 级；灌溉排涝流量 0.5 立方米/秒以下；河道整治面积 3 万亩以下；城市防洪城市人口 20 万人以下；围垦面积 0.5 万亩以下；水土保持综合治理面积 100 平方公里以下
六	电力工程	火力发电站工程	单机容量 30 万千瓦以上	单机容量 30 万千瓦以下	
		输变电工程	330 千伏以上	330 千伏以下	
		核电工程	核电站；核反应堆工程		
七	农林工程	林业局（场）总体工程	面积 35 万公顷以上	面积 35 万公顷以下	
		林产工业工程	总投资 5000 万元以上	总投资 5000 万元以下	
		农业综合开发工程	总投资 3000 万元以上	总投资 3000 万元以下	
		种植业工程	2 万亩以上或总投资 1500 万元以上	2 万亩以下或总投资 1500 万元以下	
		兽医/畜牧工程	总投资 1500 万元以上	总投资 1500 万元以下	
		渔业工程	渔港工程总投资 3000 万元以上；水产养殖等其他工程总投资 1500 万元以上	渔港工程总投资 3000 万元以下；水产养殖等其他工程总投资 1500 万元以下	
		设施农业工程	设施园艺工程 1 公顷以上；农产品加工等其他工程总投资 1500 万元以上	设施园艺工程 1 公顷以下；农产品加工等其他工程总投资 1500 万元以下	
		核设施退役及放射性三废处置工程	总投资 5000 万元以上	总投资 5000 万元以下	

续表

序号	工程类别		一　级	二　级	三　级
八	铁路工程	铁路综合工程	新建、改建一级干线；单线铁路 40 千米以上；双线 30 千米以上及枢纽	单线铁路 40 千米以下；双线 30 千米以下；二级干线及站线；专用线、专用铁路	
		铁路桥梁工程	桥长 500 米以上	桥长 500 米以下	
		铁路隧道工程	单线 3000 米以上；双线 1500 米以上	单线 3000 米以下；双线 1500 米以下	
		铁路通信、信号、电力电气化工程	新建、改建铁路（含枢纽、配、变电所、分区亭）单双线 200 千米及以上	新建、改建铁路（不含枢纽、配、变电所、分区亭）单双线 200 千米及以下	
九	公路工程	公路工程	高速公路	高速公路路基工程及一级公路	一级公路路基工程及二级以下各级公路
		公路桥梁工程	独立大桥工程；特大桥总长 1000 米以上或单跨跨径 150 米以上	大桥、中桥桥梁总长 30～1000 米或单跨跨径 20～150 米	小桥总长 30 米以下或单跨跨径 20 米以下；涵洞工程
		公路隧道工程	隧道长度 1000 米以上	隧道长度 500～1000 米	隧道长度 500 米以下
		其他工程	通讯、监控、收费等机电工程，高速公路交通安全设施、环保工程和沿线附属设施	一级公路交通安全设施、环保工程和沿线附属设施	二级及以下公路交通安全设施、环保工程和沿线附属设施
十	港口与航道工程	港口工程	集装箱、件杂、多用途等沿海港口工程 20000 吨级以上；散货、原油沿海港口工程 30000 吨级以上；1000 吨级以上内河港口工程	集装箱、件杂、多用途等沿海港口工程 20000 吨级以下；散货、原油沿海港口工程 30000 吨级以下；1000 吨级以下内河港口工程	
		通航建筑与整治工程	1000 吨级以上	1000 吨级以下	
		航道工程	通航 30000 吨级以上船舶沿海复杂航道；通航 1000 吨级以上船舶的内河航运工程项目	通航 30000 吨级以下船舶沿海航道；通航 1000 吨级以下船舶的内河航运工程项目	
		修造船水工工程	10000 吨位以上的船坞工程；船体重量 5000 吨位以上的船台、滑道工程	10000 吨位以下的船坞工程；船体重量 5000 吨位以下的船台、滑道工程	
		防波堤、导流堤等水工工程	最大水深 6 米以上	最大水深 6 米以下	
		其他水运工程项目	建安工程费 6000 万元以上的沿海水运工程项目；建安工程费 4000 万元以上的内河水运工程项目	建安工程费 6000 万元以下的沿海水运工程项目；建安工程费 4000 万元以下的内河水运工程项目	

序号	工程类别		一　级	二　级	三　级
十一	航天航空工程	民用机场工程	飞行区指标为 4E 及以上及其配套工程	飞行区指标为 4D 及以下及其配套工程	
		航空飞行器	航空飞行器（综合）工程总投资 1 亿元以上；航空飞行器（单项）工程总投资 3000 万元以上	航空飞行器（综合）工程总投资 1 亿元以下；航空飞行器（单项）工程总投资 3000 万元以下	
		航天空间飞行器	工程总投资 3000 万元以上；面积 3000 平方米以上；跨度 18 米以上	工程总投资 3000 万元以下；面积 3000 平方米以下；跨度 18 米以下	
十二	通信工程	有线、无线传输通信，卫星、综合布线工程	省际通信、信息网络工程	省内通信、信息网络工程	
		邮政、电信、广播枢纽及交换工程	省会城市邮政、电信枢纽	地市级城市邮政、电信枢纽	
		发射台工程	总发射功率 500 千瓦以上短波或 600 千瓦以上中波发射台；高度 200 米以上广播电视发射塔	总发射功率 500 千瓦以下短波或 600 千瓦以下中波发射台；高度 200 米以下广播电视发射塔	
十三	市政公用工程	城市道路工程	城市快速路、主干路，城市互通式立交桥及单孔跨径 100 米以上桥梁，长度 1000 米以上的隧道工程	城市次干路工程，城市分离式立交桥及单孔跨径 100 米以下的桥梁，长度 1000 米以下的隧道工程	城市支路工程、过街天桥及地下通道工程
		给水排水工程	10 万吨/日以上的给水厂；5 万吨/日以上污水处理工程；3 立方米/秒以上的给水、污水泵站；15 立方米/秒以上的雨泵站；直径 2.5 米以上的给排水管道	2 万～10 万吨/日的给水厂；1 万～5 万吨/日污水处理工程；1～3 立方米/秒的给水、污水泵站；5～15 立方米/秒的雨泵站；直径 1～2.5 米的给水管道；直径 1.5～2.5 米的排水管道	2 万吨/日以下的给水厂；1 万吨/日以下污水处理工程；1 立方米/秒以下的给水、污水泵站；5 立方米/秒以下的雨泵站；直径 1 米以下的给水管道；直径 1.5 米以下的排水管道
		燃气热力工程	总储存容积 1000 立方米以上液化气贮罐场（站）；供气规模 15 万立方米/日以上的燃气工程；中压以上的燃气管道、调压站；供热面积 150 万平方米以上的热力工程	总储存容积 1000 立方米以下的液化气贮罐场（站）；供气规模 15 万立方米/日以下的燃气工程；中压以下的燃气管道、调压站；供热面积 50 万～150 万平方米的热力工程	供热面积 50 万平方米以下的热力工程

续表

序号	工程类别		一　级	二　级	三　级
十三	市政公用工程	垃圾处理工程	1200 吨/日以上的垃圾焚烧和填埋工程	500～1200 吨/日的垃圾焚烧及填埋工程	500 吨/日以下的垃圾焚烧及填埋工程
		地铁轻轨工程	各类地铁轻轨工程		
		风景园林工程	总投资 3000 万元以上	总投资 1000～3000 万元	总投资 1000 万元以下
十四	机电安装工程	机械工程	总投资 5000 万元以上	总投资 5000 万以下	
		电子工程	总投资 1 亿元以上；含有净化级别 6 级以上的工程	总投资 1 亿元以下；含有净化级别 6 级以下的工程	
		轻纺工程	总投资 5000 万元以上	总投资 5000 万元以下	
		兵器工程	建安工程费 3000 万元以上的坦克装甲车辆、炸药、弹箭工程；建安工程费 2000 万元以上的枪炮、光电工程；建安工程费 1000 万元以上的防化民爆工程	建安费 3000 万元以下的坦克装甲车辆、炸药、弹箭工程；建安费 2000 万元以下的枪炮、光电工程；建安费 1000 万元以下的防化民爆工程	
		船舶工程	船舶制造工程总投资 1 亿元以上；船舶科研、机械、修理工程总投资 5000 万元以上	船舶制造工程总投资 1 亿元以下；船舶科研、机械、修理工程总投资 5000 万元以下	
		其他工程	总投资 5000 万元以上	总投资 5000 万元以下	

说明：1. 表中的"以上"含本数，"以下"不含本数。

2. 未列入本表中的其他专业工程，由国务院有关部门按照有关规定在相应的工程类别中划分等级。

3. 房屋建筑工程包括结合城市建设与民用建筑修建的附建人防工程。

附录 1-2　有关考察报告

中国工程建设监理考察团赴美国考察报告（1993 年 11 月）

由建设部建设监理司、江苏省建委、铁道部建设司、电子部规划设计司、中石化北京毕派克监理公司和中国土木工程公司等单位人员组成的"中国建设监理考察团"一行七人，应美国纽约建筑协会的邀请，于 1993 年 10 月 22 日至 11 月 5 日在美国进行考察。

在美国，考察团先后到纽约、特伦顿、费城、华盛顿和洛杉矶等城市，实地考察了美国的工程建设管理情况。其中，着重考察了美国的工程建设监理，还考察了美国对工程建设的行业管理、合同管理以及建筑安全监督等情况。考察的单位主要包括四个方面。一是政府及其授权对建设项目实行管理的权力机构（如纽约的港务局、卫生环保局、建筑协会，新泽西州的建设局、交通局、运输局，美国联邦政府劳工部的劳动安全司和美军工程兵建设工程部）；二是工程咨询、监理公司；三是工程设计及承包商；四是相关的法律服务性组织，如建筑业律师事务所等，共 18 个单位。期间，考察团还参观了一些著名的建筑物和施工工地，如纽约的国际贸易中心（1 号、2 号摩天大楼）、新泽西州的体育中心、纽沃克（New Work）国际机场工地、洛杉矶的温传玛炼油厂以及华盛顿、纽约等城市建设。

对这次考察活动，美方各有关部门、单位都很重视和支持。他们事先做了周到的安排和充分的准备，提供了不少有较大参考价值的资料。通过考察，我们对美国的监理情况有了较深刻的了解和认识，弄清了一些做法和问题，结交了一些朋友，建立了一定的业务联系渠道。我们感到这次考察有不少收获，达到了考察的预期目的。

现将有关情况报告如下：

一、美国的建筑业概况

美国的建筑业在国内有着相当高的地位。同其他基础工业相比，它是国民生产总值中最大的独立部分。在八十年代，美国建设投资年度总额约为 2800 多亿美元，约占国民生产总值的 10％左右。全年雇佣人数常占美国全部劳动力的 6％以上，实际就业人员超过500 万人，其中，1983 年曾多达 615 万人，已成为美国国民经济中的支柱产业。

然而，可以说，美国的建设高潮已经过去。目前，建筑业处于不景气状态。就连纽约、费城、华盛顿等大城市，建筑工地也少得可怜。坐车在市区内穿行半天，很少看到建筑工地。相比之下，建设任务较多的是公路、港口等交通项目，以及学校、医院等的改扩建工程。据介绍，近十几年来，人们又逐渐从城市的远郊区向繁华的市区回流，于是，改扩建工程有所增加，尤其是一些商业区，规模浩大的改扩建工程为美国的建筑业带来了一线生机。象纽约市曼哈顿南部金融区、中部商业区的工程改造就是个例证，其中，如国际贸易中心大厦周围建筑物的建造就是这种改扩建潮流的象征。总的说，美国的建筑业除了力求在国内承接工程建设任务外，往往把注意力投向国际市场的开拓上。

由于有长期的建筑实践，尤其是在国内外建筑市场的磨炼中形成了相对稳定的队伍，而且，积累了相当丰富的经验。

（一）美国建筑业管理体系

美国是一个市场经济高度发达的工业化国家，各类法律比较完善，再加上其国家行政体制是联邦制，各州有相当大的相对独立性。虽然，从联邦政府到各州、各县、市等地方政府都有影响或管理施工经营的机构，但是，联邦政府对建筑业的管理，没有专一的管理机构。美国建筑业的管理分散在各个不同的专业部门，如联邦政府的房屋与城市发展部只负责归口管理房屋和市政工程建设的建筑业；商务部负责建筑业经营活动情况的统计；联邦劳工部负责有关劳工安全、卫生管理等。而企业的建立和取消完全由企业自己经营状况所决定，在企业注册管理部门履行个手续而已。很多立法工作由政府授权有关的学会、协会办理。如美国广为应用的告同文本（Stand Form of Agreement Between Owner And Construction Manager），就是由美国建筑学会（The Ameruan Institute of Architects 简称"AIA"）起草并发布的。工会，尤其是地方工会，主要是从维护建筑工人的利益出发，解决劳资双方的矛盾。

（二）美国建筑业法规体系

如同对待其他行业的管理一样，在美国，国家对建筑业的管理主要是通过联邦政府和州等地方政府的立法，实行法制化管理。美国的建筑法规很多。除联邦政府制定通行的法规以外，全国50个州，各自都可根据地方的具体情况和需要，制定本州的建筑法规。实际上，大多数地方的法规在内容上，甚至连版式都很相似。因为各州的地方建筑法规都是根据联邦政府制定的建筑法规修订的。所不同的是，针对性较强，更具体也更繁琐。以美国人的话说，"往往相当麻烦和难以应付"。

就法规而言，美国的工程建设法规分为三类。即：建筑法规，工会契约，规划分区法等。

在美国，由国家制定的建筑法规主要有：

1. 国家法规。这是美国企业界所遵循的母法，它由美国保险协会主持编制；

2. 统一建筑法规。这是建筑业遵循的行业的基本法典，该法规由国家建筑官员会议主持编制；

3. 南部标准建筑法规。这是针对美联邦南部各州的特点，取其共性，由南部建筑法规会议主持编制；

4. 基本建筑法规。该法规由建筑官员和法规管理人员国际组织主持编制建筑业通用的主要法规。

此外，还有国家电气法规、国家管道法规等，还有各种条例、规范、标准等。总之，建筑业的各种活动都有相应的法规约束，都有具体的规范可遵循。

从法规角度看，美国的建筑法规比较规范、详实、具体、明确。如由美国建筑学会于1980年发布的"建设监理合同范本"（AIA DOCUMENT B801），它由正文与解释两部分组成。正文部分有16条48款：主要内容是明确双方的合作意愿；委托服务内容；业主的职责、建设投资和建筑许可情况；监理单位的职责，包括基本服务和附加服务内容、服务时间；还有监理单位的资产情况、赔偿能力；投入的监理人员数量；监理酬金的计算方法和支付方式：合同的延续、转让和中止；合同的仲裁；保险及意外情况的处理等；最后是双方签名、盖章确认后方能生效。

（三）社团组织

在美国，建筑业的工人除了自行组织的工会外，作为企业，为了共同的利益，还组建了多种社团组织。这些社团组织从不同的角度代表了企业的利益，在政府的会议上反映企业的要求，为企业的利益说话；同时，这些协（学）会往往担负着制订标准、规范以及汇编技术文献、研究成果的责任。美国建筑业界现有的社团主要有以下几个：

1. 美国土木工程师协会；

2. 美国建筑学会；

3. 美国总承包商会；

4. 美国建造厂商会；

5. 美国咨询工程师委员会

6. 美国道路协会。

各种专业协（学）会，连同建筑工会在内，美国共有700多个社团组织。其中，较大的且具有一定代表性的30个社团组成了"美国建筑工业委员会"。这是一个非官方的，但具有很大权威的社团组织。在一定意义上，这个"建筑工业委员会"统管着美国的建筑业。

（四）建筑企业

美国的建筑企业包括规划设计公司、承包商、建筑材料设备制造厂商和监理公司四大部分。其中，承包商的队伍规模最庞大，美国现在约有近 100 万家各类工程的施工承包商和分包商（包括修缮承包商、房地产投资建造商、房屋成套供应商、房屋信托承建商等），雇用了近 500 万劳工。

据美国《工程新闻纪要》的评定，美国有 400 家较大的承包商，其营业额占整个建筑业承包商营业额的 80％以上。建筑工人（通常指工会会员，即技术熟练的工人）的工资是美国比较高的行业工资。一般说来，采矿工人的工资最高，其次就是建筑工人的工资比较高。建筑工人的工资远比设备制造业、金融业、保险业和房地产业等行业工人的工资高得多（建筑工人平均月收入 1500～2000 美元）。

在美国，无论是政府投资的工程还是私人投资的工程，他们都很重视投资效益。为此，他们都极力采用先进的、科学的方法进行建设管理，以求控制好质量、工期和造价。实行建设监理是其惯用的手法之一。正因为如此，美国工程建设的质量、工期和造价是比较好的，建设单位和用户都很满意。

二、美国的建设监理

美国的建设监理（美国按国际通用称谓叫做"工程顾问"）起步也比较早，已有近 60 年的历史。但是，加入国际咨询工程师联合会比较晚（1959 年美国咨询工程师委员会才加入联合会）。目前，美国有 800 多家监理公司（约有 20 万左右从业人员。有些监理公司兼承设计，故尚未掌握较确切的从业人数）。在美国建筑界，建设监理越来越受到高度的重视。

美国的工程建设主要涉及下列单位：业主、设计、监理单位和承包商、设备材料供应商，还有政府的管理机构。

在美国，私人投资建设工程，业主习惯于依靠建筑师和顾问工程师来与承包商打交道，以维护自身利益。

美国的建设监理单位都是私人企业。其组织形式不尽相同，有专营的，也有兼营的（主要是设计单位）。监理单位的称谓也不一样，有的叫顾问公司，有的叫咨询公司，还有的叫工程公司等。按监理的范围分，一种叫"施工监理"，即对施工阶段的监理；一种叫"项目监理"，即对工程建设全过程的监理。还有一种叫做"项目旁监"（Project Management Oversight，缩写为"PMO"）它居于顾问（参谋）与监理两者之间。"PMO"进入现场，也参加有关工程会议，但只看"不理"，只听"不言"，然后以"局外人"的身份充当业主的顾问和参谋。

在美国，习惯上把设计师和建筑师视为同义词。美国多数设计公司都雇有工程技术和建筑施工方面的人才。过去，职业设计师曾主张设计和施工完全分开。现在，有的主张合在一起。近十几年来，建筑师和工程师也都参与业主和承包商之间的一些诉讼活动。尽管这些建筑师和工程师是以业主代理人的身份与承包商打交道，但是，他们仍有仲裁者的作用。这种建筑师和工程师既搞设计，又为业主搞管理服务，实际上相当于兼营的监理工程师。

（一）美国工程建设管理模式

美国对工程建设的管理没有统一模式，或者说，形式比较多。一般情况下，有以下三种：

1. 自行管理。联邦政府或地方政府投资兴建工程，当政府的有关部门有较强的管理能力（有的还有设计能力）时，工程建设管理全由政府部门负责。

自行管理又分二种形式：

（1）政府管理者通过招标挑选总承包商，总承包商再招标或委托分包商前，这种形式比较少。

（2）政府管理者通过招标挑选总承包商外，还直接挑选分包商。美国的制度规定，一个工程，至少由五家承包商承包建造。即总承包商（一般指土建部分）、电气、给排水、暖通、装饰等五个专业的承包商。据介绍，这样做，有几方面的原因。一是，客观上美国的建筑企业专业性比较强，分包给各专业公司，有利于提高工程质量；二是，政府投资建设的工程不能只委托一个承包商，由它一家受益，而要照顾到各公司的利益；三是，政府直接挑选分包商，有利于减少投资。

2. 部分自行管理。当工程建设规模较大，或政府管理力量较小时，政府管理当局聘请部分监理工程师与政府管理人员一道管理工程。

3. 全部委托·监理公司管理。每当政府有关部门没有相应的管理人员或工程规模太大，则往往全部委托给监理公司全面管理。

私人投资建设的工程，一般都是采用第三种管理形式。

委托监理公司管理工程建设的具体形式也分两种。一种是委托监理公司挑选承包商；另一种是业主挑选承包商后再委托监理公司管理。

美国的工程建设，不论投资来源如何，也不论工程的属性和承包方式如何，有两点是相同的。一是承包商只能通过投标竞争（包括公开招标投标和议标）取得工程任务；二是工程建设都实行监理。

美国每年新建和工程有三分之二是由私人投资的，其余三分之一是由联邦政府和地方政府共同投资建设的。因此，可以说，美国的工程建设基本上都实行了监理制。

（二）美国的监理公司

考察期间，我们在纽约、费城等地先后访问了端拿·诗唐纳（Turner Steiner）国际营建工程公司、恒隆威（HLW）建筑工程事务所、宋腾一汤玛沙帝（Thornton—Tomaserti）工程顾问有限公司及结构技师事务所、帕森斯·布兰克霍夫（Parsons Brinckerhoff）建设有限公司、赫尔（Hill）国际顾问有限公司等监理公司。通过介绍、交谈和询问，我们初步了解了有关美国的监理的情况。

1. 监理公司的建立

从历史的角度看，美国的监理公司不少是由设计公司或总承包公司演化来的，当前，美国的一些监理公司还残留着这样的痕迹。如恒隆威建筑工程事务所，它在建筑设计方面有特长，现在，还兼承重大建筑工程的建筑设计。宋腾一汤玛沙帝工程顾问有限公司及结构技师事务所在结构设计方面是权威，现在也兼承高难度结构设计的任务。帕森斯·布兰查霍夫建设有限公司的强项是公路、铁路等交通方面的建设监理。追溯历史，它是从承包公司演变来的。在清朝时期，该公司曾参与我国广汉铁路的修建，是个有百年历史的老企业。

由于建设监理是一项高智能的技术服务，所以，考察期间，从未听说有谁草率地组建监理公司，或者哪家监理公司破产倒闭。也就是说，组建监理公司起码要具备两个条件。一是具有雄厚的技术实力和较强的管理能力；二是有一定的社会基础，能够在激烈的竞争中承接到监理任务。象帕森斯·布兰查霍夫建设有限公司，这个公司已有 108 年的历史，现有 3500 名员工，是美国较大的公司之一。它的总裁在介绍情况时说，作为一个公司，要保持长盛不衰，必须把握住三点，或者说要做好三件事。一是做好计划工作。确保计划的预见性、可行性、严肃性；二是慎重决策。确保决策的科学性，还要快速、果断；三是要确保质量。包括人的质量、工作质量和成果质量。

2. 监理公司获取监理任务的途径和方式

如前所述，美国的工程建设资金来源有两种渠道，即政府投资和私人投资。政府投资建设的工程，往往采用公开招标形式选择承包商；私人投资建设的工程，一般都是通过邀请招标或议标选择承包商。而对监理公司来说，无论是政府投资或者是私人投资建设的工程，业主往往是通过协商方式选择监理单位。也就是说，监理公司大都是通过协商取得监理任务的。

监理公司取得监理任务，首先要靠自己的实力。包括技术实力、经济实力、社交实力和社会信誉等。同时，要及时掌握有关信息。公司的信息部门每时每刻都在注意搜集有关监理信息，及时将有价值的信息提交经营部门分析研究。如经营部门认为可以争取该项任务，就写出报告，报经业务经理批准后，再写出自荐书交业主审查或持书面材料与业主商谈。据介绍，这套准备工作，依靠计算机的辅助，再加上领导层的快速决断，在短暂的时间内就可以完成。

监理公司向业主提交的自荐材料的主要内容是：

(1) 公司的技术实力和特长；

(2) 承担类似工程建设监理的业绩；

(3) 拟投入该项工程的主要监理人员；

(4) 对该工程实施监理的初步方案；

(5) 根据掌握的情况，针对该工程的特点需要说明的问题或建议等。

业主则根据了解的情况，依据监理单位的技术实力、监理经历和社会信誉等项条件确定聘用哪个监理公司。确定监理单位并进一步商谈后，就可签订监理委托合同。

3. 监理人员的工作守则及监理要点

参照国际咨询工程师联合会制订的监理人员守则，美国也制订有相应的守则，其内容与前者基本相同。重点是强调诚实守信、重合同、重信誉，遵章守法和公正。

关于监理工作要点，通常侧重于施工监理的范畴。对一项工程而言监理的内容主要有以下几个方面：

在规划设计（含设计招标）阶段：

(1) 与业主磋商整个工程建设计划；

(2) 审查各项设计依据（主要是政府对拟建项目许可的批复、工程地质和水文地质情况、各种外管线的接头和出路、环境保护和安全要求、工艺要求、经济及技术要求等），提出口头或书面建议；

（3）编制设计招标文件，提出招标方式，组织招标；

（4）协助业主与设计公司签订设计委托合同书；

（5）审查、确认设计和概算。

在工程施工（含施工招标）阶段：

（1）编制施工招标文件，提出招标方式，组织招标、评标，协助业主与承包商签订工程承发包合同；

（2）提出设备和重要材料的采购及供货时限建议、质量要求；

（3）提出确保工程质量的方案，其中包括对施工单位质量保证体系的要求，以及施工单位对保证质量的有关施工方案、规范、技术措施等的熟悉和认同；

（4）按合同要求，向工地派驻称职的专职监理人员，监察、协调承包商施工，监督承包商按合同要求的总进度施工；

（5）按照标准和设计要求，检查工程质量，监督工程质量问题的处理；

（6）根据工程进度、工程质量等签署支付工程款凭证；

（7）确认并签认工程变更；

（8）协调各承包商施工中的矛盾；

（9）处理索赔事项；

（10）建立监理日志，做好有关计量、记录，建立有关监理档案；

（11）定期向业主提供监理报告；

（12）参与工程竣工验收；

（13）遇有诉讼事件，替业主出庭作证；

（14）处理业主授权处理的其他问题。

各监理公司根据监理工作的通用条款和本单位惯用的作法及经验编制适用于本单位的监理手册（他们称之为"工作指南"）。

4. 监理公司的经营状况

相对而言，美国的监理队伍不大，监理任务不少。总的来说，监理公司并不大发愁找不到监理任务，尤其是一些有名望的监理公司，其监理任务总是接连不断。再加上建设监理是一种高智能的技术服务，虽然酬劳高，但在美国，已被社会所接受，"高智能服务必然是高酬劳"已成为定式。因此，监理公司的经营状况都比较好。

关于监理费用问题，据了解，如果业主从设计阶段就开始委托监理，监理费一般为工程造价的 $10\sim15\%$；如仅对施工阶段的工程建设进行监理，则监理费一般为工程造价的 $6\sim10\%$。提取监理酬金的百分比视工程的规模、难易程度，监理的范围以及其他环境条件等而定。象纽沃克国际机场扩建工程，业主是港务局，它有庞大的工程建设管理机构。该工程计划于 1994 年 12 月竣工；监理公司从施工招际阶段开始协助业主工作，最高峰派出 50 人的监理队伍（一般情况下仅十几人，甚至仅几人），历时 2.5 年（计划于 1994 年 12 月竣工），收取 500 万美元的监理费，约占工程总投资的 1.3%。按年平均 20 人计算，则人均年收入监理费为 10 万美元。赫尔顾问有限公司的费城分公司有 500 名员工，人均年营业额为 10 万美元，是全美监理公司的百强之一（名列第 15 位）。帕森斯建设监理公司除了从事机场、公路、铁路工程建设的监理工作，近些年来，又开始进入房屋建设监理阵地。其中，它的国际公司有 750 名员工，1993 年 1 月到 10 月已完成产值 4500 万美元。

美国监理公司的业务范围比较广。一方面，监理业务活动覆盖了从工程项目可行性研究开始，直至交工后的维修服务等工程建设的全过程；另一方面，还兼承工程设计、专项咨询活动，以及其他多种技术服务。

关于监理工作的方法，近几年，美国有一些新的见解和尝试，如赫尔顾问有限公司组成了"高级宏观参谋团"（即前面提到的 PMO），全方位、高层次地为工程建设提供预测性的咨询服务。参谋团的人员不处理具体的事务性问题，也不经常到施工现场。他们凭借对建设市场动向的透析了解和丰富的工程建设管理经验，通过对施工方案、施工报告等资料的分析，以及间断去施工现场发现的问题，就可向业主提出带有战略性的问题及其解决方法。这样的咨询服务收取的服务费为工程造价（根据委托合同，服务范围内的工程造价）的 0.45%～2%。

5. 监理公司对合同纠纷的处理

监理公司在监理工作中，不可避免地要遇到业主与承包商之间的许多纠纷。处理这些纠纷往往要花费许多精力。如果处理不好，不得不诉诸法庭。这样，问题不仅旷日持久地得不到解决；而且还会给业主带来经济上的损失，监理公司的名誉也可能因此蒙受损害。所以，在美国，监理公司在处理业主与承包商的纠纷时力戒发生诉讼。他们在实践中，总结、归纳了解决问题的"五部曲"：

（1）帮助业主和承包商签订科学的合同文本，并协助二者正确地理解合同、认真地执行合同，避免发生争端或纠纷；

（2）一旦业主与承包商之间产生了分歧意见，监理工程师站在公正的立场上，努力做好协调工作，力求自行解决；

（3）如果监理工程师协调不了，则请与业主、与承包商都比较友好的第三方来调停解决；

（4）如果是重大纠纷或第三方也协调不了的问题，则分别由业主、承包商聘请对等数量并被对方认可的人员与监理公司人员共同组成仲裁小组，由仲裁小组解决纠纷；

（5）以上几种办法都不奏效，或问题比较严重，才提起诉讼，聘请律师打官司。

例如，赫尔顾问有限公司于 1990 年受聘到英国解决英吉利海峡隧道工程的争端问题。该工程是英法联合建造的项目，原计划投资 40 亿英镑（竣工后达 90 亿英镑）。他们接手时，承包商已索赔了 10 亿英镑。为了慎重地解决好问题，使各方都能接受，赫尔顾问有限公司建议组成了 6 人仲裁小组。该仲裁机构规定：提出争端后，90 天内解决问题；否则，90 天后，举行听证会（仅举行一、二次听证会）作出裁决。裁决后，直至工程竣工时均不得改变。

赫尔顾问有限公司以及其他有关人士都认为，对待纠纷，最好是力求早期调解，低层次调解，而且最好是在合同中明确中介人，以便能及时调解。英吉利海峡隧道工程建设时，事先没有确定中介人，发生纠纷后，直接提交仲裁机构仲裁，而且，一次仲裁也就是最后仲裁。他们认为这种方式欠佳。因为，一旦仲裁意见与实际有什么出入，由于是最终仲裁而不能纠正，这样有失公正。

近些年来，美国的中介服务组织，律师事务所、监理公司等都提出一个相同的概念，叫做合作伙伴，按英语的说法，叫做"Parenering"。意思是说，要干好一个工程，业主、设计人员和承包商，三者之间应建立伙伴关系或叫搭档关系，共同协调配合工作。只有这样，遇到问题才好处理或少产生矛盾。

（三）美国工程兵对工程项目建设的监督管理

在华盛顿，我们到美国工程兵建设工程部考察了解情况。撒特·霍克上校等6人介绍了美国工程兵对工程建设的监理情况。

美国工程兵具有我国原基建工程兵和军委工程兵的双重性质，是平战结合的一支特殊武装力量。和平时期，从事工程建设。不过其管理形式与一般形式不一样。工程兵每年承接百亿元的建设任务。其中，约60亿美元的军事工程建设任务；约有45亿美元的民用工程。军事工程全由政府拨款。民用工程中属于政府或公用事业项目的工程，由政府投资，其余为私人投资的项目。

工程兵管理工程建设不以营利为目的。从管理形式上看，当它从政府或业主那里接受工程任务时，它类似于总包单位；当它具体实施建设任务时，又以"业主"或监理的面貌出现；对军事工程或抢险建设的民用工程，它又以自己的力量直接组织施工。但不管对哪类工程建设，工程兵总要派出自己的监督管理人员。

工程兵安排施工任务时，通常也是用发包的形式选择承包商。但招标时，与政府其他部门的招标的原则不一样。其他政府部门招标时，选择最低标中标，而工程兵在招标时，不一定选用报价最低者。他们要综合考虑承包商的实力、信誉、经验，以及投标书中报的工期、造价、质量保证措施等因素。初步选定承包商后，还要对承包商的负债情况、经营状况、社会信誉、承建工程的业绩等进行调查，合格者，才与之签订合同。

与承包商签约后，即委派工程兵内部的人员作为监理工程师对工程的建设进行监理。

美国工程兵下辖38个地区性的管理部门。每项工程的建设均实行项目经理负责制。由项目经理统管工程的质量管理、技术管理、进度管理以及投资管理等，并负责协调各项管理服从于工程建设的总体要求。

关于质量管理。美国工程兵要求承包商投标时，即写明质量控制方案，包括质量管理组织机构和人员名单；质量控制要点及方法等。开工前，要开会讨论承包商的质量保证体系及方法与监理工程师的质量保证方案的融合程度。要将该讨论会写成会议纪要，作为合同的一个组成部分。还要考核承包商的质检人员对自己工作的明确情况；发给承包商《质量控制指南》。开工后，定期检查有关质量保证措施的执行情况，检查工程质量的实际情况。要求承包商写出工程质量实施情况的报告。如果承包商更换人员（包括管理人员或质量检查人员或主要操作人员），则要重作开工前的各项准备工作。此外，在实施过程中，要不断地在较高层次上接洽、交流情况，以保证各项质量保证措施的实施，保证工程质量。

关于成本控制。美国工程兵的工程成本控制系统方法已使用了20年，现仍在使用。该方法的核心是建立预控体系，实行定期报告制度。这样能做到事先控制成本，及时发现问题并找出对策，从而较好地控制住工程成本。工程兵的工程一般实行总价包干。仅对超过包干总价15%的变更予以确认并增减包干总价。其中，要把重大变更报告国防部，甚至向国会报告，得到批准后，才能实施。

三、建筑安全管理

在华盛顿，我们访问了美国联邦政府劳工部的安全卫生局。局长查里斯·卡里维先生向我们介绍了有关美国建筑安全管理情况。

该局成立于 1972 年。主要职责是管理全国工人的安全问题，包括各行各业的工人安全问题。即制定安全法规，检查安全情况，处罚违章事故，开展安全卫生知识培训教育等。

美国劳工部共有 18000 名公务员，其中，安全卫生局有 2300 人（华盛顿有 500 人，其余人员分布在设立有安全卫生管理机构的州）。美国现有 21 个州设立了安全卫生管理机构。联邦政府拨一部分钱给州安全卫生局，由州安全卫生局负责检查本州的安全卫生工作。其余 29 个州则由联邦政府的安全卫生局派驻检查人员。全国每年要检查 45000 次，其中，有 12000～14000 次是对建筑安全方面进行的检查。

美国建筑工人平均每年死亡约 900 人，死亡率为 2％。主要原因是高空坠落和高压触电。

安全卫生局每年公布一次全国的伤亡事故情况。规定：凡一次发生五人以上（含五人）受伤住院事故的，均应报告联邦政府劳工部安全卫生局。对事故责任，除罚款外，对情节严重的要给予法律制裁。

四、几点体会和意见

这次考察是对美国建设监理的第一次考察，时间短，又不是政府接待、安排考察活动，所以，有些情况还没有了解到，有的了解得还很肤浅。比如，对地方的情况了解得多，对美国全国的情况了解得较少。带回来的资料还没有翻译，没有掌握。以上报告只是对这次考察情况的基本总结，只是对美国工程建设监理粗浅了解的初步反映。但是，考察期间的广泛接触，使我们对推进建设监理这项改革有了更深刻地认识，对发展我国的建设监理事业有了一些新的思考。

（一）实行业主责任制是实现政企分开，提高工程建设水平的主要环节。美国政府投资建设的工程，都是通过招标选择承包商。多数工程都实行监理，但也有一些工程由政府有关部门派出人员自行管理。两种管理形式，产生了两种建设效果。考察期间，无论是美国政府的官员，还是监理人员、承包商都一致反映美国政府投资自行管理的工程项目，建设工期长、超概算，彼此间扯皮的事也较多。而私人投资建设的工程项目，业主是真正的业主，它对工程建设认真负责，又敢于负责。实践证明，建设监理这种管理形式有利于搞好工程建设。因此，他们还一致认为，政府自行管理工程建设的状况需要改变和完善。

我们认为，我国在工程建设方面的教训也很深刻，美国同行的意见值得我们思考和借鉴。我们应趁当前改革的大好形势，加速改变我国工程建设的传统作法。为搞好工程建设，必须实行业主责任制，必须加快培育和发展建筑市场，大力推行招标投标制和建设监理制。

（二）推行建设监理符合发展市场经济的需要。这次到美国考察，从阿拉斯加的安德雷特入关开始，到旧金山出关，十多天里，无论是专门查看工程，还是顺便看到的工程，除了建筑材料和设备的档次高以外，工程质量的总体水平高是一个显著的特点。再加上规划科学、布局合理、设计功能齐全等，工程建设的综合制造质量都很令人满意。象纽约的国际贸易中心大厦的电梯安装质量就使人感到特别好：高达 411 米的电梯，不仅升降很平稳，而且，速度特别快，往往在不知不觉中升降，瞬息间，从底层到达顶端。许多工程的墙、地面装饰等工程质量均相当于、甚至超过我国优良工程的水平。工程质量好，除了设计水平高、承包商认真干以外，应该说，实行建设监理也起到了举足轻重的作用。监理工程师旁站严格把关的作用是不可替代和埋没的。

我们是社会主义国家，对好的经验和作法，政府有责任加以总结和推广。所以，深化改革，扩大宣传，加速培训人才，采取行政干预等手段，加快推进建设监理的实施，是必要的，应该的，也是可行的。

（三）监理公司要逐步实现专业化。这次考察的几个监理公司，专业性都比较强：有的侧重于交通（含铁路），有的侧重于超高层大厦的建造，有的侧重于港口、机场等。这也是社会越发展，社会分工越精细的一种表现。相比之下，我国的监理队伍刚组建不久，起步晚，各方面条件差，可是，有的监理公司在申请营业范围时，竟填写承揽10多个专业的监理业务。我们认为这是不适当的，不利于监理业务水平的提高。对这种现象应适时地给予引导。

总之，通过考察，我们认为，我国推行建设监理符合国际惯例，有利于培育和发展我国的建筑市场，有利于提高我国的建设水平，有利于与国际社会联系和交流，它符合世情、国情，要加速推行和发展。同时，我们要更多地吸取国外有益的经验，尽快使我国的建设监理达到制度化、规范化和国际化。

中国工程建设监理考察团赴马来西亚、泰国考察报告（1996年9月）

根据工作需要，报经建设部批准，建设监理司与有关部门的监理管理人员组成了《中国工程建设监理考察团》（以下简称"考察团"），于1996年8月25日至9月9日，先后到马来西亚、泰国进行考察。

在马来西亚考察期间，考察团相继到马来西亚最大的监理公司——马来西亚工程咨询公司，马来西亚政府的建屋部服务司、公共工程司、污水处理司、建筑业发展司，以及咨询工程师协会、建筑公会、住宅发展商会等单位座谈；到吉隆坡新机场建设工地、吉隆坡市中心大厦建设工地、市最大立交桥建设工地考察、了解情况；还参观了城市建设和居民住宅建设等。在泰国，不仅与泰国最大的监理公司座谈交流，而且，听取了承建商对监理工作的意见和建议。参观、了解了泰国的城市建设和寺庙建设。所到之处，对方都热情接待，并坦诚地介绍情况，还无保留地赠送了有关资料。考察团的同志们都感到虽然这次考察活动安排得很紧张。但是，了解到了许多监理情况，尤其是对全面开展监理工作的重要性、必要性，以及有关监理费等问题有了较深刻地认识。因此，可以说，这次考察受到的启迪将有助于推进我国建设监理事业的健康发展。

考察期间，我们还到中国驻马来西亚大使馆报告了考察情况，请求指导。同时，提出了发展中马建筑劳务协作的建议。

现将考察情况简要报告如下：

一、马来西亚工程建设监理事业发展简况

马来西亚（包括新加坡）原是英联邦的成员国。1965年，马来西亚脱离英联邦成为独立的国家（同时分离出新加坡）。英国是开展工程建设监理最早的国家之一。受英国工程建设管理模式的影响，早在20世纪50年代，马来西亚就成立了监理公司，并在工程建设中开展监理工作。目前，较大的监理公司有6家，每家有600～900多人。还有许多中小监理单位。马来西亚的工程建设监理事业不断发展，从事监理工作的工程技术人员逐渐增加，现在有20000人从事监理工作（包括从事工程扩初设计人员在内），1963年成立了马来西亚监理工程师协会。

马来西亚的工程建设监理事业也经历了由小到大的发展过程。初始阶段，只是承接一些规模较小的商店、道路等工程项目的建设。继而，参与较大规模工程的建设，并逐渐发展到独立承担各类土木建筑工程、市政工程、管道线路工程、工业设备安装工程等项目的建设。不仅能承接工程设计、工程施工阶段的监理，而且，能担负工程项目建设的可行性研究、工程招标、设备采购以及工程设计、工程施工等全过程的监理业务。

根据马来西亚工程建设监理事业发展的需要，有关部门制定、颁发了相关的监理法规，而且，得到了较好地贯彻。因而，工程建设监理成为马来西亚通行的社会制度。

马来西亚的工程建设监理不仅在国内建设领域是一个很有影响的行业，而且，在国际上也很有名气。马来西亚工程咨询公司的副总裁被选为国际咨询工程师协会的执行委员、亚太地区分会主席。马来西亚咨询工程师协会已成为代表国家参与国外贸易事务并成为马来西亚技术咨询方面的主要代表和贸易伙伴。国际贸易中心已吸收马来西亚作为亚太地区十个代表国家之一，以提供出口专业技术咨询服务。

二、马来西亚工程建设监理的基本做法

马来西亚工程建设监理事业的发展，大体上，可以分为三个阶段：以 1963 年马来西亚监理工程师协会成立为界，60 年代以前是其初期推行阶段；从 60 年代到 80 年代是其发展阶段；进入 90 年代是其成熟阶段（以 1992 年政府承认工程建设监理是一个行业，并在财政、税收上正式按独立的行业对待为界）。联合国贸易和发展会议的有关组织也于 1993 年认可马来西亚的监理企业可以向国外提供监理服务。

现阶段，马来西亚的工程建设监理的管理和基本作法如下。

（一）工程项目建设的基本程序和管理模式

马来西亚政府机构中，没有设置工程建设的统管部门。联邦政府只是制定法规和政策并检查、督促法规、政策的贯彻执行。对政府投资的工程项目建设的具体管理，则由各专业部门负责；私人投资建设项目完全由个人负责。无论是政府投资还是私人投资建设的工程，其建设程序一般都为五个阶段：立项论证；初步设计（或扩初设计）；技术设计（施工图设计）；施工；竣工验收。工程建设中，各方的关系如下图示：

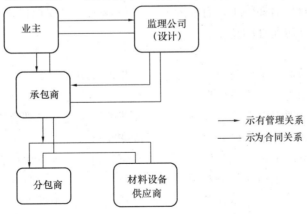

工程项目建设中 5 方间关系示意图

马来西亚对工程建设的管理有两点很突出，一是政府严格控制工程建设规划；二是实

155

行工程师负责制。具体表现在：政府要求，任何工程建设都必须由注册建筑师签字方可上报审批，政府则按总体规划进行审定。象市政公用工程项目，大型的由国家的公共工程部审批，小型的由州的公共工程部审批。工程立项后的整个建造过程，基本上全由监理工程师（包括注册工程师、注册建筑师）负责。工程竣工交工时，必须由监理工程师签字，否则不能交付使用。政府对工程的检查主要是核查是否符合批准的规划要求、建筑面积和使用功能是否改变，以及是否符合环境保护的要求等。

马来西亚政府还规定，每十年对工程建设的质量安全进行一次检查。其作法是，由业主聘请注册工程师对工程的外观、结构、使用功能等方面进行定性的检查。政府规定：业主不得聘请已与其有任何组织、经济关系的注册工程师，以保证检查结果的客观性、公正性。

（二）工程建设监理的基本作法

马来西亚的工程项目资金来源是多方面的，有国内政府直接投资建设的，也有国内私人投资建设的，还有国外私人投资建设的。按照投资来源可分为：政府投资和私人投资建设的两类。政府投资建设的工程项目，一般都委托监理单位进行监理。政府能派出人员管理的，往往派员对工程建设进行检查监督。私人投资建设的项目，基本上都委托监理单位监理。

1. 监理的委托

关于监理的委托，有两种方式。一种是通过招标的形式选择监理单位，这种方式主要用于大型、特大型工程的监理招标；一种是业主直接委托自己信得过的监理单位。其中，直接委托监理单位监理的比较多。确定监理单位后，协商签订监理合同。业主委托监理的内容一般都包括扩初设计、施工监理和交工验收。甚至还委托工程的立项论证。但是，工程立项论证费用需另行支付，不包括在政府规定的监理取费标准内。

2. 监理的职责和权力

监理单位对工程施工的监理主要是按照施工合同的要求，检查施工质量、核验工程量、签认工程变更、审核并签认工程款的支付，工程竣工后提出验收报告。监理的责任很大，尤其是关于工程建设的好坏，监理单位要对业主全权负责；同时，监理的权力也很大，监理单位有权直接通知停工，有权要施工单位返工，有权拒付工程款。一般情况下，施工单位不敢轻易反对监理的意见。

3. 监理费用

关于监理费，由监理单位与业主商定后写入监理合同。在支付形式上，则是监理单位从施工单位支取。因为，施工单位在投标时，投标报价中就包含了监理的费用，包括监理需用的住宿、交通、通讯、办公等设施费。监理费的数额是在监理合同中确定的。需要说明的是，如果业主在招标书中没有对工期提出特殊要求，施工单位承诺的工期就是正常的施工工期。在这种情况下，施工单位在法定的节假日施工，施工单位就要给监理单位增发节假日加班费。业主不承担这部分费用。

对于监理单位来说，单靠监理费维持企业的开支是远远不够的。一般情况下，马来西亚的监理单位的主要收入是设计费，约占总收入的70%，监理费收入仅占总收入的30%。

（三）注册工程师的考试和管理

马来西亚的注册工程师考试由半官方的机构——工程师委员会负责进行。该委员会于

1972 年成立，成员共 17 人，全由工程部长任命。其中，有 5 名联邦政府官员、2 名地方政府官员、5 名私营公司人员、建筑师协会和测量师协会各 1 名代表，其余 3 名为工程师代表。委员会下设 10 个专业委员会，分别负责各方面的工作。其中，工程师的考试注册工作由考试申请委员会（审查报考者的资格）、考试委员会（负责考务工作）、注册委员会（负责确定考试合格者并负责注册）。

每年进行一次注册工程师资格考试。同时，每年注册一次。

报考马来西亚注册工程师资格考试，需同时具备以下四个条件：

1. 马来西亚公民；

2. 毕业于马来西亚政府认可的大学；

3. 大学毕业，实习期满（一般为一年）后，又在工程部门工作满三年以上（含三年）；

4. 专业技能达到考试要求。

取得注册工程师资格就可以独立执业，也可以开办公司。

外国公民只能申请办理临时注册工程师，且不得开办公司。

（四）马来西亚监理工程师协会

马来西亚监理工程师协会成立于 1963 年。起初会员只有 15 人，现在有 450 名会员。协会的专职工作人员只有 8 人。协会专职人员的费用完全由协会支付。协会会长、秘书长等主要负责人都不是专职人员，其用于协会活动的费用开支完全由自己承担。对申请入会人员的资格要求很高。一般都是公司的董事，同时，又有较高的威望和较深的资历。

监理工程师协会的主要职能有 3 项：

1. 代表监理工程师的利益，为监理工程师争取合法的权益；

2. 促进监理从业人员职业道德和技术水平的提高；

3. 保证从事监理工作的人员获得合理的报酬。

协会的收入有两部分，一是会员交纳的会费，占总收入的 25%；一是协会的咨询活动等收入，占总收入的 75%，诸如举办报告会、研讨会的会费收入，培训费、发行刊物和刊登广告收入。

三、马来西亚工程建设监理法规简况

马来西亚的工程建设监理体制是从英国演变过来的，在许多方面与英国等西方国家的做法大体相同，其法规的种类和条款内容也基本一样。同时，马来西亚是国际咨询工程师联合会的成员单位，他们都执行菲迪克条款。马来西亚的工程建设监理法规包含以下内容：

（一）国际咨询工程师联合会有关法规

1. 土木工程施工合同条件；

2. 业主/监理工程师标准服务协议书应用指南；

3. 电器与机械工程合同条件应用指南；

4. 监理工程行业质量管理指南；

5. 1993 年通过监理工程师的选择、报酬等 15 项政策声明。

6. 监理工程师道德准则。

（二）马来西亚的工程建设监理法规

1. 工程师注册条例（1967 年制定，1987 年修订）；

2. 工程师注册规章（1990 年制定）；

3. 工程师委员会费用标准（1982 年制定）；

4. 监理工程师职业服务合同范本（1982 年制定）。

（三）相关法规

1. 城市和乡村规划条例；

2. 街道、排水、建筑条例；

3. 防火安全条例；

4. 各专业工程建设条例。

四、有关工程建设监理费标准及其执行情况

考察中了解到，马来西亚、泰国政府的法律虽然没有规定工程建设都必须实行监理。但是，由于受国际上的影响，实际上都委托了监理。东南亚的国家基本上都是这样。而且，没有把工程建设施工监理单独划分出来，而是与工程设计连在一起（这里所说的设计，一般是指方案设计或扩初设计），由同一个单位承担。工程施工阶段，可能派原工程设计人，也可能另委派专人负责施工监理。因此，马来西亚和泰国都没有单独承担施工监理的监理公司，也就没有单独的施工监理费法规。政府制定的这方面的取费标准是把工程的扩初设计和施工监理混合在一起，统称为工程咨询。

（一）有关工程监理费标准法规的制定

马来西亚有关工程咨询费的法规由依据法律成立的工程师委员会制定，由政府批准发布。现行的法规是 1982 年公布的《工程师收费价目表》。该价目表是由马来西亚工程师委员会根据 1967 年颁布的《工程师登记法》的第四节（D）所赋予的权力制定，由马来西亚政府的公共工程和事业部大臣批准公布的。在制定收费标准过程中，马来西亚工程监理协会做了大量的基础工作。该协会广泛收集工程咨询公司的意见并向工程师委员会反映，还主动测算、制定工程监理服务收费标准建议方案。《工程师收费价目表》是适用于一般民用建筑、土木、机械和电气等工程监理服务的法定价目表，各有关方面都要执行。

（二）工程监理费的标准和计算方法

马来西亚工程监理费的标准和计算方式有三种：

1. 按各公司自行确定的每人每小时或每人每月的费用标准计算，总费用按实际发生的工时数乘以确定的工时单价；

2. 按固定总价计算，即监理公司与业主事先商定需用的工时数乘以确认的工时单价；

以上两种计算方式中的工时单价是按市场的价格确定的。同一时期，各咨询公司间的差别很大，目前，马来西亚声望最高的咨询公司每小时的人工费为 25 美元。

3. 按工程造价的百分比计算，即按 1982 年政府颁发的《工程师收费价目表》计算。该收费办法是按工程专业、性质、大小和复杂程度把工程分为 A、B 两类和多个等级。A 组包括民用建筑工程；B 组包括机械、电气及各类设备方面的咨询费用。每类工程根据其投资的大小分段制定了详细的费用标准，从 3％到 11％不等。其中，施工阶段的监理费用占所取费用总额的 0.9％到 3.3％。

按百分比计算又具体分为两种。一是按形成的实际工程造价计算；一是按监理公司与客户签订合同时认同的工程费用计算。也就是说，一种是确定不变的费用；一种是工程竣工后按工程实际造价乘以合同确定的百分比计算的。

由于市场价格的变化等因素，1982 年公布的《工程师收费价目表》标准已很难适应当前的市场行情。因此，有关部门正在修改制定新的标准。新的标准高于现行的收费标准。

泰国的工程咨询取费方式有两种。一种是按工程造价的一定比例计算；一种是按人工基本工资乘以法定的系数计算。

若按第一种计算方法，政府规定，工程造价在 1000 万铢以下的工程，按工程造价的 2％计算；1000 万铢以上的工程，按 1.5％计算咨询费。

若按第二种方法计算，政府规定，管理费按人工基本工资的 60％计，福利费按人工基本工资的 35％计算，利润按上述三项的 10％计算。即，咨询费按人工基本工资乘以 2.145 的系数计算。该计算标准略低于世界银行规定的收费标准。

需要说明的是，人工基本工资是指直接从事咨询工作的人员的平均工资。各公司的人员平均工资不同，往往相差很大，而且是保密的。每个工程需要的人工基本工资是咨询公司事先与客户商定的。福利费包括医疗费、养老保险费、节假日费及奖金等。

（三）有关工程监理费的实际计取情况

无论是马来西亚还是泰国，往往是有名望的大公司大都按照人工工资乘以需要的工时数的方法计算监理费；而比较小的监理单位多数是按工程造价的百分比计算监理费。这是因为前者依靠自己的信誉敢于向客户提出较高的要求；后者只好依据政府的规定与客户商谈费用问题，甚至极少数小单位的最低取费只有政府规定标准的 50％。尽管政府明确规定不许低于、也不许高于国家公布的百分比取费标准。实际上，往往是大公司的取费常常高于国家规定的标准，而小公司的取费则低于国家规定的标准。

（四）几点说明

1. 据考察，马来西亚和泰国的监理单位，他们在实施监理时，投入的力量是微乎其微的，工作的深度与我国现行的监理做法相差很大，基本上是随机检查或抽查工程量和工程质量。所以，在与他们的交谈中，他们也认为：如果象我国的监理做法，投入那么多的力量，付出那样大的代价，就应该计取更多的报酬。

2. 关于监理自己设计的工程问题，需要进一步研究、探讨。一方面，马来西亚和泰国的监理公司所作的设计一般是扩初设计。从扩初设计到施工图设计，通常都有很大变化，扩初设计人员应当监督施工图的设计；另一方面，扩初设计人员把监督的工作延伸到施工阶段，也存在一定的困难；同时，监理自己设计的工程比较熟悉，是有利的一面，从学术的角度看，不容易发现自己的问题，或者不容易纠正自己的问题，则是其弊端。

五、东南亚地区工程建设监理简况

考察团除对马来西亚和泰国的工程建设监理进行考察外，还通过国际咨询工程师联合会执行委员、亚太地区分会主席黄汉腾先生了解了东南亚地区的工程建设监理概况。总的看来，东南亚地区的监理工作是 20 世纪 50 年代以后起步的。目前，绝大多数国家和地区的工程建设都实行了建设监理制。但是，由于各种原因，致使各国的建设监理事业发展很不平衡，有些国家建设监理已经成为一个颇有影响的行业；而有些国家，至今，还没有把工程建设监理作为一种制度来推行。

（一）普遍推行了建设监理制

据了解，目前，东南亚各国和地区，除越南外，基本上都在工程建设中实行建设监理制。尤其是马来西亚、新加坡、菲律宾、印度尼西亚、文莱、泰国以及印度、孟加拉等国和我国香港地区都普遍实行了工程建设监理制，其他国家也都程度不同地实行了工程建设监理。

（二）建设监理事业的发展过程基本相同

各国的建设监理事业都经历了监理队伍从小到大、从依靠外国监理力量到以本国监理队伍为主进行监理、从监理小工程到监理大工程的发展过程。以泰国为例，三十年前，泰国的监理队伍力量很小，甚至有的监理公司只有几个人。经营的范围也只是为承包商提供技术服务。当时，政府投资建设的工程项目大都是向国外贷款。因此，也只能聘请外国人员进行监理。随着国家工程建设规模扩大，以及监理队伍的壮大，泰国政府规定：外国监理公司监理的工程项目中，至少应有 30％的泰国监理工程师参与工作。现在，泰国的监理单位已发展到 100 家。其中，监理人员超过 100 人的监理单位有 20 家。泰国梯姆工程咨询公司是泰国最大的监理单位。它成立于 1978 年。开始，它只是进行一些简易的排水、环保工程的咨询工作，逐渐把监理工作扩展到工程项目的可行性研究、项目方案评估、工程设计、招标管理、施工监理，直至工程项目的试运转等工程建设的全过程工作。进行咨询、监理的工程类别扩展到各类工业与民用建筑工程、给排水工程、电力工程、采暖通风工程和其他各类设备工程等。公司成员增加到 450 人，并分设了能源、电分公司，年营业额达 15 亿铢（约合 6000 万美元）。

（三）工程项目建设的管理模式趋于一致

据马来西亚咨询工程师协会介绍，东南亚各国，象马来西亚、新加坡、文莱、印度尼西亚、菲律宾等多数国家的工程建设监理模式基本一样。各建设行为主体在工程建设中的相互关系也大体相同。即，大都采用英国的模式：业主委托监理公司对工程进行监理或咨询。只有监理工程师签署认可的工程，政府才准于验收使用。所以，实际上，普遍实行了建设监理。

按照工程建设的投资来源分，工程的类别有两大类，一类是政府投资建设的工程，一类是私人投资建设的工程。政府投资建设的项目，往往通过招标的方式选定监理单位进行监理；私人投资建设的工程则由业主直接委托监理公司监理。

监理单位往往兼承工程项目的扩初设计。

（四）重视监理工程师资质的管理和提高

这次考察的国家都很重视监理工程师的管理和素质的提高。尤其是马来西亚，他们对监理工程师的学历和资历都有较高的规定要求。在学历方面，有关法规规定：必须具备本国政府认可的大学本科毕业的正规学历，非正规院校和政府未认可的院校本科毕业学历不能与前者等同；同时，要有三年以上（含三年）的设计或监理的实践工作经验。具备了上述条件，方可报名参加注册工程师资格考试。考试合格者，才能取得注册工程师资格，才具有工程建设监理的签字权。

为了加强对监理工程师资质的管理，保证监理队伍具有较高的素质，一般每年进行一次注册工作。通过注册，确认合格者，剔除不合格者，促进监理工程师的水平不断提高。这项工作是很严肃的。监理工程师如果越权，或不公正，或工作有严重失误，就要受到追究，包括纪律处分和按法律制裁，以及终生被取消注册监理工程师的资格。以此来促使每个监理工程师兢兢业业地工作，不敢忘乎所以。

在监理人才管理方面，泰国政府的重要举措，是责成财政部（该国也没有专一统管建设的部门）组织力量建立了监理人才库。既掌握了全国的监理人才，又为客户查询、选用人才提供了方便。

为了不断提高监理人员的水平，除了个人自学外，监理工程师协会积极做好培训工作。他们通过召开研讨会，介绍工程建设方面的各种最新成果；还举办计算机辅助设计和辅助管理培训班，积极组织国际间的技术合作与交流等多种活动，帮助提高监理人员的技术水平。

（五）比较科学的监理酬金标准

作为一种事业，要想维持其发展、壮大，必须在经济政策上给予支持。如上所述，马来西亚正在制定新的、较高的监理费标准。相关协会也在研究如何抑制监理单位盲目压低监理费问题。泰国在总结了深刻的教训后，采取了比较科学的方法。1980 年以前，泰国以监理费的高低作为监理招标评标的主要依据。在不规范的市场经济中，监理单位竞相压价，其结果，不但阻碍了建设监理事业的健康发展，也给工程建设、给业主带来不应有的重大损失。现在，他们采取"双信封"投标评标办法。即监理单位投标时，把监理技术方案和监理费用分别装在两个信封中投标。评标时，先从技术方案中评选监理单位，然后，再从监理技术方案入选的监理单位中综合评比其技术方案和监理费的高低，最后确定中标单位。就是说，现在，泰国把监理技术方案的优劣放在先决的地位来决定中标单位。关于监理费的标准，泰国明文规定：监理的毛利润为 10%，依此支持建设监理事业的发展。

六、关于推进我国建设监理事业健康发展的建议

（一）应进一步大力宣传、全面贯彻《项目法人责任制》，以推动建设监理制的实施，尤其应抓紧举办工程建设项目法人学习班，学习《项目法人责任制》和《工程建设监理规定》等法规。

（二）按照市场经济的观念，监理单位的合理收入是维持建设监理事业健康发展的必要条件。根据大家的普遍反映，我国现行的监理费标准很低，应尽快提高监理费标准，以保证建设监理事业的健康发展。

（三）应尽快加强我国工程建设监理队伍的建设，特别是要加快监理工程师的注册管理工作。

七、关于发展中马建筑劳务协作的建议

在马来西亚考察中了解到，现阶段，该国的工程建设规模比较大。像吉隆坡的中心大厦工程占地 100 英亩，总投资 7 亿美元；新国际机场一期工程总投资近 40 亿美元；还有石油化工工程等。根据工程建设任务的要求，马来西亚有关部门预计：到 20 世纪末，共需要 60000 名工程师。现在，只有 19000 名左右，加上在培养的 20000 名，还缺少 20000名。就目前而论，也普遍感到技术人才严重短缺。然而，中国的工程建设技术人才却没有进入该国的建筑市场。究其原因，主要是马来西亚政府不允许。我驻马大使馆的官员也比较了解这方面的情况，并建议各有关方面积极地做好疏通工作。所以，考察团建议建设部进一步与有关部门联系，争取采取多种形式，早日为我国的建设队伍进入马来西亚建筑市场开拓途径。

八、关于考察问题的落实

（一）撰写考察报告并向各有关部门汇报

由刘廷彦负责汇总、整理《考察报告》，报建设部建设监理司和外事司，考察团其他成员可参照《考察报告》，结合自己的考察意见和工作向本单位报告考察情况，以促进本地区、本部门监理工作的发展。

（二）参考考察，修订我国的监理费标准

由建设监理司牵头，会同有关部门和单位尽快起草新的、比较科学的监理费标准。

（三）介绍、宣传考察情况

由考察团成员分别在有关刊物上介绍马来西亚和泰国的监理情况或其他考察观感等。

附：马来西亚吉隆坡新国际机场简介

近十几年来，马来西亚的经济有了稳定、快速的发展，基本上平均每年以7％以上的速度增长，有的年份增长速度高达15％。目前，马来西亚正朝着既定的发展目标——到2020年成为发达国家的目标前进。

为了把现有的经济增长速度延续到21世纪，马来西亚正着手实施一项以基础建设为主的发展计划。该计划的核心就是在吉隆坡远郊新建一个国际机场。该机场的兴建将带动从市区到机场沿途50公里两侧各种设施的开发建设，包括铁路、公路、金融、商业、旅游业、文化娱乐设施等服务业的发展。所以，马来西亚不仅把新机场的看作是其最新、最大的交通枢纽，看作是最漂亮的国际门户，而且，把它看作最具现代化的地区发展驱动中心。

一、建设新机场势在必行

从20世纪60年代中期开始，吉隆坡沙浜国际机场成为马来西亚的不要国际门户，担当着主要的空运业务。近五年来，由于经济的增长刺激了空运业务的发展，沙浜国际机场的运量平均以每年15％的速度增长。在今后的十年中，亚太地区的空运量预计将以每年12％～15％的速度增长。现有规模的沙浜机场容量远远满足不了快速增长的需求。研究结果表明，无论是地面交通，还是吞吐量的潜力，以及周围的环境等方面，沙浜机场不宜扩建，而应新建一个国际机场。

二、选择新机场地点的主要条件

1991年，马来西亚政府官员着手于机场地点的研究工作。先后对八个预选地点进行了详细地调查研究。并从以下五个方面进行评价，优选新机场地点：

1. 至少有10000公顷的土地面积，以适应近期空运量的需要，同时，要能满足将来扩建机场的要求；

2. 机场距离马来西亚首府吉隆坡不宜太远，以不超过30分钟的路程为宜；

3. 完全符合所有的航空要求；

4. 土壤地质条件好，也不影响生态环境；

5. 原有土地上障碍物较少。

优选结果，距吉隆坡市区50公里的塞滂村附近是新建机场的理想场所。

三、采取监理的模式确定总图设计

1992年，马来西亚政府委托英—日航空国际财团（AJAC）进行总图的研究工作。1992年12月，AJAC集团提交了机场方案设计报告。该报告由以下六部分组成：

1. 交通预测和机场平面开发战略；

2. 机场布局；

3. 空域规划；

4. 候机楼的综合分析；

5. 都市化和地面道路；

6. 资金计划。

1992 年 12 月，政府又委托荷兰的航空顾问公司（NACO）对 AJAC 公司的方案进行评审。1993 年 1 月就提出了评审意见，2 月完成了最终评审报告。

与此同时，政府还委托有关顾问公司进行环境效果评价（简称 EIA 研究工作）。1993 年 3 月，向政府提交了 EIA 的最终研究报告。

经反复论证，确定的机场总图方案是科学、先进的，并严格付诸实施，不允许随意更改。

四、设计的主要特点和参数

该机场建设采取分阶段进行的开发战略。

第一阶段：从 1994 年开始，到 1997 年底建成，1998 年开始使用，年客流量为 2.5 亿人次和 1 百万吨货物。

第二阶段：到 2008 年建成，年客流量达到 3.5 亿人次。

第三阶段：到 2012 年建成，年客流量达到 4.5 亿人次。

远景目标：到 2070 年扩建成年客流量为 10 亿人次的特大型机场。

第一阶段的建设投资约为 80～90 亿元马币（约合 240～270 亿元人民币）。主要用于征用土地、机场外公路、供水、供电等公用市政设施建设和机场内办公楼、候机楼、卫星楼、栈桥、滚动运输系统、两条跑道（规划为 4 条跑道），以及应有尽有的商业服务设施等。

五、自力更生，快速、优质建设

马来西亚政府对该机场的建设十分关注，不仅从政府有关部门抽调了骨干力量组成董事会负责机场的建设工作，而且，及时地拨款和协助筹措资金，使机场建设得以顺利进行。

建设如此现代化、规模如此庞大的机场，对马来西亚的建设者来说，毕竟是破天荒第一次，没有经验。但是，如果委托外商建设，工程费用将增加一倍。为了节省资金，马来西亚政府决定自力更生建设机场。在技术方面，他们通过国际招标的形式，博采众长，优选规划、设计，并加以评估。在施工中，他们实行了严格地监理。通过监理，保证了 50 来个国家的承建商在工地上有条不紊地施工。同时，对工程的建设投资和质量都做到了有效地控制。机场建设处的负责人讲，从实施的状况看，按照预定计划，到 1998 年初启用通航当没有问题。

中国工程建设监理考察团赴韩国考察报告（1988 年）

——韩国建设监理简介

韩国自 20 世纪 70 年代以来，随着经济的发展和工程建设任务的需要，加上一些桥梁工程事故的出现，国民对改善工程管理和提高工程质量的关心日益高涨。与此同时，韩国的建设业走向国际市场，面对着强手如林的竞争和挑战。基于以上两种原因，韩国开始推行工程建设监理制。到目前为止，建设监理体制已基本建立起来，现简介如下。

一、建设监理的管理部门

韩国的建设监理管理部门，在国家为建设部；在地方为各级建设主管部门。

建设监理协会协助政府做好有关工作。

二、监理法规

为了推行和完善建设监理工作，韩国陆续制定颁发了一系列有关法令。

1993 年 12 月，韩国建设部汇集出版了《建设技术管理法令集》。为了实施这些法令，1994 年，建设部又制定出版了《监理业务执行指则书》。同年，监理协会也制定出版了《建设工程检验要领》。

在上述文集中，对监理体制和内容做了明确和详细的规定；对工程监理涉及的各方的权力、义务和职责，都做了明细的划分；对国内外监理公司在韩国的登记和监理业务做了规定。

三、实行监理的工程

政府规定，国家、地方团体、法规规定的政府投资机关和其他由总统法令确定的机关发包的建设工程实行监理。

实行监理的工程又分全面责任监理和部分责任监理两种。

应实行全面责任监理的工程是：

1. 签约总工程费为 50 亿韩元（约合 5000 万人民币）以上的土木工程；

2. 签约总工程费为 50 亿韩元以上，或总建筑面积为 10000 平方米以上的建筑工程；

3. 上述两项以外，业主单位领导认为需要实行全面责任监理的建设工程。

部分责任监理的建设工程包括上述各项以外的建设工程，以及在桥梁、隧道、水闸等重要构筑物中，业主单位领导认为需要部分责任监理的工程。

四、有关监理单位和监理人员的规定

1. 监理人员。韩国把监理人员分为特级监理员、高级监理员、中级监理员和初级监理员四个等级。其中，初级监理员应具备的条件是：技师二级有 2 年以上工程建设经历，技师一级或大专毕业者有 3 年以上、中专毕业者有 6 年以上工程建设经历，以及具有学士学位者。其他三级监理员的条件逐次有所提高。

2. 监理单位。监理公司依法向建设部长申请登记。监理公司分为综合、土木和建筑三类。其中，综合类监理公司应有 10 名以上特级监理员；土木监理公司和建筑监理公司均应有 5 名以上特级监理员。政府法令对监理单位应具备的设施、设备能力也做了明确的规定。

韩国政府法令规定，对外国的监理公司不予登记。外国监理公司要想在韩国承担监理业务，只能承担韩国监理公司监理有困难的监理业务，或者是具有特殊技能，或掌握新的特殊工法施工的监理单位。外国监理公司在韩国承担监理业务，要依法办理申请、审批等项手续。

五、监理费用标准及构成

业主依法向监理公司支付监理费用。出现因物价变动、设计变更、业主提出变动，以及其他特殊情况时，可以调整监理费用。

1. 监理费用标准。韩国法令规定了两种监理计费标准。一种是监理工程需用的监理人·月数乘以标准月工资；一种是按工程概算的百分比计算。按照工程规模的大小，分别给定不同的百分比（工程概算为 50 亿～2000 亿韩元的工程，其监理费依次为 4.78%～2.03%，其余的按内插法计算监理费）。

2. 监理费的构成。监理费用由直接人员费，间接费，技术开发培训费，现场驻车费（包括出差费、车辆费、驻车费——为常驻直接人员费用的 30%），附加业务费等 5 项内容构成。

注：此稿原载于建设部监理司编印的《建设监理研究参政资料》，仅署名"建设监理司供稿"。此次刊用时，尚未核查到组团单位和人员名单，谨致歉意和诚谢！

中国工程建设稽察赴西欧考察报告（2001 年）
（国家计委重大项目稽察办亚行技术援助项目培训考察团报告之二）

关于瑞士通用公证公司（SGS）项目监管的考察报告

以国家计委重大项目稽察办主任曹长庆为团长、孙秀春为副团长的"国家计委重大项目稽察办高级培训考察团"于 2001 年 3 月 25 日至 4 月 8 日赴 SGS 英国分公司、比利时分公司和瑞士总部进行了培训考察。此次任务是执行亚洲开发银行技术援助项目 TA3375 号，由 SGS 公司提供技术支持。培训考察的重点是国外有关企业对公共项目建设监管情况。考察期间，先后有二十多名外国专家和政府官员举行了专题讲座，并与代表团进行了交流。此外，代表团还访问了英国国家审计署和瑞士联邦审计署，听取了有关公共项目审计情况的介绍。

国外有关机构和政府部门对公共项目建设监管情况和经验给我们留下深刻印象，也使我们从国外的经验及教训中得到了许多启示。特别是 SGS 作为私营企业和中介机构在项目监管中发挥的作用以及取得的效果，给我们展示了一种新的模式，开阔了我们的视野和思路，对我们研究完善重大建设项目监管新体系提供了参考。面对我国投融资体制的深化改革、面对加入 WTO 带来的机遇和挑战，我们深感进一步转变政府管理职能、改进对项目的监管方式并加大监管力度、规范市场的形态和行为已刻不容缓。

一、SGS 公司简况

SGS（Societe Generale de Surveillance）公司创建于 1878 年，是世界上较大的从事质量认证、检验和实验的国际性咨询公司之一。总部设在瑞士的日内瓦，在 140 个国家和地区设有 850 个分支机构（1991 年，该公司与我国国家技术监督局合资成立了"通标标准技术服务有限公司"）。SGS 公司现有 36000 名员工和 340 个实验室。SGS 公司成立 120 多年来，坚持独立、公正的经营原则，业务不断拓展，信誉逐步提高。尤其在商品检验、质量认证、资产评估、咨询、关税评估、保险和理财服务等领域，树立了良好的信誉，公司具有完善的质量认证体系和高质量的产品检验、设备材料检验的方式、方法。可以进行ISO9000 系列认证、各种安全技术性的认证以及信誉评价。就连一些国家的海关对 SGS公司检验认可的货物都给予免检。我们认为该公司在经营活动中有以下几个特点：

（一）作为一个中介机构始终保持独立的第三方的地位，客观地、实事求是地完成客户委托的业务。不为他人的意愿和要求所左右，以高质量符合标准的服务为业务之本。

（二）具备一批完全适应业务和市场要求的专业技术人员、有完备的工作制度及方法、有完善的检测和实验手段。

（三）倡导优质周到有价值的服务理念，即SGS公司每个员工熟知的三个"E"（Expertise，Everyday，Everywhere）——在任何时间、任何地点、提供专业化服务。

（四）要求全体员工在业务活动中严格遵守公司制定的道德规范。公司在廉正声明中强调"不论是客户愿望、营收成长、获利状况，或与此三者有关的指令，没有一样比廉正更重要"。

SGS公司作为私人企业，从农产品检验、认证向项目监管拓展，确立了其在公共项目监管业务活动中的重要地位。鉴于长期项目监管的经验，随着监测评价观念的转变，逐步完成了项目监测指标的科学化和量化，同时，将项目评价时段前移，加大了评价工作的比重，提高了评价的效益。

二、SGS作为中介机构在项目监管中的做法及主要特点

作为私营的中介机构，SGS的主要业务之一就是对项目进行监管。在西方国家，大部分项目的监管工作都是通过中介机构来实现的。而且，项目监管贯穿于项目实施的全过程。特别值得注意的是，SGS公司在项目监管中的内容之广泛，方法之细微，在整个监理活动中坚持公平、公正、物有所值的原则，在内部管理上严守道德规范，是十分突出的。这也正是SGS公司稳步发展、百年不衰的根本所在。这些方面都值得我们的政府部门以及中介机构等企业借鉴。

（一）SGS公司开展项目监理的做法

SGS公司于20世纪80年代中期开始从事项目监理工作，虽然时间不长，但发展很快。目前，其业务范围已相当广泛。按照专业划分，它的业务涉及化工、环保、轻工、冶金、机械、民航；按照工作性质分，其业务包括投资风险分析、项目评估（包括立项评估、随机评估和事后评估）、技术咨询、施工监理、设备制造监理等。所以，可以说，它的监理业务是全方位、全过程的，真正体现了工程建设监理的本来意义。

SGS公司从事项目监理的自有员工有100多人。其中，绝大多数具有大学学历并取得学位的人员，有一定的工作经历和经验。但不从事工程设计工作，更不从事工程项目的投资、施工等。所以，它是一个纯净的监理单位，这也是保持监理工作公正性的有力保证。

在具体的项目监理工作中，SGS公司针对不同项目、根据业主的不同授权，采取不同措施，紧紧围绕质量、数量和价格问题，千方百计进行监控管理，从而，取得了较好的成效。

现就几个具体监理事例简介如下。

1. 事前认真研究，制订周密的实施计划，做好予控

——受英国审计署的委托，监理大学的设备采购

SGS公司接受此项监理业务后，组建了以采购专家为主的监理班子。他们首先对采购的项目进行审查，准确地把握采购的目的和必要性，紧接着，他们利用SGS公司分枝机构遍布全球的优势和庞大、完整、丰富的信息资料库的优势，利用快捷的通信工具，展

开市场调查。在对市场调查的研究、分析的基础上，他们制订了较详细的采购予控计划：

1）采购的品名、型号、性能、数量。

2）直接向生产厂家采购而不委托中介机构。

3）研究确定付款的方式、方法。

4）综合考虑设备运输和安装条件的限制。

5）使用当地的货币，而不使用英国货币。

6）采用国际通行的、规范的招标程序。

7）采用主机与附件分开采购的方式，而不采用一篮子采购方式，以减少费用。

该采购计划得到业主确认后，严格地进行实施，从而，节约了大量资金。他们还协助学校编制设备、仪器清单并输入计算机，以方便同一学校的各院系之间互相查询、使用，达到资源共享的目的。

2. 目实施过程中，按照编制的计划，严格地进行监理

——受菲律宾政府的委托，对电站进口设备进行装船前监理

有些国家（特别是非洲国家）海关力量比较弱，或者对某些设备的检验能力不强，往往委托中介机构承担设备装船前的一系列检查工作（装船前监理）。由于 SGS 公司在国际上的信誉较高，经由 SGS 公司检验的货物，一般各海关、各有关检验单位都免检。这样，就加快了货物的运转。同时，SGS 公司严格地按照相关规定，详尽地登录进出口货物的品名、编号，从而，保证了进口国收取合理的关税（有些国家，关税收入占国民经济总产值的 50%，因此，保证关税的合理收入，对这些国家至关重要）。

岛国菲律宾政府建一电站，该项目总投资 5 亿多美元。其设备大多为进口。这些设备质量的优劣、价格的高低，以及能否及时地运抵安装工地等，对该项目的建设至关重要。为了把好这几关，菲律宾政府就委托 SGS 公司承担设备装船前的监理工作。

装船前的监理，一般是指对设备的制造、包装、运抵码头这三个环节的各项工作的监理（一般不包括设备的采购）。SGS 公司对装船前的设备监理，主要是做好以下几项工作。

1）检查设备的生产工艺是否良好，是否能保证产品质量。

2）检查制造的设备是否符合采购合同的要求。

3）检查设备的数量是否与采购合同一致。

4）检查设备的用途是否与采购合同吻合。

5）检查设备的安全性，包括是否适用于当地的条件（如工作电压的许用范围、易燃易爆品有无标志等）。

6）检查设备说明书的标准性、完整性。

7）检查设备的其他相关文件资料是否正确、齐全。

8）检查设备的原产地是否准确。

9）检查设备的标牌是否准确、完备。

10）检查设备是否符合进口国的规定。

11）检查设备运抵码头的方案是否安全、合理。

需要强调的是，上述各项检验都必须由 SGS 公司的人员亲自检查，不允许找人代替；也不许图省事，改为抽检，即使是一个标签、一个铅封也不放过，要逐一过目。从而保

证：凡 SGS 公司承担的装船前监理的设备等货物性能良好、准确无误。

3. 项目实施后，周密地监理，查实问题，挽回损失

——对比利时 60 万吨乙烯扩建项目的监理

比利时的化工企业不多，较大的石化企业等大多建在安特卫普港两侧。1998 年，某石化企业的规模为年产乙烯 45 万吨。1999 年，根据市场发展的需要，要扩建为年产乙烯70 万吨的规模。

扩建初期，因原厂内有一部分工程技术人员（几年来，该厂不断扩建）等原因，而由厂方自行管理扩建工作。实施中，一方面感到自行管理比较繁重，另一方面，初步发觉有问题。于是，于 1999 年末，委托 SGS 公司对该扩建项目进行监理。

SGS 公司受委托后，首先对已实施的工程进行核验检查（为事后监理），发现了大量问题。诸如多报工程量、多报用工人数、重复计付工程款、超计划时限租用脚手架，以及施工图严重错漏，合同漏洞严重等，使工程项目业主蒙受了重大损失。

之所以能迅速查出上述诸多问题，一是 SGS 公司的监理人员工作态度一丝不苟，专业水平高、工作能力强；二则，是他们的工作方法周全严密。归纳起来，他们主要采取以下几种方法，深入细致地进行监理。

1）首先对工程项目的所有文件进行梳理、清查，核对各项工作的依据是否可靠、合理。发现文件管理混乱，甚至缺项。

2）审查合同是否合理、严密。发现了不少漏洞和不妥之处。

3）核查项目的财物支付。发现重复支付、超合同支付、高价支付、超前支付等问题。

4）深入现场核查。发现超时限闲置租用脚手架；发现管道超规格计算工程量、土方多计算工程量。

5）核审施工图。发现设计深度满足不了施工要求，甚至有许多差错，如管道图只画出立体示意图、标注的管径差错很多，且不衔接。

通过监理，不仅查出了许多问题，挽回了经济损失，而且堵塞了漏洞、强化了管理，为最终完成扩建、较好地发挥投资效益奠定了基础。

（二）充分利用现代化管理手段

目前，发达国家已经广泛应用计算机信息系统对业务活动进行管理，以及对项目进行实时监控。SGS 公司应用先进的计算机管理手段开展了三个方面的工作。

1. 开展电子商务，着重开拓了创新增值服务。SGS 在互联网上为买卖双方建立信任，将虚拟与现实链接起来。对供应商提供评级服务，依据 SGS 的标准对供应商进行客观、公正的评审，并颁发评级标志，标志分为三类：蓝色标志、银色标志和在评标志。SGS在互联网上提供资信认可信息，双方可通过互联网查询结果，判定对方是否有能力满足要求。此外，SGS 还在网上开展资料确认服务、待运产品确认服务和产品送样抽样服务。

2. 向用户提供了一个宽幅的价值网。不但减轻了自身的业务工作量，如对各地报来的价格可直接进行对比而不再检验，同时，也可以为政府以及厂商提供咨询帮助，可以方便地进行政府难以完成的价格调查等项工作。SGS 利用其业务工作的独特优势，将进出口检验和交易记录的有关数据进行汇总，建立了数据库。该数据库的资料几乎覆盖各个领域的商业信息，而且数据可靠、更新快。目前已将全球贸易 8％的数据记录在 SGS 网络的数据库中，从而，使之成为一个很有实用价值的数据库，被广泛使用。

3. 应用计算机信息系统进行项目管理。目前 SGS 使用美国微软公司的通用项目管理软件（PROJECT2000）对项目进行管理，并通过互联网或报表的方式实现数据的采集和交换。随时掌握包括计划及调整、工程进度、资金使用等情况，并与计划进行时事对比。同时，设置了相应的技术指标体系，应用其软件对数据进行分析。由于项目的实施单位、监管单位都具备计算机使用的基本条件，技术管理水平比较均衡，因此使用比较广泛。在 SGS 监管的项目中大约 80％以上的项目都实行了计算机管理。

（三）建立完善的专家咨询系统

SSG 公司的 36000 名员中，大都是不同行业的专家。他们还根据不同的业务需要聘用专家。这些专家主要承担各种咨询、项目评估、检验和认证等工作。此外，还建立了完善的专家咨询网络，拥有大量的各种行业的专职、兼职专家和临时聘用的专家。为了节约开支、提高效率和增加效益，公司将员工减少到最低限度，甚至在作为公司主要业务的装船检验工作中，也有一部分检验技术专家是临时雇佣的。这些人员都有相关的资质证书，并且与公司保持经常的密切联系，在接到公司的通知后，保证在规定的时间内即可到达现场。

（四）注重项目采购风险管理

SGS 公司的主要业务之一就是帮助客户减少风险。

在发达国家，无论是政府还是企业都将风险管理贯穿于项目监管的全过程，特别是注意研究防范措施，把风险降低到最小限度。对此，SGS 积累了对项目实施各个阶段风险的详细分析资料，并有其独到的见解。根据研究成果报告显示，近些年来，"发达国家综合项目的成功率并不高，美国近十年的投资贷款有 59％均告失败"。因此，发达国家更重视项目的风险管理，把它提高到了十分重要的位置。

SGS 进行综合项目独立监控服务，具有一定的优势，他有跨地区跨行业的分支机构、有现场实物检验的经验和能力、有数据和流程管理经验、有综合管理实力、可提供适合当地需求的服务，并具有公正性、独立性。对综合项目的独立监控服务宗旨是，加强项目运作能力、并拥有持续而稳定的未来。其监控过程分为三个阶段：风险测定；质量认定；重点监控潜在风险。

第一，风险测定：通过风险测定明确监控的目标和范围，确定项目执行过程中的优势和劣势，对项目执行过程和结果进行效益分析，测定风险和制定具体的纠正和预防实施方案。监控重在预防和纠正。

第二，重点监控潜在风险：突出监控过程中的透明度和效益性。通过完善的机制来减少风险并提高技能。完成项目管理和执行状态及问题的跟踪报告，制定纠正性和预防性实施方案。提高资金的总体执行效益。

第三，质量认定：为降低项目实施过程中的风险，SFS 公司突出对项目执行机构内部质量管理体系的认证，还对对一些服务项目、生产程序或产品给予认证，以减少运作风险，实现预期的效益目标。

SGS 通过综合项目独立监控服务达到了如下目的：促进项目的执行和管理，达到物有所值；通过加强项目管理，实现技术更新；确保项目质量；保护股东利益，树立公众形象。

在对公共采购过程风险分析中，SGS 把主要风险以及防范的措施，大致分为十二类：

1. 提出需求时的风险和防范方法；

2. 制定预算过程中的风险和防范方法；

3. 财务管理方面的风险和防范措施；

4. 制定采购方案的风险及防范；

5. 确定标准、资格的风险及防范；

6. 投标资格预审及确定短名单的风险及防范；

7. 邀请的风险及防范；

8. 评标过程中的风险及防范；

9. 签订合同时的风险及防范；

10. 采购数量的风险及防范；

11. 质量风险及防范；

12. 付款时的风险及防范。

（五）SGS严谨而卓有成效的人事管理

如前所述，SGS公司遍及全球140个国家和地区的850个业务机构，拥有36000名业务人才。如何把握如此庞大而分散的企业队伍，SGS在漫长的一百多年的成长过程中，逐步营造了一套既普通又有自己特色的人事管理体制。正是这套管理体制，有效地引导并约束着员工勤奋地工作。

1. 人事管理的组织体系

从总体上讲，SGS公司不设庞大的人事管理机构，而是用人与管人一体化，即由部门或机构的负责人管人事。只是在总部，由于人事工作量较大，而设立了人力资源部，同时还设有不隶属公司的廉正监督委员会（由公司董事长、总裁、外聘法律顾问和秘书长4人组成）。该委员会下设办公室，负责处理日常事务，遇有重大问题时提交委员会决策。各地分支机构均设有审计部，负责检查各项业务活动中有无违规行为。审计部对分支机构的领导人负责。

2. 人事管理制度

1）录用制度。公司录用正式员工有一套惯用而严肃的程式。即个人申报、面试、考试、考核。四项都得到认可，方可成为公司正式员工。就连普通的检验员，也要经过面试、岗前教育、实习、提交总结报告。四项都得到认可，才能成为正式检验员。

2）培训制度。SGS公司针对不同的对象举办不同的培训。

①对一般员工的提高培训。由人力资源部与洛桑管理学院联合举办。通过培训，使每个人都明确自己的发展方向。每年约120人参加培训。

②业务培训。由各部门或分支机构负责组织。主要根据工作需要而举办讲座形式的培训。如举办所在国文化背景的培训、财务管理知识培训、市场开发能力培训、基本技能培训等。

③中高层管理者培训（又称国际管理培训），这种培训每期10人，时间为12个月或18个月。参加培训人员需由所在部门推荐，提出培训理由、发展方向、培训后的使用计划。人力资源部面试合格后，再综合平衡确定名单。培训方式是轮流到各部门工作一段时间，最后由指导老师作出全面评价，并提出使用方案交人力资源部。评价的内容主要包括：工作经历、语言能力、领导潜能、工作干劲、知识背景、文化意识以及对公司的热爱

程度等。公司现有的高层管理者中有三分之一都参加过这种培训。

3）考核评价制度。人力资源部组织外部咨询单位对公司中层员工评估。由咨询公司出面征求意见，并把从不同层面征求到的意见原原本本地反馈给本人。咨询单位对评价对象群体提出综合评价，使人力资源部门明确今后的培训重点。对个人的评价，由个人自行决定是否向人力资源部报告（一般有 40%～50% 的人自行报告）。

4）用人回避制度。各地分支机构的负责人，一般不由当地人出任；有亲属关系的人不得在同一部门工作；各分支机构的负责人也定期轮换。

3. 企业文化教育

SGS 公司在百年的成长过程中积累和形成了自己的企业文化。归纳起来主要有 4 点。

1）企业理念：企业理念是创新、领先、职业化。

2）服务宗旨：为客户提供服务就是要为客户增殖。

3）道德规范：对客户负责就是最好的商业道德。

4）团队精神：分析每个团队人力资源构成，着力教育第一线的反对派。使团队形成最大的合力。

三、SGS 公司项目监管方式对我们的启示及建议

与发达国家相比，我国的项目监管仍处于发展阶段，缺乏科学的手段，方式方法有待于进一步完善，尚未形成一种较为完整的模式。为了较好地发挥重大建设项目的效益，必须强化监管。同时，项目监管拟应从事后检查为主逐步向予控为主转变。加强防范，把问题消灭在萌芽状态，避免发生重大的失误。通过对 SGS 公司的考察，使我们对该公司的基本情况以及它的监理业务工作有了初步的认识。作为一个私营企业，能够经久不衰，且不断发展壮大，确有其独到之处，值得我们借鉴。我们认为，尤其在以下几方面，应参照 SGS 公司的做法，进一步改进我们的工作。

（一）拟尽快前移对项目的监管

1998 年成立稽察办以来，虽然做了大量工作，取得了明显成效，但是，这些工作毕竟都是在问题发生之后进行查处的，有些损失已成既定事实，是永远也不能弥补、无法挽回的。因此，应着力从体制上加强监管——这是最好的予控。如招标中的不规范行为多为项目单位所致，所以应研究对策，加大力度完善实施项目法人责任制；项目立项之后，应抓紧对项目法人代表进行必要的培训教育。其二，作为稽察工作，不能长期停留在事后稽察阶段，而应向工程建设的前期推进。如协助开展项目法人代表培训；定期或不定期地跟随项目建设进度随机稽察；借助监理单位的力量对项目建设的具体实施进行全方位的、及时地稽察。

（二）程序性稽察拟与监理性具体检查紧密结合

现阶段，我们的稽察工作多以对工程项目的建设程序中的问题稽察为主，辅以对工程质量和项目财务上的突出问题进行具体的稽察。随着相关法规的完善、市场经济体制的确立、市场交易行为的规范，项目建设程序上的问题的解决指日可待。但是，对项目建设作出完整的准确的稽察意见，诸如对项目质量问题、资金使用问题等，单靠感官认识，或别人提供的资料是难以奏效的。所以，应象 SGS 公司那样，进行细致入微的检查工作，把监理的检验方式方法引入我们的项目稽察中。稽察办在提高自身素质、建立专家库的同时，应辅以必要的监测手段，提高对项目监测的能力。

（三）在项目监管过程中发挥中介机构的作用

随着国家经济体制改革进一步深化，政府的主要职能逐步向监督、检查和服务方面倾斜。如何在投资巨大、行业广泛、数量众多的建设项目领域进行宏观调控，同时又对建设项目进行有效的具体监管，是一个需要不断深入研究的课题。通过对 SGS 公司业务工作的分析研究，我们认识到，进一步调整和改变监管的方式，扶植、培育并注意在项目监管的过程中充分发挥中介机构的作用，是十分必要的。例如，SGS 这样的中介机构有其独特的优势，它掌握着广泛的信息和技术资源，拥有各种先进的技术和监理手段，以及相应的各类专家和技术人员，其功能及其方式、手段等是政府部门的职能难以实现的。因此，在具体的监理活动中发挥着政府部门所无法替代的作用。

随着我们项目稽察工作的不断深入，许多具体的、专业化的问题呈现在我们面前，由于政府的职能无法覆盖和延伸到所有的项目实施的时段，在监管实施的过程中形成了一定的空间。因此，充分发挥中介机构在项目监管过程中的第三方独立的功能，实现政府部门、中介服务机构、项目实施单位三者的有机组合，是完善对项目监管的最佳模式。

自 20 世纪 80 年代，我国工程建设领域的中介机构成立以来，发展很快，也取得了突出的成效。但是，距国家的要求，以及与象 SGS 公司那样成熟的中介机构相比，一是总体素质，二是工作深度，三是其行为的公正性等差距还很大。所以，在政府推进政企分开、完善法规，创建良好的市场环境的同时，中介机构应着重从自身抓起，大力强化职业道德教育、强化技术素质教育，努力提高我国中介机构的总体能力和水平。

（四）建立完善的风险管理机制

通过对 SGS 项目管理的考察和近三年的稽察实践，我们认为，在作好项目稽察的同时，应加强项目风险的防范。在发达国家，无论是政府还是企业都将风险管理贯穿于项目监管的全过程，特别是注意研究防范措施，把项目风险降低到最小限度。SGS 的成功之处就是，进行独立的评估和检验认证以及给出实事求是的建议，使用户减少风险，物有所值。

风险管理对我们来讲并不是一个新课题，但实际上在我国项目实施的过程中，远没有形成风险管理的定式，甚至缺乏风险管理的概念，特别是对隐含的风险，没有深入地分析，更没有认真研究相应对策，对可能发生的问题，缺乏必要的准备，往往仅是事后检查纠正，项目建设中难以挽回的损失时有发生。这方面，我们与发达国家形成了较大的反差。因此，为了保证建设项目发挥较好的效益，我们的项目监管过程必须引入风险管理，并结合我国具体实际问题总结风险要点，认真研究适合于我国具体情况的防范方法。

（五）完善项目监测及评价系统

发达国家经过市场经济长期的发展，一种以中介机构为主体的较为完善的监管体系已经形成。而且，普遍使用了现代化的管理方法和手段。例如，在 SGS 监管的项目中，80％以上的项目都在使用计算机进行监控。我国的项目监管体系还很不健全，对项目监管的工作还很不规范，信息反馈迟缓且不完整，甚至不准确。致使建设项目的投资情况、资金使用情况、工程进度等缺乏有效地协调和控制。建设项目中发生的问题也不能得到及时地解决。同时，给国家的政策制定和宏观经济决策带来了一些不利影响。所以，对重大建设项目的监管，有必要建立监测信息系统。

按照 SGS 公司的经验和目前对项目监管的一般认识，完善的项目监测系统应包含三方面的内容：以综合效益为目的的明确的管理目标；较为完整的、科学的、可量化的评价指标体系；全过程的数据收集和分析处理。同时，应有公开和公正的评价体制和方法。

目前，我国以检查为主旨体的监督体系已经基本形成，对项目监管的目标也较为确定。关键的问题是，尚未建立一套较为完整的、科学的、可量化的监管及评价指标体系，数据的采集和整理也受到整体管理水平的制约，数据的完整性和可靠性难以保证。因此，使得监管工作困难重重，评价结果失去了应有的意义。此外，我们的检查工作还存在两个误区，一是各部门各行业的重复检查使项目不堪重负。二是检查标准不统一，致使被检查单位无所适从。检查走过场。SGS 的经验告诉我们，进行项目监管必须建立规范的项目监管体系，要有一个完善的项目监测信息系统。同时，要研究制定一套适合于项目特点的、操作性较强的、可量化的项目监管指标体系，以适应我们稽察工作的需要，提高整体管理水平，最终实现项目管理的目标。

（六）建立稽察工作的专家库和咨询系统

工程建设项目的稽察，不同于一般的行政管理，开展深入细致的稽察更需要大批的专家。充分发挥专家咨询的作用，稽察结果才能更具有科学性和权威性。即使是维持程序性的稽察，也往往需要临时聘请许多专家。因此，为进一步搞好稽察工作，建立专家库势在必行。目前，不少部门和地方都建立了专家库。我们所需要的专家往往也是在这个范围里挑选。因此，比较现实快捷的办法就是与国务院各部门协商，请他们推荐相关行业的专家，经审核、试用后确认聘用，并将相关资料输入稽察办的专家库。同时，征得其他主管部门的同意，与之签订工作协议。另一方面，稽察办应抓紧培养一批自有的专家队伍。除此以外，还可以与相关的大学、科研、设计、咨询等单位联系，建立一定的协作关系，委托他们承担专项的咨询工作。从而，充实稽察工作的专业力量，提高稽察工作的专业水平。

（七）规范和严格的人事制度在稽察活动中应发挥重要作用

SGS 公司成立一百多年来，之所以经久不衰，其中一个主要的原因就是育好人、管好人、用好人。它的培训教育内容丰富而新颖，层次分明而实用，方法灵活而目标明确。稽察办成立已两年多，工作千头万绪，人员构成也多种多样。为了进一步搞好工作，应制定系统的培训计划，有目的、有步骤地提高人员素质和工作能力。SGS 公司在管理方面制订的道德规范比较实际，且行之有效，为了执行规定而不惜放弃眼前的商业利益。一个私营企业，能把廉正和道德规范放在如此突出的位置，是我们始料不及的。我们建议，借鉴 SGS 公司的廉正规范，进一步修改、完善稽察守则，搞好稽察廉政建设，确立稽察的好形象，提高稽察的声誉和影响度，促进稽察事业健康发展。

国家计委重大项目稽察特派员办公室
赴亚洲开发银行高级培训团
二〇〇一年四月十五日
四月二十八日修改

附：瑞士通用公证公司（SGS）开展项目监理的做法

SGS 公司于 20 世纪 80 年代中期开始从事项目监理工作，虽然时间不长，但发展很快。目前，其业务范围已相当广泛。按照专业划分，它的业务涉及化工、环保、轻工、冶金、机械、民航；按照工作性质分，其业务包括投资风险分析、项目评估（包括立项评估、随机评估和事后评估）、技术咨询、施工监理、设备制造监理等。所以，可以说，它的监理业务是全方位、全过程的，真正体现了工程建设监理的本来意义。

SGS公司从事项目监理的自有员工有100多人。其中，绝大多数具有大学学历并取得学位的人员，有一定的工作经历和经验。但不从事工程设计工作，更不从事工程项目的投资、施工等。所以，它是一个纯净的监理单位，这也是保持监理工作公正性的有力保证。

在具体的项目监理工作中，SGS公司针对不同项目、根据业主的不同授权，采取不同措施，紧紧围绕质量、数量和价格问题，千方百计进行监控管理，从而，取得了较好的成效。

现就几个具体监理事例简介如下。

一、事前认真研究，制订周密的实施计划，做好预控

——受英国审计署的委托，监理大学的设备采购

SGS公司接受此项监理业务后，组建了以采购专家为主的监理班子。他们首先对采购的项目进行审查，准确地把握采购的目的和必要性，紧接着，他们利用SGS公司分枝机构遍布全球的优势和庞大、完整、丰富的信息资料库的优势，利用快捷的通信工具，展开市场调查。在对市场调查的研究、分析的基础上，他们制订了较详细的采购予控计划：

1. 采购的品名、型号、性能、数量。

2. 直接向生产厂家采购而不委托中介机构。

3. 研究确定付款的方式、方法。

4. 综合考虑设备运输和安装条件的限制。

5. 使用当地的货币，而不使用英国货币。

6. 采用国际通行的、规范的招标程序。

7. 采用主机与附件分开采购的方式，而不采用一篮子采购方式，以减少费用。

该采购计划得到业主的确认后，严格地进行实施，从而，节约了大量资金。他们还协助学校编制设备、仪器清单并输入计算机，以方便同一学校的各院系之间互相查询、使用，达到资源共享的目的。

二、项目实施过程中，按照编制的计划，严格地进行监理

——受菲律宾政府的委托，对电站进口设备进行装船前监理

有些国家（特别是非洲国家）海关力量比较弱，或者对某些设备的检验能力不强，往往委托中介机构承担设备装船前的一系列检查工作（装船前监理）。由于SGS公司在国际上的信誉较高，经由SGS公司检验的货物，一般各海关、各有关检验单位都免检。这样，就加快了货物的运转。同时，SGS公司严格地按照相关规定，详尽地登录进出口货物的品名、编号，从而，保证了进口国收取合理的关税（有些国家，关税收入占国民经济总产值的50%，因此，保证关税的合理收入，对这些国家至关重要）。

岛国菲律宾政府建一电站，该项目总投资5亿多美元。其设备大多为进口。这些设备质量的优劣、价格的高低，以及能否及时地运抵安装工地等，对该项目的建设至关重要。为了把好这几关，菲律宾政府就委托SGS公司承担设备装船前的监理工作。

装船前的监理，一般是指对设备的制造、包装、运抵码头这三个环节的各项工作的监理（一般不包括设备的采购）。SGS 公司对装船前的设备监理，主要是做好以下几项工作。

1. 检查设备的生产工艺是否良好，是否能保证产品质量。

2. 检查制造的设备是否符合采购合同的要求。

3. 检查设备的数量是否与采购合同一致。

4. 检查设备的用途是否与采购合同吻合。

5. 检查设备的安全性，包括是否适用于当地的条件（如工作电压的许用范围、易燃易爆品有无标志等）。

6. 检查设备说明书的标准性、完整性。

7. 检查设备的其他相关文件资料是否正确、齐全。

8. 检查设备的原产地是否准确。

9. 检查设备的标牌是否准确、完备。

10. 检查设备是否符合进口国的规定。

11. 检查设备运抵码头的方案是否安全、合理。

需要强调的是，上述各项检验都必须由 SGS 公司的人员亲自检查，不允许找人代替；也不许图省事，改为抽检，即使是一个标签、一个铅封也不放过，要逐一过目。从而保证：凡 SGS 公司承担的装船前监理的设备等货物性能良好、准确无误。

三、项目实施后，周密地监理，查实问题挽回损失

——对比利时 60 万吨乙烯扩建项目的监理

比利时的化工企业不多，较大的石化企业等大多建在安特卫普港两侧。1998 年，某石化企业的规模为年产乙烯 45 万吨。1999 年，根据市场发展的需要，要扩建为年产乙烯 70 万吨的规模。

扩建初期，因原厂内有一部分工程技术人员（几年来，该厂不断扩建）等原因，而由厂方自行管理扩建工作。实施中，一方面感到自行管理比较繁重，另一方面，初步发觉有问题。于是，于 1999 年末，委托 SGS 公司对该扩建项目进行监理。

SGS 公司受委托后，首先对已实施的工程进行核验检查（为事后监理），发现了大量问题。诸如多报工程量、多报用工人数、重复计付工程款、超计划时限租用脚手架，以及施工图严重错漏，合同漏洞严重等，使工程项目业主蒙受了重大损失。

之所以能迅速查出上述诸多问题，一是 SGS 公司的监理人员工作态度一丝不苟，专业水平高、工作能力强；二则，是他们的工作方法周全严密。归纳起来，他们主要采取以下几种方法，深入细致地进行监理。

1. 首先对工程项目的所有文件进行梳理、清查，核对各项工作的依据是否可靠、合理。发现文件管理混乱，甚至缺项。

2. 审查合同是否合理、严密。发现了不少漏洞和不妥之处。

3. 核查项目的财物支付。发现重复支付、超合同支付、高价支付、超前支付等问题。

4. 深入现场核查。发现超时限闲置租用脚手架；发现管道超规格计算工程量、土方多计算工程量。

5. 核审施工图。发现设计深度满足不了施工要求，甚至有许多差错，如管道图只画

出立体示意图、标注的管径差错很多，且不衔接。

通过监理，不仅查出了许多问题，挽回了经济损失，而且堵塞了漏洞、强化了管理，为最终完成扩建、较好地发挥投资效益奠定了基础。

四、体会和建议

通过对 SGS 公司的考察，使我们对该公司的基本情况以及它的监理业务工作有了初步的认识。作为一个私营企业，能够经久不衰，且不断发展壮大，确有其独到之处，值得我们借鉴。我们认为，尤其在以下几方面，应参照 SGS 公司的做法，改进我们的工作。

（一）拟尽快前移对项目的监管

我国自 1998 年成立稽察办以来，虽然做了大量工作，取得了明显成效，但是，这些工作毕竟都是在问题发生之后进行查处的，有些损失已成既定事实，永远也不能弥补、无法挽回。因此，应着力从体制上加强监管——这是最好的予控。如招标中的不规范行为多为项目单位所致，所以应研究对策，加大力度完善实施项目法人责任制；项目立项之后，拟应抓紧对项目法人代表进行必要的培训教育。其二，作为稽察工作，不能长期停留在事后稽察阶段，而应向工程建设的前期推进。如协助开展项目法人代表培训；定期或不定期地跟随项目建设进度随机稽察；借助监理单位的力量对项目建设的具体实施进行全方位的、及时地稽察。

（二）程序性稽察拟与监理性的具体核查紧密结合

现阶段，我们的稽察工作多以对工程项目的建设程序中的问题稽察为主，附以对项目财物上的突出问题进行具体的稽察。随着法规的完善、市场经济体制的确立、市场交易行为的规范，项目建设程序上的问题的解决，指日可待。但是，对项目建设作出完整的准确的稽察意见，诸如对项目质量问题、资金使用问题等，单靠感官认识，或别人提供的资料是难以奏效的。所以，拟应象 SGS 公司那样，稽察办在提高自身素质，在建立专家库的同时，辅以必要的监测手段，提高自身的监测能力。

（三）我国的中介机构尚须努力工作

自 20 世纪 80 年代，我国工程建设领域的中介机构成立以来，发展很快，也取得了突出的成效。但是，距国家的要求，以及与象 SGS 公司那样成熟的中介机构相比，一是总体素质，二是工作深度，三是其行为的公正性等差距还很大。所以，在政府推进政企分开、完善法规，创建良好的市场环境的同时，中介机构应着重从自身抓起，大力强化职业道德教育、强化技术素质教育，努力提高我国中介机构的总体能力和水平。

第二章　建设监理的法律地位研究

我国的建设监理是改革开放之后，诞生不久的新生事物。虽然迄今已有二十多年的发展历程，但是，对于人类历史长河来说，还是十分短暂的。建设监理的现实状况，无论是其法规建设，还是监理队伍总量；无论是监理的覆盖范围，还是监理工作的规范程度；无论是监理技术的成熟性，还是监理工作的社会认知度等，无不突显出建设监理仍处于初始发展阶段的特性。正因为如此，有必要认真研究其法律地位，从而理清其权责利，恰当地处理相关问题，以期促进这项新生事物的健康成长。

建设监理的法律地位，就是指法律主体——建设监理，享受权利与承担义务的资格，或者说，是指建设监理在法律关系中所处的位置。

本章所研究的建设监理的法律地位，包含两部分：一部分是指现行法规已经确定的建设监理的法律地位；另一部分是指借鉴国际惯例，建设监理应有的法律地位。同时，就现阶段建设监理实际背负的法律责任状况进行辨析，以求逐渐确立建设监理完善的法律地位，促进建设监理事业的发展。

第一节　建设监理法规体系

依照法学的基本概念，建设监理法规应当归属经济法系统。建设监理法规是经济法律中建设法的一个分支。现阶段，监理法规的层级比较低，而且，多数是部门或地方规章的形式。尽管如此，为了充分认识这一改革开放后诞生的新事物，更为了引导、促进，甚至可以说为了保障其健康发展，研究、认识建设监理法规体系，在现阶段，具有突出的实际意义。

一、建设监理法规体系的要义

所谓建设监理法规体系要义，主要包括：建设监理法规体系重要意义，以及建设监理法规体系的重要内容等。

众所周知，法规隶属于上层建筑。由此可知，建设监理法规是建设监理在建设领域中，自身地位、活动规律及其与相关主体关系的反映。对于一项新生事物来说，建设监理法规更是引领建设监理成长的规范，及其健康发展成长的保障。建设监理法规由其所处的地位及其本性所决定。

关于建设监理的地位及其本性，《工程建设监理规定》第十八条指出："监理单位是建筑市场的主体之一，建设监理是一种高智能的有偿技术服务。监理单位与项目法人之间是委托与被委托的合同关系；与被监理单位是监理与被监理的关系。监理单位应按照'公正、独立、自主'的原则，开展工程建设监理工作，公平地维护项目法人和被监理单位的合法权益。"这一规定，就建设监理的问题，明确了五个要点：

一是强调了"监理单位是建筑市场的主体之一";

二是明确了建设监理的"服务性";

三是明确了建设监理与项目法人之间的委托和被委托关系;

四是明确了建设监理与承建商之间监理与被监理的关系;

五是强调了建设监理的独立性、公正性和中介性。

建设监理的性质,取决于对它的定位。所以,建设监理有了"建设市场的主体之一"的定位,就基本上决定了建设监理的性质——独立性、公正性及其服务性。这条规定,既是对建设监理这项新生事物的客观反映,更是指引其快速发展的指路明灯。贯彻落实《工程建设监理规定》,取得了 20 世纪 90 年代后期建设监理快速发展的事实,就是最好的例证。

再如,关于建设监理的取费问题,这是制约建设监理发展的经济杠杆。作为企业,没有经济支撑,则难以为继。我国在开创建设监理的初始阶段,1988~1991 年,虽然开展了不少监理试点,但是,由于迟迟未能解决监理取费合法化问题,而影响了建设监理试点的扩大。1992 年,建设部与国家物价局联合制定颁发了《建设监理取费办法》(〔1992〕价费字 479 号)之后,有力地推动了建设监理的发展。

随着建设监理活动的扩展,因该办法的标准逐渐显得低下,又制约了建设监理的发展,而不得不重新修订。

当然,有关建设监理法规建设的类别,尤其是,关于建设监理人才培育、管理问题;关于监理队伍建设问题;关于监理企业管理问题;以及逐渐向工程建设全过程推进建设监理问题等,都需要制定相关的法规。同时,还应当制定更高层次的、系统的、完整的建设监理法规,以便更全面地反映建设监理的全貌,更科学地规范建设监理,更有力地指导建设监理事业的发展。

总之,建设监理的法规建设必须真实反映建设监理的客观状况,必须符合建设监理的发展需要。唯此,才能发挥法规建设的基本要义,起到应有的保驾护航作用。因此,分析建设监理法规体系现状,研究该体系的基本框架,对于建设监理事业的发展具有突出的现实意义。

二、建设监理法规体系架构

一般来说,法规体系架构包括法律、行政法规、部门规章、相关细则,以及地方相应的法规规章等。当然,对于建设监理法规体系来说,也不例外。在理论上,建设监理法规体系也应当由相应的法律、行政法规、部门规章等构成。同时,还应当包括不同地区,为贯彻建设监理相关法规,而因地制宜制定的地方性法规、规章。第三,由于建设市场三元结构体系间的关联性,以及建设监理与社会上其他方面的关联性,在其他法规方面,也要制定相关建设监理的条款。所以说,完善的建设监理法规体系应当由主体、辅助和旁系法规三大块构成。如图 2-1 所示。

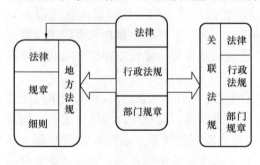

图 2-1　建设监理法规体系构成示意

三、现行建设监理法规体系

关于建设监理的法律问题，应当说，现阶段还处于完善发展过程中。综合现有的相关法规，建设监理的法规体系由直系法规和旁系法规两部分组成。

直系——建筑法、监理条例、监理规定、监理企业资质规定、监理师注册规定、监理取费规定、监理规范等。

旁系——规划法、土地法、消防法、合同法、刑法，质量条例、工程安全条例、勘察设计条例、施工条例，工程建设强制性标准、工程设计规范、工程施工规范等。

建设监理法规体系如图 2-2 所示。

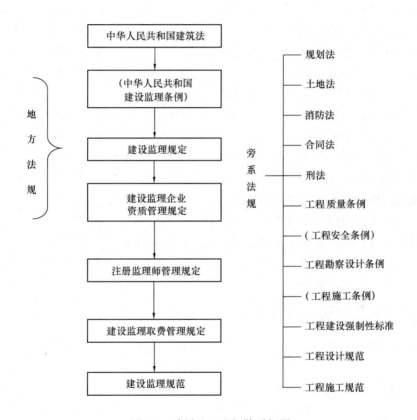

图 2-2　建设监理法规体系框图

注：1. 括号内法规为当有而尚未制定
　　2. 法规名称与现实法规不完全吻合
　　3. 地方法规，包括地方制定的条例、规定、办法等

由图 2-2 可以看出，现行的有关建设监理的法规中，最高位阶的法规是《建筑法》。在《建筑法》中，建设监理单独列为一章，并明确规定"国家推行建筑工程监理制度"。《建筑法》的颁布，标志着我国工程建设监理制的合法化。同时，也标志着建设监理法律地位的确立。从而，有关建设监理法规体系的建设也步入了规范化的阶段。

四、建设监理法规体系建设研究

随着建设监理实践的丰富、建设市场的发育和规范、社会上对于建设监理认知的提高、建设监理事业发展的内在需要，以及全球经济一体化程度的提升等，迫切需要加强关于建设监理法规体系的研究，并逐步修订、完善建设监理法规体系。

关于建设监理法规体系建设问题，从我国现阶段的具体情况出发，参照国际上通行的惯例，笔者以为，应当从以下几方面考虑。

（一）关于推行建设监理制的目的和适用范围

众所周知，我国工程建设监理制的兴起，既是实施改革开放国策的必然，更是几十年工程建设经验和教训累积的结果。再加上，经历了数年的酝酿筹划，其目的很明确：努力提高工程建设水平，更好地发挥工程建设投资效益，这是无可争辩的动因。建设监理的所有法规建设，都应当坚定不移地遵循这一宗旨。既不允许淡化这一宗旨，更不允许偏离这一宗旨。而且，凡是有碍于实现这一宗旨的理念或条款均应当予以清除。

关于建设监理制的适用范围，《工程建设监理规定》第八条分别从工程建设投资的来源、工程性质和工程规模等方面，作出了明确的界定。其基本指导思想是，既然建设监理制的客观作用对投资方、对承建商、对社会等各方面都有积极意义。所以，只要是建设在中国的土地上的工程，原则上，都要实行建设监理。至于小型工程，一方面由于工程规模小，相对比较简单，稍有工程建设管理经验的人员，就能管理。即便发生问题，也无碍大局。况且，现阶段，我国的建设监理力量比较小，不可能包揽所有的工程项目建设监理工作。不过，虽然没有纳入必须实施监理的范畴，但是，并不是不许实行监理。该规定实施近20年来的实践证明，这条规定是可行的。因此，今后有关建设监理法规建设，当沿袭这条规定，并进一步加以完善。

（二）关于建设监理的定性定位问题

这是建设监理的根本问题，或者说这是有关建设监理法规建设的基石。科学界定了建设监理定位定性问题，则建设监理的有关法规建设就有了准绳。如果建设监理定位定性问题稍有偏颇，哪怕是模糊不清，或者犹疑不定，或者朝三暮四，都将对建设监理法规建设造成严重的影响。如果建设监理定位定性错误，则必将给建设监理事业造成严重挫折，甚至带来灭顶之灾。所以，要想搞好建设监理法规建设，首先要明确建设监理的定性定位问题。当然，随着建设监理事业的发展，以及环境条件的变化，适时地修订完善建设监理的定性定位理念，进而修订相关法规，也是必然的事情。

应当说，在理论上，该问题早有清晰的阐述；在法规里也已经有了明确的界定，即建设监理是三元结构建设市场体系中的成员之一，其性质的核心是中介服务（详见《工程建设监理规定》）。而且，广大业内人士通过学习、实践，对于这一重要基础理念，早已了然在胸。但是，关于建设监理的定性定位问题，一方面，毕竟尚未纳入高层次法规给予权威性的定论。另一方面，近些年来，有些后续规章提出了一些混乱的概念和论点，模糊了视听。第三方面，有些主管负责人，不太慎重地随声附和，且公然提出建设监理定位定性问题未定论。总之，现阶段，关于建设监理的定位定性问题，无论在理论上、认知上，还是在法规上，都呈现着多元论状态。因此，有必要组织力量进一步研究，以期在理论上澄清，在社会认知上统一，在法规上确立。

（三）关于建设监理队伍建设问题

任何事业都需要一定的人力来完成。建设监理是一项新兴的行业，更需要投入相当多的新型人才。所以，有关建设监理人才培养，以及监理队伍建设问题，关系到这项事业能否落实，甚至关系到其成败。因而，这是一项严峻的课题。既需要深入研究、探索前进、不断完善，也需要纳入相关法规，给予引导，加以规范。

关于建设监理的人才培养和监理队伍建设问题，看似只是单纯的教育和人力组合问题，比较简单。其实，是一项内容丰富、政策性很强、牵扯范围十分广泛的大问题。诸如，监理人才培养教育的形式方法、监理人才选用的标准和途径、监理人才的使用和激励、监理队伍的组织形式、监理队伍与监理业务的合理级配，以及监理队伍核心竞争力的定向和提升等，都需要不断研究、修正，并列入法规，给予指导、规范。

多年来，我国监理队伍规模一直落后于建设监理事业发展速度的需求，不能不说在这方面研究不够深入、法规政策存在疏漏。因此，应当特别关注建设监理人才培养和教师队伍建设，以期尽速纠正其滞后局面，努力跟上改革发展的需要。

（四）关于建设监理的责权利问题

作为企业法人，建设监理享有通行的企业的责权利。责，就是责任，一般称为企业社会责任，即企业所对应的应承担的责任及义务，它要求企业必须超越利润唯一的传统理念，强调要关注人的价值，强调对消费者、环境、社会的贡献。这是分内应做的事情。权，就是权力，包括对外可以行使的自主经营、自负盈亏、自我约束、自我发展的权利。对内可以自我管理、自我教育、自我积累的权力。利，就是利益，是指实现企业盈利宗旨的同时，包括所有相关当事人的利益。

一般说来，企业的责权利应当遵循：责权利相结合原则、责权利对等原则或责权利一致原则，以及遵循责权利统一原则。尤其是关于责权利对等原则，这是为促进新兴行业快速发展，而开创宽松环境最为核心的要件。

关于责权利对等原则问题，从法理上说，责权利是相辅相成、相互制约、相互作用的。只有做到责权利对等，才能调动积极性。也就是说负有什么样的责任，就应该具有相应的权利。同时，应该取得相对称的利益。这也是经济法的核心原则之一。既不允许有责无权、有责无利，也不允许有权无责、有利无责。应当"责字当先、以责安权、以责定利、责到权到、责到利生"。从责权的渊源来看，建设监理的权力是由业主委托而生。业主委托建设监理什么权力，建设监理才能行使什么权力。业主没有委托的权力，建设监理自然不能行使。业主没有的权力，自然无从委托给建设监理，建设监理也就无从行使这样的权力。工程施工安全问题责权归属就是典型的例子。

第二节　建设监理的权利和义务

作为建设市场三元结构主体之一，建设监理依据相关法规，享有一定的权利，同时，也必然担负着相应的义务。建设监理的权利和义务，在《建筑法》等相关法规中有了比较明确的表述。这些规定，形成了建设监理的行为规范。建设监理的权利与义务是统一的。即，建设监理既要依法行使法律赋予的权利，也要履行法律赋予的义务。建设监理的权利和义务相互对应、相互依存、相互转化、密不可分。如同其他任何一项权利一样，建设监理的每一项权利都必然伴随着一个或几个保证其实现的义务；义务的存在是权利存在的前提，权利人要享受权利必须履行义务；权利人在一定条件下要承担义务，义务人在一定条件下要享受权利。

一、建设监理法律地位的确立

我国开创建设监理制的起因和初衷，就是要以专业化的机构监管工程建设，以提高工程建设项目的安全度，提高投资效益。为此，《建筑法》第三十条明确规定："国家推行建筑工程监理制度。国务院可以规定实行强制监理的建筑工程的范围"。

《建筑法》第三十一条又进一步规定"实行监理的建筑工程，由建设单位委托具有相应资质条件的工程监理单位监理。建设单位与其委托的工程监理单位应当订立书面委托监理合同"。

以上这两条内容，明确说明：监理制是我国法律确认的一种体制。同时，强调这是一种国家强制推行的体制。也就是说，在一定的范围内，必须实施的一种体制。

毋庸置疑，作为这种体制的主要承载者——监理企业的法律地位，毫无疑义地得到了确认：监理企业是受我国法律保护的独立法人；它可以在相关法律范围内行使其应有的权利，承担应尽的义务。

（一）建设监理企业是建设市场三元结构主体之一

所谓建设市场主体，是指在建设市场中从事经济活动，享有权利和承担义务的个人和组织体。具体来说，就是具有独立经济利益和资产，享有民事权利和承担民事责任的、可从事建设市场交易活动的法人或自然人。毋庸置疑，任何市场主体参与经济活动都带有明确的目的，以在满足社会需要中追求自身利益最大化为目标。

就一般意义上说，任何交易市场，都由买卖双方和交易中介三方构成。只有卖方，没有买方；或者只有买方，没有卖方，不能形成交易。同样，即使有买卖双方，没有中介的交易市场，是市场交易的初始阶段模式，是一种朴素的交易方式。无论交换的物品存在多大的价值差异，只要双方愿意，就可以成交。但是，不能不看到，这样的交易既难以平等、规范，更难以形成规模和持久。人类社会进步到今天，尽管这种交易形式还存在，由于人们对于产品价值认知度的普遍提高，对于商品价格行情的了解，再加上国家制定有商品规定价或者指导价格，从而，保证了市场交易活动的健康进行。但是，对于工程建设产品，这种"期货"性质商品的交易活动，仅仅只有买卖双方，难以正常地完成交易。工程建设市场的交易活动，往往必须借助于中介机构，才可能顺利完成。所以，在市场经济体制下，工程建设监理这一中介机构就成了工程建设市场的主体之一。

据此，《工程建设监理规定》第十八条规定，建筑市场的中介，"监理单位是建筑市场的主体之一"。这是以法规形式进一步强调监理所具有的重要的法律角色。之所以明确规定监理是建筑市场的主体之一，一方面，监理是建筑市场中客观、独立存在的实体。另一方面，它是建筑市场买卖双方赖以交易的、不可或缺的中介。第三，监理效能的发挥，能够不断促进工程建设水平的提高。我国短短二十来年的实践，一再突显着建设监理在工程建设中的重要作用。这是有目共睹的事实，不容置疑。监理在建设领域举足轻重的地位，已被社会所公认。以至于有关部门总想对监理委以重任，总想依托监理进一步搞好监管工作。不难设想，如果取消监理，我国的建设领域必将呈现严重混乱的局面，建设水平必将大幅度下滑。

建设监理是建设市场主体之一的观念还体现在，建设市场对于监理工作潜在的科学性作用的日趋依赖。众所周知，建设监理工作的特性是预控。监理工作的好坏主要取决于预控效能的发挥。不难想象，随着工程建设监理事业的发展，建设监理工作必将覆盖工程建设的全过程。而且，建设监理的预控作用必将凸显在工程建设的各个环节、各个时段。也就是说，将来的工程建设必将真正全部纳入预控管理轨道。即，无论是工程建设前期的投资选项、工程项目可行性研究，还是工程勘察、工程设计的监管；无论是工程施工的全面监管，还是工程竣工交付使用期间的工程后评价等。总之，围绕着投资风险的评估和监控，或者说围绕着提升工程项目的安全度问题，都需要依赖能够提供现代管理科学技术的建设监理作用的发挥。这也是随着时代的进步，愈来愈重视通过现代管理科学求效益的具体体现和必然。

（二）建设监理是独立执业的第三方

作为企业，监理是独立的执业法人，当不会有任何异议。作为业主和承建商交易双方的中介，监理是公正的第三方。这在借鉴国际惯例，创建建设监理制之初，无论是理论界、政界，还是企业界，基本上都赞同这样的观念。

1995年建设部与国家计委共同颁发的《工程建设监理规定》第十八条规定："监理单位应按照'公正、独立、自主'的原则，开展工程建设监理工作，公平地维护项目法人和被监理单位的合法权益"。第二十六条再次明确："总监理工程师要公正地协调项目法人与被监理单位的争议。"有关罚则条款的第三十条规定："监理单位违反本规定，……（四）故意损害项目法人、承建商利益，则给予行政处罚，并可给予经济处罚。"这种要求不得损害买卖双方利益的规定，包含着居于中介角色的监理必须是公正的第三方。

《建筑法》第三十四条也明确规定："……工程监理单位应当根据建设单位的委托，客观、公正地执行监理任务。"《工程建设监理规定》第四条规定："从事工程建设监理活动，应当遵循守法、诚信、公正、科学的准则。"《建筑法》第三十二条进一步具体规定："建筑工程监理应当依照法律、行政法规及有关的技术标准、设计文件和建筑工程承包合同……代表建设单位实施监督。"法律、行政法规及有关的技术标准等，这些依据本身具有"公正性"、"科学性"。监理据此的行为，自然也就是公正的。

关于监理的公正性问题，随着改革的深入、理论探讨的细化和广泛，近些年来，有些不同的声音。其理由有两点：一是监理受业主委托，从业主那里支取费用，必然受业主的约束，而偏向业主，为业主说话。二是监理没有责任和义务维护承建商的利益，自然就没有公正可言。表面上，这些观点似乎有理。但是，仔细分析一下，就会感到这些观点站不住脚。

其一，虽然监理的收益来自于业主，但这绝不是业主的"恩赐"，而是监理的劳动报酬。按照市场经济的观念来看，业主与监理的委托与被委托关系，也是一种交易。监理得到监理费，是监理用自己的智力劳动与业主交易的结果。如同承建商用自己的劳动成果——工程，与业主进行交易一样，都是市场行为，不存在谁听命于谁的问题。只是，从形式上看，在买方市场情况下，卖方总是迁就买方而已。其二，虽然监理受委托于业主，但是，监理不是业主的雇佣，不是业主的奴仆，不能唯业主是从。监理维护业主的利益，是有前提的。这个前提，首先是要符合相关法规的规定。其次是与业主签订的监理合同，以及业主与承建商签订的建设合同。监理只能在这些条款框定的范围内，认真工作，积极维护业主的正当利益。其三，关于监理公正对待承建商的合法利益问题。《建筑法》第三十四条规定："……工程监理单位应当根据建设单位的委托，客观、公正地执行监理任务。"《工程建设监理规定》中要监理"客观、公正地执行监理任务"，"公平地维护项目法人和被监理单位的合法权益。"这些要求都表明，监理也应当正确对待承建商的合法利益；监理应当是公正的第三方。其四，我国建立的是社会主义市场经济体制，倡导遵循社会道德，提倡公平竞争，提倡互相帮助，不允许企业跌扈欺诈。从这个意义上说，作为建筑市场的中介，监理也应当是独立执业、公正的第三方，以维护建筑市场正常交易发挥应有的作用。

作为建设市场中的中介，建设监理接受委托方的委托后，依据相关法规和委托合同的要约，向委托方提供相应的服务。

二、建设监理的权利

作为企业，建设监理单位享有一般企业通行的权利。诸如，企业的自主经营权；自主签约权；投资决策权；留用资金支配权；资产处置权；联营、兼并权；劳动用工权；人事管理权；工资、奖金分配权；内部机构设置权；拒绝摊派权等。作为建设监理企业，建设监理单位合法的经营活动、建设监理的职责和权利，均受到法律的保护。根据建设监理的法律地位，建设监理在开展经营活动中，还享有以下两种权利：一类是建设监理在委托合同中应当享有的权利；另一类是建设监理在受托监管委托人与第三方签订的承包合同的实施过程中，监理可行使的权利。

现阶段，建设监理的职权，在法律、法规层面，主要源自《建筑法》，以及《工程建设监理规定》的相关规定。如《建筑法》第三十二条规定："建筑工程监理应当依照法律、行政法规及有关的技术标准、设计文件和建筑工程承包合同，对承包单位在施工质量、建设工期和建设资金使用等方面，代表建设单位实施监督。"《工程建设监理规定》第九条规定："工程建设监理的主要内容是控制工程建设的投资、建设工期和工程质量；进行工程建设合同管理，协调有关单位间的工作关系。"建设监理的这些职权，经由建设监理委托合同而加以具体表述，进而付诸实施。

依据《建筑法》的规定，工程建设监理的职权，主要是实施"三控"。即对工程建设的投资、工期和质量进行监督管理，使之达到预期的目的要求。从这个意义上讲，建设监理的职权体现的是管理者，而不是被管理者。或者说，建设监理是依据相关合同的要约，提供高智能的管理服务。

（一）建设监理对于委托监理合同的权利

1. 自主决定是否接受委托的权利

建设监理企业具有的独立法人资格，面对建设监理业务委托，监理企业可根据委托的内容、工作环境条件、监理酬金的高低，以及自身的能力等诸方面因素，综合平衡、权衡利弊，自主决定接受委托与否。实行工程建设监理招标的项目，监理企业则可根据工程招标公告的要求和条件，自主决定是否投标。中标后，还可在商签工程建设项目监理委托合同过程中，进一步磋商细化的合同要约，自主决定是否签订该委托合同。

2. 完成监理合同后获得酬金的权利

依照建设监理委托合同的要约，建设监理履行要约后，有权获得完成合同内规定的监理酬金。如果合同履行过程中，因主、客观条件的变化，完成附加工作和额外工作后，也有权按照专用条件中约定的计算方法，得到额外工作的酬金。建设监理在工作过程中做出了显著成绩，如由于提出的合理化建议，使委托人获得实际经济利益，则应按照合同中规定的奖励办法，得到委托人给予的适当物质奖励。奖励办法通常参照国家颁布的合理化建议奖励办法，在专用条件相应的条款内写明。

3. 中止监理委托合同的权利

如果由于委托人违约，没有按照合同约定提供相应的必要条件；或者严重拖欠应支付给监理的酬金；或由于非监理责任，而使监理暂停的期限超过半年以上；或者由于其他原因而导致监理无法继续进行工作等，监理可按照中止合同规定程序，单方面提出中止合同，甚至终止合同，以保护自己的合法权益。

4. 向委托方索赔的权利

如果委托方违约，或者由于委托方的原因，导致难以按照合同约定继续实施，并造成监理方经济损失的，建设监理有权向委托方提出索赔要求。

（二）建设监理完成监理业务时行使的权利

1. 工程建设有关事项的建议权

工程建设有关事项的建议权包括工程规模、设计标准、规划设计、生产工艺设计、设备采购和使用功能要求，以及工程建设投资使用、工程建设进度安排、稳定工程安全措施、更换承建商负责人等方面的建议权。

2. 工程项目建设的质量进度和费用的监督控制权

主要表现为：对承建商申报的工程勘察方案，或设计方案，或施工组织设计和技术方案，按照保质量、保工期和降低成本要求，自主进行审批和监督实施，并可向承建商提出改进建议；在授权范围内，或征得委托人同意，发布开工令、停工令、复工令；对工程上使用的材料和施工质量进行检验；对施工进度进行检查、监督；未经监理工程师签字，建筑材料、建筑构配件和设备不得在工地上使用；未经监理工程师签字应允，施工单位不得进行下一道工序的施工；工程实施竣工日期提前或延误期限的鉴定；在工程承包合同认定的工程范围内，工程款支付的审核和签认权，以及结算工程款的复核确认与否定权。未经监理人签字确认，委托人不支付工程款，不进行竣工验收。

3. 对工程建设有关单位组织协调的主持权

工程建设的各个阶段，往往都有多家承建商分工负责。诸如工程勘察阶段，在专业上，可分工程地质勘察和工程水文勘察。大型工程项目的同一类工程勘察，还可由总包和分包协同负责完成。工程设计阶段是如此，工程施工阶段更是如此，甚至多达几十家。即使在工程规划阶段，不同专业之间、各个单体之间、项目与周边之间的矛盾和交叉，也需要监理单位及时介入主持协调平衡。

4. 公正处理业主与承建商歧见的权利

在委托的工程范围内，业主或承建商对对方的任何意见和要求（包括索赔要求），均由建设监理方研究处置意见，再同双方协商确定。当委托人和承包人发生争执时，建设监理有公正地进行调解的权利。

5. 工程建设紧急情况的处置权

为了尽可能保全工程和人身、财产安全，即便建设监理没有得到授权，也有权发出抢险、或避免发生事故的指令。在工程施工阶段，建设监理面对紧急情况的处置，尤为必要和繁多。无论建设监理有没有发出紧急指令的授权，建设监理发出紧急指令后，应当尽快告知委托人。

（三）监理工程师享有的权利

作为工程建设监理执业者个人——监理工程师，在工作中享有如下权利：使用监理工程师称谓；在规定的职权范围内从事执业活动；保管和使用本人的注册证书和执业印章；对本人执业活动进行解释和辩护；接受继续教育，获得相应劳动报酬；对侵犯本人权利的行为进行申诉。

其中，注册监理工程师除享有以上权利外，还享有下列权利：

1）使用注册监理工程师称谓；

2）在相应专业范围内从事执业活动；

3）有权签认相关文件、函件和记录；

4）有充任总监代理人的基本资格；

5）有充任工程项目建设监理总监的基本资格。

三、建设监理的义务

监理在行使相关权利的同时，还要承担相应的义务。就一般情况而言，监理应当承担的义务包括：遵守法律法规和相关规定；履行管理职责，执行技术标准、规范和规定；保证执业活动成果的质量，并承担相应责任；接受继续教育，努力提高执业水准；在本人执业活动所形成的工程监理文件上签证，加盖执业印章；保守在执业中知悉的国家秘密和他人商业技术秘密；不得涂改、盗卖、出租、出借或以其他形式非法转让注册证书或执业印章；不得在两个或两个以上监理单位受聘或执业；在规定的执业范围和聘用单位业务范围内从事执业活动；协助注册管理机构完成相关工作。

（一）建设监理方的义务

1）按照合同约定或监理投标书的承诺派出监理机构及人员，完成监理范围内的监理业务，按合同约定定期向委托人报告监理工作。

2）在履行监理合同义务期间，应认真、勤奋地工作，为委托人提供咨询意见，并公正维护各方面的合法权益；

3）由委托人所提供的设施和物品，属于委托人的财产，在监理工作完成或中止时，应将其设施和剩余的物品按合同约定的时间和方式移交给委托人；

4）在合同期内和合同终止后，未征得有关方面同意，不得泄露与监理工程及其监理业务有关的保密资料。

（二）建设监理执业者个人的义务

关于建设监理执业者的义务，《注册监理工程师管理规定》有明确的要求，即：

1）遵守法律、法规和有关管理规定；

2）履行管理职责，执行技术标准、规范和规程；

3）保证执业活动成果的质量，并承担相应责任；

4）接受继续教育，努力提高执业水准；

5）在本人执业活动所形成的工程监理文件上签字、加盖执业印章；

6）保守在执业中知悉的国家秘密和他人的商业、技术秘密；

7）不得涂改、倒卖、出租、出借或者以其他形式非法转让注册证书或者执业印章；

8）不得同时在两个或者两个以上单位受聘或者执业；

9）在规定的执业范围和聘用单位业务范围内从事执业活动；

10）协助注册管理机构完成相关工作。

此外，还应当：

1）认真勤奋地工作，为委托人提供与其资质水平相适应的监理意见；

2）公正维护各方的合法利益；

3）不得参与可能与合同规定的与委托人利益相冲突的任何活动；

4）按照工作制度规定向有关方报告监理工作。

以上有关注册监理工程师的义务，适用于所有从事工程建设监理工作的人员。

第三节　建设监理的法律责任

一、建设监理的法律责任要义

所谓建设监理的法律责任，是指因建设监理违反了法定义务或契约义务，或不当行使法律权利、权力所产生的，必须由建设监理承担的不利后果。这种后果，包括承担对损害予以补偿、强制履行或接受惩罚等特殊义务。法律责任是法律义务履行的保障机制和法律义务违反的矫正机制，是整个法律体系的重要构成内容之一。

法律责任的表现形式，可以是补偿性的和制裁性的两种；两种形式可以单独出现，也可以同时并用。

根据违法行为所违反的法律的性质，可以把法律责任分为民事责任、行政责任、经济法责任、刑事责任、违宪责任和国家赔偿责任。

法律责任的构成要件，是指构成法律责任必须具备的各种条件或必须符合的标准。它是国家机关要求行为人承担法律责任时进行分析、判断的标准。根据违法行为的一般特点，把法律责任的构成要件概括为：主体、过错、违法行为、损害事实和因果关系五个方面。

二、建设监理法律责任的特点

如同一般的法律责任特点一样，建设监理的法律责任具有如下主要特点。

（一）法律责任与违法行为相联系

法律责任与违法行为相联系的核心，是指只有对违法的建设监理才能追究其法律责任；违法是承担法律责任的根据。建设监理没有违法行为，不构成违法；不构成违法，不承担惩罚性的责任。由于无过错而不构成违法。但是，建设监理行为造成损害的，一般应当承担一定的补偿性的责任。

（二）法律责任由法律规定

对违法者实行法律制裁，必须根据相关的法律规定。就是说，要追究建设监理的法律责任，在法律上应有明确具体的规定。追究法律责任的法律规范，是指由有立法权的机关根据职权，并依照法定程序制定的有关法律、行政法规、地方性法规、部委规章，或者地方政府制定的规章的明文规定。否则，若没有具体明确的法条依据，就不能追究法律责任（即，遵循"法无明文规定不为罪"原则）。

对不同的违法行为，法律规定的法律责任不同。违法者只对其违法行为承担法律规定的相应责任。违法者承担的法律责任的大小、范围、期限、性质，都依循法律的明确规定。

（三）法律责任的认定和追究必须由国家专门机关依法实施

法律责任体现了违法者与国家机关之间的关系，即一定的国家机关代表国家，查清违法行为的主观动机、违法情节、违法性质和特点。认定和追究违法者的法律责任，具有国家强制性，是由国家强制力予以保障实施的。因此，只能由国家司法机关和国家授权的专门机关行使追究法律责任的权力，并遵循一定的法律程序实施。其他任何组织和个人都无此项权力。

（四）追究法律责任具有国家强制性

追究法律责任还意味着国家对违法行为的否定性反应和谴责。就是说，法律责任的承担以国家强制力作保证。所谓国家强制力，主要是指国家司法机关或者国家授权的行政机关采取强制措施，强迫违法行为人承担法律责任。

而诸如建设监理社会责任中的道德责任，只能通过舆论监督等途径保证执行，而不能通过国家强制力保证执行。道德责任归属于企业的非基本社会责任，道德责任主要依赖企业道德自觉和社会舆论的力量。

三、建设监理法律责任详解

如前所述，法律责任包括 5 个方面，即民事责任、行政责任、经济法责任、刑事责任、违宪责任。其中，经济法责任问题与建设监理关联不大，且尚待学术界进一步研究探讨；违宪责任问题，与建设监理的行为亦比较远。或者，一般说来，建设监理的业务活动与违宪问题基本不相干。所以，这里仅就建设监理很可能发生的民事责任、行政责任、刑事责任，进行较为详细的探讨。

按照我国有关法律的规定，认定、追究不同的法律责任，由国家不同的机关或专门组织负责实施。

法律责任的构成要件是指构成法律责任必须具备的各种条件或必须符合的标准，它是国家机关要求行为人承担法律责任时进行分析、判断的标准。根据违法行为的一般特点，把法律责任的构成要件概括为：主体、过错、违法行为、损害事实和因果关系五个方面。

（一）建设监理的民事责任

1. 建设监理民事责任的内涵

建设监理的民事责任，是指由于建设监理违反民事法律、违约或者由于民法规定所应承担的一种法律责任。

依据不同的标准，监理的民事责任种类可以划分为多种不同名称的类别。

1）合同责任、侵权责任与其他责任。根据责任发生依据的不同，民事责任可以分为合同责任、侵权责任与其他责任。其他责任是合同责任与侵权责任之外的其他民事责任，如不当得利、无因管理等产生的责任。

2）财产责任与非财产责任。根据民事责任是否具有财产内容而划定为财产责任与非财产责任。其中，非财产责任是指为防止或消除损害后果，使受损害的非财产权利得到恢复的民事责任，如消除影响、赔礼道歉等。

3）无限责任与有限责任。根据承担民事责任的财产范围，分为无限责任与有限责任。

4）单方责任与双方责任。单方责任和双方责任形态，既可以是直接责任，也可以是替代责任。如果在侵权责任中加害人属于多数人，则可能形成连带责任、补充责任或按份责任。

5）单独责任与共同责任。

6）按份责任、连带责任与不真正连带责任。在共同责任中还可以区分为按份责任、连带责任与不真正连带责任。

7）过错责任、无过错责任和公平责任。根据责任的构成是否以监理的过错为要件，监理的民事责任可以分为过错责任、无过错责任和公平责任。其中，无过错责任，是指监理只要给他人造成损失，不管其主观上是否有过错，而都应承担的责任。公平责任，是指双方当事人对损害的发生均无过错，法律又无特别规定适用无过错责任原则时，由人民法院根据公平的观念，在考虑当事人双方财产状况及其他情况的基础上，由当事人公平合理地分担责任。

2. 建设监理民事责任性质的分类

依照通行的做法，建设监理的民事责任包括缔约过失责任、违约责任、侵权责任三部分。

1）建设监理缔约过失责任缔约过失责任是指建设监理在签订建设监理委托合同时，违反依诚实信用原则所应承担的先合同义务（当事人在缔约过程中负有的诚实信用义务叫做先合同义务或先契约义务），而造成业主信赖利益损失时，所应当承担的民事责任。如在商签建设监理委托合同时，建设监理向业主允诺：如果业主将全部工程项目的监理业务委托其承担，则将与之正式签订合同。业主出于对该监理单位能力的信赖，而未与其他单位签约。但是，由于种种原因，该监理单位最终拒绝与业主订约，从而，使业主遭受损失。或者，监理单位在投标时，承诺本单位的实力能够胜任该项目的监理工作，并出具相应资质水平的监理人员名单。当其中标签约时，该监理单位却未能派出如投标书中所许诺的人力，使业主遭受损失。

我国《合同法》第42条明确规定了缔约过失责任。关于缔约过失责任的构成要件，一般包含以下三个方面：

①建设监理缔约过失责任只能发生在建设监理合同缔约阶段，而不是发生在合同成立之后。《合同法》第42条规定："当事人在订立合同过程中，给对方造成损失的，应当承担损害赔偿责任。"由于合同的订立应采用要约、承诺方式。因此，缔约过失责任的起始点应当以要约生效时为准。

②建设监理违反依诚实信用原则所应负的义务。由于缔约过失责任发生在缔约阶段，当事人之间并没有合同义务，这是一种违反先合同义务的后果。先合同义务既不是当事人的约定，也不是当事人可以排除的。它是法律为维护交易安全和保护缔约当事人各方的利益，基于诚实信用原则而赋予当事人的法定义务。

③造成业主经济损失。缔约过失责任中的损失主要是指业主因信赖合同的成立和有效而遭受的信赖利益损失。如订立合同的费用、准备履行的费用等，而不包括履行利益的损失。如果，建设监理单位虽有违反先合同义务的行为，但并未使业主遭受损失的，不构成建设监理单位缔约过失责任。

2）建设监理的违约责任

违约责任是违反合同的民事责任的简称，是指建设监理不履行合同义务，或履行合同义务不符合合同约定，所应承担的民事责任。民法通则第111条、合同法第107条对违约责任均有概括性的规定。

建设监理的违约责任构成要件与通常的违约要件相同，即，一是建设监理有违约行为；二是有损害事实；三是建设监理的违约行为与造成业主损害事实之间存在因果关系；四是建设监理无免责事由。

关于违约责任的认定与责任追究的规定，详见合同法第107条~第122条等。

关于建设监理违约责任的认定，应当注意以下几点：一是建设监理违反有效合同的责任（违反无效合同，不担此责）。二是，建设监理的违约责任以不履行或不完全履行合同为标示。所谓不完全履行合同，包括履行合同义务不符合约定条件，即其履行存在瑕疵。三是违约责任可以按照建设监理委托合同约定的情形和条款来认定，也可以按照合同法的规定条款来判定。

另外，应当明确的是，违约责任是财产责任，不是人身责任。

3）建设监理的侵权责任。建设监理的侵权责任是指建设监理因实施侵权行为而应承担的民事法律后果。侵权行为基本上都是违法行为。一般来说，建设监理违反法律规定的义务，诸如违反保密法规定，泄露或窃用他人的经济秘密、技术秘密并给他人造成经济损失；或擅自占有他人财物而给他人造成经济损失，即构成侵权行为责任。建设监理的侵权责任，主要是对他人财产的侵犯。

建设监理的侵权责任构成要件包括：有加害行为、有损害事实的存在、加害行为与损害事实之间有因果关系、行为人主观上有过错 4 个方面。

3. 建设监理民事责任的特征

一般说来，建设监理承担民事责任具有以下主要特征：

1）强制性。民事责任的强制性主要体现在：一是建设监理一旦违反合同或者不履行其他义务，或者由于过错侵害国家、集体的财产，侵害他人财产、人身时，法律规定应当承担民事责任。二是当建设监理不主动承担民事责任时，通过国家有关权力机构强制其承担责任，履行民事义务。

2）财产性。民事责任以财产责任为主，如当仅有财产责任不足以弥补受害人的损失时，《民法通则》还规定了一些辅助性非财产责任。

3）补偿性。民事责任以弥补民事主体所受的损失为限。

4. 建设监理民事责任的承担方式

民事责任的承担方式，又称为民事责任的形式，是指民事主体承担民事责任的具体措施。按照《民法通则》规定，建设监理承担民事责任的方式主要有以下 10 种：

1）停止侵害；

2）排除妨碍；

3）消除危险；

4）返还财产；

5）恢复原状；

6）修理、重作、更换；

7）赔偿损失；

8）支付违约金；

9）消除影响、恢复名誉；

10）赔礼道歉。

以上承担民事责任方式，可以单独适用，也可以合并适用。人民法院审理民事案件，除适用上述规定外，还可予以训诫、责令具结悔过、收缴进行非法活动的财物和非法所得，并可以依照法律规定予以罚款、拘留。

5. 建设监理民事责任的法律规定

追究建设监理民事责任所遵循的法律有：《民法通则》、《合同法》中的通用条款，以及《建筑法》中的第三十五条规定、《质量条例》第六十七条规定、《工程建设监理规定》第二十一条规定、《建设工程监理合同》通用条件第 4.1 条（监理人的违约责任）约定等。

对于建设监理的某种行为，如果还违反了行政法规、触犯了刑律，在追究了民事责任后，还要追究其行政或刑事责任。

（二）建设监理的行政责任

1. 建设监理行政责任的概念

《行政处罚法》第三条规定："公民、法人或者其他组织违反行政管理秩序的行为，应当给予行政处罚的，依照本法由法律、法规或者规章规定，并由行政机关依照本法规定的程序实施。"所谓建设监理行政责任，就是指因建设监理违反相关行政法规规定，或因行政法规定而应承担的法律责任。显然，这也是一种法律责任。该法律责任与违宪责任、民事责任、刑事责任有程度上的不同。它是一种不能以其他法律责任或纪律责任替代的独立的责任。

建设监理行政责任的认定与追究，由具有行政处罚权的行政机关在法定职权范围内实施。

2. 建设监理行政责任的类别

一般情况下，行政责任包括行政处分和行政处罚。作为企业法人，建设监理的行政责任，适用于行政处罚（行政处分适用于公务员）。对建设监理的行政处罚包括：警告，罚款（行政），没收违法所得、没收非法财产（行政），责令停产停业，暂扣或者吊销许可证、暂扣或者吊销执照，以及法律行政法规规定的其他行政处罚。

3. 建设监理行政责任的构成要件

建设监理行政责任的构成要件，是指承担行政责任的建设监理所必须具备的法定条件。即，追究建设监理行政责任时，建设监理所必须具备的主、客观条件。主要包括：

1）建设监理的行为违法。即指行为人的行为违反了相关法规、规章。如拒绝相关监督管理部门现场检查、拒报或者谎报有关法定事项等，都属于违法行为。

2）建设监理的行为有危害后果。指违法行为造成了破坏或者危害工程建设，或危害他人的后果。

3）建设监理违法行为与危害后果有因果关系。指违法行为与该行为所造成的破坏或者危害后果之间存在着内在的、必然的联系，而不是表面的、偶然的联系。

4）建设监理行为有过错。如错误指令，或实施了错误方案等。

以上 4 项，必须同时具备。否则，仅有违法行为，尚没有造成危害后果，或者违法行为与危害后果之间，不存在因果关系等，不当追究建设监理的行政责任。

4. 追究建设监理行政责任的法规

追究建设监理的行政责任，现阶段，所遵循的法律、法规主要有：《建筑法》、《行政处罚法》、《质量条例》、《安全条例》、《工程建设监理规定》，以及《建设监理资质管理规定》、《监理规范》等相关法规和规章。

（三）建设监理的刑事责任

1. 建设监理刑事责任的概念

刑事责任是一种法律责任。建设监理的刑事责任，是指建设监理因实施了犯罪行为，而应当承担的国家司法机关依照刑事法律对其犯罪行为及本人所作的否定评价和谴责。

与一般刑事责任一样，建设监理的刑事责任是以犯罪为基础；追究建设监理刑事责任的最严重后果是对犯罪人实施刑罚。依照中国刑法的规定，刑罚包括主刑和附加刑两种。

中国刑法规定：故意犯罪，应当负刑事责任；过失犯罪，法律有规定的才负刑事责任。

中国刑法还规定了非刑罚的处理方法，即对犯罪分子判处刑罚以外的其他方法。包括：由于犯罪行为而使被害人遭受经济损失的，对犯罪分子除刑事处罚外，判处赔偿经济损失；对于犯罪情节轻微不需要判处刑罚的，根据情况予以训诫或者责令其反省悔过、赔礼道歉、赔偿损失，或者由主管部门给予行政处罚或者行政处分。

2. 建设监理刑事责任的构成要件

建设监理行为构成犯罪，必须具备 4 个基本要件：一是触犯了相应的法条；二是有犯罪故意或过失；三是有犯罪行为；四是有严重后果。或者叫做犯罪的主体、犯罪的客体、犯罪的主观方面、犯罪的客观方面，四者缺一不可。

1）犯罪的主体。是指建设监理实施犯罪行为，依法应当承担刑事责任的监理工程师，或者工程项目监理机构，或建设监理单位。

2）犯罪的客体。是指建设监理犯罪行为侵犯的、中国刑事法律所保护的社会关系。如侵犯工程项目业主的权益，或工程承建商的权益，或其他方的权益，或工程环境、社会环境等公共权益。

3）犯罪的主观方面。是指《刑法》规定的、构成犯罪必须具备的、犯罪主体对其实施的危害行为及其危害后果所持的心理态度。包括犯罪的故意、犯罪的过失、犯罪的目的和动机。简言之，即犯罪主体的主观上有犯罪的动机，或是过失。

4）犯罪的客观方面。是指刑法所规定的犯罪活动的客观事实特征，包括危害社会的行为、危害后果及其因果关系等。假如，建设监理与承建商串通，使用劣质钢材而导致建筑物的结构构件强度不合格，引发建筑物垮塌，这些犯罪行为和后果均有人证物证。这些事实就是建设监理犯罪的客观方面。

3. 建设监理刑事责任的追究

按照通行的《刑法》规定，刑事责任是刑法中的一个核心问题；同时，认定构成犯罪是使行为人负刑事责任的基础。

罪刑法定原则是中国刑法规定的一项基本原则。其基本含义是"法无明文规定不为罪"和"法无明文规定不处罚"，即实施"罪由法定"原则。司法部门对于犯罪行为的界定、犯罪种类、犯罪构成条件和对犯罪刑罚处罚的种类、幅度，均须依照已有的法律规定。对于刑法分则没有明文规定为犯罪的行为，不得定罪处罚。

追究建设监理的刑事责任，与追究其他行为人的刑事责任一样，必须遵循以下 5 项原则，即：

1）追究刑事责任只能由司法机关依照《刑法》的规定决定；

2）必须严格地坚持法律标准；

3）刑事责任的评价必须经过严格的法定程序；

4）刑事责任的产生时间只能是法院作出有罪判决时；

5）刑事责任只能由犯罪人来承担，反对团体责任。

犯罪、追究刑事责任、刑罚，三者是递进式的程序。即有了犯罪行为，才可能被追究刑事责任；有了刑事责任，才可能实施刑罚。换言之，有些犯罪行为，不一定被追究刑事责任（如较轻的过失犯罪，或尚无法律规定的过失犯罪）。同样，有些被追究刑事责任的罪犯，不一定被实施刑罚（如不具备承担刑罚条件的罪犯和免于刑事处罚的罪犯）。

第四节　建设监理的工程安全责任研究

一、工程安全度的概念

所说工程安全度，即，无论工程规模大小，无论什么行业，工程建设项目的投资人希望所投资建设的项目是低风险，比较恰当的选择；希望所建工程既不发生工程质量事故，也不发生施工安全事故。同时，还希望在预定的使用寿命期间，不发生任何危及正常使用、危及经济效益、危及人身财产安全、影响职业健康的工程质量安全意外（不可抗力引发的意外除外）。这里所说的工程安全，是广义的安全。或者说，没有任何问题、缺憾的工程，包括投资选项无误，直至安全运行并达到预期的经济效益目标的工程，才是安全的工程。

工程项目建设安全问题，由于客观环境条件的限制，且随着时间的推移，新情况的出现等，任何一项工程建设，均不可能完全处于最佳的理想状态。或者说，任何一项工程建设，均难免受到这样那样的干扰，甚至是破坏，而出现有损于其安全的问题。工程项目建设不出现安全问题，则是极其罕见的；工程项目建设出现这样那样不安全的现象和问题是普遍的，经常的。只是不同的工程项目建设，发生不安全的现象和问题，在数量上、程度上不同罢了。这种用于表述工程项目建设安全程度的术语，叫做工程安全度。

显然，工程项目建设的安全度越高越好；工程项目建设的安全度低到一定的限度，就可以认定这是一项失败的工程建设。所以说，工程项目建设安全度，是衡量工程项目建设好坏的重要标尺；开展工程项目建设安全度评价，是检验工程项目建设活动成败的重要举措，同时，是不断促进提高工程建设水平的重要举措。

工程项目建设安全度的量化界定，有待于进一步研究，而且，当因工程建设的不同阶段确定不同的数值，并由权威职能部门认定、公布。现阶段，只能以定性的概念进行表述。根据以往的工程建设经验，不难推定：工程项目建设的初期阶段，工程安全度对于工程项目建设的影响比较大。而随着工程项目建设的实施，工程安全度的影响值越来越小。就是说，要想提高工程建设水平，就应当注重提高工程项目建设初期阶段的安全度。

二、工程安全的内容

按照工程建设宏观的安全理念来思考，工程建设的各个阶段，都有相应的安全要求，只是所包含的内容不同罢了。综合以往普遍的认识和突出的关注点，工程建设各阶段的安全内容如下。

（一）投资决策阶段

在这个阶段，主要工作有两大项：一是选择投资方向；二是进行项目可行性研究并组织评估。根据评估意见，做出决定。所以，在这个阶段，安全问题有两方面。其一，就是投资的安全性。即投资方向的选择是否正确，或者说，投资风险是否比较小。这个安全性最为重要，花费的精力也最大，甚至时间很长。像日本的濑户大桥，据说，反复论证，历经百年，才决定建造。我国的黄河三门峡水电站，由于没有充分论证，特别是没有全面听取意见，而急于上马。结果，竣工不久，就暴露出致命性的问题。几十年来，对于该项工程建设废兴的争论一直持续不断，甚至越来越尖锐对垒。而且，由单纯的学术、技术之争，演变为区域间利益纷争（2004年2月4日，陕西省15名人大代表提案建议三门峡水库停止蓄水。3月5日，在陕西的全国政协委员联名向全国政协十届二次会议提案，建议三门峡水库立即停止蓄水发电，以彻底解决渭河水患。而河南的32名全国人大代表也联合提交了一份议案，要求"合理利用三门峡水库"。议案说，三门峡水利枢纽是治黄工程体系最重要的组成部分，担负着黄河下游防洪、防凌的重任，保护着冀、豫、鲁、皖、苏

5省25万平方公里范围内1.7亿人口的生命财产安全)。另外,近几年,不时披露出一些竣工不久的建筑就被拆除,或者是重复建设,或者是出现严重质量问题,难以发挥应有的投资效益。这是工程建设最不安全的问题。其二,是可行性研究的安全性。即待建项目的技术和经济方面的进一步研究。只有技术上可行,经济上亦有理想回报的项目,才是比较安全的项目。尽管二者不可能都达到最佳峰值,但是,决不能只顾其一,不及其余。对二者可行性的评估,起码都应在较好的水准以上,使工程项目的可行性研究达到比较安全的程度。

(二)项目勘察阶段

多数情况下,都把工程建设项目的勘察并入工程设计阶段。客观上说,工程项目勘察所占用的投资比较小,涉及的单位也比较少,而且,时间很短。有鉴于此,在工程建设阶段的划分上,把它并入工程设计,也无可厚非。但是,从研究工程安全的角度看,把它作为一个单独的阶段来分析,是十分必要的。其根本的原因就是,工程勘察对于工程安全的影响度不容小觑。

工程地质勘察,是为查明影响工程建筑物的地质因素,而进行的地质调查研究工作。包括地质结构或地质构造、地貌、水文地质条件、土和岩石的物理力学性质、自然(物理)地质现象和天然建筑材料等。查明这些工程地质条件后,根据设计建筑物的结构和运行特点,对工程建筑物与地质环境相互作用的方式、特点和规模,作出正确的评价,为设计建筑物稳定与正常使用的防护措施提供依据。

按勘察的程序,工程地质勘察一般分为:规划选点至项目选址的工程地质勘察、初步设计工程地质勘察和施工图设计工程地质勘察三部分。

众所周知,对于工程项目规划的选点,以及项目的具体选址来说,工程勘察则是一项举足轻重的工作。即使是在基本确定工程项目建设地点的前提下,开展施工图设计之前进行的工程地质勘察工作,也是十分重要的。显然,工程地质勘察的成果,是进行工程设计的重要基础资料之一。或者说,没有工程地质勘察,工程设计就像是空中楼阁、无根的树木。工程设计,往往依据工程勘察提供的工程水文资料和工程地质构造,决定工程基础设计的选型;依据工程勘察提供的工程地质地耐力的大小,设计工程基础的大小;依据工程勘察提供的工程地质环境条件,决定工程设计所采取的结构设防形式和大小,以及其附着构筑物/设备等工作条件参数等。毋庸置疑,工程地质勘察对于工程建设项目的安全影响十分突出,是研究工程安全的重要课题之一。

(三)项目设计阶段

这里所说工程项目设计,指的是工程施工图设计。这是把所有关于工程项目建设的方案构思、预期目标等详细地表现为平面视图的过程。施工图设计是工程建设项目最高水平的详细体现。在设计深度和水平上,它应该超过之前的可行性研究阶段的初步设计。同时,它也绝对高于其后的工程施工的产物——工程项目实体的水平。无论是技术水平,还是经济效益,施工图设计都应追求理想的状态。任何偏离工程项目经济、技术最佳组合的设计,都是欠科学、欠合理的设计。一般说来,任何工程设计都难以做到十全十美。工程设计的优劣是相对的,出现一些偏颇,甚至发生错误设计,也是常事。出现这些问题,都是工程设计的不安全现象。因此，把好工程设计关，尽可能减少偏颇，并力求杜绝错误，以提高工程项目安全度，是工程设计工作的重要使命。

由于专业、阅历和水平的限制，以及工程施工条件的变化等因素的影响，工程施工图设计难免存在一些可待修正、改进，甚至是错误的地方。对施工图设计的修正，哪怕是一条线、一个数字的修正，就可能带来巨大的工程效益（包括经济效益、文化效益、环境效益，以及社会效益等）。就是说，工程项目施工图设计阶段，关于工程项目的安全问题，往往大有文章可做。

（四）项目施工阶段

工程建设项目进展到施工阶段，是把有关项目建设的思想、理念、期望等预设的种种目标，从概念变为现实的实施过程。工程的安全问题，集中体现在工程建设的质量方面（包括工程本体质量、工程环境质量，以及给工程竣工后使用期间创造的职业健康质量）。同时，还包括与工程建设密切相连的施工安全。工程施工期间，工程施工安全事故不时发生，危及生命财产的安全。因而，在社会上反应强烈，成为普遍关注的焦点。建设领域视工程质量安全为永恒的主体，一代一代，孜孜以求地努力提高工程质量安全。

（五）投用保修阶段

工程竣工后，交付使用期间，工程安全的关注点，主要是工程能否按照设计的使用寿命年限，提供安全的服务；能否提供符合职业健康安全要求的工作环境；能否达到设计要求的效益目标等。

三、建设监理的工程安全责任

建设监理，作为业主工程项目建设监管的受托人，毋庸置疑，应对工程安全负责。就是说，建设监理接受业主的委托后，应运用自己专业技术的特长，维护好工程建设项目的安全，这是建设监理神圣而艰巨的使命。工程项目建设的不同阶段，建设监理的工程安全责任原则都一样，只是责任的具体表现形式不同而已。

投资决策阶段，建设监理的工程安全责任主要是，帮助投资者选择正确的投资方向，即预期能获取合理的投资回报；同时，在可行性具体方案的选择上，帮助投资者/项目法人择优确定。在此期间，建设监理首先要协助投资者/工程项目法人挑选有能力、有信誉的工程咨询单位，协助签订并监督执行咨询委托合同。以期在合理的时限内，作出正确的决策，选定最佳的可行性研究方案。

工程勘察阶段，建设监理的工程安全责任主要是，协助投资者/工程项目法人，挑选有能力、有信誉的工程勘察单位，协助签订并监督执行工程项目勘察合同，以期在合同约定的时限内，得到翔实、科学的勘察报告。

工程设计阶段，建设监理的工程安全责任主要是，协助投资者/工程项目法人，挑选有能力、有信誉的工程设计单位，协助签订并监督执行工程设计合同。在合同约定的时限内，完成高质量的工程施工图设计。

工程施工阶段，建设监理的工程安全责任主要是，协助投资者/工程项目法人，挑选（通过招投标形式确定）有能力、有信誉的工程施工单位，协助签订并监督执行工程施工合同。有效地控制工程建设投资、工期和工程质量，促使工程项目建设全面安全地竣工。同时，帮助施工单位搞好施工安全生产，以避免或减少施工安全事故的发生。

竣工投用阶段，建设监理的工程安全责任主要是，协助业主搞好工程保修期内的保修工作，以及对后发现的工程质量隐患的处理；帮助业主搞好工程项目后评价。

第五节　关于建设监理施工安全责任研究

一、建设监理的施工安全责任

现阶段，我国的建设监理基本上局限在工程施工阶段，也就是说，建设监理仅仅具有工程施工监理的普遍实践（有关工程勘察监理、工程设计监理的实践，都还局限于初级的、局部的状态）。同时，关于工程施工阶段，对建设监理安全责任的认识，有不小的差异。认识上的差异，导致责任界定的偏颇。责任界定的失当，导致责任追究的错误，以致于难以有效地调动有关方面的积极性，更难以起到遏制工程施工安全事故频发的初始目的，难以发挥应有的激励、教育、鞭策和引导作用。所以，认真研究这方面的问题，科学划分各有关方的工程施工安全责任，不仅有利于建设监理事业的健康发展，更有利于提高工程建设项目的安全度，有利于提高工程建设的总体水平和总体效益。

（一）建设监理承担施工安全责任的依据

关于建设监理承担施工安全生产监管责任的问题，源于2003年11月，国务院颁发的《建设工程安全生产管理条例》（以下简称《安全条例》）。该安全条例第十四条规定："工程监理单位应当审查施工组织设计中的安全技术措施或者专项施工方案是否符合工程建设强制性标准。"还规定："工程监理单位在实施监理过程中，发现存在安全事故隐患的，应当要求施工单位整改；情况严重的，应当要求施工单位暂时停止施工，并及时报告建设单位。施工单位拒不整改或者不停止施工的，工程监理单位应当及时向有关主管部门报告。"该条第三款规定："工程监理单位和监理工程师应当按照法律、法规和工程建设强制性标准实施监理，并对建设工程安全生产承担监理责任。"

为了贯彻落实《安全条例》，有关部门于2006年10月，制定了《关于落实建设工程安全生产监理责任的若干意见》（以下简称《意见》）。该《意见》对建设工程安全监理的主要工作内容作了如下规定：监理单位应当按照法律、法规和工程建设强制性标准及监理委托合同实施监理，对所监理工程的施工安全生产进行监督检查，具体内容包括：

"（一）施工准备阶段安全监理的主要工作内容

1. 监理单位应根据《安全条例》的规定，按照工程建设强制性标准、《建设工程监理规范》GB 50319和相关行业监理规范的要求，编制包括安全监理内容的项目监理规划，明确安全监理的范围、内容、工作程序和制度措施，以及人员配备计划和职责等。

2. 对中型及以上项目和《安全条例》第二十六条规定的危险性较大的分部分项工程，监理单位应当编制监理实施细则。实施细则应当明确安全监理的方法、措施和控制要点，以及对施工单位安全技术措施的检查方案。

3. 审查施工单位编制的施工组织设计中的安全技术措施和危险性较大的分部分项工

程安全专项施工方案是否符合工程建设强制性标准要求。审查的主要内容应当包括：

1) 施工单位编制的地下管线保护措施方案是否符合强制性标准要求；

2) 基坑支护与降水、土方开挖与边坡防护、模板、起重吊装、脚手架、拆除、爆破等分部分项工程的专项施工方案是否符合强制性标准要求；

3) 施工现场临时用电施工组织设计或者安全用电技术措施和电气防火措施是否符合强制性标准要求；

4) 冬季、雨季等季节性施工方案的制定是否符合强制性标准要求；

5) 施工总平面布置图是否符合安全生产的要求，办公、宿舍、食堂、道路等临时设施设置以及排水、防火措施是否符合强制性标准要求。

4. 检查施工单位的安全生产规章制度和安全监管机构的建立、健全及专职安全生产管理人员配备情况，督促施工单位检查各分包单位的安全生产规章制度的建立情况。

5. 审查施工单位资质和安全生产许可证是否合法有效。

6. 审查项目经理和专职安全生产管理人员是否具备合法资格，是否与投标文件相一致。

7. 审核特种作业人员的特种作业操作资格证书是否合法有效。

8. 审核施工单位应急救援预案和安全防护措施费用使用计划。

（二）施工阶段安全监理的主要工作内容

1. 监督施工单位按照施工组织设计中的安全技术措施和专项施工方案组织施工，及时制止违规施工作业。

2. 定期巡视检查施工过程中的危险性较大工程作业情况。

3. 核查施工现场施工起重机械、整体提升脚手架、模板等自升式架设设施和安全设施的验收手续。

4. 检查施工现场各种安全标志和安全防护措施是否符合强制性标准要求，并检查安全生产费用的使用情况。

5. 督促施工单位进行安全自查工作，并对施工单位自查情况进行抽查，参加建设单位组织的安全生产专项检查。"

《意见》还就建设监理的施工安全监理责任，作了如下规定：

"（一）监理单位应对施工组织设计中的安全技术措施或专项施工方案进行审查，未进行审查的，监理单位应承担《安全条例》第五十七条规定的法律责任。

施工组织设计中的安全技术措施或专项施工方案未经监理单位审查签字认可，施工单位擅自施工的，监理单位应及时下达工程暂停令，并将情况及时书面报告建设单位。监理单位未及时下达工程暂停令并报告的，应承担《安全条例》第五十七条规定的法律责任。

（二）监理单位在监理巡视检查过程中，发现存在安全事故隐患的，应按照有关规定及时下达书面指令，要求施工单位进行整改或停止施工。监理单位发现安全事故隐患没有及时下达书面指令要求施工单位进行整改或停止施工的，应承担《安全条例》第五十七条规定的法律责任。

（三）施工单位拒绝按照监理单位的要求进行整改或者停止施工的，监理单位应及时将情况向当地建设主管部门或工程项目的行业主管部门报告。监理单位没有及时报告，应承担《安全条例》第五十七条规定的法律责任。

（四）监理单位未依照法律、法规和工程建设强制性标准实施监理的，应当承担《安全条例》第五十七条规定的法律责任。

监理单位履行了上述规定的职责，施工单位未执行监理指令继续施工或发生安全事故的，应依法追究监理单位以外的其他相关单位和人员的法律责任。"

众所周知，我国的《建筑法》是 1996 年颁发的。《建筑法》中有关建设监理的规定，集中在第四章，共 6 条（第三十条至第三十五条）13 款。这 13 款计 600 余字中，只字未提及施工安全问题。2011 年 4 月修改后的《建筑法》依然如此。就是说，建设监理对施工安全监管的责任出自《安全条例》。原建设部的《意见》进一步细化并扩展了监理对施工安全监管责任的内容。

（二）建设监理承担工程施工安全监管责任的偏颇

2010 年 7 月，中国建设监理协会理论研究委员会与江苏省建设监理协会联合召开了"建设监理对施工安全监管问题研讨会"。来自全国各个地区、各行各业的监理人士 200 余人济济一堂。大家交谈了几年来，建设监理为工程施工安全生产实施监管的方法、经验，以及辛勤的贡献和成效。同时，更普遍而强烈地反映了存在的严重问题。尤其是，对现行法规不科学、不合理的地方，以亲身经历的事实，进行了辨析，并提出了修改意见。

1. 法理基础淡薄

按照通行的认知，"法理"是指法律之所以这样规定而不是那样规定的道理和缘由。换言之，每一条法律都有相应的"法理"作支撑。"讲法理"，就是运用法律体系内的制度、原理和知识探究法律，以正确选择法律条文、准确把握法律涵义。

一是建设监理承担工程施工安全监管责任是无本之木。建设监理监管工程建设的合法权利是由业主委托的。业主对工程承建商的施工安全没有监管的权利，业主就不可能委托建设监理拥有监管工程施工安全的权利。

二是法规规章赋予建设监理的责任权利不对等。有关法规和规章要求建设监理承担工程施工安全监管责任，却没有赋予其相应的权利。权利和责任是一致的，对等的。有权才有责；有责必应有权。要求没有相应权利的建设监理承担工程施工安全监管的责任，违背了权责一致的法理基本原则。

三是要求建设监理承担工程施工安全监管责任，违背了建设市场中各主体责权的基本定位。作为期货性质的建（构）筑物，业主委托具有专业水准的建设监理负责购置。在这种交易过程中，建设监理可以给承建商提供技术支持，乃至管理方面的帮助。但是，并非其应承担相应的责任。否则，既违背了评判事理的基本原则，又混淆了建设市场中各主体责权的基本定位。

2. 与上位法不尽一致

我国于 1996 年颁布了《建筑法》，2011 年首次进行了修订。无论是原来的，还是修订的《建筑法》，均规定："施工现场安全由建筑施工企业负责"，"施工中发生事故时，建筑施工企业应当采取紧急措施减少人员伤亡和事故损失，并按照国家有关规定及时向有关部门报告"。有关建筑安全生产管理章节，共 16 条规定，没有一款是建设监理的责任。

2002 年颁布的《安全生产法》（中华人民共和国主席令第 70 号），规定："生产经营单位的主要负责人对本单位的安全生产工作全面负责"，"建设项目安全设施的设计人、设计单位应当对安全设施设计负责","国务院有关部门依照本法和其他有关法律、行政法规的规定,在各自的职责范围内对有关的安全生产工作实施监督管理;县级以上地方各级人民政府有关部门依照本法和其他有关法律、法规的规定,在各自的职责范围内对有关的安全生产工作实施监督管理"。显然,工程项目建设的施工安全应当由施工单位负责;对于工程施工安全的监管是有关政府部门的职责,而与建设监理无关。

依照下位法遵循上位法的原则,任何条例、任何规章,只能是相关法的细化和诠释,不能超出上位法的适应范围,更不能违背上位法的基本原则。显然,现行一些法规规章要求建设监理承担施工安全监管责任的规定,不符合《建筑法》及《安全生产法》相关条款的规定。

3. 增加了建设监理的责任

如上所述,工程建设的承建商(包括工程设计单位、工程施工单位)应当依法对本单位的生产活动安全负责;相关政府部门对工程施工安全的监管负责。建设监理既没有工程施工的安全责任,也没有工程施工的安全监管责任。我国的建设监理责任是"三控两管一协调"。此前,国内外从来没有法规规定建设监理监管工程施工安全的责任。就是最新版的菲迪克条款,也只字未提建设监理监管工程施工安全的事。显然,有关法规规章要求建设监理承担工程施工安全监管责任,是增加了建设监理的责任义务。建设监理在工程施工阶段的安全责任,在于为业主监管工程总体的安全——监管工程投资的安全性、监管工程建设质量的安全性、监管工程建设进度的安全性。当然,对于工程施工安全的监管问题,可以作为建设监理"帮助"的事项考虑。即建设监理可以充分发挥自己专业技术能力,帮助工程施工单位搞好安全生产。因为,毕竟搞好施工安全生产,也有益于工程建设项目的总体安全。

此外,对于工程施工安全的监管,各地各部门均设立了相关的安全监督站。而相关法规规章却要求建设监理承担工程施工安全监管责任,在客观上起到了转嫁监督责任的作用。

4. 混淆了工程施工生产安全责任的主次

《建筑法》规定,工程施工安全问题应当由工程施工单位负责;对工程施工安全的监管责任由相关政府部门的安全监督站负责。就是说,一旦发生工程施工安全事故,应当由工程施工单位负全责,相关安全监督站应承担监管责任。而有关法规规章却规定要建设监理承担监管责任,违背了《建筑法》规定。

以上混淆工程施工安全事故责任种种谬论的实施,非但不能有效地降低工程施工安全事故的发生频度,反而会助长工程施工安全事故诱因的滋生。

5. 有碍于工程建设管理队伍的健康发展

为了贯彻落实有关法规关于建设监理承担工程施工安全责任的规定,有些地方一味加码,要求建设监理承担工程施工现场所有安全问题的责任。这些办法的实施,既破坏了建设市场应有的秩序,更引发了广大建设监理人员的愤懑和不平。

也迫使建设监理的工作重心转向工程施工安全方面,而且,严重挫伤了广大建设监理工作者的积极性。同时,渐次出现了,已有的高端人才留不住,新的高端人才不愿进的状况。

6. 有碍于工程建设水平的提高

我国之所以大力推行工程建设监理制，最根本的愿望，就是要提高工程建设管理水平。从而，达到提升工程建设投资效益的目的。然而，额外、繁多的工程施工安全监管事务，把工程建设监理人员推向了工程施工安检员的境地；一旦发生工程施工安全事故，必然追究建设监理人员的责任，甚至追究刑事责任的巨大压力，使广大监理人员惶惶不可终日（因为，如前所述，无论监理人员如何努力，也绝对不可能避免工程施工安全事故的发生）。凡此现象，可以说，在建设监理全行业普遍存在。这种状况，无疑严重地压抑着广大监理人员的能动性。况且，广大建设监理人员陷入充当工程施工单位"安检员"、"质检员"的窘态，难以集中精力投身于其应担当的主业——"三控两管一协调"。建设监理工作主次的颠倒，提高工程建设监理水平，就成了"空中楼阁"，提高工程建设水平，自然也步履维艰，甚至是可望而不可即。

总之，实践证明，有关建设监理承担施工安全监管责任的现行法规规章，在指导思想和具体条款方面有不少偏颇之处，亟待修订完善。

二、建设监理的施工安全监管

尽管方方面面对现行法规、规章关于要监理承担工程施工安全监管责任，有原则性的不同意见。但是，它毕竟是现行法规、规章。作为监理企业，在组织行动上，不得不执行。几年来，广大监理工作者依然兢兢业业地按照这些法规、规章要求，进行监理。特别是自 2006 年之后，全国各地普遍推行监理对施工安全的监管。有一些地方相关部门，为了尽快降低工程施工安全事故，参照相关模式，制订了更为详细、严格的施工安全监理监管办法。从这些办法的条文看，监理对工程施工现场的监管非常全面、详尽，简直是无所不包。之所以如此，一方面，是因为工程施工安全事故接连不断，一些地区甚至十分严重。这种形势，给有关部门形成了巨大的压力。另一方面，制定这些办法的部门，"过于看重"建设监理的能力。或者说，在降低工程施工安全事故方面，对建设监理寄予过高的、不切实际的期望。从而，把建设监理推向了致力于施工安全管理的窄胡同。这些规章、办法规定施工安全生产中，监理责任的主要工作有以下四个方面：

1）进一步丰富建设监理监管工程施工安全工作的内容。如上所述，除了要求建设监理监管工程施工各类具体事项外，还包括要监管工程施工前的各项准备工作、工程施工的后勤服务工作等。

2）健全监理单位安全监理责任制。监理单位法定代表人应对本企业监理工程项目的安全监理全面负责。总监理工程师要对工程项目的安全监理负责，并根据工程项目特点，明确监理人员的安全监理职责。

3）完善监理单位安全生产管理制度。在健全审查核验制度、检查验收制度和督促整改制度基础上，完善工地例会制度及资料归档制度。定期召开工地例会，针对薄弱环节，提出整改意见，并督促落实；指定专人负责监理内业资料的整理、分类及立卷归档。

4）建立监理人员安全生产教育培训制度。监理单位的总监理工程师和安全监理人员需经安全生产教育培训后方可上岗，其教育培训情况记入个人继续教育档案。

建设监理单位对于现行的这些制度性的规定，难以逾越，不得不执行。尤其是，建设监理不得不在编制工程施工监理规划时，大篇幅地制定施工安全监理预控内容；编写工程施工安全监理细则时，则更是面面俱到、连篇累牍地"丰富"措施。不仅如此，还要指定专职的"安全监理工程师"，就连工程项目总监，也不得不投入绝大部分精力于施工安全管理。

三、建设监理的施工安全责任追究

（一）追究建设监理施工安全刑事责任的法规

现阶段，追究建设监理安全责任的法规依据，主要是有关安全条例和《意见》，以及地方制定的相关规定。

有关安全条例第五十七条规定："违反本条例的规定，工程监理单位有下列行为之一的，责令限期改正；逾期未改正的，责令停业整顿，并处 10 万元以上 30 万元以下的罚款；情节严重的，降低资质等级，直至吊销资质证书；造成重大安全事故，构成犯罪的，对直接责任人员，依照刑法有关规定追究刑事责任；造成损失的，依法承担赔偿责任：

（一）未对施工组织设计中的安全技术措施或者专项施工方案进行审查的；

（二）发现安全事故隐患未及时要求施工单位整改或者暂时停止施工的；

（三）施工单位拒不整改或者不停止施工，未及时向有关主管部门报告的；

（四）未依照法律、法规和工程建设强制性标准实施监理的。"

《意见》在《安全条例》的基础上，更详细地规定了监理的相关责任。其中，既有对工程施工准备阶段监理应当开展的工作的要求，更有施工阶段安全监理的详细、明确规定。计 13 条 18 款。

这些规定，要求建设监理对于工程施工单位的各项活动都要进行监管。这种监管，在程序和范围上，包揽了从计划到实施、从人员到机械、从工程到临时设施、从技术到经济、从督促施工单位自查到建设监理跟随巡查等方方面面，可谓极尽详备。

（二）追究建设监理施工安全刑事责任的现状

有关安全条例和《意见》实行几年来，监理单位，特别是工程建设项目总监兢兢业业、提心吊胆履行着相关规定。客观上，的确促进了工程施工单位的安全生产管理，取得了有目共睹的成效。但是，不能不看到，追究建设监理刑事责任的事件接连不断。

自 2000 年 10 月，南京电视台演播中心工程脚手架发生整体坍塌，造成 6 人死亡、34 人受伤事故，判处南京某监理公司工程项目总监代理韩某某有期徒刑 5 年以来，十余年间，几乎所有工程施工伤亡事故中，往往都要追究工程项目建设监理（一般是总监）的刑事责任，例如：

1）2007 年 8 月，湖南凤凰大桥施工中发生垮塌，造成 64 人死亡、22 人受伤特大事故，以重大安全责任事故一审判处湖南省某交通咨询监理有限公司董事长胡某等有期徒刑 5 年。

2）2007 年 9 月，河南省郑州市富田太阳城商业广场 B2 区模板坍塌，造成 7 人死亡、17 人受伤事故。郑州市某工程监理公司总监史某某等，以现场监管不力，未及时制止施工人员违规作业行为为由，被追究刑事责任（据了解，被判处 3 年有期徒刑）。

3）2008 年 11 月，杭州地铁湘湖站"北 2 基坑"发生坍塌，造成 21 人死亡、4 人受伤事故。上海某工程咨询监理有限公司总监代表蒋某某，法院以"未认真履行监理职责，在审批及施工报验单的签认上严重违反监理规范；对施工过程中的严重违法违规行为制止不力，也未及时报告建设单位和有关质量监督部门"为由，一审判处总监代表蒋某某有期徒刑三年三个月。

4）2010年1月，昆明新机场引桥倒塌，造成7人死亡、34人受伤事故。法院以云南某建设监理有限公司专业监理工程师郭某某，对垮塌事故发生负有未尽监理职责的重大责任事故罪，判处有期徒刑3年。

5）2010年11月，南京市油坊桥立交小行段在建的一座高架桥发生钢箱梁倾覆坠落事故，造成7人死亡、3人受伤。法院最终以犯重大责任事故罪，一审判处专业监理工程师杨某有期徒刑3年、缓刑4年。

6）2013年3月，安徽省桐城市盛源财富广场一期项目工程施工中，发生模板坍塌，造成8人死亡、6人受伤事故。有关通报认定系有关各方违法违规所致。依照现行习惯，工程项目总监刘某某（江苏省某建设项目管理有限公司），有可能被追究刑事责任。

尽管对于建设监理承担工程施工安全责任的认识逐渐回归理性，但是，一则，法规规章依然；二则，工程施工安全形势未能根本好转（见相关统计：2012年，全国工程建设施工发生各类事故2330起，死亡2760人，同比分别上升2.8%和2.1%。2013年上半年，全国共发生房屋市政工程生产安全事故219起、死亡283人，比去年同期事故起数增加10起，死亡人数增加36人，同比分别上升4.78%和14.57%）。根据以往追究建设监理刑事责任的一般理由——没有制止违规作业行为；或没有及时报告有关主管部门；或现场监管不力，未及时制止施工人员违规作业行为；或未认真履行监理职责等，被追究刑事责任的人数当有增无减。就是说，现阶段，建设监理依然面对着严峻的刑事处罚。

（三）追究建设监理工程施工安全刑事责任的后果

不可否认，追究建设监理工程施工安全刑事责任的做法，对服刑人员及其所在单位全体人员，乃至一个地区的建设监理行业，都有很大的教育意义。但是，同样不可否认，追究建设监理工程施工安全刑事责任的做法，存在着更为严峻的负面影响。或者说，一味要建设监理承担工程施工安全监管责任，付出了多么沉重的代价。

一是，监理工作重心的偏移——原本是"三控两管一协调"，现在不得不以工程施工安全监管为重心。从而，扭曲了建设监理事业的发展轨道。

二是，据了解，自2005～2009年，短短的5年间，全国有多名总监因施工安全伤亡事故问题锒铛入狱。现阶段，注册监理工程师的数量，远远不能满足工程建设的需要，合格的总监人数，更是凤毛麟角。所以，一个监理单位，一旦有一名总监被追究刑事责任，很可能会导致整个监理单位的覆灭。

三是，由于以上原因，严重挫伤了广大监理人员的士气和积极性。突出的表征是，报考监理工程师的人数不但没有逐步增加，反而急剧下降：从2005年的近10万人，骤减为2009年的不足5万人。有些地方的监理工程师，迫于不堪担负工程施工安全责任的压力，再加上经济收益等方面原因，离开了监理行业。仍然从事建设监理工作的监理工程师，即便有能力，宁愿当一名普通的监理工程师，也不愿意承担总监理工程师的重任。

无论什么情况下，追究法律责任，最根本的目的都是为了教育大众。要实现这一根本目的，就必须做到法规规章科学、合理，同时，要必须严格实行"责任法定"原则、"罪名明确"原则，以及排除无法律依据的责任，即"责任擅断"和"非法责罚"。不能让没有违法行为的人承担法律责任。要保证责任人受到法律追究，也要保证无责任者不受法律追究，做到不枉不纵。

四、菲迪克模式下工程安全责任的划分

（一）实行菲迪克模式的基本条件

按照菲迪克模式进行工程建设管理，早已成为世界普遍采用的模式。我国自 20 世纪 80 年代开始，在鲁布革水电站引水隧道工程建设中采用该模式以来，不断扩大、深化。学习、了解并掌握应用菲迪克管理模式的企业和人士越来越多。中国工程咨询协会代表中国工程建设中介服务机构于 1996 年 10 月加入了国际咨询工程师联合会，为我国工程建设中介服务机构进一步了解、掌握菲迪克模式，进一步为工程建设服务，提供了便捷、有利的条件。

工程咨询/监理是适应世界经济和科技迅速发展的形势而出现的智力服务产业。它以综合运用多学科专家所拥有的知识、技术、经验的优势，为经济建设和工程项目的决策、实施和管理提供全过程服务。为避免决策失误、降低投资风险和提高经济建设效益，发挥着越来越重要的作用。各国政府和各类投资业主，都很重视工程咨询/监理。在长期发展中，工程咨询/监理积累了充分发挥专业技术人才作用的丰富经验。为在工程建设中，不断提高建设水平、提高投资效益，发挥着越来越突出的作用。

实行菲迪克管理模式，是工程建设管理改革的方向，这已经是不争的事实。应当说，我国开创工程建设监理制，为实行菲迪克模式奠定了必要的基础。众所周知，没有建设监理/咨询，就没有建设市场的中介。建设市场没有三元结构，就不能实行菲迪克管理模式。可以说，建设监理是实行菲迪克管理模式的必要条件。

最近几年，在工程项目管理上，都在研究、试行菲迪克模式。这是因为，无论是走出国门，遇到的国际建设市场的情况，还是在国内，亲历投资多元主体的认知，都觉得菲迪克条款下的管理模式比较科学、严谨。而且，它不仅有利于建设市场上的买方，也有利于卖方。就是说，它有利于买卖双方都能获取合理的最大效益。尤其是，有利于建设市场的健康发育。所以，菲迪克模式越来越受到广泛地关注和欢迎。

另一方面，新技术革命的快速发展，把世界各国的交往推到了一个新阶段。即使地球上的空间距离"缩短了"；信息的"时间差"也趋于消失。这种局面，不仅大大改变了人类的生活条件，而且，加快了经济生活的国际化。开放的世界，使各国原有的"一国经济"正在走向"世界经济"。从而，形成了相互依赖的经济格局。这种格局，就叫做全球经济一体化。这种格局，是化解全球经济发展不平衡和各国经济要素不平衡的必经场地，也是社会进步必然阶段。在此化解的过程中，便能提高社会功效，造福于全人类。这是社会发展的大趋势，也是我国必然选择的道路。特别是，恢复我国世界关贸协定成员国之后，这种前进的步伐越来越大。建设领域更是如此，想放慢脚步都不行。所以，实行菲迪克条件下的工程管理模式，是市场经济体制发展的必然，是提高工程建设总体效益希望的所在。因此，应认真研究国际通行的菲迪克的基本内涵，积极实行菲迪克条件下的管理模

式，是经济发展的需要，是社会发展的需要，更是摆在我们面前的重要课题。

总结积累的经验，根据不断变化的客观环境和新形势的需要，世界银行已决定，从 2003 年开始，所有使用世界银行款项的工程项目，都必须采用 1999 年版菲迪克合同条件。

1. 实行菲迪克模式必然实行"小业主"战略

市场经济的最大特点，就是力求以最小的投入，换取最大的收益。国际上，工程建设项目投资方，一般不参与工程项目建设的实施管理。即便参与，组建的"项目法人"也是很小的班子。但是，在我国，由于长期单纯计划经济管理体制，以及小农经济意识的作祟，人们往往习惯于"把住权力"，事事亲为。在市场经济体制建设初期，这种习惯势力依然不肯轻易退出历史舞台。诸如，建设单位不愿通过招标选用工程建设的施工单位，不愿委托监理单位管理工程项目建设，或不愿把经济大权交给监理单位等。因此，不得不组建依然庞大的工程建设项目管理机构，与委托的监理单位对工程建设重叠地进行管理。这样，既造成人力、财力、物力的浪费，又干扰了监理单位的工作，束缚了建设监理效能的发挥。无形中阻碍了工程建设水平的不断提高。这种与国际惯例接轨背道而驰的做法，应当悬崖勒马，改弦更张，尽快迈向"小业主、大监理"的康庄大道，为尽早实行菲迪克条款管理模式铺平道路。

要想实施"小业主、大监理"发展战略，首先应当促使业主解放思想，不断提高对实行建设监理制必要性的认知。同时，辅以必要的政策约束。诸如政府拟对国家投资（包括地方政府投资、国有企业投资）建设的工程项目的项目法人机构规模加以限制；对于委托实施监理的阶段予以拓展；对委托监理的权限予以明确扩大等。从而，不断扩大实施建设监理的覆盖面。第三，强化政府的监督力量。采取稽查形式、统计手段，以及不定期的督导等方法，加大政府监督力度。还要充分利用社会监督、舆论监督等力量，共同推进"小业主、大监理"发展战略的实施。第四，还要不断规范业主的行为，为实施"小业主、大监理"战略清除障碍。现阶段，工程建设市场中，业主往往是种种不正之风的"风源"。诸如为图早日建成投入使用，而采取"三边政策"；一味追逐"低价招标"；肆意肢解工程招标；迫使建设监理签订"阴阳合同"；甚至违法乱纪索取贿赂等。无数事实证明，严格规范业主行为，是净化建设市场的根本出路，是推进建设市场健康发育的核心举措。

2. 实行菲迪克模式必然实行监理制

采用菲迪克合同进行项目管理，必须培养"工程师"（以下统称"监理"），才能对项目建设进行全过程的工程监理和咨询服务。应当充分认识监理的作用，明晰监理的职责。在菲迪克条件下，监理责任重大。因为，他们工作的好坏，往往不仅影响工程建设的好坏，而且，影响到使用（运行）单位长期的日常生活；影响到国家的建设投资、城乡的面貌、民族建筑文化，甚至于国家对外的形象。

在菲迪克合同条件下，监理受业主委托管理承建合同，自然应当替工程项目业主着想，维护好业主的利益。以业主满意为准绳，使业主省心、省时、省力、省钱。让业主感觉到，委托给监理去做，比自己亲自做要好，使之产生安全感。同时，监理还应该公正地处理问题。其实，监理监督承建商严格履行其签订的承建合同，就是维护业主利益。在监管承建合同履行的过程中，一旦发生须由监理裁处的事情时，即便是处理承建商的索赔事项，监理亦公正行事。否则，承建商可通过诉讼或仲裁取得合理解决。一旦如此，监理不仅工作被动，甚至严重影响其信誉。因此，可以说，监理是实行菲迪克模式的必要且充分条件。

监理在工程建设中的管理，从形式上看，是进行"三控、两管理一协调"。实际上，还包括了法规执行管理、标准规范实施管理、工程建设程序和技术管理、人力资源管理、风险防范管理、文书资料管理及综合管理等多方面内容。所以，监理的职责比较繁重，对监理的素质要求也比较高。在国际上，对监理人员的基本素质要求，除了工程技术素质外，还包括应具备一定的工程经济管理能力、相关法律知识能力和通用语言沟通能力。就是说，"监理"是复合型的高素质人才。由这样人才组成的专业化服务团队，必然对提高工程建设水平大有裨益。坦率地说，我国现有的建设监理人才，无论是数量还是素质，都还没有达到应有的水平，与工程建设的需求还有很大差别。目前，全国有近百万建设监理从业人员（包括所有行业的从业人员，以下同），而取得注册监理工程师资格的人员约尚不足五分之一。急需从政策引导到具体操作，都应当加快培养工程建设监理人才。

但是，也不能因为监理应是复合型的高素质人才，就把其他责任也强加其身。因此，科学界定建设监理的责任，是非常必要的。总结我国第一个采用菲迪克模式建设的鲁布革水电站引水隧道工程施工管理的情况，和其他采用菲迪克合同条件管理的水电站工程、公路工程、城铁工程等施工管理的情况，无论是外聘的监理，还是国内的监理，都没有承担对工程施工安全生产监管的责任。工程施工安全生产的管理必须依靠施工单位，强化这方面的管理，才可能真正走出施工安全的困境。而监理应当回归到对工程总体安全负责的轨道上来——降低投资风险、保证合理工期、提高工程质量安全度等。今后，随着建设市场国际化程度的提高，我国工程建设实施菲迪克模式的普及，进一步规范建设市场各方的责任和行为，尤其是科学地发挥建设监理的作用，既有利于建设监理事业的健康发展，有利于施工单位管理水平的提高，更有利于工程建设水平的提升。

3. 实行菲迪克模式必须规范承建商行为

我国的建设市场形成不久，在不少方面尚不健全，更不规范。就承建商而言，虽然承建商由来已久，但是，按照现代企业的标准来衡量，不仅其组织建设有待提高，而且，其市场交易行为更待规范。现阶段，一些承建商存在着种种不规范行为。特别是：

1）管理不到位。所谓管理不到位，主要包括管理者不到位——工程施工时的实际项目管理者与投标时的承诺不一致，或者虽有其名，不见其人；上下指令脱节——包括管理层内上级指令不能完全贯彻实施、劳务层对管理层的指令不能完全贯彻实施；或对劳务层素质低下的状况不管不问；或者工程总包单位对分包商撒手不管等多种情况。

2）盲目追求高额利润。作为企业，追求最大利润，是天经地义的事，无可厚非。但是，不顾客观条件，舍弃或降低工程标准，甚至不择手段，一味追求高额利润。如采购低价劣质建材、减少必要的工序、降低工程质量标准、降低或减少安全设施措施和劳动保护标准等，以期获取高额利润。

3）未能做到持证上岗。主要是指未能按照规定，做到重要岗位或特殊岗位操作人员持证上岗。

4）违反企业资质管理规定，越级承接工程。

5）不实事求是投标，甚至"围标"、"串标"。

6）违反劳保规定，不为员工投保，或不与员工签订用工合同。

7）非法肢解、转包工程等。

在规范承建商行为的同时，还应当创造条件，促使承建商了解菲迪克模式的内容和意义；提高承建商对实施菲迪克条款管理模式意义的认识，以便做到在思想认识上接受，在行动上适应菲迪克管理模式。

更重要的是，应当使承建商真正认识到，承建商不仅是工程建设项目质量、进度、费用三大目标的具体实践者和主要责任承担者，还是工程施工安全的唯一责任者。俗话说，工程质量、工程进度、施工安全等是"干"出来的，不是"管"出来的，也不是"监督"出来的。如《建筑法》第四十四条明确规定："建筑施工企业必须依法加强对建筑安全生产的管理，执行安全生产责任制度，采取有效措施，防止伤亡和其他安全生产事故的发生。建筑施工企业的法定代表人对本企业的安全生产负责。"第四十五条也明确规定："施工现场安全由建筑施工企业负责。实行施工总承包的，由总承包单位负责。分包单位向总承包单位负责，服从总承包单位对施工现场的安全生产管理。"第五十八条明确规定："建筑施工企业对工程的施工质量负责。"按照菲迪克条款规定，发生工程质量事故后或者存在工程质量隐患，无论监理发现与否，承建商都应承担责任。即便是竣工交付使用后，也由承建商承担责任。在这种思想的指导、约束下，国外的承建商对工程质量都比较能认真对待。所以，一般情况下，监理无须对工程质量费心劳神，而侧重于工程量的核验、变更的处理、进度款的审查，以及与有关各方的协调等。

目前，我国的承建商还应当进一步摆正与监理的关系。继续转变被迫监理、应付监理的观念；下大力气转变依赖监理观念。尽早实现自觉接受监理、积极配合监理，与监理等各方齐心协力，共同搞好工程建设。

（二）菲迪克条件下的工程安全管理

毋庸讳言，菲迪克模式，无论旧版或新版，所涉及的工程安全管理，是着眼于工程项目的安全度而提出的。如有关工程设计的质量管理、施工质量管理、有关采购物品的质量管理等，都有明确的规定，其责任也划分得很具体、明确。这是就广义的工程安全而言，即工程质量好，标志着工程安全度高。而工程施工安全问题，则完全由承包商自己负责。如菲迪克第四条关于承包商的义务中第三款规定"承包商应对所有现场作业、所有施工方法和全部工程的完备性、稳定性和安全性承担责任。"当然，业主或监理的错误指令引发的安全问题应由业主或监理承担责任。所以，菲迪克模式下，就广义的工程安全而言，监理有责无旁贷的重任——受业主委托，在合同范围内，把好工程设计关，促进工程设计水平的提高；把好工程施工关，即在预期的时间内、投入合理的资金、建成合格的工程。

因此，菲迪克合同条件通用条款的绝大多数条款都涉及监理的职责，且规定得非常细致、具体。合同条款中，给予监理的权力是很大的。合同对各种权力的使用，确定了严格的条件界面。主要有两种情况，一种是直接行使权力，如批准进度计划、施工方案、核对承包商完成的工程量等。另一种是先与业主（有时包括承包商）商量后再作决定。如工程变更、批准或拒绝承包商的索赔要求等权力。这些内容，都是有关工程建设项目的质量、工期、费用等方面的要约和规范。

作为监理，他的职责和义务，从不涉及承建商内部的管理，尤其是从不管理施工单位的施工安全工作。之所以如此，其根源在于，施工安全管理所涉及的组织、人事、制度、财务、技术等，都是施工企业内部的事，与和业主签订的承建合同没有直接的关系。按照合同法的基本原则，与合同无关的事项，他人无权干预。即便干预，也只能是建议性质、帮助性质，而绝不能成为他人的责任。何况，只有调动、发挥承包商（施工单位）管理施工安全的积极性，才能起到应有的作用，甚至是事半功倍的效果。所以，我国的《建筑法》第四十四条明确规定："建筑施工企业必须依法加强对建筑安全生产的管理，执行安全生产责任制度，采取有效措施，防止伤亡和其他安全生产事故的发生。建筑施工企业的法定代表人对本企业的安全生产负责。"第四十五条更明确指出："施工现场安全由建筑施工企业负责。"

现阶段，我国的工程建设规模依然庞大，而且，在短期内也不会大幅度地缩减。全国到处是工地的现象，也不会有明显改变。然而，基于建设市场尚处于发育完善阶段，基于工程施工管理水平现状，施工安全形势依然严峻的局面也必然难以快速扭转。监理，作为中国的一个行业，面对这种状况，不能袖手旁观，置之不理。而要尽自己所能，帮助承包商搞好施工安全生产管理，提高施工安全生产水平（本节摘录于刘廷彦张豫锋编著的《工程质量与安全管理》有关章节）。

第六节　建设监理承担施工安全监管责任案例剖析

一、关于建设监理对于工程施工安全监管的总体认识

（一）监理为工程施工安全作出了突出贡献

我国创建工程建设监理制以来，监理企业在"三控、两管、一协调"的工作过程中，促进了施工企业管理水平的提高，尤其是，在质量控制管理中，完善、强化了质量管理措施，有效地减少了由于工程质量问题引发的人身伤亡事故。2003年，国务院颁发了《建设工程安全生产管理条例》（以下简称《安全条例》）以后，监理企业无不投入大批力量，广大监理工作者更是尽心尽力，协助搞好施工生产安全工作，并取得了显著的成效。像上海市，编印了相关工作规程，有效地指导监理对施工安全的监督管理，降低了事故频率，杜绝了群死群伤事故，促使上海市的施工安全水平迈上了新台阶。新疆昆仑监理公司监理人员，群策群力、严把安全生产关，在中石油西部销售中心工程监理工作中，取得了施工生产安全运行无伤亡事故的好成绩。不少监理单位还总结归纳出了很好的经验。像河南立新监理咨询有限公司，关于施工生产安全监管事前控制、事中控制、事后控制的经验；北京华夏石化工程监理有限公司，安全保证体系建设和考核并重、程序完整、记录严谨的经验。中油朗威公司相继主编了两册油气管道工程安全监理规范，不仅指导监理工作，而且，有利于促进施工企业，乃至业主工作水平的提高，尤为珍贵。

（二）"工程施工安全监理"已构成建设监理沉重的包袱

几年来，监理在促进施工安全水平提高的同时，也背上了沉重的包袱。根据2010年组织的书面调查，"安全监理"存在以下突出的问题。

1. 现行"安全监理"法规规章不妥

从2010年5月底收回的233份有效问卷来看：81%的认为现行的"安全监理"法规

不科学、不合理；66％的认为"安全监理"已构成了建设监理事业发展的瓶颈。之所以说这些规章不妥，主要是指，在法理上有缺失；在法律上少依据；在操作上不科学，甚至荒唐（不少论文从不同角度阐明了这种观点）。

2. 对建设监理的不当处罚一再发生

所谓不当处罚，主要是指，有些施工安全监管工作本不应由监理承担，有关规章强加于监理而形成的处罚；有些是被监管单位不接受监理的监管而引发事故导致对监理的处罚；更为严重的是，连没有监理合同关系的工程发生安全事故，也要处罚监理。近几年，因施工安全事故而受到处罚锒铛入狱的监理人员明显增加。如，2005 年，北京地铁西单工程事故。总监吕某既未签批模板支架施工方案，也没有签发混凝土浇捣令，却被判处有期徒刑 3 年。2005 年，广州市海珠城广场基坑坍塌事故。主要是业主严重违法违规造成的（不报建、不招标、不委托监理，甚至发包给没有相应资质的施工单位，逃避政府的监管，拒不执行政府的停工通知，无视安全隐患警示）。但是，却对与基坑工程没有合同关系的监理单位处以重罚：项目总监代表被刑拘，还要承担总损失 7.5％的赔偿。2009 年，上海市闵行区"莲花河畔景苑"7 号楼整体侧覆事故。项目总监乔某多次就先建高楼再挖地下车库的施工顺序提出抗议，拒绝在挖土令上签字，仍被判处 3 年徒刑。诸如此类对监理的刑罚，时有发生。

3. 实施"安全监理"挫伤了广大监理人员的积极性

几年来，报考监理工程师的人数骤减，与"安全监理"当有一定关系。实施"安全监理"后，给监理带来的负面影响，从报考监理工程师人数的变化可以得到清楚的认识。2003 年报考监理工程师人数为 103414 人；2004 年为 97894 人，比上年减少 5.34％；2009 年为 48691 人，仅是 2003 年的 47％，下降了 53％。6 年间，平均每年锐减 16.2％。另外，追究施工安全监理责任时，总监往往首当其冲。尤其是，无论总监如何尽心尽力，兢兢业业地工作，也难以控制施工安全事故的发生。所以，不少具备总监能力的注册监理工程师，宁愿甘当一名普通监理工程师，也不愿当总监。

4. 实施"安全监理"加剧了监理人才的流失

本来，相对于设计、房地产开发、建设单位以及施工企业等，监理人员的工作条件艰苦、收入低、责任重、风险大。这些单位又纷纷挖监理的"墙角"，导致监理人才流失。2004 年开始，推行"安全监理"后，不仅成倍地增加了监理的工作量，更严重的是，增加了难以自主的风险压力，挫伤了广大监理人员为监理事业奉献的积极性，致使监理人才流失愈来愈严重。

（三）科学界定建设监理对施工安全的责任

综合广大监理单位的意见，可以看出：现行的"安全监理"既缺失相关法理，又与上位法——《建筑法》有相悖之处，操作层面的问题也很多。因此，深入研究、科学界定建设监理对于工程施工安全责任，迫在眉睫。

所谓科学界定建设监理对于工程施工安全责任，主要是指追究建设监理的工程施工安全责任应当合乎法理，且应当依"循权责一致"、"责任法定"、"责罚相当"的原则。

显然，建设监理应当承担的、合乎法理的工程施工安全责任，应该是其指令诱发的安全事故责任。不当列入建设监理监管范围的工程施工安全问题（如前所述，监管工程施工安全的责任在政府相关部门），则在根本上就不存在建设监理的监管责任问题。这项责任不存在，由此衍生的其他责任，诸如监督整改责任、及时向政府主管部门报告责任等，即不复存在。这也是"责权一致"原则的具体体现。

建设监理对于自己的指令负责，特别是应当对于自己错误指令的后果负责。有关法规规章对此已有明确的规定。"责罚相当"也是科学界定建设监理责任的重要组成部分之一。给予建设监理什么类型的责罚、给予什么程度的责罚，应当依循相关法规的规定执行，绝不可感情用事，不可违背法规规定，要严格执行"责罚相当"原则。

此外，要想切实做到科学界定建设监理对于工程施工安全责任，还必须纠正以往不合理的责任认定方式，尤其是，应当有相关专家参加调查、辨析，加大专家的话语权。

（四）关于降低施工安全事故的根本出路

住房和城乡建设部工程质量安全监管司于 2009 年编辑、2010 年出版了《建筑施工安全事故案例分析》。书中收录了全国 2005 年至 2009 年连续 5 年间，发生的 50 起一次死亡 3 人及以上建筑施工安全事故案例。据初步分析，按照事故责任单位划分，业主原因诱发的事故 23 起，占 46%；施工单位管理不善（包括组织管理水平、技术能力等因素）引起的事故 22 起，占 44%。由此可见，提高施工安全水平的根本出路，在于抓好规范业主和施工单位行为等项工作。为此，一要修订并完善法规，科学界定各方责任。一般来说，一项事件的责任主体只能是一个，而不是多个，绝不宜把多家统称谓"责任主体"。以避免混淆主次、模糊视听，影响安全责任主体的积极性。二要狠抓落实施工单位安全责任制。《建筑法》、《安全条例》等法规都明确规定，施工单位是施工生产安全的责任主体。现阶段，施工企业管理失控、管理脱节现象严重。由此入手，狠抓施工单位安全责任制的落实，才是有效降低安全事故的根本出路。三要加强对业主的监督管理。建设市场诸多问题的根源在业主。2010 年年初，新疆建设厅发出通知，要大力整治建筑市场的"顽疾"。五大"顽疾"中，业主的不法行为均名列前茅。因此，制定《关于加强工程建设项目业主管理的规定》十分迫切。四要加强施工队伍的技能培训和自我保护意识教育。加强并落实农民工的培训教育，当是减少施工安全事故的重要举措之一。这是建设领域的长期任务，更是现阶段的突出工作。虽经多年努力，取得了一定成效，但是，技术素质不高、安全意识低下等问题依然严重。五要推行施工人身保险和工程保险。以降低安全风险，减少对政府、对各方面的压力（以上摘自 2010 年《全国监理对施工安全监管专题研讨会会议纪要》）。

二、有关案例分析

近十年来，随着工程建设规模的增加、建设监理的全面推进，尤其是，频频发生安全事故的巨大压力，党和政府人本思想的提升，对事故责任追究的加强。不少监理人员被送上了被审席。其中，总监锒铛入狱的案例接二连三。对于这些案件的认识，始终有不少分歧。现仅就几件不同类型的案件，简述如下，供研究探讨。

（一）某市地铁模板坍塌事故案

1. 事故简况

2005 年 9 月 5 日 22 点，某市地铁模板支撑系统坍塌，造成现场施工工人 8 人死亡、

21人受伤的严重后果。涉案3名主要责任人分别被判处有期徒刑四年、有期徒刑三年六个月，其他两名被告人被判处有期徒刑三年，缓刑三年。

2. 法院判决

某市第一中级人民法院终审查明，在项目施工期间，工程项目部土建总工程师李某某作为模板支架施工设计方案审核人，在该方案尚未经批准的情况下，便要求劳务队按该方案搭设模板支架。工程项目部总工程师杨某某明知模板支架施工设计方案存在问题，但其对违反工作程序的施工搭建行为未采取措施。从而，使模板支撑体系存在严重安全隐患。工程项目部经理胡某某在模板支架施工方案未经监理方书面批准且支架搭建工程未经监理方验收合格的情况下，对违反程序进行的模板支架施工不予制止，并组织进行混凝土浇筑作业。项目总监理工程师吕某某未按规定履行职责，在明知模板支架施工设计方案未经审批、已搭建的模板支架存在严重安全隐患的情况下，默许项目部进行模板支架施工。项目监理员吴某某未认真履行职责，在明知模板支架施工设计方案未经审批、已搭建的模板支架存在严重安全隐患，且施工方已进行混凝土浇筑的情况下，不予制止。

法院判决认为，……吕某某、吴某某二人在实施监理职责时，未切实履行监管职责，明显违反有关规章制度，符合重大责任事故罪的客观条件。判处有期徒刑三年，缓刑三年。

同时，连带有行政处罚，市建委发言人提出：

1）建议建设部给予某公司降低一级施工企业资质。

2）建议建设部对某监理公司降低一级建设监理资质。

3）提请某省建设厅对某公司安全生产许可证实施处理。

4）取消某公司在某市建筑市场招投标资格12个月。

5）责成某公司立即对其在某市所属的施工项目全面停工整顿。

6）取消某监理公司在某市建筑市场投标资格12个月。

3. 申辩意见

1）吕、吴二人不构成工程重大安全事故罪

关于工程重大安全事故罪，《刑法》第一百三十七条规定："建设单位、设计单位、施工单位、工程监理单位违反国家规定，降低工程质量标准，造成重大安全事故的，对直接责任人员，处五年以下有期徒刑或者拘役，并处罚金；后果特别严重的，处五年以上十年以下有期徒刑，并处罚金。"根据此规定，构成工程重大安全事故罪，必须是"违反国家规定，降低工程质量标准"，从而造成了重大安全事故的后果。但是在本案中，监理人员并没有"违反国家规定，降低工程质量标准"的行为，理由是：

① 模板支撑体系不是建筑工程质量标准体系中所规范的对象

建设工程的范围很广，该事故项目属于建筑工程中的城市市政交通工程。因此，如果说监理人员降低了工程质量标准，应当是降低了建筑工程质量标准。建筑工程质量标准是评价建筑工程质量是否合格的评判依据。但是，本案中的模板支撑体系并非建筑工程质量标准体系中评判质量是否合格的对象之一。这在《建筑工程施工质量验收统一标准》GB 50300—2001（以下简称《标准》）中不难找到答案。该标准附录B对应属于建筑工程的范围作了规定。在"建筑工程分布（子分部）、分项工程划分"一节中，规定了属于建筑工程范围的各个分部、子分部和分项的范围，但其中均没有模板支撑体系。也就是说，模板支撑体系不属于建筑工程质量标准体系中应作出是否合格评判的对象。

建设部在《关于贯彻执行建筑工程勘察设计及施工质量验收规范若干问题的通知》（建标〔2002〕212号，以下简称《通知》）中，对属于建筑工程质量标准范围作了规定，该通知中也不包括模板支撑体系。

总之，建筑为有形的实体。建筑质量，指的是这个有形实体是否按照强制性标准进行建造，其品质是否符合相关工程质量标准的要求。而模板支撑体系仅仅是工程施工过程中的一项临时性措施，施工完成即应拆除，不是建筑的一部分，不应属于建筑工程。诸如，安装的电灯属于建筑工程，而为了安装电灯所踩踏的梯子就不是建筑工程，它仅仅是安装电灯的工具。电灯属于建筑的一部分，而梯子则不是。

判断模板支撑体系是不是属于建筑工程，还取决于该物是不是建设工程施工合同所明确约定的标的物。而一切建筑工程施工合同，没有一例将施工用的脚手架当做合同标的物的。

② 降低工程质量标准，通常的理解是在工程中偷工减料、以次充好，致使建筑本身的功能和寿命下降。而模板支撑体系仅仅是工具，属于施工单位的自有装备，不属于建筑工程，其好坏，不是建筑工程质量标准所应评价的对象。

③ 监理单位的监理范围来源于其与业主的监理合同。而根据监理单位与业主之间订立的合同中的专用条款11.1条规定，监理单位的监理范围为"红线范围内永久全部工程"，而模板支撑体系不是永久工程。

鉴于上述，由于模板支撑体系不是建筑工程质量标准所指的评判对象，国家相关建筑质量标准体系中也未包含模板支撑体系的内容。同时，模板支撑体系也不是合同所约定的标的物。因此，该体系坍塌致人死亡，也就自然不是由于降低建筑工程质量标准所引起的。吕、吴二人的行为不符合构成工程重大安全事故罪的"降低工程质量标准"的客观要件。因而，不构成本罪。

2）吕、吴二人亦不构成重大责任事故罪

《刑法》第一百三十四条规定："工厂、矿山、林场、建筑企业或者其他企业、事业单位的职工，由于不服管理、违反规章制度，或者强令工人违章冒险作业，因而发生重大伤亡事故或者造成其他严重后果的，处三年以下有期徒刑或者拘役；情节特别恶劣的，处三年以上七年以下有期徒刑。"根据本条规定，构成本罪的犯罪主体必须是直接从事生产作业的管理人员或操作人员。监理人员受工程业主委托，对相关工程建设施工进行监管。显然，监理不是直接生产作业的管理和操作人员。因而，吕、吴二人亦不构成本罪。

监理单位及其工作人员违反《建设工程安全管理条例》，应承担行政责任，但承担刑事责任没有依据。《建筑法》、《安全生产法》是建筑业质量管理和安全生产管理的"母法"。以后又相继颁发了《建设工程质量管理条例》和《建设工程安全生产管理条例》。

《建设工程质量管理条例》特别将《刑法》第一百三十七条的规定附在后面，这意味着如果监理人员如违反该"国家规定"，可能涉嫌的罪名是工程重大安全事故罪。《建设工程安全生产管理条例》规定了监理单位和监理人员的安全职责，如违反，除承担行政责任外，还应承担刑事责任。但是究竟承担什么样的刑事责任，该条例和《刑法》中均没有相应的罪名。根据"罪刑法定"的原则和本案的情况，监理人员即使是违反《建设工程安全生产管理条例》，却没有明确的法定罪行，故，不构成犯罪。

实际上，本案是由于施工单位未按监理的审批意见进行整改，并在方案未获批准的情况下强行施工而引起的。这是一起典型的施工单位违反工程建设基本程序、强令工人冒险作业的违法案件。我们特此建议：对涉案的吕某某、吴某某作出不起诉决定。

某市建设监理协会

二○○六年二月二十八日

4. 补充说明

据了解，在未批准施工方案、施工单位又未通知监理的情况下，擅自施工。总监不在施工现场，是正常现象。总监吕某既未签批施工单位的模板支架施工方案，也没有签发混凝土浇捣令。不存在"明知模板支架施工设计方案未经审批、已搭建的模板支架存在严重安全隐患的情况下，默许项目部进行模板支架施工"。施工单位未通知监理，且不是在正常施工时间段施工，而是在夜间擅自进行浇筑混凝土施工。不存在监理人员对在模板方案未审批就开始施工的行为不予制止问题。

另外，监理员吴某当晚并不值班，是临时到工地办公室取其他资料。不当班，则不承担该班作业的一切责任，这是通行的惯例。

5. 案件分析与风险防范

现阶段，我国工程项目建设施工现场，由于多种原因而引发施工安全事故的现象接连不断。其中，仅模板体系隐患而导致的施工安全事故居高不下。据建设部/住房城乡建部统计，2005年，模板脚手架坍塌事故死亡人数占死亡总数的18.61%；2012年发生的29起较大及其以上事故中，模板脚手架坍塌事故10起，死亡35人，分别占较大事故总数及死亡人数的34.48%和28.39%；2013年发生的26起较大及其以上事故中，模板脚手架坍塌事故12起，死亡35人，分别占较大事故总数及死亡人数的46.15%和48.6%。因此，深入分析事故原因并恰当惩处事故责任人，才是减少事故的良好开端。

本案是建设领域，因模板坍塌事故追究监理刑事责任较早的案例。面对这种案件，如何认定监理的责任，该不该追究以及依据什么法条追究监理的刑事责任等，都存在较大的探讨空间。某市建设监理协会以协会的名义致函法院，提出申诉，而不是一个单位，更不是某几个人的申诉意见，即充分说明对该案件歧见之严重程度。除了上述申诉理由外，尚应从以下几方面认识类似问题。

1) 监理的权限和责任边界

第一，按照监理委托合同，监理人员发现施工单位提交的"模板支架施工设计方案"有问题而未予批准，更没有签发准予浇筑混凝土的指令，就是在履行业主委托的"监理"责任和义务。一般情况下，在施工方案审批阶段，监理的责任和权利仅仅是批准或不批准。把握好审批权，就是尽到了责任。如果，监理没能发现申报方案中存在的细节问题，而签认同意，则可认为监理"未切实履行监管职责"。

第二，按规定，施工单位进行诸如浇筑混凝土等重要工程施工时，应提前书面告知监理。本案中，施工单位在没有取得监理人员关于准予浇筑混凝土指令的情况下，强行指挥工人施工，属于典型的违章作业、野蛮施工。这种明显违反《建筑法》和《刑法》的不法行为，自当承担由此而产生的一切后果。换言之，监理对于施工单位背着监理，擅自偷偷施工的行为，如同公安人员绝不可能分担小偷的任何偷盗行为责任一样，监理也不应当承担任何责任，更不存在"未切实履行监管职责"的问题。

213

第三，监理员吴某当晚不当班，是临时到工地办公室取资料。不当班，则不应承担该班作业的一切责任。当然，作为一个比较负责的监理人员，尽管不当班，也应当及时制止违章作业，起码应当向总监汇报。

总之，监理监管工程建设的权利是由业主委托的。如果业主仅仅委托监理监管工程建设进度和工程质量，那么，监理就没有监管该工程造价的权利。同样，业主没有监管工程项目施工安全的权利，自然不可能委托监理监管工程施工安全。在法理的天平上，权责是对等的。有什么样的权利，就应当承担什么样的责任。不应当有责而无权；更不应当有权而无责。

2）实事求是和罪行法定

实事求是是一切工作的基本准则，司法审判更是如此。本案中，判决总监吕某某、监理员吴某某"明显违反有关规章制度，符合重大责任事故罪的客观条件"值得探讨。

本案发生前（即使到现在），有关监理的法规规章屈指可数。对照这些法规规章的条款，检查吕、吴二人的行为，无论是其执业资格和行为，还是其依循的工作章程和工作内容、程序及其工作水准等，基本上都难以找到有明显违背之处。如果说，该审查的事项，监理没有审查，或者是没能发现所审查事项存在的问题，或者是对于发现的问题未能提出改正要求等，都应当判定其"违反有关规章制度"。

关于重大责任事故罪，《刑法》第一百三十四条指出，是指企业或事业单位的职工，"由于不服管理、违反规章制度，或者强令工人违章冒险作业，因而发生重大伤亡事故或者造成其他严重后果的行为"。其客观要件是："在生产和作业过程中违反规章制度，不服从管理，或者强令工人违章冒险作业"。本案中，监理既没有签发浇筑混凝土令，更没有强令工人违章冒险作业。所以，监理的行为不构成重大责任事故罪的客观条件。

罪状法定，体现了社会主义法制的要求。本案中，施工方案尚未经监理审批的情况下，施工方偷偷擅自施工。吕、吴二人没有同意、也没有暗示，更没有指挥施工单位进行浇筑混凝土作业。何况，监理方没有同意施工方案。在其主观上不存在同意施工单位浇筑混凝土的可能和意愿。也就是说，从《刑法》中找不到与吕、吴二人行为对应的罪状法条。

3）监理要严字当头

法院判决书中认定监理"默许项目部进行模板支架施工"。如果该判词仅指监理员吴某某在施工现场发现施工单位浇筑混凝土而没有制止，较符合实际。判定既不知情，又不在现场的总监吕某某"默许施工单位违章作业"，则比较牵强，难以服众。

有鉴于此，对于监理来说，当以此为鉴戒：一是要严把审批关。发现申报件有问题时，不仅不能贸然签章，还要指出其问题所在；对于关键程序，还应当严肃指出不得进行下道工序施工。二是要敢于坚持原则，即对于发现不符合法规规范的事项，应当严肃予以制止并做好记录，必要时制发书面通知。三是工程项目监理工作中，内部上下要及时互通情报。

（二）某市倒楼事故案

1. 事故简况

2009 年 6 月 27 日 5 时 30 分许，某市建筑工地，紧贴 7 号楼北侧施工堆土过高（最高处达 10m 左右）；与此同时，紧邻大楼南侧的地下车库基坑正在开挖，开挖深度达 4.6m。

大楼两侧地面高差近 15m，巨大的压力差使土体发生水平位移，过大的水平推力超过了桩基的抗侧压能力，导致 13 层大楼整体倾倒，且造成 1 人死亡。

2. 判决结果

被提起公诉的 6 名被告人中，包括某房地产开发有限公司项目负责人、某施工承包有限公司相关负责人、某土方开挖项目的承包人员、某建设监理有限公司工程总监。公诉机关认为，6 人均违反有关安全管理的规定，导致发生倒楼事故，造成一人死亡，直接经济损失人民币 1946 万余元，应以重大责任事故罪追究刑事责任。被告均有自首情节，从轻处罚。……该总监被判处 3 年有期徒刑。

3. 总监方申辩

总监乔某已经基本履行了监理职责，不构成犯罪。具体理由是：

1) 检察院对被告人乔某（项目总监）的指控没有法律依据

某市某区人民检察院刑诉乔某"对某公司指定没有资质的人员承包土方施工及违规堆土的行为，未按照法律规定及时、有效制止和报告主管部门"没有法律依据。

① 现行的法律法规、监理规范都没有要求，作为被委托人的监理单位及其合法授权人（项目总监），对委托人（即建设单位）及其合法授权人行为（包括违规、违法行为）进行"制止和报告主管部门"。

众所周知，《建筑法》和《工程建设监理规定》中的条款都没有赋予监理方制止委托方行为的权利。《合同法》第三百九十六条的规定，委托合同是委托人和受托人约定，由受托人处理委托人事务的合同；第三百九十九条规定，受托人应当按照委托人的指示处理委托事务。整个合同法没有任何条款规定，受托人应该制止委托人的行为（包括违规、违法行为）。

②《建设工程委托监理合同》示范文本明确监理单位责任、权利和义务，也没有赋予监理单位制止建设单位行为（包括违规、违法行为）的权利。

监理单位和建设单位之间签订的合同属于委托合同，其性质确定了被委托人（监理单位）相对于委托人（建设单位）的从属地位。按照法律法规和合同约定，监理单位对建设单位只有建议和报告的权利和义务，没有制止权。

判决书所确认的事实证明，监理单位对建设单位已尽到"建议"和"报告"的义务。如判决书描述，（法院）经审理查明：监理对"违规挖土、堆土曾提出过安全异议"。再如，上述事实有以下经庭审质证的证据证实，本院予以确认："（四）证人证言 7、证人孙某证明监理'曾多次口头提出并于 6 月 26 日发出监理联系单，当天下午 3 点多送到建设方，要求注意堆土过高现象，但秦某某拒收监理单'。同时，9、证人王某某证明'2009 年 5 月底，总监理乔某让其将 0 号车库施工方案报审，其以己方未实施挖土工作为由拒绝。其没有看到过 0 号车库的施工令'"。

③ 建设单位拒绝了监理的意见和建议，致使工程监理的正确作为难以落实。但是，不能因此而推论认定监理工作不到位。事实上，监理方"对违规挖土、堆土曾提出过安全异议"就是监理履职的行为（行使对建设单位的建议权）。至于委托人拒绝监理人的建议所带来的责任属于委托人，与监理无关。

综上所述，检察院对被告人乔某的指控没有任何法律依据，法院依此认为"公诉机关指控的罪名成立"的结论不正确，原判决适用法律有错误。

2）法院判定乔某"对建设单位违规发包土方工程怠于审查"的证据不充分。

① 没有任何法律法规要求监理单位对建设单位违规发包工程进行审查，也没有任何规范、合同给予监理单位行使权利、要求其履行此项义务。况且，法院也认定"建设单位违规发包"。就是说，建设单位欺骗了总监。而不是总监懒惰、不审查；也不是总监松懈、不认真审查。故，法院不应认定受骗者有罪。

② 根据以下事实可以推论，总监乔某有充分的理由认为土方工程未作分包，而在原公司总承包合同范围以内。因而，根本不存在需要对分包单位资质审查。

a. 土方工程属于某公司总承包合同范围以内的工程。检察院对被告人张某某的指控中明确此事实：土方工程按合同约定属于某公司总承包合同范围以内；同时，法院经过庭审质证的证据证实，且经法院确认（此事实）："（三）被告人以及同案人员供述7、涉案人员张某某供述'整体工程由某公司承包'"。

b. 所谓的土方分包工程，没有书面合同。法院经过庭审质证的证据证实，且经法院确认：被告人以及同案人员供述5、被告人张某某供述"双方未签合同"；同时，7、涉案人员张某某供述"双方没有书面合同"。

c. 按照监理规范的要求，如果存在分包工程，必须在施工前由总承包单位（即某公司）主动报送分包单位资质审查。判决书描述，不存在总承包单位报送土方分包单位资质审查资料的事实。

d. 土方工程由某公司（总承包单位）报送施工方案。总承包单位按照监理规范的要求报送属于自身合同范围内的分部分项工程，合情合理合法。此举证明，土方工程属于总承包合同的一个部分。多位涉案人员供词和证人证言都证明此事实。

e. 土方工程施工负责人张某某系总包单位法人代表的弟弟。判决书确认该血缘关系的事实。据此，一般人都会深信土方工程系总包单位自己完成，而不会怀疑是分包。

f. 项目总监乔某和总承包公司现场负责人夏某某确认过，土方工程没有分包。法院经过庭审质证的证据证实，且经法院确认："（三）被告人以及同案人员供述6、被告人乔某供述'某公司未将工程分包的情况告诉监理方并征得同意，其经询问夏某某得到确认土方工程是总包，且土方的小老板张某某是总包张某某的弟弟，施工方案也由该公司出具。故，认为堆土人员是该公司下属的队伍。所以，对0号地库土方开挖以及堆土的施工，管理人员没有进行过施工资质审查'。"

综上所述，没有证据证明项目总监乔某"对建设单位违规发包土方工程怠于审查"。同时，以上事实充分证明，土方工程是总承包工程的一个组成部分，项目总监乔某不知情（是建设单位和施工单位刻意隐瞒的结果），总监不按分包工程监管，合情合理合法。

3）项目总监乔某基本上依法尽到监理职责。

① 如前所述，总监乔某对建设单位尽到"建议"和"报告"的法定义务和约定义务。

② 总监乔某拒签0号地库挖土方案和施工令。"（四）证人证言9、证人王某某证言：'乔某让其将0号车库施工方案报审，其以己方未实施挖土工作为由拒绝，……没有看到过0号车库的施工令。'"

③ 尽管存在"阻止施工单位未果，未尽向政府报告职责，违反安全生产条例"的事实，但是，充其量，仅应承担行政责任，承担刑事责任没有依据。

根据"罪刑法定"的原则和本案的情况，监理人员违反有关工程安全生产管理条例，未尽向政府报告职责，只能说工作有"缺失"，不构成犯罪。何况，该款规定既不合法理，又难以操作，普遍认为应当修改。2010 年 5 月 13 日住房和城乡建设部在其印发的《危险性较大的分部分项工程安全管理办法》第十九条就明确规定："……施工单位拒不（按监理单位的要求）整改的，（监理单位）应当及时向建设单位报告（即可）。"

4）监理的工作性质决定了项目总监乔某不构成重大责任事故罪。

根据《刑法》第一百三十四条规定："在生产、作业中违反有关安全管理的规定，因而发生重大伤亡事故或者造成其他严重后果的，……"构成本罪的犯罪主体必须是生产、作业人员。监理人员受委托于建设单位，所在企业的质保、安保体系和施工单位的安保、质保体系是两个独立体系，不存在上下级关系，也不存在指挥与被指挥关系。同时，监理人员只是按照合同约定代委托人对施工活动进行监管，而不是工程施工活动的生产作业（管理）人员。因而，项目总监乔某亦不构成本罪。

综上所述，认为乔某已经基本履行监理职责，未构成犯罪，不当判刑

（以上引自某行业协会专业委员会致某法院的函）。

4. 案件分析与风险防范

进入 21 世纪，我国的高层，乃至超高层建筑比比皆是，甚至一些乡镇也不乏高层建筑。本案是一栋仅 13 层的民用建筑，发生在超高层建筑林立的大都市中，看似意外，却也有其一定的必然性。深入研究分析该案，既有助于促进审判的科学性，更有助于促进建设市场的规范化发展。

1）签订完备科学的监理合同是最好的自我保护

为了比较科学地界定业主和监理双方的权利和义务，我国开创建设监理制之后，适时地制定并不断修改完善《工程建设监理委托合同示范文本》（1995 年制定第一版本，2000 年、2012 年相继进行了修改完善）。在第二部分，即通用条款中，分别开列了业主、监理双方的责任和义务。在第三部分，即专用条件中，是业主和监理双方就工程项目监理特殊情况商签的相关条款。

对于监理而言，参照合同示范文本，与业主商签的监理委托合同越详尽、准确，往往越有助于保护监理的合法权益。

无论哪一个监理合同示范文本，均要求业主"向监理人提供工程有关的资料"。其中，业主选用，或总承包商要分包工程，监理有权参与审查分包商的资质能力，并提出可否选用的建议。同时，还载明"因非监理人的原因，且监理人无过错，发生工程质量事故、安全事故、工期延误等造成的损失，监理人不承担赔偿责任"。

如果监理徇私舞弊，提出不恰当的建议而发生有损于业主的后果，监理自当承担相应的责任。如果监理没能尽职尽责，或者有失误，甚或有错误指令而引发了工程质量事故、安全事故、工期延误等，并给业主或工程或施工单位造成损失，监理必当承担相应的责任。

总之，监理在商签监理委托合同时，一定要依照示范文本，认真研究；在商签"专项条件"时，更应当仔细推敲，思虑周全。宁可预设的问题或困难不发生，也不可有缺项；宁可锱铢必究地分清彼此权责，也不可遗留任何模棱两可、含混不清的词语，致使一旦遇到问题而无所适从。

纵观本案，可以说，商签的监理委托合同尚比较周全。监理没有因监理委托合同而背

217

负工程事故的责任。或者说，商签的监理委托合同保护了监理的合法权益。

2）监理恪守原则是有效的自我保护

监理委托合同以及有关法规规范等都是监理工作的基本原则。监理工作不仅不能背离这些原则，而且，应当严格恪守，决不能有任何懈怠。本案中，总监乔某催促施工单位提交0号地库挖土方案；对"违规挖土、堆土提出安全异议"；在口头交涉无果的情况下，制发书面联系单，并告知业主。凡此种种，表明总监乔某正依照这些原则开展工作。且一旦发现有悖于这些原则的情况，都尽力制止。由此可见，总监乔某既没有犯罪的故意，也没有导致楼房倾倒的行为。反而，对于不科学的施工方案，一而再地努力阻止。应当说，已经履行了自己的职责。

现阶段，一方面由于是买方市场，业主居于强势地位。另一方面，监理尚处于发育成长初期，监理应有的权威性远远没有到位，致使监理"人微言轻"，往往得不到业主、承建商应有的重视。像本案中，监理催促施工单位提交0号地库挖土方案，而施工单位借故不予理睬；监理口头提请业主注意有关问题无效而制发联系单，书面告知业主时，业主又拒不接受等。面对这种情况，监理拟当进一步陈说利弊，同时，应当把这些状况记入《监理日志》，情况严重时，可制发"备忘录"。本案中，总监在这方面的工作尚待加强，以期更有效地推进工作，并保护自己。

3）监理不应为承建商的违规行为承担责任

按照菲迪克条款规定，监理的责任是受业主委托监管承建商的实施活动，发现承建商有违规行为，监理应当依约进行制止。如果承建商不接受监理的意见，或者没有监理签署同意的施工令，承建商自行施工，当视为承建商违规。监理对承建商违规行为引发的一切意外，当概不负责（见菲迪克合同条款，承建商的义务：12.执行工程师的指令）。我国的相关法规虽然没有菲迪克条款如此明细的规定，但是，也没有要监理为承建商的违规行为承担责任的规定。

本案中，总监乔某发现施工单位既没有申报施工方案，更没有监理签发的施工令，擅自在0号地库挖土施工，就是一种违规行为。何况，其不接受监理的劝阻，违规弃土。显然，是施工单位错上加错。总监乔某自当不应承担由此引发的任何事故责任。

4）拟应大力规范业主行为

我国自创建建设监理制以来，为培育市场主体，国家计划委员会制定了《关于实行建设项目法人责任制的暂行规定》（1992年制定，1996年修订，以下简称《项目法人责任制》）。实施《项目法人责任制》以来，取得了有目共睹的成效。但是，不能不看到，工程建设领域，诸多问题的主要方面，依然是项目法人（业主）。有人说，建设领域不正之风的主要风源，来自项目法人（业主），当不无道理。

本案中，业主暗自把工程分包给不具备相应资质等级的承建商；不向监理提供工程施工分包商的相关资料；不支持监理的合理意见，甚至拒不接受监理的工程施工问题联系单等，突出表明了业主不规范行为的严重性。无数事实证明，不规范业主行为，既有碍于《项目法人责任制》的贯彻实施，更有碍于整个建设市场的健康发育。

如上所述，项目法人（业主）是建设市场中的强势主体。要想尽快规范项目法人（业主）的行为，非下大力不可。《项目法人责任制》也明确规定，政府主管部分要对项目法人（业主）、法定代表人及项目管理层进行考核。就是说，规范项目法人（业主）的行为是政府主管部门的责任。要监理监管项目法人（业主）的行为，既没有法律依据，也不可能奏效。像本案中那样：业主非但拒绝接受监理的联系单，反而继续支持施工单位违规作业。

（三）某市大楼基坑工程坍塌事故案

1. 事故简况

2005 年 7 月 21 日，某市发生某广场工程 B 区基坑坍塌事故。导致 3 人死亡，8 人受伤，基坑南侧楼宇出现倾斜并部分坍塌。事故造成各种经济损失（含间接损失）10379 万元。

2. 判处结果

该项目主体工程监理单位（非基坑工程监理单位）受到行政罚款 9 万元；司法民事判决承担各种赔偿的 7.5%，累计赔偿总额高达 800 余万元。

3. 调查意见

市政府组织调查，其《调查报告》中，对事故的直接原因，分析认为：

1）施工与设计不符，超挖 3.3m，造成原支护桩变为吊脚桩；基坑施工时间过长，基坑支护受损失效。

2）从地质勘察资料反映，在基坑开挖深度内的岩层中存在强风化软弱夹层，而且岩层向基坑内倾斜。

3）基坑土方开挖运输施工时，坡顶严重超载。

4）不重视基坑变形监测资料。

《调查报告》认为事故的间接原因为：

① 建设单位：未办理相关施工手续擅自开工；违法发包工程；未将施工图设计文件组织专家审查而擅自使用；未及时委托工程监理单位进行监理；故意逃避政府有关职能部门的监管；经多次责令停工后仍继续违法施工；不重视基坑变形监测警告；对重大安全事故的发生负主要责任。

② 设计单位：对重大安全事故的发生负有重要的管理责任（略）。

③ 施工单位：不认真落实安全生产管理责任，严重违法施工。

基坑施工单位：无施工许可证长期违法施工。

无视政府有关职能部门的监管，经多次责令停工后仍继续违法施工；没有根据基坑因长期施工已经存在的基坑支护失效的安全问题，进行有效的安全验算，并采取有效措施确保安全施工；在发现基坑变形存在重大安全隐患后，未能采取有效措施予以消除，对重大安全事故的发生负有重要责任。

土石方挖运施工单位：（略）。

主体工程施工单位：无施工许可证违法施工。

没有对主体结构施工涉及的基坑因长期施工已经存在支护失效的安全问题，组织专家进行论证和审查，并采取有效措施确保安全施工，对重大安全事故的发生负有一定的管理责任。

④ 监测单位：对重大安全事故的发生负有重要的质量管理责任（略）。

⑤ 监理单位：没有认真履行建设工程安全生产职责，未依照法律、法规规定实施工

程监理；对无证施工行为未能采取有效措施加以制止；在施工单位仍不停止违法施工的情况下，并没有依法及时向有关主管部门报告；对现场周围工作环境存在的重大安全隐患未能采取果断的监理措施予以消除，对事故发生负有监督不力的责任。

⑥ 有关政府职能部门履行职责不严格，监管不得力，未能有效制止违法建设行为。

4. 法院判决

1）某市中院初审判决结果：……监理公司虽不是基坑施工的监理单位，但其是主体施工的监理单位。在事故发生时，主体施工已开始，监理单位对土石方挖运施工单位的无证施工行为未能采取有效措施加以制止；在施工单位仍不停止违法施工的情况下，并没有依法及时向有关主管部门报告；对现场周围工作环境存在的重大安全隐患未能采取果断的监理措施予以消除，监理公司的行为虽不直接导致事故的发生，但监理公司的上述行为已存在一定的过失。其行为在实质上增加了损害发生的客观可能性，该过错行为与损害结果的发生之间存在因果关系。监理公司已构成侵权，由于其不是基坑工程的监理公司，可相应减轻其责任，监理公司应承担 7.5% 的损失赔偿责任。

2）某省高级法院于 2009 年 11 月 25 日作出的民事判决（以下简称"再审判决"）：维持一审判决认定，二审判决维持的申请人对该事故承担 7.5% 的损害赔偿责任。

5. 监理申诉意见

1）"再审判决"关于"监理公司于 2004 年 5 月进场履行监理职责时，机施公司正进行广场 B 区基坑工程的施工。而此时，负责广场 B 区主体工程施工的建安公司尚未进场施工。监理公司此时的监理对象只有基坑施工单位"的认定与事实严重不符，存在明显错误。

2004 年 5 月，按照原设计要求，基坑工程已完工，地下室与主体工程施工的条件已经具备。正是在这样的条件下，监理才进场履行对主体工程的监理职责。

2004 年 5 月，监理进场时，该工程 A 区、B 区主体施工单位是某集团建设有限公司。2004 年 5 月 10 日～12 月，监理与业主、某集团建设有限公司召开例会及专题会议达 15 次之多（见监理证据 6），并有监理与某集团建设有限公司收发文签收单（见监理证据 7）。2004 年 11 月 26 日，监理、业主、某集团建设有限公司、设计单位进行了设计图纸会审（见监理证据 8）。2004 年 6 月，A 区已经进行主体基础工程施工。同时，准备对 B 区底部基础底板进行施工。

2004 年 12 月初，该工程的主体施工单位变更为另一家工程公司（以下简称某工程公司，见监理证据 9）。2005 年 4 月 20 日，该工程的主体施工单位再次变更为某市建安实业（集团）有限公司（以下简称"某建安公司"）。此时，监理的监理对象也依次变更为某工程公司、某建安公司。主体工程施工单位虽然变更，但是，并没有改变监理单位的监理内容——仍是主体工程，而从没有涉足基坑和土石方工程的监理。根本不存在"监理对象只有基坑施工单位"的问题。所以说，法院的认定与事实明显不符。

2）"再审判决"关于"基坑工程和基坑土石方工程并未明确列入监理合同范围"认定与事实不符。基坑工程和基坑土石方工程不属于监理合同范围是非常明确的。

2005 年 6 月 2 日，业主起草并发出的该工程的《工程监理招标文件》及 2005 年 6 月 17 日市建设工程交易中心发出的《监理中标通知书》确认申请人为中标单位。但是，两个文件均明确：基坑工程不属于申请人监理合同范围。

《工程监理招标文件》（见申请人证据4）明确，投标人对招标文件中《监理大纲》只许承诺，不许修改。《监理大纲》第一条明确监理的范围是：主体结构、砌体、室内装修、外墙、门窗、电气、防雷、给排水、消防系统及相关的管线预埋、设备安装等工程。《监理大纲》第八条主要施工工艺控制有：结构工程施工监控要点、建筑砌体施工监控要点、电气系统施工监控要点、给排水与消防系统工程施工监控要点，没有基坑工程施工监控要点。这些要求非常明确：基坑工程不属于申请人监理合同范围。故，不存在"未明确列入监理合同范围"的问题。

3）"再审判决"关于"原审结合监理公司的工程师毛某于2004年6月15日，向基坑施工单位发出并抄送业主的《监理工程师通知单》，认定监理公司已以自己的事实行为履行对B区基坑工程的监理职责，业主也认为监理公司是对包括基坑工程在内的整个工程进行监理，双方已构成事实的委托监理关系正确"的认定与事实严重不符，缺乏法律依据。

该项目的基坑工程于2002年开工，到2004年5月监理进场前，已于2004年4月基本完工。监理与业主之间就基坑工程存在事实的委托监理关系不具备基本的客观时间条件。

《通报》、《调查报告书》及《抽查情况通知书》的内容，充分证明监理与业主之间就基坑工程根本不存在事实的委托监理关系：

①《通报》及《调查报告书》认定基坑工程无监理事实，证明监理与业主之间就基坑工程根本不存在事实的委托监理关系。

《通报》第一条（详见一审原告业主提供的证据六）、《调查报告书》第十三条（详见一审原告业主提供的证据五）非常明确：基坑工程，业主未及时委托工程监理单位进行监理，证明监理与业主之间根本不存在事实的委托监理关系。

② 市建设工程质量安全监督站发出的《抽查情况通知书》（监督号：2004－211），证明监理与业主之间就基坑工程根本不存在事实的委托监理关系。

2005年6月16日，市建设工程质量安全监督站发出的《抽查情况通知书》（监督号：2004－211）（见监理证据15）明确确认："基坑施工处于无监理状态"。这充分证明监理与业主之间就基坑工程根本不存在事实的委托监理关系。

以上所述表明：监理没有对基坑工程实施监理的时间可能。《工程监理招标文件》及《监理合同》均没有包括基坑工程的监理项目，又从具有法律效用的书面文件的高度，否定了业主委托包括基坑工程在内的监理业务。也不存在监理单位对基坑工程实施监理的事实。至于监理工程师发出一份"001号《监理工程师通知单》"给基坑施工单位，是监理工程师出于社会责任感发出的，不是监理合同范围内的义务。而且，这也是唯一的一份。仅凭一份监理合同义务以外的《监理工程师通知单》，来证明监理与业主之间就基坑工程存在事实的委托监理关系是荒谬的、错误的。业主妄图以存在包括基坑工程在内的整个工程监理委托事实，否定自己未委托监理基坑工程的违规行为。对于这样低劣的狡辩，法院当清楚明断，而不能模糊视听，更不能黑白颠倒。

4）"再审判决"以《调查报告》中事故发生原因分析为依据，认定"监理公司的行为存在较大过失，该过错行为与损害结果的发生之间存在因果关系，已构成侵权"的认定与事实严重不符，缺乏法律依据。

①《调查报告》对监理责任认定自相矛盾，《调查报告》不能作为认定"监理公司的行为存在较大过失，该过错行为与损害结果的发生之间存在因果关系，已构成侵权"的依据。

《调查报告》第14页倒数第2行非常明确：业主"未及时委托工程监理单位进行监理"，说明基坑工程无监理单位；而《调查报告》第16页、第17页又将监理作为基坑坍塌事故的责任主体。这种前后矛盾的陈述，证明《调查报告》不能作为认定"监理公司的行为存在较大过失，该过错行为与损害结果的发生之间存在因果关系，已构成侵权"的依据。

② 对不属于监理范围的基坑工程发生坍塌事故的损失，监理依法不应承担赔偿责任。

我国《建筑法》第三十五条规定："工程监理单位不按照委托监理合同的约定履行监理义务，对应当监督检查的项目不检查或不按规定检查，给建设单位造成损失的，应当承担相应的赔偿责任。"该规定非常明确，工程监理单位只对合同约定的内容负责，对违反合同约定行为造成的损失承担赔偿责任。

如前所述，监理与业主之间签订的《委托监理合同》不包括基坑工程，监理与业主之间就基坑工程也没有形成事实的委托监理关系。基坑工程发生坍塌事故与监理的行为没有关联，监理的行为与基坑坍塌事故的损害结果不存在因果关系。因此，对基坑工程坍塌事故造成的损失，监理依法不应承担赔偿责任。

③《调查报告》不能作为认定监理侵权责任的证据。

《调查报告》的内容除了以上与事实严重不符及自相矛盾的情形外，《调查报告》作为认定监理侵权责任的证据，其证据形式不合法；事故调查小组的组成不合法、不科学等，难以保证《调查报告》客观性、公正性、准确性。

根据我国《民事诉讼法》第六十三条的规定：证据形式有书证、物证、视听资料、证人证言、当事人陈述、鉴定结论、勘验笔录。本案中《调查报告》（送审稿）只是事故调查小组的内部初步意见，不是行政机关具有行政法律效力的决定文件。既不是书证，也不是具有法定鉴定资质的鉴定机构出具的鉴定结论，更不是人民法院进行的事故现场的勘验笔录。因此，《调查报告》作为认定监理侵权责任的证据，其形式不合法。

根据2005年仍然有效的《企业职工伤亡事故报告和处理规定》（国务院令第75号）第十条规定："死亡事故或重大死亡事故应当邀请人民检察院派员参加，还可邀请有关专家参加。"本案中事故调查小组成员没有人民检察院派员参加，事故调查小组的组成不符合《企业职工伤亡事故报告和处理规定》的有关规定。同时，由于基坑坍塌事故专业性、技术性强，应当邀请有关工程建设的专家参加事故的调查。但是，本次事故调查成员没有工程建设的专家参加，直接影响了事故原因分析的客观性、公正性、准确性。

另外，退一万步讲，假设监理有过失而须承担一定的赔偿责任的话，也应低于事故的主要责任者。然而，法院判决监理单位赔偿的额度竟是施工单位的2倍。《建筑法》第五十八条、《建设工程质量管理条例》第二十六条、第三十六条规定，施工单位对建设工程的施工质量负责。施工单位是工程施工质量的第一责任人。监理承担的是监理责任。法院判决施工单位承担事故造成损失的3.75%，却要监理单位承担7.5%，显失公平。若按此计算，监理要承担800万元左右的赔偿金额，是主体工程全部监理费（40万元）的20

倍。这种处罚，既颠倒了主次（假设监理有过失的话）。

（以上参阅该监理企业委托律师撰写的向最高法院递交的《再审申请书》）

6. 案件分析与风险防范

本案是一件民事侵权案件，而且关联责任单位多、损失额度大、审理时间长、分歧比较大，且社会反响大。深入分析该案件，不仅有助于全面、正确地认识问题的实质，更有助于增强监理企业风险防范意识、规范建设市场的监管，同时，还可能有助于促进我国的法规建设和司法建设。

1）监理委托合同和监理日志是诉讼请求的有力书证

我国在开创工程建设监理制的初期，就强调监理人员要认识填写《监理日志》，并在1995年制定了《工程建设监理合同示范文本》。其主要目的是为了尽快规范监理工作，提高监理水平。在客观上，也是出于市场经济的需要，以便一旦分析问题，或追究相关责任时，做到"有据可查"。实践证明，监理委托合同和监理日志，的确起到了不可替代的关键作用。所以，监理行业的人员，越来越重视签订周详的、准确的监理合同。同时，更加认真地填写监理日志。当然，由于种种原因，这两方面的工作还有待于进一步加强和提高。

本案中，监理之所以一再上诉，其根本原因，就是坍塌的工程基坑不属于该公司监理的范围。这种观念不仅产生于客观事实，更有工程项目业主的"招标文件"和商签的"工程项目监理委托合同"，以及"监理日志"等白纸黑字书证为凭。有鉴于此，法院在判决书中认可该监理公司"不是基坑施工的监理单位"。这是该监理公司不当承担基坑坍塌事故责任最为坚实的基础。否则的话，监理公司百口难辩，并最终难辞其咎。

2）监理"帮"承建商的法律责任辨析

由于工程建设监理的目的是为了提高工程建设水平，所以，我国开创建设监理制以来，一直主张"监帮结合"。即要求监理单位围绕工程项目建设，既监督，又积极帮助承建商搞好工程项目建设。诸如，监理在审核承建商编制的工程建设方案（工程项目设计方案，或工程项目施工组织设计）时，不仅签署同不同意，而且，往往指出不妥之处以及改进建议。提出这些改进建议，就是对承建商的帮助。根据工程项目建设的需要，监理直接向承建商传授相关工程建设知识，更是对承建商纯粹而直接地帮助。监理对承建商的这些帮助，都是义务性的，从不收取报酬（受承建商委托并签有合同，须监理传授系统的，或特殊的专业知识除外）。实施工程建设监理制以来，这种监理帮助承建商的事例屡见不鲜。

本案中，监理出于对工程负责的社会责任感，制发了《监理工程师通知单》给基坑施工单位。指出基坑施工结果存在的问题，是对基坑施工单位的帮助，也是对业主的帮助。但是，决不能因此而推论：监理与基坑工程存在事实的监理关系。按照法院认定的《调查报告》：基坑工程于2002年开工，到2004年4月基本完工，监理于2004年5月进场。何况，《工程监理招标文件》及《监理中标通知书》两个文件均明确：B区基坑工程不属于申请人监理合同范围。也就是说，该监理与该工程B区基坑工程之间，不存在监理关系。

如果《监理工程师通知单》是错误的，如果承建商按照这种错误的监理通知单进行施工并导致发生工程事故的话，追究监理的责任自当无可厚非。本案中，恰恰与此相反：《监理工程师通知单》是正确的，承建商（工程基坑施工单位）未予理睬。监理对于基坑

223

工程发生的事故不当承担任何责任。

3）科学的事故调查是判定相关责任的基础

为了保证工程建设重大事故及时报告和顺利调查，1989年12月1日起实施的《工程建设重大事故报告和调查程序的规定》（建设部第3号令，以下简称《规定》）第九条规定："重大事故的调查由事故发生地的市、县级以上建设行政主管部门或国务院有关主管部门组织成立调查组负责进行。"还规定"调查组由建设行政主管部门、事故发生单位的主管部门和劳动等有关部门的人员组成，并应邀请人民检察机关和工会派员参加。必要时，调查组可以聘请有关方面的专家协助进行技术鉴定、事故分析和财产损失的评估工作"。

2007年6月1日起施行的《生产安全事故报告和调查处理条例》（国务院令第493号，以下简称《条例》），进一步就有关事故调查做出了明确的规定。《条例》第二十二条指出"根据事故的具体情况，事故调查组由有关人民政府、安全生产监督管理部门、负有安全生产监督管理职责的有关部门、监察机关、公安机关以及工会派人组成，并应当邀请人民检察院派人参加。事故调查组可以聘请有关专家参与调查"。第二十三条进一步强调"事故调查组成员应当具有事故调查所需要的知识和专长，并与所调查的事故没有直接利害关系"。

应当说，单就事故调查组成员构成来看，《规定》和《条例》，尤其是《条例》的相关规定，既体现了政府部门的重视和事故调查的严肃性，又强调了事故调查的科学性。只有突出了事故调查的科学性，才能保证事故调查的准确性。事故调查准确了，才能透彻分析并恰当处理，才能汲取教训。

对照《规定》和《条例》的要求，显然，该事故的调查，无论是人员构成，还是"调查报告"的法定效用，均存在差异。一是对于该重大事故（3人死亡，8人受伤，直接经济损失数千亿元）的调查，没有邀请人民检察机关和相关专家参加，仅仅是市政府有关职能部门人员。二是"调查报告"仅仅是内部的初步意见——送审稿，而不是行政机关具有法律效力的决定文件（若政府领导认定该"调查报告"，即当作出批复，作为正式文件的附件报送上级并抄送有关单位）。三是"调查报告"没有检察机关的勘验笔录。四是"调查报告"既认定业主没有把基坑工程"及时委托监理"，又把监理作为"基坑工程坍塌的责任主体"提出惩处意见。如此自相矛盾的意见，显现出该"调查报告"的草率和随意性，故，难以作为审判的书证。

针对工程建设中，不断发生工程施工安全事故调查歧见的状况，有专家建议应当探索改进现行的事故调查及其鉴定体制机制，力求进一步提高其客观性和公正性。一是改由具有相应资质能力的独立的第三方替代政府主管部门主导事故调查。二是事故鉴定改由专业技术人员负责，特别是人为因素与自然因素交织在一起诱发的事故鉴定，更要去行政化鉴定。三是建立健全事故现场的保全制度，除特别紧急情况外，应力求遵循"先勘验取证，后处理"的原则。四是对事故鉴定有异议的，特别是持异议的弱势群体，建立有效的救援机制。

4）权责对等是普遍适用的原则

所谓权责对等原则，简单地说，就是权责一致原则。它是指在一个组织中的管理者所拥有的权力应当与其所承担的责任相适应的准则。不能拥有权力，而不履行其职责；也不能只承担责任而不予授权。众所周知,没有权利的责任难以承担。同样,没有责任的权利也不能维系。换言之,权力的大小,对应着相同的责任。责任的大小,决定了承担民事责任赔偿份额的高低。《侵权责任法》第十四条明确规定"连带责任人根据各自责任大小确定相应的赔偿数额"。当然,根据"过错责任原则",无过错即无责任。

本案中,基坑坍塌事故的直接责任者是基坑施工单位,与该事故有明显连带责任的,还有业主、土方运输单位,以及工程设计单位和现场监测单位。监理单位既没有基坑施工监理合同责任,也没有错误诱导基坑施工。因而,没有承担基坑坍塌事故的责任。这也是权责对等的一种体现。另一方面,退一万步来讲,如果要与该工程有联系的各方面都分摊该事故的经济赔偿责任,也应该按照"连带责任人各自责任大小确定"。即监理承担的赔偿份额应当低于该事故的直接责任者——基坑施工单位。遗憾的是,恰恰与此相反:判决监理单位承担事故造成损失的 7.5%,是基坑施工单位承担 3.75% 的两倍。显然,该判决不符合权责对等原则,有违于《侵权责任法》的规定。

5)工程事故呼唤建立保险制度

改革开放以来,我国进入了经济发展的快车道,每年全社会固定资产投资的增长百分比基本维持在两位数。像 2013 年,全社会固定资产投资高达 447074 亿元,比上年增长 19.3%。其中,用于工程建设的投资额,即便按照 30% 的份额计算,也高达 134122 亿元。所以,改革开放以来,全国各地,几乎处处有工地。

然而,无论是建筑工人的人身保险,还是工程保险,尚远远没有正式建立。再加上历史原因,不要说新兴的监理企业,就是"财大气粗"的业主,发达的承建商,一旦遭遇重大事故,也往往难以承受严峻的经济负担。像本案中,连同间接经济损失,总数额高达逾亿万元。尽管法院判定由多家单位分担这项损失,但是,对任何一家都是致命的打击。

有资料显示,我国每年因安全事故造成的直接经济损失,初步测算在 1000 亿元以上,加上间接损失达 2000 多亿元,约占 GDP 的 2.5%(新华网北京 2003 年 9 月 2 日记者刘铮报道)。面对这些巨额损失,受损者不是找不到应有的赔偿责任人,就是赔偿责任人无力赔偿,致使受损者往往难以获得应有的赔偿。像 2008 年的汶川地震,直接经济损失 8451 亿元,截止到 2009 年基本处理完理赔事项,仅获得来自保险业赔付的 18.06 亿元,为损失的 0.2%(据《财经网》专稿记者李微敖 2009 年 9 月报道)。工程建设领域,由于责任人没有充足的支付能力,工程建设事故的受害人得不到应有赔偿的案件时有发生。因此,加快我国建设领域的保险制度建设势在必行。

三、处置建设监理工程施工安全责任案件问题研究

(一)现阶段建设监理面临的问题

综合建设监理行业反映的情况,普遍认为,现阶段面临的突出问题,一是社会上对新兴的建设监理的科学认知度还不到位;二是在工程施工安全事故频发的重压下,监理背负着减少安全事故的重任;三是建设监理法规很不完善,现有法规也亟待修订;四是期望执行刑罚一定要严肃、谨慎,尤其要倾听辩解、实事求是,更要努力排除长官意志的干扰。

现阶段，由于生产力水平和管理水平等种种原因，建设领域的伤亡事故屡屡发生。追究事故责任，既是对死者的告慰，又是我国依法治国大政方针的体现；也是我们党和国家以人为本高尚理念的体现；更是激励人们汲取教训、纠正错误、促进社会发展的必要举措。所以，正确分析事故原因、恰当进行判处，事关重大、尤为重要。但是，对建设监理而言，在已发生的案件中，有关调查、处理、判决的结果往往存在许多分歧。这种现象对全行业震动很大，甚至动摇了部分人员从事建设监理的信心，也可以说严重影响了建设监理事业的健康发展。鉴于事态的严重性，尤其是根据广大建设监理工作者的呼吁，政府有关部门的支持，中国建设监理协会理论研究委员会于 2010 年 7 月在南京召开了"建设监理对施工生产安全监管专题研讨会"。来自全国各地方、各部门的监理工作者和部分政府人员积极地参与研讨。针对施工生产安全监管问题，大家达成了共识：一是希望尽快出台《工程建设监理条例》，明确建设监理的职责权限，且应对自己的错误指令承担相应的民事责任、行政责任，直至承担刑事责任。同时，抓紧修订《安全条例》，明确界定监理责任。特别是在安全生产管理方面，如果监理履行了监理程序、尽到了应尽的责任，即不应再承担安全事故的监管责任。二是更不应承担与施工安全没有直接关联的事故责任，如施工交通问题、工人食宿问题、工人安全教育问题、工人操作问题等引发的安全事故责任。三是修改建设监理报告制度。对建设监理无法控制的施工现场安全隐患，建设监理只宜向业主报告，不宜超越监理合同委托职责而向主管部门报告。

（二）维护法律尊严，做到"六个划清"

综合分析以往工程施工事故中对监理的判处案例，显然，有不少值得进一步研讨的内容。尤其是，为了维护法律的尊严，应当努力划清以下六方面的界限。

1. 划清建设监理法律责任与公共道德的界限

建设监理法律责任的基本点，就是建设监理违反了法定义务或契约义务，或不当行使法律权利所产生的，由行为人承担的不利后果。简单地说，就是建设监理应对自己的指令负责。由于建设监理的错误指令，酿成事故，建设监理要责无旁贷地承担责任，包括法规规定建设监理当作为而不作为酿成的事故。《工程建设监理规定》第二十一条规定："建设监理单位在建设监理过程中，因过错造成重大经济损失的，应承担一定的经济责任和法律责任。"

我国实施的建设监理制，还提倡"监帮结合"，即要求建设监理帮助承建商，包括技术性或管理性等方面。但是，这仅仅是提倡，不是法规。不能依此作为法律的准绳。像前面提到的，某建设监理工程师看到与其没有直接工作关系的施工单位的工程施工隐患，提出警告。这是帮助施工单位，不能据此而认定二者之间有法定的工作关系。更不能据此推论，建设监理要承担施工单位未接受警告引发事故的责任。

2. 划清法律责任主体与非主体的界限

现阶段，我国的建设市场是买方市场，再加上，我国的市场经济体制建立不久，各方面都还处在不断发育、完善阶段。市场主体还不成熟，多种市场交易行为还很不规范。尤其是处于强势地位的业主。不少事故是由业主的不法行为（盲目压缩工期、擅自更改设计、一味压低造价、委任不合资质的施工单位等）造成的。以上几起案件，基本上都是业主引起的，业主应当是事故的主要责任人。还有的事故，纯粹是施工管理问题，甚至是操作人员个人的违规行为。如不待监理同意，甚至是背着监理的监管，擅自施工而发生事故；如违章作业发生高空坠落事故；如偷梁换柱，以次充好，使用劣质材料引发事故等。这种情况下，不应当不分青红皂白，人人有份地分摊事故责任。

3. 划清建设监理罪与非罪的界限

"以事实为依据、以法律为准绳"、"罪刑法定"是我国司法的几项基本原则。在追究建设监理法律责任，特别是刑事责任时，必须有事实依据和法律依据。建设监理是服务行业，受业主委托，为工程建设提供技术、管理服务，不直接介入承建商的生产经营活动。根据现有法律规定，除非建设监理错误指令，一般不应承担"重大劳动安全事故罪"（《刑法》第135条）及"工程重大安全事故罪"（《刑法》第137条）；承担重大工程质量事故罪，也应符合"降低工程质量标准"的前提条件。不能把违规、违章、违纪以及工作错误和违法犯罪混为一谈。要坚持"罪名法定"、"罪刑法定"的基本原则。严格区别罪与非罪的界限，避免以"宁左勿右"的态度处置事故的现象发生。

4. 划清行政责任和刑事责任的界限

要把行政责任与刑事责任严格区分开来。《安全条例》第57条所列4种行为："（一）未对施工组织设计中的安全技术措施或者专项施工方案进行审查的；（二）发现安全事故隐患未及时要求施工单位整改或者暂时停止施工的；（三）施工单位拒不整改或者不停止施工，未及时向有关主管部门报告的；（四）未依照法律、法规和工程建设强制性标准实施监理的。"一般情况下，可以采取限期改正、责令停业整顿、罚款、降低资质等级、吊销资质证书、赔偿等多种行政处罚措施；对于造成重大事故、构成犯罪的直接责任人员，方应依照《刑法》有关规定追究刑事责任。而《刑法》第137条涉及建设监理的"工程重大安全事故罪"成立的前提，必须是"降低工程质量标准"。如果建设监理不存在《质量条例》第67条所列"与建设单位或者施工单位串通，弄虚作假，降低工程质量"或"将不合格的建设工程、建筑材料、建筑构配件和设备按照合格签字"这两种行为，仅仅违反《安全条例》所列的4种行为，则不构成"工程重大安全事故罪"。在这种情况下，建设监理仅应承担行政责任而不是刑事责任；应当受到的是行政处罚而不是刑事处罚。

5. 划清主观故意和过失的界限

就现阶段发生的安全事故来看，还没有建设监理主观故意犯罪的案例。这里所说的划清界限，是就行政责任而言。而行政责任，也多是过失违规。诸如：审查施工组织设计时，没能发现安全隐患和漏洞；审查设计时，没能发现不符合强制性标准的问题（强制性标准，多如牛毛，且千差万别。按说，这些应由施工图审查单位负责，建设监理可实行抽查。建设监理只对抽查事项负责）。但是，每当发生生产安全事故后，往往是，指责"建设监理监管不到位"。因此，行政处罚时，也应划清建设监理主观故意和疏忽过失的界限。对建设监理存在失职、渎职、不负责任等主观故意行为的，应当从严处罚；而对已经努力，但是存在疏忽过失的建设监理人员，处罚时应当区别对待，适当从宽。

6. 划清责任事故与不可抗御灾害的界限

现阶段，仅凭人们现有的知识和技术能力，还不能掌握所有自然灾害发生的客观规律，尤其是地质灾害。所以，地下工程施工发生地质方面的事故，不一定就是人为的责任事故。如矿井建设时，发生透水事故、瓦斯爆炸事故、土方坍塌事故，以及深层隧道、洞室工程开挖时，由于地应力而引发的岩爆事故等，未必都是人为的责任事故。而应当深入分析，实事求是地划清人为的责任事故与不可抗御自然灾害的界限。

另外，少数案件审理过程、判处过程存在"长官意志"、"权大于法"的嫌疑。不消除这种嫌疑发生的可能，势必难以公正地审判，难以服众，更难以起到处罚罪犯、保护大众、建立和谐进步的社会秩序的效应。

第三章　建设监理的经营管理研究

企业经营管理，简而言之，就是对企业整个生产经营活动进行决策、计划、组织、控制、协调，并对企业成员进行激励，以实现其任务和目标等一系列工作的总称。

高效能的企业经营管理，历来是各行各业企业家们孜孜以求的理想工作状态。

在电子信息时代，拥有信息不再是竞争的优势，而是竞争的条件、赢利的法则。因此，要想搞好建设监理企业的经营管理，就必须重视、研究信息管理，科学运用信息资源。随着信息化在企业经营管理过程的深入运用，引发了企业信息化的相关理论、企业内部组织结构、生产作业管理、营销管理、管理理念以及决策管理等方面的巨大变化，为高效能的企业经营管理带来了空前的机遇和挑战。

本章着重围绕建设监理企业经营管理的内容，结合相关实际案例，进行分析研究，提出参考意见，以期，促进建设监理企业的健康发展。

第一节　建设监理企业的经营管理概述

一、建设监理企业经营管理的概念

按照通行的观念，经营管理是指对劳动的组织、指挥、管理和监督。而劳动价值论所说的劳动，则是被指挥、被管理、被组织和被监督的对象。从资本主义的历史发展来看，经营管理是社会化大生产的产物，是资本功能的扩大和延伸。

依照汉语词条的解释，经营管理，是指根据市场环境的变化，采取相应对策，以保证企业取得良好的经济效益的一系列管理活动的总称。包括：树立正确的经营思想；制定经营目标和计划；确定经营方针，作出经营决策；开拓经营市场；新产品开发、技术改造、成本管理、财务管理，以及开展用户调查和销售预测等。

还可以把经营管理拆开，分为"经营"、"管理"两个词条来认识。

其中，经营，是指筹划和管理。经营是根据企业的资源状况和所处的市场竞争环境，对企业长期发展进行战略性规划和部署、制定企业的远景目标和方针的战略层次活动。它解决的是企业的发展方向、发展战略问题，具有全局性和长远性。

所谓经营理念，就是管理者追求企业绩效的根据，是顾客、竞争者，以及职工价值观与正确经营行为的确认。在此基础上，形成企业基本设想与科技优势、发展方向、共同信念和企业追求的经营目标。

管理，是指指挥和控制组织的协调活动。或者说，管理是集中人的脑力和体力达到预期目的的活动。具体地说，管理是指通过计划、组织、指挥、协调、控制及创新等手段，结合人力、物力、财力、信息等资源，以期高效地达到组织目标的过程。

经营与管理区别在于：

1）管理是劳动社会化的产物，而经营则是商品经济的产物。

2）管理适用于一切组织，而经营则只适用于企业。

3）管理旨在提高作业效率，而经营则以提高经济效益为目标。

同时，经营是管理职能的延伸与发展，二者是不可分割的整体。在市场经济条件下，企业管理由以生产为中心，转变为以交换和流通过程为中心。经营的功能日益重要而为人们所重视。企业管理的职能自然要延伸到研究市场需要、制定市场战略等方面，从而，使企业管理必然地发展为企业经营管理。

关于经营与管理的关系，有人形象地把经营比作剑，把管理比作剑柄。管理是基础，管理始终贯穿于整个经营的全过程。没有管理，就谈不上经营。管理的结果最终在经营上体现出来，经营结果代表着相应的管理水平。

管理思想有相对稳定的体系，同时，又要跟着经营、环境、时代、市场而调整。同样，企业的经营思想在一定时段内，也有一定的体系，经营方法也要随着市场供应和需求，因时因地而变化。经营方法靠管理思想来束缚，经营是人与事的互动，管理则是企业内人与人的互动。

经营是选择对的事情做，管理是把事情做对。经营是直接涉及市场、顾客、行业、环境、投资的问题，而管理是直接涉及企业内制度、人才、激励的问题。简单地说，经营关乎企业盈亏和生存；管理关乎企业的成本和效率。若在经营上没有太多的变化和创新，反而仅在管理上不断地寻求变化，很可能导致管理水平远高于经营水平。这种现象的后果，就是很可能出现企业亏损的结局。

总之，尽管企业的经营与管理有各自相对独立的概念，但是，在实际工作中，二者往往相互交织在一起，紧密相连，难以割裂。因此，习惯上形成了合并使用的专用词条——经营管理。尤其是在企业界，总是抛却学究式的思维观念，通行有实际价值的理念。

综合上述一系列观念推知，所谓建设监理企业的经营管理，就是指建设监理企业的经营管理者对本企业的经营活动的决策、组织、管理和监督。

二、建设监理企业经营管理的基本任务和内容

与一般企业一样，建设监理企业经营管理的基本任务，就是要通过信息管理手段，把企业经营理念、经营战略，以及经营计划、管理制度和方法，包括对于员工的激励措施等纳入信息化管理轨道，形成科学的信息和资源。从而，达到科学、完整、快捷、有效的管理，实现最佳状态的经营管理。实现有效地支撑企业的决策，达到提高生产效能和质量的目的，增强企业的市场竞争力。

企业经营管理的主要内容，可分为以下九个方面：

（1）拟定建设监理企业经营理念和经营战略；

（2）合理确定企业的经营形式和管理体制，设置管理机构，配备管理人员；

（3）搞好市场调查，掌握经济信息，进行经营预测和经营决策，确定经营方针、经营目标和生产经营活动组织结构；

（4）编制经营规划、经营计划；

（5）建立、健全经济责任制和各种管理制度；

（6）搞好劳动力资源的利用和管理，做好思想政治工作；

（7）加强资源的开发、利用和管理，包括搞好设备管理、物资管理、生产管理、技术管理和质量管理；

（8）加强财务管理和成本管理，处理好收益和利润的分配；

（9）全面分析评价企业生产经营的经济效益，有计划地开展企业经营管理后评价等。

现阶段，我国建设监理企业的经营管理都还处于初始阶段。诸如，企业经营理念尚未明晰、经营范围尚未定型、经营战略的制定尚未真正提到议事日程，以及企业的经营管理活动尚未全面展开等。故，拟应逐步深化认识，努力搞好企业的经营管理。当然，搞好企业经营管理绝不是一朝一夕的事情，而需要长期不懈的努力，是企业永无了结的追求。

三、建设监理经营管理的职能

企业经营管理职能包括六个方面的内容，即战略职能、决策职能、管理职能、开发职能、财务职能和公共关系职能。

（一）战略职能

攸关企业整体性、长期性、基本性问题，都属于企业战略的范畴。

在市场经济体制下，各个行业的企业，所面对的经营环境非常复杂。同时，影响环境的因素很多，环境变化很快，而且竞争激烈。在这样的环境下，企业为了长期、稳定地生存与发展，就必须高瞻远瞩、审时度势，且须随机应变。因此，企业必须制定科学的经营战略，而且，还必须适时地修正经营战略，以期指导企业立于不败之地，并不断健康发展。由此可见，战略职能是企业经营管理的首要职能。

所谓经营管理的战略职能，一般包括：企业所处经营环境分析、制定经营战略目标、选择经营战略重点、制定战略方针和对策、制定战略实施规划等五项内容。

（二）决策职能

经营管理职能的中心内容是决策。决策职能是指为达到某一目标，科学地选择最优方案并付诸实施的管理功能。这种"选择"就是"决策"。决策职能主要是通过环境预测，制定决策方案并进行方案优选、方案实施诸过程来完成。企业经营的优劣与成败，完全取决于决策职能。所以，无论哪个行业的哪个企业，领导者们无不特别重视本企业的经营决策。决策正确，企业的优势能够得到充分的发挥，扬长避短，在风险经营环境中，以独特的经营方式取得压倒的优势。相反，一旦决策失误，将使企业长期陷于困境之中，甚至导致企业破产倒闭的恶果。

（三）管理职能

所谓管理职能，简而言之，就是负责某项工作，并使之顺利进行，达到一定的目的。就管理的内容而言，管理职能包括制定、执行、检查和改进。制定，就是制定计划职能；执行，就是组合人财物等应有资源实施计划的组织职能；检查，就是依据既定的工作标准，适时地了解、督促、纠正各项具体工作进行的领导职能；改进，就是实施计划的进程中，依据变化的情况，进行调整，使之依循应有的轨道前进的控制职能。或者说，可以把管理职能细分为计划职能、组织职能、领导职能和控制职能。

1. 计划职能

计划职能是指管理者对将要实现的目标和应采取的行动方案作出选择及具体安排的活动过程，简言之，就是预测未来并制订行动方案。其主要内容涉及：分析内外环境、确定组织目标、制订组织发展战略、提出实现既定目标和战略的策略与作业计划、规定组织的决策程序等。任何组织的管理活动都是从计划出发的。因此，计划职能是管理的首要职能。

2. 组织职能

组织职能是指管理者根据既定目标，对组织中的各种要素及组织成员之间的相互关系进行合理安排的过程。或者说，组织职能就是为了实施计划而建立起来的结构及其组织过程。组织职能对于发挥集体力量、合理配置资源、提高劳动生产率具有重要的作用。其主要内容包括：设计组织结构、建立管理体制、分配权力、明确责任、配置资源、构建有效的信息沟通网络等。

3. 领导职能

领导职能是指管理者为了实现组织目标而对被管理者施加影响的过程。管理者在执行领导职能时，一方面要调动组织成员的潜能，使之在实现组织目标过程中发挥应有作用；另一方面要促进组织成员之间的团结协作，使组织中的所有活动和努力统一和谐。其具体途径包括：激励下属、对他们的活动进行指导、选择最有效的沟通渠道解决组织成员之间以及组织与其他组织之间的冲突等。

4. 控制职能

在执行计划的过程中，由于环境的变化及其影响，可能导致人们的活动或行为与组织的要求或期望不一致，出现偏差。为了保证组织工作能够按照既定的计划进行，管理者必须对组织绩效进行监控，并将实际工作绩效与预先设定的标准进行比较。如果出现了超出一定限度的偏差，则需及时采取纠正措施，以保证组织工作在正确的轨道上运行，确保组织目标的实现。管理者运用事先确定的标准，衡量实际工作绩效，寻找偏差及其产生的原因，并采取措施予以纠正的过程，就是执行管理的控制职能的过程。简言之，控制就是保证组织的一切活动符合预先制订的计划。

（四）开发职能

企业的开发职能不仅仅限于人、财、物，经营管理开发职能的重点在于：市场的开发、技术的开发，以及能力的开发。企业要在激烈的市场竞争中稳操胜券，就必须拥有一流的人才、一流的技术、一流的工程建设监理效果。从而，赢得一流的社会信誉、取得一流的市场竞争力。作为建设监理企业，只有在技术、人才、服务、信誉、市场适应性方面都出类拔萃，才能在激烈的市场竞争中，不断发展壮大，取得越来越丰硕的成果。

现阶段，我国建设监理企业的开发职能多表现为市场的开发。诸如，由单一业务范围开发为两项，甚至多项业务；由属地业务开发拓展为几个甚或多个地区的业务。相形之下，监理企业在技术开发等方面，尚没有取得卓有成效的进展。

（五）财务职能

一般说来，企业的财务职能是指企业财务在运行中所固有的功能，包括企业资金运作及其所体现的经济关系。企业的财务职能往往表现为筹资、用资、分配等过程中的管理职能。其具体内容是：财务预测、财务决策、财务计划、财务控制、财务分析等。从财务管理主体（所有者和经营者）角度来看，财务职能的含义为：使所有者和经营者为实现企业目标而共同进行的财务管理所具有的职责和功能。把所有者的财务职能定义为决策、监督、调控；经营者的财务职能定义为组织、协调和控制。所有者与经营者"二权分立"的财务职能概念，便于更好地使财务职能得以迅速实现，并提高效率。

财务职能的实施过程，是企业资金的筹措、运用与增值的过程。财务职能一般细分为：资金筹措职能、资金运用职能、增值价值分配职能，以及经营分析职能。企业经营的战略职能、决策职能、开发职能，都必须以财务职能为基础，并通过财务职能做出最终的评价。

（六）公共关系职能

公共关系职能是指以优化公众环境，树立组织形象为任务的一种传播沟通职能。即运用各种传播、沟通的手段去影响公众的观点、态度和行为，争取公众舆论的理解和支持，为组织的生存和发展创造良好的社会环境。

监理企业的公共关系内容包括：企业与投资者的关系、与业主的关系、与监理对象的关系、与竞争者的关系、与职工的关系、与地区社会居民的关系、与公共团体的关系、与政府机关的关系等。

监理企业公共关系职能，从其运行所发挥作用的表现形态来看，主要有三大类：即管理职能、传播性职能、决策性职能。

监理企业公共关系管理职能，是监理企业对各类与公共关系相关的要素所实施的教育引导与协调沟通，以及规划控制等各项职能。

监理企业公共关系传播性职能，是指监理企业在公共关系活动中，通过传播工作的实施与运行所能发挥出的有利企业发展的效用。主要内容包括：采集信息、监测环境；组织宣传、创造气氛；交往沟通、协调关系；教育引导、服务社会。

监理企业公共关系决策性职能，是指监理企业在公共关系活动中，通过对重大活动的策划、管理与实施，对组织决策所能发挥的服务、指导与促进的效用。主要内容包括：决策参谋、问题管理、危机管理、寻求发展。

对照上述经营管理的各种职能，不难看出，处于新兴行业的建设监理企业，在多方面都显得很欠缺。就是说，建设监理企业应当以只争朝夕的精神，下大力气搞好经营管理。

第二节　建设监理企业经营管理

基于建设监理行业尚处于发展的初始阶段，再加上建设市场发育还很不完善的现实，本节侧重于研究建设监理企业经营管理中的经营战略和经营管理制度建设两方面的基本问题。同时，结合建设监理企业经营管理活动中的实际案例，分析研究存在的问题，并提出改进意见和建议。

一、建设监理企业的经营战略

（一）建设监理企业的经营理念

不论是营利组织还是非营利组织，任何一个组织都需要一套经营理念。事实证明，一套明确的、科学的经营理念，可以在组织中发挥极大的效能。

任何企业的管理活动，一般都遵循一个根本的原则，所有的管理活动都需围绕一个根本的核心思想进行。这个核心思想就是平常所说企业的经营理念。所谓经营理念，就是管理者追求企业绩效的根据，或者说是为追求企业绩效而遵循的企业信条，而且得到了本企业职工、业主、竞争者，乃至社会相关阶层的认可。在此基础上，形成的企业基本设想与技术竞争优势、发展方向、共同信念和企业追求的经营目标。简而言之，就是企业系统的、根本的管理思想。

经营理念是企业在经营上应该达到的全面性境界。因此，也可以说是企业追求利益、经营战术战略的核心；是企业经营思想、经营意识、经营方法的心脏；是企业董事长、总经理以及第一线全体人员行动的总目标和指针。一个企业的经营理念，是在其长期的经营活动中，经过日积月累的思考、努力及实践，才逐渐形成、共同认可、比较科学且行之有效的管理思想。经营理念在企业里面，就像宪法在一个国家中占有不可轻易摇动的地位一样，有其超然的尊严和价值。

科学的企业经营理念，是一面高高举起的企业发展的旗帜。纵观历来各界知名企业的发展历程，无不与其科学的经营理念密切相关。或者说，科学的经营理念成就了一批又一批企业。他们的经营理念，不仅本企业员工铭刻在心，而且，在同行业中，乃至整个社会都耳熟能详。一些国际上著名企业的经营理念，如三星公司的经营理念：与员工共同成长；麦当劳的经营理念：以客为尊（即为顾客提供最佳的品质、服务、清洁、价值）；我国的海尔公司经营理念：先服务，后制造；沃尔玛中国有限公司的经营理念：天天平价、一站式购物等无不广为流传，享誉天下。无数实践证明，一条科学的经营理念，既是企业对过往经历、经验的科学总结，更是引导企业长期发展的指路明灯。所以说，企业的成功发展，凝聚出了科学的经营理念；科学的经营理念进一步指引着企业的健康发展。聪明的企业家无不重视，无不精心研究、慎重确立本企业的经营理念。

一般情况下，一套比较完善的、科学的建设监理企业经营理念，应当基于对工程建设监理环境的认识，包括社会环境、建设市场环境、行业内竞争环境及工程项目业主状况和工程科技情况；基于对建设监理企业的基本使命和建设监理企业完成使命而自身具有的核心竞争力的基本认识。在这三部分认知的基础上，依据企业发展的侧重需求和已有的经验，构建建设监理企业的经营理念。

现阶段，我国建设监理企业对于自身经营理念的认识，尚处于初级阶段。所以，不少企业还没有明确确立自身的经营理念；有的建设监理企业虽然拟定了经营理念，但是，还不太规范；只有少数建设监理企业的经营理念比较科学、醒目。相比较而言，笔者认为以下几家建设监理公司制定的企业经营理念，值得借鉴：

1）上海建科建设监理咨询有限公司经营理念：勇于创新　持续进取。

2）中咨工程建设监理公司经营理念：竞争促发展　合作实现共赢。

3）胜利建设监理有限责任公司经营理念：以人为本　诚信求实　创新管理　激活潜能。

4）陕西华建工程监理有限责任公司经营理念：竞争促创新　敬业保质量　服务出效益。

5）山西省煤炭建设监理有限公司经营理念：诚信　创新永恒　精品人品同在。

6）河北方舟工程项目管理有限公司经营理念：久诚致信　信达天下。

7）重庆赛迪工程咨询有限公司经营理念：诚信为本　成就共赢。

8）广东工程建设监理有限公司公司经营理念：以真诚赢得信赖　以品牌开拓市场　以科学引领发展　以优质铸就成功。

9）深圳京圳建设监理公司经营理念：以顾客为中心　靠顾客赢得市场。

拟定企业经营理念很重要，认真落实企业经营理念更关键。一般说来，要想落实好企业的经营理念，首先，应当反复认真地广为宣传，使本企业全体员工都能够铭记在心，并深刻理解、付诸实践。其次，要把企业经营理念作为各项工作的指导思想，特别是应当作为企业各项管理制度的指导思想，或者说，要用企业管理制度作为落实企业经营理念的保障。第三，还应当采取适时检查、督促，以及定期或不定期开展后评价的方式，总结、推广落实企业经营理念的经验；同时，适时纠正落实企业经营理念过程中出现的偏差。从而，真正且充分发挥企业经营理念应有的作用。如此运作，企业一定能够稳步前进、健康发展。

以上建设监理企业在本企业经营理念的引导下，不断取得了骄人的业绩，就是很好的例证。他们在本地区、本行业，甚至在全国都享有很高的声誉。9家建设监理企业中，多家企业都荣获过中国建设监理协会颁发的优秀企业证书，且名列全国建设监理营业额百强企业。上海建科建设监理咨询有限公司和中咨工程建设监理公司，更是自2008年以来，连续5年荣膺全国营业额百强之列。河北方舟工程项目管理有限公司也多次荣获地方先进企业荣誉。更重要的是，这些企业，在工程建设监理实践中，不断凝聚、激发、积蓄、提升着企业员工的向心力，使企业保持着蒸蒸日上、旺盛的生命力。

（二）建设监理企业的经营战略决策

经营战略是建设监理企业为求得长期生存和不断发展而做出的总体性、长远性的谋划和方略，是建设监理的企业家们用来指挥竞争的经营艺术。企业的经营战略决策应当解决的问题包括：经营范围和经营领域；企业的战略态势（进攻、防守还是退却）；处理各种战略关系的准则；如何建立和发挥战略优势；如何取得和分配企业资源；组织方面应采取的具体措施等五方面的内容。显然，这几方面都是企业生死攸关的大问题。成熟的企业家无不高度关注，并慎重对待。

经营战略以企业经营理念为遵循，是企业战略思想的集中体现，是企业经营范围的科学规定。同时，又是制定企业发展规划（计划）的纲领。经营战略就是运用战略思想观念，对整个企业进行的管理。它包括：企业经营战略的制定、实施和控制过程所进行的所有管理。

经营战略是在符合和保证实现企业使命的条件下，在充分利用环境中存在的各种机会和创造新机会的基础上，确定企业同环境的关系，规定企业从事的事业范围、成长方向和竞争对策，合理地调整企业结构和分配企业的全部资源。从其制定要求看，经营战略就是用机会和威胁来评价企业未来的环境，用优势和劣势评价企业现状，进而选择和确定企业总体的、长远的目标，制定和抉择实现目标的行动方案。因此，可以说，研究、制定、实施企业经营战略是所有企业必须面对的重大课题。

1. 建设监理企业制定经营战略的重要性

作为新兴的行业，建设监理企业认真研究、制定、实施企业经营战略显得尤为必要。特别是，在以下五方面突出的体现着它的必要性。

1）工程项目建设监理变化的需求。诸如国家关于强制实施监理的规定、"小业主体制"的普遍推行、工程项目建设监理范围的扩大、建设监理深度的提高、对于建设监理由低层次向中高层次的转化、社会认知度提升的变化等，都需要建设监理企业作出相应的预案，即制定出相应的经营战略。以免事到临头，措手不及，而失却发展的机会，甚至陷入进退维谷的深渊。

2）科学技术不断进步的需求。尤其是在电子信息时代，科学技术飞速发展，诸如地下工程的广泛兴建、超高工程的建设、大体量钢筋混凝土工程和钢结构工程的实施、新材料，以及 BIM 等新技术的应用，要求建设监理企业及早作出应有的规划，不断努力提高自己的科技水平，以便适应工程项目建设监理工作的需要，从而占领应有的市场，为工程建设作出应有的贡献。

3）日趋激烈竞争的需求。随着建设监理队伍的发展和建设市场的发育完善，建设监理的竞争必将日趋激烈，这也是市场经济体制发展的必然。面对激烈的竞争环境，建设监理企业必须高瞻远瞩，未雨绸缪，制定出能够应对激烈竞争新形势需求的经营战略，以便在将来的竞争当中立于不败之地，且继续发展壮大。

4）建设监理结构变化的需求。随着建设监理向工程建设全过程的不断推进，以及建设监理工作侧重需求的变化，必然引发建设监理产业结构的调整——或者以工程项目建设前期监理为主；或者以工程设计阶段监理为主；或者以工程施工阶段监理为主；或者融合不同阶段监理内容为主开展监理等。企业需要根据变化了的情况，主动谋划适应外部环境的产业结构调整，提高自身的竞争能力。

5）社会进步的需求。由于工程项目建设成本的提高，以及社会、政府、业主对建设监理工作的要求越来越高，限制也会越来越多。诸如提高工程安全度要求、提升工程建设投资效益要求、环保要求、职业健康要求、提高员工素养的要求等，都需要建设监理企业的领导者从大局出发，进行规划，适时地予以解决的重大问题。

2. 建设监理企业经营战略决策的内容

众所周知，进入 21 世纪，以电子信息技术为代表的科学技术日新月异，发展迅速。从而带动了所有行业的进步和发展。其中，尤其是企业构建形式的变化最为突出，广泛形成了现代企业模式。所谓现代企业，最显著的特点有四方面：即所有者与经营者相分离、拥有现代技术、实施现代化的管理、企业规模呈扩张化趋势。现代企业是现代市场经济社会中，企业组织的最先进形式和未来主流发展趋势的企业组织形式。

虽然，构建现代企业模式是所有企业家梦寐以求的事情，但是，把这种期望变成现实，绝不可能一蹴而就，而必须经过一个发展过程，甚至需要一个相当长的过程。毋庸讳言，建设监理行业构建现代企业的路程还相当长远。为了加速这个过程的进展，或者说为了尽可能缩短这个进展过程，制定科学、完备的经营战略尤其重要。

一般说来，比较完备的经营战略，其要点包括以下多方面的内容：

1）战略思想，即制定和实施经营战略的基本思想。这是企业领导者和员工在经营活动中，发生的各种重大关系和重大问题的认识和态度的总和。它是企业经营者和员工经营活动的灵魂和导向。

2）战略目标，即是指企业以战略思想为指导，根据主客观条件的分析，在战略期内要达到的总水平，是经营战略的实质性内容，是构成战略的核心，正确的战略目标是评价和选择经营战略方案的基本依据。

3）战略重点，即对于实现战略目标具有关键性作用而又具有发展优势或自身需要加强的方面，是企业资金、劳动和技术投入的重点，是决策人员实行战略指导的重点。

4）战略方针，即企业为贯彻战略思想和战略目标、战略重点，所确定的经营活动应遵循的基本原则、指导规范和行动方略。具体内容包括综合性方针和单项性方针。

5）战略阶段，即根据战略目标的要求，所划分的相对独立的经营时限。

6）战略对策，又称经营策略，是为实行战略目标而采取的重要措施和重要手段。战略对策具有阶段性、方针性、具体性的特点。

按照经营战略决策的性质，可把经营战略决策划分为以下三种：

一是经营战略的使命决策。所谓企业的使命决策，主要是指依据企业的性质，明确企业的发展方向、经营目标、经营哲学、经营方针及其社会责任等。对于建设监理企业来说，毋庸置疑，企业的使命决策是一个企业发展的总体战略决策。诸如，根据建设监理企业经济性质、专业性质等拟定企业的发展方向——是继续向专业化方向发展，还是向一专多能方向发展；是向工程建设设计阶段监理方向发展，还是向投资选项阶段监理方向发展。在经营哲学决策方面，是首先侧重于占领市场，还是侧重于经济效益；是侧重于社会效益，还是侧重于本企业员工的效益等。对于这些问题，企业在拟定经营战略时，毫无回避的余地，必须首先予以鲜明的决断。

二是战略目标决策，即经营战略目标水平决策和经营战略的目标重点决策。顾名思义，战略目标是对企业战略经营活动预期取得的主要成果的期望值。战略目标的设定是企业宗旨的展开和具体化，也是企业在既定的战略经营领域，展开战略经营活动所要达到的水平的具体规定。

由于战略目标是企业使命和功能的具体化，所以，经营战略目标的设定，必须与有关企业生存的各个战略目标部门的目标相结合，并恰当地协调一致。同时，企业的战略目标是多元化的，既包括经济目标（如年度监理收益），又包括非经济目标（如社会信誉度）；既包括定性目标（如领先技术能力），又包括定量目标（如人均收益）。

三是总体战略决策。所谓总体战略决策，就是攸关企业总目标或总的发展方向的战略决策。总体战略涵盖了企业的使命和目标、企业的价值观、企业的发展机遇、企业的主要业务范围和发展方向等。

企业总体战略，是从企业的整体利益出发，决策企业应该经营的范围以及怎样经营，以使企业的长期利益达到最大化。因此，总体战略必须注重把握企业内外部环境的变化，同时，最科学地将企业内部各种资源有效地配置。

企业战略管理中，存在着许多可供选择的战略类型。这不仅是因为企业决策者的视角不同，而且还因为企业具有不同的层面、不同的内在特质和外部环境，会在不同的条件下选择不同的战略。一般情况下，按照战略性质的不同，可把企业总体战略决策分为：稳定型战略（力求平稳发展）、进攻型战略（力求跳跃式或突破式发展）和增长型战略（以经营效益增长为着眼点）等多种类型。

总体战略体现了企业全局发展的整体性与长期性；它的制定与推选主要由企业高层的管理人员来执行；总体战略与企业的组织形态关系密切。

此外，不同的行业、不同的企业在不同的时期，还可能根据不同的需求，制定不同层级的经营战略，以利于企业的发展。

3. 建设监理企业经营战略的特点

为了实现企业的长远发展，在分析外部环境和内部条件的基础上，做出的较长时期的总体性的谋划与对策，即企业经营战略。其主要特点可概括为如下五点。

1）全局性。经营战略是根据企业总体的发展而制定的。它以企业整体发展为目标，通过对企业各种经营资源的优化配置，力求发挥企业的整体功能和总体优势，而规定的经营方向和整体行为。它对企业各个部门和各个层次的经营活动和管理行为都具有制约作用和指导作用。

2）长远性。经营战略是对企业未来一定时期生存和发展的统筹谋划。它以企业未来发展为指向，规定了企业在一个较长时期内的发展方针和目标。它是在调研、预测和科学策划基础上，高瞻远瞩，深谋远虑地谋求长远发展和长远利益。它既兼顾企业现实，又制约着只顾"当年红"等短期行为。

3）竞合性。即具有竞争性和合作性的特点。一方面，以不断提高市场占有率为指向，规定了寻求市场机会、排除风险威胁和与竞争对手争高低的战略及策略，从而谋求提高企业竞争的整体能力，争得企业竞争的主动地位，使企业在激烈的竞争中持续发展和不断振兴。另一方面，在一定条件下，与竞争对手的合作，共同占有市场，实现双赢，共谋发展，这也是一种谋发展的重要趋势。

4）纲领性。经营战略以发挥战略整体功能为指向，规定了企业的战略目标、发展方向、经营重点、战略对策、前进道路以及基本的行动方针、重大措施和基本步骤。它是一种经营全局的战略决策，具有行动纲领的意义，对企业一切经营活动和管理行为都具有权威性的纲领性作用。

5）适应性。经营战略以企业外部环境变化为指向。企业面对现实的、预期的外部环境，采取相对稳定的相应对策，以期实现战略任务。同时，也有不断追踪市场环境变化，与时俱进地做出必要的调整。从而，确保企业经营战略目标与市场环境变化不断适应，达到不断发展的根本目的。

4. 建设监理企业经营战略的制定

经营战略方案制定过程是一个知己知彼的过程。对企业自身的条件和所处的环境认识得越充分、越具体，制定的经营战略的科学性就越高。经营战略制定过程又是系统思维、超前思维的过程。只有具有战略头脑、超前意识的企业家及其企业管理团队，才能扬长避短，制定出指导企业前进的发展战略。

制定企业经营战略，一般都经历酝酿并初步形成经营战略思想、调查经营环境、分析企业内部资源和能力、拟定经营战略方案、反复论证并确定企业经营战略六个阶段。各阶段的联系、步骤如图 3-1 所示。

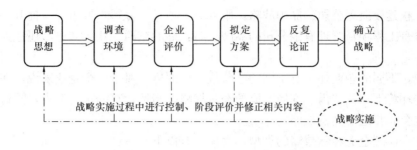

图 3-1 企业经营战略的制定示意（虚线示实施过程）

如图 3-1 所示，企业经营战略决策，是在以上完成三个步骤的基础上开展的。即企业经营战略决策是在确立的战略思想指导下，在企业内外部环境调查分析的基础上提出的。提出的经营战略方案可能是一个，也可能是多个。无论是几个方案，都要经过反复、认真地分析比较，最终选定比较适宜的经营战略方案。

制定企业经营战略，首先要筹划企业的战略思想。企业的经营战略思想是针对经营战略的灵魂和指针。一个企业经营战略思想的形成，既有赖于企业领导者的远见卓识，更有赖于企业管理团队集体聪明才智的充分发挥。任何明智的企业家，绝不会独断专行，唱"独角戏"。相反，他总是千方百计地调动各方面的积极性，出谋划策，并反复研究、比较，从中选择最为科学的经营战略思想。科学的经营战略思想必须具有新的概念、新的思路，并切合企业近期发展的实际需要。

进行环境调查，这里所说的环境调查，是指对企业外部的所有环境进行调查。所谓企业外部环境，是指企业外部的政治环境、社会环境、技术环境、经济环境等的总称。企业外部环境是企业组织以外的事物、条件、资源等。显然，企业外部环境，存在着较大的变数，即使是相对稳定的元素，也需要进一步深化认识。尤其是，需要综合认识企业外部环境元素对于拟定企业经营战略的影响。或者说，需要进一步认识如何充分利用企业外部环境因素的积极作用，为拟定的企业经营战略服务。所以说，环境调查是制定企业经营战略前期工作中的重要一环。

关于企业评价，实际上，就是对企业内部环境进行调查。企业内部环境是存在于企业组织内部的多种元素，一般包括企业的组织结构、企业文化、企业资源三部分。尽管企业的领导层对于本企业的内部环境并不陌生，且相对稳定。但是，一方面，毕竟任何事物都存在一定的变数；另一方面，如何有效地发挥企业内部诸要素应有的作用，以及如何恰当地匹配、协调企业内部诸要素，均需要围绕着拟定企业经营战略议题，展开科学的评价。

在做好以上诸项准备工作的基础上，方可按照企业经营战略的组成要素，着手拟定企业经营战略方案。草拟企业经营战略方案后，决不能仅仅局限于领导层，或仅扩大到管理层讨论修改。而一定要动员本企业全体员工反复讨论、修改。这样做，既是最大限度地集思广益，也是不断深入动员广大员工学习并掌握企业经营战略的必要形式。特别是，有关战略目标、战略重点、战略方针、战略阶段划分和战略对策等内容，以及相对应的分解指标，必须落到实处，形成稳固的企业经营战略根基。

现阶段，我国建设监理企业的经营战略，尚处于探索起步阶段，只有少数企业初步拟定了具体的经营战略，如：

中咨工程建设监理公司的品牌战略：服务一个项目 赢得一方市场 提升一步产品。

河北方舟工程项目管理有限公司的品牌战略：好的东西 让人知道 还让人相信 更让人拥有。

应当说，不同的企业往往有不同的经营战略。同样，对于一个企业来说，在不同的时期，不同的环境下，往往需要变换不同的经营战略。当然，在一定时期内，同行业的企业经营战略也会有相近的经营战略。

关于建设监理企业经营战略的类型，大体上有以下几种：

1）企业基本经营战略，包括：成本领先战略、优质服务战略、收益领先战略等。这些经营战略，往往是企业初创阶段，普遍实行的经营战略。

2）企业发展战略，包括：人才战略、扩展市场战略、专业提升战略、业务多元战略、品牌战略、创新战略等。

3）依照企业经营状况的变化需求，企业经营战略可划分为：维持型经营战略、扩张型经营战略以及重组型经营战略。

另外，依照业务属地的多少，可划分为：单一区域战略和多区域战略。

国内外知名企业的经营战略，诸如：

青岛海尔的多元化战略，实现了经营范围涉及：电器、电子产品、机械产品、通信设备及相关配件制造；家用电器及电子（产品技术咨询服务）；进出口业务（按外经贸部核准范围经营）；矿泉水制造、饮食、旅游服务（限分支机构经营）共 15 大类的显赫成效。海尔集团的国际化经营战略（先难后易，即先进入发达国家，在发达国家打出声誉创出牌子以后，再向发展中国家辐射）的实施，成功地进军国际市场，并稳步扩展。

清华同方实施技术＋资本的发展战略，不断取得丰硕的成效。

麦当劳公司是世界 500 强企业中，餐饮服务业的第一名。目前，它已在全球 120 多个国家拥有 3000 多家餐厅，2004 年利润总额高达 22.8 亿美元。在中国，自 1990 年深圳开设第一家麦当劳餐厅以来，现在，它已覆盖北京等 108 个城市，拥有 670 多家餐厅。这些骄人的业绩得益于其"质量、服务、卫生和价值"为上的品牌战略的认真落实。

这些企业制定科学的经营战略，并认真实施而迅速发展的实效，值得建设监理行业制定经营战略借鉴。

5. 制定建设监理企业经营战略拟应注意事项

企业经营战略是指导企业发展的全局的计划和策略，是企业进行整体性变革的方案。所以说，制定科学的经营战略是企业发展的头等大事。一部科学的经营战略，能够有效地指导企业健康发展；同样，一部偏颇的经营战略很有可能引导企业陷入难以自拔的泥潭。而形式主义下产生的经营战略，不仅耗费了许多员工的心血，而且，有可能削弱企业的凝聚力，涣散员工们的积极性。因此，企业没有经营战略，浑浑噩噩，得过且过不行；不慎重制定经营战略也不行。尤其是，我国的建设监理行业，尚处于初创阶段，制定较好的经营战略不仅是一个企业的事情，而且是为全行业打基础的大事。俗话说的好：万事开头难、万事端为先。所以，应当竭尽全力搞好企业经营战略制定工作。根据以往的经验和建设监理行业的现状，笔者以为，应当特别注意以下六个方面的事项。

1）要循序渐进，不可急于求成。从总体上看，我国的建设监理企业尚处于初创、成长阶段，企业的"体质"都还很羸弱。要想壮大成为不惧风浪、游刃有余地在建设市场中搏击的企业，还有相当远的路程要走。不可能"一口吃成胖子"，决不可好高骛远，盲目攀比。必须循序渐进，必须从本企业自身的现实出发，拟定符合本企业需要的经营战略。

2）要立足专而精，不可贪大求洋。众所周知，建设监理是一个提供高智能技术管理服务的行业。无论是工程管理，还是工程技术，都需要相当的科学知识。科学知识需要专心致志、扎实地积累。正像人们喜欢要专业技术精湛的医生诊治一样，专业技术和监管能力高超的建设监理企业，自然广受工程建设项目业主的欢迎。只要具备了专业监理能力，就能占领一定的市场。只有有了较强的专业监理能力，才可能进一步涉足另一个行业的监理，才可能拓展监理范围。青岛海尔集团，在做好、做强、做大冰箱产业的基础上，逐渐实施"多元战略"，发展成为经营十多个专业的大型企业集团的经验，就是很好的例证。

3）要集思广益，不可独断专行。制定经营战略，固然是企业领导者的责任。但是，这项工作毕竟严重影响着企业的兴旺发达，影响着企业的前途。即便是私营企业，它也牵扯到全体员工的利益。所以说，制定企业经营战略是整个企业的大事，是全体员工的大事。何况，动员全体员工参与经营战略的拟定，既能集思广益，达到比较科学的程度，又有利于广大员工准确理解、掌握经营战略的精神实质，有利于经营战略的贯彻实施。所以，明智的企业领导，绝不会独断专行，自以为是地确定企业经营战略，而积极地动员全体员工参与企业经营战略的制定。

4）要反复论证，不可草率从事。虽然，企业经营战略方案的拟定已经过了经营指导思想的酝酿、推敲，经历了企业内外部环境的调查、分析，已经付出了艰辛的劳动。但是，由于环境的多变性、认识的渐进性、矛盾的复杂性，以及经营战略的严峻性等，决定了拟定企业经营战略反复论证的必要性。既要论证经营战略中的战略思想、战略目标、战略方针的科学性，又要论证战略重点、战略对策，以及经营战略的实施步骤等正确性。既要论证对于外部环境认识的客观和深刻程度，又要论证企业内部环境评价的准确性。不言而喻，经过反复论证确立的企业经营战略，必然是科学的、可行的、有效的。

5）要切实可行，不做表面文章。无论是国有企业、集体企业，还是民营企业；无论是企业的所有者，还是企业的经营者，恐怕没有任何一家企业的员工期望本企业败落。有鉴于此，就应当认真地拟定企业经营战略，尤其要力求经营战略切实可行。然而，企业是社会的组成部分，企业员工是社会的成员之一，人们的观念、言行，无不带有时代的烙印。诸如浮夸陋习、形式主义等，往往给经营战略的制定带来一定的影响和干扰。特别是企业的领导者，一定要力戒浮躁，力戒做表面文章，脚踏实地地拟定出切实可行的经营战略。

6）要实事求是，不应盲目追风。据笔者所了解，现阶段，建设监理行业中，制定经营战略的企业为数不多（虽然有的企业制订了经营战略，但是，尚欠科学）。一旦大家都意识到制定经营战略的重要性，而匆匆行动起来。或者，一味追求冠冕堂皇的"雄心大略"、"全面提升企业形象"等，而拟定华而不实的经营战略，或拟定片面追逐营业额的经营战略，或拟定盲目扩张企业经营范围的经营战略等。写写这种"风派"文章，倒也无关紧要。如果用以指导企业经营战略的制定，当是企业的灾难。

另外，制定企业经营战略时，拟应遵循以下几项原则：

1）前瞻性原则。制定经营战略时，一定要预测未来规划期内社会、经济、科技、环境、人才、市场诸多方面的重大变化的影响，考虑相应对策。从而，使经营战略具有适应未来发展变化情势的前瞻性。也就是说，力求制定的企业经营战略，在企业发展规划的时限内都具有期望的纲领性作用（若实现经营战略目标的期限，略有提前，不当看作经营战略前瞻性的缺失）。没有前瞻性的经营战略，缺乏足够的吸引力，没有实际意义；同样，遥不可及的经营战略，也没有实际价值。

2）实用性原则。经营战略实用性原则，是指经营战略应符合企业自身的组织形式、人才资源、经济实力状况，以及在本专业内、在建设监理全行业内所处的位序及其特点，并对企业的发展，具有有效的指导价值。简而言之，能够满足企业发展实际需要，就是经营战略的实用性。经营战略实用性的突出特点，就是它立足于企业现有基础起步，能够激励、指引企业稳步、健康发展的作用。

3）全局性原则。所谓企业经营战略的全局性原则，就是要在本企业经营理念的指导下，从本企业发展的全局出发，拟定经营战略目标、策略、侧重等都要以全局利益为出发基点。另一方面，任何一家企业，都不可能孤立地发展，建设监理企业亦是如此。所以，制定企业经营战略时，还应当预测整个建设监理行业、整个建设市场行情的发展变化。

4）创新性原则。创新是以新思维、新发明和新描述为特征的一种概念化过程。创新是人类特有的认识能力和实践能力。在改革的年代，创新更是被视为至关重要的发展要素。所以，制定企业经营战略时，创新性原则尤其重要。或者说，创新性原则是制定经营战略的灵魂。经营战略的创新性，主要体现在战略用语的创新性、发展战略方向的创新性、战略概念的创新性、战略策略的创新性等。只有依循创新性原则，才能在符合企业内在条件的前提下，充分发挥优势、扬长避短，而营造出新的优势资源，赢得新的发展动力和成效。

5）适时性原则。如前所述，制定企业经营战略，是为了引导企业的发展，具有鲜明的时效性。因此，其内容必须是立足于企业内外的现实的境况，拟定符合企业发展需要的经营战略。并应划分为若干战略阶段和设定相应的战略控制点，渐进式地逼近终极目标。在该进程中，注意短期利益与长远利益结合、局部利益与整体利益兼顾，既积极又稳妥地推进。

6）简括性原则。顾名思义，就是企业经营战略的文辞拟应简单扼要、鲜明响亮，以便有利于记忆、贯彻。同时，也有利于作为企业的旗号，宣传、扩大企业的形象。

（三）建设监理企业经营战略的实施

企业在决定、明晰了自己的战略目标后，就必须专注于其落实。把书面上的计划转化为实际的行为，并确保实现。或者说，战略实施是为实现企业战略目标而对战略规划的执行。这是一个自上而下的动态管理过程。所谓"自上而下"，主要是指，经营战略一经确定，企业高层首先进一步统一并深化认识。之后，再逐次向中下层传达，并依计划步骤在各项工作中分解、落实。所谓"动态"管理，主要是指经营战略实施的过程中，决不能放任自流而应当事事、适时加以监控。这种监控突出的表现在"了解—分析—决策—执行—反馈—再分析—再决策—再执行"的不断循环中达成经营战略目标的实现。其中，"了解—分析"、"反馈—再分析—再决策"就是对战略实施的控制、评估与纠偏。经营战略实施是在变化的环境中实践的，企业只有加强对战略执行过程的控制与评价，并适时地纠偏，才能适应环境的变化，完成战略任务。

1. 实施经营战略拟应遵循的原则

企业经营战略的实施，是一个庞杂的、长期的系统工程。有鉴于此，必须坚持"加强领导、组织协调；必须细化目标、落实责任；必须突出重点、兼顾全局；必须机动灵活、适时调整"等四项原则。

所说"加强领导、组织协调原则"，主要是强调，对企业经营战略了解最深刻的应当是企业的高层领导人员。一般来讲，企业领导层比企业中下层管理人员、比一般员工对企业经营战略的要求实质和有关方面的相互联系了解得更全面，对战略意图体会最深。同时，企业领导层掌握的信息既全面，量又多。因此，战略的实施应当在高层领导人员的统一领导、统一指挥下进行。只有这样，其资源的分配、组织机构的调整、企业文化的建设、信息的沟通及控制、激励制度的建立等各方面才能相互协调、平衡，才能使企业为实现战略目标而卓有成效地运行。

所说"细化目标、落实责任原则"，是因为企业经营战略目标，诸如："服务一个项目、赢得一方市场、提升一步产品"（中咨工程建设监理公司的品牌战略）；"好的东西，让人知道，还让人相信，更让人拥有"（河北方舟工程项目管理有限公司的品牌战略）；"要么不干，要干就干第一"（海尔集团初期实施的名牌发展战略）等，都是比较抽象的概念。仅仅依照这些抽象的概念付诸实施，毕竟十分困难。所以，为了实施企业经营战略，必须结合各个层级的职能部门及其人员的工作，分解、细化企业经营战略总目标为各自的具体目标。只有这样，才能保障企业经营战略的实施落到实处，取得应有的成效。

关于"突出重点、兼顾全局原则"。处理任何事情，都必须区分主次和轻重缓急。面对落实企业经营战略，这样的大事，更应当突出重点，一以贯之。当然，也不能顾此失彼，不能因为突出质量战略重点而忽略企业的人才培养、市场的开拓、经济效益的提升和工程建设监理工作进度等各方面工作的实施。所谓进行科学管理，就是要从全局出发，分清轻重缓急"弹好钢琴"，取得最佳的综合效益。

关于"机动灵活、适时调整原则"。企业经营战略的制订，是基于一定环境条件的假设。在战略实施过程中，事情的发展与原先的假设难免会发生偏离。甚至说，出现偏离现象是普遍的、正常的。因此，适时地调整原定的计划和策略，甚至调整原定的经营战略，往往是客观的需要。这就是战略实施的权变问题。大凡做任何事情，尤其是历时较长的事情，机动灵活、适时修订预定目标和计划，变换应对措施等权变原则，是必需的。当然，实施权变，应当拿捏好应有的尺度。既不能"过火"，也不能"不及"。"过火"，则容易造成人心浮动，带来消极后果，缺少坚韧毅力，甚至最终导致一事无成。但如果"不及"——环境确实已经发生了很大的变化，却没能恰当地适时权变，最终也会导致企业经营战略的失败。总之，适时权变，既是经常发生的事情，又必须严肃对待。实施权变不是目的，实施权变唯一的目的，就是力图增强企业的应变能力。

2. 实施经营战略的基本方略

企业经营战略实施，就是将企业经营战略付诸实践的过程。企业经营战略的实施是战略管理过程的行动阶段。依照其有形的价值取向衡量，它比战略的制定更加重要。

实施经营战略，就应当纳入企业经营管理的重要议事日程，从上到下，深入动员；从组织到制度，强化保障体系；从随时督察到阶段性评价；从企业文化建设到对外宣传活动等，都要以落实经营战略为重点展开工作。务必形成一定的热潮，并取得成效，进而养成习惯。

企业战略的实施是战略管理过程的行动阶段。在将书面的企业经营战略转化为经营战略的行动过程中，有四个相互联系的阶段。

1）经营战略实施动员阶段。为调动广大员工实现新战略的积极性和主动性，必须对企业管理人员和全体员工进行培训、教育。通过教育，使广大员工了解并把握确定的新的企业经营战略新思想、新观念，使大多数人逐步接受新的教育战略。

2）经营战略计划阶段。将经营战略分解为若干个阶段经营战略。进而，制定出每个阶段战略实施的目标，以及相应的政策措施、部门策略和相应的方针等。还要对各分阶段目标进行统筹规划、全面安排。

3）经营战略实施阶段。按照企业经营战略实施计划和各层级、各部门的工作业务范围，落实经营战略的实施责任。或者说，各层级、各部门把企业经营战略的计划要求，落实到自己的具体工作中去。企业经营战略实施的好坏，取决于各级领导人员的素质和价值观念、企业组织机构的科学程度、企业文化的健全程度、企业资源结构与分配的恰当性，以及信息传递和控制的迅捷有效性、激励制度的合理性等多方面因素。

4）经营战略实施的控制与评估阶段。经营战略是在变化的环境中实践的，企业只有加强对经营战略执行过程的控制与效果评价，并适时纠偏，才能适应环境的变化，逐步完成经营战略任务。经营战略实施的监控体系和监控方法，均须事先拟定（在制定经营战略实施计划阶段完成），同时，须在监控过程中不断修订完善。监控的目的是为了保证经营战略计划的实施；评估的目的在于纠偏，以期经营战略目标的达成。

3. 实施经营战略过程中的阶段评价

经营战略实施过程中的阶段评价，是建立在实施经营战略监控的前提下进行的。所谓经营战略监控，是将预先制定的战略目标与反馈回来的战略执行信息进行比较，以检查战略计划与实际执行的偏离程度，以及采取措施纠正偏差的一系列活动的过程。

经营战略实施控制的三个基本要素：

一是预定战略目标或标准，这是战略控制的依据。一般由定量和定性两方面的标准组成。

二是战略实施的实际成效，这是战略实施过程中实际达到的水平。

三是绩效评价，即将实际成效与设定的标准进行比较。当实际成效低于设定的标准时，表明战略目标没实现，应采取修正措施或进行战略调整。

经营战略实施过程中的监控和评价，是极其重要的一个环节，也是比较繁杂、多变，且难以操作的一个环节。这是建设监理企业的领导者，以及企业员工实施经营战略的着力点。

4. 经营战略实施中的普遍问题

企业经营战略实施过程中，往往会遇到种种变故和千差万别的境况。从而，产生干扰经营战略有效落实的一系列问题。诸如：实际实施时限大大超出原来计划的时间；出现未曾预测到的因素影响；竞争压力或其他危机迫使企业转移了战略实施的注意力；履行经营战略者没有足够能力胜任其工作；低水平的雇员没有足够的培训；关键的实施任务定义不清晰；经营战略实施过程中的监控系统不完善或监控不到位等。

作为建设监理企业的领导者，在领导实施企业经营战略的过程中，可能还会遇到其他种种问题。应当说，出现问题是普遍的、正常的。不出现新问题，倒是极为稀有，甚至可以说不太正常。因此，应当有充分的思想准备，并做好应变突发问题的基本预案（包括事先在人财物等方面的机动能力储备）。当然，最主要的是应当不断提高领导者的素养和水平，并尽可能发挥领导团队的能力。

如前所述，现阶段，我国的建设监理行业尚处于发展初期，在许多方面都还没有进入规范化的轨道，一般企业尚没有把制定企业经营战略纳入企业正常的议事日程。即便是有上百年历史的行业，也还有不少企业没有把企业经营战略当作企业的重要事项认真对待。甚至一些企业根本就没有制定经营战略；或者，企业的经营战略，仅仅停留在领导者的头脑里；或者，制定的企业经营战略，仅仅是为了"装潢门面"；或者在战略规划上常常表现为"有战无略"等状况，不一而足。一方面，由于好多企业领导者忙于应酬拉关系，找市场，不能静下心来思考企业的经营战略问题。但是，更重要的原因在于对企业经营战略的认识不到位，甚或有错误认识。

诸如，一些企业把策略当成了战略，即把做什么、怎么做当成了战略；把具体的操作步骤、流程当作了战略。不少企业往往是先确定要做什么，把怎么组织人力、财力，怎么占有市场作为企业的战略。这么做，实际上，仅仅是一种策略，并不是企业的经营战略。

总之，提高建设监理企业领导者对于经营战略的认识，发挥企业经营战略在促进建设监理事业发展中的积极作用，是我国建设监理行业面临的一个重要课题。有关方面，应当积极关注，认真研讨，并大力推进。

二、建设监理企业的管理制度

（一）建设监理企业制度建设意义

"没规矩，无以方圆"，这是众所周知的基本道理。国家有法律，家庭有戒规。作为社会的重要组成单元、进行普遍较为繁杂社会生产活动的企业，当然必须拥有自己的规章制度。在向现代化企业进军的今天，加强企业内部管理制度建设，尤其重要。所谓现代企业，它是现代市场经济社会中，一种最先进的，并代表未来主流发展趋势的企业组织形式。在这种组织形式下，企业最显著的特点，是所有者与经营者分离、拥有现代技术、实施现代化管理和企业规模呈扩张化趋势四个方面。

基于现代企业的特点，现代企业愈加重视企业制度建设。归纳起来，现代企业制度主要有三方面，即产权制度、组织制度、管理制度。这三项制度中，产权制度是决定企业组织和管理的基础，企业组织制度和企业管理制度，则在一定程度上反映着企业财产权利的安排。因而，这三者共同构成了现代企业经营管理制度，简称企业制度。

1. 企业制度是企业赖以生存的基础

现代企业管理制度是现代化的必然产物，它涉及企业经济活动的各个方面。一部健全的现代企业管理制度体系，既是企业不可或缺的管理机制，更是企业提高管理功能、提高经营管理水平、提高经济效益的企业建设的必要构成。对于新兴的建设监理企业来说，加强企业经营管理制度建设，更是建设监理行业健康发展、茁壮成长的基础。国内外实践证明，凡是经济效益好、竞争能力强、有发展后劲的企业，大多建有一整套完备的企业经营管理制度，并严格贯彻执行。所以，建立并严格执行企业内部管理制度，不仅有利于企业资源的合理配置，有利于保护企业财产物资的安全完整，有利于调动和不断激发企业员工的工作积极性，有利于增强企业的竞争力，更有利于提高企业经济效益，还有助于防范和发现企业内部和外部的违规、违法行为。不难设想，一个没有科学经营管理制度的企业，或者仅仅把企业经营管理制度当做装潢门面的摆饰，或者不认真贯彻落实经营管理制度的企业，能够发展壮大、收益丰厚。而恰恰相反，这样的企业难以在日益激烈的市场竞争中，有立足之地。

2. 企业制度是企业经营活动的保证

如前所述，所谓企业制度，是指以产权制度为核心的企业组织制度和企业管理制度。现代企业产权制度，旨在界定和保护参与企业的个人或经济组织的财产权利，并界定了相关管理规则和办法。企业的组织制度，则就企业的组织形式及其职责、权限和相关行事规则，作出的明确界定。企业的管理制度，它是指企业在管理思想、管理组织、管理人才、管理方法、管理手段等方面的安排。在这三项制度中，产权制度是决定企业组织和管理的基础，企业组织制度和企业管理制度，则在一定程度上反映着企业财产权利的安排。因而，这三者共同构成了现代企业管理制度。显然，有了这三项制度，企业的经营活动就有了财力基础和组织保障、制度保障。

3. 企业制度是企业有序化运行的框架

随着社会的进步、科技的进步，以及企业内部分工的详细化和经营范围的扩大等，面对面管理的小作坊式经营管理模式，早已被时代进步的步伐踩在脚下。代之而起的是制度化管理。企业制度成为维系企业内部各相对独立组织存在和有序运作的各种关系的总和。

企业的组织架构，如同自动化机械的各个部件；企业制度则如同根植于自动化设备内部的运作程序。企业没有合理的组织架构自然不行，同样，企业没有健全科学的经营管理制度，也不行。尤其是在电子化信息时代的今天，管理的多元化、复杂化、瞬时化，更需要有相应的管理制度。不难设想，一个没有健全管理制度的企业，在其短暂的生命中，必然乱如麻、一团糟，更难奢望有事半功倍的成效。

4. 企业制度是企业机构和员工的行为准则

众所周知，企业管理制度是企业在思想管理、组织管理、人员管理、交易活动管理，以及管理方法、管理手段等方面的安排和规定。企业经营管理制度就是为了管理企业组织、企业员工的所有行为，特别是其经营活动。也就是说，企业的所有组织机构，包括其下属组织机构，以及所有企业员工的经营行为，都必须遵守企业的管理制度。如果不遵守既定的企业经营管理制度，必然难以达到期望的经营效果。达不到应有的经营效果，必然要追究相关组织机构，以及相关人员的责任。或者说，相关组织机构和相关员工就会受到制度的处罚。科学的企业制度不仅是企业组织、企业员工的行为准则，更是企业组织、企业员工奋发向上的催化剂。它会使企业成为强盛的今天，更会给企业带来美好的明天。

有人说，10个人的企业，可以靠经营者面对面管理；100人的企业，则必须要实行制度管理。这种朴素的观念，早已为社会大众所熟知。但是，现阶段，不少人对于现代企业制度的认知还很肤浅。建设监理行业的领导者们更应当急起直追，深刻认识现代企业制度的重大意义，以只争朝夕的精神，迎头赶上时代的潮流，尽快把自己的企业制度建立起来。

（二）建设监理企业管理制度内容

纵观国内外各行各业，企业发展的轨迹，无不表明：科学的企业经营管理制度是企业拥有蓬勃而持久前进动力的重要保障。毫无疑问，建设监理企业应当视此前车之鉴，积极而稳妥地抓紧企业的经营管理制度建设，从而，使企业沿着健康而快捷的轨道前进。

按照构建现代企业的模式要求，建设监理企业应当着力搞好企业产权制度、企业组织制度和企业管理制度建设。

建设监理企业管理制度的构建如图 3-2 所示。

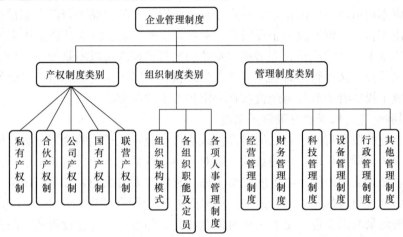

图 3-2　企业管理制度内容示意

1. 关于企业产权制度

企业产权制度是指企业的财产制度。这是企业制度的核心，它决定了企业财产的组织形式和经营机制。同时，在一定程度上影响着企业组织制度和企业所有管理制度的形式和内容实质，以及其运作方式。

现阶段，建设监理企业的产权制度比较杂乱。除上述五类产权制度外，尚有集体所有制、股份合作制、内外合资制、内外合作制等类型。每一种产权制又都有细化的相应管理制度。

当前，普遍推崇的企业产权制度是公司产权制。一些经济学家认为：公司制企业是在自然人企业的基础上发展起来的。从自然人企业到公司制企业，是社会化大生产和商品经济发展的必然。由于技术进步，生产工具不断改进，生产技术变得越来越复杂，企业的资金投入也愈来愈多；商品经济发展，市场竞争激烈，企业也迫切需要通过扩大规模来提高经济效益。在激烈的市场竞争中，企业的经营风险大，广大投资者也希望有一种降低风险的保护制度。于是，向社会公众或其他法人发行股票募集资本，公司制企业就应运而生。特别是有限责任公司和股份有限公司这两种公司制企业形式，由于其筹资能力强，有规范的法人财产制度，经营风险分散，且投资者仅承担有限责任，管理机构完善。因而，迅速发展，成为国际上普遍采用的公司制企业形式。

公司制企业的产权制度包括如下内容：

1）公司制企业拥有独立的法人财产

公司制企业的资本由股东投资形成。企业作为一个独立的主体，拥有由股东投资形成的全部法人财产权，并以其全部法人财产自主经营、自负盈亏。公司制企业拥有的全部法人财产权称法人所有权。法人所有权表现为四种权能，即占有权、使用权、处置权和收益权。

2）公司制企业的所有权与经营权分离

公司制企业的股东以其投入资本的多少享有相应份额的财产所有权，即投资者所有权。投资者所有权表现为：收益权、重大决策权和选择管理者三种权能。投资者向企业投资以后，通过股息分红获得投资回报，或者通过在市场上转让自己拥有的公司股份来收回投资和取得资本增值收益。但是，无权直接从企业财产中抽回属于自己的那份投资，也无权直接处置由于自己投资形成的企业财产。而且，公司制企业由于投资主体多元化，投资者不一定直接从事企业的经营管理活动，企业的经营管理者可以不是股东，但股东可以通过行使重大决策权、选择管理者或通过法人治理机构的运作来约束和监督经营管理者的行为，这就形成了投资者所有权与经营权在一定程度上的分离。

3）公司制企业的投资者有限责任制度

公司制企业的股东将属于自己的财产投入法人企业后，投入的这部分资产就与他未投入的财产相分离。股东仅以投资的数额为限对公司债务承担责任。这是由于，公司制企业是法人企业，是独立于投资者之外的民事主体。它以法人组织的名义享有民事权利和承担民事责任，而与投资者的其他财产无关。如果企业破产而全部资产还不足以抵偿债务时，每个股东损失的最大限度也只是丧失他对该企业的全部出资。这种投资者有限责任制度大大降低了投资主体的投资风险。

现代企业产权制度是权责利高度统一的制度，产权主体归属明确和产权收益归属明确是现代产权制度的基础；权责明确、保护严格是现代产权制度的基本要求；流转顺畅、财产权利和利益对等是现代产权制度健全的重要标志。

国有企业建立现代企业制度，首先要求对其进行公司化改造，明晰企业的产权划分和归属主体。在此基础上，引导出多元化的投资来源。同时，根据投资的多少，确立对等的责任和权利，打破国家对企业债务负无限责任的传统体制。在所有权与经营权分开的前提下，企业依照自己的法人财产开展各项经济活动，独立地对外行使民事权利和承担民事义务。在现代企业产权制度的规范下，企业不再是国家行政机关的附属物，国家也不再是企业的惟一投资主体。企业与国家之间、企业与分散的股东之间，各自的责任与权利是明确的。国有企业经过公司化改造后，在其内部建立股东大会、董事会、监事会和经理部门相互制衡的公司治理结构，确保企业产权关系的有效实施。建立现代企业产权制度是我国的国有企业建立现代企业制度的基础和前提。

2. 企业组织制度

企业组织制度是企业中全体成员必须遵守的行为准则，它包括企业各种组织机构设立的依据、原则、职能和定员，以及有关企业的章程、条例、守则、规程、程序、办法、标准等。现代企业组织制度是企业组织的基本规范，它规定了企业的组织指挥和管理系统；明确了人与人之间的分工和协调关系，更规定了各部门及其成员的职权和职责。

科学的现代企业组织制度，一般应当包括以下几项内容：

一是合理的组织机构，从而，保证企业决策的制定和执行；二是合理的职能体系，使人们有效地实现专业化分工和协作；三是有效的权利系统，使组织成员能够接受并执行管理者的决定。

企业组织制度建设是企业既定的产权制度下，最为重要的一项制度。因此，对于企业组织制度建设应当慎之又慎。一般情况下，企业的组织制度建设拟应遵循以下几条原则：

1）根据企业经营理念和经营战略目标和特点，进行组织管理制度设计的原则。

2）依据企业的职能和专业定位，进行企业组织结构框架设计的原则（即组织系统图设计）。

3）依据组织系统图设计，进行具体职能分析和设计的原则（包括各个管理层次和部门、岗位责任、权利的规范设计）。

4）依据具体组织设计，进行人员配备和管理设计的原则（包括定岗定员、培训教育、绩效考核、激励和奖惩等规定）。

5）依据组织职能分工，进行组织制度管理运行设计的原则。组织制度运行的规定，是贯彻组织制度的指针。它规范了组织制度运行的方式方法，以及运行过程中的信息交流、监控、协调、反馈和修正。

3. 企业管理制度

这里所说的企业管理制度，是除却企业产权制度、企业组织制度外，专指对企业经营活动管理的制度。如图 3-2 所示，这类制度的内容比较繁多。它涉及企业经营活动的方方面面，涉及企业的全体员工。

众所周知，企业因为生存和发展需要而制定这些系统性、专业性相统一的规定和准则，就是要求员工在职务行为中按照企业经营、管理相关的规范与规则来统一行动、工作。如果没有统一的规范性的企业管理制度，企业就不可能在企业管理制度体系正常运行下，实现企业的发展战略。企业管理制度是实现企业目标的有力措施和手段。它作为员工行为规范的模式，能使员工个人的活动得以合理进行。同时，又成为维护员工共同利益的一种强制手段。因此，企业各项管理制度，是企业进行正常经营管理所必需的，它是一种强有力的保证。优秀企业文化的管理制度必然是科学、完整、实用的管理方式的体现。

具体到工程项目建设监理工作，相关的管理制度，更细致、具体，而且具有很强的操作性。例如，在工程项目建设监理工作中，有监理规划和细则编写制度、项目监理机构办公管理制度、工程会议制度、施工组织设计审核制度、开工报告审批制度、测量定位验线制度、材料和构件检验及复验制度、设计变更核验制度、隐蔽工程检查制度、旁站与巡视监理管理制度、工程质量进度和造价预控制度、经济技术签证管理制度、工程验收管理制度、安全监理管理制度、工程索赔管理制度、合理化建议制度，还有考勤管理制度、监理部巡视检查管理制度、监理工作考核管理制度、监理工作报告制度、监理创新管理制度、监理档案管理制度、奖惩制度、监理工作总结制度等。

据了解，绝大部分建设监理企业比较重视企业的管理制度建设，都制定有惯常应用的管理制度。只是有的不够全面、有的不够科学等。

三、建设监理企业经营管理实务

企业经营管理是指由企业经理人员或经理机构对企业的经济活动过程进行计划、组织、指挥、协调、控制，以提高经济效益，实现盈利这一目的的活动的总称。建设监理企业管理涉及行政管理、人力资源管理、投标管理、合同管理、技术管理、监理项目管理、财务管理等。其中，财务管理是企业管理的核心，企业经营活动的目的就是通过企业的外部生产活动和内部员工关系管理，用最少的成本实现最大的利益。为了实现这一目的，企业应该实施有效的经营机制，处理好人财物的关系。

我国自相继发布《工程建设监理单位资质管理试行办法》（1992 年 1 月）和《工程建设监理规定》（1995 年 12 月）以后，各建设监理单位面对日益繁忙的监理业务，进一步加强了自身的组织建设、制度建设和经营管理。同时，为应对渐次激烈的市场竞争局面，建设监理单位开始注重培育自身的竞争力和开拓经营范围。二十余年来的建设监理实践，不少建设监理企业都有了一定的经营发展的经验。特别是在不断改进企业管理机制、强化企业人事管理、加强企业投标管理、加强计划管理和财务管理，以及拓展建设监理业务方面，一些企业取得了可喜的成效，并积累了不少宝贵的经验。正是由于企业不断强化经营管理，不断提升经营管理水平，才不断强化着监理行业的生命力，并成就了一批又一批优秀的建设监理企业。

（一）建设监理企业的管理机制

所说企业管理机制，简而言之，就是指企业管理系统的结构及其运行机理。或者说，是企业管理要素有机组合中，发挥作用的过程和方式。管理机制是以客观规律为依据，以企业组织结构为基础，以企业管理制度为载体，由若干子管理机制有机组合而成。

管理系统的内在联系、功能及运行原理，是决定管理功效的核心问题。企业管理活动中，人、财、物、信息、技术等诸要素是管理的主要对象。在企业经营生产活动中，种种责、权、利等生产关系，既是管理机制的重要体现，更是影响管理机制效能的重要因素。

管理机制的自动作用表现为：企业管理一定要严格按照客观规律的要求施加于管理对象。否则，一切违反客观规律的管理行为，必然受到管理机制的惩罚。

我国国有企业改革的大方向是"转机建制"，即转换企业经营机制，建立现代企业制度。据此，足以说明，管理机制是企业经营管理中十分重要的问题。

如前所述，企业的管理制度十分庞杂。同样，企业的管理机制也多种多样。按照其效能作用划分，大体上可分为以下六种。

一是约束机制。是指为规范企业成员行为，便于企业机构有序运转，并充分发挥其作用，而经法定程序制定和颁布执行的具有规范性要求、标准的规章制度和手段的总称。约束包括国家的法律法规、行业标准、企业组织内部的规章制度，以及各种形式的监督等。

二是激励机制。激励机制是指在有机组合企业管理内在要素中，发挥激发、鼓励、支持、关怀等作用的过程和方式。通常，有多种形式的激励方式，包括理想激励、目标激励、物质激励、制度激励、精神激励等。其中，制度激励的内容包括民主管理制度、责任制度、信息沟通制度、思想政治工作制度、荣誉制度、人才开发制度等。

三是流动机制。流动机制是指在有机组合企业管理内在要素中，通过市场流动发挥作用的过程和方式。如建立企业员工能上能下、能进能出的就业机制。

四是效率与公平机制。效率与公平机制是指企业管理活动从价值取向上必须注重经济效益提高，同时兼顾公平，避免两极分化。

五是资本扩张机制。资本扩张机制是指企业在短期内大量集聚资本，发挥跳跃式发展企业经营规模的作用和过程。现阶段，虽然建设监理企业的资本扩张还未能上升为普遍的发展路径。但是，作为企业，无不期望及早实施资本扩张。因为，只有形成规模效应，才能进一步降低成本，才能进一步提高竞争力。

六是创新机制。对于任何企业来说，稳步地实施创新机制，才有美好的未来。在市场经济中，企业最重要的机制就是企业创新机制。所谓企业创新机制，就是企业不断追求创新的内在机能和运转方式。特别是，监理人才培养使用和管理创新机制、提升监理技能创新机制、拓展监理业务范围创新机制等，对于现阶段的建设监理企业发展尤为重要。没有创新机制的企业，必然没有真正的创新力。没有创新力的企业，是没有希望和前途的企业。

在我国，绝大部分企业创新能力还很弱，其关键原因，就是由于企业尚未建立起真正有效的企业创新机制。建设监理企业应当后来者居上，通过企业文化建设，在企业中营造出一种强烈的创造性氛围，人人崇尚创新，争创新高，形成以创新为特色的企业精神。

目前，建设监理企业在人事管理方面，一般都有比较系统的管理机制。如某一建设监理企业的人事管理制度，从聘用、任免，到日常管理，乃至考核、奖罚等都有相当具体的规定。认真实行这些规定，不仅把企业的组织建设落到实处，而且，有助于企业日常工作的有序运转。同时，还能激励员工积极进取、增进企业的团队精神、促进企业的文化建设。笔者认为该企业人事管理制度比较周全，颇有参考价值。故，节录其具体纲目内容如下。

某工程建设监理有限公司人事管理制度（节录）

一、总则

（略）。

1.1　（略）。

1.2　本公司员工的聘用、试用、报道、保证、职务、任免、调任、解职、服务、交卸、给假、出差、值班、考核、奖罚、待遇、福利等事项除国家有关规定外，皆由本规定办理。

1.3　（略）。

二、聘用

（略）。

三、试用及报到

（略）。

四、职务任免

4.1　各级主管职务的委派分为实授、代理两种。

4.2　职务的任免除依章程项目须由董事会核定者外，各单位主管如认为有必要时，可填写调派意见表呈总经理核定任免。

4.3　职务任免经核定后，由人事部门填写人事任（免）令。

4.4　职务委派经核定后，准支职务加薪，其数额另行决定。

五、迁调

（略）。

六、解职

6.1 本公司职工的解职分为"当然解职"、"辞职"、"停职"、"资遣"及免职或解雇六种。（余略）

七、服务

（略）。

八、交卸手续

（略）。

九、请假休假管理规定

（略）。

十、值班管理制度

（略）。

十一、考核

第一条 公司员工考核分为试用考核、平时考核及年中、年终考核四种。

……

第六条 考核成绩分优、甲、乙、丙等四级（详细奖罚见有关规定）。

第七条 年中、年终考核分初考、复考及核定。其程序另定。

十二、奖惩（见员工奖励与惩罚条例）。

（二）建设监理企业投标策略

自 2000 年 1 月 1 日起，实施《招标投标法》之后，我国工程建设领域的项目法人也逐渐采用招标的形式委托建设监理。建设监理企业历经十余年投标的实践，初步适应了这种市场竞争的经营模式，并且，不断提升了竞争意识、增强了投标能力和技巧。同时，进一步改进了企业的经营管理。

目前，不少建设监理企业都能够驾轻就熟地开展建设监理投标工作，甚至形成了比较科学的投标套路，有效地提高了中标概率。归纳这些企业的投标策略，大体上可用"快、准、强"三个字予以概况。即投标的节奏快，能够在较短的时限内编制好投标书投送出去；二是投标书的准确性高，包括准确理解招标书的各项条款要求、准确把握工程的特点、准确理解工程项目业主的意图等；三是编制的标书针对性强、投标书的技术性强、委派的项目监理人员能力强、企业的资信强等。为了做到"快、准、强"，必须在"硬件"、"软件"等多方面狠下功夫。特别是要有一支经验丰富且奋发向上的标书编写队伍；要有适用于不同类型工程的标书编写程序软件；要有满足编写标书高性能的计算机等工具，三者缺一不可。当然，各个建设监理企业的业务范围都有所侧重，不可能横跨所有的专业。

现仅就一般工程建设项目建设监理投标书的格式和内容、编写要点，及其策略举例说明如下。

1. 编写投标书的工作程序

1) 健全机构，加强领导。建立编写投标书领导管理和工作机构（如成立经营科室）、机制，开展常态化运作。

2) 接到招投标文件后，经营科应认真研究招标文件的条款要求，并认真审图。

3）集思广益研究投标书的编写原则、时限，分工协作。

4）汇编投标书，并就突出问题（如指导思想、工程项目监理班子的构成、特殊监理措施、投标报价，以及其他重要事项）提交公司领导研究决策、定案。

5）投标书字迹要工整、格式要规范、内容要齐全，要加盖公章。

6）按招标文件的时间要求，准时送报投标书。

2. 投标书的格式和主要内容

工程项目建设监理投标书的内容包括投标函、投标函附录两部分。其中，投标函附录又分为商务标和技术标两部分。

投标函是以建设监理单位的名义送达工程项目建设招标单位的文件。它扼要地表明了投标单位对于招标文件的认识、投标书的要点、投标保证金和中标承诺条款。

投标函附录是投标函内容的具体化。

归属于商务标的内容包括：法人简况及法定代表人身份证明、授权委托书、投标保证金交付凭证、项目管理机构（含人员简况）、资格审查资料等项。

技术标的内容包括：监理大纲、特殊技术方案、项目监理机构人员及相关证书复印件。

相关具体内容，详见如下某工程建设监理公司的一份投标文件所示。

投标函

×××（招标单位）：

我方已仔细研究了××建设工程监理××标段监理招标文件要求的全部内容，愿意以人民币　　万元（大写）￥：　　　（小写）（万元）的监理费承担该项工程建设的监理业务，按照合同的约定，监控该项目的投资、工期和工程质量目标。

我方承诺在投标有效期内不撤销投标文件。

1. 已提交投标保证金一份，金额为人民币××万元（大写）（小写：××万元）。

2. 如我方中标：

（1）我方承诺在收到中标通知书后，在中标通知书规定的期限内与你方签订合同。

（2）随同本投标函递交的投标函附录属于合同文件的组成部分。

（3）我方承诺按照招标文件规定向你方递交履约保证金。

（4）我方承诺本工程监理确保在施工合同工期内完工，并保证合格工程。

我方在此声明，所递交的投标文件及有关资料内容完整、真实和准确。

投标人：×××工程监理有限公司（单位公章）

法定代表人（或其委托代理人）：＿＿＿＿（签字或盖章）

投标函附录

工程名称	××××建设工程	
投标人	×××监理有限公司	
监理工作范围	施工阶段（含保修期）全过程监理	
投报标段	××××建设工程监理标段	
投标报价	大写（人民币）：＿＿＿＿＿＿＿（万元）	
	小写（￥）：＿＿＿＿＿＿＿（万元）	

续表

工程名称	××××建设工程	
质量控制目标	合格	
工期控制目标	确保在施工合同工期内完工	
安全控制目标	不发生人员伤亡事故	
总监驻工地承诺	每周不少于____天	
监理期平均监理人数		
投标有效期	日历天	
投标保证金	已缴纳投标保证金：____万元	
项目总监		注册监理工程师编号
备注		

投标人：×××工程监理有限公司（盖单位公章）

法定代表人或其委托代理人：_____（签字或盖章）

法人及法定代表人证明：

投标人名称：×××工程监理有限公司

单位性质：___有限责任

地　　址：×××××

成立时间：___年___月___日

经营期限：___年___月___日至___年___月___日

姓名：×××　性别：×　年龄：××　职务：×××

系×××工程监理有限公司的法定代表人。

特此证明。

投标人：××××工程监理有限公司（盖单位公章）

年　月　日

授权委托书

本人×××系×××工程监理有限公司的法定代表人，现委托×××为我方代理人。代理人根据授权，以我方名义签署、澄清、说明、补正、递交、撤回、修改××××建设工程监理标段监理投标文件、签订合同和处理有关事宜，其法律后果由我方承担。

委托期限：自即日起至投标工作结束。代理人无转委托权。

附：法定代表人身份证（见前项）

投标人：××××工程监理有限公司（盖单位公章）

法定代表人：_____（签字或盖章）

身份证号码：××××××××××

委托代理人：_____（签字或盖章）

身份证号码：×××××

年　月　日

投标保证金交付凭证（略）

承 诺 书

×××××× ：

1. 我方在此声明，我方拟派往×××建设工程监理__标段的项目总监____，现阶段未担任在监工程项目的监理工程师。

2. 我方所报项目总监在工程监理期间不随意更换，如若发生不可抗力等特殊情况必须更换的，需经招标人同意。

我方保证上述信息的真实和准确，并愿意承担就此弄虚作假所引起的一切法律后果。

特此承诺

投标人：×××工程监理有限公司 （盖单位公章）

法定代表人或其委托代理人：_____ （签字）

年 月 日

项目管理机构

1. 项目管理机构组成表

职务	姓名	职称	执业或职业资格证明				备注
			证书名称	级别	证号	专业	
总监			执业资格证	国家注册			
总监代表			执业资格证	国家注册			
监理（专业）			执业资格证	国家注册			
监理（专业）			执业资格证	国家注册			
监理（专业）			执业资格证	国家注册			
造价监理			执业资格证	国家注册			
安全员							
见证员							
信息管理员							

投标人：×××工程监理有限公司 （盖单位公章）

法定代表人或其委托代理人：_____ （签字或盖章）

年 月 日

2. 总监简历表（略）附：身份证、学历证、社保单、注册证、执业资格证等复印件（略）。

3. 主要人员简历表

姓名		年龄		学历		
职称		职务		拟在本合同任职		
毕业学校						
主要工作经历						
时间（起止年月）	参加过的类似项目		担任职务		发包人及联系电话	
			专业监理			
			专业监理			
			专业监理			

附：身份证、学历证、社保单、注册证、执业资格证等证件复印件（略）。

- 其他各类人员证件（身份证、岗位证、社保单）复印件（略）。
- 监理部后备人员一览表及相关证书复印件（略）。

监理部投入的设备清单（包括检测设备、仪器仪表的名称、规格、数量、产地、制造年份、租赁/自有、用途等项目）并附：设备发票及设备租赁证明复印件。

企业资格审查资料

1. 投标人基本情况表，内容包含：投标人名称、注册地址、联系方式、组织结构、法定代表人、成立时间、员工总人数（高中低级职称人数）、企业资质等级、营业在执照号、注册资金、开户银行、账号、经营范围、备注（略）。

2. 营业执照、资质证书复印件（略）。

企业近年财务状况

1. ×××年度审计报告（略）。

2. 企业资金负债表、利润表和现金流量表（略）。

附：会计师执业证书复印件（略）。

企业近年完成的类似项目情况

××××工程监理合同（略）、工程简况，包括：项目名称、项目所在地、发包人名称、发包人地址、发包人电话、合同价格、开工日期、竣工日期、承担的工作、施工阶段（含保修期）全过程监理；工程质量：合格；项目总监、项目描述（总投资：　　　万元）；备注。

企业正在监理的和新承接的项目情况（内容同上，略）。

企业业绩及荣誉证书（包括：质量管理体系认证证书、环境管理体系认证证书、职业健康安全管理体系认证证书复印件，略）。

技术标：主要是监理大纲、特殊监管技术方案、工期计划、人员配备等，并按招标方要求可能涉及相关的三证（余略）。

3. 建设监理企业投标策略

从上述所示投标书的内容及编制等方面，可以看出该企业在投标环节的经营策略有不少值得借鉴之处。连同一般情况下的投标策略，归纳起来，建设监理企业的投标策略当注重以下几点。

一是及早投入策略。及早投入策略，就是在积极开展建设监理理念的指导下，从战略的高度洞察某一地区或某一行业工程项目建设的趋势和动向，及时收集有关工程项目建设监理信息，并筛选信息。从而，规划本企业的投标选项。

二是积极应对策略。投标人在编制投标文件之前，必须反复研读招标文件，仔细分析招标文件的每一项要求，认真研究招标文件内容，摸清招标人的要求及意图，充分把握招标文件的实质。要特别注意对招标文件中的实质性要求做出响应。标书中关于服务部分的要求，即使是非实质性要求，投标人也应给予充分重视，积极回应。决不能以为无关紧要，而置之不理。

三是展示经验策略。在投标竞争中，展示自己的能力和经验，包括展示企业的人才能力、技术能力、资质能力，以及企业信誉、同类工程项目建设监理的经历。虽然，这些都是通行的做法，而且从一般意义上说，这些只能看做是竞争技巧。但是，把它提升到"策略"的高度来认识和运作，就有可能取得理想的效果。尤其是，展示企业具有同类工程项目建设监理的能力和经验，往往会大大提升评标专家，以及工程项目业主的认同感，而赢得竞争的胜利。

四是适度低价薄利策略。对于投标方来说，都是既想中标又想赚到更多的钱。但是投标报价高，中标的可能性就会减少。因此，在报价时，把握好投标报价的"度"，往往非常重要。不少投标企业因为没有很好地掌握这个"度"，而导致没有中标，白忙一场。所以说，投标报价定位应考虑的问题，是整个投标过程中非常重要的一环。价格的定位应该考虑的要素包括：尽量通过各种渠道了解主要竞争对手的情况，正确估计自己的优势和劣势，招标项目的不同特点，此次投标的目的——是以赚钱为主还是以占领市场为主。在此基础上，确定自己的投标报价。

现阶段，虽然我国建设监理行业竞争比较激烈，但是，由于工程建设监理费用标准尚比较低。况且，政府也不倡导实施低价中标。故，每个建设监理企业都不应采取恶性竞争手段，而以适度低价薄利策略赢得竞争。如果企业有独到的竞争优势，当然可以适度提高投标报价。

五是标书编制详备而明了策略。如上所述，投标文件主要包括：投标函、标书一览表（即投标函附录）、投标人简况、投标委托人一览表、投标承诺书、投标人资信复印件、投标人荣誉复印件、同类工程监理业绩简况、工程建设监理大纲、工程监理特殊技术方案、拟派出项目监理人员构成及其简历和各种证件复印件，以及招标文件要求提供的其他资料。建设监理投标企业在实力能够满足招标文件要求的前提下，编制出高水平的投标文件，是在竞争中能否获胜的关键。因此，投标人除了要了解潜在竞争对手情况，并从技术、商务等各方面确定投标策略外，在制作投标文件时，更应该多下功夫。技术复杂的项目对技术文件的编写内容以及格式均有详细的要求，投标人应当认真按照规定填写。投标人充分响应投标文件要求，制作投标书也是企业形象的一种展示。故，标书编制应当详备而明了。标书要用明显的标志，区分投标文件的每个部分；投标文件应装订成册，外观上应尽可能精致、美观；标书的编排和分类应当醒目、清晰，更应注意如何有利于评委阅读。

六是联合投标策略。对于工程规模比较大、涉及专业比较多、建设工期长的工程项目监理业务，如果业主没有划分标段，则，投标人拟应采取联合投标策略。联合投标，一则可以组成实力更加强大的监理竞争阵容；二则有利于开拓新的专业监理市场；三则有助于降低监理企业风险；四则相对减轻了业主的协调工作。

所谓联合投标，其形式可分为共同体投标、联合体投标两种形式。共同体投标是指两家或几家监理企业，通过协商，彼此签订合作合同，而以一家的名义投标。中标后，依照合同分担工程监理业务，享受相应的权益。联合体投标，则是两家或多家监理企业合作编写报送一份投标书，各家共同署名投标。投标书中说明分别以各自的特长承担相应的监理业务。同时，在投标书中标明：彼此建立协作关系，共同搞好工程项目监理。

讲究工程监理投标策略，目的在于提高中标率。其实，提高中标率的根本基础在于不断增强企业的技术实力。从国企改革中暴露的问题来看，除体制、经济转型期等原因外，一些国企技术落后是最主要的原因。而且，尚未从根本上摆脱粗放经营方式，再加上管理落后、环境效益差、创新能力低等原因，明显降低了企业竞争活力。在市场经济竞争面前，只有承认差距，正视差距，增强创新意识，实施知识创新、技术创新，不断提高企业的竞争力，才能逐渐占据竞争的主动地位。

随着建设市场的发育完善，不断研究工程建设项目监理投标的各项策略与技巧，切实搞好工程项目投标工作，将是各个建设监理企业不可回避的现实。监理企业只有不断壮大自己，增强自身的活力和竞争力，才能使企业在工程项目建设投标博弈中，不断取得竞标的胜利，为企业开拓更大的业务空间。

（三）建设监理企业的经营策略

我国开创工程建设监理制以来，政府不断从法律法规和政策上给予大力扶持和帮助。众多建设监理企业在这些阳光政策的哺育下，迅速发展壮大。同时，也不得不承认，还有不少建设监理企业发展缓慢，甚至举步维艰。究其原因，除却客观上的因素外，不能不说企业的经营策略不当也是重要的原因之一。

深圳京圳建设监理公司（成立于 1985 年 5 月，成立时为深圳京圳地盘管理公司，1992 年 8 月更名为"深圳京圳建设监理公司"，以下简称京圳公司），近 30 年历程间的坎坷和现阶段的风光业绩共同书写了建设监理企业经营策略在其成长过程中的显赫意义。

20 世纪 90 年代初期，正值我国工程建设监理制的蓬勃兴起的大好时光。当时，该公司发展地顺风顺水，业绩辉煌。21 世纪初开始，由于公司内外多方面原因，渐渐陷入困境，以致于颓废到严重亏损的地步。

2001 年底～2002 年初，该公司组织力量，对深圳建设市场的需求、同行业水平和自身状况做了近 3 个月的调查研究。在这基础上，该公司提出了新的经营发展战略："做深圳最好的服务、做深圳最高的价格"。

在企业新领导的带领下，遵循自己制定的经营发展战略，采取相应的经营策略和多种措施，并认真贯彻落实。经过几年的努力，渐渐提升了企业的核心竞争力，成功地拓展了市场。到 2007 年，该公司就实现了跨越式的变化，不但扭转了严重亏损的局面，而且，迅速成为行业内的佼佼者。到 2012 年底，该公司累计承接的监理项目不乏为各个地区或行业的标志性建筑。总建筑面积达 1500 万 m^2，总投资近 300 亿元，为业主节约投资近 38235.8 万元；多次荣获国家、省、市级的质量奖；连续多年荣获不同层级的先进工程监理企业称号。

笔者认为监理行业要想有出路、有发展，必须从提升自身的服务意识，提升自身的核心竞争力抓起。世上没有救世主，监理企业的救世主就是企业自己。监理行业要走向成熟，必须选择一个正确的发展定位，必须拥有一批高智能的管理人员和专业技术人员，必须拥有较强的专业技能和有效的管理手段。只有拥有了这些真正的资本，监理企业就能够立于不败之地，并取得一个又一个的辉煌业绩。京圳公司核心竞争力的形成，辉煌业绩的达成，得益于制定了三项科学的经营策略，并认真贯彻实施。一是正确的市场定位策略；二是提供全方位服务策略；三是贯彻始终的企业文化策略。

1. 明确监理企业是服务业的定位策略

通过认真地调查研究，京圳公司领导明确提出：市场定位决定了企业生存和发展的方向；而市场定位取决于企业的性质和职责。我国开创工程建设监理制是建立市场经济体制的应时产物。在建设市场中，建设监理业是协助、促进工程建设建（构）筑物这种特殊的期货交易活动完成的中介。因此，应当清楚地把握建设监理业归属于工程建设服务业的基本定位。在此基础上，进一步明确认识：服务业的特点、服务对象的选择、服务对象的需求、自身的条件和能力，以及服务需求的变化和发展方向等。同时，明确认识到：建设监理的业务扩展方向是横向拓宽，还是纵向延伸，只能取决于顾客的需求，而不是我们的主观意愿。真正树立起"以顾客为中心"的市场观念。

以顾客为中心，就是以买方（顾客群）的要求为中心。建设监理企业应当不仅理解顾客当前的和未来的需求，而且还要满足，甚至争取超越顾客的期望。其目的，是从顾客的满足之中获取利润。这是"以市场为导向"的经营观念。企业首先考虑"市场的需要"；同时，考虑企业自身的能力和专长。企业找到二者恰当的结合点，就是找到了企业的经营方向和业务内容。该公司从 2003 年开始，根据业主的需求，开始承接工程项目勘察监理业务，以及多方面的工程建设设计监理业务。如此一来，不仅拓宽了企业的业务范围，更重要的是，把建设监理向工程建设的前期推进，有助于充分发挥工程建设监理应有的效能。业主欢迎，监理企业也能获得更丰厚的利益。

2. 提供全方位服务策略

任何企业，都应当具有独特的核心技术。企业一旦形成了自身的核心技术，企业就有了生存和发展的原动力。京圳公司认为，监理企业核心技术的内容，归纳起来，就是保障监理企业为顾客提供增值服务的专业技术能力和管理能力；监理企业核心技术的构建，就是要基于企业拥有一批具有较全面专业知识的专业人才。谁的专业技能越全面，谁在管理中就越有发言权，就越容易发现问题和解决问题。所以，该公司围绕工程建设项目策划、勘察监理、设计监理、招标代理、全过程投资控制等工程建设监理的配套服务业务，积极培养具有各种专业技能的人才，并逐步形成了具有企业自身特色的工程管理专项技术。这种管理技术为该公司赢得市场，提供了强大的技术支持，形成了为顾客提供全方位和超值服务的根本保证。

就工程建设而言，建设项目的前期策划和勘察设计是项目质量、投资管理的最重要环节。而目前，这些工作却处在监理服务的盲区。这无疑对工程管理目标的实现是巨大的障碍。目前，在全国范围内，实施工程勘察监理、实施工程设计监理的工程建设项目屈指可数，工程建设项目的前期策划监理更是凤毛麟角，且鲜为人知。究其原因，一方面是监理企业自身缺乏这方面的能力，难以承接这些工作；另一方面是业主没有这方面的意识，甚至认为工程勘察工作量不大、工程项目设计委托了专业的施工图审查单位，因此，没必要再委托监理；第三，现阶段，尚没有这方面的法规。简而言之，开展工程建设项目的前期策划监理、开展工程勘察监理和工程设计监理服务的必要性和可行性，远没有为社会所认知。但是，不言而喻，这方面的监理，又特别需要。因此，京圳公司，继 1996 年开展工程设计阶段监理服务之后，于 2003 年，又开始提供工程勘察监理服务。京圳公司先后成功地对深圳市五洲宾馆、市民中心、广州中旅商业城进行了设计阶段、施工准备阶段、施工阶段的监理，得到了业主和有关各方的好评。尤其在"五洲宾馆"的全方位过程监理中，投资控制创造了特区建设效率，工期控制创造了第二个深圳速度，得到了有关方面的好评，市建设局授予该公司"精心管理、热情服务"的锦旗，并颁发了"科学组织、精心策划、严格管理、热情服务"的荣誉证书。

该公司提供的较全面的建设监理服务，不仅得到了这些业主的赞赏，成为其长期客户，而且，吸引越来越多的业主要求提供这样的服务。为了适应业务拓展的需要，该公司成立了设计监理部。目前，勘察、设计阶段的监理服务已经成为该企业的核心技术，也为该公司赢得了更加广泛的市场。

3. 贯彻始终的企业文化策略

企业文化是企业为生存和发展而逐渐建立的，被企业员工认为有效而共享、共同遵循的基本信念和认知。企业文化集中体现了一个企业经营管理的核心主张，以及由此产生的组织行为。企业的价值观是指对在长期实践活动中形成的关于价值的观念体系。包括企业职工对企业存在的意义、经营目的、经营宗旨的价值评价和为之追求的整体化、差异化的群体意识，是企业全体职工共同的价值准则。价值观是企业文化的核心，统一的价值观使企业成员在判断自己行为时具有统一的标准，并以此来选择自己的行为。无数事实证明，科学的企业文化能够促进企业健康发展。

现阶段，我国建设监理企业的企业文化建设尚处于初级阶段，不少企业甚至还没有能正确地理解企业文化的实质，更没有建立起应有的、系统的企业文化。而京圳公司早就制订了"以顾客为中心，坚持科学、规范、缜密、诚信"的企业宗旨；公司信奉"质量是企业的生命和希望"，坚持"持续提高监理工作质量"的质量方针，尤其是从 2002 年起，确立了"做深圳最好的服务，最高的价格"的经营理念，以及相应的经营策略和"不断精进，追求满分"的服务理念等。总之，京圳公司在自己成长发展的历程中，逐渐建立起了本企业特有的企业文化，并在公司全体员工内反复宣传、认真实践、逐步深化、不断完善。

为遵循自己的企业文化理念，京圳公司坚持为了让每个业主都满意，从不盲目地承接业务；坚持在无法保证服务效果的时候，绝不收费；坚持"决不见利忘义"的诚信理念，努力打造"百年老店"的坚实基础。

京圳监理公司的经营策略及其经营理念的成功实践，不仅提升了企业的声誉、为企业赢得了丰厚的收益，其经验更是为我国监理事业增添了的宝贵财富。

第三节　建设监理企业经营管理问题研究

如前所述，我国的建设监理企业如雨后春笋，破土而出、迅速成长。短短的二十年间，从寥寥数家，飞速增加到近 7000 家，从业人员高达 80 余万人，年度营业收入猛增到近 2000 亿元（2012 年达 1717.31 亿元）。建设监理企业的发展状况及辉煌的业绩，足以说明建设监理企业的经营管理基本上是成功的。但是，建设监理企业在经营管理中，还存在不少问题，有的问题甚至还相当严峻，也是客观事实。只有清楚认识到现实存在的问题，进而找到产生问题的症结，并力求及早解决，以期建设监理事业更加健康发展。

一、建设监理企业经营管理问题

据笔者调查了解掌握的情况，现阶段，建设监理企业在经营管理中暴露出来的问题，归纳起来，有以下几种较为突出，且严重地影响着企业的发展。

（一）发展愿景不明确

企业发展愿景，是企业根据现阶段经营与管理发展的需要，对企业未来发展方向的一种期望、预测和定位。企业愿景是企业发展战略的重要组成部分。制定合理的企业愿景，并贯彻实施，能够不断激励企业员工无限潜能的发挥，能够给企业带来巨大的创造力。因此，成熟企业的领导者，无不精心打造企业的愿景，如：

苹果公司"让每人拥有一台计算机"的愿景；

万科"成为中国房地产行业领跑者"的愿景；

中咨工程建设监理公司"行业领先　业主信赖　具有国际竞争力"的愿景；

中国电力建设工程咨询公司"值得信赖的工程专家"的愿景；

北京铁建工程监理有限公司"做精做细做大做强"的愿景；

扬州市建苑工程监理有限责任公司"做有公信力的名牌咨询企业"的愿景；

山西煤炭建设监理咨询公司"做好企业　回报社会"的愿景等都是企业美好的未来，也是行业一面鲜艳的旗帜。它们不仅激励着本企业员工奋发向上，而且为全行业树立了光辉的榜样，是值得称道的好形式。

但是，不能不遗憾地指出，大多数建设监理企业，尚没有制定企业愿景，也没习惯做战略性的思考。一天到晚奔忙于碰到的具体事务，满足于眼前的点滴成果。甚至抱着"走到哪儿算哪儿"的消极态度。若长此以往，企业不仅难以为继，无法吸引人才，更无法培育出自己的核心竞争优势，最终必然在激烈的市场竞争中衰亡。

（二）盲目扩张经营范围

我国的建设监理企业，绝大多数只能算是中小企业。与大企业相比，除了相似的共性以外，还具有：规模小、组织机构简单、人员精简、指令容易贯彻、协调配合较为容易、对市场反应快，以及企业规章制度建设不够、管理随意性强等一些专有特征。总体来说，我国的建设监理企业都尚处于成长发育阶段。应当说，现阶段，建设监理企业的基本方向应当是扎扎实实地"练好基本功"，而不宜匆忙扩张。但是，由于种种原因，毕竟有一些企业已经，或准备大力扩张经营范围。不少企业家认为，企业要做强做大，走"多元化"的路子来得快一些。因此，千方百计地申办多种建设监理资质，或者到全国各地投标承揽业务，或者同时与多家企业联合承揽业务等。

盲目扩张经营范围的恶果，不是"贪多嚼不烂"，降低了工程建设监理水平和效果；就是"人心不足蛇吞象"，想扩大经营范围，却无力承受，最终落得个一败涂地。

（三）缺乏核心竞争力

我国开创的建设监理事业已有 20 多年的历史，近 7000 家监理企业中，绝大部分也有十余年的经营历程。但是，如同其他行业的企业一样，多数企业尚没有沉淀下自己的核心科学技术。而往往停留在一般的工程建设监理水准上，止步不前，远没有形成突出的企业核心竞争力。甚至一些企业尚没有充分认识培育企业核心竞争力的重要性和急迫性。

所谓建设监理企业核心竞争力，笼统地讲，是指企业中根深蒂固的、互相弥补的一系列技能和知识的组合。企业借助该能力，能够出色地完成他人不宜完成的工程项目建设监理业务。企业的这种核心竞争力，是企业在较长时期内逐渐形成的一种能力。它包括：创新技术、创新能力的人才、优秀的企业文化、优秀的企业品牌。它是企业竞争的突出优势所在，并使企业在竞争环境中较长时间取得主动的核心能力。当然，一个企业不可能同时在各个方面都能达到出类拔萃的程度。如果能够在某一方面，如专业监理技术方面能铸就独特的技术能力，自然就是有了核心竞争力。

随着企业成本的日趋增高、经济全球一体化的加剧，若还不能下定决心，刻意去培育自己的核心竞争力，今后，将很难在市场上赢得竞争。

（四）品牌意识不强

品牌不只是一个牌号和产品名称，它是一个企业或者一种产品的名称、质量、价格、信誉、形象等的总和，是一种有别于同类企业或产品的个性表现。品牌是企业的无形资产，已成为企业最宝贵的财富。因为，在市场竞争中，"品牌"是业主选择的重要依据。监理企业在投标书中，往往附有该企业和总监的荣誉证书复印件、监理同类工程的业绩概况，以及企业的资信能力证明等，都是在展示企业自己的"品牌"，以期提升自己的竞争力。

品牌，是任何企业都需要的东西，无论企业大与小，想要发展，就得有品牌。因为，随着市场经济体制的发育完善，没有品牌的企业或产品渐渐失去了继续生长的空间。只是，现阶段，除却客观因素外，一些企业领导者培育企业品牌竞争力的自觉意念还很匮乏。而忙于尽可能多的承揽业务，尽可能多的增加企业收益。有的，即便提出了企业的品牌战略和目标，却尚未能积极认真地实施。

（五）"广种薄收"

现阶段，随着建设监理企业数量的增加，尤其是，凸显的买方市场的制约等因素，导致建设监理市场竞争的恶化。在这种情况下，有的企业采取投机手段进行竞争。即实施"广种薄收"战略——普遍大幅度降低监理费报价额度，以博取中标概率。在"近视眼"业主普遍存在的今天，这种"广种薄收"战略尚有一定的市场。因此，有些监理企业领导者乐此不疲，不思改弦更张，而一再我行我素。

（六）"重使用轻培养"

据住房和城乡建设部 2012 年的建设监理统计资料显示，全国 6605 家建设监理企业的822042 人从业者中，各类注册人员 171902 人，仅为从业人员的 20.9％；其中注册监理工程师 118352 人，为从业人员的 14.4％。作为应当提高高智能技术服务的企业来说，显然，相关人才的比例太低。现阶段，建设监理人才匮乏，已经构成影响建设监理事业发展的突出障碍。建设监理人才奇缺，除却相关政策方面的原因外，不少建设监理企业领导者"重使用轻培养"的做法，也是重要原因之一。在其管理制度中，看不到有关员工培训的规定和计划。更很难看到建设监理企业，把"培训员工业绩"作为企业的优势之一，纳入企业简介之中进行宣传。尽管我国的建筑施工企业"被动地"成为培育业内人才的"黄埔军校"，但是，毕竟是在为行业培训人才。相比之下，建设监理企业当为之汗颜。

（七）风险意识薄弱

没有风险意识是企业最大的风险，任何行业概莫能外。尽管我国以法规的形式，强行推行工程建设监理制，为建设监理行业打造了一只"铁饭碗"。但是，这样做，绝对不等于每家建设监理企业都进了"保险箱"。从调查了解的情况看，一些国有建设监理企业的领导者，明显地表露出风险意识极为淡漠的状态。诸如，企业没有明确的愿景、没有制定经营战略，甚至没有年度经营计划、没有应对眼前困境的有效策略。领导者头脑里仅仅保留着"完成基本任务"的概念、抱着"当一天和尚撞一天钟"的思想，以致于整个管理层，都呈现着死气沉沉、萎靡不振的状态等。

（八）"老板文化"禁锢企业的发展

在我国，"老板文化"是改革开放之后，民营企业、私人企业复生后的一种企业文化。所谓老板文化，"是一个由管理者引导、全体员工创造并认同的一个不断发展的信息循环系统，是企业在一定价值观基础上形成的群体意识与长期的、稳定的、一贯的行为方式的总和，是由企业思想内涵、信息网络、行为规范、企业形象等层次形成的系统架构"（陈丽琳《企业文化的新视野》语）。还有人说，老板文化就是领导文化。是指领导者群体或个体，在领导实践中形成并通过后天学习和社会传递得到发展的，关于领导活动的过程、本质、规律、规范、价值以及方式方法等各方面内容的综合反映形式；是客观领导过程在领导者心理反应上的积累或积淀；是领导者开展领导活动和从事领导行为的内驱动力和精神导向。简而言之，老板文化就是，以企业业主观念为主体逐渐形成的企业文化。它突出的是个人的理念、个人的行事风格、个人的意志等，突出的是经济利益和个人的权威等。

一些民营企业、私营企业的开创初期，老板文化发挥了不可磨灭的作用。随着企业的发展、市场发育的完善，以及竞争激烈程度加剧，老板文化往往显得不合时宜。因为，现代企业需要的是现代企业文化。而现代企业文化，是以"人本文化"为核心的文化。因此，据了解，民营企业、私营企业，乃至一些股份制企业，因为长期停留在开创初期"老板文化"状态，渐渐困难重重，停滞不前，甚至迅疾衰败或不得不破产重组。

二、改进企业经营管理研究

笔者认为，对于以上所说的企业经营管理问题，建设监理企业拟应引以为戒，并给予高度关注。有关企业可根据本企业的实际情况，力求有的放矢地加以解决。

（一）明晰企业愿景

建设监理企业与其他行业的企业一样，每个企业的领导者，以及有志于建设监理事业的人，无不希望自己的企业永续成长、永续繁荣。为了实现这些预期的目标，就必须依据企业经营理念，认真地制定明晰的企业愿景，以及在此前提下确定企业的经营战略。

显而易见，每个企业都应当有自己的愿景。然而，为什么现阶段不少建设监理企业没有明确的企业愿景呢？笔者认为，主要有四方面的原因。一是在理论上，关于建设监理事业的定性定位问题，尚没有完全定论。或者说，有关方面举棋不定，甚至一再改弦更张。致使建设监理企业"丈二和尚摸不着头脑"，难以形成稳固的理念。经营理念上的迷茫，必然难以确定企业的发展方向和追求的经营目标。也就难以确定企业的愿景。二是由于前者等方面的原因，至今尚没有完善、科学、系统的建设监理法规。作为企业，自然不能超越国家的法规行事，而难以形成企业的愿景。三是建设监理企业的领导者尚没有充分认识到制定企业愿景的重要性，没有把制定企业愿景提到应有的议事日程高度，而奔忙于应对眼前的具体事务。四是一些企业领导者的水平所限，难以提出企业的愿景方案。

笔者认为，作为企业，无论客观上多么困难，都应当制定一定的企业愿景，哪怕是极为短期的愿景。因为，企业如同一个人，无论什么情况下，都应当有自己的愿望和理想。如果没有追求的目标，很难设想能够不断地激励企业员工为之奋斗。

众所周知，企业愿景体现了企业家的立场和信仰，是企业最高管理者对企业未来的设想。企业愿景最开始往往是领导者脑海中的图腾。因此，要想制定企业愿景，企业的领导者首先应当提出制定企业愿景的构想和要求。或者在企业内广泛征集方案，并反复酝酿、反复讨论研究、反复论证，从中提炼，而最终确定比较科学的企业愿景。

（二）着力培育企业核心竞争力

企业的核心竞争力，不是单纯技术方面的竞争力，也不是企业单纯资金上的优势，而是集企业经营理念、企业机制、人才机制、企业文化、企业经营、核心技术等为一体的系列整合。企业要发展，继续做大做强，就得从各个方面入手，不断改革，不断创新，不断克服困难，在矛盾中前进，在改革中进步。任何企业的长期可持续发展，从实质上来看，其实是一个企业的核心竞争能力的可持续发展。

当下，我国的建设监理行业内，已经有一些企业初步培养出了自己的核心竞争力，像：

上海市工程建设咨询监理有限公司"关于做好超高层工程建设监理的综合技能"；

陕西华建监理公司开创的"中国古建筑修建工程监理技术能力"；

北京铁城建设监理有限责任公司在建设监理实践中建立起来的"关于高速铁路四电系统（通信、信号、电力、接触网）工程施工建设监理的精湛技能"；

山东齐鲁石化工程监理有限公司"关于大型工业工程建设监理的技能"；

胜利油田胜利建设监理有限责任公司"关于大型输油管道工程建设监理技能"等一些建设监理企业在相关的工程建设监理实践中，已经积淀、形成了比较强大的核心竞争力。

根据以上建设监理企业核心竞争力培育发展的经验，可以看出，企业核心竞争力的养成多数是以一定的工程建设监理技术实力为基础。对于工程建设监理行业来说，企业单纯资金上的优势、单纯的人员数量优势，以及多专业的工程建设监理资质优势等都不足以形成企业的核心竞争力。因此，打造建设监理企业的核心竞争力，除却企业的领导层必须给予高度关注，必须倾注全公司的力量外，最为核心的问题是，应当着力从提高本企业的专业技术能力入手，包括：努力提高企业员工的总体技术素质，提高企业技术人员某一方面的技术能力等。同时，辅以相应的组织机制、人才机制、经营机制、文化机制等。从而，形成企业的核心竞争力。

另外，企业核心竞争力的形成，不应当急于求成，更不可能一蹴而就。作为企业的经营战略目标之一，企业的核心竞争力目标拟定后，如同其他目标一样，应当建立一套科学的实施监管系统。在其推进过程中，严格监控，并不断地修订完善，直至基本成型。打造企业核心竞争力，决不可见异思迁、朝三暮四；决不可贪大求洋、多头并进；更不可搞花架子，而应当脚踏实地步步为营、潜心积淀。

（三）强化监理人才培育管理体系建设

有人说，21世纪是飞速发展的世纪、是全面竞争的世纪。近十多年的历史，基本上印证了该观点的正确性。尤其是，经济发展的竞争、科技发展的竞争、生产生活资源的竞争、市场的竞争、人才的竞争等无处不在。但是，归根到底，是人才的竞争。一个地区是如此、一个国家是如此，一个企业也是如此。应当说，这是极为普通而浅显的现实和道理。但是，在具体工作中，有些企业往往并没有在人才竞争方面狠下功夫。如前所述，现阶段，建设监理人才十分匮乏。一名国家注册监理工程师，平均要负责3个，甚至多个工程项目建设的监理工作。这样做，既超出了一名监理工程师的承载能力，又不符合有关规定。加强建设监理人才的培养和管理，既是政府有关部门的责任，更是建设监理企业的责任。仅就建设监理企业来说，如何强化监理人才培育管理体系建设，从而既能加速建设监理人才培养的进度，又能留住监理人才，还能充分发挥建设监理人才的作用，当是建设监理企业人才竞争的着力点。

围绕着建设监理人才培养管理问题，或者说围绕着建设监理人才竞争问题，涉及方方面面的工作。坦率地说，不少企业，在很多方面有待努力。因为，有关建设监理人才竞争问题，牵扯到企业的战略规划、战略目标设置、经营战略的实施，牵扯到企业的组织建设、组织管理技能（任务分配、授权管理、团队管理）、领导管理技能（决策判断、激励推动、培养下属、沟通协调、人际关系）等多个方面。据调查，有些企业严于人才聘用，而疏于科学管理；有的注重监理人才培养，而忽视恰当使用；有的注重了监理骨干的培训教育，而忽略了对于不同层面人员都有技术、业务培训的客观需求和个人意愿；有的注意合理使用监理人才，而怠于激励；有的能够调动监理人才的积极性，而忽略了团队精神的发挥。还有的企业，想到了有关建设监理人才问题的方方面面，而多没有形成规章制度；有的虽然制订了一些规章制度，而没能认真贯彻实施。总之，有关强化建设监理人才培育管理体系建设问题，都还有许多工作亟待抓紧开展起来。

（四）注重企业品牌建设

人们都知道"品牌"是企业的知名度，品牌是企业的无形资产。企业有了知名度，就具有凝聚力与扩散力，就更具发展动力。与其他企业一样，建设监理企业的品牌建设，要以诚信为基础，以高智能技术服务特色为核心。没有诚信的企业，"品牌"就无从谈起。企业品牌的建设，包括了品牌定位、品牌规划、品牌形象、品牌扩张等。

住房和城乡建设部从2005年开始的建设监理企业统计制度中，设置了年度收入"百强"企业栏目。不少企业以进入"百强"引以为豪；招标单位也往往青睐进入"百强"的企业。

建设部继1995年表彰了51家先进建设监理企业后，于2004年再度表彰了126家先进建设监理企业。中国建设监理协会从 1999 年开始部署（见中建监协［1999］025 号文），每两年评选一次优秀建设监理企业和优秀总监，在全行业初步形成了比学赶帮超的氛围。

中国交通建设监理协会在评选优秀监理企业的基础上，从 2010 年开始部署评选交通建设优秀品牌监理企业（详见中交监协［2010］050 号文），正式打出了创建品牌企业的旗帜。2012 年，第一次评选出浙江公路水运工程监理有限公司等 7 家监理企业为中国交通建设优秀品牌监理企业。

这一系列活动，都促使建设监理企业不断提升品牌意识，逐渐注重本企业的品牌建设，并取得了一定的成效，其中：有的企业从提升企业信誉入手，努力创建自己的品牌；有的企业从强化工程建设监控力度入手，创建企业品牌；有的从提高工程建设监理技能入手，创建自己的品牌；还有的从拓展建设监理范围，提供多方面服务入手，创建企业品牌等。

总之，不少企业的领导者都在积极探索创建企业品牌的路径。但是，毕竟都是刚刚起步，品牌意识教育远没有成为建设监理行业的重要课题。何况，还有相当数量的企业领导者对于创建企业品牌问题，尚没有给予应有的重视；在全行业中更没有普及教育。所以说，全面提高企业员工创建企业品牌基本意识的努力，尚待时日。另外，对监理企业而言，品牌资产需要投入大量的人力、物力和资金；需要较长时间的积淀，才能形成自己的品牌，才能提高品牌的社会认知度，从而，形成企业的特质和竞争实力。

（五）正确开展企业文化建设

企业文化是指企业在市场经济的实践中，逐步形成的为全体员工所认同、遵守、带有本企业特色的价值观念。企业文化也是经营准则、经营作风、企业精神、道德规范、发展目标的总和。企业文化，是更高层次管理的精髓。它以企业经营者的经营思想为核心，包含着企业理念、价值观念、伦理道德、习俗习惯、规章制度、经营管理体系、精神风貌等内容，其核心是价值观。它决定着企业的核心竞争能力。企业文化是当今世界上最先进的管理理论，企业文化具有超强的持久力，是对企业未来发展的提前控制，是企业基业长青的灵魂。因此，企业在发展过程中，要有意识地确立并努力灌输本企业的企业文化。

在企业管理过程中，企业人员的信仰和对企业的认同非常重要。企业员工的这种态度，取决于企业员工的思想。企业员工的思想决定着其工作中的执行程度和质量，而企业员工的思想与企业文化紧密相连。因而，积极创建企业文化，使得其深入人心，才能统一企业全体员工的价值观，才能营造出良好的企业工作氛围和融洽的人际关系。

关于企业文化的类型，国内外的专家学者按照不同的视野和角度，有多种类别观念理论。可以说是众说纷纭、五花八门。目前，尚没有统一的界定。笔者以为，根据我国建设监理行业企业文化的实际情况和企业期望追求的文化模式，建设监理行业的企业文化，大体上可分为：创新型企业文化、市场型企业文化、人本型企业文化、品牌型企业文化、家长型企业文化五类。

顾名思义，创新型企业文化，是指"创新"已经成为企业的核心价值观。创新理念已得到员工的普遍认同，人们坚信只有创新，企业才能生存，才能发展。创新思想已渗透到企业上上下下人员的意识深处，并已化为企业员工的行为习惯。企业员工普遍以追求先进经营理念、先进工程技术、先进管理模式、先进的管理制度等为宗旨，达到获取创新的目标，从而取得较好的收益，并起到引领行业发展的成效。

市场型企业文化，即以扩大建设监理业务市场为追求的企业文化。建设监理市场的扩大，包含建设监理专业领域的扩大和建设监理业务地域范围的扩大，以及扩大在工程项目建设过程中覆盖的阶段范围等三种类型。归根到底，这是一种"做大"企业的追求。

人本型企业文化，即突出以人为本的企业文化。它强调建设监理企业从基层出发，培养企业员工的自觉性、坚持人性化的管理模式，靠员工和管理人员的自觉性凝聚企业的整体思想文化。人本企业文化有四个明显的特征：一是强调民主参与；二是强调平等合作；三是强调利己利人的统一；四是强调通过制度规范来协调各个行为主体之间的关系。人本企业文化所认定的人生价值十分丰富，它既包括生命基本需要得到满足，也包括自我价值得到实现，还包括价值判断（人们对各种社会现象、问题，作出好或应该的判断）得到实现。总之，人本文化是以突出人性化管理为根基，调动和激励企业员工的积极性，促进企业的发展。

品牌型企业文化，品牌文化是企业成员共同的价值观体系。它以企业宗旨、企业理念的形式得到精炼和概括，是凝结企业经营观、价值观、审美观等观念形态及经营行为的总和，它集中表现为企业的文化理念和为实现理念而制定的规范人们行为的制度和规则。

品牌文化在企业的发展观上，表达了员工对其推动企业前进作用的共识，使各成员的价值取向、行为模式趋于一致。通过监理企业的品牌文化所带来的凝聚力、约束力、感召力，可以规范和团结员工，增加员工的归属感，扩大企业在社会上的认同感，增强企业和员工的凝聚力。

家长型企业文化，就是在企业中，企业的"一把手"像"家长"一样管理企业，独断专行、唯我为是；企业员工亦唯"家长"马首是瞻。多数私人企业、民营企业往往实际上是这种企业文化。有些有限责任公司的初期阶段，也往往是在实施家长型企业文化。在企业经营管理决策上，企业内部管理制度或管理层对"家长"个人缺乏制约，任何事情基本上都是"家长"个人说了算。同时，管理层不敢表达与"家长"不同的意见，或者不被采纳。家长型企业文化，固然对于企业的初期发展有一定的积极作用。但是，它毕竟与社会民主化的发展方向背道而驰，毕竟个人的能力有限。我国改革初期的企业家，多是如此。故而，大多早早"陨落"，能够保持较长生命力的，寥若晨星。

以上几种企业文化，除却家长型企业文化外，其余四种并非相互排除、非此即彼的文化型类别。恰恰相反，彼此均有内在的关联，只是不同企业的侧重不同罢了。甚至，企业根据不同的发展时期，以及环境的变化等因素，可以变换企业文化的形式。

需要指出的是，现阶段，对于企业文化的认识，尚存在种种模糊观念。如：

有的把企业文化仅仅局限于企业的文化生活；

有的认为企业文化是虚的、空的、软的等无关紧要的事情；

有的认为企业文化就是企业装潢门面、标语口号式的宣传活动；

有的认为企业文化玄妙、深奥，与普通企业员工关系不大等。

尤其是企业领导者对于企业文化认识上的模糊，往往导致行动上的盲目，自觉不自觉地将企业管理与企业文化对立起来、割裂开来，造成了企业管理与企业文化的"两张皮"，未能形成一种共同发展的良好态势。不能不说，这对于建设监理的发展是尴尬的一种羁绊。

此外，关于企业经营管理方面，尚需注意的问题，还有企业的投标管理。据调查，有关投标管理存在的突出问题，一是文牍主义；二是缺乏针对性；三是迫于市场压力，恶性竞争事例时有发生等。

所谓文牍主义，就是把一些不必要纳入投标书的日常工作，统统塞入投标书，以扩展篇幅，表示重视。如一家建设监理企业在编写一项小工程的投标书时，把"监理工作一般流程、组建项目监理机构的原则、拟投入该项目监理人员的学历和社保的证件复印件"等纳入投标书；同时，把旁站监理工作分为"现场旁站监理的范围及旁站的相应部位、旁站监理的细则和方案、旁站监理的程序、旁站监理人员的职责、现场旁站监理保证措施"等，致使投标书多达数百页，近百万言。

所谓针对性不强，是指编写投标书时，没能仔细分析和针对该工程的特点、针对业主的特殊要求，提出相应的措施。而千篇一律地罗列出这样那样的"事前、事中、事后"控制办法（大概是套用投标书编写程序软件所致）。

所谓恶性竞争，是指投标报价远远低于国家制定的参考标准。妄图以此博得业主的青睐，而提高中标概率。

笔者认为，凡此种种，均是不成熟企业经营所为的表现。作为企业的领导者，亦当努力改进。

第四章 总监工作研究

总监，是一个被广泛应用的专有名词。一般是指承担对公司具有重要影响力或关系公司全局性的工作事务的岗位职务者。总监，从不同的角度看，对于总监的职务定义存在本质的区别。在企业所有权层次，总监是接受董事会授权，执行关系公司全局性工作事务的岗位职务。在企业经营权层次，总监的岗位级别介于总经理和部门经理之间，如企业的财务总监、技术总监、市场总监等。在工程建设领域，除却以上各种类型的总监设置以外，在建设监理行业，总监，系特指受建设监理公司法人代表的委托并授权，全权负责所承接的工程项目建设监理工作的监理工程师，简称为"总监"（本书所说"总监"均指此）。

有鉴于此，可想而知，总监，就是建设监理企业的"一个方面军的司令员"。或者说，总监是一个监理企业的"地方诸侯"。所以，对于任何一家监理企业来说，总监都是一个举足轻重的职位。总监的工作，严重影响着项目监理班子集体智慧和能力的有效发挥，并关系到工程项目建设水平的高低。同时，关系到建设监理企业的兴衰，关系到工程建设监理行业发展。一句话，总监工作至关重要。

因此，充分认识到总监的重要性、认识到总监工作的重要性，是十分必要的。像不少同志说的那样，"总监是企业的名片"，"总监是企业的顶梁柱"，"总监工作的好坏，是企业兴衰的晴雨表"。所以，企业发展靠人才，总监是企业人才的领头羊；培养总监是企业领导的重要职责；充分发挥总监人才的作用，更是企业经营管理中的一项重要课题。

在具体的工程项目建设监理工作中，总监应当具备什么样的条件；总监如何开展工作；如何搞好工程项目建设监理等，是广大从事建设监理工作的同志关心的问题。本章仅就这些问题，进行探讨，以期抛砖引玉。

第一节 总监的设立

每当建设监理企业准备为某一工程项目建设监理投标的时候，该企业的领导者往往首先考虑委派哪位担当该工程项目建设监理的总监。建设监理企业领导者，甚至包括该企业的全体员工，都会因为委派不当的总监而悔恨、懊恼；同样，也会因为委派恰当的总监而欢欣，并获得满意的成效。因此，工程项目建设总监的设立，是建设监理企业经营活动中一件十分重要的事情，尤其是总监人才极其匮乏的现阶段，工程项目建设监理总监的设立，显得更为重要。

近十余年来，特别是，中国建设监理协会理论研究委员会从 2009 年开展总监工作研究以来，有关总监的设立、总监的素质条件、工程项目建设总监的选用等引起了建设监理企业的高度关注。综合各方面的研究、探索，初步形成了如下意见。

一、设立总监的前提

应当说，设立总监的前提很简单。一般应当基本满足以下五个条件：

（1）有需要监理的工程建设项目；

（2）工程建设项目业主有委托监理的意愿；

（3）有资质等条件合格的建设监理企业；

（4）有国家注册监理工程师资质的监理人才；

（5）有能力并愿意承担总监工作的注册监理工程师。

预设立工程项目建设总监，以上五条，缺一不可。之所以如此并列五条，是出于健全的市场经济体制的考虑。尤其是，"工程建设项目业主有委托建设监理的意愿"，以及"有能力并愿意承担总监工作的注册监理工程师"这两条，尤为重要。就是说，如果工程项目建设监理实行"委托制"，而非招投标制。那么，业主委托的意向，就成为建设监理企业能否取得建设监理业务的决定因素。同样，在人本文化日益浓烈的氛围中，由于总监的责任重大，以及要总监承担无谓风险的情况下，总监的后备人选有没有承担总监工作的意愿，也是设立总监的决定因素。

任何一家建设监理企业的领导者，只有谙熟上述设立总监的条件，才能够在完善的市场经济体制下应付自如，游刃有余，搞好经营管理。

二、总监应具备的素质

如上所述，总监，即总监理工程师的简称，它是我国推行工程建设监理制伴生的新名词。总监是由工程建设监理单位法定代表人书面授权，全面负责委托监理合同的履行、主持项目监理机构工作的监理工程师。总监是一种岗位职务称谓，而不是技术职称。它有别于企业的总工（总工程师的简称）。虽然，总工也是一种讲究技术的职务职称（当然，有些部门，不考虑技术，把总工程师或总规划师、总经济师演化为纯职位性称谓，则另当别论）。但它不因工程项目告竣而变化。况且，总工是企业领导职务序列之一；而总监不是企业领导职务序列的职务性称谓。总工的职务性称谓与企业并存；总监的职务性称谓仅与监理项目共存，监理合同完成，该项目总监的称谓即告结束。一般情况下，总工不具体负责某一工程项目的管理；总监必须具体负责某一工程项目的管理。因此，总监必须具备具体管理工程项目建设的相应素质，才能担负起总监的重担，才能成为一名合格的总监。所谓总监素质，其内涵，主要是指人们在后天的实践锻炼中，不断增长的修养，包括政治修养、文化素养、技术素养、领导素质、身体素质，也包括与生俱来的个性、气质等。

（一）政治素质

一个人的政治素质，包含其政治理论知识、政治心理、政治价值观、政治信仰、政治能力等。作为中国公民，总监必须具备遵守我国宪法以及有关法规这些基本的政治品质。

政治素质是人的综合素质的核心。人的政治素质的高低是社会政治文明发展水平的重要标志和具体体现。准确把握政治素质的内涵和特征是提高人的政治素质的前提。

（二）技术素质

总监必须具备一门或一门以上工程技术或工程经济专业知识，能够独立处理相应的专业技术问题或完成相应的专业技术工作，并有较丰富的实践经验。同时，总监还要了解本专业的世界前沿基本情况；要了解相近专业的基本知识；要熟悉工程建设基本程序和相应的建设法规，以及工程建设管理的其他基本知识。

（三）领导素质

所谓领导素质，这里主要指能率领并引导一班人朝既定方向前进，包括：领导才智、领导方法和艺术等。作为总监，要有领导项目监理一班人搞好项目监理的正确方略、要有调动一班人积极性的策略和权威、要有协调各方的能力和技巧、要有应对突发事件的谋略和胆识、要有坚持原则的勇气和毅力等。

（四）道德素质

道德素质，包括社会道德和职业道德。社会道德是人们共同生活及其行为的准则和规范。职业道德，是指人们在职业生活中应遵循的基本道德，即一般社会道德在职业生活中的具体体现。职业道德是职业品德、职业纪律、专业胜任能力及职业责任等的总称。职业道德既是本行业人员在职业活动中的行为规范，又是行业对社会所负的道德责任和义务。职业道德涵盖了从业人员与服务对象、职业与职工、职业与职业之间的关系。要大力倡导以爱岗敬业、诚实守信、办事公道、服务群众、奉献社会为主要内容的职业道德。总监必须具有良好的社会道德和职业道德，处处、事事为人师表，才能"以德服众"，搞好工作。

（五）文化素质

广义的文化素质，指人们在文化方面所具有的较为稳定的、内在的基本品质。是人们在这些知识及与之相适应的能力行为、情感等综合发展的质量、水平和个性特点。这里所说的文化素质，主要是指所具有的文化知识及文字运用的能力。即，既有较为广博的知识视野，又能简明扼要地表达（包括口头表达、书面表达两种）相关事件原委的能力。

（六）身体素质

作为总监，必须要有强健的体魄，以胜任繁重的工作需要。

合格的总监，其基本素质要求，应该达到三个"四"——"四能"、"四心"、"四注意"。"四能"，即：接受任务，能干；遇到问题，能解；走上讲台，能讲；提起笔来，能写。总监的工作标准，应该做到"四心"，即让公司领导省心——接受任务干脆，完成工作出色；委托单位放心——以工作成效和社会信誉赢得委托单位的信赖；被监理的企业舒心——不仅化解监理与被监理的矛盾，而且赢得被监理单位的欢迎；周围同事欢心——乐于共事。工作中，总监要做到"四注意"，即注意熟悉工程特点——尤其是在制订监理规划时，以便提高其针对性；注意熟悉被监理企业的特长——以便扬长避短，保证工程建设的顺利进行；注意熟悉工程建设环境状态——以便把握变化的客观条件，适时修订监理规划；注意熟悉技术要点——以便做好预控，有效地指导工程建设。

三、总监的选用

总结开展工程建设监理以来，特别是近十余年来，选配工程项目建设监理总监的经验和教训，绝大多数企业都能够遵循通行的选配原则。极少数企业，由于种种原因，导致选配不当，而给工程项目建设，同时，给建设监理企业带来了严重地影响。因此，重视工程项目建设监理总监的选配工作，并遵循行之有效的选配基本原则，值得广大建设监理企业的领导者深入探讨、研究。

归纳既往成功的选配总监做法，大体上有四方面值得遵循。

（一）研究协商原则

这里所说的研究协商原则，主要包括两方面的内容。一是建设监理企业获悉工程项目建设监理信息并有意投标后，即当考虑选配该项目总监的方案。当由主管生产经营的企业领导提出选配人员名单，提交领导办公会研究。以便综合平衡，磋商最佳人选。二是在此基础上，由主管领导与候选人磋商，征求候选人的意见。另外，还可以进一步征求有关部门的意见。唯此深入细致地磋商，既能保障选配的总监比较合适，又能够为调动有关方面的积极性奠定坚实的基础。

（二）素质第一原则

选配工程项目建设监理总监，尤其应当遵循素质第一的原则。即选配的总监，虽然不必求全责备，方方面面都没有瑕疵。但是，应当基本满足如前所述的六项素质要求。鉴于现阶段，注册监理人才匮乏的实际情况，为弥补选配的总监素质缺陷，可在组建工程项目建设监理班子的时候，有的放矢地调配相关方面的人员，以便尽可能保证该项目建设监理的能力能够基本满足工作的需要。

（三）全权委派原则

中国有句俗话，叫做"用人不疑，疑人不用"。企业选配的工程项目建设监理总监确定后，建设监理企业的法人代表要签订委托书。在该委托书中，载明企业委托给该总监的事项和委托的权利。一般来说，应当把该工程项目建设监理的所有权利全部委托给该项目的总监，保证总监对于该工程项目的建设监理拥有全面的领导和管理权限。在总监开展工作期间，建设监理企业的领导者，不得隔过总监，直接干预该工程项目的建设监理工作。相反，企业领导应当支持总监的工作，协助树立总监的权威。

（四）相对稳定原则

所谓相对稳定原则，是指一项工程的建设监理委托合同实施期间，一般不当轻易调换总监的人选（实践证明不宜继续担任总监的特殊情况除外），以便保持总监工作的连续性和稳定性——实际上，是为了保证该工程项目建设监理工作的稳定性和有效性。即便工程项目建设监理的委托方有调换总监的意向，建设监理企业领导也应当及时与工程项目业主沟通，尽可能保持总监的稳定性。

第二节　总监的责任和权利

1995年12月15日，建设部和国家计委印发《工程建设监理规定》的第二十四条规定："工程项目建设监理实行总监理工程师负责制。总监理工程师行使合同赋予监理单位的权限，全面负责受委托的监理工作。"

第二十五条就总监的具体职责和权利，进一步做出了规定："总监理工程师在授权范围内发布有关指令，签认所监理的工程项目有关款项的支付凭证。项目法人不得擅自更改总监理工程师的指令。总监理工程师有权建议撤换不合格的工程建设分包单位和项目负责人及有关人员。"

这是迄今为止，国家有关工程建设监理总监的职责和权利的明确规定。同时，该规定也明确指出了总监职责和权利的依据。

一、总监权责的授命

众所周知，工程建设监理总监是一个岗位职位，而不是技术职称。这个"岗位"紧随工程项目建设监理工作的开展而诞生，随着该项目建设监理工作的结束而消亡。由此可知，工程项目建设总监的权责是阶段性的、是工程项目建设的衍生品。总监的权责不是自生的，它受命于工程建设监理企业的领导者。

为了科学地实施这项授命，一般应当遵循以下几项原则。

（一）书面委托原则

为了严肃工程项目建设总监的授命工作，一般均采取书面委托的形式。这样做，既可以恰当地决定责权的委托事项，防止遗漏和越界；也有利于总监的遵循和执行。委托书既要有建设监理企业的公章、委托人——企业项目法人代表的签章，又要有受命人——总监的签章。三项要素中，缺一不可。否则，被视为无效委托。

工程项目建设总监的委托书，一般是一式三份。其中，一份交由被委托人；一份交由企业人事部门存档；另一份送达工程项目业主。

（二）权责对等原则

权责对等原则，又叫权责一致原则。是组织设计中，普遍遵循的传统原则之一。它是指一个组织中的管理者所拥有的权力，应当与其所承担的责任相适应。如果总监有责无权，不仅束缚总监的积极性和主动性，而且使责任制度形同虚设，最后无法完成任务；而如果有权无责，必然助长瞎指挥、滥用权力和官僚主义。

所说委托给总监的责权对等，就是说，总监拥有的权力与其承担的责任应该对等，应该相互一致。总监不能仅拥有权力，而不履行相应的职责；也不能只要求总监承担责任而不予以授权。向总监授权是为其履行职责所提供的必要条件，必须根据总监所承担的责任大小授足其相应权力。总监完成任务的好坏，不仅取决于主观努力和其具有的素质，而且与上级的合理授权有密切的关系。当然，责权对等原则，还包含着"人和职位相称"的内涵。就是说，应根据总监的素质和过去的表现，尤其是责任感的强弱，授予其适当的责权。

（三）协调支持原则

建设监理企业对工程项目建设监理总监授权后，该企业的领导者不能一授权了之；总监的工作也不可能与企业毫无关系。事实上，工程项目建设总监的工作往往与企业紧密相连。诸如监理人员的调整和补充、技术方面的支持、后勤方面的保障等，都需要企业给予支持和协助。作为建设监理企业的领导者，一定要坚持支持工程项目建设监理总监工作的原则。尤其是，每当总监的工作与企业职能部门发生矛盾的时候，企业领导者应当积极协调。决不能置若罔闻，更不能拆总监工作的台。当然，对于总监不恰当的意见，也不能听之任之。而应当适时地加以解释和疏通，帮助总监及早改正。

（四）巡察原则

作为建设监理企业的领导者，决不能总是坐在办公室听汇报，特别是对于以工程建设现场为主要活动范畴的施工阶段监理工作来说，建设监理企业领导者应当定期或不定期地深入第一线，即坚持巡察原则。只有这样，才能真正了解实际情况，合理、及时解决问题，促进工作。所以说，坚持巡察原则，既是企业领导者对工程项目建设监理总监工作的监督、检查，也是对总监工作支持的一种形式。同时，还是对选配总监决定恰当与否的进一步检验，并从中总结经验教训，改进工作。

二、总监的职责

总监是监理公司委派履行监理合同的全权负责人，行使监理合同授予的职责和权限。对监理工作全权负责，并有最后决定权。所谓总监的职责，笼统地讲，就是总监为履行授命的工程项目建设监理工作使命，所承担的相应责任。具体的讲，在工程施工阶段，总监的职责包括以下多项内容：

1）参与筹建并确定工程项目监理机构人员的分工和岗位职责，负责管理项目监理机构的日常工作。

2）组织工程项目监理班子进一步熟悉工程建设监理合同、工程施工合同、工程施工图纸以及招投标文件等文件和资料。

3）核查施工单位及其分包商资质，以及工程施工的各项准备工作和条件。

4）审定施工组织设计、专项施工技术方案和施工进度计划。

5）审定承建商提交的开工报告，签发开工令。

6）主持监理工作会议；签发项目监理机构的文件和指令；根据工作需要，可进行人员调配，调换不称职人员；定期向监理公司报告工作。

7）组织编写并签发监理月报、季报等监理工作阶段报告、专题报告。

8）签发工程质量通知单、工程质量事故分析及处理报告、返工或停/复工令。

9）审签往来公文函件及报送的各类综合报表。

10）按监理合同权限，签署设计变更或工程变更审定意见。

11）组织并主持工程施工调度例会。

12）抽查专业监理工程师关于隐蔽工程检查的情况，主持或参与工程质量事故的调查。

13）负责处理并核签工程索赔事项，处理有关工程的突发事件。

14）负责协调各有关方面的工作关系，对承建商违规、违约行为签发监理通知，责成承建商限期改正。

15）审核签署承建商的工程进度款申请、工程款支付证书和竣工结算。

16）审核签认分部工程和单位工程的质量检验评定资料，审核承建商的竣工申请，并组织监理人员做好待验收工程的内业准备，组织工程初验，参加工程项目的竣工验收。

17）督促整理项目监理各种档案资料，并组织办理有关移交手续。

18）审查工程结算，负责组织编写《工程竣工评估报告》。

19）主持编制工程项目监理工作总结。

三、总监的权利

为了保证总监各项职责的顺利实施，促进工程项目建设监理工作的顺利进行，应当赋予总监一定的权利。《工程建设监理规定》的第二十四条规定："工程项目建设监理实行总监理工程师负责制。总监理工程师行使合同赋予监理单位的权限，全面负责受委托的监理工作。"据此可知，总监，除了享有一般监理工程师的权利外，还应当享有以下权利。

（一）管理工程项目监理班子的权利

1）确定项目监理班子人员分工和岗位的职责。

2）主持编写工程项目监理规划、审批项目监理实施细则。

3）领导并负责管理项目监理班子日常工作。

4）主持监理工作会议，签发项目监理工作的文件和工作指令。

5）监督检查工程项目监理工作制度的实施，并提出奖惩意见。

6）领导有关监理资料的整理、归档工作，并组织编写监理工作总结。

7）建设监理企业赋予总监的其他权利。

（二）处置工程项目监理工作的权利

1）审查并提出撤换不合格分包商的建议。

2）审定承建商的施工组织设计、施工技术方案，以及开工报告，并签发开工令。

3）审查和处理工程变更、设计变更、工程索赔事项。

4）主持工程施工调度会。

5）主持或参与工程质量事故的调查。

6）审核并签署承建商有关支付工程进度款的申请、支付证书和竣工结算。

7）协调工程项目法人与承建商的矛盾、协调各承建商之间的工作关系。

8）督促承建商按照工程施工合同的各项约定实施。

9）按照工程项目监理合同约定，负责与工程项目法人联系、沟通，并报告重大事项。

10）参与处理有关工程的突发事件。

第三节 总监工作实务研究

工程建设监理制的核心在于对工程项目建设实施监理。而工程项目建设实施监理的核心在于总监工作的落实。所以说，总监工作是创建工程建设监理制的根本所在，研究总监工作，就成为研究工程建设监理制的核心。

现阶段，我国的建设监理制主要体现在工程项目建设的施工阶段。故，本节以施工阶段总监工作要点为研究对象，包括工程项目建设监理机构的建设、工程项目监理工作制度、工程项目监理规划的编制，以及工程项目工作要点、程序和实施。

一、工程项目监理组织机构

工程建设监理企业派驻工程项目建设工地，负责履行委托监理合同的组织机构，一般称为"某某工程项目监理部"或"某某工程项目监理处"等，也有俗称为"某某工程项目建设监理班子"。项目监理机构是由项目总监领导、执行项目监理任务、接受企业职能部门业务指导和监督及核查的企业派出组织。项目监理机构是一次性的，在完成委托监理合同约定的监理工作后即行解体。

工程项目监理机构是直接从事工程项目建设监理的基层管理机构，是决定工程项目建设监理成败的"前敌指挥部"。当然，也是工程建设监理企业的"招牌"。因此，无论是工程项目建设业主，还是被监理的承建商，尤其是工程建设监理企业领导者最为关注的一项组织建设工作。二十多年来的工作实践，许多企业都基本掌握了关于工程项目监理机构组织建设的原则、方略和具体方法步骤。同时，根据不同的工程条件、监理工作环境，以及业主的特殊需求等要素，比较科学地设立工程项目建设监理机构，并完成了相应的建设监理工作。

现仅就工程项目建设监理机构设置的基本原则，和通行的组织模式归纳整理如下。

（一）组建工程项目监理机构原则

1. 目的性原则

工程项目监理机构的职责，是为了高效地完成监理业务。因此，组建工程项目监理机构时，必须把经济性和效率性置于首位。应当考虑组织结构中的每个部门、每个人为了一个统一的目标，组合成最恰当的结构形式，实行最有效的内部协调，防止重复、遗漏和推诿。

项目监理机构的人员构成，以专业配套、数量适宜为基准。一般包括监理人员和辅助人员两类。

监理人员应包括：总监、专业监理工程师和监理助理，必要时可设置总监代表。

监理辅助人员是指监理人员以外的所有后勤服务人员。

2. 管理跨度适宜原则

在组织机构的设计过程中，应当适度划分管理层次。其目的是限制纵向领导深度，避免盲目指挥。

管理跨度与管理层次成反比例关系。一般来说，应该在通盘考虑影响管理跨度的各种因素后，根据具体情况确定管理层次。科学地界定管理跨度，以充分调动各相关部门和人员的积极性，同时，有利于减少管理失误。

无论界定管理跨度还是限定纵向管理深度，都是为了科学地处理管理集权与分权的关系。在任何组织中都不存在绝对的集权和分权。恰当的集权和适当的分权都是必要的，只是要根据工程项目建设的特点、总监的能力、各专业监理工程师的工作经验及工作能力、工作态度等因素进行综合考虑。

3. 分工协作原则

如同其他任何组织建设一样，工程项目监理机构也必须遵循分工协作原则。没有分工，无法各司其职；没有协作，等于是一盘散沙，难以相互促进和帮助。对于项目监理机构来说，分工就是将监理目标，特别是投资控制、进度控制、质量控制三大目标分别落实到各部门以及各监理工作人员，明确干什么、怎么干。同时，还应当强调协作。就是明确组织机构内部各部门之间和各部门内部的协调关系与配合方法。要求各部门之间都要主动协调，并努力做到逐步规范化、程序化。使工程项目监理机构真正成为一个有机、高效的整体。

4. 系统化管理原则

所谓系统化管理原则，就是在设置工程项目监理机构时，全面科学地对其行政、人事、生产、财务等类别工作进行细化，明确各自的职能和岗位职责，并构建全方位、全过程管理监督机制，形成完善、严格的管理系统。明确并强调系统化管理，有助于提高工程项目监理机构运作的完整性、有序性和高效性。

5. 权责对等原则

在项目监理机构中，应明确划分职责、权力范围，做到责任和权力相一致。只有做到有职、有权、有责，才能使组织机构正常运行。不同的岗位职务，应有不同的权责。如果权责不一致，必然难以发挥组织机构的应有效能。若权大于责，就容易产生瞎指挥、滥用权力的官僚主义；而责大于权，又会影响管理人员的积极性、主动性、创造性，使组织缺乏活力。

6. 精简原则

精简原则历来是组织建设的基本原则之一，工程项目建设监理机构设置亦当如此。实施精简原则，不仅有助于避免人浮于事、额外加大监理成本的不良现象，而且有助于使每个人的才能与其职务上的要求相适应，做到才职相称，人尽其才，才得其用，用得其所，甚至不断激发各个岗位人员潜在才能的发挥。

7. 适应性原则

工程项目监理机构的组织形式和规模，应当根据委托监理合同规定的服务内容、服务期限、工程类别和工程规模、技术复杂程度、工程环境等因素确定。同时，组织机构既要相对稳定，不要轻易变动，又要随组织内部和外部条件的变化，根据长远目标做出相应的调整与变化，使组织机构具有一定的适应性。诸如，规模较大的工程项目监理机构，可采用矩阵式模式；工程规模较小的，可采用直线式组织架构；工程项目建设高潮时期，可细化职能部门的职责（即缩小部门管理跨度）；工程项目建设临近尾声时，可加大部门的管理跨度，并减少管理层次，以至于减少监理人员等。

（二）人员配备的基本原则

工程项目监理机构人员的配备，拟应根据委托监理合同规定的服务内容、工程项目建设规模、建设阶段、建设内容、技术复杂程度、工程环境等因素的不同需求，适时配备相应专业、相应数量的建设监理人员。具体配备人员时，一般应考虑以下几方面：

1）依工程项目不同的建设阶段，应突出不同的监管特长；

2）应以保证建设监理工作质量为前提；

3）应满足工程项目监理专业人员数量的需要；

4）不同专业技术职称的结构应合理；

5）拟定因工程建设进展的变化，而调整人员配备的预案；

6）必要的辅助工作人员。

此外，还应考虑总监的组织协调能力，以及该团体人员的相容性、业主和被监理单位的接受程度等因素。

（三）工程项目监理机构组织模式

关于工程项目建设监理的组织形式，归纳起来，不外乎通行的四种模式。即众所周知的直线制监理组织形式、职能制监理组织形式、直线职能制监理组织形式和矩阵制监理组织形式四类，现简要介绍如下。

1. 直线制监理组织形式

直线制监理组织形式的特点是项目监理机构中，任何一个下级只接受惟一上级的命令。各级部门主管人员对所属部门的问题负责，项目监理机构中不再另设职能部门，如图4-1所示。

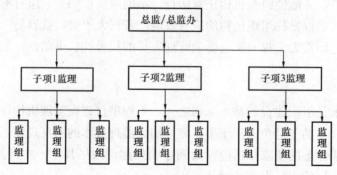

图 4-1　直线制监理组织形式示意

这是一种最简单和最基础的组织形式。它的特点是从上到下实行垂直领导，呈金字塔结构。领导意图和权利自上而下传递，工作责任自下而上一级对一级负责的组织模式。这种模式适用于规模比较小，或者专业比较单一的建设监理项目。鲁布革水电站引水隧道工程的监理机构（时称之为"工程师"）就是线性模式。现在，一般情况下，也都采用这种监理组织模式。

这种组织形式亦适用于能划分为若干相对独立子项目的大、中型建设工程。总监负责整个工程的规划、组织和指导，并负责整个工程范围内各方面的指挥、协调工作；子项目监理组分别负责各子项目的目标值控制，以及具体的专业监理工作。

直线制监理组织形式的主要优点是：组织机构简单、权力集中、命令统一、职责分明、决策迅速、隶属关系明确。缺点是实行没有职能部门的"个人管理"，要求总监的综合素质高，特别是具备博晓多种业务、多种知识技能，成为"全能"式人物。

2. 职能制监理组织形式

职能制监理组织形式，是在工程项目监理机构内，设立一些职能部门，把相应的监理职责和权力交给职能部门。各职能部门在本职能范围内，直接指挥下级，如图4-2所示。

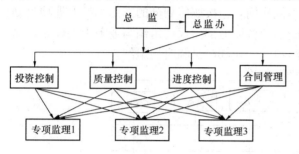

图4-2　职能制监理组织形式

面对工程建设规模较大，或者专业较多、建设工期较长的工程项目监理业务，为了充分发挥各职能部门的积极性，领导者放权给其多个下属，或其下属职能部门。其下属或下属职能部门又按照分工，交叉管理相关联的业务工作。这是线性组织的变异模式。其优点是既能充分发挥副总监或职能部门的积极性，减轻总监的工作压力，又能在上下、左右间快速传递信息。这样，加强了项目监理目标控制的职能化分工，能够发挥职能机构的专业管理作用。当年，煤炭系统永城矿区陈四楼煤矿矿井建设监理，采用了这种组织模式，也取得了很好的成效。当然，其弊端与优势相辅相成，即由于下级人员受多头领导，如果上级指令相互矛盾，或协调不当，将使下级在工作中无所适从，导致管理紊乱、职责难分。

3. 直线职能制监理组织形式

直线职能制监理组织形式，是吸收了直线制监理组织形式和职能制监理组织形式的优点而形成的一种组织形式，如图4-3所示。

这种组织形式是以直线组织模式为基础，对职能制组织模式的改进。各级行政负责人具有对下级指挥和下达命令的权力，而各级职能机构只是作为行政负责人的参谋。只有当行政负责人授权，职能机构才能向下级发布指示，才拥有一定程度的指挥权。

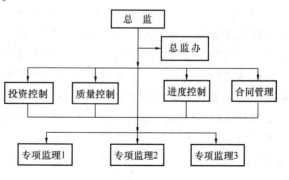

图4-3　直线职能制监理组织形式

直线—职能制组织结构也叫生产区域制，或直线参谋制。它是把企业管理机构和人员分为两类。一类是直线领导机构和人员，按命令统一原则，对各级组织行使指挥权；另一类是职能机构和人员，按专业化原则，从事组织的各项职能管理工作。直线领导机构和人员在自己的职责范围内，有一定的决定权和对所属下级的指挥权，并对自己部门的工作负全部责任。而职能机构和人员，则是直线指挥人员的参谋，不能对直接部门发号施令，只能进行业务指导。京津塘高速公路天津段建设监理组织采用了直线—职能制组织结构模式。

这种形式保持了直线制组织实行直线领导、统一指挥、职责清楚的优点；另一方面，又保持了职能制组织目标管理专业化的优点。其缺点是职能部门与指挥部门易产生矛盾，信息传递路线长，不利于互通情报。

4. 矩阵制监理组织形式

矩阵制监理组织形式是由纵横两套管理系统组成的矩阵性组织结构，一套是横向的职能系统，另一套是纵向的子项目系统，如图4-4所示。煤炭系统永夏车集矿井建设监理，采用了这种组织模式。

这种组织结构是在一个工程项目监理机构内，把按职能划分的部门和按专业项目划分的部门结合起来，组成一个矩阵。总监既同业务职能部门保持组织与业务上的联系，又领导专业部门的工作。职能部门是固定的组织，专业部门是临时性组织。

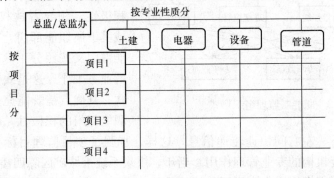

图 4-4　矩阵式组织模式（按项目和专业分类构成的形式）

矩阵制组织是为了改进直线职能制横向联系差，缺乏弹性的缺点而形成的一种组织形式。它的特点表现在围绕某项专门任务成立跨职能部门的专门机构上。如组成一个专门小组，从事专业项目工作，在工作的各个不同阶段，又由有关部门派人参加，力图做到条块结合，以协调有关部门的活动，保证任务的完成。这种组织结构形式是固定的，人员却是变动的，需要谁，谁就来，任务完成后就可以离开。专业小组和负责人也是临时委任。任务完成后就解散，有关人员回原单位工作。因此，这种组织结构非常适用于横向协作和攻关项目。这种形式的优点是加强了各职能部门的横向联系。

矩阵结构的缺点是：子项目负责人的责任大于权力。因为参加项目的人员往往都来自不同部门，隶属关系仍在原单位，只是为"会战"而来。所以，项目负责人对他们管理困难，没有足够的激励手段与惩治手段。这种人员上的双重管理是矩阵结构的先天缺陷；由于项目组成人员来自各个职能部门，因而容易产生临时观念，对工作有一定影响。同时，由于矩阵制监理组织形式的纵横向协调工作量大，处理不当会造成扯皮现象，产生矛盾。

（四）工程项目监理机构人员职责

1. 总监职责

见本章第二节。

2. 总监代表职责

1）在总监的领导下，负责总监指定或交办或授权的监理工作；

2）对于重大的决策，向总监请示并获准后执行；

3）处理监理各项日常工作；

4）核审承建商各项报告、申请报表；

5）定期或不定期向总监报告项目监理的主要情况。

总监不得将下列工作委托给总监代表完成：

1）主持编写项目监理规划，审批项目监理实施细则；

2）签发工程开工/复工报审表、工程暂停令、工程款支付证书、工程竣工报验单；

3）核签竣工结算；

4）调解建设单位与承包单位的合同争议、处理索赔、审批工程延期；

5）监理人员的调配、调换事项。

有关总监代表的职责，总监可视人选的具体情况，适度扩大委托职权的做法，未必不妥。具体事项，有待进一步实践探索。

3. 专业监理工程师职责

1）参与编制监理规划，负责编制本专业的项目监理实施细则；

2）负责本专业监理工作的实施，定期向总监提交实施情况报告，重大问题及时报告；

3）组织、指导、检查和监督本专业监理助理的工作，向总监提出人员调整建议；

4）审查承建商提交的涉及本专业的计划、方案、申请、变更，并向总监提出报告；

5）组织核查本专业进场材料、构配件、设备的原始凭证、检测报告等质量证明文件及其质量情况，根据实际情况必要时对进场材料、构配件、设备进行平行检验、核签；

6）负责本专业的工程计量工作，审核工程量的数据和原始凭证；

7）核签本专业监理日志，参与编写监理月报；

8）负责本专业监理资料的收集、汇总及整理，参与编写监理月报和监理工作总结；

9）负责本专业分项工程验收及隐蔽工程验收；

10）参与工程竣工预验收和竣工验收。

4. 监理助理职责

在专业监理工程师的指导下，承担具体监理工作，主要内容如下：

1）核查承建商工程建设计划的实施措施（诸如人力、设备、材料设备等配备）及其进展，并做好检查记录；

2）负责必要的见证取样；

3）负责指定的旁站监理，并做好记录，发现问题及时指出并向专业监理工程师报告；

4）参加设计交底、施工图会审、监理工作会议和专题会议，并及时反映情况；

5）复核或从施工现场直接获取工程计量的有关数据，并签署原始凭证；

6）参加总监组织的定期或不定期对承建商的安全、消防、环境、文明施工检查工作，并做好检查记录；

7）督促承建商报送有关报表，并检验其真实性、准确性、完整性；

8）填写监理日志及有关的监理记录；

9）承担专业监理工程师交办的其他工作。

此外，监理人员还应当遵守通行的职业道德和守则。包括：

1）维护国家的荣誉和利益，按照"守法、诚信、公正、科学"的执业准则；

2）执行有关工程建设的法律、法规、标准、规范、规程和制度，履行委托监理合同规定的义务和职责；

3）努力学习专业技术和建设监理知识，不断提高业务能力和监理工作水平；

4）不以个人名义承揽监理业务；

5）不在政府部门和施工、材料设备的生产供应等承建商单位兼职；

6）不为监理项目指定承建商，也不指定建筑构配件、设备、材料生产商；

7）不收受被监理单位的任何馈赠；

8）不泄露所监理工程参与各方认为需要保密的信息；

9）坚持独立自主地开展工作。

5. 监理辅助工作人员职责

除遵守以上职业道德外，其工作职责由项目监理机构制定。

二、工程项目监理制度

为了保证工程项目建设监理工作有序、顺利进行，工程建设监理企业往往制定一系列相应的工作制度。一般情况下，其主要项目有以下几种。

（一）工程项目监理工作制度

1. 总监负责制

工程项目实行总监负责制，全权代表监理单位履行委托监理合同，承担合同中所规定的监理单位的责任和任务。总监对外向业主负责，对内向监理单位负责，确保监理合同的全面履行（具体职责详见内容本章第二节）。

2. 监理报表制度

督促施工单位做好逐旬、月、年的工程建设报告。工程建设报告应包括投资、进度、质量、安全和文明施工情况。监理单位每月、年度向业主提交建设监理月报、年报。监理报告亦应包括投资、进度、质量、安全和文明施工情况（具体内容略）。

3. 施工图会审及设计交底制度

实行施工图会审及设计交底制度，是减少图纸错误、进一步提高设计质量的重要手段，也是保证施工顺利进行的有效措施。对于分批分阶段提供的设计图纸，还需分次组织会审。正式会审前，施工方应组织内部预审，将预审内容汇总，形成统一意见。会审纪要由监理记录、整理，并经与会各方签认盖章（具体内容略）。

4. 施工组织设计和施工方案报审制度

施工单位在工程开工前必须向监理申报施工组织设计；凡分部工程或主要分项工程的重要部位，以及采用新材料、新工艺组织施工前，均应报审施工方案或施工组织设计。施工组织设计和施工方案未经监理工程师审查同意，施工单位不得擅自施工。

监理接到施工单位提交的施工组织设计、施工方案后，由工程项目总监组织审查。重点审查以下几个方面：

1）所采用的专项施工方案（含技术措施）是否经济合理、技术可行；

2）工程进度计划是否符合合同进度的要求，各工序之间的逻辑关系是否准确，各节点的完工时间是否与合同约定一致。

3）所采用施工顺序、主要施工方法和保证工程质量措施是否科学合理并切实可行；

4）所采用的工程质量标准和规范，是否符合工程承包合同、设计图纸、技术标准、施工规范、规定和操作规程的要求；

5）所采用的施工方法有无工程质量方面的潜在危害；

6）开工前的各项准备工作计划是否切实可行；

7）有关相应的安全保证措施。

5. 工程开工申请审批制度

承建商在各项开工准备工作完成以后，填报工程开工报审表，驻地监理工程师对准备情况逐项检查审核，签署是否同意开工的意见报总监审批。总监在与业主取得一致意见并签认后，下达开工的指令。

6. 工地现场例会（又名调度会）制度

工程施工工地每周或不定期召开一次工地例会，由监理主持，业主、承建商参加。例会的主要内容是检查上一次例会纪要的落实情况、检查工程施工新的进展、解决工地现场出现的有关问题、协调各方关系、安排下步工作。例会形成纪要。如此，作为制度，周而复始地进行，直至工程建设合同结束。

7. 工程材料、半成品质检制度

审查主要建筑材料、设备订货清单，核定其性能。订货前，施工方应提出样品、厂家资质证明和单价，经监理工程师会同设计、业主研究同意后，方可订货；到货后，及时将出厂合格证及有关技术资料报送监理审核；主要材料进场必须有出厂合格证和材质化验单，如有疑问，监理可重新抽样送检。所有材料和设备均须经监理确认，方可使用。

8. 隐蔽工程验收制度

隐蔽工程验收，必须经施工单位自检合格后，填好隐检单（专职、质检人员签字并附有关材料证明），经监理工程师现场验收合格签署意见后，方可进入下一道工序（施工方一般应提前24h通知监理验收内容、时间和地点）。

9. 工程变更签证制度

监理应当审查技术变更、工程变更和设计变更，并须经监理工程师认可会签后，交由承建商实施。

如施工方提出设计变更，要取得监理工程师审查同意签字后向业主提出，征得业主同意再转交设计单位审查，设计单位同意并出具设计变更后，交由承建商实施。

10. 工程款支付签审制度

施工单位按合同上报月度完成工程量及月度工程进度款，经监理工程师审查核定后，签发付款凭证，提交业主支付。

11. 工程质量事故处理制度

若出现重大质量事故，监理工程师应督促承建商按国家有关规定，以最快的方式向上级有关部门报告，并及时呈报书面报告。承建商必须严格保护事故现场，采取有效措施抢救人员、防止发生次生灾害。需要移动现场物件时，应当做出标志，绘制现场简图并做出书面记录。对出现重大质量事故的工程，监理工程师要协助有关部门调查处理。

对多次出现不合格工程，监理工程师将依据合同中的规定处理。必要时，可以下达停工令。对不合格工程，在承建商按规定修补或返工重做达到合格后，监理工程师才能予以验收和计理。否则，应继续指令其返工。

12. 工程监理旁站制度

工程项目开工前，总监组织专业监理工程师编制旁站监理方案，明确旁站的范围、内容、旁站人员的职责，并将旁站监理方案抄送承建商。督促承建商根据旁站监理方案，及时书面通知监理实施旁站。旁站监理人员应作好旁站监理记录。旁站监理人员发现承建商有违反《工程建设强制性条文标准》行为时，应书面责令立即整改；发现有可能危及工程质量和安全生产的，应当及时制止并向专业监理工程师或者总监报告。

13. 混凝土及砂浆试块管理制度

监督承建商混凝土和砂浆试块的留置数量和时间、试块的养护、强度试验和检验等，必须符合相关规范规定（具体内容略）。

14. 安全生产监管制度

根据现行的法规规定，建设监理须对工程项目建设安全实施监管，并承担监管责任。安全监管的主要内容包括：承建商的安全生产许可资质、有关工程安全的方案和技术措施等。工程安全监管制度纳入工程项目监理规划，并落实责任，实施激励措施。

15. 工程竣工验收制度

工程项目竣工后，监理机构应督促承建商及时填报《工程竣工验收报审表》，并附竣工资料。总监应及时组织专业监理工程师，依据有关文件规定进行审查，并组织或参与工程竣工预验收活动，办理相关验收手续（具体内容略）。

16. 监理资料整理与归档制度

监理资料是对工程建设实施监理过程的记录和见证；是监理单位业绩的积累。同时，是考核监理人员工作的重要依据，必须认真管理并及时归档（具体内容略）。其中，依照监理委托合同约定，有些监理资料整理后，交付业主归档。

（二）工程项目监理人员管理制度

为了保证工程项目建设监理工作顺利进行，促进工程项目建设监理水平不断提高，促进工程建设监理事业健康发展，对于承接工程项目建设监理的工作人员，应当建立必要的管理制度。综合现行的此类制度，大体上有以下几种。

1）依法执业制度（具体内容略）。

2）廉洁自律制度（具体内容略）。

3）考勤制度（具体内容略）。

4）激励制度（具体内容略）。

5）保密制度（具体内容略）。

6）技术管理制度（具体内容略）。

7）资料档案管理制度（具体内容略）。

8）财务管理制度（具体内容略）。

9）学习制度（具体内容略）。

三、监理规划编制

工程建设监理目的，是协助业主实现工程项目建设的目标，包括预期的工期目标、质量目标和造价目标。为了有计划、有成效地开展建设监理工作，就必须对工程项目建设监理工作进行科学地规划。这就是工程建设监理工作中，普遍实施的工程项目建设监理规划。

为了开展工程项目建设监理工作，一般应当制定三个纲领性的文件，即监理大纲（又称为监理方案）、监理规划和监理细则。监理大纲是在投标阶段，根据招标文件提供的内容和要求编制的，它是监理投标书的组成部分，是有关开展工程项目监理工作轮廓性的描述。其作用和目的，是为了让业主了解投标者的监理技术能力，以便获得中标机会，承揽工程建设监理业务。监理实施细则是操作性文件，要依据监理规划编制。监理规划是指导工程项目建设监理机构开展工程项目建设监理工作的纲领性文件。

对于不同的工程，依据工程的规模和复杂程度等不同，可以只编写监理大纲和监理规划；或只编写监理大纲和监理细则；甚至有的仅编写监理细则就可以了；有些项目也可以制定较详细的监理规划，而不再编写监理细则。

有关监理规划的编写依据、编写要求以及编写内容等，《工程建设监理概论》等教材已有比较详细的阐述。本节仅就监理规划的特点，或者说是监理规划应有的特性，略加论述。

监理规划是工程项目监理组织实施监理活动的行动纲领。它对监理活动作出了全面、系统的安排。它明确规定，项目监理组织在工程监理实施过程中，应当做哪些工作？由谁来做这些工作？在什么时间和什么地点做这些工作？以及如何做好这些工作？项目监理组织只有依据监理规划，才能做到全面地、有序地、规范地开展监理工作。因此，工程项目建设监理规划必须具备满足上述实施要求的特点。

纵观各类工程项目建设监理规划的具体情况，不难明晰地看出，科学的工程项目建设监理规划均具有鲜明的针对性、预控性、综合性、操作性、可调性等特点。

（一）针对性

工程项目建设监理规划的针对性，是编制监理规划的重中之重，是监理规划的核心所在。之所以如此，是因为缘于工程项目监理规划的用途。如上所述，监理规划是针对既定工程项目建设监理，组织实施监理活动的行动纲领。不同的工程项目、不同的建设要求，必须要有不同的应对措施，才能保障预期目标的顺利实现。如果监理规划没有鲜明的针对性，必然失去了指导建设监理活动纲领性作用的意义。因此，工程项目建设监理总监在主导编制监理规划时，特别注重其针对性；业主评价监理规划的好坏，亦首先看监理规划针对性的强弱。可以说，没有针对性的监理规划，即便洋洋万言，也毫无价值。

所说监理规划的针对性，主要是指，应当区别不同专业的工程建设项目、应当区别不同环境的工程项目建设、应当区别工程项目建设的内在特点、应当区别不同业主的特殊要求，以及应当体现不同监理队伍的特质等。如果，通篇监理规划只字未提该工程的特殊性，因而没能编制应有的特殊应对措施，就不可能是一个上乘的监理规划；甚至是一个不合格的监理规划。

（二）预控性

工程建设监理工作最为显著的特点，就是其预控性。没有预控性的监理，只是跟在承建商活动的后面转，这样的行为只能叫做"监督"，不能称之为"监理"。监理规划的预控性，不仅体现在，应当指出工程项目建设的重要环节应该怎么做、怎么管，还应当指出需要注意事项，以及如何预防可能发生的意外等。甚至，根据工程项目建设的具体情况（工程项目建设环境、承建商的能力和水平、业主的特殊要求等）和建设监理企业既往的经验、总监的水平等制定出应对预案。诸如针对地下水位比较高的深基础工程，就要编制有效的排水方案；针对超大体量混凝土浇筑工程，就应当编制科学的浇筑顺序和冲减混凝土热应力的浇筑方案；针对城市里施工场地狭小，又比邻居民区，就应当编制降低施工噪声、避免扰民的应对措施等。以此立足于监理规划的针对性，提高监理规划的预控性，明确了监理活动的具体行为，达到有效指导工程施工的目的。所以说，预控性是衡量监理规划优劣的又一个重要标志。

（三）综合性

一个周全的监理规划，应对包含工程项目建设监理活动的方方面面，包括对工程建设项目概况及其特性的认知、对业主要求和承建商状况的认知、实施"三控、两管、一协调"的可靠策略、特殊情况的应对预案，以及工程项目建设不同阶段监理力量的配备等。监理规划的这种综合性，不仅体现在有关类项的周全，还应当体现在各主要类项间的平衡。诸如关于"三控"问题的平衡、承建商间的平衡、承建商与业主间的平衡、监理与业主及与承建商间的平衡、工程项目监理机构内部的平衡等。就是说，监理规划不仅要涵盖工程项目建设的各个方面，还应当科学地理顺各方面的关系。从而，真正起到指导监理活动的纲领性作用。

（四）操作性

虽然，工程建设监理规划是介于监理大纲和监理细则之间的文件，尤其是较之监理细则而言，比较宏观。但是，这绝不意味着监理规划失却应有的操作性。特别是，围绕着"三控"工作，无论是监理规划制定的组织措施、技术措施、经济措施，还是特殊的制度措施，以及方法步骤等均应具有实际的可操作性。甚至可以说，在具体的监理活动中，必须按照监理规划的规定实施，才能取得较好的成效。就是说，尽管监理规划不必像监理细则那样，条条款项均细致入微，但是，一方面，它在指导编制监理细则时，必须有清晰的可遵循性。另一方面，在重大环节和关键问题上，监理规划必须有明确的可操作性。

（五）可调性

所谓监理规划的可调性，主要是指它毕竟是一个规划，涵盖了工程项目建设的整个过程。对于大中型规模的工程来说，时隔数年的间隔，难免会产生种种变故。诸如，政策性价格的调整、新技术的应用、天气的巨大变化，以及有关方面人员的变化等，都会给监理规划的实施带来一定的冲击。因此，编制的监理规划应当具有一定的可调性。尤其是，对于一时难以准确把握的问题，应当留有可调的空间。以便在监理规划实施过程中，定期或不定期地进行修订。或者预先留有较大的调整余地，在监理细则中加以补充、完善、细化。有经验的总监，往往特别注意监理规划的可调性。

四、工程项目建设监理工作的实施

现阶段，我国工程建设监理基本处于工程项目施工阶段监理（由于尚未制定工程设计监理规定文件，故，仅有极少数工程设计委托了监理）。有关工程建设前期的监理工作和工程项目施工阶段监理的基本程序、要点等，见第一章相关研究论述。这里仅就工程项目建设施工监理的几项具体工作，以案例的形式加以说明。

（一）编制工程项目建设监理规划

工程建设监理的中心任务是控制工程项目建设目标，而规划是实施控制的前提和依据。监理规划又是监理单位是否全面履行监理合同的主要说明性文件，它全面地体现监理单位如何落实业主所委托的各项监理工作，是业主了解、确认和监督监理单位履行监理合同的重要资料。监理规划的基本作用是指导项目监理组织全面开展监理工作，它的内容随着工程的进展而逐步调整、补充和完善，它在一定程度上真实反映了项目监理的全貌，是监理过程的综合性记录。因此，监理单位、业主都把它视为重要的存档资料。

现行工程项目建设监理规划的基本框架和内容要点，大体上都相同。一般都包括：工程概况、监理依据、监理工作范围和目标、监理组织机构及管理制度、监理控制要点、工程质量控制、工程进度控制、工程造价控制、安全生产控制、工程合同管理、监理工作协调的措施和方法等，有的还把旁站监理单独列出。监理规划要点，可参考本章附录4-1"监理规划目录"所示内容。不少建设监理企业编制的监理规划，都能在监理控制要点中，突出分析该工程的特点和难点，并提出相应的对策和措施。如中国公路工程咨询集团有限公司关于某公路工程的监理规划，就特别强调针对工程的特殊情况，采取相应对策。该规划在针对工程所在地的气象、水文、地质、地形特性详细分析的基础上，又分析了该工程的特点。诸如，地质条件差、隧道占本监理标段路线长达26.40％、桥梁占路线长高达31.85％、隧道施工中安全隐患多、施工空间狭小、混凝土数量大、预制梁板数量多、桥梁墩台高度较高、桥梁桩基较长且数量大、施工工期长、隐蔽工程多、关键工序多、施工作业区有陆地区和江河区等多种区域、施工受外界影响因素多、组织管理和质量控制难、路基填挖土石方数量大、有较多高填方、路基深、边坡高、纵横向填挖交错多等多项特点。从而，在开展专题研究的基础上，提出了相应的监理方案，开列了数十条监理对策，并详细陈述。形成了比较科学、严密、有效的监理规划。使监理工作立足于高度的"保险"状态。具体内容详见本章附录4-2。

主持编制工程项目建设监理规划，是工程项目总监的重要职责，也是总监综合水平的集中体现。现在不少企业都有编制监理规划软件，这对加快规划编制速度、提高规划的完善性，尤其是不断提高监理规划水平，奠定了坚实的基础。但是，毕竟各项工程都有自身的特点、难点，以及不同的环境条件，都需要总监带领一班人下大功夫，认真分析，针对不同工程的具体情况，编写出切实可行，并突显指导意义的监理规划。

（二）工程计量

工程项目建设监理工作中，工程计量是一项既简单、具体、繁杂，而又十分重要的事情。监理计量工作关系到业主、承建商，以及监理方三者间的责任与核心利益问题，其准确度与高效性都直接影响着工程项目的投资监控、质量监控，还影响着工程的进度监控。因此，应该说这是一项很重要的工作。国际上，工程计量占据建设监理工作的大量时间，甚至可以说是监理工作的突出表现形式之一。

1. 计量工作依据

是工程项目的合同条款及有关计量的补充协议、技术规范、工程量清单及说明、设计文件及图纸,以及工程变更后重新修订的工程量清单、工程索赔审批清单等。

2. 计量工作的前提条件

一是工程项目建设合同规定范围内的工程;二是已实际完成的项目工程;三是达到合同规范的质量要求,并经工程验收;四是有关书面资料和手续齐全。

3. 计量的工作步骤

应在施工准备阶段即行着手,见图4-5所示。首先是审查工程量清单并与图纸核对。细化项目的工程量、质量标准及进度目标,为建立分项工程台账打好基础。在现场计量过程中,一般由监理工程师助理与承建商派出的计量人员组成计量小组,到现场进行计量(对于隐蔽工程,往往采取联合计量形式)。然后,将计量记录填入《中间计量表》,同时报送相关资料(有些工程计量,也可以由承建商自行计量,监理工程师抽查核验方式进行)。待专业监理工程师核实确认,报总监办计量工程师审核。若被计量的工程存在质量问题或资料不全,监理方有权责令承建商返工或修补,并重新签发《中间交工证书》。对于确认的工程计量单,编写凭证号并录入计量软件(一个凭证号对应一张《中间计量表》,一项工程项目的凭证号统一规定)。

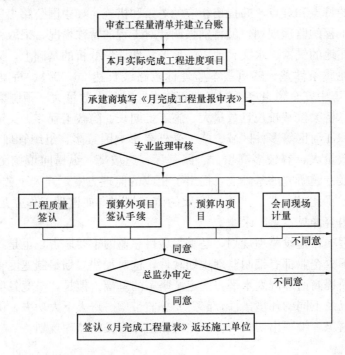

图 4-5　工程计量程序示意

4. 计量工作应当遵循以下几项原则

1)按照主要计量依据计量。

2)按设计图给定的净值及实际完成并经监理工程师确认的数量计量。

3)隐蔽工程在覆盖前,工程计量应得到确认,否则视为应做的附属工作不予计量。

4）所有计量项目（变更工程除外）应是工程量清单中的所列项目。

5）承建商必须完成了计量项目的各项工序，并经中间交工验收质量合格的"产品"，才予以计量，工程未经质量验收或验收不合格的项目，不予计量。

6）计量的主要文件及附件的签认手续不完备，资料不齐全的，不予计量。

（三）索赔处理

工程项目建设过程中，往往因为当事人一方因对方不履行或未能正确履行合同所规定的义务而受到损失时，向对方提出一定的补偿要求，即索赔。按照索赔的目的分，有工期索赔和费用索赔两类。

在国际上，工程建设过程中发生索赔，是司空见惯的事情。在我国，随着建设市场的发育完善，发生索赔现象，必然在所难免。作为监理工程师，尤其是工程项目总监，应当清楚认识索赔问题、正视工程索赔事件，更应当学会恰当处理索赔问题。

1. 索赔成立的要件

1）事件已造成了当事人费用的额外支出，构成索赔的成立要件。

2）事件已造成了当事人工程工期损失索赔的成立要件。

3）当事人按合同规定的程序，提交了索赔意向通知或索赔报告。

2. 索赔的依据包括

1）招投标文件、施工合同文本及附件、补充协议、施工现场的各类签认记录，经认可的施工进度计划书，工程图纸及技术规范等。

2）双方往来的信件及各种会议、会谈纪要。

3）国家有关法律法令政策性文件、官方发布的物价指数或汇率规定等。

4）工程检查验收报告和各种技术鉴定报告。

5）业主或者监理工程师的签证，以及经书面确认的书面记录的有关电话。

6）工程施工记录，包括：进度计划和实际施工进度记录、施工现场的有关文件（施工记录、备忘录、施工月报、施工日志、监理日志、监理月报等）及工程有关的图片或录像。

7）工程核算资料、财务报告、财务凭证等。

8）气象，以及不可抗力证明资料。

3. 承建商的索赔程序

按照国际上通行的菲迪克条款规定，承建商的索赔程序是：

1）索赔事件发生后 28 天内，向监理工程师发出索赔意向通知，同时向业主提交副本。

2）发出索赔意向通知后的 28 天内，向监理工程师提交补偿经济损失和（或）延长工期的索赔报告及有关资料。

3）监理工程师在收到承建商送交的索赔意向通知后，即着手了解情况，并积极沟通。监理工程师在收到承建商送交的索赔报告和有关资料后，于 28 天内给予答复。

4）监理工程师在收到承建商送交的索赔报告和有关资料后，28 天内未予答复或未对承建商作进一步要求，视为该项索赔已经认可。

5）当该索赔事件持续进行时，承建商应当阶段性向监理工程师发出索赔意向通知。在索赔事件终了后 28 天内，向监理工程师提供索赔的有关资料和最终索赔报告。

6）监理工程师审查认可索赔报告，报经业主批准后，监理工程师签发支付证书。

7）业主收到索赔付款证书后的 28 天内，向承包商支付，最终索赔付款证书应在 56 天内支付。如未按规定时间付款，则应按投标书附录规定的利率计算。

4. 工程索赔的处理

作为工程项目建设监理，总监办应当根据施工合同约定和工程进展情况，及时分析可能发生的索赔诱因，提醒业主采取防范措施，消除索赔隐患，避免索赔事件发生。一旦承建商提出索赔，监理应当按索赔的基本程序进行处理。

1）根据监理掌握的情况，在规定时间内，作出受理或不予受理承建商索赔要求的决定，并报告业主。

2）对于决定受理的索赔案件，认真审查索赔文件的完整性、真实性、合理性，并做出客观的评估。监理审查内容包括：

①索赔申请报告的程序、时限是否符合规定和合同要求；

②索赔申请报告的格式和内容是否符合规定；

③索赔申请资料是否真实、齐全、手续完备；

④索赔申请的合同依据、理由是否正确、充分；

⑤索赔金额或工期的计算原则与方法是否合理、合法。

3）总监根据审查与评估结果，经与业主协商同意后，确认索赔金额和索赔工期，并签认"费用索赔申请表"，或"工期索赔申请表"。

4）索赔签认后，承建商按正常的程序办理索赔的兑现手续（费用或工期）。

5）业主的索赔，或对于承建商的反索赔，监理作为索赔的申请方，当按照承建商的索赔程序和规定处理。

（四）工程停工的管理

工程停工令，是指工程项目建设监理，通知工程项目建设全部停止施工而发出的指令，简称停工令。建设监理签发停工令的原因，往往是业主方，或承建商的行为，导致不宜继续进行工程建设，而不得不停止工程建设活动。工程停工令发出前，应当征求业主的意见。商议后，由工程项目建设监理总监签发，同时，报送工程项目业主。

1. 导致工程停工的原因

归纳必须签发停工令的前提，有以下几条：

1）应业主的要求，工程需要暂停施工时；

2）为防止造成工程质量隐患，或工程经济损失时；

3）由于工程质量问题，必须进行停工处理时；

4）由于存在安全隐患，为避免发生工程安全事故，或避免危及人身安全时；

5）由于发生工程安全事故，必须进行停工处理时；

6）发生必须暂停施工的紧急事件时；

7）工程须暂停，经过处理，方可继续施工时。

2. 工程停工结束后的处理

按照下列不同情况，由总监签发复工通知书。

一是由于业主的原因工程暂停，应在暂停原因消失，具备复工条件时，总监及时签发"监理通知"，指令施工单位复工。

二是由于承建商的原因工程暂停，在具备复工条件时，承建商应填写"复工申请表"报送监理，由总监签发审批意见。施工单位接到"复工指令"后，继续施工。

三是由于其他情况原因导致工程停工，总监当根据情况的变化，认为可以复工时，签发"复工指令"，承建商接到"复工指令"后，按照指令要求，组织复工。

无论什么原因造成的工程停工，监理均应协同有关单位按合同约定，处理好因工程暂停所诱发的各类问题。同时，监理必须签发"复工指令"，方可恢复施工。

3. 工程延期的受理

监理对合同规定的下列原因造成的工程延期予以受理：

1）非承建商的责任，使工程不能按原定工期开工，或继续施工；

2）工程量变化，或设计变更；

3）非承建商原因停电、停水超过 8h；

4）施工合同中规定的不可抗力事件发生时；

5）业主同意工期相应顺延的其他情况。

工程施工延期事件发生后，承建商在合同规定期限内，提出工程延期意向报告，并提交事件发生的详细资料和证明材料。

4. 工程延期的管理

延期事件发生后，监理应做好以下工作：

1）向业主转发承建商提交的工程延期意向报告；

2）对延期事件收集资料，并做好详细记录；

3）分析、研究延期事件，并提出减少损失建议；

4）书面通知承建商采取必要措施，降低对工程的影响程度；

5）监理评估延期天数，与业主协商一致后，由总监签认"工程延期申请表"；

6）可原谅的工程延期，业主只给予工期顺延补偿，相关费用由各自承担；

7）不可原谅的工程延期，业主不但要给予承建商工期补偿，还要给予费用补偿。

（五）监理工作总结

如同其他任何工作一样，工程建设监理工作也应该搞好总结。即每一项工程建设监理结束后，都应该挤出一定的时间，进行总结。众所周知，搞好监理工作总结，不仅是对既往工作全面的、概况的、系统的记载，也是对既往工作进一步由感性认识上升到理性认识的必要过程，更是对既往工作中经验教训的深入学习。以便作为今后监理工作的借鉴，少走弯路，少犯错误，提高工作效益。因此，不少建设监理企业都特别重视工程项目建设监理工作总结。

关于工程项目建设监理总结的内容，一般说来，应当包括以下几方面：

1）所监理工程项目的基本情况（项目背景、有关各方、项目建设历程）；

2）工程项目建设监理机构组织及其突出工作制度要点；

3）监理合同履行情况；

4）监理工作的主要措施（三控制措施及有关协调管理等方面）和效果评价；

5）监理工作的主要经验和教训；

6）突出的工程建设技术和管理技术；

7）工程遗留或存在问题及处理意见；

8）今后的努力方向，以及相关改进建议。

工程项目建设监理工作总结是总监工作的重要组成部分。从管理的角度看，履行完工程项目建设监理委托合同，并不是该项目监理工作的终结。唯向监理公司提交并得到认可的工程项目建设监理工作总结，才是真正的结束。

当然，写好监理工作总结，既不是一件轻松的事情，也不是总监一个人的事情。既需要在日常工作中细心积累，更需要集中一定的时间系统地、深入地思考——归纳、分析、升华认识；既需要总监高屋建瓴地提出工作总结的指导意见，更需要工程项目监理班子全体人员群策群力、集思广益。其实，认真的工作总结，是每一个参与者难得的学习机会。通过工作总结，尤其是通过深入思索、归纳升华经验教训的原因，更有益于建设监理人才的培养。同时，通过总结，在学习经验的同时，正确地认识工作中的失误，勇于承认失误，有助于形成批评与自我批评的良好作风；有助于培养实事求是的作风。这对于建设监理企业的建设，也是绝好的促进。

第四节　有关总监问题研究

总监是监理公司针对监理项目委派的负责人，总监全权负责和领导项目监理工作。总监的品德、才能及其言行，包括职业道德、职业荣誉、职业纪律、职业理想和职业技能、工作作风、领导能力，甚至言谈举止，无不刻画着自己的形象。同时，也代表着企业的形象。所以，可以说，总监，就是监理企业的品牌；总监，就是监理企业的希望。因此，有远见卓识的监理企业领导者都特别看重总监人才的培养、教育，并给予真诚的关心、支持、信任和应有的待遇。更努力营造良好的、能为每个监理人员展现监理风采的工作环境，以期有更多的总监人才苗壮成长。

然而，由于种种原因，现阶段，总监面临着多种尴尬、无助的局面。特别是总监人才奇缺、总监权责不对等、总监的不当压力太大、总监待遇偏低，以及总监培养欠规划等问题，值得给予高度关注，并努力破解。

一、总监人才奇缺

总监人才的奇缺，源于国家注册监理工程师的短缺。如前所述，目前，住房和城乡建设部连同各有关部门注册的监理工程师，累计尚不足 30 万人左右（估计数字）。即便再多一些，扣除由于种种原因，不能从事建设监理具体工作的人员（据调查，诸如身居领导岗位、不在监理单位等情况，往往有近四分之一左右）。即使这 20 多万人都能胜任总监工作，面对每年 30 多万项在建工程项目，也难以轻松担当。何况，据调查，有不少地区，实际上平均每位注册监理工程师要承担 3～4 项工程。十余年来，监理人才这种奇缺的状况，几乎没有多大变化。就是说，总监人才的短缺，绝不是短暂的、局部的现象，而是一项严峻的、阶段性的问题。几年来，中央有关部门巡查工程建设情况，一再批评说：监理人员不到位、监理人员名单与实际人员不对应等。其实，产生这些问题的根本原因在于监理人才严重不足。

因此，解决总监人才奇缺的着眼点，就是要从解决注册监理工程师不足入手。要想解决注册监理工程师不足问题，首先要分析注册监理工程师人员不足的原因。针对这些原因，有的放矢地采取因应对策，自然能逐渐破解这个难题（具体策略，详见第六章第三节关于加快监理人才培养的探讨意见）。

二、总监责权不对等

项目总监具有双重身份，一是监理单位派驻工程建设项目，履行监理合同的全权代表和总负责人；二是项目法人通过监理委托合同，委托授权的总承担人。项目总监的中心任务是，依据监理委托合同的要约，监管好工程项目建设，并达到业主预期的目的。这也是业主、承建商、监理单位三方共同利益的结合点。在工程项目建设中，项目总监扮演着集策划、组织、协调、监督等多重责任于一身的角色。总监的责任除却应当维护国家和社会公共利益、维护业主的合法权益、维护被监理单位的合法权益外，还要维护监理单位自身的合法权益。由此可见，总监的责任非同一般，十分关键。

按照权责对等的法律原则，既然总监肩负着工程项目建设的重大责任，他就应该拥有与责任对等的权利。诸如，掌控工程项目监理机构一班人工作分工、监管、考核、奖惩，以及任用、调换等权利；又如，应当具有监控承建商履约行为，尤其是制止其违约行为的决定权、支付其合理的工程项目建设进度款的审定权，以及有关分包商、供货商选用的审核权等。但是，实际上，工程项目监理机构的组成，往往是监理公司领导决定。总监仅仅具有担当责任义务的履行权和有关奖惩、任用、调换的建议权，而难有全面的管理权和决定权。在监管工程项目建设过程中，有关工程项目建设进度款拨付的审定、停复工令的决定、工程造价的控制，以及突发事件的处置等，总监均须得到业主的认可。否则，总监签认的文书，等于一纸空文，毫无意义。就是说，现阶段，我国工程项目建设监理总监实际拥有的权利与其职责比较，可以说是相去甚远。总监失去了应有的权利，其相应的职责自然难以承担。久而久之，总监就失去了应有的权威，而沦为无关紧要的"过客"。以致于承建商隔过总监，径直找业主商榷分包商、供货商等。

根据上述分析，不难看出，要想解决总监责权不对等的问题，一是必须进一步提高对总监工作的认识。真正树立总监是工程项目建设"前敌指挥官"的观念，无论是监理单位，无论是工程项目业主，还是承建商，均应尊重总监的意见；真正树立起总监是监理企业"名片"的意识。从而，重视总监工作、最大限度地放权给总监，并支持总监工作，真正使总监有责有权。二是狠抓业主责任制的落实工作，规范业主行为，纠正"大业主、小监理"的不当局面。三是制定"总监责任制"法规，明确界定总监的责权利，使之有章可循。同时，使有关方面知所进退。如此，当坚信，假以时日，我国的总监可与国外的总监比肩。

三、总监的不当压力太大

2010年，中国建设监理协会理论研究委员会与江苏省建设监理协会联合举办了"监理对工程施工监管研讨会"。200多与会者，一致反映：现阶段，监理，特别是总监的不当压力太大。这里所说的不当压力,一是来自业主的压力(在权责不对等,且监理费较低的情况下,要求总监保证完成工程项目建设的"三控")。二是来自承建商的压力(管理水平参差、操作技能和安全意识普遍偏低,甚至发现安全隐患时,有的施工企业领导竟然首先责问"总监是否在场")。三是来自相关部门的压力(处处要"旁站",事事要"监管",安全要"保障"——一旦发生施工安全事故,总监就被追究监管责任,直至追究总监刑事责任)。另外,还有来自监理企业的压力(无论内外条件如何,都必须按照合同的要求,搞好工程项目监理工作)等。不少总监窘迫地感叹:不怕工作忙和累,最怕"明知不可为而不得不为之",以及由此而锒铛入狱。因此,整天处于惶恐不安的境地。

总监的这些不当压力,与其说是市场经济发育过程中难以避免的认识原因,不如说是体制和法规的原因。所说体制问题,主要是因为我国的市场经济体制尚处于初始发育阶段,包括监理企业在内,都还自觉不自觉地带着长期计划经济体制留下的印记。再加上,由此而形成的相关法规的制约。由于总监们是监理企业委派到工程项目建设第一线的指挥官,深深感受到这些不当的压力,而难以自拔。所以,一再强烈呼吁:为拯救总监,为推进工程建设监理事业的发展,更为促进工程建设水平的提高,应当以只争朝夕的精神提高全社会对建设监理制的认知。同时,加速修订完善有关法规。从而,开创有助于总监工作开展的宽松环境。

四、总监待遇不高

如前所述,担任总监工作的监理人员,其素质比较高、责任比较重、付出比较多、风险比较大。按照酬劳相当的原则,总监的待遇(这里主要是指经济待遇)应该比较高。然而,事实上并非如此。据初步了解,一是从监理企业内部来看,一般情况下,总监的薪酬都在企业的副总以下。从工程建设行业来看,总监与能力相当的人员相比,其薪酬不仅低于施工企业类似管理人员;低于从事工程设计工作等人员;更低于工程建设开发商。从建设行业外部来看,与金融、电信等行业同等学历人员相比,相去更远。这些差异,不仅影响着总监积极性的发挥,影响着企业竞争力的递增,更制约着整个建设监理行业的健康发展。因此说,总监的待遇问题,不仅仅是总监个人的事情,而是整个行业的事情。故而,应当给予高度关注,力求早日改善。特别是监理企业的领导者们,应当根据企业的情况,扎实地做好这方面的工作,即便增幅不大,也是一个良好的开端。一些企业的实践证明,力所能及地提高总监待遇,是一项回报超值的明智举措。

五、总监培养无规划

关于总监的培养问题,应当说,多数企业领导都有一定的认识。只是由于现阶段监理企业经营活动的困境所限,甚至忙于应对企业的生存,而尚没有提到监理企业的议事日程,更没有制定培育总监人才的战略规划或年度计划。再加上,具有注册监理工程师的人员有限,国家又规定必须具有注册监理工程师资格的人员,才可以出任总监工作。因此,存在一些错觉:企业支持员工学习,并参加考试,取得监理工程师资格就可以了。无需额外开展总监的培育问题。对此,稍加分析,即不难看出,这种观念,说到底,还是人才竞争意识不强,甚至是人才竞争意识匮乏的表现。应当说,越是在困难的时候,越应当注重监理人才的培养。众所周知,无论什么行业,无论什么时候,企业的竞争,说到底是相关人才的竞争。多数人都公认总监是企业的"名片"，是企业的"脊梁"。一个监理企业，如果拥有几名称职的总监，该企业就不愁争取不到监理业务，更不愁搞不好监理工作。因此，有战略眼光的监理企业领导者，无不早就不遗余力地在开拓总监的培育工作。

据不完全了解，像扬州市建苑工程监理有限责任公司、郑州中兴工程监理有限公司、河南科扬建设咨询监理有限责任公司等企业，都十分重视总监的培养，而且取得了良好的成效。这些企业的共同点，一是企业领导从企业发展战略的高度，十分关注总监的培养，且在企业内上下形成了注重总监人才培养的良好氛围。二是责成企业人事部门和相关人员具体负责总监人才的培育工作。三是在具体工作中，注重人才选拔、理论教育、实际工作锻炼、定期考核，以及注重从年轻人中选拔培养，适时委以重任、大胆使用等策略方法。四是建立一套总监的长效培养机制，指导他们奋斗目标的不断递进。相应地采取诸如位阶的晋升、精神的和物质的等激励措施。总之，总监的培养是一个长期的系统工程，绝非一朝一夕即能完成的事，必须持之以恒。

长期以来，这些企业的不懈努力，已经培养出了可喜的监理人才，并初步形成了比较可行的总监培育方略。既值得庆贺，更值得借鉴。

附录 4-1　监理规划（目录）

一、总则
（一）工程项目基本概况
（二）工程项目组织
（三）监理工作指导思想
二、监理的目标、依据、范围和内容
（一）监理工作目标
（二）监理的依据
（三）监理服务的范围
（四）监理服务的内容
三、监理组织机构及其管理
（一）监理组织机构
（二）监理机构的运行与协调
（三）各级监理机构和监理人员职责
（四）监理机构运行规章和管理制度
四、监理人员和设备配备计划
（一）投入本合同的试验检测能力
（二）投入本合同的办公、通信及交通设施
（三）投入本合同的生活设施
（四）投入本合同的人员
五、施工准备阶段监理工作
（一）组建总监办、编制监理规划
（二）建立中心试验室（视需要而定）
（三）对监理人员进行岗前培训

（四）制定监理实施细则

（五）督促承建商进行施工准备

（六）审批施工组织设计、施工方案

（七）完成开工前各项审批工作

六、施工阶段的监理工作

（一）进一步明晰本监理工程的重点、难点

（二）重点部位监理要点及措施

（三）质量监理

（四）安全监理

（五）施工环境保护监理

（六）工程进度监理

（七）工程费用监理

（八）合同管理

（九）信息管理

（十）组织协调管理

七、缺陷责任期的监理工作

（一）缺陷责任期的工作内容

（二）缺陷责任期监理工作要点

（三）质量缺陷的调查、责任判定及费用支付

（四）缺陷责任终止证书的签发

八、监理用表（略）

附录 4-2　某高速公路工程监理计划（节录）

中国公路工程咨询集团有限公司

按照业主招标文件的要求和本监理单位在投标文件中的承诺，为了加强该高速公路工程建设的质量管理，合理控制投资和工期，有效提高投资效益及工程管理水平，使施工监理工作规范化、程序化、标准化，总监办根据所辖本项目工程的实际情况、《施工技术规范》、《公路工程施工监理规范》、工程项目施工合同文件、监理合同文件、设计文件与图纸、业主的《工程管理制度汇编》，制定该监理规划。

本监理规划是对路基、桥涵、隧道、立交、绿化等工程项目实施监理的具体安排，是各项监理活动的指导文件。

一、总则

（一）工程项目基本概况（略）

该高速公路工程项目，位于……是某省公路网规划中"十二横八纵"的一横的重要组成部分。本项目的建设将加强该省北部地区东西向的联系，使该省增加一条出省的快速通道，也是各市之间交通往来的快速干线。随着相关高速公路的相继筹建、开工、通车，本项目实施，对进一步完善该省干线公路网布局，改善该省东部地区高速公路网，改善地区的交通条件和投资环境，加快"……流域"战略构想，促进该省东北山区的经济发展，促

进影响区丰富的矿产、旅游和水能等优势资源开发与利用，适应项目沿线交通增长，改善行车条件，以及对国防建设具有特别意义。

该工程主线全长约 62km，路基宽度 24.5m，桥梁 18.077km/57 座，隧道 10.5km/14座，互通式立交 5 处。设三条连接线共长约 25.87km。与本项目主要连接的既有公路有国道线、省道线，主要连接的规划路有多条高速公路。起讫桩号为 K34+913.965～K61+233.444，路线主线全长 26.319479km（以右线计），桥隧比例 59.925%。

本监理项目区域所在属亚热带季风气候，年均气温 21～21.2℃，日均温 11.3～11.9℃，7 月均温为 28.4℃，年均降水量 1472～1500mm，多集中在 4～9 月。自然灾害有倒春寒、龙舟水、秋旱、白露水和寒露风等。由于受台风暴雨影响，江河谷地带的曲流倒灌而产生洪涝现象。按《公路自然区划图》本区属山地过湿区（Ⅳ6）。地表水系有三大支流。由于地处南亚热带，雨量充沛，尤其是降水期，河水集水迅速，从上游至下游水土流失严重，河流含砂量高。本监理区域主要在高山深谷，外貌明显，散流片蚀和暴流发育，海拔 1357m；东部多层地形明显，峡谷不发育。高速公路经过地带多为丘陵和高丘陵，呈脉状延续。地貌总体轮廓上表现为山地、丘陵和谷地交错。公路选线多数与山体、谷地的延伸方向斜交，部分选线与谷地平行。本监理项目区域发育主要为震荡系……其次为地表沿山脊、山坡分布的残积层和沿山间沟谷、江河两岸分布的冲洪积层。沿线主要岩性有：变质砂岩、板岩、千枚岩、泥岩等。受地质构造、风化程度等因素的影响，多数岩体较破碎，路堑和隧道施工时，须加强防护。

主线主要技术指标：双向四车道，整体式路基宽 24.5m，分离式路基宽 12.5m，设计速度 100km/h；设计荷载公路 Ⅰ 级，设计洪水频率特大桥 1/300，其余桥涵、路基 1/100；平曲线最小半径 1100m，凸竖曲线最小半径 16000m，凹竖曲线最小半径 12000m，最大纵坡 4%；隧道建筑限界净宽 10.75m；地震动峰值加速度系数 0.05g。其他指标按交通部《公路工程技术指标》JTGB 01—2003 的规定执行。连接线主要技术指标：二级公路标准，路基宽度分别为 12.25m 和 15.6/18.0m，设计速度 60km/h，平曲线最小半径 130m/150m，最大纵坡 5.8%/4.255%。

主要工程项目：土石方总数量约为 473.9 万 m³；主线有：特大桥 589/1（m/座），大桥 7979.25/24（m/座），中桥 56/1（m/座），隧道（双洞）7147.5/6（m/座），涵洞 24（道），互通式立体交叉 2（处），通道 2（道）；连接线有：大桥 381.5/3（m/座），中桥97/1（m/座），涵洞 5（道）。

本监理合同段，建安费总额为 209284.3 万元。

各路基土建标计划工期如下（略）。

监理的服务期限从开工直至竣工为止，缺陷责任期为 2 年。

（二）工程项目组织

省交通工程质量监督站代表政府对工程质量进行强制性监督管理。（余略）

（三）监理工作指导思想（略）

二、监理的目标、依据、范围和内容

本项目工程的施工图设计复核、施工准备阶段、施工阶段、缺陷责任期的监理服务以及项目竣工验收和后评价的配合工作。（余略）

（四）监理服务的内容

包括路基、路面、桥涵、隧道、立交、绿化、交通安全设施、环保、水保及其他附属工程的准备阶段、施工阶段，缺陷责任期至工程竣工验收全过程的监理工作（余略）。

三、监理组织机构及内部管理（略）

······

六、施工阶段的监理工作

（一）本监理段重点、难点工程分析

根据本标段内主要工程施工内容的分析，将以下几方面列为本监理段关键工程项目：

1. 隧道基本情况分析（略）

2. 桥梁基本情况分析（略）

3. 不良地质及特殊路基基本情况分析（略）

4. 路基土石方填筑及高边坡基本情况分析（略）

（二）重点部位监理要点及措施

1. 隧道工程施工控制的监理要点及措施

1）隧道中线的控制测量极为重要，······在隧道掘进开挖中，必须要求各承包单位对设计单位提供的三角网进行复测。复测结果与设计提供的资料在允许误差范围内，方可同意承包人进洞开挖掘进。否则，应查明原因，重新布网控制。同时，督促承包人，搞好隧道的中线及高程的控制测量，达到测量规范的要求。

2）抓好隧道洞口的施工监理。······为确保安全，必须按照设计开挖方法施工，······并及时衬砌；在洞口地段衬砌稳定后，再进行洞内施工。

3）在隧道开挖方面采取"严禁欠挖，控制超挖，微振光爆，及时喷锚"的施工原则······

4）当遇到隧道洞身地质，断层破碎带或岩层褶皱严重的情况时，······初期支护（或施工支护）应采取加强措施。······对于洞口段及洞身断层破碎带的预留变形应及早提出······对于围岩较差地段，开挖时必须严格控制开挖断面，确保达到设计要求后，方准予初期支护。

5）隧道施工一般采用新奥法施工······必须认真检查喷射混凝土厚度及作为锚杆的拉拔试验······检查喷射混凝土的强度等级、厚度、锚杆方向、角度、根数、长度、挂网尺寸。

6）对岩溶发育段、断层破碎带和预测地下水丰富段······采用掌子面的地质描述，超前水平钻孔及地质雷达等方法进行探测，拟定超前加固的防患措施······

7）严格监测······

8）把经常督促承包人搞好地质超前预报作为监理的一项重要措施······

9）抓好水土保护、环境保护监理工作······

2. 桥背、涵背、墙背、回填工程施工控制的监理要点及措施（略）

3. 路基填方工程施工控制的要点及措施（略）

4. 锚索（杆）施工控制的监理要点及措施（略）

5. 桥梁下部构造质量控制的监理要点及措施（略）

6. 承台施工质量监理控制的监理要点及措施

······

7）减少浇筑层厚度，加快混凝土散热速度；

8）混凝土用料要遮盖，避免日光暴晒，用冷却水搅拌混凝土，以降低入仓温度；

9）混凝土浇筑后，要覆盖保温，加强养生；遇气温骤降，应注意保温，以防裂缝。

7. 桥梁墩柱及高墩柱施工质量控制的监理要点及措施

······

4）翻模的爬升倒模是主墩施工的关键。因此，监理要对翻模结构和其支撑爬升结构的强度、刚度及使用的灵活性能进行审批。

······

9）高桥墩施工过程中，应随时进行施工部位的位移观测，并作好记录。发现问题，应随时采取措施进行校正，并报送监理工程师备案。

8. 预应力 T 梁预制质量控制的监理要点及措施

······张拉程序按设计要求进行，要进行超张拉和反复张拉，以减少预应力损失。······钢绞线都由两端同时张拉，按照设计张拉力对称进行，采用张拉力及引申量双控制的方法检查张拉的质量，施工中应做好各项记录，以备检查。

3）孔道灌浆和封锚压浆工作应在预应力筋张拉完以后尽早进行，最迟不得超过七天。灰浆泵应经常维修保养，以保证有足够的工作压力。灰浆的水灰比应根据气温不同而有所变化，要符合流动性、泌水性和强度的要求。压浆是由一端向另一端压注，压注前先用高压水把管道内的积水冲出来。压浆孔道两锚头上的进出孔上均应安装一个带阀门的短钢管，以备压浆完毕时封闭，使管内水泥浆在有压状态下凝固。为了保证压浆质量，拟采用两次压浆的方法，第一次压浆 30 分钟以后，再由另一端反向压浆，保持管道内有 $0.6 \sim 0.7 \text{MPa}$ 的压力。

9. 预应力混凝土现浇箱梁质量控制的监理要点及措施（略）

10. 梁体吊装与安装质量控制的监理要点及措施（略）

第五章 监理技术研究

第一节 监理技术的概念

一、监理技术问题的提出

众所周知，我国推行工程建设监理制，既是构建市场经济体制的必然，更是提高工程建设投资效益的需要。构建市场经济体制，需要组建相应的市场主体、制定相应的法规规定和制度。应当说，这些"硬件"比较容易做到。而要实现市场经济体制的合理、规范、有效运行，达到预期的目的（诸如提高工程建设投资效益等），则需要相应的"软件"支撑。对于建设监理制来说，这些"软件"既包括建设监理市场行为主体的规范，也包括监理企业的能力。监理企业的能力，集中体现在能否"提供高智能的技术服务"。显然，监理企业必须拥有较高的技术服务能力。否则，"提供高智能的技术服务"，即使是仅提供一般性的技术服务，也只是一句空话。

由此可见，建设监理企业必须拥有一定的监理技术是监理企业的"立身"之本。在科学技术飞速发展的今天，不要说没有这种"立身"之本不行，如果这种"立身"之本根基不厚实、不牢固，也不行。因此，许多有远见卓识的建设监理企业的领导者，无不处心积虑地刻意培育，并竭力提高本企业的监理技术能力。

究竟什么是监理技术，如何认识监理技术，尤其是如何培养和提高监理技术等一系列问题，逐渐明显地摆在我国建设监理行业面前，成为一项不可回避和视而不见的大课题。

面对这种状况，中国建设监理协会监理理论研究委员会（以下简称委员会），于2012年3月，在郑州召开了首次建设监理技术研讨会。会议通知提出：随着建设监理事业的发展，监理技术也不断提升。为了不断促进建设监理技术进步，从而提高监理企业的核心竞争力，特召开一次建设监理技术研讨会。会上，首先由委员会成员、上海现代工程咨询有限公司原董事长梁士毅介绍该公司应用BIM技术的情况（该技术要点、应用条件、控制论的五要素与数码技术在现场的实践结合、监理企业的数码战略，以及应用成效展示等内容）；初步探讨了有关建设监理技术的概念、应用和发展等问题。许多与会同志都表示，没有技术的行业是低附加值的行业；只有具备先进技术的行业，才可能跨入朝阳产业。因此，要借鉴上海现代工程咨询有限公司的经验，努力提高对于监理技术的认识、积极推动监理技术的应用和发展。

会后，上海市建设工程咨询行业协会等协会，也相继召开了类似的研讨会。从而，有关建设监理技术问题，初步提升到了建设监理行业的议事日程。

二、监理技术概念的界定

所谓概念，就一般意义上说，是人类在认识过程中，把所感觉到的事物的共同特点，从感性认识上升到理性认识，并抽出其本质属性形成简约而界定性的观念。概念是反映对象的本质属性的思维形式，表达概念的语言形式是词或词组。所谓技术，其最原始概念是熟练。所谓熟能生巧，巧就是技术。法国科学家狄德罗主编的《百科全书》给技术下了一个简明的定义："技术是为某一目的共同协作组成的各种工具和规则体系。"由此而推定，所说监理技术（即工程建设监理技术的简称），是在工程建设监理实践中积累起来，并被确认的建设监理知识、经验及其规则体系。由于工程建设监理是围绕工程项目建设而开展起来的全方位、全系统的工程建设活动，所以，具体地说，监理技术是以工程建设专业知识为基础，以现代管理科学为手段的工程建设管理技术。

对照现代管理科学的主要特点，包括：决策程序化，力求减少个人成分，以增加决策的科学性；以经济效果作为取舍决策方案的根本依据；广泛使用电子计算机。不难看出，工程建设监理工作自始至终充分体现着监理人员，特别是总监，管理思想的科学化（主要体现在管理者以系统的观点、发展的观点分析事物，重视信息，加强控制，提高管理效益）、管理方法的数量化（由经验型、定性管理向重视定量分析、科学预测方向发展）、管理手段的电子化（广泛应用电子技术和通信技术）、管理人员的专业化（既有较高的文化科学知识，又要善于管理、科学的管理，成为管理"专家"）。就是说，工程建设监理工作充斥着现代科学管理的味道。这种管理是以往的管理理论和现代科学方法与技术的有机综合，它使工程建设管理走向更高的层次和水平成为可能。

我国对于管理科学逐渐认识，并愈来愈重视。2000年，中国工程院院士大会以赞成票高出27票通过设立"工程管理学部"。其职能暂定为四个方面：一是重大工程建设实施中的管理（包括规划、论证、勘设、施工、运行管理等）；二是重要、复杂的新型产品、设备制造、生产过程中的管理；三是重大的技术革新、改造、转型、转轨、与国际接轨中的管理；四是涉及产业、工程、科技的重大布局、战略发展的研究、管理。由此可见，我国对于管理科学不仅有了充足的认识，而且已经步入了具体深入研究、运用的新阶段。使新兴的现代管理科学，真正走上与自然科学、社会科学并列发展的坦途。

众所周知，建设监理活动是监理组织受工程建设项目业主的委托，为了实现预期的工程建设目标，而开展的一系列协调活动。包括协调管理工作的对象、范围、重点、内容；协调管理制度的制定、执行、检查和改进，直至所委托工作的完成。所以说，管理是建设监理工作的表现形式，或者说是建设监理工作形式的特点。基于建设监理工作的这种形式和特点，工程建设监理工作中，应用的所有监理技术，自然应当归属于现代管理科学。

三、监理技术与相关技术的关系

为了弄明白监理技术与相关工程技术的关系，首先应当明确工程建设监理的概念。众所周知，顾名思义，工程建设监理属于工程建设范畴。因此，应用于工程建设监理活动的监理技术，也属于工程建设范畴。借此，顺便指出，如同不能把"工程建设监理"叫做"建设工程监理"一样，也不能把"工程建设监理技术"，叫做"建设工程监理技术"。

因为，工程建设，是指为了国民经济各部门的发展和人民物质文化生活水平的提高而进行的有组织、有目的的投资兴建固定资产的经济活动，即建造、购置和安装固定资产的活动以及与之相联系的其他工作。工程建设指的是经济建设"活动"。

而建设工程，是指为人类生活、生产提供物质技术基础的各类建筑物和工程设施的统称。这是人类有组织、有目的、大规模经济活动，即固定资产再生产过程中形成综合生产能力或发挥工程效益的工程项目。建设工程是指建造新的或改造原有的固定资产，指的是"物"。

显而易见，虽然"工程建设"与"建设工程"都是由相同的4个汉字组成，但是，彼此却有着质的区别，决不能混为一谈。这也是汉语词意丰富而严谨特质的突出体现。

因此，这里所说的工程技术（亦称生产技术），是在工业生产中，实际应用的技术。包括与工程建设活动有关的各类技术，即：建筑工程技术、机械工程技术、电子电气工程技术、化学工程技术、航空工程技术、城市轨道交通技术、能源与环境工程技术、激光工业技术、汽车工程技术、隧道及地下工程技术、材料工程技术，以及基因工程技术、信息工程技术、系统工程技术、卫星工程技术等多方面的技术。仅就建筑工程技术而言，它包括：房屋建筑工程、冶炼工程、矿山工程、石油化工工程、水利水电工程及电力工程、林业工程、铁路工程、公路工程、港口工程、航天工程、通信工程、市政公用工程、机电安装等十多项专业工程技术，以及相应的工程经济、工程规划、工程勘察设计等方面的技术。为了适应各方面工程建设监理工作的需要，就应当掌握相应的监理技术。就是说，从专业角度讲，监理技术与各类工程技术必然一一对应，有多少专业工程技术，就应当有多少监理技术。只是表现的形式不同罢了——专业工程技术表现为操作层面，而监理技术表现为监管层面。

与专业工程技术相同，监理技术也有以下五种特性。

一是实用性。一般地说，技术是科学知识和经验知识的物化，使可供应用的理论和知识变成现实。现代技术的发展，离不开科学理论的指导，已在很大程度上变成了"科学的应用"。随着人类改造自然界所采用的手段和方法以及所达到的目的不同，形成了工程技术的不同形态。尤其是，近几十年来，随着科学与技术的综合发展，工程技术的概念、手段和方法已渗透到现代科学技术和社会生活的各个方面，出现了生物遗传工程、医学工程、教育工程、军事工程、系统工程等。工程技术已经突破了工业生产技术的范围，而展现出它的广阔前景。但是，无论过去、现在，甚或将来，工程技术的实用性始终如一凸显在社会生产和社会生活当中。与此同时，对于这些工程技术实施的监控技术——监理技术，也必然具有鲜明的实用性。唯具有鲜明的实用性，才能在监控工程技术实施，在改造客观自然界的活动中，发挥建设监理应有的价值和作用，才能充满与时俱进的生命力。

二是科学性。尽管科学与技术是两种性质不尽相同的社会文化，二者的区别也十分明显。科学的基本任务是认识世界，有所发现，从而增加人类的知识财富；技术的基本任务是发现世界，有所发明，以创造人类的物质财富，丰富人类社会的精神文化生活。科学要回答"是什么"和"为什么"的问题；技术则回答"做什么"和"怎么做"的问题。但是，二者又紧密相连、相互促进，甚至互为因果。技术的需要往往成为科学研究的目的；技术必须以科学为指导。监理技术与科学亦是如此。尤其是，无论哪一项监理技术，无不充斥着浓厚的科学的味道。或者说，不具有科学性的监理技术，无从寻觅。

三是可行性。任何监理技术的选择和应用，都应当依据不同的工程建设需求、不同的建设环境等多方面的约束而定。即便是相同的工程项目建设、相同的建设环境，也会因为时期的不同，而需要改变。就是说，任何监理技术的选用，都应当通过对各种方案进行分析和评价，从中选出既满足实用性要求，又能满足客观约束条件的最佳方案，才是可行的。因此，一定要根据实际的具体情况，尽量最佳地确定适合的监理技术，以期实用、可行。

四是经济性。监理技术应当把促进工程项目建设的投资效益提高，促进社会经济发展作为首要任务。因为监理技术的物化形态既是自然物，又是社会经济物。它不仅要受自然规律的支配，而且还要受社会规律，特别是经济规律的支配。即使是符合最新科学所阐明的自然规律的工程技术，如果不符合社会要求，不能提高劳动生产率，不能带来经济效益，那么，这项新技术就不能存在，更没有发展空间。监理技术也是这样。如果监理技术对于工程项目建设的进度监控很有效，甚至能够有效地缩短建设工期。但是，却导致工程项目建设投资大幅度地增加，或者严重影响了工程建设质量。那么，综合权衡之后，往往会因为其经济效益低下，而舍弃这样的监理技术。如同设计机械工业产品时，要运用科学的方法进行周密、细致的技术经济功能分析一样，监理技术的运用，也必须突出其经济性。

五是综合性。监理技术的运用，不仅要运用工程建设基础科学、应用科学等知识，同时，还要运用社会科学的理论成果。随着工程技术的发展和进步，尤其是随着现代管理科学的飞速发展，监理技术的综合性愈来愈显著。现代管理科学，往往都是多种学科知识或技能综合运用的结果。监理技术结合工程技术的应用自不待言，即使是一般性的监控技能，往往也离不开信息技术、通信技术的支撑。所以，任何一项监理技术的应用，都要着眼于对整个监理工作全系统的影响和作用，只有进行综合考虑和评价，才能选取恰当的监理技术，才能取得最佳的效益。

监理技术的上述特性，基本反映了监理技术的本质特征。同时，这些特性相互渗透、融合，相互影响。充分认识这些特性，才能准确把握监理技术的应用，而有效地促进建设监理事业的发展，促进工程项目建设水平的提高。

第二节　监理技术的内容

如上所述，按照建设监理的归属，参照林荣瑞编著的《管理技术》的内容（企业管理技术归纳为近 20 种），以及由于工程建设监理是以工程建设专业知识为基础，以现代管理科学为手段的服务活动的客观现实，从宏观层面来看，监理技术包含两方面的主要内容：一是有关工程建设预控技术——建设监理技术的核心；二是一般工程建设监理监管技术，包括围绕工程建设开展的合同监控技术、协调监控技术、信息监控技术、监理企业内部管控技术（经营管理、人才管理、财务管理）等。

一、工程建设进度预控技术

广义的工程建设进度，是指工程项目建设全过程的实施计划安排。对于投资者，或者工程项目建设业主来说，工程建设进度，是一项必然十分关注的严峻事项。

工程建设进度预控，是指对工程项目各建设阶段的工作内容、工作程序、持续时间和衔接关系编制计划。同时，根据以往的经验和该项目建设的具体环境，明确指出影响该项目建设进度的关键点、关键因素和采取的应对措施，以及可能出现的其他干扰因素及其应对预案。依此计划核查承建商的实施计划方案，并相互修订补充完善。在实施建设进度计划的过程中，经常检查实际进度是否按要求进行。尤其是分析出现偏离计划，出现差错的原因，并及时采取补救措施或调整、修改原计划直至竣工、交付使用。这就是关于工程项目建设进度的监控流程，如图 5-1 所示。

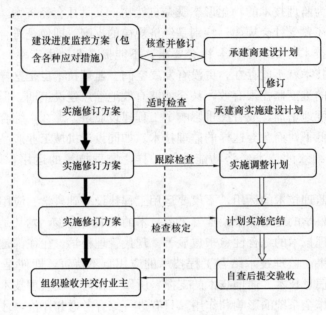

图 5-1　建设进度监控流程示意

注：图中，虚线框内示监理工作程序和内容

　　工程建设进度控制是工程项目建设中与质量控制、投资控制并列为工程建设控制的三大目标之一。施工阶段是工程实体形成的最后阶段，也是现阶段实施监理监控的唯一阶段。在监理实践中，已经积累了比较系统和成熟的经验。归纳起来，有以下几方面。

（一）工程建设进度预控计划

　　1）制订科学合理的工期总控计划；

　　2）制订科学合理的阶段（如年、月）目标控制计划；

　　3）制订周密细致的材料、设备采购计划；

　　4）制订切实可行的专业分包进场计划；

　　5）施工过程中，依据专业计划检查、监督和跟踪，一旦发现偏离原计划现象，即按照预案或采取其他措施进行补救或调整，确保总计划的落实；

　　6）积极协调各有关单位之间的关系，包括业主、设计、总包、分包，以及审计、供货商之间的关系，以期约束各有关单位、每个环节都按照既定的计划进行。

（二）工期计划目标控制的方法与措施

综合工程项目建设通行的监管方法和多年来工程建设监理实践的经验，用于工程项目建设工期控制的方法，主要是三种形式。即表格法、横道图法和网络图法（参见统编教材《工程建设进度控制》）。

表格法是通行最常用的一种方法。它将项目编号、名称、各项进度要求、责任人，以及其他注意事项和补充说明等以文字的形式容纳于表中。使人一目了然地明白各项进度计划安排及相关要求。同时，可根据关注内容的细化程度，酌情设置表格的大小。因此，表格法广泛地适用于工程项目建设各个阶段的进度监控。

横道图法，横道图比较法是指将在项目实施中检查实际进度收集的信息，经整理后直接用横道线并列标于原计划的横道线处，进行直观比较的方法。这也是监控工程项目建设进度常用的方法。横道图法的特点是：形象、直观、编制方法简单、使用方便。

网络图法，又称网络计划技术。其工具是箭条图，故又称矢线法。网络图法是利用统筹法，通过网络图的形式，反应和表达计划的安排。据以选择最优方案，组织协调和控制生产的进度，使其达到预定目标的一种科学管理方法。网络图法尤其适用于多项工作平行或交叉进行的工程项目建设阶段的进度监控（主要是指工程项目施工阶段）。

1965年，华罗庚教授首次将这种方法引入我国，并命名为"统筹法"，从此，网络计划技术在我国逐渐流行起来，经过多年的研究与应用，取得了长足的进步。随着计算机的应用和普及，不断开发了许多网络计划技术的计算和优化软件。

实施工程项目建设进度控制工作，涉及工程建设各阶段的工作内容、工作程序、持续时间和衔接关系。根据进度总目标及资源优化配置的原则，编制进度计划体系并付诸实施。然后，在进度计划的实施过程中，经常检查实际进度是否按计划要求进行。对出现的偏差情况进行分析，采取补救措施或调整、修改原计划后再付诸实施，直到建设工程竣工验收，有效地保证建设工程如期交付使用。为了有效地控制工程项目进度，一般采取组织措施、技术措施、合同措施和经济措施种种方法，多管齐下。

1. 组织措施

工程项目监理班子在总监的领导下，建立工程建设进度监控组织体系和相应的工作制度，明确落实具体责任人。同时，与承建商相应组织机构建立密切的沟通管道，积极协调业主、承建商，以及各有关方面之间的工作关系，并适时检查、督促承建商按照控制计划的要求落实工程项目建设的进度。

2. 技术措施

一是推进"三级计划管理法"实施。即制定项目总控制进度计划（一级计划）、详细进度计划（二级计划）、月周进度计划（三级计划），并实行一级保一级办法。监理定期或不定期检查三级计划实际进度状况。监督承建商及时采取措施，纠正偏差，或进行必要的调整。

二是对工程项目建设顺序进行科学管理，推行流水化作业，或平行作业、或交叉作业，力求资源科学合理使用，最大限度地缩短建设工期。

三是强化预案措施，即对于影响工程建设进度的关键点、关键部位、关键环节等，制定科学的应急预案，甚至制定多项应急预案，以备不测。

四是积极开创、采用先进科技。如提高计算机化水平、提高预制化水平、提高工厂化制作水平等以加快工程建设进度，缩短工程建设工期。

3. 合同制约措施

在协助业主签订工程项目建设合同（包括工程项目规划合同、工程项目勘察合同、工程项目设计合同、工程项目设备采购合同、工程项目施工合同，以及工程项目建设总包合同、分包合同等）时，严肃明确工期目标和阶段性目标与之对应的奖罚措施。同时，要加强工程合同实施的监管，以及严格控制影响工程建设进度的一切变更。

4. 经济措施

工程项目建设本身就是一种经济活动。所以，采取经济措施是监控实施计划工期必不可少的重要措施。包括严格执行专款专用制度，并按照合同约定适时支付工程进度款项，以防止因为资金问题而影响工程进展；严格执行合同约定的关键环节；对应急赶工支付优厚费用；严格执行合同约定的提前工期激励制度；严格执行拖延工期进度的经济惩罚制度等。

（三）影响工程进度的因素分析

为了搞好工程项目建设工期监控，尤其是面对工程项目规模庞大、工艺繁杂、环境复杂且多变，以及其他不确定变数的影响，必须事先做好影响工程建设进度因素分析，充分认识这些影响因素的严重危害及其根源。以便做好应对的充分准备，保证计划工期的如期实现。

根据以往的经验，主要应当做好人为因素和环境因素两方面的因素分析。

1. 人为因素

影响工程项目建设工期的主要因素是人为因素。一是因为人为因素的来源繁多；二是人为因素的可变性比较大；三是人为因素的后果严重。因此，务必仔细分析这方面的变故，并做好相应的充分准备。

1）政府的因素。诸如投资政策的变化、区域规划的调整、有关审批手续的迟延或错误、对工程项目建设的不当干预、法律法规变化、体制变化等。

2）业主方的因素。现阶段，建设市场发育尚处于初始状态。即便是比较成熟的建设市场，往往也是买方占据市场主导地位。因此，业主的观念和行为极大地影响着工程项目建设工期。何况，不规范的业主行为，更是严重干扰着工程项目建设合理工期的实施。其具体表现比比皆是。归纳起来有以下六个方面：一是业主往往急于求成，盲目追求超短工期，而实际上往往是欲速则不达，事与愿违；二是前期准备工作不到位，而匆匆上马，致使计划工期难以兑现；三是资金筹备严重不足，或不能按期支付工程款项而延误工期；四是业主负责的设备订货未能如期到位，而延误建设工期；五是业主盲目追加变更（如扩大规模或提高建设标准），而延长工期；六是业主缺乏工程建设管理经验，而又不委托监理，或形式上委托，实质上又不放权，事事亲力亲为，乱干涉，而影响工程建设进度等。

3）勘察设计因素。工程地质勘察是一项严谨而细致的工作。工程项目设计（包括初步设计和施工图设计）更是攸关工程项目建设成败的重要环节。在单纯计划经济体制下，工程勘察和工程项目设计单位，都是以保质保量出色完成上级指派的任务为追求。而目前，在以尽可能获取最大经济利益为动因的驱动下，难免为追赶进度而出现漏洞，甚至错误频发。诸如，工程地质勘探浅陋，而影响工程设计，或者在工程施工时需要停工补勘；

或者，工程地质勘察失误，而贻误工程设计或工程施工；或者工程项目设计不及时，或设计深度不足，甚至错误，或者过于保守而增加工程量等贻误建设工期。

4）施工单位的因素。自 20 世纪 90 年代初开始，工程施工企业实行管理层与劳务层分离以来，劳务层的技能培训一直处于不规范，甚至严重匮乏的状态。再加上，建筑队伍的急剧膨胀，导致劳务层技术素质普遍低下，而拖延工程施工进度（往往不得不采取增加工时的方式弥补技能低下造成的延误）；管理层经验不足，施工组织设计不完善、不科学，而影响工程施工进度；施工安全措施不周全，或者施工安全措施不落实，或者为了赶工期而忽略应有的安全措施，导致发生施工安全事故而贻误工程建设。

5）设备及材料供应单位的因素。设备、材料交货延期现象时有发生；设备质量不高，致使空负荷试车、负荷试车，久久不达标而不得不一再延误竣工交付使用期限。

6）建设监理单位的因素。监理经验不足，既不能指导工程勘察设计、工程施工快速进行，又不能有效地监控承建商按照既定的工程建设计划顺利实施，以至于每每延误工期。

2. 环境因素

影响工程建设工期的环境因素，可分为自然环境和社会环境两类。

自然环境主要是指工程地质变化、水文气象变化，以及自然灾害等不可抗力的发生。恶劣的天气、自然灾害、场地狭窄，以及难以预料的地基条件、地下障碍和文物等，必然影响施工进度。

社会环境主要是指政治、经济、技术等方面的各种可预见或不可预见的因素。政治方面的如战争、内乱、罢工、拒付债务、制裁等；经济方面的如延迟付款、汇率浮动、换汇控制、通货膨胀、分包单位违约等；技术方面的如工程事故、试验失败、标准变化等，也都会影响工程项目建设的正常进行。

在详细分析影响工期因素的基础上，科学评估各种因素的影响度。针对严重影响工程建设工期的因素，拟定应对预案，力求最大限度地缩小对工期的影响。

在工程项目建设的过程中，适时地调整工程进度是不可避免的。无论是发现原有的进度计划已经落后，还是由于其他原因，致使原计划不可能继续实施，都需要对原计划进行调整，形成新的进度计划，作为进度控制的新依据。

二、工程建设投资预控技术

工程项目建设的投资控制，是工程项目业主最为关注的一项工作。工程项目建设投资控制得好，不仅降低了工程造价，减轻了业主在工程建设时期的投资压力，而且，为以后降低生产产品成本奠定了良好的基础。因此，努力控制好工程项目建设投资，是工程项目业主的一大期待，也是历来工程建设追求的重要目标之一。

我国实行工程建设监理制以后，控制工程项目建设投资的重任，逐渐转移到了建设监理的肩上。

（一）制定投资控制目标

所说投资控制目标，就是根据业主的意向和可能，拟定投资控制的奋斗目标。在工程项目建设的不同阶段，投资控制目标各不相同。在投资选项的初始阶段，投资控制目标是以类比的方法，以"性价比"比较高的选项作为投资控制目标，或以估算作为投资控制目标。诸如，依据行业现阶段的平均先进水平（年产煤万吨，或年发电万千瓦·时，或年炼油万吨，或万平方米建筑等需要的投资数额），计算出相应规模的工程项目总投资额，作为工程项目初始阶段投资的监控目标。

在工程设计阶段，以核准的工程项目投资估算为经济控制目标。在工程施工阶段，则以核准的设计概算为投资控制目标，或以中标合同价为投资控制目标。

当然，这里所说的控制目标是最高限额。一般情况下，为了稳妥起见，往往以低于这些额度的数值为实施目标，并以综合更低的子目标，确保总目标的落实。

（二）拟定监控系统和程序

工程项目建设投资控制是伴随着工程项目建设，逐渐实施的系统工程，不仅时间长，而且，涉及方方面面。为了有条不紊地推进投资控制工作顺利实施，工程项目监理班子必须建立相应的投资监控组织体系，并实行分级管理，责任到人。同时，制定监控程序。如在工程项目设计阶段，应当从各个环节入手，加强项目的投资控制，如图 5-2 所示。

工程项目设计阶段的投资控制程序如图 5-2 所示（亦即设计监理程序）。其中，拟定设计招标文件或邀请招标方案时，应以技术先进又不突破估算为基准；评标或评选方案及商签设计合同、监督设计合同实施，直至验收设计文件，都应当注意不突破估算。同时，还应当控制工程设计阶段的总时限在计划时限以内、核定设计深度和质量，以期尽可能缩短总工期、减少设计变更，达到控制工程投资的目标。

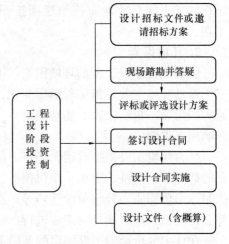

图 5-2　工程项目设计投资
监控内容和流程示意

如前所述，工程设计阶段对工程投资影响的权重比较大，一些实例也充分验证了这种观念。不断扩展工程设计监理，进一步探索、改进、完善投资监控体系和程序，可望取得更加显著的成效。

（三）科学合理选定中标单位

无论是选择工程勘察单位，还是工程设计单位，也无论是选择工程施工单位，还是选择工程建设监理单位，从控制工程投资的角度看，都应当讲究科学、合理。所谓科学，就是要全面地权衡待选单位的投标书或意向书。比如选择工程施工单位，既要审查其投标书的合规性（是否对招标书的各项都有应答并符合规定）、企业的信誉和拟投入力量，以及施工组织设计的优劣等。所谓合理，就是要辩证地评价投标书的报价要求。既不能"唯低是选"，也不能"加权平均选定"，更不能"唯名是选"、"唯亲是选"。如果报价虽高，企业信誉亦高，且施工组织设计方案上乘，亦不失为首选对象。当然，通过工程建设招标，降低施工费用支出，从而，降低工程造价，也是控制投资的渠道之一。选择工程勘察、工程设计、工程建设监理单位亦是如此，甚至更应当注重其技术水平的高低，以确保减少工程建设的总投资。

（四）抓好关键环节（部位）监控

为了有效地控制工程项目建设投资，必须理清工程项目建设各个阶段投资的使用状况。综合国内外工程项目建设投资的使用情况，一般都认为，在工程项目建设投资决策阶段，是投资成败，起码是投资效益高低最为关键的阶段。投资决策正确与否，从根本上决定了投资效益高低，乃至投资成败。因此，投资决策的监控最为重要。投资决策之后，随着工程项目建设的推进，影响工程项目建设投资的权重渐次降低。有资料显示：

1）初步设计阶段的影响权重高达 75%～95%；

2）技术设计阶段为 35%～75%；

3）施工图设计阶段为 5%～35%；

4）工程项目施工阶段仅为 1%～5%。

由此可见，工程项目建设投资控制的重点在初始阶段。或者说，工程项目建设投资监控工作的前移是投资预控的重点和发展方向。把工程项目建设前期的投资控制在预期的计划范围以内，整个工程项目的投资控制，就有了基本的把握。

以往的资料显示，工程建设项目施工阶段，一般建筑安装工程中，建安、土建造价占总造价的比例别为：建安费约为 70%、土建费约为 30%。工程造价的直接费中：材料费约为 70%、人工费约为 15%～20%；机械费约为 10%～15%。故，预想有效地控制投资，当以注重控制建筑安装费用为主，尤其是要以监控设备材料费为主。只要工程项目设备和主要材料的购置费用没有大的波动，工程项目的造价就不会远离控制目标。

对于民用建筑来说，现行的装饰装修工程，尤其是高档装饰装修工程的费用在工程造价中，占据了较高的比重。再加上，装饰装修工程的标准差异较大，所用材质良莠不齐，价格悬殊异常。稍有不慎，就可能给工程造价带来严重失误。因此，严格监控装饰装修工程的材质和施工是严肃民用工程造价控制的重要环节。

对于工程项目建设的重要阶段、重要环节，以及关键部位等制定比较详细的监控目标和监控计划，分级落实责任，并实施动态监控、及时纠偏，以期实现投资监控总目标。

（五）严控变更

工程项目建设类似于期货交易，而且时间比较长。期间，由于不可避免的主客观因素的变化，致使工程项目建设不得不进行变更。这些变更，大到投资选项的更改、建设地点的变迁、建设规模的调整、建设方案的更改；中等变更包括生产工艺或建设标准的改变、设备选型的变动、工程项目建设的停顿，以及承建商的调换等；小型变更包括工程项目建设内容的局部调整、施工图设计的局部修改、工程地质的补勘、施工组织设计或专项施工方案的变更、进度计划变更、施工条件变更、工程量变更等。这些变更造成的损失，往往要增加工程项目建设投资。因此，务必谨慎地推进工程项目建设的实施，扎实地迈好每一步。力求杜绝发生重大工程变更，即便是小型变更，也应当竭力避免。

分析产生工程变更的原因（政策性原因除外），一般可归纳为业主责任、承建商责任、监理责任，以及自然灾害等原因。固然由谁引发的变更，应当由谁承担责任。但是，毕竟影响了工程项目建设，甚至导致工程费用的增加；毕竟不发生，或少发生工程变更，有利于工程项目建设。因此，为了严格控制工程变更的发生，直至把变更降到最低限度，一般应当采取如下措施：

1. 组织措施

为了尽可能减少，或者防止工程变更的发生，一是有关工程项目建设的决策要实行集体化、制度化。即形成民主的、科学的决策机制。杜绝个人专断，努力提高决策的科学性。决策科学了，自然大大降低了发生变更的概率。二是真正实施建设监理制，应当委托监理监控的工作，放权给监理，充分发挥监理的作用。这样，既能减少漏洞，防止发生变更，又能恰当处理相关变更。三是对于重大技术问题，诸如规划方案、设计方案、核心工艺流程、新技术的应用、重大施工组织设计、专项施工方案等，实行"专家会诊"办法，以期最大限度地提高技术决策的科学性、完整性。四是严格实行政企分开，即便是政府投资建设的工程项目，也应当按照《项目法人责任制》交由工程项目法人管理工程建设，政府不能干涉，更不能听凭长官意志，随意更改。

2. 制度措施

如上所述，为了强化工程建设监管，首先要把工程项目建设委托给监理。这是有效地加强工程项目建设监控、严格工程变更管理的体制性措施。其次，制定《工程建设变更管理规定》，把工程的变更原则、变更范围、变更内容、变更的申报审批程序和权限，以及不当变更的责任追究等予以明确界定。像交通部那样，已于2005年4月6日，经第7次部务会议通过了《公路工程设计变更管理办法》（交通部令2005年第5号）。从而，进一步规范了公路工程设计变更，就是一项值得推广的制度。第三，实行工程变更责任制，加强工程变更的责任管理。即对于过失引发的工程变更，应当追究过失者的责任；同时，如同工程项目建设其他部分一样，变更的实施者亦应承担实施的责任。第四，严格工程变更程序。每项工程变更，都应当采取书面形式，并按照申请、审查、审批的程序进行。对于重大工程变更事项，还应当实施会签制。引发工程变更的签证，更要严肃签证单。签证时，要对签证的时间、地点、工程量和是否符合合同要求等，进行核实，采用现场确认原则，并附上相关资料、施工图等。

3. 技术措施

纵观工程变更的状况，不难看出，有相当多的变更是由于责任者水平所限而致。诸如对投资走向把握不准而导致选项期间发生重大变更；由于贸然选定不合适的设备和建筑材料，而引发变更；由于水平所限，形成设计错误而不得不更改设计；由于片面领会设计或招标文件意图，在施工过程中引发工程变更等。因此，提高工程项目建设有关各方的技术水平，从而减少失误，是降低工程变更频率的根本措施。同时，对于有关工程技术的审查，尽可能前移。如投资选项时，委托监理把关；工程地质勘察时，依托监理及时监管；工程设计时，组织阶段会审等。力求把问题解决在初始阶段，而避免产生工程变更。严格分工负责、实行分层把关的做法，也是减少工程变更的有效措施。具体处理工程变更的监理工程师更应当努力提高综合监管水平，包括提高法律、合同、谈判、工程技术知识和相关经验，严格签证操作，减少工程变更。

4. 合同措施

科学订立合同、严格履行合同也是减少工程变更的有力措施。所谓科学订立合同，就是无论工程建设的哪个阶段，无论是合同中的哪一方，都应当力求订立严谨、周全、合理、准确的合同，并分清责任、严格履行。从而，避免因合同含混而产生工程变更，甚至引发合同纠纷。

5. 经济措施

所有经济活动，都必然相随着经济措施。控制工程变更，自然也不能例外。从业主的角度看，对于诱发工程变更的责任者，给予必要的经济制裁；对于遏制发生工程变更，并取得实实在在的经济效益者，给予奖励。同时，积极实施索赔机制。实施索赔机制，既是索赔方的权利，也是对被索赔方的制约，更是促进提高工程建设综合管理水平的经济措施之一。

总之，工程变更涉及工程造价管理，影响工程的成本。因此，应对工程变更给予高度关注，并进行全过程、全方位、科学管理。业主不能为了节省成本，而明知道会影响建筑物质量也不进行工程变更；承建商也不能为了增加自身的经济利益，而随意变更。各方都要本着质量第一的原则，加强项目管理，采取审慎的态度，合理维护各方的利益，减少工程变更所带来的损失。

（六）严格支付

工程项目建设的费用支付，是工程项目建设投资消耗不可逆转的具体体现。因此，对于每一笔支付，都应当慎之又慎，准确把握。尤其要力求做到每项支出都合情、合理、合规，决不能草率从事，更不能花"冤枉钱"。所以，严格工程支付，是工程项目建设投资监管的最终关键环节，当事人必须认真对待。

工程项目投资支付，贯穿于工程项目建设的全过程。工程项目建设的不同阶段，工程费用支付的经手人、监管者，以及收款人各不相同。但是，工程支付的监管程序和原则、方式等基本一样。归纳起来，就是要严格遵守有关工程支付的依据、程序、条件、额度、审核、时间等一系列通用规则。

关于工程支付依据，一是法律依据，即在相关法律许可支付的范围内；二是合同依据，即按照合同应当支付的款项；三是经由支付权利人批准并核签的书面凭证；四是支付书面凭证须经由相关监理工程师对计量、质量的核签认可等，几项缺一不可。

关于支付程序，一般情况下，经由四大环节，即监理审核环节、业主财务核对环节、业主负责人审批环节、业主财务支付环节，参见图 1-8 工程款控制支付流程示意。在工程项目施工阶段，具体运作方法如下。

1. 监理审核

当符合计量周期且达到最小支付限额时，施工单位填报《中间计量表》，并附相应原始检验合格证明材料（包括检验资料、中间交工证书），报监理工程师审验。监理工程师审核认可（否则，全部退还）后，在《中间计量表》上签章，报总监办审核（原始合格证明材料退还施工单位）。

总监办审核同意后，签字并返还监理，继而返还施工单位。

施工单位据总监办审核同意的《中间计量表》填报《支付申请书》，报监理工程师。监理工程师签认后，报总监办；监理组长审核确认支付月报的完整性、正确性后，报总监审核无误后，报给业主工程管理部门。

2. 业主审核

业主工程管理部门核对《支付申请书》（核对计量的真实、准确性，核对工程质量认可手续，及是否符合合同支付范围等），合格后，签署意见并报工程管理部门负责人。

工程部负责人对支付月报审核并签章后，转交给业主财务部门负责人。

财务负责人对《支付申请书》审核并签署意见后，交业主财务总监审核。

业主财务总监审核签署通过意见后，交给业主分管领导。

3. 业主支付

业主分管领导审核《支付申请书》并签署通过意见后，再交给财务部门办理工程款支付。

财务部会计根据合同规定和已完备的计量支付资料扣保留金，扣回违约金及工程预付款和材料预付款、施工单位应缴纳的营业税、城市建设维护税、教育附加税等，经过计算得出当次计量的金额和实际支付款的金额，开具付款凭证、支（拨）款通知单交财务负责人审核。

财务负责人审核后，再报业主财务总监审核。

业主财务总监审核付款凭证、支（拨）款通知单无误后，再报业主财务领导审批。

业主财务部出纳根据经财务领导批准的付款凭证办理支（拨）款手续。

经审核，期中支付金额小于商定限额的，移到下一个月，直至其批准的数额之和超过所定的最小值。

4. 支付过程的时限

关于工程进度款支付过程的时限要求，通行的做法是按照以下时间段进行：

1）每月 5 日前，施工单位应对上月已完成并经质量检验合格的工程进行计量（截止到上月 25 日）；施工单位将经现场监理工程师签认的《中间计量表》（一式一份）、月支付报表（一式一份）及计量有关的资料报监理审查。

2）监理收到施工单位的支付月报表及相关资料后，应在 6 日内完成审核，审核合格后报总监（总监代表）办。

3）总监（总监代表）办收到支付月报表及相关资料后，应在 5 日内审核完毕。若无误，则签字认可后，除留存相关计量依据资料外，应将《支付月报表》原件一式一份、《中间计量表》原件一式一份报送业主。

4）业主在收到支付月报表及相关资料后，有关方面应在 7 日内审核完毕，并将审查意见返回施工单位。

5）施工单位按审查意见修改报表，再按以上程序逐级上报一式四份。经审核无误后，由总监（总监代表）签发《期中支付证书》。

6）业主对《期中支付证书》核准盖章后，由合同处将原件返还施工单位。由施工单位复印分送业主合同处（原件）、总监办各一份，施工单位自存一份。业主按合同条件的规定支付工程款。

对于5）、6）两项，虽无具体时限要求，但是，施工单位自会迅疾办理，业主方也不会违约而久拖不办，迟迟不支。

施工单位在报送书面月支付报表时，须随同报表报送数据盘一张（若本项目建立计算机网络，可在网上报送）。

三、工程建设质量预控技术

所谓工程建设质量，是指工程满足业主需要的，符合国家法律、法规、技术规范标准、设计文件及合同规定的特性综合。工程建设质量的特性主要表现在工程的适用性、耐久性、安全性、可靠性、经济性，以及与环境的协调性。这些都是工程建设最终必须达到的基本质量要求，缺一不可。

上乘的工程质量，应该是工程规划、工程勘探、工程设计及工程施工等均达到优良水准，而最终形成的建（构）筑物。20 世纪 80 年代，国家计委组织（委托中国施工企业管理协会具体实施）评定国家级优质工程，其前提条件之一，就是该工程项目的施工图设计必须是优秀设计。换言之，即便工程施工的质量很好，而工程设计质量低下；或者即便工程施工质量、工程设计质量都很好，工程规划质量不好，均不能称其为合格的工程，更不能称其为优质工程。近 20 多年来，建（构）筑物的平均寿命之所以下滑（有同志认为是大幅度下滑），其主要原因就是长官意志作祟，随心所欲，不顾及总体规划的要求，致使一些工程竣工后，仅使用数年，就不得不爆破毁掉，如此，刚建好即拆的"夭折"工程，严重地影响了建（构）筑物的平均寿命。

由此可见，预想工程项目建设的质量达到合格标准要求，应当从工程项目建设的初始阶段抓起，而且，力求每个阶段的工程质量都达到合格的标准。因此，工程建设质量监控的内容包括：工程项目规划质量、工程项目勘察质量、工程项目设计质量、工程项目所用设备材料的质量、工程项目的施工质量等一系列质量内容。

应当说，工程建设质量是具体承建者"干"出来的，绝不是"监管"出来的。按照承建商对工程质量终身负责制的原则，一般情况下，国外的工程建设过程中，监理工程师没有把工程质量纳入必须监管的范围。即便工程竣工交付使用多年后，发现质量问题，经研究确认是承建商的责任，亦应由承建商承担相应的责任，而与监理无关。为此，承建商不仅要承担相应的经济责任，更要背负信誉损失。而且，往往因为信誉损失，导致企业衰败，甚至破产。所以，承建商不待他人监管，自己就关注工程建设质量。

但是，在我国，由于市场经济体制构建不久，建设市场各交易主体行为，尚待逐渐规范。规范市场主体交易行为，既是交易双方共同的需要，也是监理事业发展的需要；既是加速建设市场发育的需要，也是社会公共利益的需要。因此，政府制订了一系列法规政策，采取了多种组织措施，不断强化对工程建设质量的监管。诸如严肃总体规划审核制、规划实施督察制、工程勘察设计管理制、工程施工图设计文件审查制、质量管理体系认证制、工程质量监督制、工程建设监理制等一系列体制性、法规性、制度性、规范性措施。

作为工程建设监理，监控工程建设质量的技术措施，主要有以下几方面：

一是要熟悉、掌握有关工程建设质量的法规政策和规范标准，并积极推动、认真监督贯彻落实。无数事实证明，这是搞好工程质量的基本保障。或者说，种种工程质量问题都是违反相关法规政策标准的结果。

二是要检查承建商质量管理体系建设是否达到规定要求。承建商的质保体系，是承建商搞好工程质量的组织措施和技术措施的综合，是搞好工程质量宝贵的经验。如果承建商连质保体系的基本标准都不达标，那么，期望搞好工程质量的目标，就难以实现。所以，检查承建商质量管理体系建设是否达到规定要求是监控工程质量的必要工作步骤。

313

三是在具体工程项目建设中，力求优选承建商，并协助业主与承建商订立科学严谨的工程建设合同。虽然，绝大多数承建商都取得了相关工程质保体系认证证书。但是，绝不可能都具有同等的能力和水平。因此，挑选承建商时，既要查看其质保体系证书，更要核查其既往的质量业绩，特别是既往类似工程建设的质量业绩。选定承建商后，监理要协助工程项目建设业主，参照标准合同示范文本，结合待建工程项目的具体情况和要求，与承建商磋商签订科学严谨的工程建设合同。其实，科学严谨的工程建设合同，就是既要顾及方方面面的事项，又要突出重点；既要照顾业主的利益要求，又要照顾承建商的接受限度；既要明确通行的双方责权利，又要分清有关特殊问题双方的责权利；既要明确对于常规问题的解决办法，又要拟定可能发生问题的处理预案。总之，要仔细研究、商签周全的工程建设合同。以保证双方履约时，工程项目建设各项活动基本上都有所遵循。

四是加强预控监管。预控是监理工作的特质，没有预控，就是事后检查，而不能称其为监理。关于工程质量的预控，主要体现在工程项目建设每项活动前，对于工程项目建设活动计划的核查、监管，并力求选定最佳方案。诸如选定最佳承建商、选定最佳设计方案、选定最佳生产工艺流程、选定最佳型号设备、选定最佳施工组织设计或专项技术方案等，均制定有选择的方法和路径。同时，为应对意外情况的发生，还制定有种种预案，以保证工程质量预期目标的实现。

五是重点环节跟踪监管。所谓重点环节，主要是指不可逆转的工程建设活动，诸如工程地质勘探过程中，各岩层构造状况的确认、工程地基持力层的确认、重要工程结构部位钢筋配置状况的确认、重要钢结构大量焊接程序的监控等应当适时地跟踪监控。

六是紧跟科学进步的步伐，及时采用科学的监控技术，努力搞好工程建设质量监控。例如利用新兴的 BIM 技术，搞好工程设计、大型施工方案的合理性或质量的监控；利用激光铅直仪进行"双系统复核控制"新方法对超高层建筑实施垂直度监控，以及规范应用计算机技术进行工程建设监理监管等，既提高了工作效率，又有效地进行工程质量监控。

四、工程建设合同监控技术

工程建设合同监控，是指监理单位依据法律和行政法规、规章制度，采取法律的、行政的手段，对工程建设合同关系进行组织、指导、协调及监督，保护工程合同当事人的合法权益，处理工程合同纠纷，防止和制裁违法行为，保证工程合同的贯彻实施等一系列活动。

工程建设合同监控是工程建设项目监控的主要形式。无论是工程项目建设的投资监控，还是建设工期监控，还是工程建设质量监控，都是基于工程项目建设合同监控。所以，搞好工程项目建设合同监控，就等同于监控好工程项目建设。因此，明智的监理单位，都把搞好工程项目建设合同监控视为全局性的重要工作，给予高度关注。

工程建设合同监控，在监控时段上，一般包括合同订立阶段的管理和合同履行阶段的管理两个方面。在监控的具体内容上，主要包括合同涉及业务范围的确认管理、合同相关内容设定的管理、合同双方权利和义务商定的管理、有关合同价款的约定管理、合同涉及的其他费用的管理、合同纠纷处理方案约定的管理等共 6 个方面。

工程建设合同监控技术，首先体现在合同的磋商阶段。参与工程合同磋商的监理人员，应当熟悉有关法规政策，熟悉招标文件和中标单位的投标文件各项条款，熟悉掌握承建商的擅长、缺欠及其特点，尤其要掌握磋商的重点。并根据以往的经验和自己的学识、技术能力等，针对预测可能发生的突出问题，磋商应对措施，或预留必要的弹性空间。以期签订比较周全、科学、合理、严谨，而且切实可行的工程建设合同。

工程建设合同监控技术，重点在于合同的履行监管。为了切实监管合同的履行，总监应当带领工程项目建设监理班子的全体人员，认真学习、全面掌握工程建设合同的内容，特别是应当熟悉掌握专项条款的要求和约定，以便分工负责监控合同的履行。同时，又能紧密配合、相互协调。在跟踪监管合同履行的过程中，应当及时互通情报，尤其是一旦发现偏离合同约定，或出现与预定的环境条件有较大差异的情况时，必须及时如实上报，并提出自己的建议和意见。总监集思广益后，及时采取新的应对措施，包括提出必要的修订合同条款建议。

严谨的工程建设合同监控技术，还体现在履行合同中的风险防范管理。如同任何事物都不可能一帆风顺一样，工程建设合同在履行过程中，往往会出现难以预料的风险。诸如工程项目建设条件的变化、有关法规的修订或政府的特殊指令、自然灾害的突发、汇率的异常变化，以及其他突发事件等。面对这些异常情况，监理人员既要参照工程建设合同有关条款冷静应对外，还应当迅速汇集有关资料和信息，综合分析，研究制定应对方案，力求把意外风险损失降低到最低限度。

工程建设合同监控技术，还体现在合同档案的管理方面。应当说，工程项目建设合同一旦订立，就应当着手建立合同档案。在工程项目建设过程中，凡是与工程合同有关的事项，均必须建立档案，杜绝口头约定，起码应当有规范的追记资料，或补签的文件，确保工程合同档案的完整性。

五、工程建设信息监管技术

信息，历来是社会活动不可或缺的重要元素。在信息时代的今天，信息更是社会赖以发展的重要资源之一（与能源、材料并列为自然界的三大资源）。具体在工程建设领域，信息是监理决策的依据，是监理工程师做好协调组织工作的重要媒介，是实现工程建设三大监控目标的基础。

所谓信息管理，简而言之，就是人们对信息资源和信息活动的管理。人们以现代信息技术为手段，对信息资源进行计划、组织、领导和控制而进行社会活动，以期有效地开发和利用信息资源。信息管理的过程包括信息收集、信息传输、信息加工和信息储存。信息管理是人类综合采用技术的、经济的、政策的、法律的和人文的方法和手段，对信息流（包括非正规信息流和正规信息流）进行控制，以提高信息利用效率、最大限度地实现信息效用价值为目的的一种活动（详见李朝明《信息管理学教程》论述）。

信息管理的对象是信息资源和信息活动；信息科学是研究信息运动规律和应用方法的科学；信息技术是关于信息的产生、发送、传输、接收、变换、识别和控制等应用技术的总称，信息技术架起了信息科学和生产实践应用之间的桥梁。

信息管理是工程建设监理工作中的重要组成部分，是确保工程质量、进度、投资控制有效进行的有力手段。因此，必须建立有效的信息管理组织、程序和方法，及时把握有关项目的相关信息，确保信息资料收集的真实性、完备性，确保信息传递途径畅顺、查阅简便等。从而，使监理在整个项目进行过程中，能够及时得到各种管理信息，对项目执行的实际情况全面、细致准确地掌握与控制，有效地提高工作效率、减轻工作强度、提高工作质量。

信息管理是管理学科的一种类型。因此，它具有管理的一般性特征。即信息管理如同管理的基本职能一样，也是计划、组织、领导、控制；管理的对象也是组织活动；管理的目的也是为了实现组织的目标等。但是，信息管理，作为一个专门的管理类型，又有突出的特有特征。尤其是其真实性、时效性、系统性、层次性、不完全性等。

基于信息管理的特性，信息的采集、加工、传输、应用、反馈，以及信息管理等各方面的需要，拟应运用相应的管理技术。

（一）信息采集技术

采集信息，应当做到及时、准确。所谓及时，就是信息管理系统要灵敏、迅速地发现和提供管理活动所需要的信息。这里包括两个方面：

一是要及时发现和收集信息。现代社会的信息纷繁复杂，瞬息万变，有些信息稍纵即逝，无法追忆。因此，信息的采集必须最迅速、最敏捷地反映出工作的进程和动态，并适时地记录下已发生的情况和问题。

二是要及时传递信息。即只有把信息传输到需要者手中，才能发挥作用，尤其是发挥其应有的时效性。因此，要以最迅速、最有效的手段将有用信息提供给有关部门和人员，使其成为决策、指挥和控制的依据。

所说信息的准确性，就是强调信息的来源可循，内容真实可靠，且完备、准确。只有准确的信息，才能使决策者做出正确的判断。失真以至错误的信息，不但不能对管理工作起到指导作用，相反，还会导致管理工作的失误。

信息采集技术，一般有两种形式。一是比较原始的采集方式，即有的放矢的人工采集方式。对于多变的、或零星的、或特殊的信息，运用人工采集的原始方式，也是必要的。二是对于类项可预知的信息，或大量的通用信息，往往预先选定采集目标，利用计算机软件技术，适时进行信息采集、抽取、挖掘、处理，将非结构化的信息从大量的网页中抽取出来，或者，通过分析网页的超文本语言代码，获取网内的超级链接信息，使用广度优先搜索算法和增量存储算法，实现自动连续分析链接、抓取文件、处理和保存数据，并转存到预设的结构化数据库中。

为保证信息准确，首先要求原始信息可靠。信息工作者在收集和整理原始信息材料的时候，必须坚持实事求是的态度，对原始信息材料认真核实。

（二）信息的加工处理技术

采集的信息如同各自独立的花草，是真是假、可否有用、宜归谁使用等问题尚不得而知。因此，对于采集的信息必须进行加工处理。即加以核实、分类、归并。

所谓核实，就是核实信息的真实性、客观性、实用性。对于虚假信息、毫无价值信息，以及不客观的信息一律删除不用。当然，这种核实不能主观武断，而应当在充分发挥个人聪明才智和经验作用的同时，运用比较成熟的甄别模式（针对不同类型信息设定不同要素进行甄别的模式），还应当采取组织措施，群策群力搞好信息核实工作。通过核实，甄别出真正有价值的信息，为作出正确的决策提供可靠的依据。

所谓分类、归并，就是根据信息性质的不同，进行分类。把性质相同或相近的信息归并到同一科目下，并编号、建档、存储。

在工程项目建设施工过程中，监理工程师围绕"三控两管一协调"工作，应当及时加工整理相关信息。如：

1）施工进展情况：监理工程师每月（甚至每旬）、每季度都要对工程进展信息资料进行分析对比，并作出综合评价，包括实际完成工程量与计划工程量之间的比较。尤其要分析滞后项目的原因、存在的主要困难和问题，并提出改进建议。

2）工程质量情况：监理工程师及时并系统地将当月（季）各种质量情况整理、归纳，尤其是对于重大质量事故情况、原因及处理意见，应当及时简报。

3）工程索赔情况：无论是业主的原因、客观条件的影响而使承建商提出的索赔；还是因为承建商违约使工程遭受损失，而导致业主提出索赔，监理工程师都要客观公正地提出索赔处理意见。

为了便于管理和使用监理信息，在监理组织内部建立完善的信息资料存储制度，将各种资料按不同的类别登录、存放，并收录入计算机信息库。

（三）信息管理

为了保障信息管理系统的有效运转，必须建立一整套信息管理制度，作为信息工作的章程和准则，使信息管理规范化。为此，要采取组织措施和制度措施，保障信息管理的有序运行，即建立相应的制度，安排专人或设立专门的机构从事信息管理。

关于信息管理的制度建设，主要是建立：信息采集制度、信息加工制度、信息分拣制度、信息分析制度、信息传输制度、信息反馈制度、信息存储制度、信息检索制度，以及信息管理人员责任制等。

无论是存储在档案库还是存储在计算机中的信息资料，均应借助计算机网络的便捷手段和路径，保证电信传递和人工传递双重通道，确保信息流渠道畅通无阻。从而，为监理工程师的科学决策提供可靠支持。

六、工程建设协调管控技术

协调，就是通过沟通解决冲突，协调管理就是通过沟通解决冲突的程序和方法。通过协调管理，解决矛盾，保证工程项目目标的顺利实现。工程建设协调存在于工程建设的各个阶段、各个过程、各项工作中。它是监理工作成功与否的关键之一。因此，监理工程师应当明了工程项目建设的哪个关键环节需要积极协调、协调的主要对象是谁、什么时间开展协调、采取什么形式和方法协调等。以便时时、处处掌握协调的主动权，恰如其分地做好协调工作。

工程项目建设是一项时限比较长、牵扯方面多的交易活动。期间，在业主与承建商之间、业主与政府部门之间、业主与监理之间、监理与承建商之间、承建商内部各独立法人之间、业主与材料设备供货商之间、承建商与材料设备供货商之间，以及业主与工程项目周边环境之间、承建商与工程项目周边环境等多方面之间难免发生矛盾。甚至可以说，发生矛盾是普遍的、经常的、大量的。作为受业主委托监管工程项目建设的监理，面对诸多矛盾，既不能掉以轻心，也不能手忙脚乱；既不能听之任之，也不能急于求成解决。而应当依循监理规划中拟定的预案，或拟定的原则，沉着应对，积极协调，逐项破解。

（一）协调的依据

尽管监理受业主委托，具有一定的监管工程项目建设的权利，但是，监理毕竟也是普通的企业法人。它既没有管束其他任何单位或个人的领导权，也没有惩处其他任何单位或个人的制裁权。所以，要想做好工程建设协调工作，首先必须要有充分的协调依据。有了依据，既保证了协调工作师出有名，又便于折服引发矛盾的主要方面，尽快达到协调的目的。

纵观工程项目建设发生矛盾的双方，绝大多数都订立有合同。因此，合同成了监理协调工作最主要的依据。如果发生矛盾的双方没有合同关系，或者已经终止了合同，或者矛盾的事项不在合同约束范围之内等，监理就应当选择适用法规，或者利用通行的社会道德规范作为协调的依据，开展协调工作。总之，开展协调工作，没有依据是绝对不行的。且应视具体情况，选用不同的协调依据，或者多项协调依据并用，以期尽快达到协调一致的目的。

（二）协调的原则

协调，就是通过沟通、调解，达到和谐一致、配合得当的目的。所以，协调绝不是简单的折中，更不是和稀泥，或者倚强凌弱。作为监理，必须坚持应有的原则，才可能搞好协调工作，才可能圆满完成业主委托的监理事项。一般说来，监理的协调工作原则有以下几项。

1. 目标性原则

搞好工程建设，是参与工程建设各方的共同愿望，更是监理的工作准则。所以，监理者进行协调，应当牢记这项准则，而且，应当始终围绕"搞好工程建设"这个目标。在协调工作中，甚至应当把"搞好工程建设"目标作为协调工作的总则。即坚持以有利于目标的实现为原则，努力为增强参建各方凝聚力而协调一致。

2. 依法原则

如前所述，协调不是无原则地撮合，也不是见风使舵地盲目迎合。协调必须坚持依据合同条件和法律文件为准绳的原则。即监理应当高举法律法规的旗帜，突出依法、依规评判协调矛盾的原则。否则，既难以协调一致，更难以提升搞好工程建设的凝聚力。

3. 公正原则

公正原则是建设监理的基本原则之一。监理在从事协调工作中，当然不能例外。尤其是，当监理协调业主与其他方矛盾的时候，监理应当更加突出公正原则，孰是孰非，必须做到"一碗水端平"，决不能为业主文过饰非。监理应当切记任何偏袒业主的言行，不仅败坏了监理的名声，损伤了监理应有的公信力，更重要的是挫伤了工程项目参建单位的积极性，破坏了搞好工程项目建设应有的凝聚力。

4. 实事求是原则

实事求是既是协调工作应当遵循的原则之一，也是一项人人应当遵循的社会公德。应当说，这也是一项基本原则。抛却了实事求是原则，目标性原则、公正性原则、依法原则等均无从谈起。所以，监理在协调的时候，一定要首先认真听取各方的意见，并深入调查研究，掌握发生矛盾的原委，探求切实可行的解决办法。只有从出发点到落脚点，始终不渝地坚持实事求是的原则，才能真正做好协调工作，才能不断提高监理的公信力和增强工程建设的凝聚力。

5. 协商原则

对于监理来说，在工程项目建设监管过程中，若遇到矛盾问题，既没有凌驾于上的领导处置权，也没有司法判决的裁定权，唯有协商调停权。所以说，协调管理是监理工作的一大特点。在监理活动中，时时、处处无不充斥着协商的味道。即便监理与任何一方发生矛盾，即便差错不在监理一方，监理也应当抱定积极、诚恳协商的态度，主动与对方协商解决问题。俗话说：真理愈辩愈明。只要诚恳且耐心地协商，相信终究会统一到正确的认识上来。通过协商，取得统一意见，往往能够进一步激发有关方工作的积极性，进一步实现通力合作的局面，达到多方共赢的目的。在协商过程中，要以说服为主，力戒以法压人、以理压人。要耐心细致地处理矛盾，避免使自身卷入矛盾，或因协商不当而引发新的矛盾。

另外，协调工作还应当力求尽早原则。即一旦发现有矛盾的苗头，就应当及时介入，积极协调。决不能坐等矛盾双方找上门来，才出面协调；也不能等待矛盾白热化了，才介入协调。更重要的是，监理应当充分发挥监理的聪明才智，努力管控，避免矛盾的发生。

（三）协调工作的主要方法

建设监理工作最大的特点是搞好预控，协调工作也不例外。协调工作的预控主要体现在工程建设各个阶段开始之初，监理要协助有关方规范交易活动，尽可能减少有关交易活动的漏洞，并协助签订比较科学、严谨的合同，以期最大限度地降低因合同疏漏引发矛盾的概率。从而，减少协调事项。一旦发生了矛盾，监理就应当积极面对，同时，采取以下几种方法搞好协调工作。

一是采取定期或不定期会议形式协调。定期召开工程项目建设例会，或不定期召开专门会议，是监理最常用的协调方法。凡涉及协调工作的各单位，或各方面人员在一起开会，把问题摆到"桌面上"，开诚布公、充分讨论、共同协商，最终取得一致，解决问题，化解矛盾。用开会的办法协调矛盾，彼此都能把隔阂或意见说在明处，不仅有助于调解，而且一旦形成协调结果，也有助于彼此监督，巩固协调成效。

为了开好协调会议，监理于会前应当拟定一套完整的协调会议方案。诸如必须明确开会目的。同时，明确主持单位和主持人，明确自己被授权和认可的范围；明确参加会议人员的职级和授权要求。监理还应掌握各方的期望目标，预测可能出现的协调情况及其应对措施，预期其成果等。

二是采取规范函件沟通方式协调。这里所说的函件，包括书面文件，如报告、指令、通知、信函、备忘录、纪要等，还包括新兴的电子函件。一般来说，适宜于函件沟通的协调事项，多是磋商难度不大或者比较简单的事项；或者不宜以会议形式、不宜面谈形式；或者相距遥远，而又比较紧急事项等。用于协调的函件，应当简洁明了、用语准确，尤其是磋商的目标要明确、磋商的必要性和合理性要突出、阐述的道理要合法合情。同时，应当留有磋商的必要空间和调整的余地。另外，事前亦应当拟定一套比较完整的协调方案；还应当做好一次，甚至多次的函件协调准备。

　　三是采取分别交谈的方式协调。监理单位掌握各方信息，运用信息，加强协商，是监理具备沟通意见的优势。无论协调什么矛盾和问题，最终都要落到人。或者说，协调的本质，往往是要协调人际关系。监理采取分别交谈的方式，有助于增强人际间的亲密感，有助于加速协调的进度，更有助于提高协调的成功率。特别是会议上难言之隐的问题、函件协调中不便灵活处理的问题、矛盾双方意见差别较大的问题等，比较适宜于采取分别交谈协调的方式。这种方式也可用于会议方式协调之前的准备，也可用于会议协调方式之后的补充和完善。

　　另外，采取分别交谈协调的监理人员，应当具有较高的公信力、较好的语言能力，以及灵活而又不失原则的随机处置能力等。

　　四是借助外力促进协调。监理在受托承接的工程项目建设监理工作中，很可能遇到这样或那样需要协调的矛盾问题。有些问题比较容易协调；有些问题很可能难以协调，而又不得不协调。面对这种情况，监理既要义不容辞地迎难而上，更要善于借助外力促进协调。诸如，借助业主的力量，协调承建商之间的矛盾；借助政府的力量，协调业主与政府相关职能部门之间的矛盾；借助承建商的力量，协调监理与业主之间的矛盾等。当然，这里所说的借助他方的力量，是围绕着协调的目标，而借助的说服力，绝不是助他方力量压制矛盾的某一方。因此，必须事先向借助方陈述缘由，讲明协调一致的重要性、协调方略和协调目的要求，并征得同意。

　　监理在协调工作中，还应注意抓主要矛盾，并全力予以解决。通过协调，不仅要化解矛盾、统一认识，而且应当通过协调，进一步调动各方搞好工程项目建设的积极性，更顺利地实现工程建设的目标。

　　当然，毋庸讳言，协调不是单纯的说教，更不是纯粹的政治宣传，而是实实在在的利益诱导。就是说，协调工作的最终体现的是经济利益。抛却经济利益的协调，必然苍白无力，即使偶尔成功，终不能一而再地长期奏效。

七、监理企业内部管控技术

　　俗话说地好，打铁需要自身硬。作为提供管控技术服务的智力密集型企业，监理单位内部的管理更应当讲究管控技术。或者说，监理管控技术是监理企业的核心竞争力之基。只有提高监理企业的管控技术，才能真正提高企业核心竞争力。

　　如同其他企业一样，监理企业在员工招聘甄选及任用技术、培训教育及工作教导技术、部门和人际沟通管理技术、人性管理技术、绩效管理技术等方面，都应当建立一系列切实可行的管理制度，并努力积淀诸方面的技术。同时，鉴于监理企业员工学识水平比较高、独立工作状态比较多、与企业外部单位和人员接触比较频繁等特点，监理企业还应特别注重授权管理技术、参与管理技术、分工协同管理技术，以及新技术应用等方面管理技术的培育和提高。从而，不断提升监理企业的总体监管技术能力。

第三节　监理技术的应用

　　随着工程建设监理事业的发展，监理技术的应用逐渐扩展，并日益深化。与此同时，随着建设监理技术应用成果的显现，建设监理行业内外对于监理技术的认识不断深化、对于监理技术问题的重视程度不断提高。

一、工程建设监理技术应用概况

建设监理技术的产生是工程建设监理工作的需要，建设监理技术的应用是建设监理事业发展的必然。回顾我国建设监理制开创、推进的历史，纵观建设监理技术的应用状况，显而易见，监理技术是建设监理事业不可或缺的重要支柱。

众所周知，无论是工程项目建设质量、工期监管，还是工程投资监控，都是融合了相应的工程经济技术及其管理等方面知识的应用。2004 年之后，政府又行文责成监理同时负责工程项目建设施工安全的监管。因此，可以说，监理技术的应用范围已扩大到工程项目施工现场建设活动的方方面面，涉及参与工程项目建设活动的各个主体。监理技术应用于对承建商建设行为的监管，自不待言；应用于处理与业主的磋商、协调也是经常发生的事情。同时，还应用于与工程项目建设有关的外围群体。诸如，工程设备采购，不仅影响工程项目建设工期，还影响到工程质量和工程投资。为此，监理既要协调业主与设备供货商之间的矛盾，又要协调施工单位与设备供货商之间的矛盾。又如，工程项目建设与周边单位、周边环境条件的关系也会严重影响工程项目的建设。监理受业主委托，也有责任出面与之协调。

这些协商活动，往往运用合同管控技术、经济管控技术，以及法规、社会道德规范等综合管控技术，采取会议与分别交谈相结合等多种形式积极沟通，及时并合理解决。

二十多年来，广大监理工作者运用日益丰富的监理技术，认真地履行了监理合同，较好地完成了受托的监理业务，有效地促进了工程建设水平的提高。从而，普遍得到了社会的认可，促进了建设监理事业的发展。但是，从全行业来看，不能不承认，有关监理技术问题，还存在很大差距。尤其是，关于监理技术的认识问题、关于普遍提高监理人员监管技术水平问题、关于努力掌控工程建设前沿技术问题等，都有待于全行业孜孜以求，并奋力直追。

二、工程施工质量监控技术应用实例

现阶段，工程建设监理工作，绝大多数侧重于工程项目施工阶段的工程质量和工程项目施工安全监管。尤其是监管工程项目施工安全，耗费了监理人员的大部分精力。笔者不想再在本不属于监理职责范围的有关工程施工安全监管问题浪费笔墨，而仅就有关工程质量监管问题，从监理技术角度，简介一些实施情况。

如前所述，工程质量主要是依靠承建商"干出来"的。作为监理，受业主委托，有责任监管好承建商的实施行为，以达到约定的质量要求；同时，也有义务，尽自己所能，帮助承建商搞好工程质量。无论是监管，还是帮助承建商搞好工程质量，监理应当在熟练掌握实施程序、措施和方法的基础上，预先拟定出监控要点和相应措施，并针对可能发生的意外，制定应对预案（这是监理规划或细则必要的构成内容）。以期保证在工程项目建设施工过程中，有关工程质量的各种情况都在有效的监控之中。

一般说来，对于工程项目施工阶段工程质量的监控，应当针对工程的特点、工程施工环境的特点，以及工程施工单位的特点等制定工程项目建设监理规划或监理细则。工程项目总监应当带领工程项目监理班子相关成员认真学习、掌握有关工程质量监控的内容，并根据工程项目施工进展和变化及时修订完善监控措施。

如，某监理公司在某工程项目地下围护结构采用 $\phi 800$ 连续墙施工时，针对施工场地狭小、地下水位高、主体结构埋深深，以及邻近地下管网繁杂等特点，把该围护结构采用 $\phi 800$ 连续墙施工纳入重点监理范畴，并制订了严密的监理措施。同时，依据公司的经验，不仅强化适时的监测（主要监测地下连续墙的水平位移和垂直沉降），而且制订了预控措施。具体内容，详见表 5-1 所示。

地下连续墙施工常见问题预控措施 表 5-1

常见问题	产生原因	防治措施
导墙变形或破坏	导墙的强度和刚度不足； 地基发生坍塌或受到冲刷； 导墙内侧没有设支撑； 作用在导墙上的荷载太大	降低水位，保持导墙地基的稳固； 现浇混凝土导墙拆模后，应立即在两片导墙之间加设支撑
槽壁坍塌	泥浆质量不合格，降雨使地下水位急剧上升； 在新近回填的地基或坡脚处挖槽； 单元槽段过长； 地面附加荷载过大	根据地质条件、成孔方法和用途确定泥浆的配比，应经常测定和调制性能适宜的泥浆；适时降水； 根据设计要求，土层性质，地下水情况确定单元长度
漏浆	挖槽遇多孔的砾石层或落水洞、暗沟等； 泥浆大量渗入孔隙	可用高黏度泥浆或在泥浆中添加堵漏材料； 也可以直接往槽内投黏土球
钢筋笼吊放不下去	槽壁面凹凸不平，或倾斜； 槽底有沉渣； 钢筋笼刚度不足，吊放时产生变形； 钢筋笼纵向接头弯曲； 定位块过凸出等	钢筋笼必须按设计要求制作； 修正槽壁垂直度并清理槽底； 钢筋笼的吊点位置，起吊及固定方式应符合设计和施工要求
钢筋笼上浮	钢筋笼重量过轻，槽底沉渣过多； 混凝土导管插入深度过大； 混凝土浇筑速度过快	钢筋笼必须按设计要求制作； 导管插入深度不得小于 1.5m，也不宜大于 6m； 混凝土浇筑速度应按施工要求控制
槽段接头渗漏水	挖槽机成孔时，在上段混凝土接头面的泥皮泥渣未清除干净就下钢筋笼浇混凝土	成孔时应先清除粘附在上段混凝土上的泥皮、泥渣

表中列举了地下连续墙施工常见的问题，及其原因分析和有效的防范措施。依此监控施工作业，或者指导施工单位规范作业，就会保质保量顺利完成工程项目施工计划。

又如某监理公司在某工程项目钻孔灌注桩施工监理中，为了保证灌注桩的施工质量，除了按照有关混凝土工程的一般监控要点进行监控外，还根据不同的地质状况、地下水位高低、灌注量的大小等，采取不同的监理措施。同时，又制定了钻孔过程中塌孔、混凝土浇筑过程中埋管等意外情况的应对预案，具体内容详见本章附录：钻孔灌注桩施工监理。

显然，监理工作要想达到这种程度，监理人员必须掌握一定的技术，并且具有相应的实践经验。尤其是面对迅猛发展的建筑业，深基础、大跨度、超高工程、超深工程，以及大体积现浇混凝土工程、特殊造型建构筑工程等，监理人员必须及时掌握相应的工程技术，以满足工程建设监理的需要。

三、BIM 技术在监理工作中的应用

近年来，随着电子科技突飞猛进的发展，BIM 技术（Building Information Modeling 的简称，译为"建筑信息模型"）在我国工程建设领域的应用，开辟了工程建设监理的新天地。像上海世博会的德国馆，由于建筑造型的怪异，不仅给工程设计带来了许多难题，诸如各部构件、管线交错复杂，难以用二维平面图表达，工程施工就更困难。有关监理单位运用 BIM 技术，不仅有效地监控、检查了工程设计的问题，更有效地指导了工程施工，并最终取得了比较满意的建设水平，受到有关方的一致好评。

2008 年 11 月动工兴建的上海中心大厦，总高为 632m，总建筑面积 57.6 万 m^2。不仅建筑体量举世瞩目，尤其是内圆外三角、螺旋式上升的结构构造，更给工程设计、工程施工带来空前的挑战。

作为上海中心大厦的监理团队，上海建科工程咨询有限公司（以下简称建科咨询）尤为重视这项工程建设的监理重任。不仅为该工程项目建设监理派出了精兵强将，而且，作为该项目监理部的后盾，全方位地给予指导、支持。以桩基工程为例，主楼加裙房共计 2759 根钻孔灌注桩，他们对每根桩均用 9 张表式记录其从成孔到注浆的全部质量实测信息。面对如此繁复的工作，如何快捷准确地开展，同时，又能便于检索。在该公司的支持下，他们积极探索基于 BIM 技术，建立工程项目的"质量身份证"数据库。

2012 年下半年，由业主牵头，建科咨询和建坤公司合作提出了利用 BIM 技术辅助现场管理工作。他们首先开发了包含监理工作基本功能和流程的信息工作平台。其主要功能是工程质量管理、施工安全管理、施工现场协调等事项的监理业务。第二步是构建工程管理数据库。累计完成了 16 大类，99 项主要数据库的建设。同时，在业主的倡导推动下，工程施工各专业分包单位积极配合，提供了完整细致的 BIM 模型。建科咨询通过开发插件，对原有模型合理优化，即可以利用日常办公的电脑进行基于互联网的模型在线浏览、操作。建科咨询还提出了"现场模型"的概念。即通过采集整理，直观地反映现场工程实际状况的模型。其中，采用三维激光扫描方式（通过高速激光扫描测量的方法，大面积、高分辨率地快速获取被测对象表面的三维坐标数据），得到被扫描对象的三维点云数据。

基于 BIM 技术，实施质量和安全管理。其主要方式包含信息录入、信息处理、问题处理追踪，以及协调管理、验收管理和信息统计、信息分析管理等。

该数据库可以跟随 BIM 模型一直积累和延续，不仅用于施工过程管理，还能提供给工程项目使用者。

建科咨询应用 BIM 技术，将混杂的、瞬息消失的现场工程施工监管，变换为"可视化"、"可记忆化"，且相对"精准化"的监管。不仅使工程建设监理工作更上一层楼，而且，更有助于提高工程建设水平。所以，可以说，应用 BIM 技术是工程建设监理技术发展的飞跃。

据了解，还有一些工程建设项目施工阶段的施工模拟、三控管理、安全管理、繁杂形状玻璃幕墙（如双曲幕墙）的预制和施工质量的控制和检查等方面，运用 BIM 技术都有了可喜的开端。

2013 年 1 月，上海市规划国土资源局颁发《上海市建设工程设计方案三维审批规划管理试行意见》，开创了我国规划设计方案采用三维审批的先河。这是进一步改进管理方

式、提高管理水平，同时，也是进一步科学规划设计、优化空间环境、提升城市形象而实施的创新做法。

所谓三维审批规划管理，是指基于 BIM 技术（利用三维仿真技术），展示待审批的规划方案。相比平面方案，三维模型能更清楚、更直观地反映工程项目的状况，及其与周边建筑在体量、高度等方面的相互关系是否协调等。从而，不仅能提高审批的效率，更能够提高审批的科学性。因此，上海市政府领导强调，推行工程建设设计方案三维审批是一项涉及行政审批、基础数据库建设、审批平台提升、审核技术提高等多方面的系统工程。并要求各有关部门提高认识，共同推进这一办法的实施。显然，这是贯彻落实我国"十二五"《建筑业信息化发展纲要》，加快建筑信息模型（BIM）、基于网络的协同工作等新技术在工程建设中的应用步伐，推动信息化标准建设的有力举措。

另外，据了解，昌盛联行（北京）商业地产管理顾问有限公司、华润建筑有限公司、永泰房地产（集团）有限公司、中国新兴建设开发总公司、中国建筑股份有限公司等都在探索、应用 BIM 技术，并取得了一定的成效。

显而易见，BIM 技术在规划审批和工程设计、工程施工中的应用，必然要求监理尽速掌握 BIM 技术的应用技能。上海建科咨询的垂范，为全国监理行业树立了很好的学习榜样。

第四节　监理技术的发展

社会发展到今天，恐怕难以找到没有技术含量的企业；即便有个别技术含量偏低的企业存在，毋庸讳言，不是收益微乎其微，就是难以为继。建设监理是新兴的行业，且向来被认为是智力密集型行业。因此，监理技术自然是监理企业核心竞争力的所在。面对科学技术日新月异发展的局面，面对知识爆炸式膨胀的电子时代，不要说监理技术不发展不行，即使是缓慢发展也不行。

纵观我国建设监理行业的现状，应当说，为了尽快发展监理技术，必须进一步提高加快发展监理技术迫切性的认识、必须进一步明确监理技术发展方向和要点、必须强化监理技术发展措施。尽快掀起一场加快发展监理技术的热潮，促进建设监理真正成为智力密集型行业。从而，保障建设监理企业为我国工程建设水平的提高，作出更大的贡献。

一、监理技术的发展方向

要发展监理技术，首先应当明确监理技术的发展方向。只有拟定了比较科学的发展方向并持之以恒地努力，才有可能取得长足的进步。鉴于现阶段我国实施建设监理的状况和建设监理发展的需要，笔者认为，拟应致力于"三前"监理技术的发展。或者说，把"三前"监理技术作为建设监理技术的发展方向。

所谓"三前"监理技术，就是当前的监理技术、工程建设前期的监理技术和工程建设前沿的监理技术的简称。

其中，当前的监理技术，一般是指现阶段，从事工程建设施工监理通行的监理技术。主要包括：工程施工"三控两管一协调"的监理技术，还包括工程施工安全监管技术等。之所以把这些监理技术也作为发展方向，一则是因为目前建设监理行业对于监理技术的认知还普遍有待提高。二则，由于工程施工"三控两管一协调"的监理技术还没有普遍实施。三则，工程施工"三控两管一协调"的监理技术远没有实施到位。当前的这些监理技术是监理企业起码的"看家本事"，只有把它作为阶段性的发展方向，努力夯实监理技术的基础，才有可能进一步攀升、提高。

关于工程建设前期的监理技术，是考虑工程建设的需要，也是建设监理事业发展趋势的必然。即工程建设的勘察、设计，甚至工程项目的选择、规划等迟早要实行监理。与之相应的监理技术，自然成为监理企业追逐的目标。其实，现阶段，有些工程建设项目的施工设计已经实施了监理，有的行业还进行了工程勘察监理试点。工程项目建设全过程实施监理，尤其是工程项目建设前期实施监理，是最有效提高工程建设水平的选择，也是推行工程建设监理制的必然。监理企业要想担负起这项重任，势必要把工程建设前期监理技术作为孜孜以求的发展方向。

关于工程建设前沿的监理技术，可以说，这是一个需要长期为之奋斗的命题。随着社会的发展，各个不同时期，工程建设都有不同的前沿科学和技术。即便是现阶段的施工监理，也有十分丰富的前沿监理技术。诸如，地下洞室施工的防岩爆监理技术、淤泥地质或密布溶洞地质状况下深基础工程质量的监控技术、超高层建筑垂直度监控技术、特大型和多专业工程建设工程进度监控技术等都有值得研究、改进、提高的课题。明智的监理企业领导者，往往总是紧盯着前沿的监理技术，并锲而不舍地追求，以期不断提升本企业的核心竞争力。尤其是，蓬勃崛起的BIM技术，将有可能成为未来建设领域技术信息化的核心技术和方法。

为了推进BIM技术应用步伐阔步前进，住房和城乡建设部于2012年11月，举办了"BIM技术在勘察设计、施工中应用培训班"。培训内容包括：

（1）"十二五"期间，建筑业信息化与BIM技术在建筑领域发展应用趋势；

（2）BIM技术标准体系研究及实施进展；

（3）BIM技术在工程设计阶段应用的成功案例及成果展示；

（4）BIM技术在施工阶段和大型工程项目应用的成功案例及成果展示；

（5）三维协同设计先进软件展示和BIM技术整体解决方案。

参加培训学习的人员，来自勘察设计单位、建筑施工企业、房地产开发企业的工程技术与管理人员，以及有关建设领域科技管理部门人员和有志于BIM技术的大专院校毕业生等。

住房和城乡建设部工程质量安全司还把"制定推动BIM技术应用的指导意见"列为2014年工作要点之一。

清华大学土木系张建平教授指出：BIM作为一种全新的理念，它涉及工程项目全生命期。即从工程项目规划、设计、理论到施工，以及维护技术一系列的创新。同时，也包括管理的变革。国内外的学术界有一个共识，BIM的应用是建筑领域里面的第二次的革命（第一次革命是CAD——计算机辅助设计软件的应用）。我认为，CAD的应用尚仅是技术层面的革命，而BIM的应用，不仅仅涉及技术，更重要的是，它还涉及管理的变革。监理行业拟当紧跟时代潮流，并争当"弄潮儿"。

当然，具体到不同的专业、不同的企业，拟定本企业监理技术的发展规划，应当实事求是地、审慎地选择发展方向。既不能畏缩不前，也不能好高骛远。

二、促进监理技术发展的措施

监理技术的发展，既不能坐等，也不能急于求成，更不能不管不问。监理行业拟应根据现阶段监理技术发展的程度、工作的需求，以及科技进步的速度，努力实现监理技术的快速发展。为了有效地促进监理技术大发展，显然，必须采取强化认识、政策引导、制订规划、积极落实等一系列有力措施。

（一）提高认识

监理技术要发展，既是社会进步的必然，更是发展建设监理事业和提高工程建设水平的需要。或者在一定意义上说，监理技术发展，不仅是建设监理自身行业的问题，更是全社会的问题。然而，现阶段，我国建设监理技术的状况与工作需求的差距，其发展速度与科技进步速度的巨大差距，以及对于监理技术认知的粗浅状况，迫使全行业，乃至有关的方方面面都应快速提高认识。尤其是制定相关政策的部门和监理企业的领导者，更应高度重视监理技术的发展问题，甚至应当提高监理技术发展的危机意识。

就 BIM 技术而言，它是目前世界最先进的建筑行业综合设计施工技术。20 世纪 90年代起源以来，美国、韩国等发达国家均已经广泛应用，而且开发了系列软件，应用于工程项目全寿命周期。我国，从"十一五"开始，投入力量，大力研究开发应用 BIM 技术。然而，我国的建设监理行业对于 BIM 技术却知之甚少，能够应用其中一部分的人才，更是凤毛麟角。所以说，我国的建筑设计水平落后于先进国家数十年，我国的监理技术与国际先进水平相比，差距更大。

其实，不要说在应用先进的科技方面，我国的建设监理有差距。就国内而言，不同的行业间、不同的地域间、不同的监理企业间，其监理技术也有不小的差距。只有充分认识监理技术方面的差距，同时，充分认识快速提高监理技术的必要性，才有可能迎头赶上；才有可能使建设监理事业保有旺盛的生命力。

（二）政策引导

任何新生事物的发展离不开政策的引导。毫无疑问，监理技术的发展亦是如此。如同建设监理一样，我国开创建设监理制以来，相继制定了有关建设监理的法规、办法；制定了监理单位和监理人才发展及其管理办法，制定了有关监理取费问题管理办法等。这些法规政策不仅指明了建设监理事业的发展方向，更是促进建设监理事业发展的有力保障。目前，要想促进监理技术的发展，同样需要制定相关的法规政策。但是，目前，我国毕竟尚没有一部具体的激励监理技术发展的政策法规。因此，要想促进监理技术大发展，首先制定相关的政策尤为必要。相信，无论是国家一级的，还是地方的、专业部门的监理技术发展政策的制定和实施，都将有效地引导监理技术大发展。

（三）拟定规划

作为企业，无论有没有监理技术发展政策，也无论行业有没有相关要求，出于生存和发展的本能，每家企业都会不由自主地发展相应的监理技术。但是，毕竟这种被迫发展监理技术的形式，是低档次的。面对迅猛发展的科技大潮，它又是那么苍白无力。

随着市场经济体制的发展、市场竞争的加剧，监理技术是企业核心竞争力所在的观念日渐强烈。一些监理企业把提升监理技术纳入企业发展规划的做法和经验告诉我们：制订有目标、有计划、有措施的监理技术发展规划，有助于促进监理技术大发展和提高。

至于如何制定发展监理技术规划，应当说，这不是什么严重的问题。一方面，依照制定规划的一般办法，即在充分调查研判的基础上，拟定目标、计划、措施、实施步骤、跟踪检查、阶段评估、协调、修正等一套程序，便可拟定出比较规范的监理技术发展规划。另一方面，如企业确有发展监理技术的内在需求，在集思广益的前提下，自然会很快拟定出符合实际需求的监理技术发展规划。问题的关键，一是确实认识到发展监理技术的重要性、迫切性；二是切实抓好落实。

（四）积极推进

目前，推进监理技术发展工作需要多头并进，多管齐下。一是拟应积极推进监理技术发展规划的制定和落实。无论是监理技术发展规划，还是发展计划，最根本的是抓好落实。发展规划的落实依靠的是计划，计划的落实依靠的是具体实施。再好的规划、再好的计划，如果不注重实施，那也不过是一朵耀眼而不结果的花。所以，积极实施监理技术发展计划是很关键的一步，积极实施监理技术更是最根本的环节。

二是拟应广泛开展交流学习，包括企业内、区域内，或行业内的交流学习；也包括工程建设不同阶段监理技术应用经验的交流学习；还包括创造条件，开展国内外监理技术交流学习等。通过多种形式的交流学习活动，相互借鉴、相互促进，共同掀起促进监理技术发展的热潮。

三是拟应采取多种形式的激励措施。推进监理技术发展既是监理事业前进的必然，更是提高工程建设水平的需要。因此，积极激励监理技术的发展和应用是理所当然的举措。对于积极应用和发展监理技术的监理企业和监理人员，监理企业可以自主地采取精神的、物质的，以及其他形式给予激励；行业协会亦可采取表彰或适度物质奖励的形式给予激励；对于积极应用和发展监理技术的单位和个人，政府部门也可以给予表彰、鼓励。

四是拟应适时制定相应的政策办法。随着时间的推移，我国对于"科技是第一生产力"，这一论断的认识，越来越深刻。同时，也越来越重视。现阶段，可以说，发展科技已经成为我国的大政方针之一。国家《建筑业"十二五"发展规划》明确指出，要"加快制定推进和鼓励企业技术创新相关政策，完善相关激励机制"。国家"十二五"《科技发展规划》强调要"进一步加强科技政策法规的落实，加强创新政策措施的衔接配套，进一步营造有利于科技进步和创新的环境"。因此，可以说，这是推进我国监理技术发展的大好机遇。随着监理技术的发展，适时制定相应的政策办法，必将逐渐被提上议事日程。一旦制定了有关监理技术的法规政策，必将大幅度地促进监理技术的发展。

三、推进监理技术发展拟应注意的问题

关于监理技术的发展，这是个既平常而又陌生的命题。说它平常，是因为，自我国开创建设监理制以来，它就与监理工作紧密相连、无处不在。而且，伴随着建设监理事业的发展而发展。说它陌生，是因为，作为专业术语，于2012年3月，在一个小型研讨会上它才公开出现，比建设监理制滞后了20余年。有鉴于此，可以说，这是一个尚待继续深

入研究的课题。故而，在推进监理技术发展的进程中，尚有不少值得注意的问题。

（一）拟应夯实基础

俗话说，万丈高楼平地起。要想推进监理技术发展，夯实相关基础十分必要。关于监理技术的基础工作，应当包括：监理技术管理体系建设、监理技术管理制度建设、监理技术人员素质建设、监理技术信息管理建设，以及有关监理技术标准规范建设等。显然，搞好这些基础工作，既有助于日常监理工作的开展，又有利于监理技术的拓展。

据了解，现阶段，各地各部门的监理行业、各个监理企业的监理技术都有一定的基础，有的甚至已经取得了跨越式的发展。但是，不能不看到，一方面，有关监理技术基础工作的认知，还比较粗浅。另一方面，彼此之间很不平衡，甚至有较大的差距。即便是监理技术已经有了较大发展的监理企业，其相关基础工作，也有不少亟待补充、完善、强化的工作需要急起直追。

夯实监理技术基础工作，既应当以只争朝夕的精神，快马加鞭。又不能急于求成、草率从事。既应当胸怀壮志、拟定宏伟的目标，又不能好高骛远、醉心于缥缈的幻想。而应当脚踏实地地从眼前的工作做起、从应急的工作做起，扎扎实实地夯实相关基础，为以后的飞跃积蓄力量。

（二）拟应专而精

监理技术是一项内容丰富、涉猎广泛的概念。任何一个监理企业，都很难全面掌握各方面的监理技术。借鉴有关方面的经验教训，监理技术没有"专"，就难以有"精"。只有致力于"专"，才可能达到"精"。所谓"专"，就是监理企业拟应长年累月专注于一个行业、专注于某一方面，踏踏实实地做好每一项监理工作，并努力研究、提升这方面的监理技术，直至达到"炉火纯青"的程度。所谓"精"，就是在专业化监理技术上下功夫"求精"，就是要不断创新，在创新中求"精"；"创新"，就是要突破原有的概念和做法，在突破中"创新"。

没有精湛的专业监理技术，必然难以形成自己的核心竞争力。所以，发展监理技术拟应专而精，切忌贪大求全。即便是已经取得综合监理资质的企业，也应当根据现有的实力，拟定发展战略规划时，选定某一专业作为自己发展监理技术的主攻方向，逐渐构建有一定专业监理技术特色的品牌企业。

（三）拟应全员周知

虽然，在具体工作中，工程项目建设监理班子成员各有分工。但是，毕竟工程建设监理是一项群体性活动。有关工程项目建设监理的监理技术等共性问题，工程项目监理班子成员都应该知晓。以便相互配合、共同推进监理工作的顺利进展。诸如，有关工程项目"三控"监理技术，由于工程质量、进度、投资三者是对立的统一，彼此相互影响、相互制约，其监理技术自然相互关联、相互渗透。在较大规模工程项目监理工作中，尽管三者可能分由不同的人具体负责，但是，必须相互协调、共同推进。绝不可能单打独斗，更不允许各自独断专行、老死不相往来。分工协作既是社会化活动的通行规则，更是工程建设监理工作的突出特点。因此，在一个工程项目监理班子里，大家都能了解，甚至掌握相应的监理技术，对于工程项目监理工作的顺利推进，有百利而无一弊。在一个监理企业内，大家相互交流、学习监理技术，共同提高监理技术，对于提升企业总体监理能力和竞争能力也是势在必行的事情。

有鉴于此，在推进监理技术发展的过程中，切记局限于少数人忙碌，更不要让个别人或少数人专断。对此，有一些企业的做法值得借鉴：一是要求工程项目监理班子内，适时沟通有关监理技术详情。二是要求各位总监，适时总结工程项目监理工作中应用或遇到的有关监理技术问题，或工程技术问题等。三是年度汇编有关监理技术，或工程新技术。四是年度举办全公司监理技术（工程技术）交流学习活动。通过这种形式，既是对员工学习运用监理技术的鞭策，也是提高全员素质的有力举措，更是为进一步提高监理水平奠定的坚实基础。

（四）拟应注重实用

企业是干事的。故而，讲究实用，是任何一家企业都崇尚的理念。所谓实用，是指实际使用价值，或谓实际使用功能。监理技术的实用性，突出体现在有助于监理工作的开展，并且能够产生积极效果。所以，促进监理技术的发展，必须以具有更好的实用性为原则。切忌摆花架子，图形式或装潢门面。

强调推进监理技术的发展注重其实用性，除却一般意义上讲究实用外，更是基于监理资源比较有限的现实而考虑的。就是说，从总体来看，现阶段的监理行业还处于维系发展的状态。既没有充足的人才，去从事超前的监理技术的开发研究，更没有丰腴的资金投向新技术的开发。只能是略有前瞻性地投入新技术的学习、使用。或者说，为了目前监理工作的需要而不得不投入一定的财力、人力。因此，更需要学有所用。决不能为学而学，甚至根据预测，在可视的时期内，无益于监理工作的新技术，也无须投入力量学习研究。总之，讲究实用是推进监理技术发展的基本标尺。

（五）拟应瞄准新技术

现阶段，建设领域的新技术异彩纷呈，且层出不穷。诸如，节能技术、新建材、高强高性能混凝土、信息技术，以及新工法、BIM 技术等。作为工程建设监理，不仅要及时了解、掌握这些新技术，还应当熟练掌控这些新技术的应用。为此，不仅是监理企业，就是从事监理技术工作的从业者，也应当时时关注建设领域的新技术的发展和使用状况，并选定目标，拟定计划，采取措施，力求及早掌控、投入使用。

愿不愿、能不能瞄准新技术，不仅是监理工作潜在优劣的试金石，而且往往也是一个企业、一个监理工作者有没有蓬勃生机、有没有进取心的分水岭。社会的进步，监理事业的发展，要求每家监理企业、每个监理工作者，彻底抛却墨守成规、安于现状的陋习，及时跟上时代前进的步伐。

诸如 BIM 技术，它涉及从规划、设计理论到施工、维护技术等一系列创新和变革。它不仅是建筑业信息化的发展趋势，甚至可以说是整个建设领域的又一项重大变革。相信在不久的将来，我国建设领域必然广泛地运用这项技术。监理行业拟应及早筹划学习运用BIM 技术。从而，不断提升监理素养和监理能力，满足监理工作的需要。当然，如上所述，建设领域的新技术很多，监理行业都应当不失时机地抓紧学习、掌握，并应用于实际工作。

附录 钻孔灌注桩施工监理（节录）

一、总体要求

1. 认真审查施工组织设计（或单项施工组织设计）中有关灌注桩的施工方法、技术措施等章节，符合设计及规范要求后，签署施工组织设计报审表。

2. 检查施工现场的材料、设备和场地布置是否按要求准备就绪，检查特种工程上岗证以及施工管理人员到位情况。施工单位放样复核工作完成后，监理工程师应进行复核，检查护筒埋设是否满足要求，钢筋笼制作是否符合要求等。监理工程师全部复核检查合格后，方可同意开始施工。

3. 成孔过程中，监理工程师对泥浆比重、钻杆垂直度、进尺情况应进行旁站和随时进行巡视检查。发现问题，及时纠偏。督促做好成孔钻进记录，检查成孔记录。

4. 成孔完成后，监理工程师对孔深、孔径、垂直度等各项指标抽查、抽检，并做好记录。

5. 检查钢筋笼的制作，包括对钢筋的规格、数量、间距、电焊及钢筋笼的几何尺寸进行检查。督促施工单位填写钢筋质量检验单和隐蔽工程验收单，监理工程师做好检查记录。

对钢筋笼的焊接过程加强巡视抽检，发现问题，及时纠正。

6. 两次清孔后、混凝土浇筑前，应对孔深再作检查，符合要求后，方可同意浇筑混凝土。检查储料斗体积和储料斗设置高度及混凝土运送设备是否满足要求。

7. 混凝土浇筑时，进行旁站监理。及时检查混凝土坍落度及供应情况，掌握混凝土面高度和导管底部高度，确保导管埋入深度。检查和填写混凝土浇筑记录，落实混凝土试块的制作和养护。

监理工程师应填写工序检验单、隐蔽工程验收单，并检查施工单位的资料收集是否齐全和真实，并旁站监理各类测试工作。

二、施工过程质量控制与要求

1. 钻孔前，应根据设计图纸提供的桩位及现场情况，确定合适的施工工艺及流程。钻孔灌注桩施工前，必须试成孔（数量不少于 2 个），如测得的孔径、垂直度、孔壁稳定和回淤等监测指标不符合设计要求时，应拟定补救措施或重新考虑施工工艺。

2. 泥浆护壁成孔的灌注桩施工时，应在孔位先埋设护筒，护筒内径宜比钻孔桩设计直径大 10～20cm，宜高出地面 0.3m 以上。

3. 成孔设备就位后，必须平整、稳定，钻机钻具与桩位中心要对中，偏差小于 20mm。

4. 钻孔应连续作业，且时时注意土层变化，并认真填写钻孔记录。因故停钻时，应保持孔内具有规定的水位和要求的泥浆相对密度及黏度，以防塌孔，并应采取有效措施及时复钻。

5. 采用泥浆护壁时，应根据地层、钻孔机具等情况，制备性能符合下表要求的泥浆。

项 目		性能指标	检查方法
比重		1.1～1.15	泥浆比重秤
黏度		10～25s	500～700ml 漏斗法
含沙率		＜6％	
胶体率		＞95％	量杯法
失水量		＜30ml/30min	失水量仪
泥皮厚度		1～3mm/30min	失水量仪
静切力	1min	20～30mg/cm²	静切力计
	10min	50～100mg/cm²	
稳定性		≤0.03g/cm²	
pH 值		7～9	pH 试纸

6. 当孔底达到设计标高后，应立即进行成孔检查（孔深、孔径和倾斜率），检查验收合格后，才能进行清孔工作。清孔应在成孔检查后随即进行。不得隔时过久，以防泥浆、钻渣的沉淀增多，造成清孔工作的困难，甚至塌孔。

7. 成孔质量标准应符合下表的要求。

项 目	允许偏差	检测方法
钻孔中心位置	＜3cm	JJY 型井径线
孔 径	$-0.05d$，$+0.1d$	超声波测井仪
倾斜度	≤0.5％	JJX 型测斜仪、超声波测井仪
孔 深	大于设计深度 30～50cm	核定钻头和钻杆长度

8. 应根据钻机类型、孔壁土质，选用掏渣清孔、换浆清孔、抽浆清孔等合适的清孔方法。泥浆比重应控制在 1.15～1.25，含沙率小于 4％。孔底沉淤厚度 20～30cm（用带圆锥形测锤的标准水文绳测定）。

9. 钢筋笼制作，除按设计要求外，当用导管灌注混凝土时，灌注桩钢筋笼内径应比导管接头外径大 10cm。

10. 分段制作的钢筋笼，其长度以 5～8m 为宜，主筋应焊接，焊接应满足设计及施工规范要求。焊接完成，应待其冷却后，方可放入孔内。上、下钢筋笼搭接部位螺旋箍筋应加密（间距 100mm）。在同一截面内钢筋接头数量应小于主筋总数的 50％。钢筋笼制作、运输、安装过程中，应采取措施，防止不可恢复的变形，并设置保护层垫块。

钢筋笼制作的允许偏差为（mm）：

主筋间距	±10
箍筋间距	±20
长度	±100
直径	±10
个别扭曲	±10

11. 钢筋笼吊放入孔时，不得碰撞孔壁。如下插困难，应查明原因，不得强行下插。一般采取正反旋转，慢起慢落数次，逐步下放。其顶面、底面的标高及平面位置均应符合设计要求，误差小于 5cm。

12. 钻孔灌注桩的各工序应连续进行。钢筋笼入孔后，应进行第二次清孔。在测得沉淤厚度、泥浆比重符合规定后，必须浇筑混凝土。灌注充盈系数大于 1。

13. 混凝土骨料粒径：粗骨料小于 4cm，且宜小于钢筋笼主筋最小净距的 1/3；细骨料应选用干净的中粗砂。水泥用量不宜少于 350kg/m³。水下灌注混凝土坍落度为 1.6～2.2cm。

14. 同一配合比的混凝土试块，每班不得少于 1 组；泥浆护壁成孔的灌注桩，每根桩不得少于 1 组。

15. 每节导管的连接必须牢固可靠，确保不漏水、不漏气。料斗的容积应保证首批混凝土浇筑后，混凝土高出导管下口 1m。

16. 灌注水下混凝土时，严禁中途停顿，并应注意管内混凝土下降和孔内水位升降情况。及时测量孔内混凝土面高度，计算导管埋入深度（一般埋深为 2～4m，在任何情况下不得小于 1m 或大于 6m），正确指挥导管的提升和拆除。

17. 导管提升应勤提、少拔，并保持位置居中，轴线垂直逐步提升。当导管法兰卡挂钢筋骨架时，可转动导管，使其脱开钢筋骨架后，移至钻孔中心。随着孔内混凝土的上升，导管应逐节拆除。拆下的管节应立即冲洗干净，堆放整齐。

18. 实际灌注桩高度应比设计桩顶标高高出 5％桩长，且不小于 2m。凿去浮渣后桩顶标高允许误差：±5cm。

19. 所有灌注桩、格构柱施工都要严格按设计图纸与《混凝土结构工程施工质量验收规范》GB 50204—2002 和《钢筋焊接及验收规程》JGJ 18—2012 要求施工。

三、风险源及控制措施（要点摘录）

1. 钻孔过程中塌孔。一般应回填黏土至坍孔位置以上 1～2m 后，待沉积密实再重新钻孔。

2. 混凝土浇筑过程中埋管。出现埋管情况后，如及时发现，可重新埋入导管，重新浇筑混凝土至一定高度后，拆除已埋住导管的能拆除部分。如混凝土已凝结，则重新埋入导管，并重新浇筑混凝土。如埋管位置离地面较近，则加深护筒至埋管标高，进行接桩处理。

以上情况处理后，桩基必须进行钻芯取样检查。一般情况应做断桩处理，由设计单位进行补强设计，并实施。

第六章　推进建设监理事业发展研究

我国工程建设监理制二十余年的实践，已经使这项改革根植于建设领域，同时，奠定了我国建设市场的基本框架。市场经济体制的深化发展，又迫切要求进一步完善建设监理制、不断发展建设监理事业。

如何进一步发展建设监理事业，并使建设监理事业步入健康发展的坦途。这是摆在广大监理工作者面前一项严峻的课题。尤其是近几年来，有关方面不断组织相关人士进行了有益的探讨，并逐步理清了头绪、明确了关键事项、研究了前进的路径和方法，还进行了可喜的探索实践。

当然，毋庸讳言，在如何进一步发展建设监理事业的观念上，还存在种种歧见。从辩证的观点看，对于任何事物有不同的看法，是正常的现象，是关注新生事物的表现。真理往往在思维萌动中产生，更在争论中确立、成长。

思想认识是行动的指南。发展建设监理事业，首要的问题是，进一步深化认识建设监理制的实质，坚定建设监理事业的发展方向。其次是，适时完善有关监理法规。第三要加快培养监理人才。第四应当积极拓展监理业务范围。第五要不断强化监理企业自身建设等。

第一节　建设监理制与菲迪克模式

众所周知，国际咨询工程师联合会（法文缩写 FIDIC），中文音译为"菲迪克"，是1913年，由欧洲3个国家独立执业的咨询工程师协会在比利时根特创建。迄今，它已是国际上最有权威的、被世界银行认可的咨询工程师组织。菲迪克下设的专业委员会，制定了许多建设项目管理规范与合同文本，已为联合国有关组织和世行、亚行等国际金融组织，以及许多国家普遍承认和广泛采用。

我国实行改革开放国策之后，借鉴国际上通行的菲迪克模式，结合我国的具体情况，于1988年开始，创建了工程建设监理制。

随着建设监理制的推行，从事工程建设监理的企业，以及从事工程建设咨询的企业迅速增加，且均成立了全国性的协会。经协商，1996年10月，中国工程咨询协会代表我国加入菲迪克（一个国家只能有一个协会参加），成为正式成员。现在，世界上已有67个国家或地区的相关协会加入菲迪克。

回首我国实行工程建设监理制二十余年的实践，对比菲迪克模式的基本原旨，不仅可以匡正、深化对于建设监理制的认识，而且，有助于坚定和促进建设监理事业的发展。

一、菲迪克模式的实质

所谓菲迪克模式，是指业主委托"工程师"（即监理——以下同，业主与"工程师"

签订《业主/咨询工程师标准服务协议书》）监管与承包商（即承建商，以下同）签订的合同（包括《土木工程施工合同条件》、《设计－建造与交钥匙工程合同条件》、《电气与机械工程合同条件》、《土木工程施工分包合同条件》）的实施，形成业主、监理、承包商三者之间互相联系、互相制约、互相监督的合同管理模式。

综览菲迪克合同文本（包括"协议书"、"通用条件"、"专用条件"等三大部分），都会感到这些合同文本共同的显著特点，主要是：权责明晰合理、彼此相互制约；内容丰富细腻、宜于操作管理；条款周全有逻辑、公平公正无偏倚。因此，菲迪克模式越来越受到欢迎而被广泛采用。世界银行等一些国际性金融机构无不强调采用菲迪克模式，甚至把采用菲迪克模式作为贷款的必要条件。

有鉴于此，不妨简要梳理一下对于菲迪克模式的认识。

（一）菲迪克模式是市场经济的产物

在菲迪克模式下，建设市场的主体由业主、监理和承建商三方组成。围绕着工程项目建设，三者之间是"矛盾的统一体"。业主是建筑商品的买方，承建商是建筑商品的卖方，监理是二者买卖交易的中间人。为了项目实施，监理根据合同条款的有关规定，对项目进行具体的合同管理、费用控制、进度跟踪、质量监督和组织协调。有权作为中间人根据合同条款"公平、公正、不偏不倚"地做出自己的客观判断，对业主和承建商发出指令并约束双方。理论上，业主也无权影响和干涉监理的决定。因为若业主要求监理采取偏颇的立场就属于违约。监理是独立于业主和承建商以外的第三方，即业主和承建商签约时，就默认了双方将遵守监理所做出的各类指令，即便这种指令有失误，只要尚可承受，就要遵从并且执行。

众所周知，在商品交易活动的初级阶段，不需要中间人从中调停。随着市场经济的发育，复杂的经营活动，尤其是期货交易，如没有中间人，往往难以成交。建设市场中的交易活动亦是如此。20世纪初期，英国等比较发达的资本主义国家，出于业主、承建商意欲顺利完成交易活动的共同需求，孕育了监理行业。监理行业为了健康地发育成长，同时，也是为了不断巩固建设市场的三元结构，促进工程建设水平的提高，不断总结、归纳、升华，形成了现行的菲迪克模式。

我国在改革开放的进程中，在建立市场经济体制的初期，为适应新经济体制的需要，适时地创建了建设监理制，受到赞赏、并快速发展的事实，再次验证了菲迪克模式是市场经济的产物这一观念。

（二）菲迪克条款是工程建设管理科学的结晶

菲迪克条款把工程技术、工程经济，以及工程建设管理等多方面技术、经济、法律和管理知识融为一体，形成了严谨、周全、科学、合理的合同标准范本。同时，鉴于其公正、公平和权威性，而日益被广泛接受和遵从。

菲迪克合同条款，即菲迪克合同文件是用来处理工程项目业主（工程项目法人）、工程设计单位、工程材料配件和设备供应单位及监理单位等之间关系的方法和准则。

新版菲迪克合同条件，共有七部分组成，即

1)《施工合同条件》（新红皮书）；

2)《生产设备和设计施工工程合同条件》(新黄皮书);

3)《设计采购施工(EPC)交钥匙工程合同条件》(银皮书);

4)《简明合同格式》(绿皮书);

5)《菲迪克合同指南》;

6)《工程咨询服务协议书标准格式》(白皮书);

7)《工程咨询服务指南》。

经国际咨询工程师联合会授权,中国工程咨询协会已于2002年组织翻译出版以上菲迪克新版全套合同条款和说明。其中,每种合同文本一般都分为协议书、通用(标准)条件和专用特殊条件等三大部分。

显然,以上有关工程建设的合同文本,基本覆盖了工程建设活动的方方面面。或者说,工程建设活动中,各种合同关系的处理方法,都可以从菲迪克合同文本中找到解答,而且是比较科学、正确、合理的解答。何况,菲迪克组织建立以来,依据长期的工程建设管理实践经验和各国的具体情况,不断修订、补充、完善菲迪克合同文本,使其更加富有科学性、完整性、权威性,不断赢得了世界各地的认同和赞誉。

这一套制度突出的是"监理工程师"在工程建设中的灵魂地位和作用。菲迪克合同文件的优点还在于,事先确定的工程建设"游戏规则"合情合理,且有利于各方权利相互制衡。同时,也能大幅度地降低建设成本,提高工程项目安全度。从而,取得较高的经济和社会效益,还能有效地遏制建设领域,乃至社会腐败的滋生。所以说,菲迪克合同文本是工程建设领域一部科学的管理宝典。

(三)菲迪克模式是提高工程安全度的最佳机制

综览菲迪克合同文本通用条款,其绝大多数条款都涉及监理的职责,且赋予监理比较大的权力。合同文本中,有关监理职权的规定非常细致、具体。对监理各种权力的使用,亦作出了明确的界定。监理的权利主要有两种类型,一种是直接行使权力,如批准进度计划、施工方案、核对承包商完成的工程量等。另一种是先与业主(有时包括承包商)商量后,再作出决定。如工程变更、批准或拒绝承包商的索赔要求等权力。这些内容,都是有关工程建设项目的质量、工期、费用等方面的要约和规范。

菲迪克合同文本恰当地界定建设市场中各行为主体的职责,要求按照各自的职责和权限承担相应的责任。可谓"泾渭分明",不容错乱。如业主应当依照合同文本的规定,为达到约定的工程质量标准、为在一定的期限内完成工程项目建设内容,就要按照约定提供相应的工程建设资料、工程资金,以及其他有关手续等各项支持;承建商则应按照合同约定,承担工程项目建设的实施责任;监理则应为工程项目建设各项目标顺利实现而"保驾护航",搞好监控。从而,最大限度地调动有关各方的积极性,为工程项目建设的顺利实施,并达到工程建设安全度的最高水准。所以说,菲迪克模式是提高工程安全度的最佳机制,是建设市场各方,乃至备受社会普遍欢迎的工程建设管理模式。

二、我国对菲迪克模式认知的历程

按照菲迪克文本要求进行工程建设管理,早已成为世界普遍采用的模式。同时,对于国际金融机构要求按照菲迪克模式进行工程建设,对于外资企业严格遵循菲迪克文本的行径，我国的方方面面越来越能够充分地认知和支持。

（一）世行贷款工程项目建设的要求

我国自 20 世纪 80 年代开始，随着改革开放大政方针的实施，利用外资建设的工程项目不断增加。国家统计局统计公报显示：1983 年实际使用外资 19.6 亿美元，1990 年增加到 101 亿美元，2000 年为 407 亿美元，2010 年为 1057 亿美元。其中，利用世行贷款和其他国际金融组织资金进行工程建设的事项越来越多。这些金融组织往往要求资金使用国比照菲迪克模式进行工程建设和管理。我国的鲁布革水电站工程，以及之后的一些水电工程建设和公路工程建设等也因使用有外资而采用了菲迪克模式。

在这些工程项目建设中，我国政府有关部门、工程项目的建设单位和工程施工单位，以及工程设计单位等开始被迫接触、初步认识菲迪克模式。应用菲迪克模式，给工程项目建设带来节省投资、加快进度、保证质量等切实利益，使越来越多的单位和越来越多的人认识并接受菲迪克模式。以致于越来越多的单位和越来越多的人主动学习菲迪克合同文本知识。同时，随着外资项目的剧增，菲迪克模式应用的范围逐渐扩大到水利工程建设、环境保护工程建设、铁路工程建设、城铁工程建设，以及城市基础设施建设和一般民用工程建设等。

（二）我国建立市场经济体制的必然

20 世纪 80 年代初期的改革浪潮，最根本的冲击是单纯计划经济体制。其中，建筑业率先改变过去以完成工程建设任务为是的现状，转而为追求企业经济利益为主。这种效益观念的日益强化，已为原有经济体制所不容。其突出表现就是，实施百元产值工资含量包干制（以下简称"百含"）初期，改变了企业吃国家"大锅饭"的弊端，调动了企业生产积极性，促进了建筑业的发展，职工工资也有较大幅度增长。但是，由于"百含"以完成产值决定企业分配。不少施工企业的经营者，首先考虑的是产值，其次才是工程质量、经济效益。自觉或不自觉地用利润"买"产值，求含量以保职工收入。同时，计提"百含"的基数难以科学界定，造成同样的附加劳动，却得不到相同的报酬。另外，工资总额的"封顶"，导致"百含"的剩余。这些"剩余"的累加，又引发种种矛盾。因此，"百含"办法日显"蹩脚"。

在实施"百含"办法的过程中，被迫运用菲迪克模式的实践，使我们看到工程建设管理的新模式。这种模式不仅仅是对于工程施工企业管理机制的改革，而是整个建设领域体制性的改革。这就是 1988 年开创的工程建设监理制（详见第一章第一节）。工程建设监理是适应经济和科技迅速发展需求，而出现的智力服务产业。它以综合运用多学科专家所拥有的知识、技术、经验的优势，为工程项目的决策、实施和管理全过程提供服务，为经济建设提供服务。它为避免决策失误、降低投资风险和提高经济建设效益，发挥着越来越重要的作用。各国政府和各类投资业主，都很重视工程建设监理制。经过试点、普遍推行，到 1996 年开始，已经进入全面推行阶段。我国建设监理制的迅猛发展，正说明这种借鉴菲迪克模式的工程建设管理方式符合市场经济体制的需要。

在近二十余年的工程建设监理实践中，这项改革不仅为不断提高工程建设水平、提高投资效益，发挥着越来越突出的作用。而且，还积累了发挥工程专业技术人才作用的丰富经验。更重要的是，改革的明显成效使我们进一步认识到工程建设借鉴菲迪克模式的必要性和可行性。

（三）走出国门的认知

我国的改革开放，既敞开了国门，吸纳了越来越多的外资，又引导我国的建设业走出国门。在使用外资的过程中，我们被迫接触、使用了菲迪克模式；我国的建设业走出国门，进一步被迫适应菲迪克模式。据国家统计局统计显示：我国对外承包工程和劳务合作及设计、监理/咨询完成营业额，随着改革的扩展也大幅度地增加。如1990年完成营业额仅为17亿美元，2000年增加到113亿美元，2010年更猛增到1011亿美元。20年间增加了58.5倍，真可谓突飞猛进。走出国门的工程施工企业，或者工程设计单位、工程监理单位、工程咨询单位，无不按照菲迪克模式开展业务。一般说来，其完成营业额越大，投入的人力亦越多。就是说，我国的建设业有越来越多的人认知并熟悉菲迪克模式。

另外，我国企业到国外投资的额度也迅速增加。国家统计局2012年公报显示，全年非金融类对外直接投资额601亿美元，比上年增长1.8%。其中，用于工程项目建设的投资者，按照国外的法规和通行做法，往往都采用菲迪克模式。从而，使我国的投资者、工程承包企业、工程监理企业等建设市场中的三大主体均逐渐熟悉、习惯于菲迪克模式。由此，了解，乃至掌握并能够熟悉应用菲迪克模式的企业和人士越来越多。

（四）参与与推广

如上所述，随着改革的深入和我国世贸组织成员国地位的恢复，使用世行和其他国际金融组织贷款建设的工程项目的增加，按照菲迪克模式进行工程建设管理的范围和数量不断扩展。基于工作的需要，我国工程建设管理模式逐渐向菲迪克模式靠拢。早在1990年7月，我国财政部制订了《世界银行贷款项目国内竞争性招标采购指南》。1996年又制订了《世界银行贷款项目采购管理暂行规定》（财世司字［1996］167号）。该规定要求：从1996年7月1日起，我国所有世行贷款项目中货物和土建工程的国际、国内竞争性招标，必须使用财政部和世行统一修订的相应的"范本"作为招标文件的商务部分。"范本"的标准条款（投标人须知和合同通用条款）任何单位不得擅自修改。其实，"采购指南"和"范本"都是参照菲迪克有关文本拟定的。由此，推动了菲迪克合同条件在我国建设市场的应用。

由于菲迪克模式具有条款严密、系统性和可操作性强，以及工程建设各方（业主、监理、承建商）风险责任明确、权利义务公平的特点，逐步为我国所接受并使用。在使用过程中，根据我国的具体情况，又不断加以调整，极大地促进了建设管理模式的改革。菲迪克模式对我国建设体制产生的影响和冲击，除却开创了工程建设监理制以外，最典型的体现之一，就是1999年《建设工程施工合同示范文本》的修订——抛弃了多年来沿用的模式，变为和菲迪克合同文本框架基本一致的形式，其条款内容亦比较类似。

我国建设监理制的蓬勃发展，工程建设监理行业队伍的日益壮大，建设监理/工程咨询已成为我国建设领域不可小觑的一支中介力量。1996年10月，中国工程咨询协会代表中国工程建设中介服务机构加入菲迪克，成为国际咨询工程师联合会的成员。为我国工程建设中介服务机构进一步了解、掌握菲迪克模式，进一步扩大菲迪克模式的认识、应用范围提升了内在原动力。

三、菲迪克模式的应用与建设监理制的发展

菲迪克模式之所以能够成为国际上工程建设通行的管理模式，最为根本的原因是，这种模式是市场经济体制的产物。它代表了市场经济体制下，工程建设管理模式的发展方向。我国比拟这种模式开创的工程建设监理制，之所以能够如此快速地发展，就是因为它与我国建立的市场经济体制相吻合。换言之，我国要想进一步推进工程建设监理制的深入发展，则应当不断学习、实施菲迪克模式。从而，进一步完善、规范、巩固建设领域的市场经济制。

我国工程项目建设实行建设监理制以来，基本上构建了建设领域市场经济体制的雏形。二十余年的实践不断验证了这种模式的科学性、方向性。同时，也使大家进一步认识到现有状态的不完善性。尤其是关于工程建设监理制的认知有待于进一步深化，建设监理不能止步于工程项目施工监管，更不能局限于工程施工质量和施工安全监管。另外，规范业主行为和规范承建商行为等，都是推进建设监理事业发展道路上亟待解决的突出问题。

（一）菲迪克模式与建设监理制

实行菲迪克管理模式，是工程建设管理改革的方向。这已经是不争的事实。应当说，我国开创工程建设监理制，为实行菲迪克模式奠定了必要的基础。众所周知，没有建设监理/咨询，就没有建设市场的中介。建设市场没有三元结构模式，就不能实行菲迪克管理模式。可以说，建设监理是实行菲迪克管理模式的必要条件。

在菲迪克合同条件下，"工程师"代表业主管理合同，应该做到不偏向任何一方。但是，毕竟"工程师"是受业主委托进行工程管理，"工程师"的报酬由业主支付。显然，"工程师"应当维护业主利益。即在合同条款规定内，监督承建商履行工程项目建设合同所商定的义务。监督、帮助承建商履行好合同，也就是维护业主的利益。"工程师"处理日常工作中，处于合同管理者的地位。应当替业主着想，以业主满意为准绳，使业主省心、省时、省力、省钱。让业主感觉到，委托给"工程师"去做，比自己亲自做要好，使之产生安全感。同时，"工程师"在履行自己的职责时，必须公正行事。若不能公正、公平地处理问题，不仅失却了承建商的信任，还可能遭到承建商的诉讼。而一旦引发诉讼，"工程师"不仅处于被动境地，更重要的是，很可能由此名声扫地，而失却长远的利益。所以，"公正、公平"是"工程师"至上的行为准则。我国的建设监理制强调监理应当秉持"公正、公平"的原则，即源于此。

要做到"公正、公平"处理问题，其前提是"独立"。没有"独立"的身份，必然难以做到"公正、公平"。由此，我国有关工程建设监理法规中规定："监理单位应按照'公正、独立、自主'的原则，开展工程建设监理工作，公平地维护项目法人和被监理单位的合法权益。"菲迪克规定的会员准则，包括独立性准则、学识准则和经验准则三项。其中，最为看重的是独立性准则。

工程建设是消耗物质资源、人力资源、资金资源和时间资源，并将其转化为工程产品的过程。合格工程资源的投入是合同目标实质的保证。"工程师"的控制水平高低，决定了工程资源优化的程度，影响着合同目标成本的水平。工程建设项目施工过程中，合同目标的实现与计划之间，往往有一定的偏离。"工程师"的作用，就在于编制监理规划，以

及监理细则，并运用动态控制为主的过程控制方法，使"工程师"的现场质量控制、进度控制、投资控制始终与合同目标方向相一致，甚至与既定目标基本吻合。

"工程师"在工程建设中的管理，从形式上看，是进行"三控制两管理一协调"。实际上，还包括了法规执行管理、标准规范实施管理、工程建设程序和技术管理、人力资源管理、风险防范管理、文书资料管理及综合管理等多方面内容。所以，"工程师"的职责甚为繁重。故而，对"工程师"的素质要求比较高。就是说，一般情况下，"工程师"是复合型的高素质人才。由这样人才组成的专业化服务团队，必然对提高工程建设水平，大有裨益。

总之，我国的工程建设监理制是由菲迪克模式演化而来。故而，在构建三元结构建设市场体系、人员素质要求、工作原则和主要内容等方面基本上都一样。

（二）实行菲迪克模式必须实行"小业主"战略

市场经济的最大特点，就是力求以最小的投入，换取最大的收益。因此，国际上，工程建设项目投资方（业主），为了尽可能减少投入和提高管理效能，积极主动地委托工程监理承担工程建设监管工作，而不参与工程项目建设的实施管理。即便参与，组建的"项目法人"，也是很小的班子。但是，在我国，由于长期单纯计划经济管理体制形成的习惯，以及小农经济意识长期的影响，人们往往习惯于"把住权力"，"事事亲为"。在市场经济体制建设初期，这种习惯势力依然不肯轻易退出历史舞台。诸如，建设单位不愿通过招标选用工程建设项目的施工单位、不愿委托监理单位管理工程项目建设，或不愿把经济大权交给监理单位等。因此，不得不组建依然庞大的工程建设项目管理机构，与委托的监理单位对工程建设重叠地进行管理。这样，既造成人力、财力、物力的浪费，又干扰了监理单位的工作，束缚了建设监理效能的发挥。无形中阻碍了工程建设水平的不断提高。这种与国际惯例接轨背道而驰的做法，应当悬崖勒马，改弦更张，尽快迈向"小业主、大监理"康庄大道。为尽早实行菲迪克管理模式铺平道路。

要想实施"小业主、大监理"发展战略，首先应当促使业主解放思想，不断提高对实行建设监理制必要性的认知。同时，辅以必要的政策约束。诸如政府拟对国家投资（包括地方政府投资、国有企业投资）建设的工程项目的项目法人机构规模加以限制；对于委托实施监理的阶段予以拓展；对委托监理的权限予以明确扩大等。从而，不断扩大实施建设监理的覆盖面。第三，强化政府的监督力量。采取稽查形式、统计手段，以及不定期的督导等方法，加大政府监督力度。还要充分利用社会监督、舆论监督等力量，共同推进"小业主、大监理"发展战略的实施。

（三）实行菲迪克模式必须规范承建商行为

我国的建设市场形成不久，在不少方面极不健全，更不规范。就承建商而言，虽然承建商由来已久。但是，按照现代企业的标准来衡量，不仅其组织建设有待提高，而且，其市场交易行为更待规范。现阶段，一些承建商存在着种种不规范行为，特别是：

1）管理不到位，主要包括管理者不到位——工程施工时的实际项目管理者与投标时的承诺不一致，或者虽有其名，不见其人；上下指令脱节——包括管理层内上级指令不能完全贯彻实施、劳务层对管理层的指令不能完全贯彻实施；或者工程总包单位对分包商撒手不管等多种情况。

2）盲目追求高额利润，主要是指不顾客观条件，舍弃或降低工程标准，甚至不择手段，如采购低价劣质建材、减少必要的工序、降低工程质量标准、降低或减少安全设施措施和劳动保护标准等，以期获取高额利润。

3）未能按照规定，做到重要岗位，操作人员持证上岗的规定。对劳务层素质低下的状况疏于管理。

4）不实事求是投标，企图以低价中标、高额索赔方式占据市场，获取利润。或者"围标"、"串标"，扰乱市场。

5）假借其他原因，不认真履行合同，或不接受监理的监管，或不配合监理工作。

6）肢解、转包工程等。

在规范承建商行为的同时，还应创造条件，促进承建商了解菲迪克的内容和意义，以提高承建商对实施菲迪克模式的认识，做到在思想认识上接受，在行动上适应菲迪克管理模式。

更重要的是，应当使承建商真正认识到，承建商是工程项目建设质量、进度、费用三大目标的具体实践者和主要责任承担者，还是工程施工安全的首要责任者。俗话说，工程质量、工程进度、施工安全等是"干"出来的，不是"管"出来的，也不是"监督"出来的。如《建筑法》第四十四条明确规定："建筑施工企业必须依法加强对建筑安全生产的管理，执行安全生产责任制度，采取有效措施，防止伤亡和其他安全生产事故的发生。建筑施工企业的法定代表人对本企业的安全生产负责。"第四十五条也明确规定："施工现场安全由建筑施工企业负责。实行施工总承包的，由总承包单位负责。分包单位向总承包单位负责，服从总承包单位对施工现场的安全生产管理。"第五十八条明确规定："建筑施工企业对工程的施工质量负责。"按照菲迪克条款规定，发生工程质量事故后或者存在工程质量隐患，无论"工程师"发现与否，承建商都应承担责任。即便是竣工交付使用后，也由承建商承担责任。在这种思想的指导、约束下，国外的承建商对工程质量都能比较认真对待。所以，一般情况下，"工程师"无须对工程质量费心劳神。而侧重于工程量的核验、变更的处理、进度款的审查，以及与有关各方的协调等。

目前，我国的承建商还应当进一步摆正与监理的关系。继续转变被迫监理、应付监理的观念；下大力气转变依赖监理观念。尽早实现自觉接受监理、积极配合监理，与监理等各方齐心协力，共同搞好工程建设。

（四）实行菲迪克模式推进监理制的发展

随着我国加入世界贸易组织时日的推移，中国改革开放的深化，国际市场一体化程度的提升，以及中国成为国际最大最热建设市场局面的形成。为广泛采用菲迪克模式奠定了坚实的基础。再加上，菲迪克模式具有诸如：合同条款脉络清晰、逻辑性强，业主与承建商风险合理分担，市场主体各方权责明晰、相互制约，有利于合同管理，搞好"三控"；且菲迪克模式已为世界大多数国家所采用，又为世界银行和其他国际金融机构强力推荐。所以，我国普遍采用菲迪克模式进行工程建设的做法，已是大势所趋，不可阻挡。

长期以来，我国建设领域管理落后，已经付出了高额学费。但是，却迟迟未能从根本上吸取教训，以致于问题累累，且久久未消、再而三地发生。诸如：投资失控（工期略长的工程项目，几乎没有决算不超概算）；浪费严重（群众戏谑"走进大工地，脚踏人民币"，现场浪费现象比比皆是，管理失误导致看不见的损失更是触目惊心——某工程因更改开标时间，业主被索赔高达逾亿元）；工程全寿命周期缩短（一是质量低劣，二是违规建筑，三是规划不科学导致建筑物倒塌或拆除）。这些问题的产生，既有体制性的原因，也有机制性的原因。面对这种状况，依据国际上共同认可的经验，即采用菲迪克模式就可能大幅度地剔除造成建（构）筑物垮塌的机制性的原因。同时，也会有力地遏制引发质量事故的体制性原因。因此，全面采用菲迪克模式必然是我国建设领域为之努力的方向。

要想实施菲迪克模式，首先要加大宣传，促使有关方面提高认识，并真正认可菲迪克模式。同时，应当尽快培养监理人才，并努力提高监理人才素质。形成一支数量充足，并能够熟练运用菲迪克条款的监理大军。

应当说，我国推行建设监理制，已经为实施菲迪克模式奠定了坚实的基础。只是现在的建设监理仅仅局限于工程施工阶段，尤其是仅仅局限于工程建设施工阶段的质量和安全监管。因而，严重限制了建设监理应有潜能的发挥。如果，能够实现真正委托监理全面负责工程建设的"三控、两管、一协调"工作，像国外业主按照菲迪克模式，全权委托监理一样；如果，能够逐渐使监理工作前移，而最终实现工程建设全过程监理的话，我国的工程建设必将踏上更加健康发展的坦途。

第二节　完善建设监理法规研究

俗话说，"没有规矩，不成方圆"。作为指导、约束人们行为的法规，是人们社会活动中不可或缺的东西。大到国家政权、社会秩序，小到企业活动、个人行为，无不要有一定的法规为遵循。对于建设监理，这项改革中兴起的新生事物来说，同样需要相应的法规作指导。在其发育发展的过程中，更需要相应的法规"护航"。

应当说，我国开创建设监理制以来，比较适时地制订了相关法规规章，有效地引领着建设监理事业的发展。但是，不能不看到，建设监理法规建设总是滞后于建设监理事业发展的需要。特别是，建设监理事业进入全面发展阶段以来，建设监理法规建设的严重滞后和偏颇给建设监理带来的束缚和干扰日益加剧，在一定程度上制约了建设监理事业的发展。广大监理工作者无不渴望加快建设监理法规的完善步伐。

一、现行建设监理法规问题的探讨

如前所述，法规是推行改革的保证。同样，不科学的法规会制约改革的发展。近些年来，建设监理的实践证明，有些监理法规规章存在着一些偏颇，不同程度地影响了建设监理事业的发展。归纳起来，比较突出的问题有以下几方面。

1. 过分强调旁站监理

在工程施工阶段，尤其是对于重要工程施工环节，监理应当深入施工现场，监管、了解，以及指导具体施工。这是监理基础工作的一部分，也是监理工作的常识。但是，绝不是监理工作的重点，更不是监理工作的主要形式。众所周知，监理工作的核心是"预控"。即，针对工程项目建设的特点、难点和关键环节，以及以往的工程通病，监理事先进行集思广益分析，有针对性地提出相应的预防措施和对策，实现对工程的主动控制。监理预控是保障工程建设顺利实施的有效方法。通过预控达到规范操作、避免事故、减少损失，从而保证工序质量，提高工程质量，提升经济效益和管理效益。预控水平的高下，是监理企业综合能力的集中体现。因此，科学评定监理投标书优劣的关键，就是评定其投标书中监理大纲所拟定的预控措施优劣。

当然，制定周全、科学的工程项目建设监理预控措施，只是监理工作的良好开端。搞好监理工作的关键还是要按照监理计划认真地付诸实施。即，对于每项重要工序或方案，务必在实施前，与承建商一起弄明白干什么、怎么干，以及如何干好。在实施过程中，还应当有针对性地进行"旁站"，核查措施的落实情况，并及时纠偏。

由此可见，"旁站"只是监理工作中的一个比较小的组成部分。没有"旁站"不行，过分强调"旁站"也不对。然而，时至今日，尚没有制定如何搞好"预控"的有关办法，有关"旁站"的管理办法却早已实施。而且，在"旁站"的管理办法中，要求监理人员几乎时时处处在工程施工活动一旁监管。否则，就是监理不到位。为此，监理人员不得不把大量的时间花费在跟踪繁多的工程施工活动上。

实施"旁站"，客观上加强了对于工程施工主要活动、重要环节的监管。从而，强化了对于工程施工质量的监管，或者说促进了工程施工质量的提高。但是，更应当看到，实施该办法后，无形中把监理变成了监工，淡化了监理以预控为主的工作形式。而且，增添了监理与施工操作人员之间的对立情绪。有鉴于此，广大监理工作者一再呼吁：尽快修改这些规章。

2. 不许监理企业承接造价管理

监理的主要责任之一，就是监管工程造价，控制工程投资（"三控"之一）。这是我国开创工程建设监理制之初就已经明确的内容，而且，在十多年的监理实践中，认真落实并取得了有目共睹的可喜成效。

然而，2006年7月，有关部门制定的《工程造价咨询企业管理办法》（以下简称《办法》）第九条规定：甲级工程造价咨询"企业出资人中，注册造价工程师人数不低于出资人总人数的60%，且其出资额不低于企业注册资本总额的60%"。乙级、丙级工程造价咨询企业资质标准亦有相同的规定。众所周知，基于监理企业应当提供高智能技术服务的宗旨，其人员构成必须以工程技术人员为主，而辅以少量的工程经济人员。所以，无论是哪类资质等级的监理企业，即便是刚刚组建，尚未取得资质的小规模的监理企业，其注册造价工程师人数也绝不可能是多数。即使是股份制企业，工程经济类人员的出资份额，同样也绝不可能占多数。何况，监理行业中，国有性质等非股份制企业的比例比较大（据住房和城乡建设部2012年统计，内资企业中，股份合作企业仅有53家，占总量的0.8%；即使是股份制企业，工程经济人员的股份比例也相当低下）。

显然，该《办法》规定注册造价工程师人数不低于出资人总人数60%、其出资额不低于企业注册资本总额60%的实质，就是不允许监理企业监控工程造价，就是不允许国有企业等较大的企业承接工程造价监管。而只允许合伙小企业承担工程造价监管工作。该《办法》不仅剥夺了监理企业应有的职责权利，而且，更为严重的是与我国以国有经济为主体的现状、与鼓励企业强强联合的发展方向背道而驰。其实，发达的资本主义国家也越来越多地注意发展国有经济企业。有些人却把发达国家早已抛弃的唯私有经济为是的观念和做法当成宝贝，且不加分析地照搬照抄，实在是不应该。

强行实施该办法的结果，一方面催生了多如牛毛的合伙小公司承揽工程造价管理业务。另一方面，迫使已有的监理企业无奈地"另立门户"，成立主营工程造价监管业务的子公司。第三，迫使业主不得不另行招标工程造价监管企业。总之，几年来的实践证明，该《办法》的基本指导思想和具体条款都有明显不妥之处。广大监理企业都一再呼吁：应尽早修改该《办法》。

3. 变相取消监理

2004 年 11 月，有关部门制定印发了《建设工程项目管理试行办法》（以下简称《试行办法》）。《试行办法》第二条规定："本办法所称建设工程项目管理，是指从事工程项目管理的企业（以下简称管理企业），受工程项目业主的委托，对工程建设全过程或分阶段进行专业化管理和服务活动。"第六条明确规定了项目管理企业的具体业务范围：

1）协助业主方进行项目前期策划、经济分析、专项评估与投资确定；

2）协助业主方办理土地征用、规划许可等有关手续；

3）协助业主方提出工程设计要求、组织评审工程设计方案、组织工程勘察设计招标、签订勘察设计合同并监督实施，组织设计单位进行工程设计优化、技术经济方案比选，并进行投资控制；

4）协助业主方组织工程监理、施工、设备材料采购招标；

5）协助业主方与工程项目总承包企业或施工企业及建筑材料、设备、构配件供应等企业签订合同并监督实施；

6）协助业主方提出工程实施用款计划，进行工程竣工结算和工程决算，处理工程索赔，组织竣工验收，向业主方移交竣工档案资料；

7）生产试运行及工程保修期管理，组织项目后评估；

8）项目管理合同约定的其他工作。

显然，这些管理内容与工程建设监理制所设置的业务范围如出一辙，并置项目管理企业于建设监理企业之上，还一再强调要推行项目管理。制定并实施该《试行办法》，就等于不允许监理向工程建设前期推进。近年来，有关方面更明确表示：实施《试行办法》的工程项目，可以不再委托监理。

如前所述，工程项目施工阶段监管的经济功效极其有限。把监理业务仅仅局限于施工阶段，不仅与我国开创工程建设监理制的初衷相悖，而且与《建筑法》明确规定我国实行工程建设监理制不协调。这种草率变更体制性改革的做法，既难以使企业随声俯就，更难以使改革深化发展。何况，该《试行办法》至今尚没有明确的法律依据，没有得到社会各界各行业的认同和支持。所以，依然停留在"闭门造车"的自我欣赏阶段，而鲜有实际案例。

另外，该《试行办法》第三条规定："项目管理企业应当具有工程勘察、设计、施工、监理、造价咨询、招标代理等一项或多项资质。"众所周知，"监理、造价咨询、招标代理"均属于工程建设市场的中介机构；而"工程勘察、设计、施工"归属于承建商范畴。《试行办法》竟然把这两类性质截然不同的行业捏在一起，并允许都可以从事工程项目管理业务。如此规定，不仅限制了建设监理企业的业务空间，更为严重的是混淆了建设市场中中介机构与承建商的界限，违背了国际通行的建设市场中介机构不得与承建商有直接利害关系的做法，与菲迪克模式背道而驰。因此，应当及早研究并彻底扬弃该《试行办法》。

4. 监理不堪"施工安全监理"的重负

2006 年，有关部门制定了《关于落实建设工程安全生产监理责任的若干意见》（以下简称《意见》）。该《意见》要求，凡是与工程施工安全生产有关的事项，包括施工单位的管理制度的建立和落实、人员资质和配备、施工方法和环境、工程机具质量和使用、施工活动的安全巡查和督导等都要监理负责监管。

该《意见》及其相关条例均要求监理负责工程施工安全监管，但是，一方面与《建筑法》的有关条款不一致。另一方面，与监理委托合同不协调。众所周知，监理的权利和责任是业主委托的。业主向来不承担工程施工的安全责任（业主的错误指令除外，这也是至今国际上一直通行的惯例）。业主没有监管工程施工单位的安全权利和责任，就不可能委托监理承担这些责任。所以说，要监理监管工程施工安全工作，并承担相应的监管责任于法于理，概不相容。

尽管该《意见》的制定，缺乏充分地论证和广泛地征求意见，存在着先天的不足。但是，它毕竟是部门规章。作为企业，在经营活动中，不得不执行政府的所有规定。近十年来，监理企业在执行《意见》的过程中，无论是工程项目总监，还是"安全监理人员"，乃至整个工程项目监理班子，无不为工程施工安全监管忙碌奔波，费尽心血。毫不夸张地说，监理单位的安全监管人员，比工程施工单位的安全员还忙碌、辛苦。就连工程项目总监，也无不把主要精力投放于工程施工安全监理。如此一来，在客观上，不仅扭曲了监理以"三控两管一协调"为主的形象，迫使监理把主要精力投入施工安全监管，而且，降低了对工程质量等其他方面的监管力度。尽管如此，由于工程施工安全事故，追究总监刑事责任的事件一再发生，不仅打击了总监的工作热情，而且挫伤了广大监理人员的积极性。

实际上，由于监理无权支配工程施工单位的人财物。其结果，自然是监理费尽心机监管工程施工安全工作，却难以奏效，充其量是事倍功半，建设领域的安全事故依然如故。如住房和城乡建设部工程施工安全通报所示：2012 年，全国共发生房屋市政工程生产安全事故起数和死亡人数比 2011 年均下降十多个百分点。但是，较大及其以上事故分别增加 16％和 10％。2013 年前三季度，全国共发生房屋市政工程生产安全事故 384 起、死亡 478 人，比去年同期事故起数增加 20 起、死亡人数增加 25 人，同比分别上升 5.49％和 5.52％。其中，较大事故 18 起、死亡 72 人，比去年同期事故起数增加 2 起、死亡人数减少 2 人。事实说明：期望依托监理监管工程施工安全，以求降低工程施工安全事故，虽然有一定的成效，但是，难以从根本上解决问题。唯有施工安全的主要责任者——施工单位加强的监管，同时，加大科技投入，提高施工生产水平，才能从根本上稳步降低施工安全事故。

另外，由于行政部门责任的划分和限制，以及部门权益的驱使，政出多门的现象依然严重。诸多规章肢解监理的现象相继发生。诸如，有关部门制定实施的工程招标代理规定、工程设备监理规定、人防工程监理规定、涉外工程监理规定等，致使为承接一项工程监理业务，监理单位必须取得多项资质。这样，不仅增加了企业为申报资质忙于奔波的负担，而且，变相地肢解了监理业务。

凡此种种，无不显露出修订现行法规规章的必要。如能在《工程建设监理条例》中予以梳理订正。比如，允许监理单位在批准的资质等级范围内，承接相应的工程建设招标代理、造价管理、设备监理、人防监理，而不必另行办理资质审批手续，以及强调监理应以预控监管工作为主，辅以必要的现场巡查等，则必将有力地推动监理事业健康发展。

二、关于制定《工程建设监理条例》研究

从 1988 年开始，我国推行工程建设监理制近三十年的实践，不仅探索了建立有中国特色工程建设监理制的指导思想、工作方法，而且，取得了明显的成效；不仅证明这是建设领域一项成功的改革，而且，形成了被普遍认可的一种制度。有鉴于此，制定《工程建设监理条例》不仅是完善监理法规的需要，更是我国工程建设监理事业深化发展的需要。

全国人大常委会通过的《建筑法》，把监理作为一项制度来推行。既然是一项制度，就应当建立相应的规范。何况，在我国，监理制毕竟是一项新生事物，没有统一的规范标准，各地方、各部门各自为政，自行其是，这项改革就难以为继。所以，制定《工程建设监理条例》，以国家法规的形式郑重明确监理的依据、监理的性质、监理的原则、监理活动的监管等一系列相关问题，是十分必要的。

(一) 制定《工程建设监理条例》必要性

我国从 1988 年开始推行工程建设监理制，到 1996 年，全国已有 31 个省、自治区、直辖市和国务院的 44 个部门都在推行这项改革。实行监理的工程在控制投资、工期和工程质量等方面普遍取得了明显的成效。建设领域这项改革得到了社会各界的认可，也得到了国家领导的充分肯定。

但是，有关监理法规的建设一直落后于监理事业发展的需要。首先，到目前为止，除了《建筑法》中对建筑工程监理作出了比较原则的规定以外，还没有一部独立的、比较权威的监理法规。有的，仅是一些部门规章。1995 年底发布的《工程建设监理规定》，也仅是建设部与国家计委联合颁发的高规格的部门规章。由于这些部门规章的权威性不高，很难有效地促进这项改革更迅速、健康地发展。致使至今还有人对于工程建设监理制，摇摆不定，心存疑虑。第二，由于没有权威性的监理法规，《建筑法》中关于国家"实行强制监理"的规定，也难以真正落实。第三，现行的各部门监理规章、各地方监理规章五花八门，甚至如上所述，存在种种偏颇和谬误，又难以自行更正。唯借助于制定较高层级统一的监理法规，可修正现行不当规章。第四，由于政出多门，对监理市场的管理口径不一，甚至相互矛盾，割裂了本应统一的监理市场，难以形成合力，促进建设监理事业的健康发展。特别是《建筑法》只是对房屋建筑工程的监理作出了相应的规定，对其他大量的、严重影响国计民生的土木工程的监理问题，对于工程建设前期的监理问题，均没有明确界定。另外，《建筑法》也明确指出，国务院要对应当"实行强制监理"的建筑工程作出具体的规定。因此，各地方、国务院各部门都迫切要求抓紧制定《条例》，以适应监理事业进一步发展的需要。

早在 1995 年 12 月，建设部谭庆琏副部长根据各地方、各部门的意见，在部署今后监理工作时明确提出："目前，建设监理方面已经有了一些规定和办法，但还不够配套，也缺乏具有较高法律效力的行政法规。因此，要抓紧《工程建设监理条例》（以下简称《条例》）的起草工作，争取能尽早上报。"1996 年，建设部在征求各地方、各部门意见的基础上，制定的《工程建设监理"九五"规划》，把抓紧《条例》的起草工作，作为"九五"

初期监理工作的一项重要内容，力争早日纳入上报国务院的立法计划。

根据建设部的工作部署和要求，1996 年下半年，建设监理司着手组织力量，开展起草《条例》的调查研究。1996 年 12 月，完成了《条例》的第一稿。1997 年 3 月至 1997 年 11 月，先后修改了 4 次。

然而，由于种种原因，近二十年来，制定《条例》工作，没有任何实质性的进展。

（二）《条例》应有的要点

《条例》第五稿共有 9 章 43 条，分总则、监理单位、监理人员、监理原则和范围及内容、监理合同和监理费、监理程序、涉外工程监理、法律责任及附则。笔者在此基础上，作了进一步修改，形成了 7 章 30 条的《条例》（建议稿），详见本章附录 6-1。

1. 关于《条例》的立法宗旨

立法宗旨，是任何法规都应当开宗明义阐释的首要内容。制定《条例》也不例外。在《条例》（建议稿）总则中，明确指出：为了规范工程建设监理活动，加强对工程建设监理的监督和管理，推进工程建设监理制的深化发展，提高工程建设安全度，依据《中华人民共和国建筑法》制定本条例。

这项宗旨开列了三个层次的目的。即一是为了推进工程建设监理这项重大改革，而必须制定相应的法规，为其"保驾护航"。二是为了规范工程建设监理的各项活动，以期保证这项改革能够规范实施。三是进一步明确指出这项改革的最终目的是为了取得最佳的监理效果，即提高工程项目建设安全度，实现投资效益的最大化。

2. 关于工程建设监理的定义

我国开创工程建设监理制二十余年来的实践，反复验证了这是建设领域一项重大的成功改革。同时，不断明晰了工程建设监理的科学内涵。即工程建设监理，是指取得资格许可的工程建设监理单位受项目法人委托，依据国家批准的工程项目建设相关文件、法规、工程建设合同，运用法律、技术和经济手段，对工程建设项目实施的监督、管理。这是一种高智能的有偿技术服务。

如此界定工程建设监理，既是以往国内外经验的总结，也是对建设监理的科学定义。把监理的定义纳入《条例》（建议稿），既是对以往种种模糊认识的澄清，也是对后人的教育。

3. 关于《条例》的适用范围

工程建设监理是我国建设领域的一项重大改革，它涉及与我国工程建设有关的多个行为主体，包括工程项目法人、监理、工程地质勘察、工程设计、施工，以及其他中介机构、建筑材料和设备供应单位，还涉及政府的有关部门等。也就是说，其中任何一方的行为都可能影响监理制的实施。因此，《条例》（建议稿）第三条规定："在中国大陆境内，凡从事工程建设活动的当事人，应当遵守本条例。"譬如，《条例》（建议稿）规定应当实行监理的工程项目，其项目法人就应当委托监理；其承建商就应当配合、服从监理；政府部门也不得干涉监理。

另外，按照"强化源头管理理论"，在工程建设的过程中，监理介入越早越好。一些监理实践也证明，监理介入越早，越能充分发挥监理应有的效能，尤其越能控制建设资金，甚至能节省大量建设投资。因此，工程建设的全过程都应当实行监理。《条例》（建议稿）第四条规定："项目法人应当按规定将工程建设项目的可行性研究、勘察设计、施工的监督管理业务，全部或分阶段地委托给一家或多家具有相应资质等级的监理单位实施监理。"

4. 关于监理的范围和内容

监理是我国推行的一项制度。执行制度，就要在一定范围内采取强制手段。《建筑法》第三十二条第二款明确规定："国务院可以规定实行强制监理的建筑工程的范围。"对于科学的制度，政府就要大力推行，这是社会主义制度优越性的具体体现。何况，实行强制监理，也有国际惯例可循。据此，又鉴于一些工程建设严重影响国民经济和社会的发展，严重影响着人民的生命财产。所以，《条例》（建议稿）第八条规定了五类工程应当强制实行监理。

关于《条例》（建议稿）规定涉外工程也应当强制监理的问题。其理由主要有四条。一是因为，作为主权国家，应当要求在我国投资，进行工程建设的国外投资者遵从我国的法律。二是涉外工程必定是建立在中国的土地上，它不仅给投资者、给我国带来一定的经济效益，而且，给我国带来一定的社会效应，为了对投资者负责、对我国的整个社会负责，政府要加强宏观监督管理外，更要通过监理，在微观上加强监督管理。三是由于工程建设监理是一种国际通行的惯例，外商既习惯委托监理，更需要委托监理。同时，实践证明，他们欢迎中国的监理单位监理。四是极个别不法外商，不遵守我国的工程建设程序，盲目蛮干，给我国社会和人民生命财产带来了严重的损失，沉痛的教训要求我们对涉外工程一律实行强制监理。

5. 关于工程监理单位和人员

《条例》（建议稿）就监理单位组建、资质等级、经营活动等项管理都作出了原则规定。还就监理人员资格的确认、执业和管理等也作了规定。

关于监理单位的资质问题，《条例》（建议稿）仅分为甲乙丙三类，不提倡"大而全"。旨在倡导"专而精"。从长远看，企业资质管理要不要移交给相关协会，以及要不要取消企业资质等级等问题，尚待研究。故，《条例》（建议稿）没有涉及这方面的问题。

关于监理人才确认问题，依据现阶段的工作需要和各地各部门的意见，以及国际上通行的办法，《条例》（建议稿）拟定了"考试"、"考核"并举的办法。

6. 关于《条例》（建议稿）的用词

《建筑法》报审前，有关方面为了维持一部法规词语的一致性，修改了有关建设监理的用语。再加上，对于工程建设监理制认知的完善，与《建筑法》相比，《条例》（建议稿）在以下几方面的用词有所不同。

1）改称"建设单位"为"项目法人"。因为，建设单位的称谓是单纯计划经济体制下，负责工程项目建设的单位的称谓。它可能拥有工程项目的所有产权管理，也有可能仅仅负责工程项目建设。待工程竣工后移交给真正的产权管理者。在市场经济体制下，按照有关规定（国家制定有《工程项目法人管理规定》），一律改称为"项目法人"比较科学、准确。

2）改称"建筑工程监理制"为"工程建设监理制"。按照国际通行的惯例，监理的标的，是工程建设"当事人"的行为，而不是"物"。况且，建设监理制适用于各类工程建设，而不仅是房屋建筑。第三，建设监理适用于工程建设的全过程，而且不仅局限于工的施工阶段。所以，《条例》（建议稿）继续使用了已为我国普遍接受的"工程建设监理制"的称谓。

3）《条例》（稿建议）把"勘察单位"、"设计单位"、"施工单位"、"总包单位"、"分包单位"等合称为"承建商"。因为，在市场经济体制下，一方面，建设市场中交易行为主体表现为买卖双方，相对于项目法人而言，上述单位都是卖方，都是承担部分或全部工程建设业务的责任者。所以，有可能合并为一个称谓。另一方面，随着市场经济体制的建立和完善，这些单位的经营活动越来越多地交织在一起。像设计的兼营勘察，勘察的开拓设计；设计的承拦施工，施工的承接设计；还有，以"设计为龙头的总承包"、以"施工为龙头的总承包"等。所以，仍然使用过去单一的称谓，显然不能准确地表达这些当事人的实际"身份"。也就是说，这些称谓已经不宜再作为法律用语。第三，"承建商"一词，不仅简单、明了地综合表述了承担工程建设的所有当事人，而且，在我国香港，早已使用。我们使用"承建商"一词，也同样能被国际同行接受。

4）改"监理工程师"为"监理师"。一则，现阶段从事工程建设监理的人员并非都是工程技术人员，还包括不可须臾离开的工程经济人员，包括建筑师、建造师等。统称这些监理人员为"监理工程师"，有失公允。二则，以后开拓工程建设前期监理工作后，从事监理工作的人员中，还将增加规划师，以及工商管理专业的人员。因此，改"监理工程师"为"监理师"能够涵盖现在以及将来所有从事监理工作的专业人员。"监理师"称谓既简洁，又具有较大的涵盖能力，似比较科学。

三、关于工程建设勘察设计监理研究

随着我国改革开放的深化，国际间建设领域交往的广泛和深入，尤其是我国开创工程建设监理制的实施，广大有志之士不断在思索：工程勘察和工程设计要不要实行监理制，有没有可能实行监理制，以及怎样才能启动和怎样实施工程勘察设计监理等一连串问题。庆幸的是，有些地方和部门初步理清思路之后，迅疾付诸行动，大胆地开展了有关工程勘察和工程设计监理的尝试，并取得了可喜的成效。

有鉴于此，有必要认真研究工程勘察设计监理问题，以便理清思路、取得共识，及早做好准备，推动建设监理事业与时俱进，为我国工程建设作出新的贡献。

（一）关于开展工程建设勘察设计监理的必要性

众所周知，在过去单纯计划经济体制下，工程勘察和工程设计单位大都是事业单位。事业单位绝大部分由国家出资建立并拨付事业经费，大多为行政单位的下属机构，或由企业集团建立。一般要接受国家行政机关的领导。事业单位不以营利为目的；财政及其他单位拨入的资金主要不以经济利益的获取为回报。换言之，过去的工程勘察、设计单位以完成分配的任务为目的，而无经营理念，不需要考虑盈利。

1984 年，随着经济体制改革浪潮的涌动，工程勘察、设计单位开始转型。1999 年，国务院发布了《关于工程勘察设计单位体制改革的若干意见》，指出："勘察设计单位由现行的事业性质改为科技型企业，使之成为适应市场经济要求的法人实体和市场主体。"

在单纯计划经济体制下，工程勘察、设计单位的工作由其上级主管部门监管。改制为企业后，工作上没有了上级主管部门的约束，有的，仅是与工程项目业主签订的"合同书"。企业化的工程勘察设计，难免追逐经济利益；业主又不具备相应的专业水准，而疏于对工程勘察设计的监管。这种体制性、机制性的双重因素，致使近些年来，我国基本建设领域出现了一些因勘察、设计的错误而导致工程建设拖期、资金浪费，甚至造成建筑物垮塌等一系列事故。长期以来，建设领域均熟知"设计一条线，投资上百万"。广众朴素的语言形象地说明设计工作的重要性。从而，也说明了加强设计监理的必要性。

（二）工程勘察设计监理的可行性

植物的生长需要有合适的土壤。制度是否可行，关键是有没有需求。即便是不成熟的制度，如果客观需求程度高，必然会在试行中不断修订、补充、完善，直至达到科学的程度。分析工程勘察设计监理的可行性，就应当着眼于客观的需求程度。

1. 业主需要监理帮助把好勘察设计关

如上所述，市场经济体制下，业主出于获取较高安全度工程项目的终极要求，期望尽可能提高工程勘察、工程设计的安全度。基于此，业主往往期望能够提供高智能技术服务的监理帮助实现这一目标。市场经济发育比较成熟的资本主义国家，各行各业的业主，无不如此办理。

我国的市场经济体制尚处于发育阶段，建设市场亦是如此。在市场经济完善过程中，包括业主在内，不规范的行为随处可见。工程勘察和工程设计的不规范行为亦屡屡发生。诸如借故不能按期交付工程勘察报告、不能按期完成工程项目设计工作；工程勘察深度不足，或工程设计不成熟，导致巨大经济损失。甚至工程勘察，或工程设计合同本身权责就不对等、不科学。所以，明智的业主非常渴望及早开展工程勘察和工程设计监理。

其实，工程勘察、工程设计实施监理后，监理不仅可以帮助业主签订比较科学完整的合同，而且，监理往往成了业主与工程勘察、工程设计及时沟通的桥梁。及时沟通，并恰当地处理相关问题，明显有助于工程勘察或工程设计的顺利进展。这是业主、工程勘察单位、工程设计单位等各方都希望看到的局面和成果。

2. 工程勘察设计提高自身竞技能力的需要

2000 年，建设部发出了关于开展建筑市政基础设施《施工图审查指导意见》（有关部委也相继印发了类似通知）。其目的，就是要尽可能消除工程设计中存在的问题。实践证明，工程施工图设计中确实存在一些违背设计规定的问题。如某省 2001～2009 年，共审查建筑工程 138295 项，先后纠正违反工程建设强制性条文 50 多万条次（平均每项工程设计违规约 4 条次），排除严重质量安全隐患 4455 个。有效消除了设计文件中的安全隐患，保证了工程质量。据了解，全国各地、国务院各有关部门在工程施工图审查中，普遍都审查出了不少问题。其中，有的还比较严重。近几年，一系列恶性重大工程事故就是出于设计问题。这说明开展工程设计（连同工程勘察）审查，确实必要。

其实，工程施工图审查的做法与市场经济运行机制相扭曲。因为审查工程设计在重大原则方面是否符合国家相关法规规定，原由政府主管部门负责。如对于规划设计（建筑红线、建筑密度、建筑物高度）的审查、建筑设计安全（消防安全、抗震设防）的审查等，向来是政府主管部门的责任。2000 年 5 月，建设部印发的建设技 ［2000］21 号文《关于印发〈建筑工程施工图设计文件审查有关问题的指导意见〉的通知》，明确指出：施工图审查工作由政府委托给审查机构承担（2013 年，住房和城乡建设部第 13 号令改为：由建设单位向审查机构提交有关审查资料，审查情况报工程所在地县级以上地方人民政府住房和城乡建设主管部门备案），具体内容是审查是否符合有关强制性条款的规定。无论由政府委托，还是由建设单位提交，都是工程施工图设计完成后，才能进行的工序。审查未结束，施工图不能使用。如此，势必延误工程开工时限。

工程施工图审查，归属于事后技术审查。如果能够在工程设计过程中适时把关，甚至开展程序性审查把关，以及实施预防性审查把关，必将更有效地防范问题的产生，而大幅度地提升工程设计水平。对此，工程设计单位自会赞成，业主更喜闻乐见。要想达到这种程度，现行的工程施工图审查办法，肯定做不到。唯有开展工程设计监理，才能超越现行的工程施工图审查做法。

另外，在市场经济条件下，设计单位往往受制于业主，违心地服从建设单位提出的不合理要求，有的甚至违反国家和地方的有关规定和强制性标准规范。如果实施工程勘察设计监理，监理有责任公正地处理此类问题。既减轻勘察设计单位的压力，又能保证工程设计质量。最终将赢得业主的认可和好评。

3. 社会/承建商的需要

搞好工程勘察设计监理，把好工程建设前期质量关，不仅可以加强勘察设计质量监督与管理，保护国家财产和人民生命安全，同时，也起到维护社会公众利益的作用。如对人防建设的要求、对方便残疾人无障碍设计的要求、对楼房设置电梯的要求，都是从维护国家和社会公众利益的角度出发，更主要强调社会效益。

实施工程设计监理，促成高水平的工程施工图设计，不仅能够大幅度地减少设计变更，而且，为顺利施工奠定了良好的基础。所以，工程施工单位也会赞同。

4. 国际惯例和市场的趋势

如前所述，国际上菲迪克模式下，监理着眼于工程项目建设全寿命周期的监管。如果按照四分法划分工程项目建设阶段的话，国际上通行的做法是，更看重于工程项目决策和工程项目勘察设计这两个阶段的监理工作。在我国目前的工程项目建设运作体系下，作为工程建设项目中的重要环节——工程项目勘察设计，尚缺少对其必要的监督管理，从而造成了工程管理中因设计所致的很多问题。如某市建委的一份统计资料显示，在出现质量事故的工程中，40% 是由于设计缺陷或设计错误所造成的。所以，从提高投资效益、强化工程质量以及与国际接轨的角度来考虑，开展工程建设的设计监理已是大势所趋，不可阻挡。

5. 可喜的尝试

开展工程勘察设计监理，早已为建设领域广大有志之士所推崇，并不断取得了可喜的尝试。我国的电力行业最早率先开展设计监理试点。1994 年华中电管局所属的阳逻电厂工程建设，就开展了工程设计监理。1997 年 10 月，原电力部印发电综［1997］607 号文《火力发电、输变电工程监理招标程序及招标文件范本》（详见本章附录 6-4）规定：监理服务内容包括设计阶段监理和施工监理两个部分。从此，在全国电力系统正式开展了工程设计监理。

与此同时，1997 年，上海市建管办颁发沪建建（97）0327 号《关于开展工程建设设计阶段监理试点工作的通知》、《设计阶段监理技术质量工作深度规定》、《上海市工程勘察设计阶段监理实施细则》。上海选择了一批由设计单位创建的监理公司进行设计监理试点，有力地促进了设计阶段监理工作的开展，并取得了不少设计阶段监理的经验（1998～2000年曾一度活跃。后因要贯彻原建设部关于《建筑工程施工图设计文件审查暂行办法》，业主又不愿花两份钱，而不再委托设计监理。故，设计监理渐次淡化）。

铁路行业从 2004 年开始，随着铁路客运专线建设大规模展开，每条线路均推行"设计咨询"。其工作内容，不但包括初步设计审查、评估，而且，延伸到施工图审查及施工中的变更设计审查。还开展了铁路工程勘察监理试点，详见附录 6-2。

另外，深圳等地的一些监理企业，也已自主地开展工程设计监理多年，得到了业主的认可。不仅取得了丰硕的经济成效，而且，积累了宝贵设计监理的经验。

（三）工程建设勘察、设计监理程序

1. 工程建设勘察监理程序

监理单位与业主签订工程建设勘察监理合同后，依据合同的要求，结合工程特点，组建工程项目监理机构，逐步实施工程勘察监理。一般情况下，按照下列事项开展监理工作：

1）制定工程勘察监理规划；

2）协助业主提出工程地质勘察要求，拟定招标文件；

3）协助业主优选工程勘察单位，商签勘察合同并监管实施；

4）审查工程勘察单位编制的工程勘察计划和方案，并提出修改意见，监管、指导工程勘察计划和方案的实施；

5）对工程勘察实施巡查，对关键地点的勘察进行旁站监理；

6）对于勘察资料实行现场核对验收制；

7）审查、评估工程勘察报告，并提出评估意见；

8）审签工程勘察费用支付申请（或按合同约定，审签工程勘察进度款申请）；

9）向业主提交工程勘察监理报告。

2. 工程建设设计监理程序

监理单位与业主签订工程建设设计监理合同后，依据合同的要求，结合工程特点，组建工程项目监理机构，逐步实施工程设计监理。一般情况下，按照下列事项开展监理工作：

1）制定工程设计监理规划；

2）协助业主提出工程设计要求，拟定工程设计招标文件；

3）协助业主组织评选设计方案，优选工程设计单位，商签设计合同并监管实施；

4）审查工程设计单位编制的工程设计计划，并提出修改意见；

5）监管、指导工程设计计划的实施；

6）对工程设计实施阶段性检查，并提出改进意见；

7）审查、评估工程设计报告（含设计文件），并提出评估意见；

8）审签工程设计费用支付申请（或按合同约定，审签工程设计进度款申请）；

9）向业主提交工程设计监理报告。

（四）工程建设勘察、设计监理的要点

1. 工程建设勘察监理要点

监理单位按照制定的工程建设项目勘察规划和审定的工程建设项目勘察计划、勘察方案，适时开展监理工作。同时，分工负责，认真搞好以下各项工程勘察监理。

1）检查工程勘察方案拟定的勘察设备、勘察人员配备情况；

2）核查工程项目地质勘探的点数、深度；

3）核查试样取样的方法、数量及试验方法；

4）核查原位测试和水文地质勘察的准确性；

5）发现勘探数据变化异常，需要增加勘察点数时，提出补勘意见；

6）不同类型工程勘察的特殊要点核查；

7）审核工程勘察报告等文件。

2. 工程建设设计监理要点

工程建设不同阶段的设计监理要点，各不相同。除工程设计进度，分别按照合同的约定进行监理外，投资控制，原则上遵循：初步设计概算不得超过可行性研究估算，施工图预算不得超过初步设计概算的原则进行监理。有关设计技术层面的监理要点，主要是：

1）检查设计的规范性、完整性、准确性、合理性、安全性、可行性、先进性；

2）初步设计是否符合可研报告及审批意见，所依据勘察资料是否满足要求，总平面布置设计是否符合总体规划，地基处理及重要建（构）筑物基础设计方案是否合理安全可靠，工艺系统设计方案及主要设备性能参数选择的科学性，新材料和新设备的安全性，是否符合环保要求等。

3）工程施工图设计是否符合审定的初步设计方案、各专业间重要接口是否恰当、设计的优化程度、工艺设计的可靠性，必要时核验工程结构设计和工艺设计原始计算书，以及核查新材料、新技术、新设备的技术鉴定和试验报告等。

（五）工程建设勘察设计监理法规研究

笔者认为，工程勘察拟应单独列为工程建设的一个阶段，尤其是大型及其以上工程项目的工程勘察（包含工程地质、工程水文和工程气象等），是一项专业性强、范围广泛、旷日持久、费用庞大，且科技含量较高的工作。工程勘察的成果，往往给工程项目建设带来严重的影响。即不仅影响工程项目建设的选址，还影响工程项目建设的投入、影响工程建设的进度、影响工程建设的质量。显然，工程项目勘察方案的科学性、勘察成果的准确性和真实性至关重要。所以，单独制定《工程勘察监理规定》，十分必要。

关于《工程勘察监理规定》的具体条款，尚待集思广益、反复推敲。参照相关规章，该规定拟应明确工程勘察监理的目的、适用范围，详细而严谨地规定工程勘察的工作内容和程序，同时，明确从事工程勘察监理的资质条件和选用路径、勘察监理人员的条件和执业资格的确认，以及工程勘察管理等。

关于工程设计监理问题，庆幸已经有一些蓝本，再加上已有一定的监理实践。尽快制定出比较科学的《工程建设设计监理管理规定》，起码制定出一部《试行办法》，不是太困难的事。笔者曾在1997年，拟定了《工程建设设计监理管理规定》初稿，并进行了初步

的论证。在此基础上，又进一步斟酌、修改，形成了《工程勘察监理规定》（建议稿），计7 章 31 条。具体内容详见附录 6-3。

四、关于工程建设监理招投标研究

1999 年 8 月，我国颁布了《招投标法》。2003 年，相继制定了《工程建设项目勘察设计招标投标办法》、《工程建设项目施工招标投标办法》。从而，使我国工程建设勘察设计、工程施工招投标活动有了法规依据，并为促进这两方面的招投标健康发展，奠定了法规基础。2013 年，总结这两方面实施十年来的经验教训，适时地对这两个办法又进行了修订。使之更加完善、科学。

《招投标法》第三条规定："在中华人民共和国境内进行……工程建设项目勘察、设计、施工、监理以及与工程建设有关的重要设备、材料等的采购，必须进行招标。"但是，十余年过去了，关于建设市场主体之一———监理的招投标工作，却迟迟没能发布相关规定。所以，究竟应不应该制定建设监理招投标办法、建设监理招投标办法应该有哪些要点、应该突出什么问题，以及与之相关的问题如何处理等，这是摆在建设领域，尤其是工程项目建设业主和建设监理行业面前十分急迫的问题，值得认真思考、抓紧研究。

（一）制定建设监理招投标办法的必要性

建设市场的发育完善，既需要行为主体的健全、更需要规范市场主体的行为。因此，有关建设市场的法规建设一直是建设领域的重要工作。遗憾的是，相对而言，建设监理法规建设比较落后。其中，有关监理招投标法规建设与迅猛发展的建设监理事业相比，更显得严重滞后。所以，制定有关监理招投标法规迫在眉睫。

1. 完善《招投标法》配套法规的需要

我国的《招投标法》颁发十多年来，围绕《招投标法》的配套法规建设，林林总总已有十多部。目前，唯独有关建设监理招投标的法规是缺项。众所周知，建设市场的行为主体主要有三家———业主、承建商、建设监理。已制定的配套法规，基本上是围绕业主和承建商的市场行为而制定的。业主与监理之间的招投标活动，却没有相应的法规进行规范。缺乏有关监理招投标法规，不仅影响监理招投标活动的正常开展，而且，还会影响业主与承建商之间的招投标活动的实施。更重要的是，影响工程建设水平的提高。因此，可以说，为了《招投标法》的配套完善，制定监理招投标法规，既是建设监理事业的需要，也是整个建设事业发展的需要。

2. 规范业主的招标行为的需要

建设市场基本上都是买方市场。处于强势地位的业主，其不规范行为往往对工程招标活动造成严重的影响，现阶段的监理招标活动亦是如此。诸如，工程项目建设的基本条件不具备，业主就急于招标；业主提供的招标条件不准确、不详细、招标文件不规范，更为严重的是，招投标权责严重不对等；或者无论工程项目规模大小、技术的难易程度，一律要求最高资质级别的监理企业才有资格投标；以及偏重于把监理费作为评标的主要衡量指标，甚至，盲目实行低价中标策略，确定中标监理单位。出现这种现象，固然是由于没有监理招投标文件可遵循，但是，不能不说，根本原因在于业主的招标行为不规范所致。

3. 规范监理单位行为的需要

工程项目监理实行招投标以来，一些监理单位为了追求眼前利益，或者盲目压低投标报价以期中标；或者串联围标干扰招投标正常进行；或者不兑现投标承诺敷衍应付；或者采取行贿等违法行为以求中标；或者与招标方串通，签订"阴阳合同"；或者出卖监理证照等不法行为时有发生。监理单位的这些不轨行为，不仅扰乱了监理招投标市场，也败坏了监理的声誉，最终影响的是工程项目建设的安全实施。所以，抓紧《工程建设监理招投标规定》的建设，也是规范监理单位的投标行为的需要。

4. 科学评标的需要

据了解，现阶段监理评标工作，由于尚没有监理招投标法规可依，逼迫监理招标单位不是参照工程设计评标的方式，就是参照工程施工评标的方式。再加上，没有规范地建立监理评标专家人才库（何况注册监理工程师人数太少），评标时，往往过于看重监理投标报价，而轻视监理大纲等技术标部分。如此扭曲的监理评标方式造成的错误后果，更迫切需要尽快制定监理招投标法规。

5. 引导监理招投标与国际惯例接轨的需要

进入 21 世纪以来，全球经济一体化趋势日益加快。采用菲迪克模式，规范建设市场交易行为，包括规范监理招投标行为更加迫切。我国是国际建设市场的重要组成部分，不要说走出国门，即便是在国内，也会感受到需要尽快适应国际上通行招投标做法的压力。只有尽快制定有关监理招投标法规，以法规引导监理招投标健康发展，才能跟上国际建设领域前进的步伐，才能促进我国建设监理事业的健康发展，才能真正融入国际经济的大家庭。

（二）监理招投标办法的要点

依照我国《招投标法》的要求，参照菲迪克模式，我国的工程建设监理招投标法规拟应明确以下几点，以期指导并规范监理招投标相关各方的行为。

中国建设监理协会理论研究委员会，曾于 2009 年组织专家开展建设监理招投标课题研究。2010 年 10 月课题组提交了研究报告，并通过验收。笔者认为，该课题研究成果针对现阶段监理招投标活动中存在的突出问题，提出了相应比较科学的解决对策，为制定监理招投标法规奠定了很好的基础。在此基础上，笔者进行了归并、简化，并根据菲迪克模式，参考《工程建设项目勘察设计招投标办法》和《工程建设项目施工招投标办法》进行修改，变原稿 7 章 54 条为 6 章 40 条。详见附录 6-5：《工程建设监理招投标办法》（建议稿，以下简称《办法》）。

该《办法》分总则、招标、投标、开标评标和定标、罚则和附则 6 部分。明确了监理招投标的宗旨和目的、适用范围、招标类型，突出监理大纲在监理评标中的权重，以及评标原则、相关责任等。具体要点简述如下。

1. 适用范围

依据《招投标法》的规定，该《办法》在总则中也指出"在中华人民共和国境内从事工程建设监理招标投标活动"适用本办法。同时，具体规定："国家规定应当实施监理的工程建设项目，必须招标。"除非诸如：涉及国家安全、国家秘密、抢险救灾等不宜招标的项目；技术复杂或专业性强，能够满足条件的监理单位少于三家，不能形成有效竞争的工程项目，以及其他特殊情形，不宜实施监理招标的工程直接委托监理外，其他工程项目建设，均应通过招标委托监理。

根据现在实施监理招投标的情况，应当说，绝大部分工程建设项目施工监理都实行了招投标。即便是部队工程项目监理，也都按照部队的相关规定，进行招投标。因此，该《办法》如此规定监理招标的范围，既是贯彻《招投标法》的要求，是合理合法的约束，也有顺利实施的现实基础。

2. 招标类型

按照现阶段的通行惯例，该《办法》第9条也明确规定："工程建设监理招标类型分公开招标和邀请招标两种形式。"相信如此规定，方方面面均不会有太大异议。起码在现阶段如此规定，有助于促进监理市场的健康发展。至于随着建设市场的完善成熟，允许一些工程项目的监理，由业主自行委托，而不用招投标的形式，那是以后的事情。其实，采用邀请招标的方式，就是赋予业主较大的自主权。当然，现行的、允许采取邀请招标方式有一些限制条件。

此外，《办法》里面还有一款，"除规定必须招标的项目外，招标人可以自行委托监理单位。"应当说，如此规定，也是根据市场经济体制下，交易方式多样化特点的需要。

3. 突出规范业主行为

《办法》罚则一章有一条规定（计10款），都是对业主违规行为的处罚。另一条（计5款）虽然是针对评标而实施的处罚，实际上，往往与业主也有一定的牵连。之所以对业主开列如此之多的处罚内容，一则，因为现阶段，业主的违规行为的确多。二则，从长远看，整个建设市场很可能还是买方市场。在这种情况下，业主违规的可能性依然比较大。所以，该《办法》把业主列为规范的重点，既符合现阶段的需要，也有长远的实际意义。

当然，对于监理单位的违规行为，也不能姑息迁就。《办法》贯彻了"法律面前人人平等"的原则理念。对于监理企业的投标违规行为，也做出了应有的处罚规定。若有违法行为，则毫不迁就。除却给予必要的行政处罚外，还要移送司法，追究其刑事责任。

4. 强调监理技术

本来现行的监理取费标准就比较低，再加上种种低价中标的偏颇诱导，以及业主一味压价的不当做法，导致一些监理企业形成错误的竞争理念。久而久之，在监理市场上，淡化了监理技术的竞争，鼓噪起了监理费的竞争。这种错误的做法不仅伤害了监理企业，也最终伤害了业主。这种浅显的道理，可以说路人皆知。只是没有相应的法规进行强势扭转。以致于日复一日，恶性循环。有鉴于此，《办法》明确规定了评标条款突出监理技术权重的方案：监理技术的权重提高到70%～80%，监理报价权重降到5%～10%。

与此同时，关于评标委员会的组成，强调选用具有注册监理师资格的监理评标专家。从而，从法规层面杜绝了"不懂监理者，评定监理标"，以及"不懂技术者，评定技术标"这种荒唐的情况发生。促进监理招投标走上健康的发展道路。

5. 不提倡实施投标保证金制

如上所述，发育完善的建设市场，往往是业主主动地委托监理。任何委托过程，都是重在协商。通过充分协商，相互间达成一致意见，即可以签署委托合同。期间，不存在哪一方向对方保证"履约"的问题。虽然，现阶段，实行监理招投标制，似乎存在招投标履约保证问题。但是，基于监理企业的中介服务性质，和监理行业总体上收入微薄的现实，以及诚信体系强化制约，不实施监理投标履约保证金制，未必就是件坏事。

第三节　加快监理人才培养研究

人才是社会文明进步的重要推动力量。在科技进步日新月异、知识经济飞速发展的今天，人才更是激烈竞争的根本选择。进入新世纪，人才强国战略已成为我国经济社会发展的一项基本战略。2010 年 6 月，中共中央、国务院印发了《国家中长期人才发展规划纲要（2010～2020 年）》（以下简称《人才规划纲要》），并通知要求各地区、各部门结合实际认真贯彻执行。制定实施《人才规划纲要》是贯彻落实科学发展观、更好实施人才强国战略的重大举措，是在激烈的国际竞争中，赢得主动的战略选择，对于加快经济发展方式转变、实现全面建设小康社会奋斗目标具有重大意义。胡锦涛同志在党的十八大报告中，就人才工作，先后多次作了论述。这不仅显现了人才工作的重要性，而且，体现了党中央对人才工作的高度重视。

对于新兴的工程建设监理行业来说，人才问题更为重要。尤其是，如何加快培养监理人才，如何科学确认监理人才，如何合理使用和激励监理人才的积极性等方面，对于保障和促进工程建设监理事业发展至关重要。

建设监理人才，就是具有一定工程建设专业知识，进行工程建设监管，保证甚至促进工程建设水平提高，对建设监理事业、对工程建设有能力作出贡献的人。

鉴于现阶段，我国监理人才尚存在诸多问题（详见第一章第五节有关监理人才问题）。为了能够适应工程建设的需要、适应工程建设监理事业发展的需要，有必要强化建设监理队伍建设的对策研究。逐渐建立起更加符合我国国情的监理人才管理模式。同时，加速培养监理人才、提高监理行业整体素质，进一步夯实发展监理事业的人才基础，以期尽快跟上人才强国之路的前进步伐，保障监理行业的健康发展。

一、尽快发展监理人才的对策

由于监理人才严重短缺，不可避免地出现了种种"违规"现象，而且此伏彼起、一而再再而三地发生。尤其是，每每执法检查，总能发现监理企业派驻在工程建设项目现场的监理人员，与投标书开列的监理人员不完全对应，甚至差别较大；总能发现一名总监承担多项工程监理业务；总能发现由于监理人才短缺，本应及时、妥善处理的问题，而未能及时处理，甚至不当处理的现象等。近些年来，"监理人员不到位"、"监理人员未尽职尽责"、"监理人员技能不高"、"监理企业不守信用"，以及"监理企业出卖图章"、"监理企业承揽业务时资质高挂"等指责不绝于耳，"监理形同虚设"的责难也时有所闻。

分析上述问题产生的原因，固然有企业主观上的不法。但是，不能不承认，在客观上是由于注册监理工程师人员数量严重不足造成的。而导致注册监理工程师人员数量严重不足，又主要是政策上的因素，诸如等级单一、渠道狭窄、门槛偏高、责权失衡、导向偏颇、管理不当等。因此，要尽快解决注册监理工程师人员数量严重不足的问题，首当其冲的是，从修订政策入手。

1. 分设等级

参照国内外相关行业注册人员的等级划分做法，以及我国其他行业执业人员资质等级分设多档次的规定，笔者认为，监理工程师拟应分设三个等级。即一级、二级监理工程师和监理工程师助理。尽快改变我国目前监理工程师仅有一个等级的状况。实际上，任何行业、任何群体的人员技能素质都存在不同等级差别。承认差别，分设等级是实事求是的做法。唯此，方能够将大多数监理从业人员纳入合理有序的管理视野，委以相应的职责和权利，才能充分发挥其主观能动性，共同搞好监理工作。

2. 考试考核并举

执业资格实行考试制度，是普遍行之有效的办法，自当认真执行，并不断修正完善。但是，决不宜废弃他法，独宠一术。如前所述，无论在理论上，还是在实践中，都证明保留考核确认监理工程师资格的办法是必要的，也是科学的。为了搞好考核确认监理师资格工作，当拟定全国统一的标准，由相应的考试考核委员会负责实施。

另外，现行办法规定，参加监理工程师资格考试者，必须具备"（一）具有高级专业技术职称或取得中级专业技术职称后具有三年以上工程设计或施工管理实践经验；（二）在全国监理工程师注册管理机关认定的培训单位经过监理业务培训，并取得培训结业证书。"如果作为一级监理工程师资格报考条件，应当保留的话，则报考二级监理工程师资格的条件，应当依次适当降低。

再者，由于现阶段，监理人员工作繁忙，无暇应对考试；再加上考试科目比较多。所以，适当延长考试成绩的滚动时限（可否由现在的 2 年延长到 3 年），以使更多的报考人员能尽快地取得合格资质。

3. 延长注册年限

现行办法规定：年龄超过 65 周岁的监理工程师，其注册证书和执业印章失效（见建设部第 147 号令）。多年来的实践和社会发展趋势，越来越显示，现行办法有关监理工程师从业年龄的规定不合时宜。一方面，鉴于建设监理的管理学科属性，以及建设监理不当局限于工程施工阶段，而将不断向工程建设前期——包括工程设计、工程勘察、工程规划，甚至向工程建设项目筹划阶段推进，需要经历丰富、知识广博的优秀工程技术和工程经济管理人才。另一方面，我国已快速步入老龄化社会，延长退休年限的呼声日益强劲。何况，监理人才比较稀少。第三，民营监理企业数量与日俱增，民营企业员工的退休年龄限制，已突破了现行国家关于国营企事业单位、国家公务员退休年限的规定。因此，宜适当延长监理工程师注册的年龄限制（拟由现在规定的 65 岁，延长到 70 岁），也应及早筹划。

4. 分级管理

现行的注册监理工程师管理权限，包括首次注册管理和延续注册，以及变更注册、再教育和复核、调转、换证等，完全集中于国家建设行政管理部门。这种高度集中的管理模式，既加大了国务院建设行政主管部门的工作量，又不便于调动和发挥其他各级建设行政主管部门的积极性；同时，既大大超越了管理规定的时限，又加重了申办人（和所在单位）的工作困难。因此，改变现行的管理规定，势在必行。

一方面，拟按照国家管理一级、地方负责二级以下监理工程师的注册管理。另一方面，即便是一级监理工程师，国家拟只负责首次注册管理，其余变更、换证、复核、调转、再教育等管理工作，国家拟仅负责备案。第三，鉴于"小政府、大社会"的发展趋向，有关监理工程师注册管理的具体工作，拟应移交给相关协会办理。政府仅仅负责制定相关规定和办法，以及进行指导、检查、督办等。

5. 改进再教育管理

在电子时代，虽然自然科学发展比较快。但是，从新知识、新技能上升到新规章或新标准，往往需要几年时间。作为管理科学，有关建设监理知识的更新远远滞后于自然科学。近些年来的实践证明，真正适用于监理工程师再教育的教材内容寥若晨星。一般都是围绕监理工程师培训教材，择其要点，再结合实际操作，加以整理、编辑。若有新的规章、办法，则以这些规章办法为新的知识点，进行教育。实际上，这些新的知识点微乎其微。因此，关于监理工程师再教育问题，相当多监理工程师不感兴趣。但是，迫于延续注册的要求，不得不应付学习。所以，关于监理工程师再教育问题，应当重新思考。根据调查了解的情况，多数人认为，应当变强制性再教育为自主性再教育；变统一组织再教育为分散形式再教育；变阶段性再教育为随机性再教育。总之，就是改变现行的再教育模式，除组织宣讲新法规、新标准、新规范外，其余均由企业和个人自主安排。

6. 开创宽松环境

现阶段，监理人才的环境（包括成长环境、人文环境和应用环境等），虽在市场经济体制发展的大环境中，已经建树起了较好的架构。但是，毕竟远不够宽松。而应当加倍努力，尽快构建起建设监理人才发展的常规体制、机制，开创稳固、宽松、快速发展的良好环境。

第一，应进一步解放思想，真正把人才作为经济社会发展的第一资源摆在突出位置，努力提高人才工作的紧迫感和自觉性。确立"服务发展、人才优先、以用为本、创新机制、高端引领、整体开发"的人才发展指导方针。

第二，构建建设监理人才成长的宽松渠道，包括不同等级监理人才的设定认可、多轨制监理人才确认的广泛实施、多种形式监理人才的培养机制等，构建建设监理人才成长的"绿色通道"。

第三，进一步完善建设监理人才发展的人文环境。通过宣传教育，并以法规、制度为先导，形成争当优秀建设监理人才光荣的氛围。

第四，在完善工程建设监理法规建设的同时，进一步科学界定建设监理人才的基本权利，并完善相应的法规条款，以及建立必要的保障机制。

二、快速发展监理人才的成功尝试

近几年来，面对因建设监理人才奇缺而难以实施监理制的巨大压力，许多地区有关单位结合本地的工作需要和实际情况，大胆尝试推进建设监理人才快速发展的新举措，并取得了可喜的成效。归纳起来，这些做法包括以下几个方面：一是比照其他专业注册办法，把监理工程师分设为二级或三级。二是实行建设监理工程师资格考试、考核并举确认的办法。三是开展统一组织、企业组织和个人自学相结合的培训教育方式，以及实施学习理论尤以突出实际操作技能的培训教育理念。四是广开渠道，寓建设监理人才于社会。五是激励社会散在的工程建设人才投身于建设监理行业。六是及时委以相应的重任，在工作实践中，进一步培养、锻炼监理人才，促使其茁壮成长。

这些创新做法，不仅促进了建设监理人才快速发展，而且，推动着建设监理制的稳步实施；不仅调动了广大建设监理从业人员的积极性，而且，进一步促进了工程建设水平的提高，赢得了社会的认可和赞扬。所以说，这些创新的做法是有益的尝试，值得进一步总结、研究、升华、推广。

三、展望与期待

党的十八大，像一股强劲的东风，吹暖着神州大地，尤其是在思想上、组织上给我国深化改革注入了强大的动力。在十八大精神的感召下，在深入贯彻落实中央《人才规划纲要》的进程中，我国的工程建设监理行业当不甘落后，而迎头赶上。除却大环境的有利因素外，在建设监理行业内外，对于建设监理人才奇缺的现状，基本上已形成共识。同时，加快培养建设监理人才的客观需求和呼声日趋高涨。第三，如上所述，全国各地积极探索突破建设监理人才瓶颈工作，已有了卓有成效的实践。有鉴于此，可望在不久的将来，全国上下达成共识，并以法规的形式予以认定和推广。

当然，任何人才的培养和成长，都不是一朝一夕的事情。俗话说的好"十年树木，百年树人"。要造就一支综合素质高、专业匹配合理、知识结构搭配科学，而且具有旺盛生命力的建设监理大军，需要长期不懈地努力，包括需要不断地进行相关理论探讨和实践。千里之行始于足下，期望业内外广大热心建设监理事业发展的人士，继续努力，高举我们辛勤劳动的双手，迎接更加美好的明天。

第四节　创建品牌监理企业研究

所谓品牌，就是一种标志、一种象征、一种价值理念，是优异品质的高度概括和核心体现。品牌，不仅是企业发展壮大的目标，也是国家综合经济实力的象征。在经济全球化时代，品牌已成为竞争的重要手段。"品牌就是市场，品牌就是竞争力，品牌就是效益"的观念，越来越为社会所认同、所重视。

中国品牌由不受重视到引起各界关注，走过一条艰难曲折的道路。当前，我国虽然有一大批知名品牌应运而生，但总体上还远未成熟。中国企业品牌在国际上尚未取得与我国经济规模相应的地位。重视民族品牌、发展自主品牌，已成为我国经济社会文化建设发展的迫切要求。

企业品牌是企业文化的高度概括和集中体现。企业的品牌建设，是企业发展到较高阶段的必然追求。同时，企业品牌的不断创新和提升，进一步强化了企业的核心竞争力，进一步拓展了企业的市场占有空间。

综观我国建设监理行业的现状，毋庸讳言，在企业品牌建设方面，尚远没有纳入企业建设的议事日程。认识企业品牌的真谛，重视企业品牌建设，进而建树品牌企业，是建设监理行业崭新而艰巨的使命。

一、创建品牌监理企业的意义

2004 年，国务院前总理温家宝曾指出："名牌就是质量，就是效益，就是竞争力，就是生命力。名牌不仅是一个企业经济实力和市场信誉的重要标志，拥有名牌的多少，还是一个国家经济实力的象征，是一个民族整体素质的体现。"

2005 年，国家提出了"从中国制造到中国创造"的发展观。国家"十二五"规划纲要开篇就讲，要"加快转变经济发展方式，开创科学发展新局面"，并明确提出，"推动自主品牌建设，提升品牌价值和效应，加快发展拥有国际知名品牌和核心竞争力的大型企业"。可以说，打造具有世界水平的民族自主品牌已经上升至国家战略的高度，成为实现中华民族伟大复兴的重要一环。

2012年4月，全国人大常委、中国企业管理研究会会长、中国社科院经济学部主任陈佳贵在一次论坛会上尖锐指出："中国作为世界第二大经济体，却没有一个企业品牌进入世界100强；中国作为奢侈品第二大消费国，却没有一个国际化的奢侈品牌；中国作为世界制造业大国，却背负低价、低质'中国制造'的品牌形象。"任何一位有点民族自尊心的中国人，都会为此而不安；更会为此而奋发自强，努力为打造中国品牌而拼搏。作为新兴行业，中国建设监理自当高度重视品牌建设，为实现由"经济大国"向"经济强国"转变的中国梦而勇于探索。

对于所有现代企业来说，建立并实施品牌战略，自当是企业发展的迫切需要，更是激烈市场经济竞争机制的灵丹妙药。可以说，没有什么比建立自己的品牌更为重要的事情。尤其是市场竞争由价格、广告层面的竞争，进入品牌化竞争的阶段，显得尤为重要。历历经验证明，开展和强化企业品牌建设具有突出的实际意义。

2013年12月，国资委研究制定了《关于加强中央企业品牌建设的指导意见》（以下简称《指导意见》）［国资发综合］〔2013〕266号。《指导意见》明确指出，企业品牌建设的重要意义，突出体现在以下四个方面：

"（一）加强品牌建设是培育世界一流企业的战略选择。世界一流企业不仅要有一流的产品和一流的服务，更要有一流的品牌。一流品牌是企业竞争力和自主创新能力的标志，是高品质的象征，是企业知名度、美誉度的集中体现，更是高附加值的重要载体。中央企业虽然进入世界500强企业的数量逐年增多，但'大而不强'的问题一直存在，尤其是缺少在全球叫得响的知名品牌。中央企业要实现'做强做优、世界一流'的目标就必须努力打造世界一流的品牌。

（二）加强品牌建设是赢得新竞争优势的必由之路。品牌是企业竞争力和可持续发展能力的重要基础保障。随着新一轮科技和产业革命加快演进，特别是以互联网为核心的信息技术广泛应用，拥有差异化和高品质的品牌优势，日益成为企业赢得市场竞争的关键。中央企业要赢得新的竞争优势，就必须通过打造一批具有核心知识产权的自主品牌，实现由规模扩张向质量效益转变，由价值链低端向价值链高端转变。

（三）加强品牌建设是提高国际化经营水平的现实需要。品牌国际化是实施"走出去"战略的重要手段。随着经济全球化进程加快，拥有国际知名品牌已经成为引领全球资源配置和开拓市场的重要手段。知名跨国公司利用品牌影响力在全球组织研发、采购和生产，实施并购重组，主导国际标准制定，赢得了更大的发展空间。目前，我国企业在国际分工体系中多处于价值链的中低端，缺少国际话语权，全球配置资源能力和开拓国际市场能力亟待提高。中央企业作为参与国际竞争的主力军，要通过积极打造国际知名品牌，带动我国成熟的产品、技术和标准走出国门、走向世界，在更宽领域和更高层次与跨国公司开展竞争合作，努力构建与经济实力相匹配的品牌实力。

（四）加强品牌建设是实现国有资产保值增值的内在要求。品牌作为一项无形资产，是企业价值的重要组成部分。世界一流企业都善用品牌资产，并将品牌作为核心资产加以严格管理和保护，使得品牌溢价大幅高于同行业平均水平，并在兼并收购过程中获得高额品牌溢价收益。而多数中央企业还没有关注到品牌资产的保值增值，品牌资产的管理和保护水平远远落后于跨国公司。有些企业在并购重组时支付了较高的品牌溢价，但出售转让时却忽略了品牌资产，导致了品牌资产被低估或流失。中央企业要更好地实现国有资产保值增值，就必须高度重视品牌资产管理，努力提升品牌价值。"

《指导意见》不仅适用于央企，对于建设监理企业来说，同样适用。现实生活告诉人们，企业的品牌建设既能增加企业的凝聚力，又能增强企业的辐射力。最根本的是企业品牌建设能够强化企业竞争力，并推动企业发展和社会进步。

二、品牌监理企业的概念

品牌是企业品质、品位和企业品行的高度概括和升华，是企业追求和维护的特定文化，更是企业持续、稳定、独有的竞争手段。品牌的内涵，包括"知名程度、美誉程度、信誉程度及辐射力度"。

（一）监理企业创建品牌的必要性

在市场经济体制下，企业品牌是推动企业发展的重要无形力量。一个企业拥有品牌，既证明其经济实力和市场地位，也反映其持续发展力的大小。所以，品牌建设对于企业的发展有着决定性的作用。企业只有拥有了自己的品牌资产，才会使企业在日益激烈的竞争中，立于不败之地。

任何行业，任何企业，无不追求创建自己的品牌。监理行业、监理企业也不例外。之所以如此，一则是因为时代的要求。品牌战略是市场竞争新兴的、最高端的有效路径，且日益广泛流行。二则是因为品牌是企业独有核心竞争力的标示，故而，创建品牌就是提升企业竞争力的内在需求。三则是因为品牌是财富所有权的象征，创建品牌是企业经济利益的需求。四则因为，创建品牌是提升监理企业管理水平的需要。

如果说前三项是所有企业创建品牌的共性需求的话，那么，第四项就是监理企业亟待实现的特殊需求。客观上，现阶段，建设监理的理念、发展方向和模式，以及监理的法规等都处于不断研究和完善状态，诸多不确定因素给监理企业的管理带来许多干扰和困扰。同时，毕竟监理行业仅仅有二十余年的历程，绝大部分监理企业还都是中小型企业。因此，监理企业的管理经验还很不成熟，更有待急起直追，尽快实现跨越式发展。监理企业的资本积累还十分薄弱，难以实施价格竞争策略。监理企业可待在实施企业品牌战略的过程中，加速企业管理水平的提升，以实现建设监理事业的健康发展。从市场经济发展趋势来看，即使实施价格竞争策略，那也是初级的、暂时的、迫不得已的下策。竞争是市场经济的特质，市场经济的竞争造就了品牌。品牌的竞争，促进了市场经济的深化发展。所以，成熟的市场经济必然是品牌企业的天下。

其实，早在21世纪初，监理行业的有志之士就已经指出：创建品牌企业是监理行业发展的必然追求，并探讨有关监理企业创建品牌的方略等问题。国家交通部已于2008年行文，通知开展《监理企业树品牌监理人员讲责任》行业新风建设活动（交质监发[2008]419号），以期"促进监理事业健康有序发展"、"初步形成一批依法经营、管理规范、业绩突出、信誉良好、综合实力强、具有一定特色的品牌监理企业"。根据交通部的这项要求，中国交通建设监理协会于 2010 年行文（中交监协 ［2010］ 050 号），在全国交通行业开展了首次"优秀品牌监理企业"评选活动。这次评选活动，既是对多年来，交通部系统优秀监理企业成就的肯定，又是对全系统监理企业的鼓舞；既是对交通部系统创建"优秀品牌监理企业"活动的总结，更是对进一步开展创建"优秀品牌监理企业"活动新的号召和工作部署。交通系统评选"优秀品牌监理企业"活动实践，具体印证了开展创建监理企业品牌的必要性和可行性。为在全国监理行业开展创建"优秀品牌监理企业"活动，进行了有效地探索。

（二）企业品牌建设的主要内容

监理企业的品牌建设，是一项涉及多方位的系统工程。一般说来，其主要内容包括：品牌定位、创建品牌的战略设计、资源配置、组织实施和管控，以及宣传广告，即企业有形资产和无形资产的综合运营管理都应当纳入创建品牌战略的轨道。从市场运营策略的角度看，监理企业品牌建设主要内容包括：品牌设计策略、品牌形成策略、品牌包装策略、品牌广告宣传策略、品牌的市场进入策略、市场信息策略、品牌保护策略、品牌的监测和后评价策略等。

显然，监理企业的品牌建设涵盖了企业经营活动的方方面面。其中，在社会文明高度进步的今天，更加看重企业文化的作用。品牌的文化层次是品牌发展的最高层次，它是企业综合美誉概念的升华和凝固，它是企业被社会普遍认知的符号。因而，企业品牌建设的关键内容，就在于充分体现企业文化的企业管理水平的提升、在于企业全体员工素质的提高。

（三）监理企业品牌的类型

尽管建设监理企业都归属于建设市场的中介服务，但是，就企业品牌建设而言，还可以从不同的角度，区分为不同类型的品牌。概括地说，当有以下几种，或细分更多。

（1）按照监理企业的专业特长，可分为诸如"电力"、"公路"、"铁路"、"房建"、"石化"、"冶金"、"煤炭"、"电信"等专业见长的专业品牌监理公司；

（2）按照监理企业的信誉类型，可分为"重合同守信誉"型、"热情服务"型、"公正公平"型、"精细管理"型、"勇于拼搏"型等若干特色的品牌监理企业；

（3）按照监理企业经营特点，可分为"效益"型、"攻坚"型、"科技"型，以及"多能"型的品牌监理企业；

（4）按照监理企业专业品牌的多少，可分为"单一"型、"复合"型和"多重"型品牌监理企业；

（5）按照监理企业享誉的地域大小，可分为"地区"型、"全国"型、"全球"型的品牌监理企业；

（6）按照监理企业侧重从事的业务范围，可分为"投资决策"型、"工程勘察"型、"工程设计"型、"工程施工"型监理服务，以及提供"多方位服务"型的品牌监理企业。

（四）品牌监理企业的标志

关于企业品牌的标志，毫无疑问，它是企业的重要形象。一个完美的企业品牌标志，是对企业最为充分、准确的诠释，最为有力的宣传。以致于一些名牌企业不惜重金聘请专业人士精心设计企业品牌标志。这种做法，在国外，比比皆是；在国内，也日渐风起云涌。爱美之心人皆有之。企业注重品牌标志的"形象美"、"语言美"、"品味美"和"新颖美"，自然也是情理之中的事，无可厚非。但是，毕竟企业品牌是企业在相关利益人的认知，是在相关利益人心中自行生成的品相。企业外在的种种包装，虽然有提升企业形象的作用，却不能改变社会对企业内在的、经得起时间考验的"真货色"的认知。"货真价实"的企业，漂亮的企业品牌标志为企业锦上添花；"金玉其外败絮其中"的企业品牌标志，非但不能为企业增色，反而陡增社会的厌恶情绪。俗话说的好，"酒香不怕巷子深"。品牌监理企业的标志，决不在于设计什么样的徽章，不在于叫什么又大又响亮的名称。而在于行业的美誉、社会的美誉，在于占有市场的份额，在于企业效益的增加和企业员工向心力的提升。

诸如，当某监理企业长期实现精细监管，并一再取得优质高效的工程项目建设成果的时候；或当某监理企业总是重合同守信誉，一再出色地完成监理委托合同业务的时候；或当某监理企业总是公正公平地协调业主与承建商间问题的时候，人们会悠然地把"精细监管"、"重合同守信誉"、"公正公平"的美誉分别对应地与这些监理企业名字联系在一起。像人们情不自禁地把美味快餐与"麦当劳"的名字联系在一起、把香醇的美酒与"茅台"联系在一起、把房地产的翘楚与"万科"画上等号一样。监理企业的品牌，像中国公路工程监理公司等7家企业被交通监理协会授予"2012年度中国交通建设优秀品牌监理企业"称号一样。他们的综合实力、管理水平、服务质量、社会信誉等诸方面连续多年在全系统名列前茅，受到好评。获此奖牌，就是优秀监理企业品牌的标志。在一定程度上，可以说这些监理企业的名称，就是其企业的品牌标志。

三、创建品牌监理企业的方略

随着企业品牌意识的确立和强化，品牌建设必将成为企业领导者们关注的突出问题。借鉴、归纳过往企业品牌建设的成功经验和教训，监理企业在企业品牌建设中，拟应按照制定企业品牌战略、全员动员实施品牌战略、适时评估品牌战略，并不断注入科技创新活力巩固和扩展企业品牌的方略逐步实施。

（一）制定品牌战略

对于企业来说，任何重大举措，无不应当谋定而后动。企业的品牌建设决定着企业的发展与未来，且最终关系到企业的兴衰。因此，制定科学的企业品牌战略至关重要。如同前述，制定企业经营战略一样，制定企业品牌战略亦应遵循"三步走"的策略。

一是组织有生力量，开展环境调查、企业现实能力评估、行业发展趋势预测，尤其是市场需求的深入分析。在此基础上，初步拟定企业品牌战略方案。

二是发动企业全体员工，积极参与讨论、研究，并修改企业品牌战略方案。在集思广益的基础上，制定企业品牌试行战略。

三是按照企业品牌试行战略付诸实施一定时限后，总结利弊成败，进而完善并正式确立企业品牌战略。

（二）全员动员实施品牌战略

企业品牌是企业文化的高度概括和集中体现。企业文化建设是需要全体员工参与的大事。因此，企业品牌战略的实施，必须要全体员工的积极参与。再科学、完整的企业品牌战略，如果仅仅是几个"秀才"在忙碌，而没有企业全体员工的参与，那也只是一纸空文，没有实际意义。要想全面落实企业品牌战略，不仅需要企业全体员工的参与，而且应当成为企业全体员工的自觉行为。有鉴于此，必须广泛、深入、反复动员企业员工，逐渐树立主动实施企业品牌战略意识。而且，把创建企业品牌与各自的工作紧密结合、统一起来。

（三）品牌战略的实施和评估

企业品牌战略确定后，即应按照实施计划（实施计划当分长期、中期和短期），认真贯彻落实。在实施企业品牌战略的过程中，还应当依据实施计划的分期，组织开展定期或不定期的品牌战略评估。通过评估，肯定并推广有效的做法，纠正偏离企业品牌战略的行径。同时，根据外部环境和企业内部状况的变化，调整实施企业品牌战略的策略和方法。

首先，为了保障企业品牌战略的有效实施，必须建立相应的管理制度。诸如：实施企业品牌战略的分级分工责任制、企业品牌战略实施计划和工作程序管理制度、企业品牌战略实施的考核奖罚制度、企业品牌战略实施过程中企业内部各层级间的沟通制度、公司与员工以及相关员工间的沟通制度、企业品牌战略实施的定期评估制度等。

其次，相关制度一经建立，就应当严格按照相关制度认真执行。尤其是对于原则问题，决不能随意更改，也不能模棱两可，或姑息迁就，坚定地维护制度的权威性。

第三，认真、科学地开展企业品牌战略实施评估工作。尤其是关于企业品牌战略实施环境的评估、企业品牌战略实施方略的评估，以及企业品牌战略实施进展和成效的评估等。

关于企业品牌战略实施的评估，拟应组建由相关专家组成的评估小组（由于企业品牌战略涉及企业的经营秘密，不仅不能公布于众，有的内容甚至连本企业的员工也不宜周知，故评估专家只宜在本企业内选拔）。评估小组研究、制定评估方案，并依评估方案逐步实施。评估方法，一般采取调查、收集资料，或听取汇报；对照实施计划，逐项对比执行情况；总结并分析取得成效的经验和产生问题的教训；评估小组提出改进意见并提出书面评估报告。如此，连续组织评估，直至企业品牌战略基本实现。而后进入企业品牌巩固、扩展新阶段。

（四）不断注入科技创新活力

1. 科技创新是企业品牌建设的原动力

建设监理行业是以提供高智能技术服务为根本的行业。故，监理企业的品牌往往以工程技术、工程经济知识为支撑。所以，监理企业的任何品牌都是技术和经济知识的结晶。科技是品牌的根本，没有科技含量的监理企业品牌不可能形成，更不可能长期存在。

在知识经济时代，知识成为最重要的资源。在科技知识爆炸式发展的电子时代，科技知识的增添、充实，以及更新，都将严重地影响着企业品牌。企业品牌战略的制定和实施需要科技知识，企业品牌的巩固、扩展，同样需要科技知识的滋养。另一方面，科学技术的发展和创新，为企业品牌的创建提供了更为广阔的空间。或者说，科技的发展和创新，进一步促进了企业品牌的创造和发展。尤其是在市场经济体制下，企业品牌只有持续满足业主、满足社会的需求，才能赢得业主的资产；同时，企业品牌只有保持较高的技术含量，才能形成占有市场较大份额的竞争力。所以，企业只有不断进行技术创新，才能在品牌创建、发展的过程中，占据优势。因此，适时地、连续不断地给监理企业品牌注入新的科技，进一步强化企业品牌巩固和创新的原动力，已成为不言而喻的公理。

2. 及时掌握新科技的应用

对于监理企业来说，监理归属于管理科学，主要是对工程技术、工程经济等自然科学应用的管理。所以，一般情况下，监理活动不存在科技创新问题。但是，监理活动毕竟是以工程技术、工程经济知识为基础的管理。不难设想，没有工程技术知识，或没有工程经济知识的人，面对监理工作，必将束手无策、寸步难行。因此，一个期望监理企业不断发展的领导者，无不关注企业员工工程技术知识水平、工程经济知识水平的提升。对于品牌监理企业来说，领导者更是关注新科技，往往指示专门机构时刻了解、掌握工程建设领域新科技的创建动向及其应用。诸如超高层建筑的深基础处理技术、抗震技术、消防技术，以及双曲面玻璃幕墙技术、深层岩洞爆破技术、高铁设计和施工技术等，各行各业工程建设都有层出不穷的新技术。监理企业都应当及时了解，并尽可能掌握，以满足工程监理的需要。

当然，管理也是一门科学。是科学，就应有创新，管理科学也有创新。如我国著名管理学家张庆仁研究员经过二十余年的辛勤探索，提出了企业"岗次动态管理体系"——以横向岗次、纵向岗次、荣誉岗次为基本单元而构建的衡量岗位价值和员工绩效的三元坐标系。岗次动态管理体系是继20世纪初泰罗制（以定额管理为基础，以经济奖罚为手段）之后的第二个管理体系。该体系使企业管理从体力劳动时代过渡到知识经济时代（见山东省企业经营管理学会《百年以来的第二个管理体系》论文报道）。再如，智能化的模型信息技术为工程建设监管开辟了新的天地。像BIM技术出现后，不少监理企业积极投入力量，研究其应用条件和应用方法。以期尽快适应新科技发展的需要，并尽可能抢占先机，增强企业的竞争力。

3. 积极交流促进新科技的应用

组织开展新科技应用交流活动，是促进新科技应用的有效途径。这也是许多监理企业提升总体技术能力的宝贵经验。为了进一步给企业品牌注入新的活力，企业领导者自当定期或不定期地在企业内部举办新科技应用研究、交流活动。及时掌握新科技应用能力，进一步扩大和提升新科技应用水平。从而，进一步巩固、强化企业品牌的生命力，使企业进一步保有市场竞争的制高点。

一花独放不是春。作为监理行业协会来说，为了培育更多的品牌企业，为了不断增强全行业品牌企业的活力，模拟企业的形式，定期或不定期地举办全行业，甚至全国范围的新科技应用研究、交流活动，也是促进行业发展的必要举措。

4. 注重企业品牌文化建设

如前所述，企业品牌是企业文化的高度概括和集中体现。所以，企业品牌的形成与企业文化建设密不可分，休戚相关。企业品牌建设的过程，也就是企业文化建设的过程；企业的品牌建设，离不开企业品牌文化建设。任何一家品牌企业，其打造品牌的过程，无不与企业文化建设紧紧地结合在一起。其实，企业的品牌建设处处渗透着企业文化建设的内容，有些部分，二者难分彼此。像企业的品牌战略，实际上就是企业文化建设核心层面的企业理念建设；像企业的诚信品牌建设，实际上就是企业文化建设中精神层面的诚信建设。因此，要想搞好企业品牌建设，势必注重企业品牌文化建设。

企业品牌文化是企业成员共同的价值观。它以企业宗旨、企业理念的形式得以精炼和概括，是凝结企业经营观、价值观、审美观等观念形态及经营行为的总和。集中表现为企业的文化理念和为实现理念而制定的行为规范的制度和规则。品牌文化在企业的发展观上，表达了员工对其推动企业前进作用的共识，使各成员的价值取向、行为模式趋向一致。监理企业的品牌文化所带来的凝聚力、约束力、感召力，可以规范和团结员工，增加员工的归属感，增强企业的凝聚力，进而扩大社会对于企业的认知度。

为了搞好企业品牌文化建设，加大人力物力财力的投入是必要的。诸如加强品牌专业人才的引进、开展品牌专业人才的培养、搞好品牌专业人才的使用等。建立一支素质高、专业精、能力强、负责任的品牌建设专业队伍，并充分发挥专业机构的作用，不断凝聚品牌建设的合力。

5. 打造新科技应用团队

企业品牌战略的筹划需要有一个精干的团队。同样，为企业品牌注入新科技原动力，也需要有一个精干的团队。企业品牌建设是一个持续不断、永无休止的事情。因此，企业品牌建设需要一个相对稳固的团队。组织机构的稳固，才能保持企业品牌建设的连续性，企业才能依托这样的团队，适时地搜寻新科技信息、积极地组织开展新科技应用实验、努力加快新科技应用全员培训，以期，促进企业品牌建设再上层楼。

显然，打造企业品牌建设团队是企业建设中的一项重要工作，企业的领导层务必给予高度重视。企业有了品牌建设团队，就等于有了新科技应用团队，新科技应用就有了依托和支撑。新科技应用团队建设，无非是品牌建设团队的深化发展和延续。问题是，企业成功地建立起自己的品牌之后，不等于企业品牌建设团队使命的结束。恰恰相反，应当看做是企业品牌建设团队新生命的开始。企业应当在相应制度中，就把新科技应用使命明确地赋予企业品牌建设团队。并根据需要，适时地加以必要的调整、充实、完善，使企业品牌建设团队永葆旺盛的青春活力。

四、创建品牌监理企业拟应注意的问题

我国的企业创品牌工作，以国资委印发《指导意见》为起始（2013年12月17日），至今尚不到半年时间。由于时间短暂，中央企业尚没有全面展开。从组织层面看，属于中小企业的监理行业，更没有正式起步。虽然说，企业创品牌早已有之，但是，毕竟在市场经济体制下，如何创品牌，都还缺乏足够的认识，更没有成熟的经验。因此，慎重对待这项工作，或者借鉴他方的经验，尤为必要。归纳起来，以下几方面，当值得记取。

（一）以自身实力为基础

任何企业创品牌，绝不是哪个人心血来潮，异想天开的事情。也不是无缘无故，贸然一蹴而就的成果。企业创品牌，需要肥沃的"土壤"和辛勤的耕耘。企业品牌成长的"土壤"，就是企业的自身实力。因此，监理企业创建品牌，应当立足于企业自身现有的状况，包括专业特长、技术实力、业务范围，以及已经取得的成果等。

其实，企业在制定品牌战略时，对于企业内部的调查研究，就是对企业状况的综合了解和研究分析。通过分析，找准创建企业品牌的基础，或者说找准企业创品牌的"生长点"。这项工作十分重要。俗话说："万丈高楼平地起"。找准了这个"生长点"，宏伟的企业品牌战略目标，就有了明确的基点，或者说，这就是企业创建品牌的希望。

当然，企业创品牌的基础也是日积月累地积淀形成的。如果在企业内部状况调查分析中，发现相关基础工作比较薄弱，比如，对于相关技术的了解不够深，或者能够熟练运用该项技术的人员比较匮乏，或者相关制度建设的科学性不高而难以实施等，则应当拟订方案，并抓紧实施，加以弥补。

（二）以市场需求为导向

所谓市场需求，就一般概念而论，是指在一定时间内和一定价格条件下，消费者对商品或服务愿意而且能够购买的数量。数量越大，说明市场需求越高。显然，市场需求要素有两个，一是消费者愿意购买；二是消费者有支付能力购买，两者缺一不可。

监理企业在制定创建品牌战略时，一定要认真调查，透彻分析市场的需求，并坚持以市场需求为导向，结合自身的状况，确定创建企业品牌的目标。如，提高工程质量是普遍关注的问题，是市场的突出需求，监理企业就应当把促进建成优质工程作为创建企业品牌的奋斗目标；又如，市场需求加强工程勘察监管，监理企业就可以把提供优质工程勘察监理服务作为创建企业品牌的奋斗目标。……凡此种种，只要市场需求，企业又有基本条件，就可以列为创建品牌目标，努力实施。

另一方面，还要把握市场发展变化的脉搏。随着市场需求的变化，企业品牌具体内容的补充完善，甚至调整转换，都应当随之而变化。因此，企业要创名牌，就要适时把握市场需求，依据变化的市场需求，及时跟进，进行新的或者更高层次品牌创建活动的研究和开发。从而，不断提升企业品牌的品位，向名牌企业进军。

（三）持之以恒循序渐进

由于企业品牌的创建是一个比较长期的渐进过程。一方面，企业要按照既定计划逐步实施，需要一定的时间；另一方面，即便依据实施计划，取得了一定的成效，市场还需要有一个认知的过程。同时，只有瞄准一个目标，坚持不懈地努力，日积月累，才能积淀成较突出的成果，才有益于市场的认知。所以，从企业品牌战略的确立到品牌计划的实施，都应当围绕这个中心议题，锲而不舍地一以贯之。除非遇到极为特殊的变故，不得不中途调整外，一般情况下，不宜轻易更改。

国资委的《指导意见》还明确指出，促进企业品牌应当"坚持循序渐进原则"。因为企业品牌建设是一项艰巨的系统工程，需要从多方面扎扎实实地做好工作。单就创建品牌战略的实施而言，往往要制订中长期品牌战略规划，还要制定阶段性目标和实施方案，甚至还要细化为年度、月份实施计划。只有按照实施计划，分步实施，持之以恒，扎实推进，循序渐进，才能取得应有的成效。那种漫不经心、消极等待的态度是错误的，而急于求成、操之过急的思想和做法，同样是不对的。

（四）切忌追求"大而全"

有些人，惯于喜欢"大而全"，喜欢"奇而洋"。动辄要跨越多个行业、要追求"洋模式"，而忘却自己现有的水准和能力。这是创建品牌企业的大忌，务当铭记。

一个监理企业能够跨越多个行业开展业务，有助于占领多个市场，实施"东方不亮西方亮"的经营策略，固然是件好事。问题是，这种做法一则与社会分工越来越细的大趋势相悖；二则企业领导层的管理水平往往难以达到相应的水准。不少事实说明，"大而全"的经营理念是失败的。尽管可能轰轰烈烈于一时，然而，终究难以逃脱失败的命运。

遗憾的是，一些政策的偏颇，不断引领企业滑入"大而全"的泥沼。诸如制定"综合资质"企业标准、制定"特级资质"企业标准等。殊不知，一些企业为了赢得这些虚名，挖空心思拼凑条件，甚至弄虚作假，耗费了大量的人力财力。

有鉴于此，监理企业在创建企业品牌的时候，拟应遵循"专而精"的策略，脚踏实地地致力于一个行业、侧重于一个方面，扎扎实实地做好每一件工作，一步一个脚印地向企业品牌的高峰攀登。

（五）切忌做表面文章

企业品牌所蕴含的文化意义，是能帮助企业接近顾客，引导顾客信任，鼓励顾客追求。当顾客使用这些品牌时，他们不仅获得了品牌的使用价值，更能从中得到一种文化与情感的熏染。当品牌具有真实、健康、丰富的文化内涵时，它就获得了建立顾客忠诚的良好基础。所以，围绕企业品牌建设，大有文章可做。

如同其他行业一样，监理企业创建企业品牌，重点在于扎扎实实地做工作，在于长期历练"内功"。同时，也需要做好相应的形象宣传。诸如，提出能够充分表达创建企业品牌目标的奋斗口号，或者设计寓意丰满而科学的图标，或者开展必要的宣传报道，以及开辟广告宣传等。在市场经济体制下，对于这些活动，都无可厚非，甚至可以看做是企业创建品牌应有的活动之一。

但是，面对比比皆是的虚假广告，面对一些曾经烜赫一时而昙花一现的"名牌企业"，监理企业在创建企业品牌时，不能不汲取这类教训。切忌华而不实，做表面文章，甚至弄虚作假、瞒天过海。那些一味追求响亮口号，或满足于完美图标设计，或醉心于企业形象宣传，或制定创建品牌战略及其规划之后，就束之高阁，或敷衍了事走过场、摆花架子等都应当严加防范。并号召企业员工严格监督，一旦发现有不健康的苗头，群起而攻之。决不能任其猖獗、泛滥。从而，确保创建企业品牌战略顺利进展。

坦率地说，现阶段，监理企业创建企业品牌的大环境，还不是很好，甚至可以说还很不成熟。但是，对于行业来说，又不能不未雨绸缪。及早从理论研究上、从思想认识上弄明白有关创建企业品牌问题，乃至及早做好点点滴滴的试点，为以后大踏步的前进做好必要的准备工作，依然是当务之急。同时，更期盼不久的将来，各地方、各部门都能涌现出纷彩异呈的监理名牌企业，为我国的工程建设作出新的更大的贡献！

附录 6-1 工程建设监理条例（建议稿）

第一章 总 则

第一条 为了规范工程建设监理活动，加强对工程建设监理的监督和管理，推进工程建设监理制的深化发展，提高工程建设安全度，依据《中华人民共和国建筑法》制定本条例。

第二条 工程建设监理（以下简称"监理"）是指取得资格许可的工程建设监理单位（以下简称"监理单位"）受项目法人委托，依据国家批准的工程项目建设相关文件、有关法规、工程建设合同，运用法律、技术和经济手段，对工程建设项目实施的监督、管理。

监理单位的各类工程监理资质，均由建设行政主管部门最终审定。

监理是一种高智能的有偿技术服务。

第三条 在中国大陆境内，凡从事工程建设活动的当事人，应当遵守本条例。

第四条 项目法人应当按规定将工程建设项目的可行性研究、勘察设计、施工的监督管理业务，全部或分阶段地委托给一家或多家具有相应资质等级的监理单位实施监理。

项目法人与委托的监理单位应当签订规范的委托监理合同。

第五条 监理单位及其人员应当遵循"守法、诚信、公正、科学"的准则。

第六条 国务院建设行政主管部门归口管理全国监理工作。

第二章 监理原则、范围和内容

第七条 监理单位在监理活动中应当遵守下列原则：

一、遵守国家法律、法规，贯彻执行国家经济建设的方针、政策；

二、按照资质等级及有关规定承接监理业务；

三、严格执行工程建设的标准、规范、规程、合同和有关文本等；

四、按照"公正、独立、自主"的原则进行监理，公平地维护有关各方的合法权益。

第八条 下列工程应当实行监理：

一、大、中型工业工程；

二、城市市政、公用工程；

三、城市住宅和公益工程；

四、涉外工程；

五、法规规定的其他工程。

第九条 监理的主要内容：

一、工程建设项目投资控制；

二、工程建设项目工期控制；

三、工程建设项目质量控制；

四、工程建设项目安全控制；

五、工程建设项目合同管理；

六、委托方委托的其他事项。

第三章　监　理　单　位

第十条　监理单位是具备一定资质、经建设行政主管部门批准，并取得工商营业执照的法人。

监理单位是建设市场的主体之一。项目法人与监理单位之间是委托与被委托的合同关系；监理单位与承建商之间是监理与被监理的工作关系。

第十一条　设立监理单位或增加监理业务类别，申请单位须按规定，报相关建设行政主管部门进行资质审查。获得批准的申报单位持批准证书向工商行政管理机关申办营业证书。

第十二条　监理单位的资质实行分级和动态管理制度。

监理单位的资质分甲级、乙级、丙级三等。

甲级资质监理单位由国务院建设行政主管部门审批；乙级、丙级资质由省（自治区、直辖市）或国务院的有关部门审批。

按照审批权限，各有关建设行政主管部门对监理单位的资质定期核定。

第十三条　经核定，监理单位还可以从事工程咨询、工程招标代理、工程技术和工程经济培训等技术服务。

第四章　监　理　人　员

第十四条　全国实行统一考试、考核办法确认监理师资格，并实行注册制度。

第十五条　取得监理资格并经注册的监理人员称为注册监理师。注册监理师具有监理执业签字权。

监理师只能在一个单位申请注册。

按照标准对等原则，可与境外相互确认监理师执业资格。

第十六条　未注册的监理师可以临时受聘参与监理工作，但无签字权。

第十七条　监理人员应当具有良好的职业道德，遵守有关法规、执行有关准则。

第五章　监　理　的　实　施

第十八条　项目法人一般通过招标方式，择优选定监理单位；也可以直接委托监理单位。

选择监理单位的一般原则包括：

一、监理单位资质等级符合工程等级的要求；

二、有类似工程的监理业绩；

三、技术实力和组织协调能力强；

四、社会信誉好；

五、针对工程项目编写的监理大纲科学、先进、实用。

第十九条　经工程项目法人与监理单位协商一致，并按照规定的格式签订监理合同。

第二十条　实施监理前，工程项目法人应当将委托的监理单位及监理的权限、监理内容、总监理师的姓名等书面通知被监理单位。

总监理师应当将其授予各专业监理师的权限书面通知被监理单位。

第二十一条　工程建设项目监理实行总监理师负责制。

总监理师在授权范围内负责发布有关工作指令、签认有关文书和凭证、建议撤换不合格的承建商、或承建商的有关人员。

工程项目法人无权擅自更改总监理师的指令。

第二十二条　监理工作一般应按下列程序进行：

一、依据监理合同编制监理规划并报工程项目法人；

二、依据监理规划编制监理细则；

三、按照监理细则实施监理；

四、完成监理合同约定的监理任务后，总监理师应对被监理工程的建设实施情况签署意见，没有监理签署同意的意见，不得办理工程的任何移交手续；

五、参与工程项目建设实施成果的验收；

六、监理合同履行完毕后，监理单位应向工程项目法人提交最终监理报告和合同约定的监理资料。

第二十三条　监理费是工程项目法人支付给监理单位的监理酬金。

监理费标准由国家统一制定。

第二十四条　涉外工程建设项目监理

境外赠款、捐款的工程建设项目，由中国大陆的监理单位承担监理业务。

外商独资建设的工程项目，如果需要委托境外监理单位参与监理时，应依中国大陆的监理单位为主。

境外的监理单位不得单独在中国大陆承担监理业务。如确实需要境外的监理单位参与监理时，须经有关行政主管部门批准，并应与中国大陆的监理单位成立合营监理单位或合作承担监理业务。

国家鼓励和支持监理单位到中国境外承揽监理业务。

第六章　法　律　责　任

第二十五条　各地建设行政主管部门和国务院有关部门应促进建设监理市场的发育和规范，不得实行地区封锁或行业垄断，也不得以任何方式干涉监理单位的合法经营。

第二十六条　项目法人违反下列规定，由项目的建设行政主管部门给予处罚。

一、应当实施监理的工程建设项目，未委托监理的；

二、委托不具有相应资质等级监理单位实施监理的；

三、应当通过招投标方式实施监理，而未采取招标方式委托的；

四、在委托监理过程中，营私舞弊的，没收非法所得，并给予警告，直至建议给予处分；

五、阻挠、干涉监理人员工作，或玩忽职守、滥用职权，对监理项目造成重大损失的，给予警告或通报批评等行政处罚。

第二十七条　监理单位有下列情形之一的，建设行政主管部门责令其改正，并可处以 3 万元以上 10 万元以下罚款及行政处罚：

一、超出批准的业务范围从事监理活动的，给予警告或通报批评，直至停业整顿；

二、采取不正当手段承揽监理业务的，处以 5000 元以上，100000 元以下的罚款，并责令停业整顿，直至降低资质等级；

三、因监理的错误指令，造成重大工程建设事故或重大经济损失的，除赔偿一定的经济损失外，还要降低其资质等级，直至吊销资质证书；

四、转让、出售、出租、涂改《工程建设监理单位资质证书》的，没收非法所得，并吊销资质证书；

五、故意损害项目法人或承建商利益的，按有关规定赔偿损失，并降低资质等级，直至吊销资质证书。

第二十八条 凡从事工程建设活动的当事人违反本规定，造成严重后果，触犯刑律的，由司法机关追究其刑事责任。

第七章 附 则

第二十九条 国务院建设行政主管部门根据本条例制定具体规定。

第三十条 本条例由国务院建设行政主管部门负责解释。

第三十一条 本条例自   年   月   日开始实施。

注：该《建议稿》系根据 1997 年 11 月的第五稿修改而成。

附录 6-2 关于开展铁路工程地质勘察监理工作的通知

（铁建设函〔2002〕434 号 2002 年 11 月 5 日）

各铁路局，各设计院，各合资铁路公司，工程、建设开发中心：

为促进铁路工程地质勘查质量的提高，保证勘察工作符合规程、规范要求，满足设计需要，决定在铁路工程地质勘察中实行监理制度。现将有关事宜通知如下：

一、铁路工程地质勘察监理的实施范围

工程地质条件复杂的大中型建设项目，或建设项目中地质条件复杂的地段，在初测和定测阶段实行工程地质勘察监理。

二、铁路工程地质勘察监理的组织实施

铁路工程地质勘察监理工作由建设单位组织实施。

三、铁路工程地质勘察监理的依据

1.《建设工程勘察设计管理条例》（国务院令第 293 号）；

2. 国家和铁道部制定的工程地质勘察、测试、试验规程、规范；

3. 项目建议书、可行性研究报告及其批复意见；

4. 工程勘察设计合同；

5. 工程地质勘察监理合同。

四、铁路工程地质勘察监理的主要内容

检查工程地质勘察工作的以下方面是否符合有关规定、规范和勘察合同要求。

1. 勘察任务书；

2. 勘察设备、人员的配备；

3. 勘察手段、方法和程序；

4. 调查测绘规范、内容和精度；

5. 勘探点数量、深度及勘探工艺；

6. 水、土、石试样的数量，取样、运输和保管方法，试验内容和方法；

7. 原位测试和水文地质试验的内容、数量和方法；

8. 原始资料（包括地质测绘观测点卡片、钻探日志、物探记录、原位测试记录、水文地质实验记录、水土石化验报告等）、勘察报告及图件。

五、铁路工程地质勘察监理单位（简称勘察监理单位）应同时具备下列条件：

1. 具有工程勘察综合甲级或岩土工程勘察甲级资质；

2. 未承担该项目的勘察工作。

六、建设单位应与勘察监理单位签订工程地质勘察监理合同，明确双方的权利和义务。

七、勘察监理单位应根据建设项目规模、地质复杂程度、交通条件等选派监理人员，定测阶段以每 100 公里正线配备 3～5 人为宜，初测阶段可适当减少人员。其中，项目总监理工程师应由主持完成过大中型建设项目工程地质勘察工作且具有高级技术职称的技术人员担任，其他监理技术人员应具有本专业中级以上技术职称，高级技术职称人员应不少于三分之一。

八、勘察监理单位对监理工作中发现的问题，应当场指出，并立即以勘察监理通知书的形式通知勘察单位，提出改进要求，并检查落实情况。

九、勘察单位应积极配合勘察监理工作，及时主动向勘察监理单位提供有关资料，接受勘察监理单位的检查，对勘察监理单位提出的问题认真研究，切实整改，并将整改情况书面反馈勘察监理单位。

十、勘察和勘察监理单位应将有异议的问题书面报告建设单位，建设单位应及时协调解决。

十一、勘察监理单位应定期向建设单位书面报告勘察监理工作情况。勘察监理工作结束后，勘察监理单位应向建设单位提交勘察监理报告，对勘察单位完成的原始资料、勘察报告及图件的完整性、可靠性等提出评价意见。

十二、勘察监理通知书及勘察单位的整改情况报告、勘察监理总结报告应纳入勘察单位、勘察监理单位的档案管理。

十三、工程地质勘察监理费根据项目的复杂程度，暂按以下标准确定，初测阶段费用在前期费中列支，定测阶段费用列入工程概算。

复杂程度		Ⅲ	Ⅳ	Ⅴ
正线公里（万元）	初测	0.45	0.65	0.85
	定测	0.6	0.9	1.2

注：复杂程度同勘察设计复杂程度。

十四、对于勘察监理工作认真负责，成效显著的监理项目，可适当增加勘察监理费；因勘察监理工作失职，未按合同约定履行监理义务的，应扣减勘察监理费；造成重大工程质量事故的，应承担相应的经济责任。

十五、本通知自发布之日起实行。

2002 年 11 月 5 日

又，《铁路工程地质勘察监理规程》铁建设〔2005〕2号 2005年1月5日（略）。

附录6-3 工程建设设计监理规定（建议稿）

第一章 总 则

第一条 为了搞好工程建设设计监理，促进设计质量的提高，更好地发挥投资效益，依据《工程建设监理条例/规定》，制定本规定。

第二条 工程建设设计监理是指监理单位受工程项目法人委托，依据国家批准的工程项目建设文件，有关工程建设的法规、规范、规程和工程建设设计监理合同及其他工程建设合同，对工程建设项目设计实施监督管理的有偿技术服务。

本规定所称工程建设设计包括：工程项目的方案设计、初步设计和施工图设计。

第三条 工程项目法人可以直接委托监理单位，也可以通过招标择优选择监理单位。

第四条 工程建设设计监理的基本任务是监理单位依据监理合同赋予的权限，督促设计单位按照设计合同完成设计任务，达到"方案科学合理、工艺先进实用、结构安全可靠、概算合理经济"的目的。

第五条 在中华人民共和国境内与工程建设设计监理有关的当事人，应遵守本规定。

第二章 工程建设设计监理单位

第六条 工程建设设计监理单位，是指具有工程设计监理资质等级证书从事工程设计监理业务的企业。

第七条 工程建设设计监理实行准入制度。

工程建设设计监理单位必须持有建设行政主管部门批准的资质等级证书，并取得工商部门颁发的营业执照，方可从事工程设计监理工作。

第八条 从事工程建设设计监理人员，应具有工程设计监理资格，并实行注册制度。

工程设计监理人员资格，由国家建设行政主管部门制定标准，经考试或考核确认。

具有工程设计监理资格的人员，取得工程设计监理资格后，方可从事工程设计监理工作。

经申请，获得注册资格的工程设计监理人员，方可以注册监理师的名义执业。

第九条 工程建设设计监理单位和人员必须贯彻执行国家法规和政策，恪尽职守和职业道德，为客户提供服务。

第三章 工程建设设计监理的范围、内容和程序

第十条 国家规定应当实行监理的工程建设项目设计，均应委托监理。

第十一条 工程建设设计监理的主要内容包括：

一、协助项目法人选择设计单位；

二、协助项目法人商签设计合同；

三、监管设计单位履行设计合同；

四、对设计工作进行阶段性核查，提出修改意见；

五、对履行设计合同完成的工程设计文件进行全面评审，并提出评审意见。

第十二条 工程建设设计监理的一般程序是：

一、监理单位与项目法人签订工程建设设计监理合同后，依据合同的要求，结合工程特点，组建工程项目设计监理机构；

二、工程项目设计监理总监主持编写设计监理规划；

三、协助项目法人编写设计招标文件，组织评选设计方案；

四、协助项目法人选择设计单位；

五、协助项目法人签订设计合同，并监督合同的履行；

六、组织工程设计文件阶段性及终结性评审，并提出修改和评审意见；

七、总监按照合同的约定，审核、签发设计费支付凭证；

八、监理合同完成后，监理单位向项目法人提交监理报告和合同约定的监理资料。

第四章 工程建设设计监理原则

第十三条 工程建设设计监理应遵循独立、公正、科学、诚信的基本原则。

第十四条 工程建设设计监理的投资控制要遵循：初步设计概算不得超过可行性研究估算；施工图预算不得超过初步设计概算的原则。

根据拟定的方法，可采取限额设计、限额设计变更、限额采购、严格设备和材料的选用代用、控制设计费等办法。

第十五条 工程建设设计监理的质量控制要遵循：规范、安全、可行、先进的原则。

第十六条 工程建设设计监理的进度控制要遵循：合理、先进的原则。

第五章 工程建设设计监理费

第十七条 工程建设可行性研究设计阶段、施工图设计阶段的设计监理费，按工程项目投资的百分比计算。如下表所示：

工程概（估）算 M（万元）	≤1000	≤5000	≤10000	≤20000	≤50000	≤100000
监理费 C（%）	≥0.80	≥0.50	≥0.40	≥0.30	≥0.20	≥0.16

注：1. 工程建设规模在上述所示两挡之间的，可按内插法计算设计监理费。

2. 对于零星的工程设计监理可按商定的监理人数和时间计算监理费：

1）不足一月的，每天按 8 小时工作计，每人每小时 200～300 元；

2）如需按月计的，每月按 21.5 个工作日计，平均每人每月 26000 元。

3. 需要在法定工作时间以外进行监理时，按规定标准的两倍计算监理费。

第十八条 外商独资建设的工程项目，监理费为本规定标准的两倍。

中外合资建设的工程项目，监理费为本规定的 1.5 倍。

第十九条 该规定的监理费标准为保证监理质量的基本标准，执行中不宜低于该标准；对于复杂工程，可按本规定的标准乘以 1.1～1.5 的系数计算监理费。

第二十条 对于在优化设计，或修改设计的合理化建议等方面成效突出的监理单位，工程项目法人可按照所取得直接效益的 10%～20% 给予奖励。

第六章 工程建设设计监理的管理

第二十一条 国务院建设行政主管部门归口管理全国工程建设设计监理工作。

各地方、各部门的建设行政主管部门负责本隶属范围内工程建设设计监理的管理工作。

第二十二条　各建设行政主管部门依据职责和权限，对违反本规定的当事人进行处罚；对触犯刑律的，移交司法部门处理。

第二十三条　从事工程建设设计监理单位的人员，多数应具有工程设计经历。

第二十四条　监理单位不得监理与其有经济隶属关系的设计单位的工程设计。

第二十五条　如因监理单位的错误指令，造成工程建设重大损失，监理单位应负经济赔偿责任。赔偿金额按直接损失额乘以监理费率计算，或按照监理合同约定计算。

第七章　附　　则

第二十六条　本规定自　　　年　　　月　　　日起开始实行。

第二十七条　本规定由住建部负责解释。

注：此稿以 1997 年 11 月的第二稿为基础修订而成。

附录 6-4　国家电力公司工程建设监理管理办法

关于颁发《国家电力公司工程建设监理管理办法》的通知

（国电火〔1999〕688 号）
国家电力公司　1999 年 12 月 7 日

各网、省（市、区）电力公司，华能集团公司，华能国际电力开发公司，电规总院，上海电力建设有限公司，西北电建总公司，中国超高压输变电建设公司：

原电力部颁发的《电力工程建设监理规定》对培育和规范我国电力建设监理工作发挥了很大作用，但随着电力体制改革的不断深化和对监理工作要求的提高，原《电力建设监理规定》已不适应新形势的需要。为进一步对电力工程建设的管理，完善国家电力公司电力工程建设监理管理制度，根据国家有关政策、法律、法规，结合电力工程建设监理工作现状，我们组织制定了《国家电力公司工程建设监理管理办法》。现颁发给你们，请依照执行，并将执行中的问题及时上报。

附件：国家电力公司工程建设监理管理办法

第一章　总　　则

第一条　为了进一步完善国家电力公司电力工程建设监理管理制度，加强电力工程建设的质量、投资效益和社会效益，特制定本管理办法。

第二条　电力工程建设监理单位既是高智能、管理型的中介组织，又是独立承担民事责任的法人实体和市场竞争主体。应坚持公平、公正、诚信、守法、科学的原则。监理单位受项目法人委托，对火电或送变电工程建设实施监理。

第三条　电力工程建设监理的依据是国家法律、法规政策及有关主管部门、原电力工业部或国家电力公司颁布的标准、定额和经过批准的建设计划、规划、设计文件以及依法签订的项目监理合同、工程承包合同及其他有关协议等。

第四条　根据电力工程的特点，承担电力工程建设监理的单位必须取得国务院建设行政主管部门颁发的《资质等级证书》，并取得原电力工业部或国家电力公司颁发的《资质等级证书》或《监理许可证书》，方可在其资质等级许可的范围内承担工程监理业务。

第五条　从事监理的专业技术人员，应当依法取得相应的执业资格证书，并在执业资格证书许可的范围内从事监理活动。

第六条　由国家电力公司及子公司控股的电力建设项目必须实行工程监理。

第七条　本办法适用于由国家电力公司及子公司控股的常规火电、洁净煤发电、核电（常规岛部分）、送变电、热电联产等新、扩、改建工程，其他电力工程项目可参照执行。

第二章　电力工程建设监理工作的管理

第八条　国家电力公司对国家电力公司及子公司控股工程的监理工作实行归口管理，其主要职责是：

（一）组织制定电力工程建设监理有关规定、办法和范本等。

（二）负责国家电力公司系统监理单位的电力建设监理资质管理。

（三）负责国家电力公司系统火电、送变电工程建设总监理工程师、监理工程师的培训管理和资格管理。

（四）指导、监督和协调电力工程建设监理工作。

（五）管理电力工程建设监理招投标工作。

（六）负责管理电力建设监理信息网工作，组织电力工程建设监理的总结和经验交流等。

第九条　各电力集团公司、省（市、区）电力公司（以下简称网省公司）对所辖范围的电力工程建设监理工作进行归口管理，其主要职责是：

（一）贯彻执行工程建设监理法规，根据需要制定实施办法并组织实施。

（二）负责所辖范围监理单位的资质管理。

（三）负责所辖范围电力工程建设监理工程师的培训和资格管理。

（四）监督所辖范围电力工程建设监理项目的实施。

第十条　监理单位与项目法人的关系是两个独立法人间的委托合同关系。监理单位依据国家有关法律、法规和原电力部、国家电力公司的有关规定、标准及相关合同等规范项目法人和承包商的行为，维护双方的合法权益。

第三章　监理单位及监理业务

第十一条　监理单位必须执行国家有关工程监理的法律、法规以及原电力工业部、国家电力公司的有关规定，依法经营，不得超越资质范围承诺接监理业务。

第十二条　电力工程建设监理单位应由项目法人通过公开招标或邀请招标方式择优选择。监理招标一般应在项目可行性研究报告经批准并正式确立项目法人之后进行。根据工程的具体情况和需要，项目法人可以选择一个监理单位对工程的全过程进行监理，也可以选择几个监理单位对不同业务内容和范围分别监理。当选择几家监理单位时，需明确一家总牵头单位组织制定现场有关管理制度、规定和监理规划等，并负责工程协调工作。招投标应体现公平、公正、公开的原则。严禁压价竞争，要参照国家电力公司颁发的《火力发电、输变电工程监理招标程序及招标文件范本》和监理大纲范本编制招标文件；按照有关电力工程监理招标管理规定组织实施。

第十三条　实行监理回避制，工程监理单位与被监理工程的承包商不得直接隶属于同一行政主管部门；监理单位与被监理工程的承包商以及建筑材料、建筑构配件和设备供应单位不得有隶属关系或者其他利害关系。设计单位对其所设计的项目不得进行咨询和监理。100 兆瓦及以上火电、核电（常规岛部分）、220 千伏及以上送变电工程禁止在同一管理单位内部进行监理，即尚未进行公司制改组改制、行政上隶属于网省公司的监理公司不得监理该网省公司投资控股的项目。

第十四条　项目法人必须与监理单位签订监理合同。合同内容主要包括：监理范围、内容及深度、双方权利和义务、监理酬金、违约责任及争议的解决方式等。合同文本参照《火力发电、输变电工程监理招标程序及招标文件范本》，合同双方必须严格执行合同。

第十五条　监理单位所承接的业务，经签约后，不得转让、分包。如需与其他单位合作监理需经项目法人书面同意，合作双方共同与项目法人签订监理合同。

第十六条　工程建设监理的主要内容是控制工程建设的质量、安全、成本、进度；进行工程建设信息管理、合同管理；协调有关单位间的工作关系。应当根据本办法和国家电力公司颁布的有关示范文本编制具体的工程建设监理大纲、规划、细则等。

第十七条　电力工程监理的工作范围：

1. 参与初步设计阶段的设计方案讨论，核查是否符合已批准的可行性研究报告及有关设计批准文件和国家行业有关标准。重点是技术方案、经济指标的合理性和投产后运行的可靠性。

2. 参加主要辅机设备的招标、评标、合同谈判工作。

3. 参加初步设计图纸方案讨论，核查设计单位提出的设计文件（如有必要时，也可对主要计算资料和计算书进行核查）及施工图纸，是否符合已批准的可行性研究报告、初步设计审批文件及有关规程、规范、标准。

4. 核查施工图方案是否进行优化。

5. 参与对承包商的招标、评标，负责编制有关招标文件并参加合同谈判工作。

6. 审查承包商选择的分包单位、试验单位的资质并提出意见。

7. 参与施工图交底，组织图纸会审。

8. 审核确认设计变更。

9. 督促总体设计单位对各承包商图纸、接口配合确认工作。

10. 对施工图交付进度进行核查、督促、协调。

11. 主持分项、分部工程、关键工序和隐蔽工程的质量检查和验评。

12. 主持审查承包商提交的施工组织设计、重点审核施工技术方案、施工质量保证措施、安全文明施工措施。

13. 协助项目法人根据国家电力公司有关安全管理规定，进行安全生产管理。监督检查承包商建立健全安全生产责任制和执行安全生产的有关规定与措施。监督检查承包商建立健全劳动安全生产教育培训制度，加强对职工安全生产的教育培训。参加由项目法人组织的安全大检查，监督安全文明施工状况。遇到威胁安全的重大问题时，有权发出"暂停施工"的通知。

14. 根据项目法人制定的里程碑计划编制一级网络计划，核查承包商编制的二级网络计划，并监督实施。

15. 审批承包商单位工程、分部工程开工申请报告。

16. 审查承包商质保体系文件和质保手册并监督实施。

17. 检查现场施工人员中特殊工种持证上岗情况，并监督实施。

18. 负责审查承包商编制的"施工质量检验项目划分表"并督促实施。

19. 检查施工现场原材料、构件的质量和采购入库、保管、领用等管理制度及其执行情况，并对原材料、构件的供应商资质进行审核、确认。

20. 制定并实施重点部位的见证点（W点）、停工待检点（H点）、旁站点（S点）的工程质量监理计划，监理人员要按作业程序即时跟班到位进行监督检查。停工待检点必须监理工程师签字才能进入下一道工序。

21. 参加主要设备的现场开箱验收。检查设备保管办法，并监督实施。

22. 审查承包商工程结算书，工程付款必须有监理工程师签字。

23. 监督承包合同的履行。

24. 主持审查调试计划、调试方案、调试措施。

25. 严格执行分部试运验收制度；分部试运不合格，不准进入整套启动试运。

26. 参与协调工程的分系统试运行和整套试运行工作。

27. 主持审查调试报告。

第十八条　编制整理监理工作的各种文件、资料、记录等，合同完成或终止时交给项目法人。

第十九条　建立工程项目在质量、安全、投资、进度、合同等方面的信息网络，在项目法人、设计、施工、调试等单位的配合下，收集、发送和反馈工程信息，形成信息共享。

第二十条　协助项目法人编制项目的年度资金计划，并监督检查实施情况。

第二十一条　电力工程建设监理实行总监理师负责制。监理单位应根据所承接的监理业务，设立由总监理师、专业监理师和其他监理人员所组成的项目监理机构。在工程建设阶段，必须在现场设立常驻监理机构并配备相应的监理人员。各专业监理师履行各自监理职责并向总监理师负责。总监理师在授权范围内发布有关指令，项目法人不得擅自变更总监理师的指令。总监理师有权建议中止工程承建单位合同，撤换承建单位项目负责人及其他人员。在监理合同签订生效后，由总监理师组织编写监理规划，报项目法人批准后实行。

第二十二条　项目法人必须在监理单位实施监理前，将监理单位、监理的范围、总监理师的姓名及监理权限，书面通知各承包商，并在与承包商签订的合同中予以明确。总监理师也应及时将其所授予专业监理工程师的有关权限，书面通知各承包商。总监理师变更时，须经项目法人同意并通知各有关承包商。各承包商应为监理单位开展工作提供方便，并按照要求提供完整的有关记录、报表等各种资料。

第二十三条　在工程建设监理实施过程中，由总监理师组织各专业监理师编制监理细则，总监理师和监理师必须记好监理日志，总监理师应定期向项目法人书面报告监理情况，工程完工后向项目法人提交监理报告，并抄报国家电力公司有关部门。

第二十四条 监理单位可将承包商在工程中的不合格项分为处理、停工处理、紧急处理三种，并严格按提出、受理、处理、验收四个程序实行闭合管理，监理人员对不合格项必须跟踪检查并落实。工程质量必须经监理师检验并签字，未经监理师的签字，主要材料、设备和检配件不准在工程上使用或安装，不准进入下一道工序的施工，不准拨付工程进度款，不准进行工程验收。

第二十五条 项目法人与承建单位在执行工程承包合同过程中发生争议，由总监理师协调解决，经协调仍有不同意见，可按合同约定的方式解决。

第四章 监 理 酬 金

第二十六条 工程建设监理是有偿服务。监理费与监理范围、深度和监理业绩挂钩。在执行本办法界定的工作范围与深度时，其监理酬金按国家电力公司制定的《电力建设工程监理费和项目法人管理费调整办法》执行。具体监理费用由项目法人根据所委托的监理内容招标确定，并写入监理合同。

第二十七条 国外监理机构的监理酬金和外资、中外合资、国外贷款的电力工程建设项目的监理酬金可参照国际惯例计算，并在监理委托合同中确定。

第五章 罚 则

第二十八条 监理单位违反本规定，超越资质等级或者超越监理业务范围承接监理业务的，或者转让监理业务的，收回资质证书。

第二十九条 监理单位与建设单位或者勘察、设计、施工等单位串通，弄虚作假，降低工程质量，损害国家或者他人合法利益的，责令改正，降低资质等级或者收回资质证书；造成损失的，承担连带赔偿责任；构成犯罪，依法追究刑事责任。

第三十条 监理单位不按照监理委托合同的约定履行监理业务，对应当监督检查的项目不按规定检查的，责令改正，拒不改正的，责令停业整顿，降低资质等级；情节严重的，收回资质证书；给建设单位造成损失的，应当承担相应的赔偿责任。

第三十一条 总监理师、监理师或者其他监理人员违反本规定，工作严重失职或者发出错误指令，造成重大伤亡事或其他严重后果的；对未达到质量要求，予以签字认定的，收回《监理师资格证书》和《监理师岗位证位》；构成犯罪的，依法追究刑事责任。

第六章 附 则

第三十二条 本办法由国家电力公司负责解释。

第三十三条 本办法自颁布之日起施行。

注：此次选录时，均改为"总监理师"、"监理师"。

附录 6-5 工程建设监理招投标办法（建议稿）

第一章 总 则

第一条 为了规范工程建设监理招标投标活动，维护招标投标当事人的合法权益，依据《中华人民共和国建筑法》、《中华人民共和国招标投标法》、《中华人民共和国招标投标法实施条例》等法规，制定本办法。

第二条 在中华人民共和国境内从事工程建设监理招标投标活动，适用本办法。

第三条 工程建设项目符合《工程建设项目监理招标范围和规模标准规定》的，必须依据本办法进行招标。

任何单位和个人不得限制或者排斥本地区、本系统以外的法人或者其他组织参加投标，不得以任何方式非法干涉监理招标投标活动。

第四条 符合下列情况之一的，可以不招标：

（一）涉及国家安全、国家秘密、抢险救灾等不宜招标的项目；

（二）技术复杂或专业性强，能够满足条件的监理单位少于三家，不能形成有效竞争；

（三）国家规定其他特殊情形。

军队工程项目监理招投标，按照部队规定执行。

第五条 国务院建设行政主管部门负责全国工程建设监理招标投标活动的监督管理。

县级以上地方人民政府建设行政主管部门负责本行政区域内工程建设监理招标投标活动的监督管理。

第二章 招 标

第六条 工程建设监理招标由招标人依法组织实施，并实事求是地撰写科学的招标文件，公正、公平地组织招标。

第七条 工程建设监理招标应当具备下列条件：

（一）工程项目建设符合国家有关规定，并已办理相关审批手续；

（二）工程建设资金已经落实，能满足建设进度的需要；

（三）有关监理招标文件、资料完备、真实；

（四）法律、法规、规章规定的其他条件。

第八条 招标人可以实行工程建设项目全过程监理一次性招标，也可以依照工程项目投资决策、工程勘察、工程设计、工程施工、工程后评价五个阶段分别招标；或者按照不同的阶段组合进行招标。

第九条 工程建设监理招标分公开招标和邀请招标两种形式。

依法必须进行监理招标的工程建设项目，一般情况下，可采用公开招标形式招标。符合下列情况的，可以实行邀请招标：

（一）项目的技术性、专业性较强，或环境条件特殊，符合条件的潜在投标人数量有限；

（二）建设条件受自然因素限制，如采用公开招标，将错过项目实施有利时机；

（三）其他不宜采用公开招标的项目。

采用邀请招标方式的，应有3个及其以上具备相应资质能力的投标人。

除规定必须招标的项目外，招标人可以自行委托监理单位。

第十条 招标人自行办理监理招标事宜的，应当具有编制招标文件和组织评标的能力；不具备条件的，招标人应委托具备相应资质的招标机构代理。

第十一条 依法必须进行监理公开招标的工程项目，应当在国家或者地方指定的报刊、信息网络或者其他媒介上发布招标公告。

招标公告和邀标通知书应当载明招标人的名称和地址，招标工程的性质、规模、地点以及获取招标文件的办法等事项。

招标人应当按招标公告或者投标邀请书规定的时间、地点出售招标文件或者资格预审文件。自招标文件或者资格预审文件出售之日起至停止出售之日止，最短不得少于5个工作日。

第十二条 实行资格预审的，招标人只向资格预审合格的潜在投标人发售招标文件，并同时向资格预审不合格的潜在投标人告知资格预审结果。

凡是资格预审合格的潜在投标人都应被允许参加投标。

资格预审文件一般应当包括资格预审申请书格式、申请人须知，以及需要投标申请人提供的企业资质、业绩、财务状况和拟派出的总监理师与主要监理师的简历、业绩等证明材料。

第十三条 招标文件应当包括下列内容：

（一）投标须知，包括工程概况，招标范围，工程资金来源或者落实情况（包括银行出具的资金证明），工期要求，监理费用支付方式，投标文件编制、提交、修改、撤回的要求，投标报价要求，投标有效期，开标的时间和地点，评标的方法和标准等；

（二）招标工程适用的标准、规范、规程；

（三）投标函的格式及附录；

（四）拟签订合同的主要条款；

（五）要求投标人提交的其他材料。

第十四条 招标人可以在招标文件中要求投标人提交投标担保，也可以不要求提交担保。投标担保金额，一般不宜超过5万元。

第十五条 招标人不得以不合理条件限制和排斥潜在投标人；建设行政主管部门或者有关行政管理部门可以要求招标人组织专家就投标条件设置的必要性和合理性进行论证。

第十六条 招标人主持招标会前，应书面通知投标人委派代表参加。招标人应将招标会上的解答以书面方式通知所有招标文件收受人。该解答的内容为招标文件的组成部分。

第十七条 招标人对已发出的招标文件进行必要的澄清或者修改的，应当在招标文件要求提交投标文件截止时间至少15日前，以书面形式通知所有招标文件收受人，并同时报工程所在地的县级以上地方人民政府建设行政主管部门备案。该澄清或者修改的内容为招标文件的组成部分。

第十八条 招标人可以酌收招标文件工本费。应退还的招标文件，投标人退还时，招标人应退还押金。

第十九条 除不可抗力原因外，招标人在发布招标公告或者发出投标邀请书后不得终止招标，更不得在出售招标文件后终止招标。

第三章 投 标

第二十条 监理的投标人是响应监理招标、参与投标竞争并经注册登记的监理企业。

第二十一条 投标人应当按照招标文件的要求编制投标文件，对招标文件提出的实质性要求和条件作出响应。投标人对招标文件有疑问需要澄清的，应以书面形式向招标人提出。

第二十二条　投标文件应当包括下列内容：

（一）投标函；

（二）监理大纲；

（三）投标报价；

（四）招标文件要求提供的其他材料。

第二十三条　投标人应当在招标文件要求提交投标文件的截止时间前，将投标文件密封送达投标地点。招标人收到投标文件后，应当向投标人出具标明签收人和签收时间的凭证，并妥善保存投标文件。开标前，任何单位和个人均不得开启投标文件。

以联合体形式投标的，联合体各方应签订共同投标协议，并指定牵头人或代表，连同投标文件一并提交招标人。联合体各方不得再单独以自己名义，或者参加另外的联合体投同一个标。指定牵头人或代表，授权其代表所有联合体成员。

提交投标文件的投标人少于 3 个的，招标人应当依法重新招标。

第二十四条　投标人在招标文件要求提交投标文件的截止时间前，可以补充、修改或者撤回已提交的投标文件。补充、修改的内容为投标文件的组成部分，并应在投标规定截止日期前送达。

第二十五条　投标人不得串通投标，不得损害招标人或者其他投标人的合法权益。

投标人不得以行贿的手段谋取中标、不得以低于其企业成本的报价竞标、不得以他人名义投标或者以其他方式弄虚作假，骗取中标。

第四章　开标、评标和定标

第二十六条　开标应在招标文件确定的提交投标文件截止的同一时间和地点，公开进行。除不可抗力原因外，招标人不得以任何理由拖延开标，或者拒绝开标。

第二十七条　开标由招标人主持，邀请所有投标人参加。

开标应当按照下列规定进行：

由投标人或者其推选的代表检查投标文件的密封情况，也可以由招标人委托的公证机构进行检查并公证。经确认无误后，由有关工作人员当众拆封，宣读投标人名称、监理大纲、投标价格及其他主要内容。

开标过程应当记录，并存档备查。

第二十八条　开标时，出现下列情形之一的，视为无效投标文件，不予受理：

（一）投标文件未密封的；

（二）投标函未加盖投标人及企业法定代表人印章的，或者企业法定代表人委托代理人没有合法、有效的委托书（原件）及委托代理人印章的；

（三）投标文件的关键内容字迹模糊、无法辨认的；

（四）联合体投标书未附联合投标协议的。

第二十九条　评标委员会由招标人依法组建，成员人数为 5 名以上的单数。一般由招标人代表在交易中心随机抽取的评标专家组成，但来自同一单位的评标专家不得超过 2 名。招标人可以委派 2 名评标代表作为成员参与组成评标委员会。

建设行政主管部门应建立以具有注册监理师资格的监理评标专家人才库，并逐渐实行区域联网。

第三十条 评标委员会可以用书面形式要求投标人对投标文件中含义不明确的内容作必要的澄清或者说明。投标人应当以书面形式回复，其澄清或者说明不得超出投标文件的范围或者改变投标文件的实质性内容。

第三十一条 评标委员会可采用方案优先法或综合评估法评标，加权系数之和为1。

按照招标文件规定的标准和方法评定。评标要点包括：评分项目、评分要点、评分取值建议等，资信标应采用"定量判别"的评分方法。招标文件中没有规定的标准和方法，不得作为评标的依据。

采用方案优先法评标时，各类加权系数分别为：监理大纲（含总监答辩）0.80～0.70、监理企业资信0.15～0.20、监理报价标0.05～0.10。

采用综合评估法评标时，各类加权系数分别为：监理大纲0.60～0.45、监理答辩0.20～0.25、监理资信0.15～0.20、监理报价标0.05～0.10。

第三十二条 评分取值，由评标委员会主任委员或者选派的代表负责汇总全体评委的各项评分。去掉一个最高评分和一个最低评分后的算术平均分，作为投标人该项的最终得分。

评标委员会按投标总分值高低排序，第1名的投标人即为中标候选人。

无正当理由放弃总监答辩的，评标委员会可按废标处理该投标文件。

经评标委员会评审，认为三家以上投标文件不符合招标文件要求的，可以否决所有投标，招标人应当依法重新招标。

第三十三条 定标，招标人应在接到评标委员会的书面评标报告后15日内，根据评标委员会的推荐确定中标人，或者授权评标委员会确定中标人。

排名第一的中标候选人放弃中标，或因不可抗力提出不能履行合同，或招标文件规定应当提交履约保证金而在规定的期限内未能提交的，招标人可以确定排名第二的中标候选人为中标人。据此，招标人可以确定排名第三的中标候选人为中标人。

第三十四条 招标人和中标人应当自中标通知书发出之日起30日内，按照招标文件和中标人的投标文件订立书面合同；招标人和中标人不得再行订立背离招标文件实质性内容的其他协议。订立书面合同后7日内，中标人应当将合同送工程所在地的县级以上地方人民政府建设行政主管部门备案。

第五章 罚 则

第三十五条 招标人有下列情况之一的，责令改正，并可以处1万元以上3万元以下罚款；情节严重的，招标无效：

（一）不具备招标条件而进行招标的；

（二）应当公开招标而不公开招标的；

（三）应当发布招标公告而不发布的；

（四）不在指定媒介发布依法必须招标项目的招标公告的；

（五）未经批准采用邀请招标方式的；

（六）自招标文件或资格预审文件出售之日起至停止出售之日止，少于5个工作日的；

（七）自招标文件开始发出之日起至提交投标文件截止之日止，少于20日的；

（八）非因不可抗力原因，在发布招标公告、发出投标邀请书或者发售资格预审文件或招标文件后终止招标的；

（九）招标人无正当理由不与中标人签订合同，给中标人造成损失的，招标人应当给予赔偿；

（十）招标人向中标人提出超出招标文件中主要合同条款的附加条件，以此作为签订合同的前提条件。

第三十六条　评标过程有下列情况之一的，评标无效，应当依法重新进行评标或者重新进行招标，可以并处 3 万元以下的罚款：

（一）使用招标文件中没有规定的评标标准和方法的；

（二）评标标准和方法含有倾向或者排斥投标人的内容，妨碍或者限制投标人之间竞争，且影响评标结果的；

（三）应当回避担任评标委员会成员的人参与评标的；

（四）评标委员会的组建及人员组成不符合法定要求的；

（五）评标委员会及其成员在评标过程中有违法行为，且影响评标结果的。

第三十七条　投标人违背第 25 条规定，取消其投标资格，并视其情节轻重给予罚款、取消一定时限的投标权、降低资质等级，直至移送司法追究其刑事责任。

中标人有下列情况之一的，责令改正，并可以处 1 万元以上 3 万元以下罚款；情节严重的，投标无效：

（一）中标人不与招标人订立合同的，取消其中标资格，并承担给招标人造成损失的赔偿责任；

（二）中标人向招标人提出超出其投标文件中主要条款的附加条件，以此作为签订合同的前提条件；

（三）中标人拒不按照要求提交合同履约保函。

第六章　附　　则

第三十八条　招标文件或者投标文件使用两种以上语言文字的，必须有中文；如对不同文本的解释发生异议的，以中文文本为准。

第三十九条　本办法由国务院建设行政主管部门负责解释。

第四十条　本办法自发布之日起施行。

注：1. 该建议稿以 2010 年 10 月"中国建设监理协会理论研究委员会课题"成果为蓝本修改而成，原稿为 7 章 54 条，修改为 6 章 40 条。

2. 课题承担单位：北京方圆工程监理有限公司。

课题参加单位：北京五环建设监理公司、北京双圆工程监理咨询有限公司、北京光华建设监理有限公司、北京建院金厦工程管理有限公司。

参 考 文 献

[1] 傅仁章著. 建设监理的兴起与建筑业的发展. 北京：中国建筑工业出版社，1991.

[2] 刘廷彦，张豫锋编著. 工程建设质量与安全管理. 北京：中国建筑工业出版社，2012.

[3] 刘尚和主编. 建设监理实用手册. 北京：经济管理出版社，1996.

[4] 全国监理工程师培训考试教材. 北京：中国建筑工业出版社，1997.

[5] 全国监理工程师培训考试教材. 北京：中国建筑工业出版社，2010.

[6] 中国建筑年鉴(1985年首卷). 北京：中国建筑工业出版社，1985.

[7] 王富君著. 法律基础知识. 北京：北京理工大学出版社，2009.

[8] 孙铁著. 企业经营管理. 北京：电子工业出版社，2009.

[9] 刘冀生著. 企业经营战略. 北京：清华大学出版社，1995.

[10] 国际咨询工程师联合会. 菲迪克合同指南. 北京：中国工程咨询协会编译. 机械工业出版社，2009.

[11] 江苏省建设厅. 建设工程监理热点问题研究. 北京：中国建筑工业出版社，2007.

[12] 住房和城乡建设部质量安全监管司. 建筑施工安全事故案例分析. 北京：中国建筑工业出版社，2010.

[13] 林荣瑞著. 管理技术(第五版). 福建：厦门大学出版社，2009.

后　记

　　20世纪80年代末期，正值我国酝酿社会经济体制转换的初期，建设领域的建设监理制应运而生了。这一新体制的诞生，很快就展现出不可逆转的勃勃生机。二十余年来的发展历程，逐渐凝聚起来的辉煌，已经为世人触目。因此，笔者冒昧动念，记录这项新体制兴起和沿革，谨供深化这项改革参考。

　　2010年底开始筹划、拟定大纲。由于其他事务的牵扯，2011年10月才起笔。2013年夏末，忙乱中丢失了百页文稿。所以，迟至2014年5月才完稿。

　　编写这本小册子，得到了许多朋友的鼎力支持和帮助，特别是：

　　住房和城乡建设部办公厅副主任张志新和档案处的有关同志；

　　住房和城乡建设部市场监管司王玮、庞宗展、燕平、江华、商丽萍等处长，质量安全司邵长利、邓谦、王天祥处长；

　　中国电子工程总公司原副总经理、现中国电子产业开发有限公司副总经理王玉林；

　　中国交通建设监理协会副理事长、中国公路工程咨询集团有限公司副总经理、中咨泰克交通工程有限公司董事长兼总经理李明华；

　　中国监理协会现、原副会长兼秘书长修璐、林之毅，秘书处有关部门主任庞正、王月、张竞、孙璐和王慧梅；

　　中国铁道工程建设协会监理专业委员会副主任邓涛；

　　天津市建设监理协会常务副理事长周崇皓；

　　北京市建设监理协会会长、北京方圆工程监理有限公司董事长兼总经理李伟；

　　中国建设监理协会水电分会副秘书长王平稳；

　　上海现代工程咨询有限公司董事长梁士毅；

　　上海同济工程有限公司总经理杨卫东；

　　陕西华建工程管理咨询有限责任公司总经理田洪斌；

　　山西省建设监理有限公司董事长田哲远；

　　江苏扬州市建苑工程监理有限责任公司董事长魏云桢；

　　河南建达工程监理公司总工程师束拉；

　　河南宏业建设工程管理有限公司安徽分公司经理刘鸿波；

　　河北方舟工程项目管理有限公司董事长兼总经理张步南；

　　湖北华隆工程建设监理有限公司总经理刘汉生；

　　深圳京圳建设监理公司总经理邹涛；

　　甘肃蓝野建设监理公司副总经理闫克峰等单位和诸多同志热情提供资料、积极建言献策。中国建筑工业出版社社长兼总编辑沈元勤大力支持，该出版社副主任赵晓菲和编辑朱晓瑜提出许多宝贵的修改意见。在此，谨致以诚挚的感谢！

　　笔者有幸从事建设监理管理工作累计十多年，目睹了建设监理事业的兴起和发展过程。尤其是，许多工作在工程建设监理第一线的同志们不辞辛苦、积极进取、忘我奉献的精神，深深地感染、鞭策着我，使我鼓起勇气，整理我国建设监理事业发展历程，并探讨促进其发展的策略和路径。文中，绝大部分观念，多是笔者工作中了解到的、有相当代表性的意见。现归纳、整理，以利共商。如有不妥，概由笔者承担，并望指正。

　　我国的建设监理事业即将迎来而立之年，借助此书付梓之际，衷心祝愿这项改革早日步入更加健康发展的坦途！

2014 年 6 月